"十二五"普通高等教育本科国家级规划教材

微型计算机原理及接口技术

（第四版）

裘雪红　车向泉　刘凯　刘博　张剑贤　马志欣　编著

西安电子科技大学出版社

内 容 简 介

本书介绍 x86 最基础和最新的处理器,重点介绍基于 x86 处理器构成微机系统的基本方法,包括总线结构微机系统中主存和 I/O 接口设计、芯片组结构微机系统中利用 DDR 存储器构成主存的设计、汇编语言程序设计、汇编语言与 C 语言混合编程、多核环境下并行程序设计、设备驱动程序设计等。

本书在第三版的基础上,做了较大幅度的内容编排调整与增删,使得内容表述更臻精练、清晰、准确,并且补充了例题与习题。

本书实例丰富,既可作为计算机及电子信息类专业微机课程的教材,也可作为从事微机应用设计工作的工程技术人员的参考书。

图书在版编目(CIP)数据

微型计算机原理及接口技术 / 裴雪红等编著. -- 4 版. -- 西安:
西安电子科技大学出版社, 2024. 7. -- ISBN 978-7-5606-7275-5

Ⅰ. TP36

中国国家版本馆 CIP 数据核字第 20244XG551 号

策　　划　陈宇光
责任编辑　阎　彬
出版发行　西安电子科技大学出版社(西安市太白南路 2 号)
电　　话　(029)88202421　88201467　　　邮　编　710071
网　　址　www.xduph.com　　　　　　　电子邮箱　xdupfxb001@163.com
经　　销　新华书店
印刷单位　陕西博文印务有限责任公司
版　　次　2024 年 7 月第 4 版　2024 年 7 月第 1 次印刷
开　　本　787 毫米×1092 毫米　1/16　印 张 30
字　　数　716 千字
定　　价　76.00 元
ISBN 978-7-5606-7275-5
XDUP 7577004-1

*** 如有印装问题可调换 ***

Preface 前 言

微机作为计算机中使用最为广泛的机型，其发展呈现形式多样化(桌面机、笔记本电脑、平板电脑等)、技术复杂化(主机与外设一体机化、通用 PC 服务器化、一机虚拟多机化、多窗口多屏化等)以及速度不断提升、功能日益强大等趋势。这种发展趋势为微机课程教材的编写带来了巨大的挑战。如何在教材有限的篇幅内平衡基础知识的保有和新技术的加入，一直是我们在教材编写过程中探讨的重点问题。

从编写本教材第一版开始，我们力图做到"不缺失基础知识、不缺位新技术发展"，前三版教材基本达成了我们的期望，我们希望本版教材继续保持这种编写风格。

在本版教材编写中，我们对保留的内容做了较大幅度的编排调整与增删以及文字修改，使其表述尽可能精练、清晰、准确；新增了一些例题和习题，以期进一步帮助读者更好地理解、掌握相关知识。

基于微机技术的发展与现状，本版教材新增了微机中广泛采用的现代存储体系与存储模式，使微机中重要的存储部件展现得更完整；新的混合核心架构的 CPU 已成为新型微机中的技术亮点，我们及时将其纳入本版之中。各章具体的修订内容如下：

第 1 章，在多核处理器发展部分仅保留了 Intel 和 AMD 处理器，并增加了这两个系列处理器的新发展；重新编写了微处理器结构的发展和 PC 硬件系统部分。

第 2 章，重新编写了 Intel 处理器体系结构的发展并将其放在了第 1 章；删除了多核 Core i7 处理器，新增了 Intel 第 13 代 Core 桌面处理器内容，重点介绍了全新性能的混合架构内核；新增了 Intel 处理器支持的操作模式和存储器寻址模式。

第 3 章，重新编写了 Intel 16 位指令集和 32/64 位系统寻址方式等内容。

第 4 章，重新编写了 PCIe 和 USB 总线内容，删除了对 PC 中总线的介绍。

第 5 章，重新编写了有关 SDRAM、DDR、内存条等内容。

第 6 章，增加了较为复杂的 x86 16 位 PC 中的中断设计实例和基于 x86/x64 的多核/多处理器计算机系统保护模式下的中断方式实现示例。

第 7 章，重新编写了串行通信接口 16550 中的部分内容。

第 9 章，增加了关于设备驱动程序的概述；重新编写了基于开发工具设计设备驱动程序的内容，以适应更新的知识和开发工具。

本书第二版为"十二五"国家级规划教材、"十一五"国家级规划教材、国家级规划教材之精品教材；第三版为"十二五"国家级规划教材并获得陕西省优秀教材一等奖。第四版的编写工作得到了西安电子科技大学教材建设基金重点资助项目的支持。

本书第 1、5、6 章由车向泉修订，第 2 章由张剑贤修订，第 3 章由刘凯修订，第 4 章由刘博修订，第 7、9 章由裘雪红修订，第 8 章由马志欣修订。全书由裘雪红教授统稿。

本书所包含的内容未必是最佳选择，某些技术的呈现也未必无懈可击。鉴于此，我们真诚希望微机专家、使用本书的师生和工程设计人员提出批评和建议，欢迎与我们进行电子邮件交流。

全体作者

2024 年 3 月

邮箱：chexq@mail.xidian.edu.cn

目　　录

第1章 绪 论

　　微处理器被誉为 20 世纪最伟大的发明之一。半导体技术的发展历程见证了科学技术在电子产品制造领域的重大突破：最初是简单的真空电子管，之后诞生了晶体管，随后是早期最简单的微芯片。这些早期的微芯片取代晶体管，用于数字式电子表等设备。而今天个人计算机中的微处理器芯片在十几平方厘米的封装中就集成了几十亿个晶体管，服务器中的微处理器芯片可集成近千亿个晶体管，这些微处理器芯片正在为娱乐、办公、人工智能、数据中心、高性能计算等应用领域提供强大的动力。

　　"Don't be encumbered by history. Go off and do something wonderful."

　　"不要被历史包袱困扰，去做精彩的事吧。"

——英特尔创始人 罗伯特·诺伊斯(Robert Noyce)

1.1 基本概念

　　有关微处理器的相关概念介绍如下。

　　(1) 微处理器：(微型)计算机中的 CPU(中央处理单元)，简称处理器，其功能就是解释并执行计算机指令。早期的微处理器是控制器、运算器、寄存器以及连接三者的片内总线在一个芯片上的集成。随着微处理器功能的增强、超大规模集成电路技术的发展以及流水线技术的应用，在一个微处理器芯片上可以集成多个 CPU 内核、协处理器(Coprocessor)、存储控制器(MC)、高速缓冲存储器(Cache)、图形处理单元以及标准高速总线等。

　　(2) CPU 内核：又称核心或核，是完成指令执行的基本功能模块，是早期计算机中 CPU 的功能加强版，是现代微处理器的核心部件。微处理器对指令的执行实质是由 CPU 内核来完成的，微处理器的性能主要取决于 CPU 内核的性能，而 CPU 内核的性能又由其微架构决定。几乎每次微处理器性能的提升都伴随着内核微架构和芯片制程工艺的改进。

　　(3) 单核处理器：仅集成了一个内核(计算引擎)的处理器。早期的微处理器都是单核的。

　　(4) 多核处理器：集成了两个或多个完整内核的处理器。现代的高性能微处理器都是多核的。

　　单核处理器的性能关系到单线程程序的执行效率，而多核处理器的核数关系到多线程程序的执行效率。

(5) 微型计算机系统：简称微机，由微处理器、存储子系统、输入/输出(I/O)子系统、总线以及软件组成。其中，微处理器现在都采用多核处理器，软件是系统工作不可缺少的组成部分。图 1.1 所示是微型计算机系统的简化结构，详细介绍见 1.3.2 节。

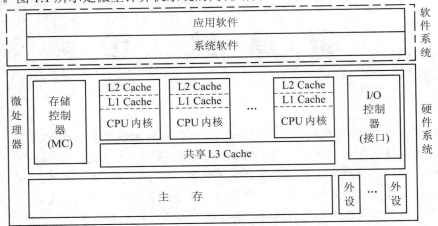

图 1.1　微型计算机系统的简化结构

(6) 单片机：CPU、内存、I/O 接口以及使三者互连的总线在一个芯片上的集成，也即简单、低功耗计算机在一个芯片上的集成。它是计算机发展微型化的更进一步。

(7) 单片机系统：由单片机、专用软件和 I/O 设备组成的系统，常用于特定任务的控制或处理。单片机系统具有专用性，微型计算机系统具有通用性。

(8) 嵌入式系统：一般定义为以应用为核心，以计算机技术为基础，软、硬件可“裁剪”，适合对功能、实时性、可靠性、安全性、体积、重量、成本、功耗、环境、安装方式等有严格要求的专用计算机系统。我们也可以将其看作具有更强功能、更小尺寸的高级单片机系统。嵌入式系统的内部集成了内存控制器、存储管理单元和相当丰富的 I/O 接口，它可以像微机系统那样以通用方式在操作系统的控制下工作，也可以像单片机系统那样专用和小巧。我们有理由相信，嵌入式系统有可能成为微机系统的未来。

1.2　微处理器概述

1.2.1　微处理器的发展

微处理器从第一款产品出现至今，其发展速度超乎寻常，而 Intel 处理器的发展历程就是微处理器发展史的缩影。如今绝大多数 PC、服务器中的微处理器都是 x86/x64 处理器。

1. 第一代微处理器

1971 年，Intel 公司推出世界上第一款 4 位微处理器 4004，这项突破性的发明当时被用于 Busicom 计算器中。这一创举开始了人类将智能内嵌于电脑和无生命设备的历程。1972年，Intel 又推出 8 位微处理器 8008，它采用工艺简单、速度较低的 P 沟道 MOS 电路，性能是 4004 的两倍。4004 处理器的主频为 108 kHz，集成了 2300 个晶体管；8008 处理器的主频为 200 kHz，集成了 3500 个晶体管。

2. 第二代微处理器(8 位)

1974 年，Intel 公司采用速度较快的 N 沟道 MOS 电路，将 8008 发展成 8080，使 8080 成为第一款个人计算机 Altair 的"大脑"。

由于微处理器可用来完成很多以前需要用较大设备完成的计算任务，而且价格便宜，因此各半导体公司开始竞相生产微处理器芯片。Zilog 公司生产了 8080 的增强型 Z80，Motorola 公司生产了 6800，Intel 公司于 1976 年又生产了增强型 8085。

3. 第三代微处理器(16 位)

1978 年，Intel 公司生产的 8086 成为世界上第一款 16 位微处理器，同时 Intel 还生产出与之相配合的数学协处理器 i8087。8086 采用 H-MOS(H 指 High performance)新工艺，主频有 5 MHz、8 MHz、10 MHz 三个版本，集成了 2.9 万个晶体管，比第二代的 Intel 8085 在性能上提高了近 10 倍。

1979 年，Intel 公司将 8086 加以改造，开发出 8088。之后，Intel 公司对 8086 和 8088 进行改进，将更多功能集成在芯片上，于是诞生了 80186 和 80188。这两款微处理器内部均采用 16 位工作，在外部输入/输出上，80186 采用 16 位，而 80188 采用 8 位工作。

1982 年，Intel 推出了 x86 体系结构，直到今天，它仍然是大多数 Intel 处理器的基础。同年，Intel 公司在 8086 的基础上研制出了 80286，该微处理器内、外部数据传输均为 16 位，内存寻址能力为 16 MB。80286 可工作于实模式与保护模式。在实模式下，微处理器可访问的内存容量限制在 1 MB(与 8086 的访存空间保持一致)；而在保护模式下，80286 可直接访问 16 MB 的内存，且可以实现存储保护、特权级、多任务等功能。80286 是第一款软件向下兼容到 8086 的 Intel 微处理器。

4. 第四代微处理器(32 位)

1985 年，Intel 划时代的 80386DX 芯片正式发布，其内部和外部数据总线均为 32 位，地址总线为 32 位，可以寻址 4 GB 内存，管理 64 TB 虚拟存储空间。它的工作方式除具有实模式和保护模式以外，还增加了"虚拟 86"模式。80386 有三个技术要点：一是使用"类 286"结构，二是开发 80387 协处理器以增强浮点运算能力，三是开发高速缓存(Cache)以解决主存速度瓶颈问题。Intel 386 微处理器具有处理"多任务"的特性，也就是说，它可以同时运行多个程序。

1989 年，Intel 公司推出准 32 位微处理器 80386SX。这是 Intel 为扩大市场份额而推出的一种较便宜的普及型 CPU，其内部数据总线为 32 位，外部数据总线为 16 位，主存空间为 16 MB。它可以兼容 80286 的开发环境，且性能大大优于 80286，价格只是 80386DX 的 1/3，因而受到市场的广泛欢迎。

同年，Intel 推出了 80486 芯片，这款经过 4 年开发和 3 亿美元投入的芯片。采用 1 μm 制程工艺，集成了 120 万个晶体管(首次突破了 100 万个晶体管的界限)。80486 将数学协处理器 80487(速度是 80387 的两倍)、8 KB/16 KB 的高速缓存内置其中，在 80x86 系列中首次采用了 RISC(精简指令集)技术(大约 50%的指令可以在一个时钟周期内执行)，还采用了猝发总线方式(可大大提高与主存的数据交换速度)。这些改进使 80486 的性能比带有 80387 的 80386DX 的性能提高了 4 倍。为了使外设能够承受 CPU 越来越快的频率，新产品采用了 CPU 倍频技术,该技术使 CPU 内部的工作频率为外部频率的 2～3 倍。如 80486DX2-66,其 CPU 的频率是 66 MHz,而主板的频率是 33 MHz。

经典的 80486 产品是 80486DX,它的内、外数据总线都是 32 位,可寻址的主存空间为 4 GB。为了适应普通用户(尤其是不需要大量浮点运算的用户)的需要,Intel 公司推出了价格便宜、外置 80487 数学协处理器的 80486SX。80486DX4 是一个三倍频的版本,其内部集成了 16 KB 的高速缓存。80486SL 是为笔记本电脑和其他便携机设计的,它使用 3.3 V 电源,有内部切断电路,可使微处理器和其他一些可选择的部件在不工作时处于休眠状态。80486 OverDrive 是 80486DX 的倍频版本。

Cyrix 公司也是一家老资格的 CPU 开发商,早在 x86 时代,它和 Intel、AMD 就形成了三足鼎立的局面。由 Cyrix 公司生产的 486DLC 将 386DX CPU 与 1 KB Cache 集成在一块芯片上,没有内置浮点协处理器,执行一条指令需要两个时钟周期。486DLC 价格便宜,是为升级 386DX 而设计的。用一块 486DLC 替换原有的 386 CPU,就可以将一台 386 电脑升级为 486 电脑。

5. 第五代微处理器(32 位超标量结构)

1993 年,全面超越 486 的新一代芯片 586 问世,微处理器技术发展到了一个崭新的阶段。为了摆脱 486 时代微处理器名称混乱及申请数字版权的困扰,Intel 公司把自己的新一代产品命名为 Pentium(奔腾),以区别 AMD 公司和 Cyrix 公司的产品。

1993 年 3 月,Intel 采用超标量体系结构,推出了集成度为 310 万个晶体管的 32 位微处理器 Pentium。Pentium 最初级的 CPU 是 Pentium 60 和 Pentium 66,它们分别工作在与系统总线频率相同的 60 MHz 和 66 MHz 频率下,没有倍频设置。早期的 75～120 MHz Pentium 采用 0.5 μm 制程工艺,后期的 120 MHz 以上的 Pentium 则改用 0.35 μm 制程工艺。经典 Pentium 的性能相当平均,整数运算和浮点运算都表现较佳。

1995 年秋季,Intel 推出了高能 Pentium 处理器(Pentium Pro Processor),它是专门为 32 位服务器和工作站级应用而设计的,可实现快速的计算机辅助设计、机械工程设计和科学计算。Pentium Pro(686 级的 CPU)的核心架构代号为 P6(也是未来 PⅡ、PⅢ 所使用的核心架构)。从技术上看,Pentium Pro 在当时绝对超前,其 0.6 μm 制程工艺、32 位主存寻址、80 位浮点单元、分支预测等功能都十分先进;在其芯片内封装的 256 KB 的二级缓存芯片更是史无前例(L1 Cache 为 16 KB,L2 Cache 为 256 KB/512 KB/1 MB);处理器与高速缓存之间用高频宽的内部通信总线互连(连接线路也被内置在该封装中),使高速缓存能更容易地运行在更高的频率上。Pentium Pro 的工作频率有 133/66 MHz(工程样品)、150/60 MHz、166/66 MHz、180/60 MHz、200/66 MHz。Pentium Pro 曾是高端 CPU 的代名词,但 MMX 的出现使它黯然失色。

为了提高电脑在多媒体、3D 图形方面的应用能力,许多新指令集应运而生,其中最著名的三种是 Intel 的 MMX、SSE 和 AMD 的 3D Now!。MMX(Multi-Media eXtensions,多媒体增强指令集)是 Intel 于 1996 年发明的一项多媒体指令增强技术,它包括 57 条多媒体指令。

1996 年底,Intel 发布了多能奔腾(Pentium MMX),即带有 MMX 技术的 Pentium,代号为 P55C。多能奔腾是继 Pentium 后 Intel 的又一个成功的产品,是第一个采用 MMX 技术的 CPU,其生命力相当顽强。多能奔腾在原 Pentium 的基础上进行了重大改进,增加了片内 16 KB 数据缓存和 16 KB 指令缓存、4 路写缓存、分支预测单元和返回堆栈技术。特别是新增加的 57 条 MMX 多媒体指令，使得多能奔腾即使是运行非 MMX 优化程序也比同主频的 Pentium CPU 要快得多。与经典奔腾不同，多能奔腾采用了双电压设计，其内核电压为 2.8 V，系统 I/O 电压仍为原来的 3.3 V。

尽管 AMD 和 Cyrix 分别推出了 K6 和 6x86 处理器，并通过授权取得了 MMX 技术，但 Intel 的 MMX 概念已经深入人心，加上非 Intel 处理器的 MMX 技术存在一些兼容性问题，因此 Intel 实际上已经完全掌握了竞争的主动权。

1997 年，Intel 推出了 Pentium II 处理器，开创了微处理器发展的新纪元。这款新产品集成了 Intel MMX 媒体增强技术，专门为高效处理视频、音频和图形数据而设计，可以说是将 Pentium Pro 的精华与 MMX 技术完美结合的典范。Pentium II 有 Klamath、Deschutes、Mendocino、Katmai 等不同核心结构的系列产品。

其第一代产品采用 Klamath 核心、0.35 μm 制程工艺，核心工作电压为 2.8 V，运行在 66 MHz 总线上；采用双重独立总线结构，其中一条总线连通二级缓存，另一条主要负责内存；使用一种脱离芯片的外部高速 L2 Cache，容量为 512 KB，并以 CPU 主频的一半速度运行；作为一种补偿，Intel 将 Pentium II 的 L1 Cache 从 16 KB 增至 32 KB。为了打败竞争对手，Intel 第一次在 Pentium II 中采用了具有专利权保护的 Slot 1 接口标准和 SECC(单边接触盒)封装技术。

1998 年 4 月 16 日，Intel 公司的第一个支持 100 MHz 额定外频、代号为 Deschutes 的 350 MHz、400 MHz 的 Pentium II 正式推出，这是第二代 Pentium II。使用新核心的 Pentium II 微处理器采用 0.25 μm 制程工艺，核心工作电压由 2.8 V 降至 2.0 V，L1 Cache 和 L2 Cache 分别是 32 KB 和 512 KB，支持芯片组主要是 Intel 的 440 BX。

在 1998 年至 1999 年间，Intel 公司推出了比 Pentium II 功能更强大的 CPU——Xeon(至强微处理器)。该款微处理器采用的核心与 Pentium II 相近，采用 0.25 μm 制程工艺，支持 100 MHz 外频。Xeon 最大可配备 2 MB Cache，并可运行在 CPU 核心频率下。与 Pentium II 采用的存储器芯片不同，Xeon 采用的存储器芯片被称为 CSRAM(Custom Static RAM，定制静态存储器)。它支持 8 个 CPU 系统，使用 36 位主存地址和 PSE 模式(PSE36 模式)，最大主存带宽为 800 MB/s。Xeon 微处理器主要面向对性能要求更高的服务器和工作站系统。另外，Xeon 的接口形式也有所变化，采用了比 Slot 1 稍大一些的 Slot 2 架构(可支持四个微处理器)。

Intel 为抢占低端市场，于 1998 年 4 月推出了一款廉价的 CPU——Celeron(赛扬)。最初推出的 Celeron 有 266 MHz、300 MHz 两个版本，且采用 Covington 核心、0.35 μm 制程工艺，内部集成了 1900 万个晶体管和 32 KB 一级缓存，工作电压为 2.0 V，外频为 66 MHz。Celeron 与 Pentium II 相比，去掉了片上的 L2 Cache，此举虽然大大降低了成本，但也正因为没有二级缓存，该微处理器在性能上大打折扣，其整数运算性能甚至不如 Pentium MMX。

为弥补 Celeron 因缺乏二级缓存而造成的微处理器性能的不足，进一步在低端市场上打击竞争对手，Intel 在 Celeron 266、300 推出后不久，又发布了采用 Mendocino 核心的新 Celeron 微处理器——Celeron 300A、333、366、400。与老 Celeron 不同的是，新 Celeron 采用 0.25 μm 制程工艺，支持 Socket 370 接口，内建 32 KB L1 Cache、128 KB L2 Cache，且以与 CPU 相同的核心频率工作，大大提高了 L2 Cache 的工作效率。更为重要的是，Celeron 300 A 展现出惊人的超频能力，大多数的 300 MHz、366 MHz 产品都能以 100 MHz 的外频来稳定运行，其性能比老 Celeron 至少提升 30%。从 Celeron 300 A 开始，"赛扬"成为 Intel 中低端微处理器市场的一张王牌，AMD 的中低端产品在赛扬面前失去了光彩。

20 世纪 90 年代末，互联网已经成为微机发展的主要驱动力，Intel 也充分认识到了这一点。1999 年春季，Intel 推出了最新型旗舰产品——Pentium Ⅲ 处理器。Pentium Ⅲ 处理器最重要的技术创新之一是互联网 SSE(流式单指令多数据扩展)指令集。该芯片具有 70 条 SSE 指令，极大地提升了电脑在高级图形、三维动画、数据流音频/视频、语音识别应用等方面的性能，使用户能够用声音来控制计算机的操作，在个人电脑上观看电影与电视节目，并进行高级图形处理和渲染。Pentium Ⅲ 采用 Katmai 核心、0.25 μm 制程工艺、Slot 1 架构，系统总线频率为 100 MHz，采用第六代 CPU 核心——P6 微架构，针对 32 位应用程序进行优化，具有双重独立总线，其一级缓存为 32 KB(16 KB 指令缓存，16 KB 数据缓存)，二级缓存为 512 KB (以 CPU 核心速度的一半运行)，采用 SECC2 封装，最低主频为 450 MHz。

与 Pentium Ⅱ 处理器一样，Pentium Ⅲ 处理器也推出了针对不同市场细分的同代产品，包括移动 Pentium Ⅲ 处理器和 Pentium Ⅲ 至强微处理器。1999 年秋季面市的新款 Pentium Ⅲ 处理器系列产品采用了更先进的 0.18 μm 制程工艺，工作电压为 1.6 V，体积更小、耗能更低而性能更强。新款 Pentium Ⅲ 处理器牢牢树立了互联网引擎首选产品的地位。

为进一步巩固低端市场优势，Intel 于 2000 年 3 月 29 日推出了采用 Coppermine 核心的 Celeron Ⅱ。该款微处理器采用 0.18 μm 制程工艺，核心集成了 1900 万个晶体管，采用 FC-PGA 封装。它和赛扬 Mendocino 一样，内建 128 KB、与 CPU 同步运行的 L2 Cache，故其内核也称为 Coppermine 128。Celeron Ⅱ 不支持多微处理器系统，外频只有 66 MHz，这在很大程度上限制了其性能的发挥。可以说，彼时的 Intel Celeron Ⅱ 在性能上根本不能与 AMD 的 Duron 相提并论。为了压制 AMD，Intel 不得不再次提升 Celeron 的性能，以 Tualatin Celeron 来抗衡 AMD 推出的功能强劲的 Morgan Duron。

Tualatin Celeron 在缓存方面作出了巨大改进，它使用了 16 KB 一级缓存和与主频同步运行的 256 KB 二级缓存。当 CPU 的频率高到一定程度时，缓存的作用越发明显，全速运行的二级缓存对于处理器性能的提高起了很大的作用。对比同频率的 Pentium Ⅲ (Coppermine 核心)，Tualatin Celeron 的性能与其相差无几，这注定了 Tualatin Celeron 是一款高性价比的产品。在超频性能方面，Tualatin Celeron 也非常出色，100 MHz 外频的 Tualatin Celeron(主频 1 GHz)可以轻松地跃上 133 MHz 外频。更重要的是，Tualatin Celeron 有很好的向下兼容性，成为很多升级用户的首选。Tualatin Celeron 与 Pentium Ⅲ 的平起平坐，使得类似当初因 Celeron A 的性能全面超越 Pentium Ⅱ 的性能而产生性能成本倒挂的局面再次出现。为了扭转局面，Intel 将 Pentium Ⅲ 也改用 Tualatin 核心，且使二级缓存容量达到 512 KB，支持 SMP 双处理器模式。不过 Tualatin Pentium Ⅲ 的产量很小且价格高昂，因此普及度不高。

2000 年 11 月 21 日，功能比 Pentium Ⅲ 处理器更为强大的新一代产品诞生了，这就是 Pentium 4 处理器。Pentium 4 处理器的诞生，是 Intel 微处理器技术的另一个里程碑。这种基于 0.18 μm 制程工艺、容纳 4200 万个晶体管的产品，采用了 Intel 全新的 NetBurst 架构，依靠超级流水线技术、快速执行引擎、400 MHz 系统总线、改进的浮点运算等技术，为数字时代的用户提供了个性化的快速处理音频/视频、制作个人电影、下载 MP3 音乐、运行庞大的 3D 游戏等功能。Pentium 4 处理器成为延伸 PC 时代下数字世界的动力核"芯"。2001 年 8 月，Pentium 4 处理器主频达到 2 GHz，成为又一个里程碑。

2002 年 11 月，Intel 在全新 Pentium 4 处理器基础上推出了拥有创新的超线程(HT)技术的处理器。这款处理器采用当时业界最先进的 0.13 μm 制程工艺制作，它采用超线程技术可将计算机的性能提高 25%。

2003 年 6 月，采用超线程技术的 3.2 GHz Pentium 4 处理器闪亮登场。基于这一全新处理器的高性能计算机专为高端游戏玩家和计算爱好者而设计，由全球的系统制造商全面推出。2003 年 11 月，支持超线程技术的 Pentium 4 处理器至强版推出，它采用 0.13 μm 制程工艺，具备 512 KB 二级高速缓存、2 MB 三级高速缓存和 800 MHz 系统总线速度，可兼容 Intel 865 和 Intel 875 芯片组家族产品以及标准系统主存。2004 年 6 月，支持超线程技术的 Pentium 4 处理器主频突破 3.4 GHz。

6. 多核处理器(64 位)

成立于 1975 年的 AMD(Advanced Micro Devices)公司拥有不亚于 Intel 的历史底蕴，从 8080 时代开始就一直是 Intel 最主要的竞争对手。CPU 主频的提高，在一定程度上要归功于 AMD 公司向 Intel 的挑战。但到 2005 年，当主频接近 4 GHz 时，Intel 和 AMD 发现，单纯提高主频已无法明显提高系统整体性能。此外，随着主频的升高、功率的增大，散热问题越来越成为一个无法逾越的障碍。

早在 20 世纪 90 年代末，就有众多业界人士呼吁用 CMP(Chip Multi-Processor，单片多核处理器)技术来替代复杂性较高的单线程 CPU。单片多核处理器最早出现在 1996 年，由斯坦福大学的 Kunle Olukotun 团队研发。他们研发的 Stanford Hydra CMP 处理器将 4 个基于 MIPS 的处理器集成在一个芯片上，如图 1.2 所示。DEC/Compaq 研究团队建议将 8 个简单的 Alpha 核和一个两级 Cache 组合到一个单芯片上。当 IBM 于 2001 年率先推出双核产品之后，其他高端 RISC 处理器制造商迅速跟进，双核设计由此成为高端 RISC 处理器的标准。2003 年，Sun 发布了两个 CMP SPARC 处理器：Gemini(双核 UltraSPARC Ⅱ 的衍生物)和 UltraSPARC Ⅳ(双核 UltraSPARC Ⅲ 的衍生物)。这些第一代 CMP 源于早期的单核处理器设计，除片外数据通路之外，两个核不共享任何资源。双核/多核 CPU 解决方案的出现带来了新希望，也带来了更高起点的技术竞争。

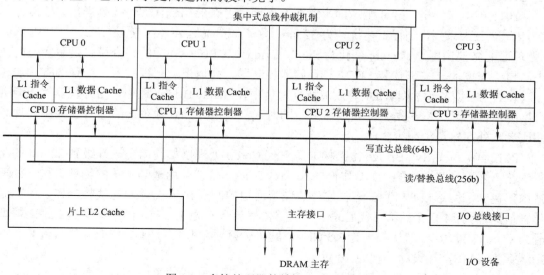

图 1.2　多核处理器的始祖 Hydra 的结构

1) Intel

2005 年 Intel 首款内含两个核心的 Pentium D 处理器登场，正式揭开了 x86 处理器多核心时代。然而，此时 AMD 风头正劲，Athlon 的诞生让 Intel 陷入前所未有的绝境。2006 年 Intel 放弃了使用二十多年的 Pentium 品牌，启用全新的 Core(酷睿)进行反击。这一年 7 月 23 日，Intel 基于 Core 架构的处理器正式发布，这一年也被认为是真正的"双核元年"。

2006 年 Intel 正式发布的 Core 架构处理器，第一次采用移动、桌面、服务器三大平台同核心架构的模式，并通过宽位动态执行(Wide Dynamic Execution)、宏融合(Macro-Fusion)和 128 位 SIMD 执行能力等技术来提高处理器每时钟周期执行指令的数量，以达到提升性能的目的，即处理器性能不再仅由频率决定，而是

$$性能 = 频率 × 每时钟周期指令数(不考虑架构等因素)$$

2006 年 11 月，Intel 又推出了 Core 2 Duo (2 核)、Core 2 Quad (4 核)和 Core 2 Extreme (4 核)系列处理器。与上一代台式机处理器相比，Core 2 Duo 处理器内含 2.91 亿个晶体管，制程工艺从 65 nm 进化到 45 nm，性能提高 40%，功耗降低 40%。

基于 Core 2 的优秀核心，最具革命性的全新一代 PC 处理器 Core i 系列诞生了，它有 i3、i5、i7 三种型号。

2008 年 11 月，Intel 发布的 Core i7 900 系列处理器，采用 Nehalem 架构、原生 4 核心、45 nm 制程工艺，整合存储器控制器、QPI 总线架构、HT 技术、睿频加速技术，开始了 CPU 逐渐取代芯片组北桥的步伐。在第一批 Core 处理器发布之后，Intel 还推出了采用 LGA1156 接口的 i7/i5 处理器，其中 i5 处理器采用 4 核无 HT 技术的设计，也成为最强游戏 CPU 的代名词。

2010 年第一季度，Intel 以最快的速度推出了 32 nm 处理器，6 核与 2 核同时推出。以 Core i7 980X(研发代号为 Gulftown)为例，它采用 32 nm 制程工艺，集成了 11.7 亿个晶体管，面积为 248 mm^2，拥有 6 核、12 线程。由于 Core i7 980X 改进自 Nehalem 的 Westmere 微架构，因此 Core i7 980X 完整地继承了 Nehalem 架构 Core i7 的睿频技术、超线程技术、三通道 DDR3 存储器控制器以及 QPI 总线架构等。

2011 年 1 月 9 日，Intel 全球同步发布令人期待已久的第二代 Core i 处理器，依然分为 i3、i5、i7 三大系列，制程工艺统一为 32 nm，除 6 核产品之外都内置了 GPU。第二代 Core i 处理器的微架构由 Westmere 变化为 Sandy Bridge，CPU + GPU 的整合模式是革命性的改进，超线程技术、核芯显卡、DDR3 存储器控制器、高速视频同步技术、增强的睿频加速 2.0 技术、无线显示技术(WiDi)等众多特性都集中在 Sandy Bridge 之中，与处理器"无缝融合"的"核芯显卡"终结了"集成显卡"的时代，高清视频处理单元的加入使视频处理时间比老款处理器至少减少 30%。

2012 年，采用 Ivy Bridge 微架构的第三代 Core i 处理器如约而至，升级到 22 nm 的制程工艺，采用了革命性的 3D 晶体管技术。Ivy Bridge 依然采用最高 4 核的物理架构。处理器内部包含了图形核心、存储器控制器、图形通道控制器和输入/输出总线控制器，内部晶体管最高达到 14 亿个。第三代 Core i 处理器依然包含 Core i3、i5、i7 三大系列。最高端型号为 Core i7 3770K，默认频率为 3.5 GHz，最高睿频频率为 3.9 GHz，拥有 4 核 8 线程，三级缓存为 8 MB，热设计功耗为 77 W。

2013 年 6 月 3 日，Intel 正式发布了微架构为 Haswell 的第四代 Core i 处理器。Haswell

处理器能带来强大的计算性能,采用 22 nm 制程工艺,功耗较此前产品进一步降低,从而带来了更长的电池续航时间,对散热要求也更低。

除桌面处理器外,Intel 的服务器处理器 Xeon(至强)系列也进入了多核时代。

2012 年 3 月 7 日,Intel 发布了全新 Xeon E5 服务器处理器家族及其相关组件产品。Xeon E5 全新家族(2/4/6/8 核,每核 1～2 线程,主频 1.8～3.3 GHz)可以说是 2012 年度最具创新、最具影响力的 IT 产品。它不仅推动了业界服务器及其相关解决方案的升级更新,也促进了基于更强、更具扩展性平台的业务创新。基于 Xeon E5 平台,OEM 厂商推出的不少服务器新品也都凝聚了更多的创新亮点。

Xeon E7 处理器是 Intel 面向关键任务、大型数据中心推出的新一代处理器。2012 年 8 月推出的新 Xeon E7 系列 6/8/10 核心处理器,采用 32 nm 制程工艺,基于 Westmere 微架构。

2013 年 4 月 9 日,Intel 发布了新的服务器处理器,其中包括第一款基于 Haswell 微架构的 Xeon E3 处理器。Xeon E3 处理器主要面向低端服务器和微型服务器,这是新兴的高密度服务器种类,主要用于网站托管和云实现。Xeon E3 处理器最多配置 4 个内核,使用 Haswell 架构来提高性能和节能效率。Intel 还发布了速度更快的 Xeon E5 和 Xeon E7 处理器,这两种芯片以 Ivy Bridge 架构为基础。Xeon E5 处理器用于中档服务器,最多可配置 8 个内核。Xeon E7 处理器主要用于高端服务器,最多可配置 10 个内核。Xeon E5 和 Xeon E7 处理器芯片在 2014 年升级到 Haswell 架构。

2014 年 2 月 Intel 推出的 Xeon E7 v2 系列采用 15 核、30 线程,基于 Ivy Bridge 微架构,成为当时 Intel 核心数最多的处理器。

2014 年 8 月 12 日,Intel 公布了 Core M 处理器的 Broadwell 微架构细节。该微架构使用 Intel 业界领先的 14 nm 制程工艺,以高性能、低功耗的特性支持一系列计算需求和产品,涵盖从云计算和物联网基础设施,到个人及移动计算。它使用第二代三栅极(FinFET)晶体管,具有业内领先的性能、功耗、密度和每晶体管成本,产品更加轻薄,噪声更低,电池续航时间更长。Intel 的 14 nm 技术用来制造从高性能到低功耗的各种产品,包括服务器、个人计算设备和物联网设备。采用 Broadwell 微架构的第五代 Core i 处理器于 2015 年 1 月按计划发布。

2015 年 Intel 推出第六代酷睿处理器(Skylake 微架构,14 nm),开始使用 DDR4 内存,以网状总线架构(mesh bus)代替原来的环形总线架构(ring bus)。2017 年 Intel 推出的第八代酷睿处理器(Skylake 优化版的 Coffee Lake 微架构,14 nm++),除传统的 i3、i5、i7 之外,正式推出 i9 系列。2020 年 Intel 推出第十一代酷睿处理器 Tiger Lake,CPU 采用 Willow Cove 微架构,GPU 采用 X^e 架构(最多拥有 96 个 EU),制程工艺为 10 nm,支持 AI 加速指令集 DLBoost,其内部集成的 PCIe 总线通道数从 16 增加到 20,支持的 PCIe 版本从 3.0 升级到 4.0。

2021—2022 年 Intel 推出第十二代酷睿处理器,引入大小核异构设计,采用 Intel 7(增强 10 nm)制程工艺,支持 PCIe 5.0 以及 DDR5 内存。2022 年,Intel 推出了第十三代酷睿处理器。该处理器作为 Intel 7 制程的第二代产品,与第十二代酷睿一样也采用了混合(大小核异构)架构,混合了性能核(Performance Core,P-Core)和能效核(Efficient Core,E-Core)。性能核(Raptor Cove 微架构)个数和第十二代酷睿保持一致,但能效核(Gracemont 微架构)的数量在同级别的产品中翻倍。比如,旗舰产品 i9-13900K 的能效核从 8 个增加到了 16 个,从而形成整体 24 核/32 线程的配置。

Intel 在 2023 年 9 月发布的新处理器采用了新的命名方式，即"Intel Core Ultra"。酷睿 Ultra 第一代采用 Intel 4 工艺；采用全新的小芯片(Tile)设计，包括 I/O Tile、SOC Tile 和 Compute Tile，其中 Compute Tile 包括 CPU Tile 和 GFX Tile，CPU Tile 使用新的混合核心设计(全新的 Redwood Cove 微架构性能核与 Crestmont 微架构能效核，最大核心数量配置为 6P+8E)；其核显也得到升级，最高拥有 8 个 X^e 核心(128 个 EU 计算单元)，达到当前 A380 独显的规格；引入专用的 AI VPU 视频处理单元，大幅提升处理器在人工智能方面的性能表现。

2) AMD

在 AMD 抢先推出 64 位处理器后，Intel 决定利用多核技术进行反击。2005 年 4 月，Intel 仓促推出简单封装的双核 Pentium D，AMD 随即于 4 月 22 日和 5 月 31 日也发布了双核 Opteron(皓龙)和 Athlon(速龙)64 X2 处理器。Athlon X2 处理器核心功耗低于 Pentium D，性能突出，读取存储器无须像对手那样经北桥，成为当时性能最佳的 x86 处理器架构。之后 AMD 推出的多核台式机与服务器处理器产品主要有 4 个系列：Phenom(羿龙)Ⅱ、AthlonⅡ、FX 和 Opteron。

PhenomⅡ是业内首款原生 4 核 x86 处理器，采用 45 nm 制程工艺。从 2008 年 12 月推出第一个 4 核 PhenomⅡ产品到 2010 年 4 月 26 日正式出售首款 6 核 PhenomⅡ，AMD 以屏蔽部分核的方式获得了 2、3、4 或 6 核 PhenomⅡ处理器，主频为 2.5～3.7 GHz。6 核 PhenomⅡ处理器试图以平价方式来对抗对手 Intel 的 i5 及 i7 产品。

AthlonⅡ是 AMD 的 45 nm 多核处理器产品的另一系列，以廉价市场作为定位，也作为较高端的 PhenomⅡ处理器系列的另一选择。自 2009 年推出后，AthlonⅡ有 2、3、4 核产品，主频为 2.2～3.6 GHz，指令集架构仍为 x86-64，微架构仍为 AMD K10。与 PhenomⅡ系列不同的是，AthlonⅡ处理器均不设 L3 高速缓存，且 AthlonⅡ双核产品均属原生设计(即不是通过屏蔽一颗 4 核处理器的其中 2 个内核得到)，因此处理器的热设计功耗(TDP)比 PhenomⅡ系列的低。

2009 年 AMD 利用 AMD 芯片组平台推出 6 核 Opteron 处理器，它是首款拥有高级性能、采用处理器与芯片组统一技术的服务器平台，进一步履行了 AMD 对能效的承诺。AMD 还推出了当时最节能的 4 核 Opteron EE 处理器，不仅为需要极致节能解决方案的 IT 客户提供了更多的选择，而且还满足了云计算平台的独特需求。

2010 年 AMD 宣布推出 Opteron 4000 系列平台，它是业界第一台真正能够满足云、超大规模和中小型企业数据中心需求的服务器平台；推出的 Opteron 6000 系列平台，为大容量 2 路和超值 4 路服务器市场带来了业界首款 8 核和 12 核 x86 处理器，拥有特定于工作负载的性能、功效和总体价值。

2011 年 10 月 12 日，AMD 发布了 AMD FX 系列台式机 CPU，其中包括行业第一款且唯一的真 8 核台式机处理器，为 PC 和数字发烧友带来了极致的多屏游戏、海量多任务处理和高清内容创制能力。第一款使用 AMD 全新多核架构(代号 Bulldozer，即推土机)的 AMD FX 8 核处理器在 2011 年创下了"最快计算机处理器"吉尼斯世界纪录。AMD FX 4/6/8 核处理器采用 32 nm、SOI(绝缘体上硅结构)技术，漏电率降低，效率更高，时钟频率空间更大，散热效果更好(可超频至 3.6～5 GHz，同时保持优良的散热性能)。

2011 年 11 月，AMD 发布新一代 Opteron 处理器，其中 Opteron 6200 是全球首款 16 核 x86 处理器。

2013 年 6 月，AMD 如约在 E3 游戏展期间发布了两款 FX 系列的最新旗舰处理器 FX-9590 和 FX-9370，其中前者被称为"市场上可以买到的首款 5 GHz 处理器"。AMD 仅表示这两个处理器拥有 8 个"打桩机"核心，支持 AMD Turbo Core 3.0 技术，FX-9590 最高可加速至 5 GHz，FX-9370 则为 4.7 GHz。同年，AMD 还推出了 Opteron X 系列处理器，它是业界性能最高的小核心 x86 服务器处理器。

AMD 分别在 2014 年和 2015 年推出了"压路机"和"挖掘机"核心的"柏林"和"多伦多"处理器。"柏林"和"多伦多"处理器采用完全的 SoC 设计，集成 I/O 控制器，大大简化了单处理器服务器的设计。和以前的 Opteron 处理器不同，这两款芯片最高只有 4 个 x86 核心，不适合高性能服务器。AMD 在 2015 年推出的 APU 和 CPU 可支持 DDR4 内存。AMD ARM 架构的"西雅图"和"剑桥"处理器具有 4～8 个 64 位的 ARM 内核，支持 DDR3 和 DDR4 存储器控制器、PCI-E 3.0、Freedom 互联架构等。

2017 年，AMD 推出基于全新 Zen(禅)微架构的新一代处理器，包括针对个人计算机市场的锐龙(Ryzen)和面向服务器领域的霄龙(EPYC)处理器，在 IPC(每周期指令数)方面比 AMD 的上一代产品提升了 52%。2018 年，Zen 架构升级增强为 Zen+，制程工艺也从 14 nm 升级到 12 nm；2019 年，AMD 在推出第三代锐龙 3000 系列处理器的同时，将其架构也升级为全新的 Zen 2，同时采用了全新的 7 nm 制程工艺，成为世界上最早采用 7 nm 工艺的高性能 x86 CPU。作为一个重要的工艺节点，台积电 7 nm 工艺从高性能到低功耗、从数据中心到桌面和移动 PC 都应付自如，实现了晶体管密度的翻番，同等性能下功耗可以降低一半，而同等功耗下性能可提升超过 25%。Zen 2 相比于 Zen+的单线程性能提升了多达 21%，其中六成来自微架构的改进，另外四成来自 7 nm 工艺和频率提升。

为了提高单核性能，Zen 2 的三级缓存容量翻倍，提高了访问主存的命中率；改进了分支预测单元，将预测错误率降低了约 30%，使得处理器可以花更少的时间完成前端分派的工作，提高效率的同时也能节省功耗；浮点运算单元的数量翻倍，提升了处理浮点运算指令的吞吐量。

三代锐龙处理器以及新一代霄龙处理器都采用了 chiplet 多芯片设计。这种设计方式可以减轻架构和工艺压力，不同 IP 模块可以选择最合适优化的工艺，从而大大降低研发、制造成本，并提高良品率；同时，也可以灵活地配置产品规格和特性，针对不同市场提供最合适的产品，更好地提升峰值计算性能。对于多芯片设计，关键因素是提高不同模块之间的通信带宽和效率，降低延迟，AMD 为此设计了 Infinity Fabric 总线，无论 AMD CPU 还是 AMD GPU，都是基于这种新型总线进行互连的。三代锐龙处理器上，Infinity Fabric 总线已经进化到第二代，在扩展性、延迟、能效各个方面都有显著提升。

三代锐龙处理器的基础模块仍然是 CCX(CPU Complex)，采用 7 nm 的制程工艺，每个 CCX 里有 4 个物理核心、16 MB 三级缓存，同时两个 CCX 组成一个 CCD(CPU Complex Die)。单独的 I/O Die 集成了输入输出控制中心(总线控制器)、一体化内存控制器(直连内存)、GPU 核显等。为了节省成本、提高良品率，I/O Die 的制程工艺是 12 nm。每个 CCD 有各自的 Infinity Fabric PHY 物理层，通过它和 I/O Die 芯片内的数据交换网络(Data Fabric)进行高速互连通信。所有 CCD 之间都要通过 I/O Die 进行通信，这样可以保证不同核心、缓存之间的延迟是一致的。多个 CCD 通过 I/O Die 进行互联，封装在一起，也就形成了一颗 AMD 微处理器芯片。

通过 chiplet 多芯片设计，基于 Zen 2 微架构的锐龙、霄龙处理器可以在一个封装内灵活地集成更多的 CPU 内核，结合 7 nm 的制程工艺，大幅度提升了多核性能，在提高能效比的同时也降低了成本。

2020 年 AMD 推出的 Zen 3 微架构，其 CCD 制程是台积电 7 nm，IO Die 制程为 12 nm。Zen 3 微架构设计了更多更灵活的执行资源，提升了 Load/Store 单元的带宽，优化了指令流水线。

2022 年 AMD 推出的 Zen 4 微架构，其 CCD 制程是台积电 5 nm，IO Die 制程为 6 nm，在提高能效比和减小芯片尺寸方面都有很大的进步。Zen 4 使用了 3D V-Cache 技术，通过 3D 堆叠技术在相同面积的晶圆上可以集成更大容量的 Cache。每个 Zen 4 核心的二级缓存容量达到了 1 MB，是 Zen 3 的两倍；单个 CCD 拥有 8 个物理核心，三级缓存达到了 32 MB，降低了内核与内核、内核与 Cache 之间信息传递的延迟。AMD 在 Zen 4 架构上加入了对 AVX-512 指令集的支持。锐龙 7000 系列的 IO Die 支持 28 条 PCIe 5.0 通道，内存控制器也升级到了 DDR5，GPU 核心支持 DP 2.0 和 HDMI 2.1 视频输出。锐龙 9 7950X 采用双 CCD 设计，拥有 16 个物理核心，可同时处理 32 个线程；基础频率为 4.5 GHz，最大加速时钟频率可达 5.7 GHz；总一级缓存容量为 1 MB，总二级缓存容量为 16 MB，总三级缓存容量为 64 MB；支持双通道的 DDR5 内存。

1.2.2　Intel 微处理器体系结构的发展

微处理器技术的发展总是那么引人注目，甚至关乎到整个 PC 行业的兴衰。而微处理器架构是微处理器技术的核心，其优劣决定了微处理器产品的性能及市场占有率。

1. Intel 8086/8088 处理器(1978 年)

8086 和 8088 是 16 位的微处理器，Intel 的 x86 系列处理器从这里开始。8086 处理器内部的通用寄存器为 16 位，外部系统总线有 16 根数据线以及 20 根地址线，可以实现最大 1 MB 的主存寻址能力。8088 处理器与 8086 类似，主要区别是外部系统总线只有 8 根数据线，读写主存或接口时一次只能传输一个字节的数据。

为了能用 16 位指针寄存器寻址 1 MB 的主存地址空间，8086/8088 处理器对主存地址空间采用分段管理方式，引入了四个 16 位的段寄存器，用来存储段起始地址的高 16 位(低 4 位默认为 0)；同时引入了若干个 16 位的指针寄存器，用来存储 16 位的段内偏移。因此，一个段的容量最大可达 64 KB。利用段寄存器和指针寄存器中存储的内容，可以形成 20 位的主存地址，从而实现 1 MB 的主存寻址能力。

2. Intel 286 处理器(1982 年)

Intel 286 也是 16 位的微处理器，但它有两种工作模式：用来兼容 8086/8088 处理器的实模式(Real-Address Mode)和新增的用来实现更多增强功能的保护模式(Protected Mode)。这两种工作模式被后续的 x86 处理器沿用到现在。

当 Intel 286 处理器加电复位后，默认工作在实模式，主存寻址能力为 1 MB，相当于快速的 8086 处理器。

把 Intel 286 处理器的工作模式切换到保护模式后，可以实现段式虚拟存储管理。在访问主存时，处理器通过段寄存器中存储的段选择符定位到主存中段描述符表对应的行，从而得到 24 位的段起始地址，可寻址最大 16 MB 的主存。在保护模式下，可以实现一些简单的保护机制，包括段边界检查、段访问权限检查，并支持四个特权级。

3. Intel 386 处理器(1985 年)

Intel 386 处理器是 x86 系列处理器中第一款 32 位的微处理器，其内部的寄存器扩展到了 32 位，可以存储 32 位的数据或 32 位的主存地址(段内偏移)。其通用寄存器的低 16 位可以兼容之前的 16 位 x86 处理器，实现软件的向下兼容；新引入的虚拟 8086 模式(Virtual-8086 Mode)，用来实现在 32 位保护模式下同时运行多个基于 8086/8088 的 16 位程序。Intel 将此 32 位的处理器架构取名为 IA-32，后续的 x86 处理器一直到 Pentium 4 都属于此架构。

Intel 386 处理器引入的新特性还包括：

(1) 系统总线包含 32 根地址线，主存最大寻址空间可达 4 GB。

(2) 支持分段内存模型和平坦内存模型。

(3) 支持页式虚拟存储管理，页面大小为 4 KB。

(4) 支持多任务、存储保护、特权级。

4. Intel 486 处理器(1989 年)

Intel 486 处理器将 Intel 386 处理器的指令译码单元和执行单元细分为五个段的指令流水线，在同一时刻最多可以有五条指令在指令流水线的不同段同时处理，实现了并行度更高的指令级并行。

1) Intel 486 处理器引入的其他新改进

Intel 486 处理器引入的新改进还包括：

(1) 片上集成了 8 KB 的一级缓存。

(2) 将 x87 浮点处理单元集成到了处理器芯片内部。

(3) 更先进的节能技术。

(4) 新增系统管理模式(System Management Mode，SMM)。SMM 运行在独立空间里，具有自己独立的运行环境和极高的权限，用来处理电源管理、硬件控制等比较底层、比较紧急的事件，独立于操作系统运行。

2) x86 处理器支持的工作模式

x86 处理器发展到此时，已支持以下几种工作模式：

(1) 实模式。系统加电复位后默认进入实模式，相当于快速的 8086 处理器，寄存器是 16 位的，对主存采用最原始的分段管理方式，通过将段寄存器的内容(即段地址)左移 4 位再加上指针寄存器中存储的 16 位段内偏移地址得到 20 位的主存地址。

(2) 保护模式。可以使用 32 位的寄存器，可以寻址更大的内存地址空间，支持段页式虚拟存储管理、存储保护、特权级、多任务。

(3) 虚拟 8086 模式。此模式是保护模式下的一个子模式，可将 IA-32 处理器模拟为多个 8086 处理器并行工作，用来支持在 32 位保护模式下运行 16 位程序。

(4) 系统管理模式。当有系统管理事件产生时，处理器上的 SMI#引脚(External System

Interrupt pin)就会被触发，处理器进入系统管理模式并切换到一个单独的地址空间，保存上下文后执行相应的任务；任务完成后从系统管理模式返回，恢复之前的工作并继续执行。

5. Intel Pentium(奔腾)处理器(1993 年)

Intel Pentium 处理器引入超标量结构，增加了第二条指令流水线，两条指令流水线并行工作，每个时钟周期可以处理完两条指令。片上的一级缓存容量翻倍，包括 8 KB 的一级指令缓存和 8 KB 的一级数据缓存。数据缓存使用 MESI Cache 一致性协议，更新策略采用写回法，比 Intel 486 的写直达法具有更高的效率。为了提高对循环结构分支预测的性能，Intel Pentium 新增了片上的分支预测缓存。其他的改进还包括：

(1) 优化了虚拟 8086 模式，使其具有更高的效率。

(2) 在实现页式虚拟存储管理时，支持 4 MB 和 4 KB 的页面大小。

(3) 内部总线具有 128 位和 256 位的数据宽度，提高了处理器内部的数据传输率。

(4) 处理器外部总线的数据宽度扩展到了 64 位，提高了主存的读写速度。

(5) 引入高级可编程中断控制器(APIC)，用来支持多处理器系统的中断管理。

Intel Pentium 处理器的后续型号引入了多媒体扩展(MMX)指令集，可以对存储在 64 位专用寄存器中的打包整数进行并行计算，实现单指令流多数据流(SIMD)并行处理。

6. P6 家族处理器(1995—1999 年)

P6 家族处理器在前代超标量结构的基础上进一步增强，实现了三条指令流水线并行工作，每个时钟周期可以同时译码、分派、执行三条指令。每条指令流水线划分为 12 个段，支持指令的乱序执行。

为了给三条指令流水线不间断地提供指令和数据，P6 家族处理器片上集成了两级缓存。一级缓存包括 8 KB 的指令 Cache 和 8 KB 的数据 Cache，采用四路组相连的地址映射方式，延迟低，可以和指令流水线同步工作；二级缓存容量可以是 256 KB、512 KB 或 1 MB，通过和处理器同频率的 64 位缓存总线与内核互连。

1) 主要设计理念

P6 微架构的核心是指令的乱序执行机制，称为指令的动态执行。其主要设计理念包括以下三个方面：

(1) 进一步优化分支预测算法，更精准的分支预测使指令流水线尽可能满负荷工作。

(2) 动态数据流分析。通过实时分析指令之间使用数据的依赖关系，安排指令以最优的顺序在多个执行单元中乱序、并行执行，保证程序运行结果正确。

(3) 指令的推测执行。在分支条件没有形成时，提前根据分支预测结果执行对应分支的指令。首先，处理器的内核根据动态数据流分析的结果，乱序执行指令池中经过预处理的指令，把运算结果存储在程序员不可见的临时寄存器中；然后，退出单元负责搜索指令池中执行完且与指令池中其他指令之间没有控制冒险和数据冒险的指令，按照原始顺序将执行结果写入指令指定的程序员可见的存储器(主存单元、8 个定点数通用寄存器，或 8 个 x87 浮点寄存器)中；最后，将这些执行完的指令从指令池中去除。

2) P6 家族处理器成员

P6 家族包括以下处理器：

(1) Pentium Pro 处理器：P6 家族的初代处理器。

(2) Pentium Ⅱ 处理器：在 P6 家族引入 MMX 指令集，一级指令缓存和一级数据缓存均扩展到 16 KB；引入多种低功耗状态(AutoHALT、Stop-Grant、Sleep、Deep Sleep)，以降低处理器空闲时的功耗。

(3) Pentium Ⅱ 至强处理器：针对服务器领域的需求，支持 4 路、8 路扩展，二级缓存扩展到 2 MB。

(4) Celeron(赛扬)处理器：针对预算低的用户，二级缓存容量降低到了 128 KB，采用了更低成本的封装形式。

(5) Pentium Ⅲ 处理器：在 IA-32 体系结构中首次引入 SSE 扩展指令集，利用 128 位专用寄存器实现更高并行度的 SIMD 浮点运算。

7. Intel Pentium 4 处理器(2000—2006 年)

Intel Pentium 4 处理器基于 Intel NetBurst 微架构，引入 SSE2 和 SSE3 扩展指令集、超线程技术。支持超线程技术的 Pentium 4 至尊版(Extreme Edition)以及 6xx 和 5xx 系列首次引入 Intel 64 架构，将处理器扩展到 64 位。Pentium 4 的 672 和 662 系列处理器首次引入硬件虚拟化(Intel VT)技术，以弥补纯软件虚拟化方案在可靠性、安全性和性能上的不足。

NetBurst 微架构的特点：

(1) 更深的指令流水线、更高的主频。

(2) 更快的总线传输速度。

(3) 指令译码单元负责将 CISC 结构的机器指令解码为简单的、具有 RISC 特点的若干条微操作，而一级指令缓存可存储这些解码之后的指令(微操作)，对于小循环程序来说，可节省大量的指令解码时间。

(4) 更多的乱序执行单元。

(5) 引入寄存器重命名技术以解决指令乱序执行时带来的数据冒险问题。

8. Intel Core 微架构处理器(2006—2007 年)

Intel Core 微架构处理器主要包括至强 5100、5200、5300、5400 和 5700 系列处理器，Core Duo 和 Core Solo 处理器，Core 2 处理器家族。

从 Intel Core 微架构开始，Intel 微处理器全面引入多核、超线程技术，并将处理器内核升级到了 64 位，称作 Intel 64 体系结构(Intel 64 Architecture)。软件使用的线性地址扩展到了 64 位，支持 52 位的主存物理地址，并引入了新的 IA-32e 工作模式。

1) IA-32e 模式

IA-32e 模式分为以下两个子模式(实际工作模式可以是二者之一)：

(1) 兼容模式。在此模式下，绝大多数原来的 32 位程序可以不加修改，直接在 64 位操作系统中运行。

(2) 64 位模式。在 64 位操作系统下运行 64 位的程序，程序可以使用 64 位的主存地址空间。在 64 位模式下，应用程序可以访问：

① 平坦内存模型下的 64 位线性地址空间。

② 64 位的通用寄存器和指针寄存器。

③ 新增的 8 个 64 位的通用寄存器 R8～R15。

④ 为支持 SSE、SSE2、SSE3、SSSE3 和 SSE4 扩展指令集新增的 8 个专用的 128 位

寄存器(兼容模式下只能使用 8 个 128 位的 SSE 指令集专用寄存器，而 64 位模式下可以使用 16 个这样的寄存器)。

⑤ 新增基于指令指针寄存器 RIP 的相对寻址方式。

2) 新技术与新特性

在将处理器扩展到 64 位的基础上，Intel Core 微架构为了提升性能、降低功耗，还引入了以下新技术、新特性：

(1) 更宽的动态执行指令流水线，使取指令、指令解码、执行具有更高的并行度，退出单元每个时钟周期可以回收(执行完)4 条指令。具体实现细节包括：

① 14 级指令流水线，超标量结构，支持指令的乱序执行。

② 3 个算术逻辑单元(ALU)。

③ 4 个指令解码部件，每个时钟周期最多解码 5 条机器指令(结合宏融合技术)。

④ 引入宏融合、微融合技术，提高了指令流水线前端处理的吞吐率。宏融合技术可将符合条件的连续两条机器指令解码成一个微操作；微融合技术可以将解码之后符合条件的连续两个微操作转换成一个微操作。

⑤ 指令队列可识别短循环，以提升短循环的取指效率。

⑥ 每个时钟周期最多可以分派 6 个微操作并行处理。

⑦ 更先进的分支预测单元。分支预测单元新增专用硬件，可以针对不同类型的分支做出更精准的预测；拥有更先进的分支预测算法，指导指令预取单元根据分支预测结果在指定的分支预取指令。

⑧ 新增栈指针跟踪器(Stack pointer tracker)，降低了子程序调用、子程序返回等指令的执行开销。PUSH、POP、CALL、LEAVE、RET 等指令执行时需要更新堆栈指针寄存器(RSP)，维护栈内的参数。在老式架构中，这类指令会被译码成多个微操作；引入栈指针跟踪器后，处理器内核在前端指令解码阶段就可以隐式更新堆栈的相关信息，节省了前端解码的带宽(少产生一个更新 RSP 的微操作)，同时也节省了后端执行的带宽(执行时不需要更新 RSP)，提升了乱序执行的并行度(消除了对 RSP 寄存器的数据冒险)，同时也降低了功耗。

(2) 智能高速缓存技术(Intel Advanced Smart Cache)，使得二级缓冲与处理器内核之间具有更高的带宽，针对单线程和多线程应用可以提供更高的性能。具体实现细节包括：

① 更大的二级缓存、更多的组相联路数。比如，二级缓存容量可达 4 MB，采用 16 路组相连的地址映射方式。

② 针对多核和单线程执行环境进行了优化。

③ 二级缓存与一级缓存之间采用 256 位总线进行连接，具有更高的带宽。

④ 可以在不同内核之间共享缓存数据。

(3) 智能主存访问技术(Intel Smart Memory Access)，用以预判乱序执行时数据流的访问模式，提前访问主存预取数据，从而降低 Cache 的缺失率。具体实现细节包括：

① 硬件预取技术，可降低因为缓存缺失带来的延迟。

② 存储器消歧(Memory Disambiguation)技术，提高了推测执行访存指令时的执行效率。当访问主存的指令乱序执行时，三种数据冒险(RAW(写后读)、WAR(读后写)、WAW(写后写))都需要处理。存储器消歧技术可以动态分析这些访问主存指令之间的依赖关系(数据

冒险)，在不影响程序运行结果的前提下加速访问主存指令的乱序执行。

(4) 高级数字媒体增强技术(Advanced Digital Media Boost)，使得 SSE 扩展指令(包括该指令集的浮点数运算)在平均一个时钟周期内即可完成(结合流水线技术)。具体实现细节包括：

① 大多数 SSE 类的扩展指令可以在单周期内完成。

② 每个时钟周期最多可以并行处理 8 个浮点数运算操作。

③ 可以同时分派 3 条 SSE 类指令给对应的执行单元并行处理。

(5) 指令执行时，将处理过程复杂的运算操作细分为硬件流水线实现，提高了整体的吞吐率。

(6) 处理器芯片内部集成了数字温度传感器。

9. Nehalem 微架构处理器(2008—2010 年)

Nehalem 微架构处理器主要包括 2008 年的 Intel Core i7 处理器和 2010 年的 Intel 至强 7500 系列处理器。引入的新技术和改进包括：

(1) 改进了分支预测以及预测失败后恢复的算法。

(2) 智能主存访问技术(Smart Memory Access)。具体包括：

① 内存控制器集成在了微处理器芯片内部，使得访问主存具有更低的延迟、更高的带宽；支持三个通道的 DDR3 内存。

② 引入片内三级缓存。

③ 两级 TLB，并扩展了 TLB 的容量。

(3) 超线程技术，使得每个物理内核可以同时处理两个硬件线程(操作系统识别为两个逻辑内核)。

(4) 睿频加速技术(Intel Turbo Boost Technology)，当运行复杂应用时，处理器可自动提高主频以提速；当运行性能不敏感的简单应用或者进行任务切换时，如果主要是内存和硬盘在工作，处理器则会立即降低主频进入节电状态。

(5) 电源管理方面的改进：

① 处理器内部集成了包含固件的微控制器，专门负责电源管理。

② 处理器内部集成了实时温度、电流、功率传感器。

③ 处理器内部集成了电源开关模块，可以随时打开或关闭每个内核的供电。

④ 可随时控制内存和互连子系统的功耗。

(6) 引入 QPI(Quick Path Interconnect)总线，实现处理器与芯片组之间、处理器与处理器之间的点到点直连。

(7) 支持 SSE 4.1 和 SSE 4.2 扩展指令集。

(8) 第二代 Intel 硬件虚拟化技术。

10. 第一代酷睿 i 系列：Westmere 微架构处理器(2010 年)

Westmere 微架构处理器包括 2010 年生产的 Core i7、i5、i3 处理器，以及至强 5600 系列处理器。主要改进包括：

(1) 采用 CPU＋GPU 整合模式，处理器内核采用 32 nm 制程工艺，片上集成了 45 nm 制程工艺的图形处理单元(核显)。GPU 可以直接使用三级缓存以及内存控制器。由于 GPU 嵌入处理器内核中，三级缓存以及内存控制器的共享和负载平衡算法都做了相应的改进。

(2) 新增对高级加密标准指令集(AESNI)、PCLMULQDQ 指令的支持。

11. 第二代酷睿 i 系列：Sandy Bridge 微架构处理器(2011 年)

第二代酷睿 i 系列处理器新增的特性：

(1) 高级向量扩展(AVX)指令集，可使用 256 位的专用寄存器进行浮点数的 SIMD 运算。

(2) 更大的指令动态执行窗口。

(3) 处理器内部采用高带宽的环形总线来实现各模块之间的互连。

12. 第三代～第十一代酷睿 i 系列处理器(2012—2021 年)

这几代酷睿 i 系列处理器在体系结构方面的改进主要包括：

(1) 新增 SHA(Secure Hash Algorithm)指令集、AVX-512 指令集。

(2) 更多的内核数量，更高的睿频频率，更高的能效比。

(3) 更宽的指令流水线、更高的指令级并行度。比如，设置更多的指令解码单元，更深的寄存器重命名指令队列，容量更大的指令池(重排序缓冲器(ReOrder Buffer))，更多的微操作分派端口，更多的执行单元。

(4) 更大的缓存容量。

(5) 继续使用前代酷睿 i 系列的 SoC 设计思路，将多个处理器内核、三级缓存(第一级和第二级缓存每个内核独有，第三级缓存所有内核共享；第一级缓存分为指令和数据缓存)、图形处理单元(核显)、内存控制器和输入输出总线控制器集成在微处理器芯片内。主板上的芯片组只需要一个芯片，称为 PCH(Platform Controller Hub)。

(6) 对支持的主存、总线标准的升级，比如主存从支持 DDR3 到支持 DDR4，支持的 PCIe 总线标准的版本从 3.0 到 4.0。

13. 第十二代和第十三代酷睿 i 系列处理器(2021—2023 年)

从第十二代酷睿 i 系列开始，处理器引入大小核异构设计。大核(性能核，Performance Core，简称 P-Core)支持超线程技术，每个大核可同时处理两个硬件线程，提供更高的性能，当然功耗也会更高；小核(能效核，Efficient Core，E-Core)不支持超线程技术，每个小核只能处理一个硬件线程，提供更高的能效比。第十二代和第十三代酷睿 i 系列处理器采用了 Intel 7(增强 10 nm)制程工艺，支持 PCIe 4.0/5.0 以及 DDR4/DDR5 内存，全系桌面处理器支持带校验(检错与纠错)技术的 ECC 内存。

为了实现线程在大小核之间的最优调度，十二代酷睿 i 系列最先引入硬件线程调度器，在处理器内部建立了一个专用的信息网，在纳秒级别的时间维度上收集每个内核的指令运行情况、温度信息等数据，并将这些数据汇报给操作系统的线程调度器。操作系统的线程调度器利用这些信息，结合内核的架构种类、任务优先级和忙碌状态进行综合调度，最大限度地提高调度的准确性。

在设计之初，大核支持 AVX-512 指令集，而小核不支持。这样在调度使用了 AVX-512 指令集的线程时，如果将其从大核迁移到小核上继续运行，则会导致程序崩溃。为了避免各种解决方案带来的混乱，Intel 直接关闭了大核对 AVX-512 指令集的支持。因此，目前的第十二代和第十三代酷睿 i 系列处理器都不支持 AVX-512 指令集。如果用户的应用领域需要用到 AVX-512 指令集(比如算法中包含对性能要求很高的大量的向量、矩阵运算)，那么应该选择支持 AVX-512 指令集的针对服务器、工作站设计的 Intel 至强系列处理器。

第十三代酷睿 i 系列处理器通过对 Intel 7 工艺的改进，使得最高睿频得到约 600 MHz 的提升。其他的改进包括：优化前端指令预取算法，增加二级缓存容量，提升内存控制器性能(比如支持频率更高的 DDR5 内存)。这些改进使得单核性能得到约 15%的提升。为提高多核性能，第十三代酷睿 i 系列处理器引入的改进措施包括：性能核的个数和第十二代保持一致，但能效核的个数在同级别产品中翻番；扩大了三级缓存的容量，并优化了三级缓存的算法，可以根据当前各内核的工作类型和工作量(强调单线程性能还是多线程性能)，在包容(Inclusive)缓存算法和非包容(Non-Inclusive)缓存算法之间进行智能切换。第十三代酷睿 i 系列处理器还对硬件线程调度器做了升级和优化，可以更好地识别线程切换的边界，使得调度更准确、效率更高，当然这也需要最新的操作系统配合。

如今，决定 CPU 整体性能的关键已经不仅仅是主频、缓存技术，而是核心架构。优秀的核心架构能够弥补主频的不足，更能简化缓存设计而降低成本，这才是优秀处理器的根基。

1.3　PC 概述

1.3.1　PC 的发展

微型计算机，也称个人计算机或个人电脑(PC)，是随着微处理器(CPU)的发展而发展的。1981 年 IBM PC 的发布，是计算机发展史上的一个重要里程碑，标志着 PC 开始进入计算机主流。随着 PC 的发展，它逐渐成为人们工作、沟通、学习、娱乐等许多活动的基本组成部分，并且成就了一个生机勃勃的产业。

第一款商用 PC 是 1981 年的 IBM PC，它采用主频为 4.77 MHz 的 Intel 8088 微处理器，单色显示器，容量为 160 KB 的 5.25 英寸软盘驱动器，64 KB 内存(RAM，可扩展到 256 KB)，没有硬盘；其软件界面都是纯文本的，包括 PC-DOS、微软 BASIC、VisiCalc、UCSD Pascal、CP/M-86、Easywriter 1.0 等；能发出的唯一的声音是系统内小扬声器发出的蜂鸣声。

IBM PC 的大多数早期用户选用单色显示系统，花费约 3000 美元。如果选用彩色显示器和图形卡，则价格为 4500 美元。按照今天的标准，第一台 IBM PC 不仅昂贵，而且缓慢，难以使用。用户需要用软盘(操作系统盘)启动 PC，等它往内存中加载 DOS 操作系统。为了运行用户软件，需要用程序盘替换操作系统盘。保存文件时需要另用一张软盘。

1981 年的 PC 没有鼠标、图标或菜单来启动软件。用户不是通过图形用户界面，而是必须输入相应的 DOS 命令来启动程序，并使用键盘命令来执行功能。屏幕的观感非常原始：没有窗口，也没有重复显示页面的功能。调制解调器也很少使用，绝大多数的早期 PC 都不连接任何类型的网络。

今天的消费者只花不到 5000 元人民币的价格，便可购买一台带基本配置的台式 PC。它包括第十二代 Intel Core i5 六核处理器、16 GB 的 DDR4 主存、1 TB 机械硬盘+256 GB PCIe 4.0 固态硬盘以及一个 23 英寸液晶显示器。消费者也可以在一定的价格区间内，从主要的 PC 制造商那里购买一台超高性能的 PC，比如用 5 万元人民币配置第十三代 Intel Core i9 二十四核处理器、128 GB 的 DDR 5 主存、8 TB 机械硬盘+2 TB 固态硬盘、48 GB 显存的 NVIDIA RTX A6000 专业图形显卡以及 27 英寸 4 K 分辨率高色域液晶显示器。

　　IBM 最初对 PC 销量的预测相当保守，当时销售 10 000 台机器就被认为是很大的数量。因为当时的 PC 非常昂贵，个人计算机在第一个时期的主要用户几乎都是商业机构。而 2021 年全球 PC 电脑出货量总数约为 3.41 亿台。

　　虽然 PC 在 20 世纪 80 年代初已变得越来越成熟，但应用程序的种类基本上没有什么改变。然而，在 20 世纪 80 年代中后期，桌面印刷软件开始加入到提升生产力的工具之列；Intel 80386 处理器提供的可运行更先进的操作系统的能力，使得业界顺利地过渡到微软的视窗系统。1983 年问世的消费级光学机械式鼠标、1984 年问世的苹果灵敏麦金塔(Macintosh)系统以及 1985 年问世的微软 Windows 操作系统，由于可以用直观的用户交互方式取代艰涩的键盘命令，因此很快得到了大家的拥护。

　　创新实验室(Creative Labs)在 1991 年发布的第一款用于 IBM PC 和兼容机的多媒体套件，是 PC 进入多媒体时代的一个标志。这个套件包含一个 16 位声卡、一个单倍速 CD-ROM 驱动器、相关软件以及两个小扬声器，售价数百美元，它使 PC 增加了新的娱乐功能。在多媒体时代，PC 在家庭中受到的欢迎程度和它们在商业界中的一样。Intel 的第五代处理器，即 Pentium 处理器充当了多媒体革命的引擎。它发布于 1993 年，其强大的性能足以处理"现实世界"中的数据，如视频、声音、文字、照片和图形等。

　　互联网时代随着多媒体革命接踵而来，其标志是 1994 年浏览器成为主流应用。由于具有增强的生产性功能和多媒体属性，因此 PC 成为首要的网络访问设备，这进一步促进了 PC 的普及。

　　Intel 在 2001 年 1 月提出"扩展 PC"一词并把 PC 定位为数字世界的基础的时候，存在很多争议。Intel 预言，个人数字助理(PDA)、数码相机、数码录像机、MP3 音频播放器、DVD 驱动器、CD-RW 驱动器、扫描仪、电子书、PC 增强型玩具、手持电话等都将成为联网 PC 的外围设备，并且从这种共生关系中获益。其他一些人则不看好 PC，而更倾向于发展网络计算机，即被一些批评家认为相当于 PC 出现之前的所谓哑终端，他们认为网络计算机才是更为可行的 PC 替代品。当时 PC 产业看起来处在一个十字路口。2001 年，PC 的销量自 IBM PC 问世以来首次出现下滑。但是到 2003 年，销量再次增长，整个业界重回正轨。诸如平板显示器这样的创新再次使大家对 PC 产生了兴趣；同时，电子商务的增长、音乐下载以及其他互联网应用，也都刺激了对高性能 PC 的需求。

　　笔记本电脑变得越来越普遍，不单是商务旅行者，每个人都开始用笔记本。Intel 迅驰移动技术平台发布于 2003 年，它在这一时期的 PC 进化中居于中心地位。迅驰移动技术结合了无线互联网功能和专门为移动计算所设计的微处理器，引发了 PC 从台式机向笔记本电脑的转移。采用迅驰移动技术的产品，其销售速度超过了奔腾处理器问世以来的任何一种 Intel 产品。

　　Intel 为家庭娱乐和企业打造的新的技术平台，是在微处理器的基础上构建的，但加入了更多符合家用和工作需求的应用价值。例如，Intel Viiv(欢跃)技术是 Intel 公司面向家庭娱乐应用的 PC 所设计的主要品牌，能够帮助人们享受、共享、管理和控制家庭中和周边的越来越多的数字化信息——从照片和音乐到游戏和电影。Intel vPro(博锐)技术是 Intel

为商用 PC 进行优化的主要品牌，它结合了出色的可管理性、增强的安全性和更高能效的性能表现。

进入 21 世纪的今天，PC 的形态已不仅仅是台式机了，它正在以笔记本电脑、平板电脑、智能手机、智能手表等多种形式呈现，已真正走入人们的日常工作和生活中，成为不可缺少的工具。无论是个人持有还是工作与商业机构拥有，PC 已与每个人息息相关。

Intel 的创始人之一戈登·摩尔在 1965 年观察到，处理器的集成度大约每 18 个月翻一番，从而导致计算能力在相对短暂的时间段里呈现指数级的提升。这个众所周知的摩尔定律，持续到今天仍然相当准确。基于摩尔定律，我们有理由设想，硅工艺技术和晶体管密度将有继续提升的空间，并被应用于新的、性能不断提高的 PC 中。

计算机的发展有四大趋势：巨型化、微型化、智能化和网络化。作为微型化的代表，微型计算机在计算机的发展历程中是非常重要的一个机种，它对于计算机的普及与发展有着不可磨灭的贡献。

1.3.2 PC 的基本组成

微型计算机(即 PC)是由硬件系统和软件系统两大部分组成的，其简化结构如图 1.1 所示。

1. 硬件系统

微机系统的硬件包括微处理器、存储子系统、输入/输出(I/O)子系统、总线等几大功能部件，是微机系统的物理实体部分，是建立在指令集体系结构之上的复杂电子设备。所有硬件部件的设计与实现，都是围绕着如何高效实现所需功能和如何快速执行各种软件(即程序/指令)而展开的。

1) 微处理器

从宏观角度来看，今天的微处理器功能仍然可以认为是运算、存储和控制，但随着计算机技术和芯片制程技术的不断发展，微处理器的结构日益复杂，功能日益强大。今天的微处理器不仅是多核的(核内采用超标量、流水线结构(参见 2.2 节))，而且针对各种应用场景，还引入了诸多新技术(参见 1.2.2 节)；它能对多线程进行并行处理，能对数值、文字、图形、图像、视频等各种信息进行所需的处理；它能完成语言理解、视觉感知、智能推理等诸多人类复杂情感和行为的处理。

总体而言，微处理器的功能和性能决定了微机系统的功能和性能，它是整个微机系统的核心。

2) 存储子系统

存储子系统简称存储系统，由存储控制器(Memory Controller，MC)和各类存储器组成，其中的主存储器(即主存)是微机系统中不可缺少的重要功能部件。到目前为止，所有的商用电子计算机都是依据冯·诺依曼计算机的原理，即存储程序控制原理来工作的。依据这一原理，程序和数据必须放在存储器中，控制器首先从存储器中获得指令，然后对其译码(即解码)、执行。

早期微机系统的存储系统中只有寄存器和主存。但随着微处理器性能的快速提升，主存芯片的速度与微处理器芯片的速度差距越来越大，加上大容量主存成本的限制等原因，

"寄存器-Cache-主存-联机外存-脱机外存"这样的存储体系逐渐形成(其中由主存+联机外存+辅助硬件+系统软件构成了虚拟存储器),这就是现代微机中的存储系统。这种多层结构的存储系统,在速度上接近 Cache 的速度,容量上可以达到海量,价格可以使用户接受,但管理也相对复杂。MC 负责 CPU 核对主存的直接访问,存储管理单元(MMU)配合操作系统负责对虚拟存储器进行管理,外存则由 I/O 控制器参与对其进行读写。

现在高性能的微处理器中已集成了 1～3 级(即 L1～L3)Cache,其中 L1、L2 Cache 在 CPU 内核中,L1 Cache 分为指令 Cache(I-Cache)和数据 Cache(D-Cache),L2 Cache 为指令和数据混合存储。这样,可以使 CPU 内核访问主存的速度更快。

3) 输入/输出子系统

输入/输出子系统简称 I/O 系统,由 I/O 控制器、各种 I/O 接口或总线接口、外设等组成。为了实现计算机与万物连接,就需要微机系统能够与形形色色的外设连接。由于外设种类繁多,需要通过不同的接口与 CPU 内核连接,以确保微机内部数据与外界实现输入/输出,这样的输入/输出控制与管理就需要 I/O 控制器来完成。

通常 I/O 控制器要能够支持外设以不同的方式与微机系统进行信息交换,如中断方式、DMA 方式等;要能够支持外设采用不同的总线与微机系统进行连接。

4) 总线

总线即为传送信息的通信线,用于微机系统中部件间、芯片间、系统间的连接。虽然在图 1.1 中没有直接画出总线,但在微机系统中总线无处不在。CPU 内核中各功能部件连接需要总线,微处理器中各功能模块连接需要总线,微机系统中各功能部件连接也需要总线。例如,CPU 内核间采用环形总线连接,处理器与芯片组间采用 DMI 总线连接(参见 2.5.4 节);Intel 16 位微机系统中采用 ISA 总线,32 位微机系统中采用 PCI 总线,64 位微机系统中采用 PCIe、USB 总线等。

总线不仅仅只是连接线,它涉及信号排列、连接器结构、传输信号形式、传输协议、抗干扰等一系列的设计问题,总线的性能也直接影响到微机系统的性能。

2. 软件系统

任何微型计算机要正常工作,只有硬件是不够的,必须配上软件。只有软、硬件相互配合,相辅相成,才能使微型计算机完成人们所期望的功能。可以这么说,硬件是系统的躯体,软件(即各种程序的集合)是系统的灵魂。不配备任何软件的微型机,称为物理机或裸机,它和刚诞生的婴儿一样,只具有有限的基本功能。一个小孩将来可以成为一个伟大的科学家,也可以成为一个无所事事的人,这主要取决于他本人和社会如何对他进行灌输,即在他的脑子中给他灌输怎样的知识。同样,对于一台微型机,若给它配备简单的软件,它只能做简单的工作;若给它配备功能强大的软件,它就可以完成复杂的工作。

微型计算机的软件系统包括系统软件和应用软件两大类。

1) 系统软件

系统软件用来对构成微型计算机的各部分硬件(如 CPU、主存、各种外设)进行管理和协调,使它们有条不紊、高效率地工作。同时,系统软件还为其他程序的开发、调试、运行提供一个良好的环境和平台。

最重要的系统软件就是操作系统。它一般由厂家配置在微型计算机上。一旦微型计算机接通电源,就进入操作系统。在操作系统支持下,可实现人机交互;在操作系统控制下,可实现对 CPU、主存和外部设备的管理以及对各种任务的调度与管理。

在操作系统平台下运行的各种编程语言开发工具、数据库管理系统、各种硬件监测诊断等工具软件以及本书将要涉及的 C 语言和汇编语言开发环境均是系统软件的组成部分。

在操作系统及其他有关系统软件的支持下,微型计算机的用户可以开发他们的应用软件。

2) 应用软件

应用软件是针对不同应用、可实现用户要求的功能软件。例如,Internet 上的 Web 应用、各部门的 MIS 程序、CIMS 中的应用软件以及用于工业生产的监测控制程序等。

各种应用软件根据其功能要求,在不同的软、硬件平台上进行开发,可以选用不同的系统软件支持,例如不同的操作系统、不同的高级语言、不同的数据库等。应用软件的开发,采用软件工程的技术途径进行。

应用软件一般由用户提出功能需求并交付给专业的软件研发团队完成开发,最终由用户直接使用,因此也称为用户软件。用户可以根据微型计算机应用系统的资源配备情况,确定使用何种语言来编写用户程序,既可以用高级语言也可以用汇编语言。高级语言功能强,其语法比较接近人们日常生活的用语习惯,因此比较容易用其编写程序;而用汇编语言编写的程序则具有执行速度快、对端口操作灵活等特点。人们可以采用高级语言和汇编语言混合编程的方法来编写用户程序。

第2章　Intel 单核/多核处理器

本章介绍微机系统的核心部件微处理器。当今微处理器已从单核进入多核时代，多核处理器的高效处理能力，使其成为构成从微型到大型计算机的必选部件。由于多核处理器的理论与技术基础是单核处理器与并行技术的结合，所以本章先介绍 Intel x86 系列微处理器的第一款单核处理器 8086，在此基础上再介绍多核处理器(Intel Core 处理器)。

2.1　单核处理器(Intel 8086 处理器)

Intel CPU 从最早的 4 位单核处理器 4004 发展到今天的 64 位多核处理器，其体系结构、功能及性能都产生了巨大的变化，但从 8086 CPU 开始，Intel CPU 设计采用了向后兼容(Backward Compatibility，也称作向下兼容(Downward Compatibility))的特性，使得自 8086 CPU 之后推出的所有单核与多核 CPU 均具有向后与 8086 CPU 兼容的特性，因此单核的 8086 CPU 也就成为 Intel x86 CPU 的基石。

2.1.1　8086 处理器的功能特性

8086 处理器有三个版本：8086、8086-2、8086-1，其差别仅为时钟频率不同，依次为 5 MHz、8 MHz、10 MHz。8086 CPU 具有如下功能特性：

(1) 直接主存寻址能力 1 MB。

(2) 体系结构是针对强大的汇编语言和有效的高级语言设计的。

(3) 14 个 16 位寄存器。

(4) 24 种操作数寻址方式。

(5) 操作数类型：位、字节、字和块。

(6) 8、16 位无符号和带符号二进制或十进制运算，包括乘法和除法。

2.1.2　8086 处理器的体系结构

8086 处理器的内部分为两部分：执行单元(EU)和总线接口单元(BIU)，如图 2.1 所示。

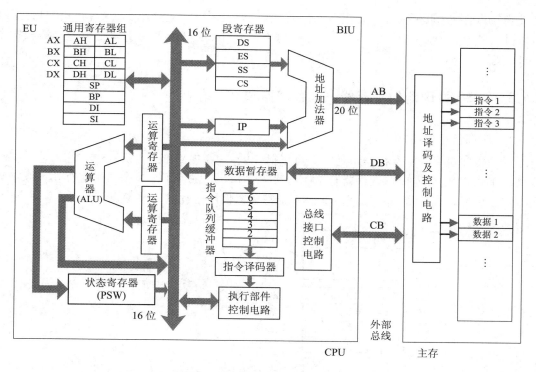

图 2.1　8086 CPU 的内部结构

EU 负责指令的执行。它包括 ALU(运算器)、通用寄存器组和状态寄存器等,主要进行 8/16 位的算术、逻辑、移位运算及段内偏移地址(即有效地址)的计算。

BIU 负责与主存和 I/O 设备的接口。它由段寄存器、指令指针寄存器(IP)、地址加法器和指令队列缓冲器等组成,主要操作包括取指令、从主存或 I/O 设备读取数据、将数据写入主存或 I/O 设备。

在 8086 处理器中,取指令和执行指令在时间上是重叠执行的,也就是说,在控制电路控制下,BIU 操作与 EU 操作是可以完全不同步的。通常,BIU 和 EU 处于并行工作状态,BIU 在指令队列缓冲器有 2 个以上空字节时,依据 CS 和 IP 确定的程序地址,不断从主存连续地址单元中取得指令送入指令队列缓冲器中;EU 则不断从指令队列缓冲器中取出指令加以译码执行。仅当以下情况发生时,两者的并行工作状态被打破:

(1) 当 6 个字节的指令队列缓冲器满,且 EU 没有主存或 I/O 访问请求时,BIU 进入空闲状态。

(2) 在 EU 执行访存或 I/O 指令时,因需要对主存或 I/O 设备进行读写数据的操作,则 BIU 在执行完当前取指周期后,暂停取指操作,在下一总线周期执行 EU 所要求的主存或 I/O 读写操作,之后再继续 BIU 的取指操作。

(3) 在 EU 执行转移、调用、返回等程序跳转类指令时,因之前读入指令队列缓冲器的指令已无效,所以 BIU 在清除指令队列缓冲器的同时,根据 EU 提供的跳转地址,重新获取跳转后的程序段指令。

引入指令队列缓冲器是 8086 CPU 相比之前的处理器最有创意的改变。指令队列的存在使得预取指令(即在执行当前指令的同时获取下一条指令)变为现实，取指令和执行指令可以并行执行，从而加速了程序的运行，也为之后 Intel 处理器中引入指令流水线和指令 Cache 奠定了基础。

2.1.3 8086 处理器的寄存器、主存储器和 I/O 结构

1. 内部寄存器结构

对于程序员来说，寄存器组是唯一可以操作的 CPU 内部部件，所以也被称为软件编程模型。在 8086 处理器中，寄存器有 14 个，其结构如图 2.2 所示。8 个通用寄存器可用于数据传送、运算、存储等一般用途，其余 6 个寄存器仅用于存储特定信息。

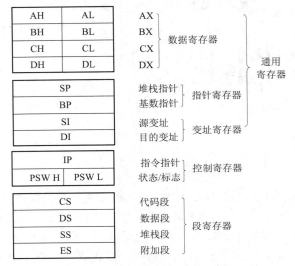

图 2.2 8086 CPU 的寄存器结构

1) 数据寄存器

8086 处理器有 4 个 16 位的数据寄存器：AX、BX、CX 和 DX，可以存放 16 位的源操作数或目的操作数，每个寄存器又可以分为高、低字节独立的两个 8 位寄存器，即图 2.2 中的 AH、AL、BH、BL、CH、CL、DH 和 DL，以支持字节操作。同时，4 个数据寄存器还有其特殊的用途，见表 2.1。

表 2.1 数据寄存器的部分特殊用途

寄存器	特 殊 用 途
AX	字乘法(乘数/乘积 L)，字除法(被除数 L/商)，字节乘(乘积)，字节除(被除数)，字 I/O
AL	字节乘(乘数)，字节除(商)，字节 I/O，十进制运算校正
BX	段内偏移地址
CX	串操作计数，循环计数
CL	移位次数
DX	字乘法(乘积 H)，字除法(被除数 H)，I/O 地址

2) 指针寄存器

8086 处理器有 2 个指针寄存器：SP 和 BP。

SP 是堆栈指针寄存器，用于存放主存中堆栈区的偏移地址，它指示堆栈的当前操作位置。

BP 是基数指针寄存器，用于存放主存的基本偏移地址。

3) 变址寄存器

SI 是源变址寄存器，DI 是目的变址寄存器，两者中存放的是主存的段内偏移地址。在指令的变址寻址方式中，SI 指针指向源操作数，DI 指针指向目的操作数，且 SI 和 DI 具有对其内容自动加减的功能，即自动改变其所存地址的功能。

4) 控制寄存器

8086 处理器有 2 个控制寄存器：IP 和 PSW。

IP 是指令指针寄存器，用来指示当前指令所在存储单元的段内偏移地址。操作系统将欲执行程序的首地址加载至 CS 和 IP 中，转移类指令执行时用跳转的目标地址修改 IP(或 CS 和 IP)。每当 8086 CPU 依据 CS 和 IP 从主存取得一个指令字节后，IP 便自动加 1，指向下一个要读取的指令字节。

PSW 是程序状态字，也称为状态寄存器或标志寄存器，用来存放 8086 CPU 在工作过程中的状态信息，其格式如图 2.3 所示。

图 2.3 状态寄存器的格式

PSW 为 16 位，定义了 9 个标志位，其含义如下：

C——进位标志位。加减运算时，若在最高位出现进位或借位，则该标志位置 1；否则清 0。逻辑运算、位移和循环指令也影响该标志位。

P——奇偶标志位。当运算结果的低 8 位中 1 的个数为偶数时，该标志位置 1；否则清 0。

A——半加进位标志位。加减运算时，若低 4 位向高 4 位进位或借位，则该标志位置 1；否则清 0。该标志位用于对 BCD 运算结果的校正。

Z——零标志位。当运算结果为全 0 时，该标志位置 1；否则清 0。

S——符号标志位。当运算结果最高位为 1 时，该标志位置 1；否则清 0。

T——陷阱标志位(单步标志位)。若该标志位置 1，则 8086 处理器进入单步执行指令工作方式。在每条指令执行结束时，CPU 要测试 T 标志位。如果 T 为 1，则在当前指令执行后产生单步中断(陷阱中断)，CPU 执行陷阱中断处理程序。该中断处理程序实现当前指令执行结果(包括所有寄存器和当前指令涉及的存储单元或 I/O 接口)显示的功能，为程序调试提供必要的信息，其程序首地址存于 00004H～00007H 存储单元中。例如，在系统调试软件 DEBUG 中的 T 命令，就是利用该标志位来进行程序的单步跟踪的。

I——中断允许标志位。若该标志位置 1，则 8086 处理器可响应可屏蔽中断请求；否则不响应可屏蔽中断请求。

D——方向标志位。若该标志位置 1，则 SI 和 DI 在串操作指令执行中自动减量，即从高地址到低地址处理字符串；否则 SI 和 DI 在串操作指令执行中自动增量。

O——溢出标志位。当带符号数运算结果超出 8 位或 16 位表示范围(如 8 位补码：−128～+127；16 位补码：−32 768～+32 767)时，该标志位置 1；否则清 0。

5) 段寄存器

8086 处理器有 4 个段寄存器：代码段寄存器 CS、数据段寄存器 DS、堆栈段寄存器 SS 和附加段寄存器 ES。这些段寄存器用于存储不同属性段的段地址，其内容与有效的段内偏移地址一起构成主存的物理地址。通常，CS 指示程序区，DS 和 ES 指示数据区，SS 指示堆栈区。

例 2.1　若将二进制数据 01011100b 和 11100101b 相加，请问：相加运算后 CF、PF、AF、ZF、SF、OF 分别是多少？

解　两个数运算结果如下：

$$
\begin{array}{r}
01011100 \\
+\quad 11100101 \\
\hline
1\quad 01000001
\end{array}
$$

运算对状态标志位产生的影响如下：

最高位产生了进位，则 CF = 1；

结果中有偶数个 1，则 PF = 1；

Bit3 位产生了进位，则 AF = 1；

结果不为零，则 ZF = 0；

最高位为 0，则 SF = 0；

如果是无符号数相加，因结果超出 8 位而溢出，所以 OF = 1；如果是补码相加，结果未溢出，则 OF = 0。

2．主存储器和 I/O 结构

由图 2.1 可见，在 8086 处理器的 BIU 中有一个地址加法器，它的作用是将 16 位段地址左移 4 位，然后与 16 位段内偏移地址相加，生成 20 位的物理地址，即

$$物理地址 = 段地址 \times 16 + 段内偏移地址 \tag{2-1}$$

其中：段地址由 16 位的段寄存器提供；段内偏移地址由 IP 或 EU 确定的有效地址(EA)提供。8086 处理器的这种设计使其管理的主存储器和 I/O 空间具有了特殊结构。

1) 主存储器和 I/O 地址空间大小与分体结构

根据式(2-1)，8086 处理器可以提供 20 位的地址。系统设计时，对主存单元寻址使用全部 20 位地址，对 I/O 设备端口寻址使用其低 16 位地址，这使得主存具有 1 M 的存储空间(即有 2^{20} 个存储单元)，I/O 设备具有 64 K 的端口空间。

为了支持字节操作，8086 处理器采用了字节编址方式，即主存储器或 I/O 的一个地址单元内存储 1 字节，拥有一个地址编号，这使得处理器依然可以根据地址进行 1 字节的存储器或 I/O 设备的读/写操作。同时，8086 处理器是 16 位处理器，除它内部 16 位寄存器、16 位运算器支持 16 位操作外，还需要进行 16 位存储器或 I/O 读/写操作，8086 处理器在字节编址方式下使用两个连续地址来访问 16 位数据，且 16 位数据按小数端模式存储。这种既能进行 8 位存储器或 I/O 读/写操作又能进行 16 位读/写操作的要求，使得基于 8086 CPU 构成的微机系统的主存和 I/O 系统在物理实体上采用了特殊的分体结构，如图 2.4 所示。

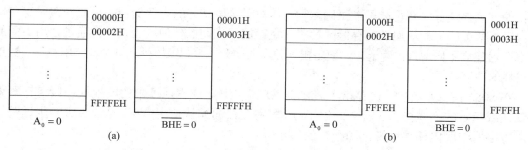

图 2.4　8086 系统的主存储器和 I/O 系统组织结构

(a) 主存储器结构；(b) I/O 结构

　　主存储器与 I/O 地址空间均按地址的奇、偶分为两个体，偶地址空间对应低字节的访问，用 8086 CPU 的低字节体允许信号 $A_0 = 0$ 选择；奇地址空间对应高字节的访问，用 8086 CPU 的高字节体允许信号 $\overline{BHE} = 0$ 选择。两个体允许信号的配合可以实现 8 位或 16 位的数据访问，见表 2.2。

表 2.2　8086 CPU 体允许信号的作用

$\overline{BHE}$	A_0	操作说明
0	0	高字节体和低字节体同时有效，依据地址 n，从主存储器或 I/O 空间读/写 16 位数据(当 n 为偶地址时，仅需要 1 个总线周期就可以完成 16 位(2 字节)的读/写，其中从地址 n 读/写数据低 8 位，从地址 n+1 读/写数据高 8 位；当 n 为奇地址时，则需要 2 个总线周期才可以完成 16 位(2 字节)的读/写，其中第一个总线周期从地址 n 读/写数据低 8 位，第二个总线周期从地址 n+1 读/写数据高 8 位)
0	1	高字节体有效，依据奇地址 n，从主存储器或 I/O 空间的奇地址体读/写 8 位数据
1	0	低字节体有效，依据偶地址 n，从主存储器或 I/O 空间的偶地址体读/写 8 位数据
1	1	高字节体和低字节体无效，不能进行主存储器或 I/O 访问

　　2) 主存储器的分段结构与段寄存器的使用

　　根据式(2-1)，8086 的主存储器物理地址由段地址和段内偏移地址确定。这意味着，8086 系统将 1 MB 存储空间分为了若干个逻辑存储段，每段固定 64 KB 大小，用 16 位段地址寻址，每段的起始地址为 16 的整数倍(即存储器地址的低 4 位为全 0)，段内用 16 位偏移地址寻址。这种分段存储器的每个存储单元可由唯一的 20 位物理地址确定，也可由多个逻辑地址(段地址：段内偏移地址)确定。因为段地址由 16 位段寄存器提供，所以 1 MB 的主存储器最多可以分为 2^{16} 个重叠的存储段；因为每段大小固定为 64 KB，所以 1 MB 主存储器中不重叠的存储段最多可以有 2^4 个。

　　8086 主存储器的分段结构不仅使其由 16 位地址寻址空间的 64 KB 扩大到 1 MB，而且为信息按属性分段存储带来了可能。为此，8086 处理器设置了 4 个属性的存储段：程序段(代码段)、数据段、堆栈段和附加段，并分别用段寄存器 CS、DS、SS 和 ES 为 4 个属性段提供段地址。

　　为了有效地管理信息，主存储器通常被划分为程序区、数据区、堆栈区。程序区用来存放程序(指令代码)；数据区用来存放原始数据、中间结果和最终结果；堆栈区用来设立堆栈。在非分段存储器中，这些区域的划分是由软件完成的，若编程有误，极易造成程序、数据或堆栈的冲突，使程序有可能不能正确运行。而对于分段结构的主存储器，只要修改段寄存器的内容，就可以将相应属性的存储区设置在主存储器空间的任何段上，并且通过使用不同的段寄存器建立不同属性的存储段，使之相互独立或部分重叠，以尽可能减少或消除程序、数据或堆栈的冲突。

在 8086 指令系统中，访存指令需要提供逻辑地址，逻辑地址中的段地址由段寄存器采用默认或指定的方式提供。图 2.5 表示了各段寄存器的默认使用情况，表 2.3 进一步说明了各段寄存器与段内偏移地址来源配合的基本约定。

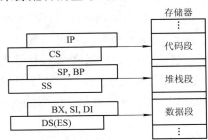

图 2.5　段寄存器的默认使用情况

表 2.3　段寄存器默认或指定使用的基本约定

访存操作	默认段寄存器	可指定段寄存器	段内偏移地址来源
取指令码	CS	无	IP
堆栈操作	SS	无	SP
串操作源数据访问	DS	CS，SS，ES	SI
串操作目的数据访问	ES	无	DI
寄存器间接存取	SS	CS，DS，ES	BP
	DS	CS，SS，ES	BX，SI，DI
一般数据存取	DS	CS，SS，ES	依寻址方式求得有效地址 EA

下面对表 2.3 中的内容作简要说明：

(1) 在各类访存操作中，段地址由"默认"或"指定"的段寄存器提供。默认段寄存器的使用是指在指令中不用专门的信息来指定使用哪一个段寄存器，这时 CPU 根据指令中提供的段内偏移地址来源自动地默认使用某一个段寄存器，如图 2.5 所示。指定段寄存器的使用是通过在指令中增加一个字节的段超越前缀指令(即 CS:/SS:/DS:/ES:)来实现的，这种使用可为访问不同的存储段提供方便。例如，指令 MOV AL, [BX] 从存储单元(DS:BX)中读取源数据，而指令 MOV AL, ES: [BX] 从存储单元(ES:BX)中读取源数据。

(2) 段寄存器 DS、SS 和 ES 的内容是用传送指令加载的，但任何传送指令不能向代码段寄存器 CS 加载。宏汇编中的伪指令 ASSUME 及 8086 中的指令 JMP、CALL、RET、INT、IRET 等可以设置和影响 CS。这说明无论程序区、数据区还是堆栈区都可以有超过 64 KB 的容量，都可以利用重新设置段寄存器内容的方法加以扩大，且各存储区都可以在整个存储空间中移动。

(3) 表中"段内偏移地址来源"一栏，除"依寻址方式求得有效地址 EA"之外，其他都指明使用哪个指针寄存器或变址寄存器来获得地址。而 8086 指令系统有哪些寻址方式以及如何获得段内偏移地址 EA，请参阅 3.1.2 节。

例 2.2　下列各条指令均完成将存于主存储器中的源操作数传送到 AL 寄存器中的操作，其中源操作数的主存地址的段内偏移地址由 SI 或 BP 寄存器提供。判断下列指令中存放源操作数的主存地址的段地址来源：

(1) MOV AL, [SI]　　　　(2) MOV AL, SS:[SI]　　　　(3) MOV AL, ES:[SI]

(4) MOV AL, [BP]　　　　(5) MOV AL, SS:[BP]　　　　(6) MOV AL, ES:[BP]

解　(1) 指令中未提供段地址来源信息，故 8086 CPU 会依据默认规则从 DS 中获取段地址。

(2) 指令中的段超越前缀指令 SS:已指定了段地址来源，故 8086 CPU 会依此从 SS 中获取段地址。

(3) 指令中的段超越前缀指令 ES:已指定了段地址来源，故 8086 CPU 会依此从 ES 中获取段地址。

(4) 指令中未提供段地址来源信息，故 8086 CPU 会依据默认规则从 SS 中获取段地址。

(5) 指令中指定的段地址来源 SS 与 BP 已有默认关系，故此指令等同于(4)，即 8086 CPU 会从 SS 中获取段地址，指令中无需使用 SS:段超越前缀指令。

(6) 指令中的段超越前缀指令 ES:已指定了段地址来源，故 8086 CPU 会依此从 ES 中获取段地址。

例 2.3　指令 MOV AL,[100H]完成从主存单元取得 1 字节数据存入 AL 寄存器的操作，其中主存地址的段内偏移地址已在指令中提供，即 100H。问：8086 CPU 执行该指令时，

(1) 从哪里获得主存的段地址？

(2) 主存的实际物理地址是多少？

解　(1) 指令中直接提供了段内偏移地址而未提供段地址来源信息，此时 8086 CPU 默认数据来源于数据段，故段地址取自 DS 寄存器。

(2) 假设此时(DS) = 8000H，则主存物理地址 = 8000H × 16 + 100H = 80100H

例 2.4　假设(SS) = 0E600H，程序中设堆栈长度为 100H 个字节。

(1) 试计算出栈顶单元物理地址和堆栈指针 SP 初始值(即堆栈中没有数据时)。

(2) 若(AX) = 1122H，(BX) = 5566H，则执行完 PUSH AX 和 PUSH BX 两条指令后，SP 的值是多少？对应的物理地址是多少？(PUSH 为压栈指令。)

解　(1) 栈顶物理地址 = 0E600H × 16 + 100H = E6100H；SP 的初始值为 100H。

(2) 一次压栈操作，压 2 个字节入堆栈，SP 减 2；因此执行两条 PUSH 指令后，

$$(SP) = (SP) - 4 = 100H - 4 = FCH$$

对应的物理地址则为 E60FCH。

例 2.5　8086 CPU 执行程序时，当前指令的存储地址为(CS) × 16 + (IP)。当 CS 不变、IP 单独改变时，会发生段内的程序转移；当 CS 改变时，会发生段间的程序转移。

(1) 已知 8086 CPU 复位时(CS) = FFFFH、(IP) = 0000H，问：系统的启动地址是什么？

(2) 在启动地址下放置了一条无条件跳转指令 JMP，该指令实现将程序转移到指令中提供的目标地址上。假设该指令的跳转目标地址设定为 20100H，则由该物理地址决定的逻辑地址是什么？无条件跳转指令 JMP 执行后，CS 和 IP 的内容是什么？程序发生了段内转移还是段间转移？

解　(1) 启动地址 = (CS) × 16 + (IP) = FFFF0H + 0000H = FFFF0H。

(2) 物理地址与逻辑地址的关系由式(2-1)确定，即

$$20100H = 段地址 × 16 + 段内偏移地址$$

由此确定逻辑地址如下：

段地址	2010H	200FH	200EH	200DH	…	1012H	1011H
段内偏移地址	0000H	0010H	0020H	0030H	…	FFE0H	FFF0H

选择其中一组逻辑地址作为跳转目标地址构成完整的 JMP 指令，在该指令执行后，逻辑地址将被加载至 CS 和 IP 中。例如，选择逻辑地址为 2000H:0100H，则 JMP 执行后，(CS) = 2000H、(IP) = 0100H。

JMP 指令执行前，(CS) = FFFFH；JMP 指令执行后，(CS) = 2000H。因为 JMP 指令执行前后 CS 发生了改变，故程序实现了段间转移。

2.1.4　8086 处理器芯片引脚

对于微机系统硬件设计者来说，CPU 芯片引脚功能是必须重点关注的内容，清楚地了解 CPU 芯片引脚功能有助于正确地设计系统。

8086 CPU 芯片具有 40 条双列直插式引脚，其定义如图 2.6 所示。为了减少芯片引脚数量，一些引脚上的信号采用双重定义，以分时复用方式工作。

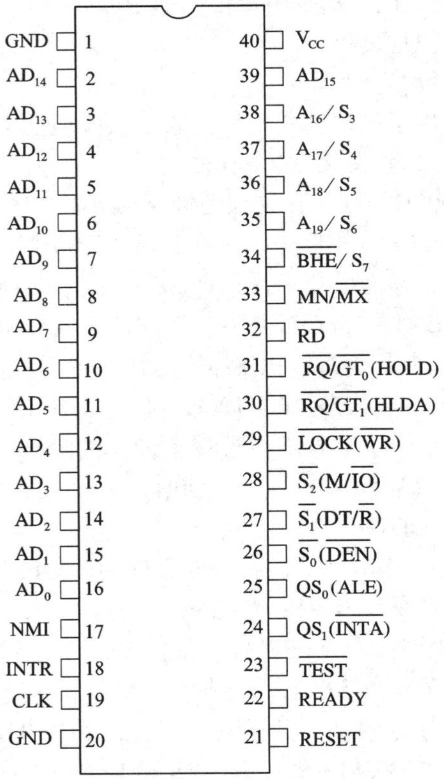

最大模式(最小模式)

左引脚	编号		编号	右引脚
GND	1		40	V_{CC}
AD_{14}	2		39	AD_{15}
AD_{13}	3		38	A_{16}/S_3
AD_{12}	4		37	A_{17}/S_4
AD_{11}	5		36	A_{18}/S_5
AD_{10}	6		35	A_{19}/S_6
AD_9	7		34	$\overline{BHE}/S_7$
AD_8	8		33	$MN/\overline{MX}$
AD_7	9		32	$\overline{RD}$
AD_6	10		31	$\overline{RQ}/\overline{GT_0}$(HOLD)
AD_5	11		30	$\overline{RQ}/\overline{GT_1}$(HLDA)
AD_4	12		29	$\overline{LOCK}$($\overline{WR}$)
AD_3	13		28	$\overline{S_2}$($M/\overline{IO}$)
AD_2	14		27	$\overline{S_1}$($DT/\overline{R}$)
AD_1	15		26	$\overline{S_0}$($\overline{DEN}$)
AD_0	16		25	QS_0(ALE)
NMI	17		24	QS_1($\overline{INTA}$)
INTR	18		23	$\overline{TEST}$
CLK	19		22	READY
GND	20		21	RESET

图 2.6　8086 CPU 引脚定义

1．最小模式与最大模式

引脚 $MN/\overline{MX}$ 为输入信号，用来决定 8086 CPU 的工作模式。当 $MN/\overline{MX}=1$ 时，8086 CPU 工作在最小模式，此时构成的微机系统中只有一个处理器，即 8086 CPU，且系统总线仅由 CPU 信号形成，微机系统所用芯片数量较少。当 $MN/\overline{MX}=0$ 时，8086 CPU 工作在最大模式，此时构成的微机系统中除主处理器 8086 之外，还允许接入其他协处理器(如运算处理器 8087、I/O 处理器 8089 等)，构成多微处理器系统，且此时的系统总线要由 8086 和总线控制器 8288 提供的信号共同形成，以支持多微处理器系统的构成。

2．两种模式下的共用信号

$A_{16}/S_3\sim A_{19}/S_6$(输出、三态)：高 4 位地址 $A_{16}\sim A_{19}$ 与状态 $S_3\sim S_6$ 分时复用信号。状态 S_6 始终为低。S_5 表示中断允许标志的状态，在每个时钟周期开始时被更新。S_4 和 S_3 用来指示 CPU 正在使用的段寄存器，其编码状态如表 2.4 所示。高 4 位地址 $A_{16}\sim A_{19}$ 在 CPU 访问 I/O 时输出低电平，在一些特殊情况(如复位或 DMA 操作)下还可以处于高阻(或浮空、或三态)状态。

表 2.4　S_4、S_3 的编码状态

S_4	S_3	指示的段寄存器
0	0	ES
0	1	SS
1	0	CS 或不用
1	1	DS

$AD_0\sim AD_{15}$(输入/输出、三态)：地址 $A_0\sim A_{15}$ 与数据 $D_0\sim D_{15}$ 分时复用信号。CPU 读/写主存储器或 I/O 设备时，在总线周期的 T_1 时钟周期，地址信号有效，之后允许数据或状态信号有效。

$\overline{BHE}/S_7$(输出、三态)：高字节体允许与状态 S_7 分时复用信号。在总线周期的 T_1 时钟周期 $\overline{BHE}$ 起作用。S_7 为备用状态。

RESET(输入)：复位信号，高电平有效，复位脉冲持续至少 4 个时钟周期。当 RESET 返回低电平时，CPU 重新启动。复位后，CPU 内部寄存器状态如表 2.5 所示，各引脚状态如表 2.6 所示。

表 2.5　复位后内部寄存器的状态

内部寄存器	内　容	内部寄存器	内　容
PSW	清除	SS	0000H
IP	0000H	ES	0000H
CS	FFFFH	指令队列缓冲器	清除
DS	0000H		

表 2.6 复位后各引脚的状态

引脚名	状 态	引脚名	状 态
$AD_0 \sim AD_{15}$	浮动	$\overline{INTA}$	输出高电平后浮动
$A_{16}/S_3 \sim A_{19}/S_6$	浮动	ALE	低电平
$\overline{BHE}/S_7$	浮动	HLDA	低电平
$\overline{S_0}$ ($\overline{DEN}$)	输出高电平后浮动	$\overline{RQ}/\overline{GT_0}$	高电平
$\overline{S_1}$ (DT/$\overline{R}$)	输出高电平后浮动	$\overline{RQ}/\overline{GT_1}$	高电平
$\overline{S_2}$ (M/$\overline{IO}$)	输出高电平后浮动	QS_0	低电平
$\overline{LOCK}$ ($\overline{WR}$)	输出高电平后浮动	QS_1	低电平
$\overline{RD}$	输出高电平后浮动		

READY(输入)：准备就绪信号，高电平有效。CPU 读/写主存或 I/O 设备时，在总线周期的 T_3 时钟周期采样 READY 信号。若它为高电平，则表示存储器或 I/O 设备已准备好；若它为低电平，则表示被访问的存储器或 I/O 设备还未完成读/写，需要在 T_3 周期之后插入等待周期 T_{WAIT}，然后在 T_{WAIT} 周期继续采样 READY 信号，直至 READY 变为有效(高电平)时 T_{WAIT} 周期才结束，进入 T_4 周期，完成数据读/写。参见后文的读/写总线周期时序图。

$\overline{TEST}$ (输入)：测试信号，低电平有效，用于与其他处理器(如 8087)同步执行程序。CPU 执行 WAIT 指令时测试该引脚，当该信号无效时，CPU 进入等待状态(空转)；一旦该信号有效，CPU 则退出等待，继续执行程序。这个信号在每个时钟周期的上升沿由内部电路进行同步。

INTR(输入)：可屏蔽中断请求信号，高电平有效。CPU 在每条指令执行的最后一个时钟周期采样该信号，以决定是否进入中断响应(INTA)周期。用软件复位中断允许标志(IF = 0)，可以屏蔽该中断请求。

NMI(输入)：非屏蔽中断请求信号，上升沿有效。该请求信号有效时不可被屏蔽，中断一定会发生。NMI 请求的优先级高于 INTR 请求。

$\overline{INTA}$ (输出、三态)：对 INTR 中断请求信号的响应信号。在响应中断过程中，由 $\overline{INTA}$ 送出两个负脉冲(即两个 INTA 周期)，在第二个 INTA 周期 CPU 获得外部中断源的中断向量码。该信号在最小模式时由 8086 提供，在最大模式时由 8288 提供。

DT/$\overline{R}$ (输出、三态)：数据发送/接收控制信号，用于确定数据传送方向。该信号为高电平时控制数据发送，即 CPU 将数据写到主存或 I/O 接口；为低电平时控制数据接收，即 CPU 从主存或 I/O 接口读取数据。该信号可用于数据总线驱动器 8286/8287 或 74245 的方向控制。该信号在最小模式时由 8086 提供，在最大模式时由 8288 提供。

$\overline{DEN}$ (输出、三态)：数据有效信号。该信号有效时，表示 $D_0 \sim D_{15}$ 上的数据有效。该信号可用于数据总线缓冲器的输出允许端，以避免总线冲突。该信号在最小模式时由 8086 提供，低电平有效；在最大模式时由 8288 提供，高电平有效。

ALE(输出)：地址锁存信号。该信号为高(有效)时，表示 $A_0 \sim A_{19}$ 上的地址有效。该信号可作为地址锁存器的锁存控制信号。该信号在最小模式时由 8086 提供，在最大模式时由 8288 提供。

CLK(输入)：时钟信号。由它提供 CPU 的时钟信号，8086 CPU 的标准时钟频率为 5 MHz。

V_{CC}：+5 V 电源输入端。

GND：接地端。

3．仅在最小模式下使用的信号

M/$\overline{\text{IO}}$(输出、三态)：用来确定当前操作是访问主存还是 I/O 设备。该信号为低时，CPU 访问 I/O；该信号为高时，CPU 访问主存。

$\overline{\text{RD}}$(输出、三态)：读控制信号。当其为低时，表示 CPU 正在读主存或 I/O 接口。

$\overline{\text{WR}}$(输出、三态)：写控制信号。当其为低时，表示 CPU 正在写主存或 I/O 接口。

HOLD(输入)：保持请求信号，高电平有效。当某总线设备要使用系统总线时，通过该信号线向 CPU 提出请求。

HLDA(输出、三态)：保持允许信号，即 CPU 对 HOLD 请求的响应信号，高电平有效。CPU 对 HOLD 的响应包括：将 CPU 所有三态输出的地址、数据和相关控制信号置为高阻状态(浮动状态)；输出有效的 HLDA，表示 CPU 放弃对系统总线的控制，将总线使用权交给请求设备。当 CPU 检测到 HOLD 信号变低后，就立即使 HLDA 无效，同时恢复对总线的控制。当 CPU 执行带有 LOCK 前缀的指令时，HLDA 无效。

4．仅在最大模式下使用的信号

8086 CPU 工作在最大模式时，其芯片引脚 24～31 的功能与最小模式完全不同。

$\overline{S_0}$、$\overline{S_1}$、$\overline{S_2}$：(输出、三态)：指示当前总线周期的功能。

在最大模式时，全部总线控制信号由总线控制器 8288 产生(见图 2.7)，$\overline{S_0}$～$\overline{S_2}$ 信号是 8288 产生控制信号的依据。表 2.7 列出了 $\overline{S_0}$～$\overline{S_2}$ 所表示的总线周期类型。8288 的输出信号 $\overline{\text{INTA}}$、DT/$\overline{\text{R}}$、ALE 与 8086 定义的相同；8288 的 DEN 信号为高电平有效，与 8086 的低电平有效不同，但两者功能相同；8288 的 $\overline{\text{MRDC}}$ (存储器读信号)、$\overline{\text{MWTC}}$ (存储器写信号)、$\overline{\text{IORC}}$ (I/O 读信号)、$\overline{\text{IOWC}}$ (I/O 写信号)与 8086 的不同。

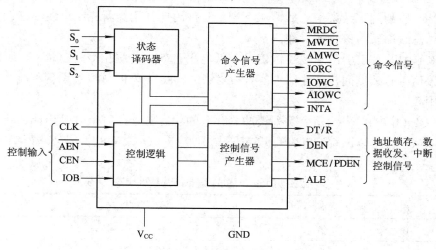

图 2.7　总线控制器 8288

表 2.7　$\overline{S_0} \sim \overline{S_2}$ 与总线周期

$\overline{S_2}$	$\overline{S_1}$	$\overline{S_0}$	总线周期类型
0	0	0	INTA 周期
0	0	1	I/O 读周期
0	1	0	I/O 写周期
0	1	1	暂停
1	0	0	取指周期
1	0	1	存储器读周期
1	1	0	存储器写周期
1	1	1	无效

$\overline{RQ}/GT_0$，$\overline{RQ}/GT_1$ (输入/输出、漏极开路)：裁决总线使用权的请求/允许信号。两条信号线为单线双向应答，内部都有上拉电阻，且 $\overline{RQ}/GT_0$ 比 $\overline{RQ}/GT_1$ 优先权高。

$\overline{RQ}/GT$ 的使用大致为：

① 由其他总线主设备(如协处理器 8087)产生一个时钟周期宽度的总线请求负脉冲，将它加载至 8086 的 $\overline{RQ}/GT$ 引脚，相当于最小模式时的 HOLD 信号。

② CPU 检测到该请求后，在总线周期的下一个 T_4 或 T_1 期间，在同一个引脚上输出一个时钟周期宽度的负脉冲给请求总线的设备，作为总线响应信号，相当于最小模式时的 HLDA 信号。

③ 从下一个时钟周期开始，CPU 释放总线，总线请求设备开始利用总线完成所需的操作。

④ 总线请求设备对总线操作结束后，再产生一个时钟周期宽度的负脉冲，由该引脚送给 CPU，它表示总线请求已结束。

⑤ CPU 检测到该结束信号后，从下一个时钟周期开始重新控制总线，继续执行因设备请求使用总线而暂时停止的操作。

$\overline{LOCK}$ (输出、三态)：总线封锁信号，低电平有效。前缀指令"LOCK"使 $\overline{LOCK}$ 信号有效，该信号有效期间，总线请求信号被封锁，8086 之外的总线主设备不能获得对系统总线的使用权。

QS_0、QS_1(输出)：表示指令队列缓冲器存取的状态信号，每个时钟周期更新。根据该状态信号，从外部可以跟踪 CPU 内部的指令队列状态。QS_0、QS_1 编码与队列状态如表 2.8 所示。

表 2.8　QS_0、QS_1 编码与队列状态

QS_1	QS_0	队 列 状 态
0	0	无操作
0	1	从指令队列缓冲器取指令的第一字节
1	0	清除指令队列缓冲器
1	1	从指令队列缓冲器取指令的第二字节及之后的部分

2.1.5　8086 处理器的工作时序

1. 总线周期

在冯·诺依曼计算机中，将 CPU 取得并执行一条指令所花的时间定义为一个指令周期。但 8086 CPU 的指令获取和执行是重叠进行的，所以需要一个新的时间概念来描述指令的执行，这就是总线周期。

所谓总线周期，是指 CPU 通过系统总线对主存或 I/O 设备进行一次读/写访问所需的时间。对于 8086 CPU，内部操作(包括运算)比外部访问主存或 I/O 设备速度要快许多，一条指令执行中主要花费的时间在 CPU 的对外访问中，如从主存取得指令、访存指令或 I/O 指令执行时的数据读写操作，而这些时间恰好可以用总线周期描述，因此 8086 CPU 执行程序的过程就是若干个总线周期的实现过程。

在正常情况下，8086 CPU 的一个总线周期由 4 个时钟周期(T_1、T_2、T_3、T_4)组成，时钟周期即是 CPU 芯片引脚 CLK 上加载的时钟信号的周期。当 CPU 速度高于主存或 I/O 设备时，需要在正常的总线周期中插入等待周期 T_{WAIT}。

8086 CPU 的许多操作需要通过系统总线访问外部来完成，故称其为总线操作。所有的总线操作都用总线周期表示，而在总线周期中总线操作的细节采用时序图描述。时序图反映的是相关操作所需信号随时间发生的状态改变。

2. 基本总线时序

1) 写总线周期

写总线周期描述的写操作包括 CPU 将内部数据经系统总线写入某存储单元或输出到某 I/O 设备(接口)，其时序如图 2.8 中第二个总线周期所示，写总线周期从 T_1 时钟周期开始到 T_4 时钟周期结束。

在 T_1 时钟周期，CPU 从 $A_{16} \sim A_{19}/S_3 \sim S_6$ 和 $\overline{BHE}/S_7$ 这 5 条复用引脚送出 $A_{16} \sim A_{19}$ 和 $\overline{BHE}$，并从 $AD_0 \sim AD_{15}$ 这 16 条复用引脚送出 $A_0 \sim A_{15}$，同时还送出地址锁存信号 ALE。利用 ALE 信号将 $A_0 \sim A_{19}$ 及 $\overline{BHE}$ 锁存在锁存器中，以保持地址信号在整个写总线周期不变。

在 T_1 期间，若 CPU 由 M/$\overline{IO}$ 送出高电平，并维持高电平在整个总线周期中一直不变，则表示该总线周期是一个访问主存的总线周期，20 位地址信号 $A_0 \sim A_{19}$ 全部有效；若 CPU 由 M/$\overline{IO}$ 送出低电平，并维持低电平在整个总线周期中一直不变，则表示该总线周期是一个访问 I/O 设备的总线周期，20 位地址信号中仅 $A_0 \sim A_{15}$ 有效，高 4 位地址 $A_{16} \sim A_{19}$ 全为低电平。

在 T_2 时钟周期，CPU 将欲写入主存或 I/O 接口的数据从 $AD_0 \sim AD_{15}$ 送出，将其加载到数据总线 $D_0 \sim D_{15}$ 上，同时 CPU 送出写控制信号 $\overline{WR}$ (最大模式时，为 8288 送出 $\overline{MWTC}$ 或 $\overline{IOWC}$)。在地址信号 $A_0 \sim A_{19}$ 和控制信号 M/$\overline{IO}$、$\overline{WR}$ (最大模式时，M/$\overline{IO}$ 和 $\overline{WR}$ 被 $\overline{MWTC}$ 或 $\overline{IOWC}$ 替代)的共同作用下，$D_0 \sim D_{15}$ 上的数据写入指定的主存单元或 I/O 接口中。写操作通常是在 $\overline{WR}$ 的后沿(即上升沿)完成的，此时的地址、数据信号均已稳定，写操作可以更加可靠。当遇到主存或 I/O 接口的实际写入时间长于 CPU 提供的时间(8086 CPU 正常提供 4 个时钟周期的写时间)时，数据无法可靠地写入。8086 CPU 利用 READY 信号来解决这个速度不匹配的问题。

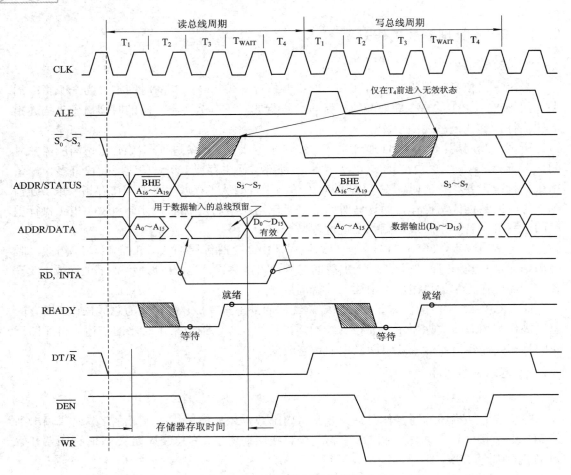

图 2.8 8086 CPU 读/写总线周期时序

在 T_3 时钟周期，CPU 继续 T_2 的操作状态。同时，CPU 在 T_3 开始时刻(下降沿)测试 READY 信号，若此时 READY 为低电平，则在 T_3 之后不执行 T_4，而是插入一个等待时钟周期 T_{WAIT}。CPU 在 T_{WAIT} 的下降沿继续检测 READY 信号，若它仍为低电平，则继续插入 T_{WAIT}，直到 READY 为高电平时停止在总线周期中插入 T_{WAIT}，转入执行 T_4。因此，一个总线周期可以由 4 个时钟周期加上 N 个等待时钟周期组成，以满足低速主存和 I/O 设备的要求。

在 T_4 时钟周期，CPU 将各信号依次恢复为总线周期的初始无效状态，为进入下一个总线周期或总线空闲周期做好准备。

2) 读总线周期

8086 CPU 读主存或 I/O 接口的总线周期时序也表示在图 2.8 中。从图 2.8 中第一个总线周期可以看到，读总线周期时序与写总线周期时序十分相似，不同之处仅在于：

(1) 读时序的 DT/$\overline{\text{R}}$ 信号为低电平,表示 CPU 从系统总线上接收数据；写时序的 DT/$\overline{\text{R}}$ 信号为高电平，表示 CPU 将数据发送至系统总线。

(2) 读时序中，$D_0 \sim D_{15}$ 上的有效数据要在 $\overline{\text{RD}}$ (最大模式时，M/$\overline{\text{IO}}$ 和 $\overline{\text{RD}}$ 被 8288 送出的 $\overline{\text{MRDC}}$、$\overline{\text{IORC}}$ 替代)有效一段时间之后才能出现，因为地址信号、控制信号加到主存或

I/O 接口后，需要一段读出时间，数据才能从主存或 I/O 接口传送到 CPU 的 $D_0 \sim D_{15}$ 上，即先控制信号 $\overline{RD}$ 有效，后数据信号有效。写时序中，数据与控制信号 $\overline{WR}$ 可以同时由 CPU 输出至主存或 I/O 接口。

3) 中断响应周期

当 8086 的 INTR 引脚上出现有效的高电平时，表示有外部可屏蔽中断源向 CPU 提出中断请求，若此时满足中断允许标志 IF = 1(开中断/允许中断)，则 CPU 执行完一条指令后，就会响应该中断请求，进入中断响应周期。

中断响应周期由两个 INTA 周期(负脉冲)构成，时序如图 2.9 所示，每一个 INTA 周期从总线周期的 T_2 开始到 T_4 结束。CPU 通过从 $\overline{INTA}$ 引脚输出的第一个负脉冲，通知提出 INTR 请求的中断源(通常是中断控制器)，其请求已得到响应，并封锁总线；在 CPU 输出第二个 INTA 负脉冲期间，总线封锁信号 $\overline{LOCK}$ 无效，提出 INTR 请求的中断源输出它的中断向量码(也称中断类型码，即中断源编号)到 $D_0 \sim D_7$ 或 $D_8 \sim D_{15}$ 数据线上，由 CPU 从数据线上读取该向量码。

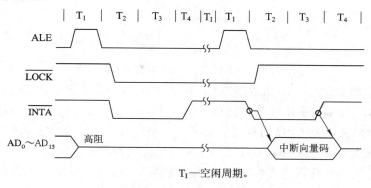

T_I—空闲周期。

图 2.9　中断响应周期时序

2.1.6　8086 系统总线的形成

早期微机系统采用总线结构，即系统各功能模块通过系统总线进行相互连接，所以系统总线在微机系统设计中占有重要地位，也对微机系统的性能有直接的影响。

8086 系统总线是利用 8086 CPU 信号生成的，是一种与 8086 CPU 相关的系统总线。系统总线由地址总线(AB)、数据总线(DB)、控制总线(CB)组成。

1. 最小模式下的系统总线形成

当 8086 CPU 工作在最小模式时，系统总线信号全部来自 CPU，其形成方法如图 2.10 所示。

地址总线 AB 包括 20 条地址线 $A_0 \sim A_{19}$ 和 1 条 $\overline{BHE}$ 信号线，它是利用 2 或 3 个三态锁存器芯片 8282(或 74LS373)将 8086 CPU 的 $AD_0 \sim AD_{15}$、$A_{16} \sim A_{19}$ 和 $\overline{BHE}$ 信号加以锁存而形成的。将 ALE 连接到锁存器的 STB(选通)端，锁存器的 $\overline{OE}$ (输出允许)端接地，当 CPU 在读/写总线周期的 T_1 时钟周期送出这 21 个地址信号时，CPU 同时送出 ALE 正脉冲，这 21 个信号就在 ALE 的作用下被锁存在地址锁存器中，并在整个总线周期里稳定地输出，从而形成地址总线 AB 信号。

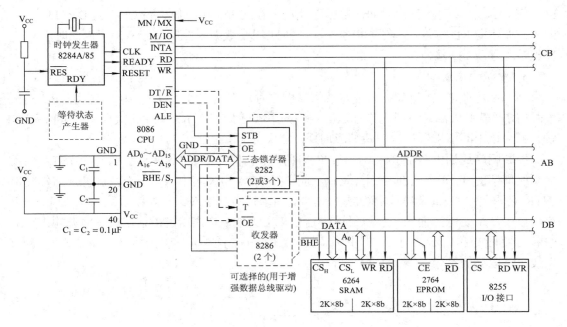

图 2.10　最小模式下 8086 系统总线的形成

　　双向数据总线 DB 包括 16 条数据线 $D_0 \sim D_{15}$，它有两种生成方法：一是直接将 8086 CPU 的复用信号 $AD_0 \sim AD_{15}$ 引出作为数据总线信号 $D_0 \sim D_{15}$；二是利用 2 个数据总线收发器 8286(或 74LS245)从 8086 CPU 的复用信号 $AD_0 \sim AD_{15}$ 中分离出数据总线信号 $D_0 \sim D_{15}$。使用数据总线收发器时，需将 8086 CPU 的 $\overline{DEN}$ 信号连接到数据总线收发器的 $\overline{OE}$ (输出允许)端、$DT/\overline{R}$ 信号连接到数据总线收发器的 T(方向控制)端，在 $\overline{DEN}$ 和 $DT/\overline{R}$ 信号的共同作用下，双向数据总线 $D_0 \sim D_{15}$ 上便可以呈现有效的 16 位数据。

　　控制总线 CB 包括 8086 CPU 在最小模式下提供的所有控制信号。图 2.10 中仅列出了一部分控制信号。

　　对于图 2.10 给出的最小模式系统总线形成逻辑，有两点需要说明：

　　(1) 8086 CPU 的驱动能力(即连接设备的数量)是有限的，当控制总线 CB 由 8086 CPU 直接产生时，可能会造成控制总线驱动能力不够。在控制总线上加总线驱动器(如三态缓冲器 74LS244)，可以提高驱动能力。地址总线形成使用的三态锁存器和数据总线形成使用的数据总线收发器均具有较强的驱动能力。有关总线驱动设计见 4.3.3 节。

　　(2) 在图 2.10 给出的系统总线上不能进行 DMA 传送，因为未对系统总线形成电路中的芯片(如 8282/74LS373、8286/74LS245、74LS244)做进一步控制。若需要，相关设计可参阅 6.4.2 节。

2. 最大模式下的系统总线形成

　　当 8086 CPU 工作在最大模式时，系统总线信号来自 CPU 和总线控制器 8288，其形成方法如图 2.11 所示。

　　地址总线信号 $A_0 \sim A_{19}$ 和 $\overline{BHE}$ 的形成方法与最小模式时的基本相同，唯一的差别是 ALE 信号由总线控制器 8288 提供。

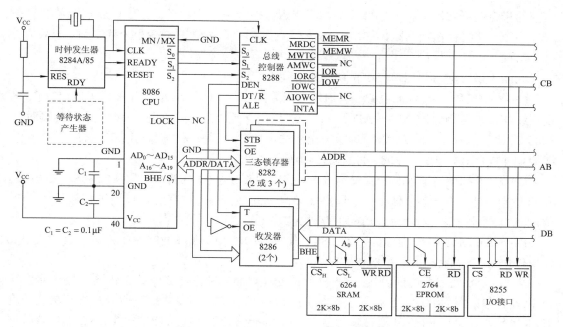

图 2.11　最大模式下 8086 系统总线的形成

双向数据总线信号 $D_0 \sim D_{15}$ 的形成方法也与最小模式时的基本相同，差别是 DEN 和 DT/$\overline{R}$ 信号由总线控制器 8288 提供，且 DEN 是高电平有效，故 8288 输出的 DEN 要通过一个反相器后接到数据缓冲器的 $\overline{OE}$ 端上，见图 2.11。

8086 最大模式系统总线与最小模式系统总线形成的最大不同在于控制总线信号的形成上：8086 CPU 在最大模式工作时提供的控制信号只作为控制总线 CB 的一部分，另一部分控制总线信号则由总线控制器 8288 提供，这包括 $\overline{MEMR}$ (存储器读信号)、$\overline{MEMW}$ (存储器写信号)、$\overline{IOR}$ (I/O 读信号)、$\overline{IOW}$ (I/O 写信号)、$\overline{INTA}$ (中断响应信号)等。也就是说，最大模式下的控制总线信号由 8086 CPU 和总线控制器 8288 共同提供。

在图 2.11 中，8282 和 8286 器件也可以用 74LS373 和 74LS245 来代替。同样，图中也没有考虑 DMA 传送的实现。

需要说明的是，若所形成的系统总线中还有一些系统工作时所需要的其他信号，如复位信号 RESET、时钟信号 CLK、振荡器信号 OSC 等，可以将 8086 的这些信号经驱动器(如三态缓冲器 74LS244)驱动后作为系统总线信号。同时，在系统总线上也需要设置电源线(例如 ±5 V、±12 V 等)和多条地线。

一旦最小模式系统总线或最大模式系统总线形成，存储器芯片(图中的 RAM 或 PROM)、I/O 接口器件(图中的 I/O 接口芯片)就可以连接到系统总线上，与 8086 CPU 一起构成基本的微机系统，见图 2.10 和图 2.11。

2.1.7　8086 与 8088 处理器的不同之处

8088 处理器是为适应当时的 8 位微机应用环境由 8086 处理器变异而来的。

8088 处理器的内部架构与 8086 的完全相同，唯一的差别在指令队列缓冲器上。8086

内部的指令队列缓冲器由 6 字节构成，当出现 2 个及以上空字节时，BIU 就控制从主存中获取指令，并缓存在指令队列中；而 8088 将内部指令队列缓冲器减小为 4 字节，只要有空字节出现，BIU 就控制从主存中获取指令，并缓存在指令队列中。

8088 处理器芯片引脚与 8086 有三处不同：

(1) 8086 CPU 有 16 条数据线与地址分时复用，即 $AD_0 \sim AD_{15}$；而 8088 CPU 仅有 8 条数据线与地址复用，即 $AD_0 \sim AD_7$，$A_8 \sim A_{15}$ 仅用于地址信号。在进行 16 位数据传输时，8086 CPU 可能只用一个总线周期(即一次总线操作)就可完成，而 8088 CPU 必须用两个总线周期才能完成，因此，8086 的数据传输速度比 8088 的快。

(2) 8086 CPU 引脚 $\overline{BHE}/S_7$ 变为 8088 CPU 引脚 $\overline{SS_0}$ (HIGH)。这意味着 8088 系统的主存和 I/O 结构为单一字节体结构，即不需要高、低字节体允许信号，仅通过存储器地址(20位)或 I/O 地址(8/16 位)就可以访问主存单元或 I/O 接口。

(3) 8086 CPU 引脚 $M/\overline{IO}$ 变为 8088 CPU 引脚 $IO/\overline{M}$，即 8088 CPU 访问主存时该引脚输出低电平，访问接口时输出高电平。

因为 8088 处理器内部可进行 16 位数据处理，而外部仅做 8 位数据传输，故被称为准16 位处理器。因为 8088 处理器完全采用了 8086 处理器的指令系统，所以从程序员的角度看，8088 处理器与 8086 处理器毫无差别，在 8086 系统中运行的程序可以不加任何修改地在 8088 系统中正确运行。

2.2　多核处理器(Intel Core 处理器)

从 1978 年开始，Intel 处理器以相对简单的单核 8086 CPU 为基础，通过不断地扩展和创新，发展到如今复杂、强大的多核处理器，其体系结构在不断地发生着变化，以适应对强数据处理能力和高运行速度越来越苛刻的要求。几十年来，采用 Intel 64 和 IA-32 架构的Intel 处理器始终占据同时期计算机处理器的技术领先位置，并使 Intel 公司始终在处理器市场份额中拔得头筹。

多核技术是 Intel IA-32 和 Intel 64 架构处理器家族中硬件多线程(Hardware Multi-Threading)功能的一种形式，它通过提供在一个物理封装中的两个或多个执行核(每个执行核即为一个单核 CPU)来增强硬件多线程功能。

Intel Pentium 处理器至尊(Extreme)版是 IA-32 处理器家族引入多核技术的第一个成员，从此开启了 Intel 处理器的多核时代。Intel Pentium Extreme 处理器提供具有两个处理器核心和 Intel 超线程(Hyper-Threading)技术的硬件多线程支持，这意味着 Intel Pentium Extreme处理器在一个物理封装中提供了四个逻辑处理器(每个处理器核心有两个逻辑处理器)。2006 年推出的双核 Intel Xeon(至强)处理器采用 Core 微架构，以多核、超线程技术为特征，并且支持多处理器(Multi-Processor)平台。

2008 年 Intel 官方正式确认，基于全新 Nehalem 微架构的新一代桌面处理器将取代 Core 2 系列处理器，并沿用 "Core" (酷睿)名称，命名为 "Intel Core i7" 系列。

2.2.1　Core 处理器

从 2008 年 11 月 17 日正式推出 Core i7 处理器以来，Intel 处理器进入了 Core i 时代，并从第一代 Core 处理器发展到了目前的第十三代 Core 处理器。

第一代 Intel Core i7(酷睿 i7，代号 Bloomfield)处理器为 64 位 4 核处理器，沿用 x86-64 指令集，以 Nehalem 微架构为基础，制程工艺为 45 nm。Core i7 处理器的目标是提升高性能计算和虚拟化性能，在 64 位模式下可以启动宏融合模式来加快计算周期。从第一代到第十三代，Core 处理器不断地升级微架构、核数与制程工艺等，不断地推出新技术和新产品，使其性能不断地提升，用户体验更加良好。

为了迎合不同市场需求，由 Core i7 衍生出中、低端版本 Core i5 和 Core i3 处理器，即 i7 定位为高端市场，i5 为中端，i3 为低端。再后来，为应对 AMD 16 核 Threadripper 的挑战，Intel 于 2017 年推出王牌产品 Core i9 处理器，这是一款面向发烧级用户的产品，其在前辈 Intel 消费级处理器的基础上全面提高了核和线程总数，在纯处理器速度和多任务能力方面得到巨大的性能提升。

2021 年 10 月 28 日英特尔推出了第十二代 Core 桌面处理器(代号 Alder Lake)，该系列处理器重新定义了 x86 架构，为内核性能带来了颠覆性的进步，也为 x86 架构开创了一种革命性的方法。其首次推出的全新性能混合架构由多达 8 个的性能核(Performance-core，P-core，P 核，大核)与多达 8 个的能效核(Efficient-core，E-core，E 核，小核)结合而成。P 核针对单线程和轻线程性能进行了优化，其任务就是提高速度，突破低延迟与单线程应用程序性能上的限制；E 核针对扩展高线程工作负载进行了优化，其任务就是提高吞吐率，并提供可扩展多线程性能。其他突破性的技术包括：可协助操作系统智能地描述工作负载，以确保其执行在最佳内核位置；集成了最新的 PCIe 5.0 总线和 DDR5 内存控制器；增强的核芯显卡让人们沉浸在惊艳的视觉体验中，可以前所未有的方式进行游戏、工作和创作。

2022 年 9 月 27 日英特尔发布了第十三代 Core 处理器产品家族，采用 Intel 7 制程工艺(10 nm)，25%的功耗就能发挥与前代相近的性能，其单线程性能提升 15%，多线程性能提升 41%，旗舰产品为 i9-13900K 处理器。

第十三代 Core 桌面处理器继续利用英特尔的性能混合架构来优化游戏、内容创作和工作效率，旗舰产品支持 24 核(8 个 P 核、16 个 E 核)和 32 线程。P 核通过 Thermal Velocity Boost 技术使最大睿频可达 6.0 GHz，睿频加速 Max 技术 3.0 通过识别性能最佳的 P 核来进一步增强轻线程性能，额外的 E 核通过增加智能高速缓存(L3)能够更有效地处理更大的数据集并获得更好的性能。与第十二代 Core 处理器相比，第十三代 Core 处理器的 P 核和 E 核的 L2 缓存也有所增加，最大限度地缩短了在缓存与内存之间交换数据所需的时间，进而加快了工作流程。

第十三代 Core 桌面处理器装载了最新的平台技术；多达 16 个的 PCIe 5.0 通道将 I/O 吞吐量提高一倍；利用正推动行业转型的最新 DDR5 可实现高达 5600 MT/s 的迅捷速度，同时继续支持最高 3200 MT/s 的 DDR4；全面支持高级调优和超频，包括 Extreme Tuning Utility 技术、Extreme Memory Profile(XMP)3.0 生态系统和 Dynamic Memory Boost 技术，按需提供智能超频性能。

第十三代 Core 桌面处理器支持的增强型超核芯显卡由 X^e 架构驱动,最高支持 8K60 HDR 视频和多达 4 个同步 4K60 的显示器,可提供生动、高品质的身临其境的视觉效果。借助 GNA(Gaussian & Neural Accelerator)3.0 技术,用户可享受高效的噪声抑制和专业的语音输出。这些极致的感官体验得益于 Intel Wi-Fi 6(Gig+) 提供的高速连接。

2.2.2 第十三代 Core "Raptor Lake" 处理器架构

第十三代 Core 桌面处理器代号为 Raptor Lake,指令集体系结构(ISA)为 x86-64,支持指令集扩展 MMX、AVX、AVX2、VT-d 等,其架构如图 2.12 所示,它是由 8 个 P 核与 16 个 E 核构成的高性能混合架构(第十二代是 8 个 E 核)。

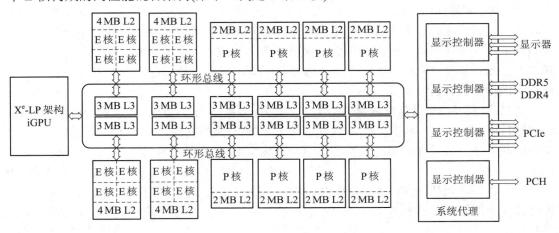

图 2.12 第十三代 Core "Raptor Lake" 处理器架构示意图

P 核采用 Raptor Cove 微架构(由第十二代 Golden Cove 微架构改名而来),每个 P 核有专用的 2 MB L2 缓存(第十二代是 1.25 MB);E 核维持第十二代的 Gracemont 微架构,并以 4 个 E 核组成一个簇(Cluster),每个簇共享 4 MB L2 缓存(第十二代是 2 MB);P 核和 E 核共享 36 MB L3 缓存(第十二代是 30 MB),该缓存的各物理段是一个连续可寻址的块,分别挂在环形总线(Ringbus)上。

存储控制器支持 DDR4(价格较低)和 DDR5(带宽更高)。PCIe 5.0 × 16 提供高达 32 GT/s 的带宽,PCIe 4.0 × 4 提供高达 16 GT/s 的带宽。与 PCH(Platform Controller Hub)连接的 DMI 4.0 总线的每条信道可以提供 16 GT/s 的传输速率。

英特尔 X^e 图形核架构(graphics core architecture)是一个非常灵活、扩展性极强的统一架构,可用于几乎所有计算、图形领域。X^e-LP(低功耗)是英特尔针对 PC 和移动计算平台的高效 GPU 架构,其 EU(Execution Unit)的最高配置达 96 个,具有异步计算、视图实例化(view instancing)、采样器反馈(sampler feedback)等功能,并带有 AV1 的更新版媒体引擎以及更新版显示引擎等新架构设计。iGPU 采用经过优化的 X^e-LP 架构,可以运用于核芯显卡或独立显卡。

可以看到,Intel 在保证 P 核足够强劲的基础上,在处理器中加入了更多的 E 核,并支持 HT(超线程)技术,使得无论是物理核心数量还是逻辑线程数量都有明显的增长。

1. Raptor Cove 微架构

Intel 第十二代 Alder Lake 处理器架构是 Intel 历史上第一个实际上市的主流混合核心架构，其中 P 核属于 Core 类型(高性能)，采用 Golden Cove 微架构；E 核属于 Atom 类型(低耗电)，采用 Gracemont 微架构。第十三代 Raptor Lake 处理器保留了这种设计，但由于核心级别的各种更改(包括核数和缓存容量的增加)，Intel 将 P 核微架构重命名为 Raptor Cove。

Raptor Cove 微架构(也即 Golden Cove 微架构)如图 2.13 所示，按照功能可将其划分为取指单元(Instruction Fetch Unit)、微操作调度(μop Scheduler)、乱序调度(OOO Scheduler)、标量/向量/矩阵计算引擎(Scalar/Vector/Marix Engine)和存储子系统(Memory Subsystem)五大功能模块。根据新的制程工艺和电路设计方式，这些功能模块逐个得到了优化和性能提升。

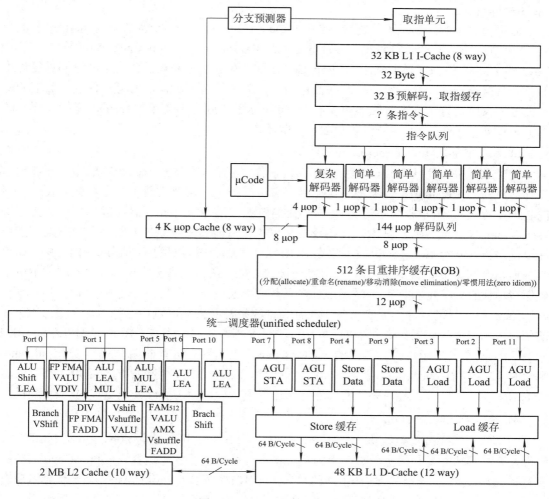

图 2.13　Raptor Cove 微架构

1) 前端(Front End)

Raptor Cove 核的前端负责取指令、将指令解码成微操作(μop)并加以调度，由分支预测器、取指单元、L1 指令高速缓存(I-Cache)、预解码/取指缓存、指令队列、解码器、微代码(μCode，存放在 MSROM(Microcode Sequencer ROM)中)、微操作高速缓存(μop Cache)、μop

解码队列等部分组成。Intel 在原有前端基础上加宽了指令位宽，增大了指令缓存容量，加深了微操作队列的深度。

每个 Raptor Cove 核拥有 32 KB L1 I-Cache 和 48 KB L1 D-Cache。I-Cache 容量与第十一代的 Willow Cove 架构相同，但是对与之关联的指令页表缓存(ITLB)做了升级，其中 4 K 页表的条目数从 128 增加到 256，2 M/4 M 页表的条目数从 16 增加到 32，这有助于增强代码的预取。

分支预测器根据预测结果决定是否将下一条指令先派发给后端闲置的单元执行，待确定分支选中后，再决定是否保留计算结果或者重置流水线。Raptor Cove 将目标分支缓存(BTB)条目数从 5 K 增加至 12 K，这有助于提高分支预测(branch prediction)的精度，建立智能代码预取机制。

为了使 6 个解码器尽可能饱和工作，Raptor Cove 把取指令带宽从每周期 16 字节提升到 32 字节。为了增加命中率和前端带宽(BW)，Raptor Cove 将 μop Cache 的容量从 Willow Cove 的 2.25 K 条 μop 增加到 4 K。μop Cache 里面存放的是处理器认为会被近期重复使用的若干微操作，若后续重复执行这些操作的话，无须经过解码器，就可直接发往后端的队列里等待发射执行。位于解码器和 μop Cache 下游、长度为 144(单线程时)的微操作解码队列(μop Decode Queue)可以每周期发送 8 个微操作。

2) 乱序引擎(Out-of-Order Engine)

对于 x86-64 这种只有 16 个通用寄存器(也称寄存器文件，register file)的指令集架构，寄存器重命名(Rename)是保障乱序执行必不可少的技术。若要实现重命名，就需要有足够的物理寄存器堆(用户程序不可见)作为重命名资源。乱序执行处理器一般都采用重排序缓存(Reorder Buffer，ROB)技术，使指令在乱序执行后能够按照原来的顺序提交结果。指令在以乱序方式执行后，其结果被存放在 ROB 中，然后会被写回到寄存器或者内存中，如果有其他指令马上需要该结果，ROB 可以直接向其提供所需的数据。所以 ROB 的大小对于确保有足够的乱序驻留指令、动态分支预测的恢复以及提升指令集并行度有不可忽视的作用。

Raptor Cove 的乱序引擎支持乱序执行、推测执行及寄存器重命名技术，负责跟踪 μop 的依存关系(dependencies)，并向执行单元分派已准备好的 μop，由 ROB、统一调度器(Unified Scheduler)和端口(Port)组成。改进的 Raptor Cove 调度器具有更宽的端口：6 个分配(allocate)端口和 12 个执行(execution)端口。ROB 大小做到了 512 条目，使更多的指令可以在重命名/分派阶段被"执行"。这些提升使执行单元在每个时钟周期内能够处理更多的计算工作。

3) 执行单元(Execution Unit)

后端执行单元分为整数执行单元(Port0、1、5、6、10)和向量/浮点执行单元(Port0、1、5)两大类，其功能是利用不同端口上的执行部件并行地执行各种运算。Raptor Cove 的整数执行单元相比第十一代设计增加了新的端口(Port 10)，使得 Raptor Cove 共有 5 个算术逻辑单元(ALU)，在同一个时钟周期里可以做更多的整数计算，同时它们都可以实现单周期执行 LEA(返回有效地址)指令。向量/浮点执行单元增加了两个 FADD(Floating Point Addition)模块，用于快速浮点加法计算。原有的 FMA(Fused Multiply-Add)单元增加了对 FP16 数据格式的支持，使得在 AVX512 指令集里可以进行 FP16 格式数据的计算。

新增的专门的矩阵计算引擎 AMX(Advanced Matrix Extensions，高级矩阵计算)(Port 5)

用来加速 AI 模型计算，以应对 AI 计算快速增长的代码规模和越来越大的数据集。基于 AMX，有望更进一步将一些小规模的 AI 模型直接在 CPU 上进行快速的训练计算，增强 CPU 的 AI 推理能力。

　　Raptor Cove 中的整数执行单元有 ALU、LEA、Shift(移位)、Mul(乘法)、MulHi(乘法，取运算结果高位)、Branch(分支跳转)、DIV(除法)。向量/浮点执行单元有 FP FMA(浮点融合乘加)、FMA512、VALU(向量运算单元)、VShift、AMX、VDIV、VShuffle(数据混洗，对一个向量的分量做重新排列的运算)、FADD。

　　4) 存储子系统

　　存储子系统主要负责数据的读写(Load/Store)，涉及 7 个端口上的 Load(加载)和 Store(存储)部件、Load/Store 缓存和 L1 数据高速缓存(D-Cache)。有 5 个端口中包含地址生成单元(Address Generation Unit，AGU)，它可以与其他端口部件并行处理地址计算，以加快访存指令的执行。Raptor Cove 增加了一个 Load 端口，可以每个周期运行 3 个 256 位或 2 个 512 位 Load 操作，有效地减少了 Load 延迟，同时保持每个周期运行 2 个 Store 操作。

　　现在的处理器不仅可以乱序执行指令，还能乱序加载(Load)，这就涉及 Load/Store 缓存，更深的 Load/Store 缓存可以展露出更多的访存并行性。

　　5) Raptor Cove 微架构运行流程

　　Raptor Cove 微架构运行流程可大致描述为：

　　(1) 取指(fetch)单元依据指令指针寄存器 RIP 提供的当前程序地址，从 I-Cache 预取指令，预取到的指令被缓存并进行预解码(predecode)。

　　(2) 预解码把缓存中的指令数据分成一条条指令并进行相应分类标记，然后放在指令队列(Instruction Queue)中。

　　(3) 解码器(Decoder)将一条条指令译码成可供后续执行单元直接处理的 μop，并将其送入解码队列。解码队列每一个时钟周期发送 8 个 μop 进入 ROB。

　　(4) 在 ROB 中，依据乱序执行、推测执行及寄存器重命名等一系列技术，对 μop 进行重新排序，由调度器依据各端口状态分派不同的 μop 到相应执行单元进行运算处理，并且由 ROB 记录源程序的指令执行顺序、使用的寄存器、执行结果等信息。

　　(5) 指令执行完毕，再将执行结果写入 D-Cache，然后进行指令退出(Retire)操作。

　　总体而言，通过增大指令宽度、加深缓存深度和添加新的功能模块等改进，Raptor Cove 核的 IPC(每周期指令数)性能相较第十一代 Willow Cove 平均提升 19%。Raptor Cove 内建了 AVX512 指令支持，但为了降低功耗，需要关闭 E 核后才能开启 AVX512。

　　Raptor Cove 微架构与上一代 Alder Lake 微架构相比，提供高达 5.8 GHz 的时钟速度，并且能够以更低的电压获得相同的频率，或者在相同电压下拥有更高的频率；带来了 L2 缓存容量 60%的增加(为每个 P 核提供的 L2 缓存由 1.25 MB 增加到 2 MB)，硬件性能得到较大幅度提升；通过动态预读取方法，利用机器学习实现了实时数据遥测，带来了更加智能的取指和性能提升；采用新的智能电源管理控制器(Power Management Controller)，通过更加精细化的功率管理来提高每比特的功耗性能。

　　2. Gracemont 微架构

　　Raptor Cove 和 Gracemont 虽然都是 x86 指令集处理器，且在 P 核和 E 核同时开启时指令集支持能力完全一样(可以支持 AVX2),但是它们在微架构层面上仍存在较大差别:前者具有更深、更宽的流水线,频率设定较高,强调高性能;后者专为吞吐量而设计,能为现代多任务处理提供可伸缩的多线程性能,强调低能耗。

Gracemont 是第四代乱序执行 Atom 微架构,其内部结构如图 2.14 所示。每个 Gracemont 拥有 64 KB L1 I-Cache 和 32KB L1 D-Cache,4 个 Gracemont 组成一个 Atom 簇,共享一块 4 MB L2 Cache。

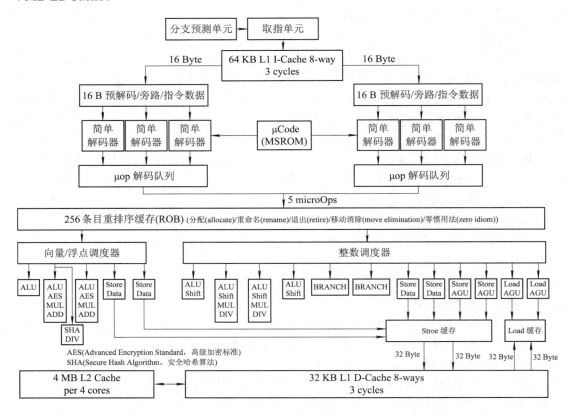

图 2.14   Gracemont 微架构

分支预测单元拥有 5000 条目的分支目标缓存区,可以实现更准确的分支预测。

由于 x86 指令长度可以是 1～15 字节,进入解码器之前需要确定指令的边界或者说长度,为此 Gracemont 首次引入了全新的 OD-ILD(On-Demand Instruction Length Decoder,按需指令长度解码器)预解码器设计。Gracemont 在预解码时,OD-ILD 会得到指令长度信息,并存于 L1 I-Cache 中,下次再遇到相同地址的指令时,就直接跳过耗时的预解码,将指令由旁路(Bypass)模块直接送入解码器,从而节省部分执行周期和减少能耗。

Gracemont 还采用了双解码器簇的设计,每个解码器簇各有 3 个简单 x86 指令解码器,两个解码器簇合计向下游输出 5 个 RISC 风格的微操作(μop)。这种双解码器簇对于 Atom 核来说,效果比 Core 核里使用微操作高速缓存(μop cache)的做法更好,既能做到 6 路指令解码,又能降低芯片面积。

乱序执行需要更大的 ROB,更多用于重命名的物理寄存器,以及更多的执行单元。

Gracemont 具备 5 路分配(5-wide allocation)和 8 路退出(8-wide retire)，ROB 可以容纳 256 条目，可以向执行单元同时派发 5 个微操作。

Gracemont 与 P 核的显著区别是采用了执行端口全分离的设计，几乎没有复用，达到了 17 个执行端口：12 个整数 + 5 个浮点。浮点的 2 个 FPU 都能够执行 FMUL 和 FADD 操作，使 FADD 或 FMUL 的吞吐量比上一代翻倍增长，同时还增加了第三个 ALU。这种典型的超宽架构使得指令并行能力得到了大幅提升。

Gracemont 具有的巨大、低延时、4 核共享的 L2，以及与 P 核共享的 L3，有助于达成低频、低功耗、高 IPC 架构。

3. 硬件线程调度器

对于 Intel 处理器的混合架构而言，如何确保两种不同内核微架构无缝衔接并完美运行，只依靠操作系统是无法解决的，因此 Intel 创造了 Thread Director。

硬件线程调度器(Intel Thread Director，ITD)是一个高度专业化的硬件抽象层(HAL)，一方面作为操作系统和软件的接口，另一方面是 P 核和 E 核的接口，是直接内置于处理器之中的，它的作用就是使 P 核、E 核和操作系统三者之间能够无缝协作。

ITD 的工作粒度是线程级别，通过硬件智能地分析线程的负载状况与优先级，并向操作系统反馈线程是更倾向于能效还是性能，引导操作系统根据内核状态及线程信息更智能地在正确的时间将正确的工作负载发送至正确的内核。这一过程对于操作系统和用户来说是完全透明的，但却真实地提升了各项任务的运行效率。

根据 ITD 的指导，优先级任务会调度在 P 核上，后台任务会调度在 E 核上，AI 线程优先考虑在 P 核上，循环等待线程会从 P 核移动到 E 核。如果应用程序的特定线程不调用某些类型的指令并被确定为低优先级，则它们会被分派到 E 核。失去优先级的线程也会从 P 核下放到 E 核上。当线程需要 P 核专有的指令(例如 AVX512 或 DLBoost)时，P 核获得优先权。ITD 确保轻量级或低优先级的任务不会不必要地调用 P 核，并与操作系统协同工作，以实现优化和智能管理工作负载分配。

Intel 推荐 Windows 11 作为第十三代 Core 处理器 Raptor Lake 的最佳操作系统，因为 Windows 11 支持 ITD，其调度程序与 ITD 结合相得益彰，提供了更加精细化、更加合理、更加智能化的线程调度，使 Raptor Lake 性能能够得到最大限度的发挥。

2.2.3　多核处理器的关键并行技术

1. 超线程技术

为了在执行多线程操作系统和应用代码时或在多任务环境下执行单线程应用时提高 IA-32 处理器的性能，Intel 开发了超线程(HT)技术，该技术允许单个物理处理器执行两个同时使用共享执行资源的独立代码流(线程)。

Intel 超线程技术也是 IA-32 处理器家族中硬件多线程能力的一种形式，它不同于使用多个独立物理封装(每个物理处理器封装与一个物理插座相对应)的多处理器能力。通过在一个处理器核中使用共享执行资源，Intel 超线程技术提供了具有单一物理封装的硬件多线程能力。

从体系结构看，支持 Intel 超线程技术的 IA-32 处理器由两个逻辑处理器组成，每个逻辑处理器有其自己的 IA-32 架构状态(Architectural State，AS)。每个逻辑处理器都包括一套完整的 IA-32 数据寄存器、段寄存器、控制寄存器、调试寄存器和大多数的 MSR(Model-Specific Register)，也都有自己的高级可编程中断控制器(Advanced Programmable Interrupt Controller，APIC)。

图 2.15 显示了一个支持 Intel 超线程技术的处理器(用两个逻辑处理器实现)与传统双处理器系统的比较。

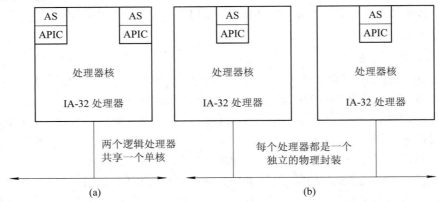

图 2.15　一个支持超线程技术的 IA-32 处理器与传统双处理器系统的比较

(a) 支持 HT 技术的 IA-32 处理器；(b) 传统的多处理器(MP)系统

与传统的使用两个独立的物理 IA-32 处理器的 MP(多处理器)系统配置不同，在支持 Intel 超线程技术的 IA-32 处理器中，逻辑处理器共享物理处理器的核资源，包括执行引擎和系统总线接口，使闲置的处理器资源得到充分利用。加电和初始化后，每个逻辑处理器被独立地指示执行特定的线程、中断或暂停，在多任务环境中，无须修改代码即可使现有软件实现得到明显的性能提升。在 Intel 64 处理器中，超线程技术继续获得支持。

Intel 超线程技术通过在单一芯片上提供两个逻辑处理器，允许两个线程同时执行，并在每个时钟周期利用乱序指令调度使执行单元的使用最大化。Intel 超线程技术影响了当代操作系统和高性能应用中的进程和线程级并行。

换言之，超线程技术就是利用特殊的硬件指令，把两个逻辑内核模拟成两个物理芯片，在单处理器中实现线程级的并行计算，进而兼容多线程操作系统和软件，提高 CPU 运行效率的技术。从实质上说，超线程是一种可以将 CPU 内部暂时闲置的处理资源充分"调动"起来的技术。

超线程技术最早出现在 130 nm 的 Pentium 4 上，使得 Pentium 4 单核 CPU 也拥有较出色的多任务性能。改进后的超线程技术再次回归到 Core i7 处理器上，重新命名为同时多线程(Simultaneous Multi-Threading，SMT)技术。

同时多线程是 2 路(2-way)的，每个 CPU 核可以同时执行 2 个线程，见图 2.16。对于执行引擎来说，在多线程任务的情况下，可以掩盖单个线程的延迟。SMT 的好处是只需要消耗很小的 CPU 核面积作为代价，就可以在多任务情况下提供显著的性能提升，比起完全再添加一个物理核来说要划算得多。与 Pentium 4 的超线程技术相比，Core i7 的优势是有更大的缓存和主存带宽，这样就更能够有效地发挥多线程的作用。按照 Intel 的设计，采用

Nehalem 微架构的 Core i7 处理器利用 SMT 可以在能耗增加很少的情况下使性能提升
20%～30%。

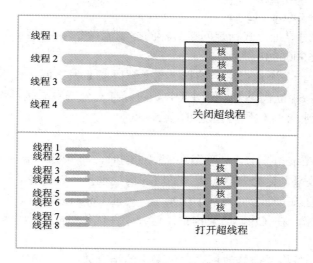

图 2.16　4 核 Core i7 采用 SMT 执行多线程任务示意图

2. 微融合和宏融合技术

1) 微融合

为了便于实现指令执行的流水化和并行性，现代 Intel 处理器均采用将一条条指令分解
(解码)为若干微操作，每个微操作被发送到后端相应端口中的执行部件上去执行，通过若
干微操作的执行完成一条条指令的执行。

微融合(Micro-Fusion)是指将来自同一指令的多个微操作融合为单一的复杂微操作，然
后一次性发送到后端去执行。如果不是被微融合，该复杂微操作包含的多个微操作会被多
次发送到乱序执行核中。

微融合允许程序员使用存储器到寄存器的操作(即复杂指令集计算机(CISC)指令系统)，
而不用担心损失解码带宽。微融合提高了从解码发送到退出部件的指令带宽，并节省了电力。

下面是可以由所有解码器处理的被微融合的微操作示例。

(1) 所有对主存储器的存储，包括立即存储。存储内部执行两个独立功能：存储地址
和存储数据。

(2) 所有结合加载和计算操作(load+op)的指令，例如：

　　　ADDPS XMM9, OWORD PTR [RSP+40]

　　　FADD DOUBLE PTR [RDI+RSI*8]

　　　XOR RAX, QWORD PTR [RBP+32]

(3) 所有形式为"load and jump"的指令，例如：

　　　JMP [RDI+200]

　　　RET

(4) 具有立即操作数和存储器操作数的 CMP 和 TEST。

在下列情况中，具有 RIP 相对寻址的指令不能被微融合：

(1) 需要另一个立即数，例如：

    CMP [RIP+400], 27

    MOV [RIP+3000], 142

(2) 使用 RIP 相对寻址方式指定间接目标的控制流指令，例如：

    JMP [RIP+5000000]

在这些情况中，一条不可微融合的指令需要解码器 0 发布两个微操作，从而造成解码带宽的轻微损失。在 64 位代码中，使用 RIP 相对寻址对全局数据是常见的，由于没有微融合，32 位代码移植到 64 位代码时性能可能会降低。

2) 宏融合

宏融合(Macro-Fusion)技术让处理器在解码的同时，将同类的指令融合为单一的指令，以减少处理的指令数量，让处理器在更短的时间内处理更多的指令。

Intel 宏融合将两条指令合并为单个微操作，为此 Core 微架构改良了 ALU(算术逻辑单元)以支持宏融合技术。在 Core 微架构中，这种硬件优化被限制为仅可对特定的指令对进行融合。

宏融合对的第一条指令需修改标志，可采用的指令如：

(1) Nehalem 微架构：CMP、TEST。

(2) Sandy Bridge 微架构：CMP、TEST、ADD、SUB、AND、INC、DEC。

这些指令的第一源/目的操作数应是寄存器，第二源操作数(如果存在)应是立即数、寄存器或非 RIP 相对的存储器寻址之一。宏融合对的第二条指令(指令流中近邻的)应是条件分支。表 2.9 描述了可以融合的指令对。由于这些指令对在基本的迭代程序序列中是常见的，因此即便针对未重新编译的二进制代码，宏融合也能提高性能。

表 2.9　在 Sandy Bridge 微架构中的可融合指令对

指　令	TEST	AND	CMP	ADD	SUB	INC	DEC
JO/JNO	Y	Y	N	N	N	N	N
JC/JB/JAE/JNB	Y	Y	Y	Y	Y	N	N
JE/JZ/JNE/JNZ	Y	Y	Y	Y	Y	Y	Y
JNA/JBE/JA/JNBE	Y	Y	Y	Y	Y	N	N
JS/JNS/JP/JPE/JNP/JPO	Y	Y	N	N	N	N	N
JL/JNGE/JGE/JNL/JLE/JNG/JG/JNLE	Y	Y	Y	Y	Y	Y	Y

当第一条指令结束在一个 Cache 行的字节 63，第二条指令是条件分支指令且开始于紧接着的 Cache 行的字节 0 时，宏融合不会发生。

每个被宏融合的指令利用单次发送执行，这种处理减少了延迟，释放了执行资源，还可以用更少的比特表示更多的工作来获得更多融合的好处：增加重命名和退出的带宽，增大虚拟存储器，省电。

3. 虚拟化技术

Intel 虚拟化技术(Virtualization Technology，VT)是一种硬件 CPU 的虚拟化技术，它可以让一个 CPU 工作起来就像多个 CPU 并行运行一样，使得一台计算机同时运行多个操作系统成为可能。

虚拟技术让人联想到早期 Intel CPU 上的"Virtual 8086"技术，这种 V86 模式技术是为兼容早期的 8086/8088 处理器而设计的，最早出现在 80386 计算机上。使用 V86 模式，可以创建多个并行虚拟 8086 计算机来运行多个 DOS 程序。同理，使用 VT 技术，也可以创建多个完整的虚拟计算机来运行多个完整的操作系统。

VT 技术和多任务(Multi-Tasking)、超线程(Hyper Threading)技术完全不同。多任务处理只允许用户在一台计算机的一个操作系统中同时并行运行多个程序。在 VT 技术中，多个操作系统可以在一台计算机上同时运行，每个操作系统中都有多个程序在运行，每个操作系统都运行在一个虚拟的 CPU 或者是虚拟主机上。超线程只是在 SMP(Symmetric Multi-Processing)系统中用单 CPU 模拟双 CPU 来平衡程序运行性能，这两个模拟出来的 CPU 是不能分离的，只能协同工作。如果一个 CPU 同时支持 HT 和 VT 技术，那么每一个虚拟 CPU 在各自的操作系统中都被看成是两个对称多任务处理的 CPU。

用于 Intel 64 和 IA-32 架构的 VT 技术提供了支持虚拟化的扩展，该扩展被称为虚拟机扩展(Virtual Machine Extensions，VMX)。具有 VMX 的 Intel 64 或 IA-32 平台可以起到多个虚拟系统(或虚拟机)的作用，每一个虚拟机可以在不同的分区运行操作系统和应用程序。VMX 还为新的系统软件层(称为虚拟机监控器，Virtual Machine Monitor, VMM)提供了编程接口。VMM 用于管理虚拟机的操作，它为每个操作系统提供一个虚拟的硬件环境，从而实现多个操作系统的共存。由于所有的操作系统都建立在一个虚拟的硬件上，因此任何一个操作系统的重启、重装甚至删除，都不会影响其他操作系统的运行。

在虚拟状态下有两种操作模式：root 操作模式和 non-root 操作模式。通常只有 VMM 软件能够运行在 root 操作模式下，而操作系统在虚拟机的顶层，运行在 non-root 操作模式下。运行在虚拟机顶层的软件也叫作"guest software"。每个 guest(来宾)系统可以是不同的操作系统，同时运行自身的软件。

要进入虚拟模式，VMM 软件需要执行 VMXON 指令调入 VMM，使用 VMLAUNCH 指令进入每一个虚拟机，使用 VMRESUME 指令退出相应的虚拟机。如果想要退出虚拟模式，VMM 可以运行 VMXOFF 指令。

Intel Core i7 处理器提供了如下对 VT 技术的增强：

(1) 虚拟处理器 ID(VPID)可以减少 VMM 管理转换的成本。

(2) 扩展页表(EPT)可以减少用于 VMM 管理存储器虚拟化的转换次数。

(3) 减少 VM 转换的延迟。

2.3　Intel 处理器支持的操作模式

Intel 处理器有两大体系结构：IA-32 架构和 Intel 64 架构，其发展见 1.2.2 节。

IA-32 架构支持以下三种操作模式和一种类操作模式：

(1) 保护模式(Protected Mode)：IA-32 架构处理器的原生操作模式。它提供了一套丰富的架构特性，并具有灵活性、高性能和与现有软件基础的向后兼容性。

(2) 实地址模式(Real-address Mode)：简称实模式，最早可以追溯到 Intel 8086 处理器上。这种模式在 IA-32 架构上除提供 Intel 8086 处理器的编程执行环境外，还提供了少量的功能扩展(如切换到保护模式或系统管理模式的功能)，是处理器上电或者复位后进入的状态。

(3) 系统管理模式(System Management Mode，SMM)：是 Intel 386 SL 处理器以后所有 IA-32 处理器的标准架构特性，为操作系统或执行体提供一个透明机制，用于实现特定平台功能，如电源管理和系统安全。当外部系统中断引脚($\overline{\text{SMI}}$)被激活或从高级可编程中断控制器(Advanced Programmable Interrupt Controller，APIC)接收到 SMI(System Management Interrupt)时，处理器进入 SMM。在 SMM 下，处理器切换到一个独立的地址空间，同时保存当前运行的程序或任务的上下文，然后透明地执行特定 SMM 代码(SMM-specific code)(即操作系统/应用程序不受 SMM 模式代码的影响)。从 SMM 返回后，处理器会回到 SMI 之前的状态，继续执行被中断的程序或任务。

(4) 虚拟 8086 模式(Virtual-8086 Mode)：在保护模式下处理器支持的一种类操作模式，实际上是保护模式的一种属性。它的显著特征就是允许处理器在受保护的多任务的环境中直接运行实模式下的 8086 软件，使得大量 16 位系统的软件无须重新编译就可以执行。

Intel 64 架构支持 IA-32 架构的所有操作模式和 IA-32e 模式。

在 IA-32e 模式中，处理器支持两种子模式：

(1) 兼容模式(Compatibility Mode)。兼容模式通过 64 位操作系统启用，这意味着 64 位操作系统支持 64 位应用程序运行在 64 位模式下，并支持传统保护模式下的 16 位或 32 位应用软件可以不经修改、无须重新编译地运行在兼容模式下。它支持所有 64 位模式和保护模式下的处理器特权级，但运行于虚拟 8086 模式或者使用硬件任务管理的程序无法在此模式下运行。兼容模式类似于 32 位保护模式，应用程序仅能访问线性地址空间的前 4 GB，但通过 PAE(Physical Address Extention，物理地址扩展)，该模式允许应用程序访问超过 4 GB 的物理内存。

(2) 64 位模式(64-bit Mode)。该模式允许 64 位操作系统运行位于 64 位线性地址空间上的程序，并支持大于 64 GB 的物理地址空间。该模式将通用寄存器和 SIMD 扩展寄存器的数目从 8 个扩展到 16 个，其中通用寄存器位宽达到 64 位。该模式默认地址是 64 位、数据是 32 位，利用引入的新指令前缀 REX，可以在 64 位模式下使用扩展寄存器和指定 64 位操作数，使很多现有指令被直接升级为允许使用 64 位地址和 64 位寄存器。

图 2.17 显示了 Intel 处理器在不同操作模式间的切换。系统加电启动或复位后，处理器首先进入实模式。

实模式下，Intel 处理器寻址能力有限，也限制了处理器的许多能力，所以需要配置处理器使它变得更强大。Intel 从 80386 处理器开始逐步增加了若干功能寄存器，包括一组控制寄存器(Control Register，CR)。其中，CR0 寄存器提供当前处理器运行标志，IA32_EFER(Extended Feature Enable Register，扩展功能使能寄存器)用来启用 IA-32e 模式和相关操作以及修改有关的页面访问权限。

CR0 寄存器的 PE(Protected-mode Enable)标志位(bit0)用来控制处理器在实模式与保护模式之间的切换。CR0.PE=0，表示处理器处于实模式；将 CR0.PE 置 1，就可实现实模式到保护模式的转换，并使用分段机制。

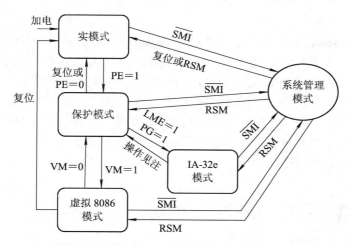

注：① 转换到兼容模式；② 设置 PG=0，退出 IA-32e 模式；
　　③ 设置 LME=0，禁止 IA-32e 模式；④ 设置 PG=1，允许常规分页保护模式。

图 2.17　不同操作模式间的切换

EFLAGS 寄存器中的 VM 标志位用来控制处理器在保护模式与虚拟 8086 模式之间的切换。VM=1，表示处理器处于虚拟 8086 模式。保护模式与虚拟 8086 模式之间的转换一般是通过任务切换或者从中断或异常处理返回来完成的。

IA32_EFER 寄存器的 LME(IA-32e Mode Enable)标志位(bit8)决定处理器是否工作在 IA-32e 模式，CR0 寄存器的 PG (Paging Enable)标志位(bit31)用来控制分页机制，两者联合用来控制处理器在保护模式与 IA-32e 模式之间的切换。通过启用分页机制(CR0.PG=1)，并将 IA32_EFER.LME 置 1，处理器可以从保护模式进入 IA-32e 模式。

在 IA-32e 模式下，代码段描述符(Code-Segment Descriptor)的 L 标志位(64-bit Flag, bit21)用来控制处理器在 64 位模式与兼容模式间的切换。在 64 位模式下，设置 L=1，且 D(Default, bit22)位必须为 0。

在支持 IA-32e 模式的处理器上运行 32 位操作系统，不会启用 IA-32e 模式，也无法使用 64 位地址空间，且只能运行传统的 32 位保护模式的应用程序。只有安装了 64 位操作系统，才可以运行 64 位应用程序，此时处理器运行在 IA-32e 模式下。IA-32e 模式引入了一系列的新指令集和前缀(如 REX)，使得合理优化过的 64 位程序比 32 位程序效率更高。若在 64 位操作系统上运行传统的 32 位保护模式的应用程序，则处理器切换为兼容模式。

无论是在实模式、保护模式、虚拟 8086 模式下还是在 IA-32e 模式下，处理器在接收到一个有效的 $\overline{\text{SMI}}$ 时都会切换到 SMM 模式。当执行 RSM 指令时，处理器只能返回到 SMI 执行前的模式。

Intel 处理器启动环境为 16 位实模式，操作系统运行起来以后就切换到保护模式。保护模式同实模式的根本区别在于进程内存是否受保护。

在实模式下，系统程序和用户程序未被区别对待，所有程序都可以操作任何地址空间，其每一个指针都指向"真实"的物理地址，而且无法限制程序的执行权限。尽管这种模式给设置硬件功能带来许多方便，但却可能给程序执行的安全性和稳定性带来灾难性的后果，一旦程序执行出现错误，很可能导致整个系统崩溃。为了克服这种低劣的内存管理方式，保护模式被开发出来。

在保护模式下，处理器按程序的执行级别将其分为 0、1、2、3 四个等级(由高到低排序)，最高等级 0 由系统内核使用，最低等级 3 由用户程序使用，物理内存地址不能直接被用户程序访问，用户程序内部的地址(虚拟地址)要由操作系统转化为物理地址去访问，用户程序对此一无所知。至此，进程(此时可以称程序为进程了)有了严格的边界，任何其他进程根本无法访问不属于自己的物理内存区域，甚至自己的虚拟地址也不是可以任意访问的，因为有一些虚拟区域已经被放进公共系统运行库。这些区域也不能随便修改，若修改就会有错误指示或非法内存访问提示。

2.4 Intel 处理器支持的存储器寻址模式

我们已知，在电子计算机中存储器是非常重要的功能部件，处理器需要运行的各种程序(具体而言就是指令)和欲处理的大量数据必须存放在存储器中，所以有效地从存储器中获取指令或读写数据(即内存管理)就是处理器设计中要解决的关键问题之一。

现代 Intel 处理器构成的微机系统中，无一例外地采用了"寄存器—Cache—主存 MM—联机外存—脱机外存"这种多层的物理存储体系，并且在主存与外存之间，由主存＋联机外存＋辅助硬件＋系统软件构成了虚拟存储器(VM)。因为欲获取的指令或读写数据位于存储体的不同层次，所以对存储器寻址与访问的方式与路径也不同。对 Cache 的访问完全由硬件完成；对主存的访问则需要软硬件配合；而对虚拟存储器的访问不仅需要软硬件配合，还需要操作系统管理。

IA-32 架构和 Intel 64 架构的 Intel 处理器内存管理机制被分为两大类，即分段管理与分页管理，这两类内存管理机制由操作系统实现。分段管理机制可以隔离存储代码、数据、堆栈等信息，使得多道程序在同一处理器上运行时，程序之间、程序与数据之间等不会相互影响。分页管理机制通常用于虚拟内存管理，使内存空间在硬盘辅助(要利用操作系统)下可以得到大幅提升，同时还可以有效隔离多任务。分段和分页两种机制都可以支持单任务系统、多任务系统或多处理器系统的内存共享。当 Intel 处理器处于保护模式时，分段机制是默认被启用的(分段机制是无法被关闭掉的)，而分页机制是可选项，即分页是建立在分段基础上的。

2.4.1 实模式存储器寻址

Intel 8086 CPU 在存储器寻址方面第一次引入了"段"的概念。正如 2.1.3 节所述，为了实现 16 位 CPU 可以访问 20 位地址的主存空间，Intel 8086 CPU 体系结构将主存空间进行了分段，每段长度 64 K(由 16 位段内偏移地址确定)，每段在主存中的位置由段地址决定。为了支持分段机制，Intel 在 8086 CPU 中新增了 4 个段寄存器(代码段寄存器 CS、数据段寄存器 DS、堆栈段寄存器 SS 和附加段寄存器 ES)，这样，程序访问一个主存单元使用的逻辑地址就由段地址和段内偏移地址共同确定，表示为"段地址:段内偏移地址"，而实际读写主存使用的物理地址则由逻辑地址依据公式(2-1)转换而来(由 CPU 内部地址加法器具体实现)，这种直接利用物理地址访存的操作模式就是上节介绍的实地址模式(简称实模式)。

　　通过分段机制，8086 CPU 不仅可以扩大访存到 1 MB 的物理地址空间，而且通过将程序和数据放在不同的存储段，还起到了防止其相互影响的保护作用。

　　但是 8086 CPU 的分段机制也带来一些问题：

　　(1) 同一个物理地址对应多个逻辑地址，使程序实际缺乏对地址空间的保护。每个程序总能够访问由段基地址(段起始地址)开始的 64 KB 连续地址空间，而无法加以限制。

　　(2) 用来改变段寄存器内容的指令不是"特权指令"，通过改变段寄存器的内容，程序可以随心所欲地访问主存中的任何一个单元，而丝毫不受限制。

　　如果不能对程序的内存访问加以限制，就不能对其他程序以及系统本身进行实质的保护，也就不存在实质的内存管理。已经发展到 64 位的酷睿十三代 Intel 处理器仍然保持着实模式，只是因其兼容性使然。

　　在实模式下，32/64 位处理器就相当于一个快速的 8086 处理器，只能访问在 1 M 以下的常规内存(地址在 1 M 以上的内存称为扩展内存)；用户程序可以读写所有的存储段、寄存器(甚至包括控制寄存器 CR0 等)、I/O 端口，还可以任意修改中断向量表内容，使得计算机系统极易受到病毒、木马等攻击，整个计算机系统安全性无法得到保证；不支持优先级，不支持硬件上的多任务切换，不能对内存进行分页管理。

2.4.2　保护模式存储器寻址

　　在保护模式下，IA-32 架构和 Intel 64 架构的 Intel 处理器的存储器寻址保留并扩充了实模式下的分段管理机制，并配合虚拟存储管理，引入了分页管理机制。图 2.18 示意了保护模式下的分段与分页管理机制。

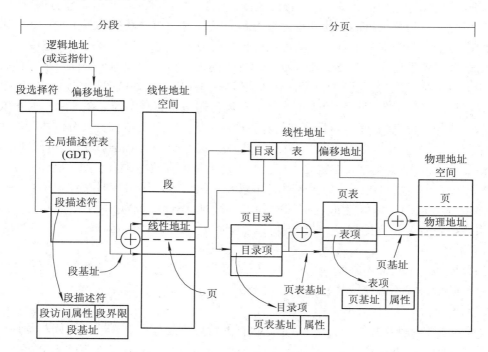

图 2.18　分段与分页存储器访问寻址示意图

分段管理机制将处理器程序可访问寻址的内存空间(线性地址空间)分割成若干(存储)段，段在被访问时是受严格保护的。段可以用于保存程序代码、数据、堆栈资源，还可以保存系统级数据结构(如 TSS、LDT)。如果多个程序(或任务)同时运行在同一处理器上，则每个程序必须要有自己的段。处理器会强制在每个程序的段之间划分界线，以确保不会出现一个程序将数据写入另一个正在运行的程序的段而产生不期望的结果。分段机制允许将段进行分类，从而实现对特定类型的段操作的限制。

在保护模式下，程序不能随意地访问物理内存，因为 CPU 对有些内存地址做了明确的保护限制；仅根据段寄存器确定段基址已无法满足具体基址不希望暴露给用户的要求，需要有进一步的访问权限等信息。为了解决这些问题，从 IA-32 架构开始，Intel 处理器引入了段描述符。

在 IA-32 和 Intel 64 架构中，所有的存储段都被包含在内存的线性地址空间中。要定位到一个特定段内的某个字节单元，需要使用逻辑地址。逻辑地址包含了段选择符与段内偏移地址。段选择符是一个索引，用来在描述符表中(例如 GDT)定位某个段的段描述符，从而找到相应的段，因此一个段选择符唯一地标识了一个段。段描述符作为表述一个段的重要数据结构，涵盖了段资源方方面面的信息，如段基址、段类型、访问权限、特权级别以及段大小(段界限)等。而段内偏移地址，用来定位段内的某个字节单元，即将这个偏移地址量与段描述符中的段基址相加就能得到欲访问单元的线性地址，这个地址总是处于处理器的线性地址空间内(32 位地址对应的就是 4 GB 线性存储空间)。

保护模式下的段选择符可以看作是实模式下的段地址的功能扩展，它们仍然由段寄存器提供，只是段寄存器增加了两个，全部段寄存器为 CS、DS、SS、ES、FS 和 GS。其中，CS 用于寻址代码段，SS 用于寻址堆栈段，DS、ES、FS 和 GS 均用于寻址数据段。

如果没有启用分页机制，线性地址就会被直接映射为存储器的物理地址，该物理地址确定的内存空间通常就是根据处理器提供的地址线所能够寻址到的最大地址范围。

由于多任务系统通常需要比实际物理地址空间大得多的线性地址空间，所以线性地址空间的虚拟化技术成为关键，而这种线性地址空间的虚拟化技术就要通过分页机制来实现。

分页管理机制提供了一种"虚拟内存"环境，用于仿真真实而紧缺的物理内存(RAM、ROM)，甚至磁盘存储空间。当分页机制被启用后，每一个存储段都会被分割成同等大小的页面(典型页面大小为 4 KB，通过页面尺寸扩展(Page Size Extensions，PSE)可以使用 4 MB 页面)，这些页面可能被存放在物理内存空间，也可能被存放在磁盘空间。操作系统或具有高特权级的进程(执行体)维护着一张页目录以及一组页表，用于随时跟踪定位页面。当一个程序或任务试图访问线性地址空间中的某个地址(线性地址)时，处理器就会使用页目录与页表，先将要访问的线性地址转换成物理地址，然后再为访问请求执行相关操作(读或写)。

如果要访问的页面不在物理内存中，处理器就会产生一个缺页异常，并终止当前程序的执行。随后，操作系统或执行体便会将希望访问的页面从磁盘空间调入或替换入物理内存，然后继续执行被打断的程序。

当分页机制被启用后，对于一个正确执行的程序来说，所有在磁盘空间与物理内存之间的页面交换过程都是透明的。即便是对于一个运行在虚拟 8086 模式下的 16 位程序而言，也可以透明地使用分页机制。

保护模式的分段管理机制从段结构组织的复杂性，到段间权限检测的繁琐性，再到执行时的效率上，都显得臃肿，而且还降低了程序的执行效率和编程的灵活性。当分页管理机制出现后，为了保持处理器的向后兼容性，分段机制仍得以保留。随着硬件速度不断提升和对大容量内存的日益期望，IA-32e 模式应运而生。

2.4.3　长模式(IA-32e 模式)存储器寻址

IA-32e 技术在后来被正式命名为 EM64T(Extended Memory 64 Technology)，与 AMD64 兼容，统一称为 AMD64 技术。目前的 x86-64 兼容 CPU 均支持 AMD64 技术，可以运行在实模式、保护模式和长模式(Long Mode)下。

长模式即 IA-32e 模式，支持处理器执行 64 位指令，使用 64 位操作数和 64 位地址空间(为了降低制造成本，目前实际物理内存的寻址能力暂时还没有扩展到 64 位地址)，引入了 RIP 相对寻址机制，使得"位置无关代码"的实现更容易而且更快。

IA-32e 模式最明显的特征是在硬件级上最大限度地削弱了存储器的分段管理。在 64 位模式下，分段通常(但不是完全)被禁用，处理器将 CS、DS、ES、SS 的段基址视为零，忽略段描述符中的段界限和段基址，使段直接覆盖整个存储器地址空间，简化了保护模式下的存储段结构，为代码、数据和堆栈创建了一个平坦的 64 位线性地址空间(即内存就像是单一的连续地址空间)，进而实现平坦内存模式管理。

x86-32 架构的 CPU 从很早的版本就开始支持 PAE，该技术通过内存分页机制将应用程序使用的 32 位线性地址映射为 36 位或 52 位物理地址。而 x86-64 架构的 CPU 利用平坦内存模式实现 64 位线性地址到 64 位物理地址的映射，之后检查这个 64 位物理地址的 52～63 位是否全 0 或全 1，并取该地址的 0～51 位作为实际的物理地址(目前处理器的物理地址最多只有 52 位)。

在初始化 IA-32e 模式时，分页机制只能使用前 4 GB 物理地址空间。一旦激活 IA-32e 模式，操作系统便可重定位页到物理内存空间的任何地方。

2.4.4　Intel 处理器对分页模式选择的设置

在 Intel 处理器的控制寄存器 CR0 中，PE 和 PG 标志用来控制分段和分页管理机制的操作，它们被称为保护控制位。PE 控制分段管理机制：PE=0，处理器运行于实模式；PE=1，处理器运行于保护模式及分段管理。PG 控制分页管理机制：PG=0，禁用分页管理机制，此时分段管理机制产生的线性地址(参见图 2.18)直接作为物理地址使用；PG=1，启用分页管理机制，此时线性地址经分页管理机制转换为物理地址。如果要启用分页机制，那么 PE 和 PG 都要置位。

从 Pentium 系列(包括 486 的后期版本)处理器开始增加了控制寄存器 CR4，它提供了处理器扩展功能标志。控制寄存器 CR4 中的 PAE 标志位用来允许物理地址扩展：PAE=0，只允许采用 32 位物理地址；PAE=1，允许采用 32 位以上的物理地址(包括 32 位和 64 位地址)。

常规 32 位分页机制采用 32 位物理地址，理论上可寻址 4 GB 的内存空间。但是大型服务器需要大于 4 GB 的内存来同时运行数以千计的进程，因此，Intel 通过把处理器的地址线数从 32 增加到 36，来提高处理器的寻址能力，使其能够访问 $2^{36} = 64\,GB$ 的物理内存；同时，引入一种新的分页机制 PAE，把 32 位线性地址转换为 36 位物理地址，来使用大于 4 GB 的物理内存。因为 32 位的线性地址没有变，所以一般的应用软件可以继续使用地址为 32 位的指令。

　　通过设置 CR4.PAE=1 来开启对 PAE 的支持，通过设置 IA32_EFER.LME=1 来开启对 IA-32e 的支持。以下是对 Intel 处理器分页模式的设置：

　　如果 CR0.PG=0，未启动分页机制，处理器将会把线性地址当作物理地址。

　　如果 CR0.PG=1 且 CR4.PAE=0，处理器就会启用常规 32 位分页模式。

　　如果 CR0.PG=1、CR4.PAE=1 且 IA32_EFER.LME=0，处理器就会启用 PAE 分页模式。

　　如果 CR0.PG=1、CR4.PAE=1 且 IA32_EFER.LME=1，处理器就会启用 IA-32e 分页模式。

　　目前，64 位的 Intel 处理器支持的 PAE 分页模式可以将 32 位的线性地址转换为 52 位的物理地址，IA-32e 分页模式可以将 48 位的线性地址转换为 52 位的物理地址。也就是说，无论处理器是工作在长模式还是 32 位保护模式，对主存的寻址能力都是 52 位，即可访问的主存空间达到 $2^{52} = 4\,PB$。

2.5　基于 Intel 处理器的 PC 体系结构

　　从 8086 CPU 开始，Intel 在处理器设计时充分考虑了向后兼容特性，从而使得基于 Intel 处理器构成的 PC 在体系结构(指令系统、数据结构、寄存器结构、主存储器结构、I/O 系统结构等)上也表现出良好的向后兼容特性。从软件角度看，64 位机指令系统和数据结构是 32 位机的扩展，32 位机指令系统和数据结构是 16 位机的扩展，或者说，16 位机的程序可在 32/64 位机上运行，32 位机的程序可在 64 位机上运行。从硬件角度看，正是寄存器结构、主存储器结构、I/O 系统结构的向后兼容设计支持了软件的向后兼容。本节将说明基于 Intel 处理器构成的 PC 在硬件方面的兼容性，有关指令系统的兼容性见第 3 章。

2.5.1　寄存器结构

　　在 Intel 64 位模式中，通用寄存器组(软件编程模型)保持着向后兼容的特性，如图 2.19 所示。16 个 64 位通用寄存器均可以按 8/16/32/64 位长度进行寻址，如寄存器 R8(64 位)可以按 R8(64 位)、R8D(32 位)、R8W(16 位)、R8L(8 位)进行访问。8 个 64 位通用寄存器 RAX、RBX、RCX、RDX、RSP、RBP、RDI、RSI 的低 32 位即为 Intel 32 位系统中的寄存器组 EAX、EBX、ECX、EDX、ESP、EBP、EDI、ESI，低 16 位即为 Intel 16 位系统中的寄存器组 AX、BX、CX、DX、SP、BP、DI、SI。在 16 位系统中，16 位寄存器 AX、BX、CX、DX 可以分解为 8 个可访问的 8 位寄存器 AH、AL、BH、BL、CH、CL、DH、DL；在 64 位模式中，AH、BH、CH 和 DH 分别被 SP、BP、DI 和 SI 的低 8 位 SPL、BPL、DIL 和 SIL 所替代。另外，指令指针寄存器 RIP(64 位)的低 32 位是 EIP，EIP 的低 16 位是 IP；标志寄存器 RFLAGS(64 位)的低 32 位是 EFLAGS，高 32 位全部为保留位；EFLAGS 的低 12 位与 16 位系统中的 PSW 低 12 位规定一致。标志寄存器的格式见图 2.20。

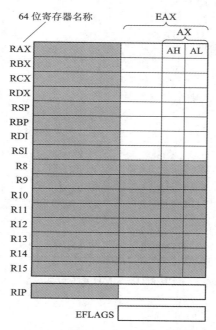

图 2.19　64 位模式的通用寄存器组

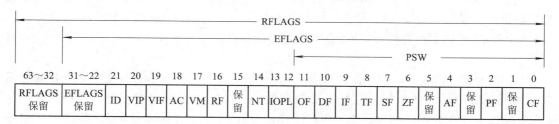

系统标志：ID——Identification(Pentium+)，识别；VIP——Virtual interrupt pending(Pentium+)，虚拟中断挂起；
　　　　　VIF——Virtual interrupt flag (Pentium+)，虚拟中断标志；AC——Alignment check (仅486SX+)，对齐
　　　　　检查；VM——Virtual 8086 mode flag (仅386+)，虚拟8086模式标志；RF——Resume flag (仅386+)，
　　　　　恢复标志；IOPL——I/O privilege level (仅286+)，I/O特权级；NT——Nested task flag (仅286+)，嵌套
　　　　　任务标志；IF——Interrupt enable flag，中断允许标志；TF——Trap flag，陷阱标志。
控制标志：DF——Direction flag，方向标志。
状态标志：OF——Overflow flag，溢出标志；SF——Sign flag，符号标志；ZF——Zero flag，零标志；CF——Carry
　　　　　flag，进位标志；AF——Auxiliary carry flag，辅助进位标志；PF——Parity flag，奇偶校验标志。
复位状态：0000 0000 0000 0002H。

图 2.20　标志寄存器

　　从 Pentium Ⅱ 处理器开始，Intel 引入了 MMX 技术和支持该技术的 SIMD(单指令多数据)执行模式，以加速高级媒体和通信应用的性能。Intel 基于原有的指令系统增加了 MMX 指令集，引入了 8 个 64 位的 MMX 寄存器；之后，增加了 SSE 指令集(包括 SSE2、SSE3、SSSE3、SSE4 等)，引入了 16 个 128 位的 XMM 寄存器(非 64 位模式时为 8 个)；增加了 AVX 指令集(包括 AVX2)，引入了 16 个 256 位的 YMM 寄存器(在 32 位及以下的操作模式时为 8 个)，YMM 寄存器的低 128 位是 XMM 寄存器。而 AVX-512 指令集支持 32 个 512 位的 ZMM 寄存器，ZMM 寄存器的低 256 位是 YMM 寄存器，低 128 位是 XMM 寄存器。在 64 位模式中，AVX-512 指令集也支持 32 个 YMM 寄存器和 32 个 XMM 寄存器。图 2.21

显示了 SIMD 寄存器组及各寄存器的相互关系。

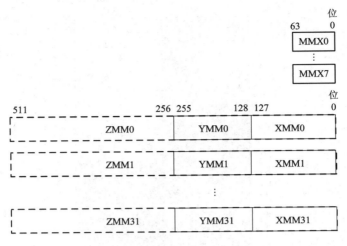

图 2.21   SIMD 寄存器组

2.5.2   主存储器结构

在基于 8086 CPU 构成的 PC 中，16 位主存储系统的物理结构采用分体结构(由 2 个按字节编址的存储体构成)，以支持在一个总线周期里进行 8 位或 16 位数据的读/写操作，如图 2.4(a)所示。考虑到兼容性，这种主存的组织结构被继续用于基于 Intel 处理器构成的 32/64 位 PC 中。

从 80386DX 处理器开始，在所构成的 32 位 PC 中，主存储系统由 4 个字节存储体构成，如图 2.22 所示。整个主存空间由 32 位地址寻址，容量可达 4 GB。32 位存储器地址在 4 个存储体上交叉分配，哪个存储体可以工作由 CPU 发出的存储体允许(Bank-Enable)信号 $\overline{\text{BE}_i}$ 进行选择确定。当 CPU 发出有效的 $\overline{\text{BE}_0}$ 时，存储数据 $D_0 \sim D_7$ 位的字节存储体被允许工作，对该存储体加载 4 的整数倍的存储器地址和读/写信号，就可以实现 CPU 对指定主存单元在一个总线周期里进行 $D_0 \sim D_7$ 位字节数据的读/写；当 CPU 同时发出有效的 $\overline{\text{BE}_0}$、$\overline{\text{BE}_1}$、$\overline{\text{BE}_2}$ 和 $\overline{\text{BE}_3}$ 时，存储数据 $D_0 \sim D_7$ 位、$D_8 \sim D_{15}$ 位、$D_{16} \sim D_{23}$ 位、$D_{24} \sim D_{31}$ 位的 4 个字节存储体被允许同时工作，对 4 个存储体同时加载 4 的整数倍的存储器地址和读/写信号，就可以实现 CPU 对指定主存单元在一个总线周期里进行 $D_0 \sim D_{31}$ 位数据的读/写。任意 2 个连

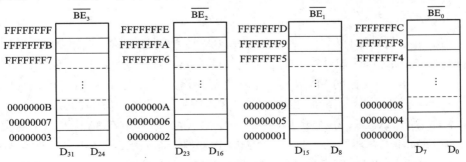

图 2.22   Intel 32 位主存储系统的组织结构

续地址构成 16 位存储单元，任意 4 个连续地址构成 32 位存储单元。但对非对齐存储单元的读/写可能会造成性能损失，因为这种读/写需要一个额外的总线周期。在 Intel 32 位存储系统中允许一个总线周期里进行的数据读/写操作见表 2.10。

表 2.10　Intel 32 位主存储系统允许的数据读/写操作

$\overline{BE_3}$	$\overline{BE_2}$	$\overline{BE_1}$	$\overline{BE_0}$	加载的存储器地址	读/写的数据位
			0	(存储器地址)mod 4 = 0	$D_0 \sim D_7$
		0		(存储器地址)mod 4 = 1	$D_8 \sim D_{15}$
	0			(存储器地址)mod 4 = 2	$D_{16} \sim D_{23}$
0				(存储器地址)mod 4 = 3	$D_{24} \sim D_{31}$
		0	0	(存储器地址)mod 4 = 0	$D_0 \sim D_{15}$
0	0			(存储器地址)mod 4 = 2	$D_{16} \sim D_{31}$
0	0	0	0	(存储器地址)mod 4 = 0	$D_0 \sim D_{31}$

从 Pentium 处理器开始，Intel CPU 外部数据总线达到 64 位，其 64 位主存储系统需要由 8 个字节存储体构成，如图 2.23 所示。在 IA-32 执行环境中，整个主存空间由 32～36 位地址寻址，容量可达 4～64 GB；在 64 位模式执行环境中，整个主存空间由 64 位地址寻址，理论上容量可达 2^{64} B。存储器地址在 8 个存储体上交叉分配，哪个存储体可以工作依然由 CPU 发出的存储体允许信号 $\overline{BE_i}$ 进行选择确定。任意 2 个连续地址构成 16 位存储单元，任意 4 个连续地址构成 32 位存储单元，任意 8 个连续地址构成 64 位存储单元。与 Intel 32 位存储系统类似，在 Intel 64 位存储系统中允许一个总线周期里进行的数据读/写操作见表 2.11。

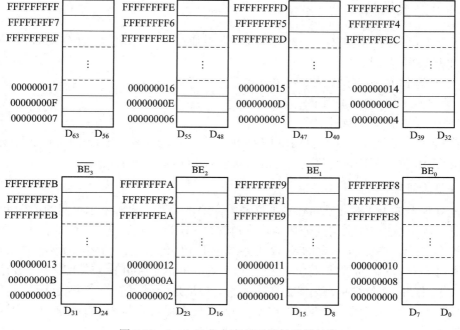

图 2.23　Intel 64 位主存储系统的组织结构

表 2.11　Intel 64 位主存储系统允许的数据读/写操作

$\overline{BE_7}$	$\overline{BE_6}$	$\overline{BE_5}$	$\overline{BE_4}$	$\overline{BE_3}$	$\overline{BE_2}$	$\overline{BE_1}$	$\overline{BE_0}$	加载的存储器地址	读/写的数据位
							0	(存储器地址)mod 8 = 0	$D_0 \sim D_7$
						0		(存储器地址)mod 8 = 1	$D_8 \sim D_{15}$
					0			(存储器地址)mod 8 = 2	$D_{16} \sim D_{23}$
				0				(存储器地址)mod 8 = 3	$D_{24} \sim D_{31}$
			0					(存储器地址)mod 8 = 4	$D_{32} \sim D_{39}$
		0						(存储器地址)mod 8 = 5	$D_{40} \sim D_{47}$
	0							(存储器地址)mod 8 = 6	$D_{48} \sim D_{55}$
0								(存储器地址)mod 8 = 7	$D_{56} \sim D_{63}$
						0	0	(存储器地址)mod 8 = 0	$D_0 \sim D_{15}$
				0	0			(存储器地址)mod 8 = 2	$D_{16} \sim D_{31}$
		0	0					(存储器地址)mod 8 = 4	$D_{32} \sim D_{47}$
0	0							(存储器地址)mod 8 = 6	$D_{48} \sim D_{63}$
				0	0	0	0	(存储器地址)mod 8 = 0	$D_0 \sim D_{31}$
0	0	0	0					(存储器地址)mod 8 = 4	$D_{32} \sim D_{63}$
0	0	0	0	0	0	0	0	(存储器地址)mod 8 = 0	$D_0 \sim D_{63}$

2.5.3　I/O 系统结构

除了与主存储器传输数据外，IA-32 处理器也通过输入/输出端口(I/O 端口)与外设传输数据(一个设备可以占用多个 I/O 端口)。

IA-32 处理器允许应用程序以两种方式之一访问 I/O 端口：

- 通过独立的 I/O 地址空间；
- 通过存储器映射 I/O。

也就是说，I/O 端口可以被映射到 I/O 地址空间或物理主存地址空间(存储器映射 I/O)或两者(Intel 16 位处理器仅允许将 I/O 端口映射到 I/O 地址空间)。

1. I/O 地址空间

Intel 处理器的 I/O 地址空间独立于物理主存地址空间，两者采用不同的读/写信号进行访问控制。I/O 地址空间也采用分体结构，包含 2^{16}(64K)个可单独寻址的 8 位 I/O 端口，编号为 0 到 FFFFH。图 2.24 示意的是 32 位系统中的 I/O 地址空间结构，显然是图 2.4(b)中 2 个 I/O 体到 4 个 I/O 体的扩展，其中 I/O 端口地址 00F8H～00FFH 被保留。在 I/O 地址空间可以定义 16 位和 32 位端口。任何 2 个连续的端口地址可以组成一个 16 位端口，任何 4 个连续的端口地址可以组成一个 32 位端口，因此，处理器可以与在 I/O 地址空间中的某设备端口传输 8、16 或 32 位数据。

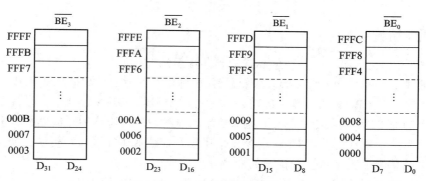

图 2.24　I/O 地址空间组织结构

如同主存中的字存储，16 位端口的地址应与偶地址(0，2，4，…)对齐，以便全部 16 位可以在一个总线周期内传送。同样，32 位端口的地址应与 4 的倍数的地址(0，4，8，…)对齐。处理器支持未对齐端口的数据传输，但有性能损失，因为必须使用一个额外的总线周期。寻址超出 I/O 地址空间上限 FFFFH 时会导致特殊的处理。

处理器利用 I/O 指令访问 I/O 地址空间中的 I/O 端口(I/O 指令不能用于访问存储器映射 I/O 端口)。最宽的 I/O 传输是 32 位，目前还没有支持 64 位传输的 I/O 指令。

2．存储器映射 I/O

能像主存部件那样作出响应的 I/O 设备可以通过处理器的物理主存地址空间进行访问，见图 2.25。

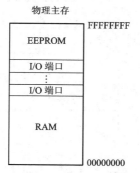

图 2.25　存储器映射 I/O

使用存储器映射 I/O 时，所有涉及存储器的处理器指令可用于访问位于物理主存地址上的 I/O 端口。例如，MOV 指令能在任一寄存器和存储器映射 I/O 端口之间传输数据。AND、OR 和 TEST 指令可用于操作存储器映射的外围设备的控制寄存器和状态寄存器中的各位。

使用存储器映射 I/O 时，必须阻止在 Cache 中缓存被映射为 I/O 端口的那部分主存地址空间。对于 Pentium 4、Intel Xeon 和 P6 家族处理器，可以通过使用存储器类型范围寄存器(MTRR)来阻止缓存 I/O 访问，MTRR 将用于存储器映射 I/O 的地址空间设置为不可缓存(UC)。

Pentium 和 Intel 486 处理器不支持 MTRR。作为替代，它们提供了 $\overline{\text{KEN}}$ 引脚，$\overline{\text{KEN}}$ 保持无效(高)时阻止缓存系统总线上发出的所有地址。为了使用这个引脚，需要外部地址译码逻辑，以阻止在特定地址空间中的缓存。

具有片上 Cache 的所有 IA-32 处理器在页表和页目录项中还提供了 PCD(Page-level Cache Disable)标志，该标志允许以页为单位禁止缓存。

2.5.4　互连结构

PC 组件的互连结构经历了从总线结构到芯片组结构的演化。

早期的 PC 利用 CPU 信号形成系统总线(由地址总线 AB、数据总线 DB 和控制总线 CB 组成),然后将 CPU、存储器、I/O 接口、中断控制器、DMA 控制器等功能部件连接到系统总线上构成 PC,如图 2.10 和图 2.11 所示。这种 PC 结构称为总线结构,其优点是连接结构相对简单,用户可使用 CPU 指令直接操作存储器和 I/O 端口等资源;缺点是作为系统中枢的系统总线成为系统性能提升的瓶颈。

从 80386 微机开始,Intel 将原有的一些单功能芯片集成(如 80386 系统芯片组中的外围控制器 82C206,包含定时器、中断控制器、DMA 控制器、实时时钟、存储器映像等),并引入支持新技术的芯片(如 80386 系统芯片组中的 Cache/存储器控制器 85C310、AT 总线控制器 85C320 等),共同构成芯片组(chipset)。

为了减轻单总线的瓶颈效应,从 Pentium 机开始采用了三级总线结构,即 CPU 总线(Host Bus)、局部总线(PCI 总线)和系统总线(一般为 ISA 总线),三级总线之间利用称为桥(Bridge)的芯片连接。不同的桥芯片可以起到数据缓存、速度匹配、电平转换、控制协议转换等不同的作用。Host 主桥的主要功能是隔离 PC 系统的存储器域与 PCI 总线域,完成 PCI 总线地址到存储区域地址的转换,并管理 PCI 总线域,完成处理器与 PCI 设备间的数据交换。标准的桥芯片组由南桥和北桥组成,见图 2.26。

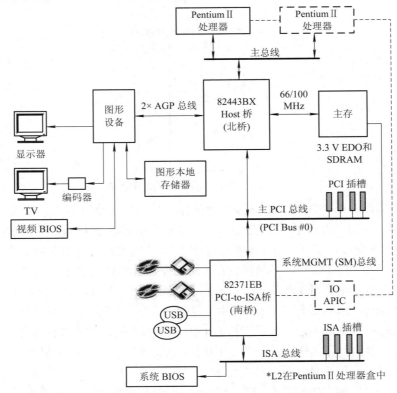

图 2.26　采用 Intel 440BX 芯片组构成的 Pentium II 系统主板结构

　　由于南北桥芯片需要通过 PCI 总线连接，南北桥芯片之间的频繁数据交换使 PCI 总线信息通路呈现一定的拥挤，使信息交换的速度遭遇瓶颈。为了克服这个瓶颈，Intel 公司改造了南北桥结构，从 810 芯片组开始，采用 3 个芯片组成系统的连接中心：存储控制器集线器(Memory Controller Hub，MCH，即北桥)、I/O 控制器集线器(I/O Controller Hub，ICH，即南桥)和固件集线器(Firmware Hub，FWH)，MCH 与 ICH 采用高速专用总线 DMI(Direct Media Interface)连接，见图 2.27。这种结构称为 Intel 集线器(Hub)结构，从 Pentium Ⅱ/Pentium Ⅲ 系统开始使用。

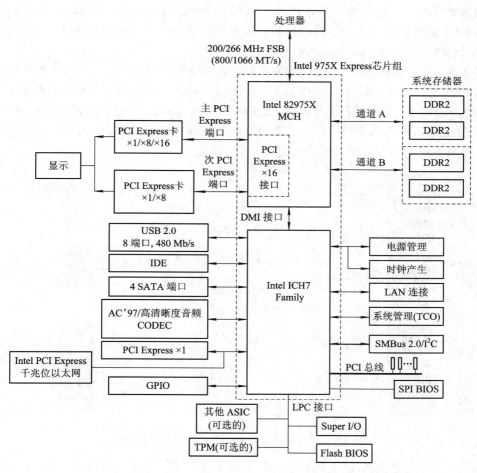

图 2.27　采用 Intel 975X Express 芯片组的系统结构图

　　芯片组中的北桥(North Bridge)芯片用于连接快速设备，如 CPU、显卡和内存条，通常集成了存储控制器、图形控制器(集成显卡)、PCI Express × 16 接口等。集成了图形控制器(集成显卡)的 MCH 也称作 GMCH(Graphics and Memory Controller Hub)。南桥(South Bridge)芯片用于连接慢速设备，通常会集成一些相对较慢的接口，比如硬盘接口(IDE、SATA)、USB 接口、以太网接口、AC'97 音频接口、LPC(Low Pin Count)接口以及一些低带宽的 PCI Express 总线接口等。中断控制器通常也集成在南桥芯片中。

　　随着制程工艺达到 45 nm，北桥中集成的存储控制器(IMC)、图形通道、PCIe 通道等大部分功能逐渐纳入 Core i7/i5/i3 处理器硅片或封装内。属于传统北桥和南桥芯片组的功能被重新安排，北桥完全被淘汰，平台控制器集线器(Platform Controller Hub, PCH)被引入。PCH 是 Intel Hub 结构芯片组的继任者，首次出现在 Intel 5 系列芯片组中。

利用 PCH 构成的单芯片组真正实现了以芯片组为中心的系统连接结构，即 PCH 结构。如果说中央处理器(CPU)是 PC 的大脑，那么芯片组就是 PC 的心脏。采用 PCH 结构取代 Hub 结构，更好地解决了处理器和主板之间带宽瓶颈的问题。

第十三代 Intel Core 处理器采用 10 nm 制程工艺，有 S、HX、P、H、U、PX 系列产品，基于这些处理器构成的系统均采用 PCH 结构实现各功能部件的互连，其中 S、HX 系列处理器与 PCH 独立封装为 2 个芯片，P、H、U、PX 系列处理器与 PCH 封装在 1 个芯片内(即多芯片封装(Multi Chip Package，MCP))。

图 2.28 所示的是用第十三代 Core HX 移动处理器构成的移动系统平台，系统的互连结构采用 PCH 结构，其中处理器与 PCH 之间采用 DMI 4.0 总线连接，处理器提供与 DDR5/4 (内存条)、SSD(固态硬盘)、各类显示屏的连接接口，PCH 提供 USB 3/2、PCIe 4.0/3.0、SATA 3.0、WiFi 6E (Gig+)等各类总线的连接接口。从图 2.28 中也可以看到，PCIe、USB 和 SATA 是当前微机系统与外部设备有线连接使用的主流总线。

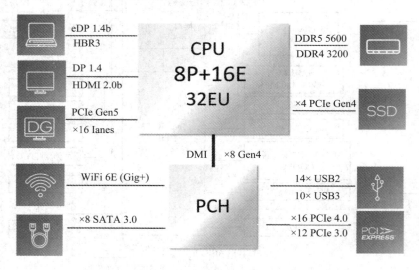

图 2.28　第 13 代 Intel Core HX 移动处理器平台

随着制程工艺水平的进一步提高，采用 MCP 形式将处理器与 PCH 封装在 1 个芯片内会成为一种常态。

习　　题

2.1　8086/88 CPU 从功能上分为几部分？各部分功能是什么？由哪些部件组成？

2.2　若 8086 CPU 工作在最小模式下：

① 当 CPU 访问存储器时，要利用哪些信号？

② 当 CPU 访问外设端口时，要利用哪些信号？

③ 当 HOLD 有效并得到响应时，CPU 的哪些信号置高阻？

2.3 若 8086 CPU 工作在最大模式下：

① $\overline{S_0}$、$\overline{S_1}$、$\overline{S_2}$ 可以表示 CPU 的哪些状态？

② CPU 的 $\overline{RQ}/\overline{GT}$ 信号的作用是什么？

2.4 说明 8086 CPU 的 RESET 和 READY 信号的功能。

2.5 8086 CPU 的 NMI 和 INTR 的不同之处有哪几点？

2.6 叙述 8086 CPU 内部标志寄存器各位的含义。

2.7 说明 8086 CPU 内部 14 个寄存器的作用。

2.8 8086 CPU 和 8088 CPU 的区别是什么？最小模式和最大模式的区别是什么？

2.9 什么是总线周期？8086/88 CPU 的一个总线周期包括多少个时钟周期？T_W 等待周期的作用是什么？什么因素决定了 T_W 的个数？

2.10 80286 的外部地址引脚有多少条？其物理主存地址空间为多少？80486 在硬件芯片上较 80386 的改进主要有哪几个方面？(参考第 1 章内容。)

2.11 微机中采用高速缓存(Cache)是基于 CPU 的哪两种性能？

2.12 Intel 16/32/64 位处理器的通用寄存器有哪些？其作用是什么？

2.13 在 Intel 32/64 位处理器中，段寄存器有哪些？其作用是什么？它们和段选择符寄存器有何关系？

2.14 Intel 16/32/64 位处理器内部的标志寄存器之间有怎样的关系？它们分别包含了哪些标志位？标志位的作用是什么？

2.15 说明 x86 处理器的主存与 I/O 空间的组织结构。

2.16 IA-32 处理器允许的 I/O 端口映射方式有哪些？

2.17 Intel 64 架构处理器支持哪几种操作模式？各操作模式如何进行转换？

2.18 Intel 64 架构处理器启动时进入哪种操作模式？如何转换到保护模式？

2.19 段描述符包括哪几个主要的组成域？它们的作用是什么？利用段选择符和段描述符，说明 Intel 64 架构处理器的虚拟主存空间如何达到 256 TB。

2.20 实地址模式下，Intel 处理器的主存物理地址是如何形成的？

2.21 Intel 处理器在保护模式下，主存分段管理中的主存段是如何确定的？每段的寻址空间及限制是什么？物理地址如何得到？

2.22 Intel 处理器在保护模式下，主存的分页管理是如何实现的？

2.23 哪种架构的 Intel 处理器在哪种操作模式下工作可以支持 64 位地址和 64 位操作数？

2.24 在存储器的寻址过程中，是如何定义逻辑地址、线性地址、虚拟地址、物理地址的？

2.25 Intel 处理器的分段和分页管理机制均需要操作系统参与管理吗？为什么？

2.26 目前 64 位的 Intel 处理器支持的可访问最大物理主存空间是多少？理论上可访问最大物理主存空间是多少？

2.27 Intel 处理器采用超线程技术(HT)意味着什么？

2.28 Intel 从第十二代 Core 处理器开始采用混合架构,请说明什么是混合架构。

2.29 根据图 2.12,简要说明 Intel 第十三代 Core 桌面处理器采用的是什么样的混合架构。

2.30 第十三代 Core 桌面处理器采用了几级 Cache?其容量和在内核中的分配状况是怎样的?

2.31 对于 Intel 处理器的混合架构,硬件线程调度器起什么作用?

2.32 说明主板上芯片组南北桥的主要功能。

2.33 简要说明主板上 BIOS 的主要功能。

2.34 简要说明多核技术、多线程和超线程技术。

2.35 简要说明微融合和宏融合技术。

2.36 简要说明虚拟化技术。

2.37 Intel 处理器的兼容性表现在哪些方面?

2.38 简单描述操作系统的主要功能,并说明目前 Windows 操作系统下常用的几类应用软件。

2.39 在 8086/88 CPU 中,物理地址和逻辑地址是指什么?如何获得物理地址?请计算出逻辑地址 3000H:2800H 和 A348H:6789H 对应的物理地址。

2.40 8086/88 系统总线为什么要用地址锁存器?锁存的是什么信息?

2.41 8086/88 系统在执行指令方面有什么优点?8086 CPU 执行转移指令时,指令队列缓冲器内容如何变化?

2.42 8086 系统中,物理地址为 600A3H～600AAH 的主存单元存有 8 个字节的数据,分别为 11H、22H、33H、44H、55H、66H、77H、88H。若当前(DS)=6004H,请计算出它们的偏移地址值。如果要从存储器中读出这些数据,最少需要访问几次存储器?各读出哪些数据?

2.43 在 8086/88 系统中,要将 32 位数据 12345678H 写入以 1000H:2000H 开始的 4 个主存单元中,请问:这 4 个单元的物理地址和存放的数据分别是什么?

第 3 章　Intel 指令系统与程序设计

　　本章主要介绍 Intel 处理器指令系统从 16 位到 64 位的发展历程、不同阶段指令系统的寻址方式及典型指令使用、汇编语言程序设计的基本概念和方法、汇编语言与高级语言混合编程接口及单/多核系统中程序设计示例。通过本章的学习，读者应熟悉 Intel 处理器的指令系统，能够编写简单的汇编程序，能够在高级语言中嵌入汇编语言代码，掌握利用 Intel 处理器指令系统设计汇编语言程序的方法。

3.1　Intel 指令系统

　　伴随着微电子工艺和计算机体系结构的迅速发展，Intel 从早期 4 位处理器 Intel 4004，到 16 位处理器 Intel 8086/8088、32 位处理器 Intel 80386 以及 64 位处理器 Intel Xeon Processors 等，已经发展出了一个庞大的处理器系列，构成了从简单到复杂、从单核到多核的一整套处理器族谱，与处理器密切相关的指令系统也在日益庞大。

3.1.1　Intel 指令系统的发展

1. 指令系统发展历程

　　1978 年，Intel 16 位处理器 8086/8088 开启了 Intel 处理器的蓬勃发展之路，8086 指令系统也成为当今 Intel 指令系统的奠基石。8086 指令系统拥有 24 种操作数寻址模式，6 大类、共 89 条指令。

　　1985 年，随着 Intel 第一个 32 位处理器 80386 的推出，80386 指令系统在 8086 指令系统的基础上扩展到 137 条指令，增加了对 32 位寄存器和寻址的支持，兼容 Intel 8086/8088 处理器指令。

　　1993 年，32 位的 Intel Pentium(奔腾)处理器实现了 SIMD(单指令多数据流)指令，极大地提高了处理速度。之后，Intel 根据不同的应用发展和领域要求，研制出多款系列处理器，诸如 P6 系列、Pentium 4 系列、Xeon 至强系列、Pentium M 系列、Atom(凌动)系列、Core(酷睿)系列等，其处理器和指令系统由 32 位结构(Intel IA-32)逐步升级到 64 位结构(Intel 64)。除了在硬件技术上的提高，如多核、多流水、乱序执行等，Intel 还将重点放在 SIMD 技术的实现与提升上，不断推出 SIMD 扩展指令集，以提高处理器的并行能力。

自从 Pentium Ⅱ 引入 MMX 技术以来，总共有 6 个扩展指令集引入 Intel 32 位和 64 位处理器结构中。这些扩展指令集包括 MMX、SSE、SSE2、SSE3、SSSE3、SSE4 指令集。每一种指令集都提供一组针对打包整数或打包浮点数的 SIMD 操作支持。SIMD 整数操作使用 64 位 MMX 或者 128 位 XMM 寄存器，而浮点操作仅针对 XMM 寄存器。从二代 Core i 处理器开始，Intel 又引入了 AVX(Advanced Vector Extensions，高级矢量扩展)、AVX2、AVX-512 指令集，SIMD 寄存器由 128 位的 XMM 寄存器扩宽到 256 位的 YMM 寄存器和 512 位的 ZMM 寄存器，以提高 SIMD 指令的效率。SIMD 寄存器组的兼容关系见 2.5.1 节。

2. Intel 指令类型

Intel IA-32 和 Intel 64 处理器支持的指令类型如下。

1) 通用目的指令

通用目的指令包括基本数据传送、算术运算、逻辑运算、程序控制和字符串操作指令。这些指令的操作数来自内存、通用寄存器和标志寄存器。通用寄存器和标志寄存器可参见 2.5.1 节。

2) x87 浮点处理指令及 SIMD 状态管理指令

浮点处理指令由 x87 协处理器完成。该类指令可以对浮点数、整数、BCD 十进制数进行处理，主要完成数据传送、装载常数、浮点控制等指令。为了保存和恢复 x87 浮点处理器及 SIMD 的状态，Intel 引入了 FXSAVE 和 FXRSTOR 两条指令。

3) 多媒体扩展(MMX)和流 SIMD 扩展(SSE)指令

为了实现单指令多数据流(SIMD)处理，IA-32 和 Intel 64 结构引入了 6 种扩展指令集，即 MMX、SSE、SSE2、SSE3、SSSE3 和 SSE4。

MMX 指令对打包的字节、字、双字和四字整数进行 SIMD 计算，这些指令的操作数可以来自内存、MMX 寄存器(8 个 64 位)和通用寄存器。MMX 指令集分为数据传送、数据转换、打包算术、比较、逻辑、移位和状态管理指令。

SSE 指令是对 MMX 指令集在 SIMD 基础上的扩展，可以在支持该指令集的 Intel IA-32 和 Intel 64 体系结构上运行。程序员可以通过 CPUID 指令来判断计算机是否支持 SSE 指令集。SSE 指令集分为四类：以 XMM 寄存器为操作数的单精度浮点 SIMD 指令、MXSCR 状态管理指令、以 MMX 寄存器为操作数的 64 位整数 SIMD 指令和 Cache 控制预取及排序指令。

SSE2 指令则是 MMX 和 SSE 指令的扩展。SSE2 指令以打包双精度浮点数和打包字节、打包字、打包双字、打包四字为操作数，对 XMM 寄存器组执行操作。SSE2 指令集也分为四类：打包标量双精度浮点指令、打包单精度浮点转换指令、128 位 SIMD 整数指令、Cache 控制和指令排序指令。

SSE3 指令提供了 13 条指令，用于加速 SSE 指令、SSE2 指令和 x87 浮点运算指令。这 13 条指令包括 1 条用于整数转换的 x87 浮点指令、1 条用于非对齐数据装载的 SIMD 整数指令、2 条用于浮点算术 ADD/SUB 的 SIMD 指令、4 条用于浮点数组结构 ADD/SUB 的 SIMD 指令、3 条用于浮点 LOAD/MOVE/DUPLICATE 的 SIMD 指令、2 条用于线程同步的指令。

SSSE3 指令是 SSE3 指令的补充，包括 32 条用于加速打包整数操作的指令。

SSE4 指令集引入了 54 条指令，其中 47 条可以称为 SSE4.1，其余 7 条称为 SSE4.2。SSE4.1 指令用于提升媒体、图像和 3D 处理的性能。SSE4.1 指令中新增加了用于提升编译矢量化和对打包四字数据处理支持的指令。同时，SSE4.1 指令也提供了提高内存吞吐量的指示性指令。在 SSE4.2 指令中，有 5 条指令采用 XMM 寄存器作为源操作数或者目的操作数，其中 4 条指令用于文本和字符串处理，1 条指令用于打包四字比较指令。还有 2 条 SSE4.2 指令采用通用寄存器作为操作数，以加速在特定领域的处理函数的速度。

4) AESNI、PCLMULQDQ 和 SHA 扩展指令

AESNI(Advanced Encryption Standard New Instructions)指令包括 6 条在 XMM 寄存器上进行加速块加密和解密的操作指令，这些加密/解密算法采用先进加密标准 FIPS-197。PCLMULQDQ 指令用于实现 2 个二进制数的无进位的乘法操作，数据位宽可达 64 位。SHA(Secure Hash Algorithm)指令用于 SHA-1 和 SHA-256 的计算。

5) AVX 指令

AVX(Advanced Vector eXtensions，高级矢量扩展)提供了全面的、超越前几代 SSE 的结构增强，是对 128 位 SIMD 指令集的提升。AVX 引入对 256 位宽 SIMD 寄存器(YMM0～YMM7 用于 32 位或更少位数的操作模式中，YMM0～YMM15 用于 64 位模式中)的支持。AVX 指令集可对 XMM 寄存器指令使用 VEX(Vector EXtensions)前缀，或对 256 位矢量寄存器 YMM 进行处理。

6) FMA 扩展和 F16C 指令

FMA (Fused Multiply Add)扩展进一步增强了 AVX 的浮点数值计算能力，提供了高吞吐量并覆盖了乘加融合($r = (x \times y) + z$)、乘减融合($r = (x \times y) - z$)、乘加/乘减交替融合、乘加和乘减融合中乘法符号取反($r = -(x \times y) + z$ 或 $r = -(x \times y) - z$)等算术运算。FMA 扩展提供了 36 个 256 位浮点指令用于执行 256 位向量的计算，还提供了附加 128 位、标量的 FMA 指令。

F16C(Half-Precision Floating-Point Conversion)包含两条指令 VCVTPH2PS 和 VCVTPS2PH，这两条指令支持半精度浮点数据类型与单精度浮点数据类型的相互转换，是在与 AVX 相同的编程模型上的扩展。

7) AVX2 和 AVX-512 指令

AVX2 延伸了 AVX，通过使用 256 位向量寄存器加速跨越整数和浮点域的计算来提供 256 位整数 SIMD 扩展。AVX2 指令采用与 AVX 指令相同的编程模型，为基于数据元素的广播/重排序操作、每个数据元素具有可变移位计数的向量移位指令、从存储器获取非邻接数据元素的指令提供了增强功能。

AVX-512 Foundation 指令是对 AVX 和 AVX2 的自然延伸。AVX-512 指令支持 512 位 SIMD 寄存器(ZMM0～ZMM31)。在 64 位模式中，AVX-512 指令支持 32 个 SIMD 寄存器(XMM0～XMM31，YMM0～YMM31 和 ZMM0～ZMM31)；在 32 位模式中，有效的向量寄存器数量仍然是 8 个。AVX-512 指令支持 8 个 opmask 寄存器(k0～k7)，用于条件执行和目标操作数的高效合并，每个 opmask 寄存器的宽度为 64 位。

8) 通用的位处理指令

第四代 Intel Core 处理器家族引入了一组运行在通用寄存器上的位处理指令。这些指令

多数使用 VEX 前缀编码方案，以便提供非破坏性源操作数指令。

9) TSX 指令

第四代 Intel Core 处理器家族引入的 TSX(Transactional Synchronization Extensions)指令，旨在提高多线程应用的保护锁临界区(lock-protected critical sections)的性能，同时保持以锁为基础(lock-based)的编程模型。

10) 处理器控制指令

处理器控制指令用于控制处理器的某些功能，以提供对操作系统特权和 CPU 执行等的控制。该类型指令共 41 条。

11) 64 位模式指令

作为 IA-32e 模式的子模式，64 位模式指令含有 10 条处理指令，用于双字到四字转换、比较字符串、装载 64 位寄存器、64 位段控制、系统过程调用与返回等。

12) VMX 指令

VMX(Virtual Machine Extensions，虚拟机器扩展)指令包括 12 条与虚拟机器相关的指令。

13) SMX 指令

SMX(Safer Mode Extensions，安全模式扩展)指令包括 8 条与安全模式相关的指令。

3.1.2　Intel 指令的寻址方式

Intel 处理器指令可以有零个或者多个操作数，其中源操作数来自指令本身(立即数)、寄存器、存储器或者 I/O 端口，目的操作数可以是寄存器、存储器或者 I/O 端口等。寻址方式就是用来指示指令中操作数(包括转移地址)所在之地或者获取操作数的方法。

1. 16 位系统的寻址方式

16 位系统中的寻址方式分为操作数寻址和转移地址寻址两类方式。

1) 操作数寻址方式

(1) 立即寻址。

立即寻址方式的操作数直接包含在指令中。操作数紧跟在操作码后面，与操作码一起放在主存的代码段区域中。例如：

　　　MOV AX，im

其操作数寻址过程如图 3.1 所示。

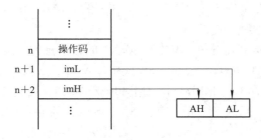

图 3.1　立即寻址

立即数 im 可以是 8 位，也可以是 16 位。若是 16 位，则 imL 在低地址字节，imH 在高地址字节。若是字操作数，而且它的高位字节是由低位字节符号扩展而来的，则在指令中的立即数只有低位字节。

(2) 直接寻址。

直接寻址是指操作数地址的 16 位段内偏移地址直接包含在指令中，它与操作码一起存放在代码段区域。操作数一般在数据段区域中，地址为数据段寄存器 DS 加上这 16 位的段内偏移地址。例如：

　　　　MOV AX，DS：[2000H]　　　　；设 DS=3000H

其操作数寻址过程如图 3.2 所示。指令中的 16 位段内偏移地址的低字节在低地址，高字节在高地址。

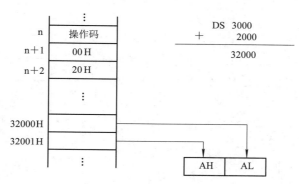

图 3.2　直接寻址

在本例中，取数的物理地址就是：DS 的内容×16(即左移 4 位)，变为 20 位，再在其低端 16 位加上偏移地址 2000H，得到 32000H 的物理地址。偏移地址 2000H 是由指令直接给出的。

这种寻址方式以数据段的段地址为基础，故可在多达 64 KB 的范围内寻找操作数。如果数据在数据段，指令中的 DS:前缀可省略；如果数据在代码段、堆栈段或附加段，则指令中的 DS:前缀要用 CS:、SS:或 ES:来替代。段内偏移地址在指令中可用数字外加方括号来表示(如[2000H])，也可用地址变量表示。

(3) 寄存器寻址。

寄存器寻址是指操作数包含在 CPU 的内部寄存器，如 AX、BX、CX、DX、SI、BP、AL、CH 等中，而寄存器则由指令直接给出。例如：

　　　　MOV DS，AX　　　　　　　　；将 AX 的值写入 DS 中，源操作数在 AX 中，目的操作数在 DS 中

寄存器可以是 16 位寄存器，也可以是 8 位寄存器。

(4) 寄存器间接寻址。

在寄存器间接寻址方式中，操作数存放在存储器中，操作数的 16 位段内偏移地址放在 SI、DI、BP、BX 这 4 个寄存器之一中。由于这 4 个寄存器所默认的段寄存器不同，因此又可以分成以下两种情况：

① 若以 SI、DI、BX 进行间接寻址，则操作数通常存放在现行数据段中。此时，数据段寄存器 DS 的内容加上 SI、DI、BX 中的 16 位段内偏移地址，即得操作数地址。

② 若以寄存器 BP 间接寻址，则操作数存放在堆栈段区域中。此时，堆栈段寄存器 SS 的内容加上 BP 中的 16 位段内偏移地址，即得操作数地址。例如：

```
        MOV AX，[SI]              ; 设 DS=2000H，SI=1000H
```

指令中的源操作[SI]即为寄存器间接寻址的表示方法(即寄存器名称外加方括号)，其源操作数寻址过程如图 3.3(a)所示。又如：

```
        MOV AX，[BP]              ; 设 SS=3000H，BP=2000H
```

其源操作数寻址过程如图 3.3(b)所示。

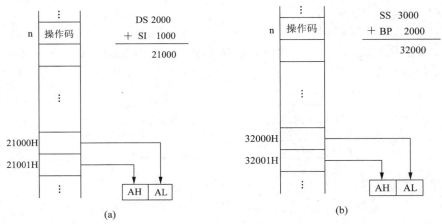

图 3.3　寄存器间接寻址

(5) 寄存器相对寻址。

在寄存器相对寻址方式中，操作数存放在存储器中，操作数地址是由段寄存器内容加上 SI、DI、BX、BP 其中之一的内容，再加上由指令中所指出的 8 位或 16 位带符号相对地址偏移量而得到的。指令中的表示形式为 DISP[SI]，其中 DISP 即为带符号相对地址偏移量，可以用其他数据变量表示(需先行赋值)，也可以直接给出数字。

一般情况下，若用 SI、DI 或 BX 进行相对寻址，则以数据段寄存器 DS 作为地址基准；若用 BP 寻址，则以堆栈段寄存器作为地址基准。例如：

```
        MOV AX，DISP[SI]              ; 设 SI=1000H，DS=3000H，DISP=1000H
```

其操作数寻址过程如图 3.4 所示。

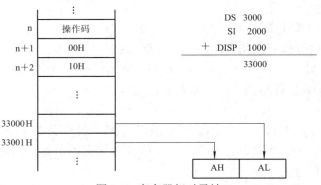

图 3.4　寄存器相对寻址

(6) 基址 + 变址寻址。

在 8086/8088 处理器中，通常把 BX 和 BP 作为基址寄存器，而把 SI、DI 作为变址寄存器。将这两种寄存器联合起来进行的寻址就称为基址 + 变址寻址。这时，操作数的地址应该是由段寄存器内容加上基址寄存器(BX 或 BP)内容，再加上变址寄存器(SI 或 DI)内容而得到的。

同理，若用 BX 作为基地址，则操作数应放在数据段 DS 区域中；若用 BP 作为基地址，则操作数应放在堆栈段 SS 区域中。例如：

　　　　MOV AX, [BX][SI]　　　　　　　　;设 BX=1000H，SI=2000H，DS=3000H

其操作数寻址过程如图 3.5 所示。

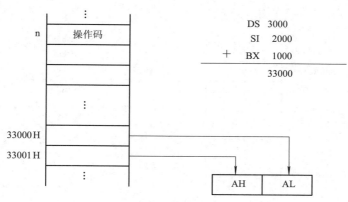

图 3.5　基址 + 变址寻址

(7) 基址 + 变址 + 相对寻址。

基址 + 变址 + 相对寻址方式实际上是第(6)种寻址方式的扩充，即操作数的地址是由基址 + 变址方式得到的地址，再加上由指令指明的 8 位或 16 位相对偏移地址而得到的。例如：

　　　　MOV AX, DISP[BX][SI]　　　　　　　　; 设 DS=3000H，SI=2000H，BX=1000H，DISP=200H

其操作数寻址过程如图 3.6 所示。

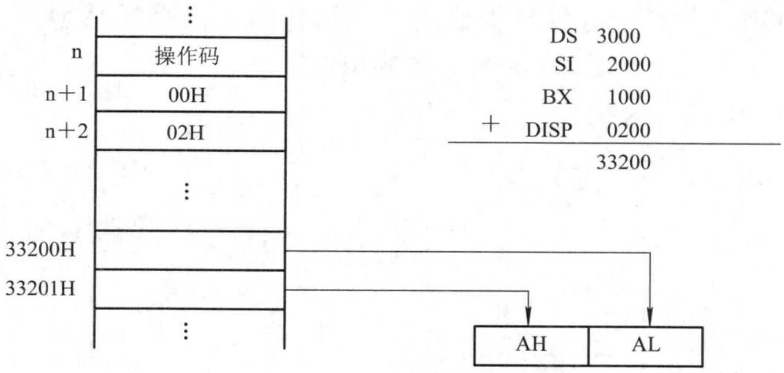

图 3.6　基址 + 变址 + 相对寻址

(8) 隐含寻址。

在有些指令的指令码中，不仅包含有操作码信息，而且还隐含了操作数地址的信息。例如乘法指令 MUL 的指令码中只需指明一个乘数的地址，另一个乘数和积的地址是隐含固定的。

这种将操作数的地址隐含在指令操作码中的寻址方式称为隐含寻址。

注意：在上述寻址方式(4)~(7)中，若提供操作数段内偏移地址的寄存器与操作数存放段的段地址寄存器满足其默认的使用约定(参见表 2.3)，则在指令中不出现段地址寄存器，否则需在相应操作数或指令前加段超越前缀指令(见表 2.3 说明(1))。

2) 转移地址寻址方式

(1) 段内相对寻址。

在段内相对寻址方式中，指令应指明一个 8 位或 16 位的带符号相对地址偏移量
DISP(有正负符号，用补码表示)。此时，转移地址应该是代码段寄存器 CS 内容加上指令指
针 IP 内容，再加上相对地址偏移量 DISP。例如：

       JMP DISP1　　　　　　　　;设 CS=2000H，DISP1=50H，读 JMP 指令后 IP=1000H

其转移地址寻址过程如图 3.7 所示。

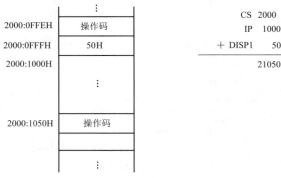

图 3.7　段内相对寻址

图 3.7 中，1000H 是 CPU 读取这条 JMP 指令的偏移量 50H 后 IP 寄存器的内容。所以，
该指令使 CPU 转向 2000:1050H(即 21050H)去执行。

(2) 段内间接寻址。

在段内间接寻址方式中，转移地址的段内偏移地址要么存放在一个 16 位寄存器中，要
么存放在存储器的两个相邻单元中。存放偏移地址的寄存器和存储器的地址将按指令码中
规定的寻址方式给出。此时，寻址所得到的不是操作数，而是转移地址。例如：

       JMP CX　　　　　　　　;设 CX=4000H，CS=2000H

其转移地址寻址过程如图 3.8 所示。

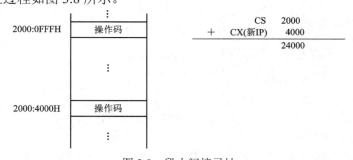

图 3.8　段内间接寻址

可以看到，在段内转移的情况下，CS 的内容保持不变，仅仅是 IP 的内容发生了变化。
在段内相对转移时，相当于在 IP 中加上带符号的偏移量。在图 3.8 中，相当于用 CX 的内
容取代 IP 原先的内容。而 JMP WORD PTR[BX] 指令，用于把 DS 作为段寄存器，把 BX
内容作为偏移地址，由它们形成一个地址，并将该地址两个单元的内容(16 位)放入 IP 中。
IP 的内容改变了，必然产生程序转移。

（3）段间直接寻址。

在段间直接寻址方式中，指令码将直接给出 16 位的段地址和 16 位的段内偏移地址。例如：

　　　　JMP FAR PTR ADD1　　　　　　　；先行设置 ADD1=4000H:3000H

在执行这条段间直接寻址指令时，指令操作码的第二个字将赋予代码段寄存器 CS，第一个字将赋予指令指针寄存器 IP，最后 CS 的内容和 IP 的内容相加则得到转移地址，如图 3.9 所示。

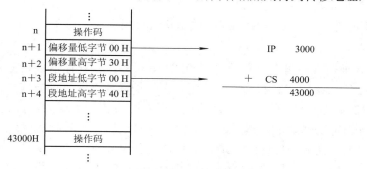

图 3.9　段间直接寻址

当 CS 和 IP 的内容同时改变时，便会发生段间程序转移。图 3.9 表明，当执行一条远程跳转指令时，将从指令操作码下面的 4 个顺序单元中取出 4 个字节，分别放入 IP 和 CS。这 4 个字节是由汇编程序事先放好的段间转移的目标地址。

（4）段间间接寻址。

段间间接寻址和段内间接寻址相似。但是，由于确定转移地址需要 32 位信息，因此段间间接寻址只适用于存储器寻址方式。用这种寻址方式可计算出存放转移地址的存储单元的首地址，与此相邻的 4 个单元中，前两个单元存放 16 位的段内偏移地址，而后两个单元存放 16 位的段地址，如图 3.10 所示。例如：

　　　　JMP DWORD PTR [BP][DI]　　　　；设 SS=3000H，BP=1000H，DI=2000H

同样，图 3.10 表示同时改变 CS 和 IP 的内容。但是，在这个例子中，段间转移的目标地址是事先放在堆栈段中的，执行这条转移指令时，可利用图 3.10 所示的方法达到程序转移的目的。

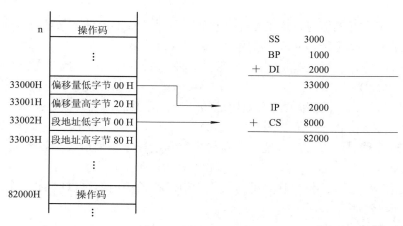

图 3.10　段间间接寻址

2. 32 位系统的寻址方式

从程序的角度来看,Intel 32 位处理器指令系统提供的操作数寻址方式可分为以下三大类。

1) 寄存器寻址方式

在寄存器寻址方式中,操作数放在指令指定的 32 位、16 位或 8 位的通用寄存器中。

2) 立即数寻址方式

在立即数寻址方式中,操作数以立即数形式直接出现在指令中。

3) 存储器寻址方式

按照 Intel 处理器现在对存储器的管理模式,16 位系统的存储器寻址方式是实模式下的寻址方式,而 32 位系统的存储器寻址方式则是在保护模式下的寻址方式。正如 2.4 节所述,保护模式下的 32 位系统的存储器寻址是通过分段和分页机制实现的。首先利用程序(指令)提供的寻址信息确定逻辑地址,然后通过分段机制将逻辑地址转换成线性地址,再通过分页机制将线性地址转换成物理地址,最终对物理地址单元进行读写操作。而由指令信息提供的逻辑地址由选择符和偏移地址(也称有效地址(EA))构成,EA 由指令提供的以下 4 个分量计算得到:

· 基址。任何通用寄存器都可作为基址寄存器,其内容即为基址。

· 位移量。在指令操作码后面的 32 位、16 位或 8 位的数值作为地址位移量。

· 索引。除 ESP 寄存器外,任何通用寄存器都可以作为索引寄存器,其内容即为索引值。

· 比例因子。索引寄存器的值可以乘以一个比例因子,若操作数的长度为 1 字节、2 字节、4 字节或 8 字节,则比例因子相应地可设置为 1、2、4 或 8。

由上述 4 个分量计算有效地址的方法如下:

$$EA = 基址 + 索引 \times 比例因子 + 位移量$$

线性地址计算如下:

$$线性地址 = 段基址 + 有效地址(偏移地址)$$

其中,段基址是由指令指定或默认的段寄存器中的选择符作为指针,对描述符表查询而得到的。

图 3.11 显示了存储器寻址中 EA 计算和线性地址生成的方法。按照 4 个分量组合有效地址的不同方法,可以有下述 6 种常用的存储器寻址方式:

(1) 直接寻址方式。位移量就是操作数的有效地址,此位移量包含在指令中。例如:

```
INC WORD PTR[500]              ; EA=500
```

(2) 基址寻址方式。操作数的有效地址即基址寄存器的内容。例如:

```
MOV [ECX], EDX                 ; EA=(ECX)
```

(3) 基址+位移寻址方式。基址寄存器的内容和位移量相加形成有效地址。例如:

```
MOV ECX, [EAX+24]              ; EA=(EAX)+24
```

(4) 带比例因子的索引+位移寻址方式。索引寄存器的内容乘以比例因子,再加位移量得到有效地址。例如:

```
IMUL EBX, [ESI*4+7]            ; EA=(ESI)×4+7
```

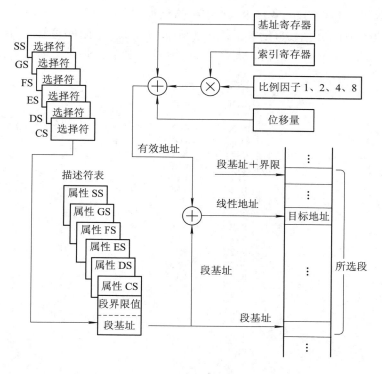

图 3.11　存储器寻址地址计算方式

（5）基址＋索引＋位移寻址方式。基址寄存器的内容加索引寄存器的内容，再加位移量形成有效地址。例如：

　　　　ADD EDX，[ESI][EBP+10H]　　　　　　；EA=(ESI)+(EBP)+10H

（6）基址＋带比例因子的索引＋位移方式。索引寄存器的内容乘以比例因子，再加上基址寄存器的内容和位移量，形成有效地址。例如：

　　　　MOV EAX，[EDI*4][EBP+80]　　　　　　；EA=(EDI)×4+(EBP)+80

在上述寻址方式中，ESP 寄存器不能用作索引寄存器；EBP 或 ESP 寄存器作基址寄存器时默认的段寄存器是 SS，其他通用寄存器作基址寄存器时默认的段寄存器是 DS。

3. 64 位系统的寻址方式

Intel 64 位系统的指令寻址方式沿用了 32 位系统的指令寻址方式，除与 32 位系统一样的立即数寻址和寄存器寻址(数据扩展到 64 位)外，另一大类即是存储器寻址——依然是利用指令信息生成逻辑地址，然后经分段、分页机制，最终转换成主存的物理地址。

在 64 位模式中，指令确定的逻辑地址由段选择符(Segment Selector)和偏移地址(Offset)或线性地址构成。段选择符的作用与 32 位系统中一样，依然是作为获得段基址的依据，而偏移地址的获得方法也与 32 位系统中有效地址类似。图 3.12 显示了偏移地址的计算方法。偏移地址可以被直接指定为不变的值(称为位移量)或由下述分量计算而得：

- 位移量：8、16 或 32 位的值，补码。
- 基址：64 位通用寄存器中的值。
- 索引：64 位通用寄存器中的值。

- 比例因子：其值为 2、4 或 8，与索引值相乘。

在 64 位模式中，采用 RIP(指令指针寄存器)相对寻址(即 RIP+位移量)时，32 位的位移量经符号扩展后与 64 位 RIP 的值相加，即为下条指令的有效地址。

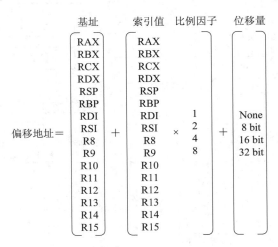

图 3.12　偏移地址(或有效地址)的计算

3.1.3　Intel 指令集

指令集是计算机系统设计与工作的核心与灵魂，是硬件设计的依据，更是程序设计的基础。本节将针对 16 位、32 位和 64 位 Intel 指令集，简明介绍其中典型的指令及使用示例，为后续的程序设计打好基础。有关详细的指令集内容请参考 Intel 技术手册 *Intel 64 and IA-32 Architectures Software Developer's Manuals*。

1. Intel 16 位指令集

Intel 8086/8088 处理器是 IA-32 体系结构中的第一个 IA-32 处理器，以它的指令集为基础，经过随后的 IA-32 处理器系列(Intel 286、Intel 386、Intel 486、奔腾、奔腾 Pro 和奔腾 Ⅱ 处理器等)不断地添加指令，构成了现代 Intel 处理器中的通用(General-purpose，GP)指令集。GP 指令集是 IA-32 指令集的一个子集，是 Intel IA-32 处理器的基本指令集。

Intel 16 位指令集的经典代表就是 Intel 8086/8088 处理器的指令集，共有 89 条指令，大致分为 7 种类型：数据传送指令、算术运算指令、逻辑运算和移位指令、串操作指令、程序控制指令、处理器控制指令、输入/输出指令。

1) 数据传送指令

该类型指令完成寄存器之间、寄存器与存储器之间、立即数到寄存器、立即数到存储器的数据传送操作。源操作数可以是寄存器、存储单元以及立即数,而目的操作数可以是寄存器和存储单元。典型的数据传送指令有 MOV、XCHG、LEA、LDS、LES、PUSH、POP、LAHF、SAHF、PUSHF、POPF、CBW、CWD 等。这里仅给出 MOV、XCHG、LEA、PUSH、POP 的具体说明，其他指令可参考技术手册。

8086/8088指令集简表

(1) MOV 指令。

指令格式：

　　　　　MOV OPRD1，OPRD2

　　功能：将源操作数 OPRD2 传送到目的操作数 OPRD1 中，可以传送字节或字操作数。例如：

　　　　　MOV AL，BL　　　　　　　; BL 内容写入 AL 中

　　　　　MOV AX，03FFH　　　　　　; 立即数 03FFH 写入 AX 中

　　　　　MOV AL，BUFFER　　　　　; 地址 BUFFER 存储单元中的字节数据写入 AL 中

　　　　　MOV [DI]，CX　　　　　　; CX 内容写入首地址为 DS:DI 的两连续地址存储单元中

　　　　　MOV DS，DATA[SI+BX]　; 首地址为 DS:EA(EA=SI+BX+DATA)的两连续地址存储单元中 16
　　　　　　　　　　　　　　　　　　; 位数据写入 DS 中

　　　　　MOV DEST[BP+DI]，ES　; ES 内容写入首地址为 SS:EA(EA=BP+DI+DEST) 的两连续地址存
　　　　　　　　　　　　　　　　　　; 储单元中

　　(2) XCHG 指令。

　　指令格式：

　　　　　XCHG OPRD1，OPRD2

　　功能：源操作数与目的操作数相交换。交换对象可以是字节或字操作数，可以是通用寄存器或存储单元，但不能是段寄存器。例如：

　　　　　XCHG AL，CL　　　　　　; CL 和 AL 之间的数据交换

　　　　　XCHG AX，[DI]　　　　　; 首地址为 DS:DI 的两连续地址存储单元和 AX 之间的数据交换

　　(3) LEA 指令。

　　指令格式：

　　　　　LEA OPRD1，OPRD2

　　功能：把源操作数 OPRD2 的段内偏移地址传送至目的操作数 OPRD1 中。源操作数必须是内存操作数，目的操作数必须是 16 位通用寄存器。例如：

　　　　　LEA BX，BUFFER　　　　　　; 地址 BUFFER 的段内偏移地址送到 BX 中

　　　　　LEA SI，[DI]　　　　　　　; DI 内容为段内偏移地址，将其送到 SI 中

　　(4) PUSH、POP 指令。

　　指令格式：

　　　　　PUSH OPRD

　　　　　POP OPRD

　　功能：PUSH 指令实现堆栈指针(SP)− 2→SP，然后将指令指定的操作数 OPRD 压入SS:SP 指针指示的堆栈单元中；POP 指令实现将 SS:SP 指针指示的堆栈单元中的数据弹出到指令指定的 OPRD 中，然后(SP)+2→SP。例如：

　　　　　PUSH AX　　　　　　　　　; (SP)−2→SP，寄存器 AX 的内容压入堆栈 SS:SP 单元中

　　　　　POP　 BX　　　　　　　　; 堆栈 SS:SP 单元中的内容弹出至 BX 中，(SP)+2→SP

　　在 8086/88 系统中，PUSH、POP 指令中的 OPRD 必须是字类型。

　　2) 算术运算指令

　　该类型指令完成源操作数与目的操作数之间的算术运算，提供字节或者字的有符号数和无符号数运算，包括加、减、乘、除、比较、取反、递增、递减、十进制调整等。指令

的操作数不超过 2 个，源操作数可以是通用寄存器、存储单元或立即数，目的操作数可以是通用寄存器或存储单元，且源操作数和目的操作数必须有一个为通用寄存器(除非源操作数是立即数)。典型的算术运算指令有 ADD、ADC、INC、SUB、SBB、DEC、NEG、CMP、MUL、IMUL、DIV、IDIV、AAA、AAS、AAD、AAM、DAA、DAS 等。这里仅给出 ADD、SUB、CMP、MUL、DIV、INC 和 DEC 的具体说明，其他指令可参考技术手册。

(1) ADD 指令。

指令格式：

　　　ADD OPRD1，OPRD2

功能：目的操作数 OPRD1 与源操作数 OPRD2 相加，结果送至目的操作数 OPRD1，即

$$OPRD1 \leftarrow OPRD1 + OPRD2$$

根据运算结果更新标志位 CF、OF、PF、SF、ZF 和 AF。例如：

　　　ADD AL，30　　　　　; 立即数 30 与 AL 内容相加，和写入 AL

　　　ADD AX，3000H　　　; 立即数 3000H 与 AX 内容相加，和写入 AX

　　　ADD AX，SI　　　　　; SI 内容与 AX 内容相加，和写入 AX

ADD BETA[SI]，AX；AX 与存储单元 DS:EA(EA=SI+BETA)中的 16 位数据相加，结果写入该存储单元。

(2) SUB 指令。

指令格式：

　　　SUB OPRD1，OPRD2

功能：目的操作数 OPRD1 与源操作数 OPRD2 相减，结果送至目的操作数 OPRD1，即

$$OPRD1 \leftarrow OPRD1 - OPRD2$$

根据运算结果更新标志位 CF、OF、PF、SF、ZF 和 AF。例如：

　　　SUB CX，BX　　　　　　; CX 内容减 BX 内容，差写入 CX

　　　SUB AX，[BX]　　　　　; AX 内容减存储单元 DS:BX 中的 16 位数据，差写入 AX

(3) CMP 指令。

指令格式：

　　　CMP OPRD1，OPRD2

功能：OPRD1 − OPRD2，仅根据相减结果更新标志位 CF、OF、PF、SF、ZF 和 AF，结果不保存。例如：

　　　CMP AX，BX　　　　　　; 如果(AX)=(BX)，该指令执行后 ZF=1

(4) MUL 指令。

指令格式：

　　　MUL OPRD

功能：完成无符号字节或字的乘法运算，默认目的操作数为 AL 或 AX，而源操作数 OPRD 由指令提供且数据类型决定了是字节还是字运算。8 位乘法：AX ← (AL) × OPRD；16 位乘法：DX:AX ← (AX) × OPRD，乘积为 32 位，其高 16 位在 DX 中，低 16 位在 AX 中。例如：

　　① MOV AL，LSRC_BYTE　　; 被乘数 LSRC_BYTE 送 AL

　　　MUL RSRC_BYTE　　　　; 完成(AL) × RSRC_BYTE，乘积存放在 AX 中

②　MOV AX，LSRC_WORD　　；被乘数 LSRC_WORD 送 AX

　　　MUL RSRC_WORD　　　　　　；完成(AX)×RSRC_WORD，乘积高字节在 DX，低字节在 AX 中

(5) DIV 指令。

指令格式：

　　　DIV OPRD

功能：完成无符号字节或字的除法运算，目的操作数为隐含寻址。指令提供的除数 OPRD 的数据类型决定了是字节还是字运算。8 位除法：(AX)÷OPRD，被除数在 AX 中，商在 AL 中，余数在 AH 中；16 位除法：(DX:AX)÷OPRD，被除数在 DX(高 16 位)与 AX(低 16 位)联合的 32 位寄存器中，商在 AX 中，余数在 DX 中。例如：

①　字除以字节：

　　　MOV AX，NUMERATOR_WORD　　　；被除数 NUMERATOR_WORD 送 AX

　　　DIV DIVISOR_BYTE　　　　　　；(AX)÷DIVISOR_BYTE，商在 AL 中，余数在 AH 中

②　字节除以字节：

　　　MOV AL，NUMERATOR_BYTE　　；被除数 NUMERATOR_BYTE 送 AL

　　　CBW　　　　　　　　　　　　；AL 中的字节数据扩展成字存于 AX 中

　　　DIV DIVISOR_BYTE　　　　　　；(AX)÷DIVISOR_BYTE，商在 AL 中，余数在 AH 中

③　字除以字：

　　　MOV AX，NUMERATOR_WORD

　　　CWD　　　　　　　　　　　　；AX 中的字数据扩展成双字存于联合寄存器 DX:AX 中

　　　DIV DIVISOR_WORD　　　　　；(DX:AX)÷DIVISOR_WORD，商在 AX 中，余数在 DX 中

(6) INC、DEC 指令。

指令格式：

　　　INC OPRD

　　　DEC OPRD

功能：INC 指令完成 OPRD 加 1，DEC 指令完成 OPRD 减 1。

3) 逻辑运算和移位指令

逻辑运算指令完成对操作数的按位逻辑与、或、非、异或、测试操作，移位指令完成算术/逻辑左移、算术右移、逻辑右移、循环移位等运算，结果影响状态寄存器。典型的逻辑运算指令有 AND、TEST、OR、XOR、NOT 等，移位指令有 SAL/SHL、SAR、SHR、ROL、ROR、RCL、RCR 等。这里仅给出 AND、SAL/SHL、ROL 的具体说明，其他指令可参考技术手册。

(1) AND 指令。

指令格式：

　　　AND OPRD1，OPRD2

功能：目的操作数 OPRD1 与源操作数 OPRD2 按位相"与"，结果送至目的操作数 OPRD1，即两数对应位全为"1"时，相"与"结果对应位为"1"，否则为"0"。例如：

　　　AND AL，0FH　　；立即数 0FH 和 AL 按位与，结果写入 AL，实现了将 AL 高 4 位清零、

　　　　　　　　　　；低 4 位保留的功能

　　　AND AX，BX　　；BX 内容和 AX 内容按位与操作，结果写入 AX

　　　AND AX，DATA_WORD　　　　；16 位存储器数据 DATA_WORD 和 AX 内容按位与操作，结果
　　　　　　　　　　　　　　　　　　；写入 AX
　　　AND BLOCK[BP+DI]，DX　　　；DX 内容和地址 SS:EA(EA=BP+DI+BLOCK) 存储单元中的 16
　　　　　　　　　　　　　　　　　　；位数据按位与操作，结果写入该存储单元

　　(2) SAL/SHL 指令。
　　指令格式：
　　　SAL/SHL OPRD，m

　　功能：这两条指令功能相同，即完成字节或字算术/逻辑左移运算，OPRD 可以是寄存器或者存储单元。左移运算：移位对象 OPRD 各位依次从低位向高位移动，每移动一位，在最低位补一个 0，最高位则移入标志位 CF，移位次数由 m 决定，m 可以是立即数 1 或 CL。m 为 1 时只依次移 1 位，当需要移动的次数大于 1 时，则需要在移动指令前将移动次数赋给 CL。移位结果同时影响标志位 CF、OF、PF、SF、ZF。例如：

　　　MOV CL，4　　　　　　　　　；装载移位次数 4 到 CL
　　　SHL AL，CL　　　　　　　　　；将 AL 寄存器各位依次左移 4 位，最低位依次补充 4 位 0

　　(3) ROL 指令。
　　指令格式：
　　　ROL OPRD，m

　　功能：将通用寄存器或存储单元进行指定次数的不带 CF 标志的左循环移位，循环次数由 m 决定，m 可以是立即数 1 或 CL。m 为 1 时只移 1 位，当需要循环的次数大于 1 时，则需要在循环指令前将循环次数赋给 CL。例如：

　　　MOV AL，55H　　　　　　　　；55H 送入 AL
　　　ROL AL，1　　　　　　　　　　；将 AL 循环左移 1 次，结果为(AL)= AAH，CF=0

　　4) 串操作指令
　　对存储器内连续存放的字节或者字数据的相同操作称为串操作，能完成这种功能的指令称为字符串操作指令，简称串操作指令。在串操作中，一般用 DS:SI 作源串指针，用 ES:DI 作目的串指针，CX 作为计数器。每做一次串操作后，CX 做减 1 计数(有串指令前缀时)，若针对字节，则变址寄存器 SI 和 DI 的值会自动加 1 或减 1；若针对字，则 SI 和 DI 的值就自动加 2 或减 2，是加还是减由标志寄存器中的方向标志位 DF 决定。若 DF=0，则做加；DF=1，则做减。典型的串操作指令有串拷贝 MOVS/MOVSB/MOVSW、串比较 CMPS/CMPSB/CMPSW、串扫描 SCAS/SCASB/SCASW、串装载 LODS/LODSB/LODSW、串存储 STOS/STOSB/STOSW、串指令前缀 REP/REPE/REPNE 等。这里仅给出 MOVS 的具体说明，其他指令可参考技术手册。

　　指令格式：
　　　MOVS OPRD1，OPRD2

　　功能：完成内存区之间字节串或字串的传送，OPRD2 是源串，OPRD1 是目的串。
　　例 3.1　数据段中以地址 BUFFER1 开始的字符串，长度为 1000 字节，将其传送到附加段中以地址 BUFFER2 开始的数据区。假设数据段 DS 和附加段 ES 已事先设定。

　　　MOV SI，OFFSET BUFFER1　　　；BUFFER1 的段内偏移地址送 SI
　　　MOV DI，OFFSET BUFFER2　　　；BUFFER2 的段内偏移地址送 DI

```
MOV CX，1000                    ; 传送次数送 CX
CLD                            ; 使 DF=0，SI、DI 做加 1 操作
REP MOVSB                      ; 字节串传送，重复 1000 次结束
```

5) 程序控制指令

程序控制指令主要完成程序转移执行操作。该类指令通过改变 CS 与 IP 的值或仅改变 IP 的值，来改变指令执行的顺序。该类指令包括无条件转移指令 JMP、调用指令 CALL、返回指令 RET，以及多种条件转移指令：单标志位转移指令 JO/JNO/JS/JNS/JC/JNC/JE/JZ/JNE/JNZ/JP/JPE/JNP/JPO、无符号数比较转移指令 JA/JNBE/JAE/JNB/JB/JNAE/JBE/JNA、带符号数比较转移指令 JG/JNLE/JGE/JNL/JL/JNGE/ JLE/JNG，还有循环控制指令 LOOP/LOOPE/LOOPNE、软中断指令及中断返回指令 INT/INTO/IRET 等。这里仅给出 JMP、CALL、JO、JA、JG、LOOPE、INT/IRET 指令的具体说明，其他指令可参考技术手册。

(1) JMP 指令。

指令格式：

　　　JMP OPRD

功能：无条件跳转到 OPRD 提供的转移目标地址处。根据转移目标地址与当前指令的距离分为短程(SHORT)、近程(NEAR)和远程(FAR)三种转移形式，具体格式如下：

JMP SHORT PTR OPRD；短程转移中的目的地址与 JMP 指令所处地址的距离应在 −128～+127 字节范围之内。

JMP NEAR PTR OPRD；近程转移的目的地址与 JMP 指令应处于同一地址段范围之内。近程转移的 NEAR 往往予以省略。

JMP FAR PTR OPRD；远程转移是段间的转移，目的地址与 JMP 指令所在地址不在同一段内。执行该指令时要修改 CS 和 IP 的内容。

(2) CALL 指令。

指令格式：

　　　CALL NEAR PTR OPRD   ; 段内(近程)过程调用，所调用过程处于当前代码段内
　　　CALL FAR PTR OPRD   ; 段间(远程)过程调用，所调用过程不在当前代码段内

功能：指令中 OPRD 是被调用过程的首地址。在段内调用时，CALL 指令首先将当前 IP 内容压入堆栈。当执行 RET 指令而返回时，从堆栈中取出一个字放入 IP 中。在段间调用时，CALL 指令先把 CS 压入堆栈，再把 IP 压入堆栈。当执行 RET 指令而返回时，从堆栈中取出一个字放入 IP 中，再取出第二个字放入 CS 中，作为段间返回地址。

(3) JO/JA/JG 指令。

指令格式：

　　　JO OPRD

功能：条件转移指令，如果当前标志寄存器中 OF=1，则跳转到 OPRD 位置，该位置处于当前代码段内，且偏移量在 −128～+127 字节范围之内。该指令表示如果溢出，则进行跳转。

指令格式：

　　　JA/JNBE OPRD

功能：条件转移指令，两个无符号数比较，当前结果高于或不低于等于，即对应的标志位(CF or ZF)=0 时，则转移到 OPRD 位置。

指令格式：

    JG/JNLE OPRD

功能：条件转移指令，两个有符号数比较，当前结果大于或不小于等于，即对应的标志位((SF xor OF) or ZF)=0 时，则转移到 OPRD 位置。

(4) LOOPE 指令。

指令格式：

    LOOPE OPRD

功能：当 CX≠0 且 ZF=1 时，该指令执行循环，也就是转移到 OPRD 位置执行程序，否则执行下一条指令。该指令控制转向的目标地址在以当前 IP 内容为中心的−128～+127 的范围之内。这类指令用 CX 作为计数器，每执行一次循环，CX 内容减 1，直到减为 0，循环结束。

例 3.2　某程序段如下：

            SUB DI，BX

            INC DI

            MOV CX，DI

            DEC BX

  NEXT: INC BX

            CMP BYTE PTR[BX]，0

            LOOPE NEXT   ;如果比较的结果相同且 CX 不等于 0，则跳转到 NEXT 处循环

根据第 6 条指令可以判断 BX 是存储单元地址指针，由此推断第 1 条指令完成存储区域末地址 DI 减首地址 BX 的操作，经第 2 条指令加 1，在 DI 中得到这段存储区域的单元数，将其作为计数值经第 3 条指令存入 CX。下面的循环体完成 BX 指针指示的存储单元与 0 的比较。依据 LOOPE 功能，当程序结束循环时有两种情形：

① CMP 比较结果不相等，即当前存储单元中数据不为 0，此时结束循环表示搜索的存储区域存储的数据不全为 0。

② CMP 比较结果相等，且 CX=0，此时结束循环表示搜索的存储区域全部存储的是数据 0。

(5) INT/IRET 指令。

指令格式：

    INT n

功能：执行该指令会中断当前程序，转向执行由中断向量码 n(取值为 00H～FFH)所确定的中断处理程序。该指令执行过程：首先将当前的 PSW 压入堆栈，清除标志位 IF 和 TF，接着将 CS 和 IP 压入堆栈，以保护中断点的状态和地址；然后，从存储单元地址 $4×n$ 开始，取一个字放入 IP，再从 $4×n+2$ 地址取一个字放入 CS，此后就从 CS:IP 地址开始执行中断处理程序。中断处理程序结束时，必须执行中断返回指令 IRET。

指令格式：

    IRET

功能：执行该指令时，将从堆栈中取出中断时压入的 CS、IP 和 PSW 内容，这样就又可以从中断点继续执行原程序了。

6) 处理器控制指令

该类指令完成对标志寄存器中的标志位设置或清除、暂停 CPU、空操作、进入等待状态、封锁总线、处理器交权等，无操作数。典型的处理器控制指令包括 STC、STD、STI、CLC、CMC、CLD、CLI、HLT、NOP、WAIT、LOCK(前缀指令)、ESC 等。这里仅给出STC、STD、STI、CLC、CMC、CLD、CLI 指令的具体说明，其他指令可参考技术手册。

指令格式：	STC	STD	STI	CLC	CMC	CLD	CLI
功能：	置 CF=1	置 DF=1	置 IF=1	清 CF=0	对 CF 标志取反	清 DF=0	清 IF=0

7) 输入/输出指令

为了实现 CPU 内部寄存器与外设端口之间的数据传输，8086CPU 专门设置了输入(IN)和输出(OUT)指令。

(1) IN 指令。

指令格式：

    IN AL/AX，PORT

功能：从接口地址为 PORT 的外设端口读入数据到 CPU 内部寄存器 AL(字节输入)或AX(字输入)中。例如：

    IN AL，35H   ；采用直接 I/O 地址寻址，将端口 35H 中的字节数据读入内部 AL 寄存器中

(2) OUT 指令。

指令格式：

    OUT PORT，AL/AX

功能：将 CPU 内部寄存器 AL(字节输出)或 AX(字输出)的内容输出到地址为 PORT 的外设端口上。例如：

    OUT 44H，AX   ；采用直接 I/O 地址寻址，将 AX 内容输出到端口地址为 44H 的字设备上

IN 和 OUT 指令也可以在指令中利用寄存器 DX 间接提供端口地址，例如：

    MOV DX，03F8H

    IN AX，DX   ；将地址为 03F8H 的外设端口中的字节数据读入 AL 寄存器

    OUT DX，AL   ；将 AL 内容输出到地址为 03F8H 的外设端口上

需要注意：接口地址(端口地址)共有 64K 个(0000H～FFFFH)。采用直接 I/O 地址寻址仅限于接口地址的前 256 个(00H～FFH)，当接口地址大于等于 256 时，必须采用 DX 间接寻址。

2. Intel 32/64 位通用指令集

Intel 64 架构进一步扩展了大多数通用指令的功能，使它们能够在 64 位模式下处理 64 位数据(仅少量通用指令在 64 位模式下不被支持)。

通用指令的编程环境由一组寄存器和地址空间组成。该编程环境包括：

(1) 在 32 位模式下，有 8 个 32 位通用寄存器(在非 64 位模式中用于寻址内存中的操作数)、32 位 EFLAGS 寄存器(用来提供基本算术、比较和系统操作的状态和控制)、32 位 EIP寄存器(内含当前的指令指针)；

微型计算机原理及接口技术(第四版)

(2) 在 64 位模式下，有 16 个 64 位通用寄存器(通过使用 REX 前缀，使通用寄存器提升到 64 位，使 R8D-R15D 可用)、6 个 16 位段寄存器(CS、DS、ES，SS 均被设置为段基址为 0 且忽略段描述符基址值)、64 位 RFLAGS 寄存器、64 位 RIP 寄存器。

关于各种寄存器的说明参见 2.5.1 节。

一般将通用指令集分为以下几组：数据传输、二进制算术、十进制算术、逻辑、移位和循环、位和字节、控制转移、串、I/O、ENTER 和 LEAVE、标志控制、段寄存器、其他。

由于 Intel 32/64 位通用指令集规模庞大(详情可参见前述的技术手册)，在此仅给出极少的 Intel 64 和 IA-32 指令示例，见表 3.1。

表 3.1　Intel 64 和 IA-32 指令示例

机器指令(十六进制编码) (指令长度*)	助记符(汇编)指令	指 令 功 能
8B /r (2 字节)	MOV r32, r/m32	将 r/m32 指定的 32 位寄存器或存储单元内容传送至 r32 指定的 32 位寄存器中
REX.W + 89 /r (3 字节)	MOV r/m64, r64	将 r64 指定的 64 位寄存器内容传送至 r/m64 指定的 64 位寄存器或存储单元中
REX.W + 81 /0 id (7 字节)	ADD r/m64, imm32	将 32 位立即数 imm32 符号扩展，与 64 位 r/m64 相加，结果存入 r/m64 中
VEX.NDS.256.66.0F.WIG 58 /r (5 字节)	VADDPD ymm1, ymm2, ymm3/ m256	将来自 ymm3/m256 的打包的双精度浮点数与 ymm2 相加，结果存于 ymm1 中(AVX 指令)
0F 84 cd (6 字节)	JZ rel32	如果结果为 0(ZF = 1)，则实现近程跳转，目标地址为 EIP←EIP + SignExtend(DEST) 汇编指令中 rel32 是目标地址标号；机器指令中 rel32 表示相对偏移地址 DEST
EA cp (7 字节)	JMP ptr16:32	远程无条件跳转，绝对地址寻址，目标地址由指令操作数 ptr16:32 直接提供确定
F2 0F 5F /r (4 字节)	MAXSD xmm1, xmm2/ m64	返回在 xmm2/m64 和 xmm1 之间的最大标量双精度浮点数值(SSE2 指令)
E5 ib (2 字节)	IN EAX, imm8	从 imm8 确定的 I/O 端口地址输入双字数据到寄存器 EAX 中
0F 01 /2 (3 字节)	LGDT m16&64	将 m 装入 GDTR(Global Descriptor Table Register)中。m 指定存储单元，它内含 8 字节基地址和 2 字节 GDT 界限(limit)。该指令仅供操作系统使用
F4 (1 字节)	HLT	停止指令执行
F0 (1 字节)	LOCK	在 LOCK 前缀伴随的指令执行期间，使 $\overline{\text{LOCK}}$ 信号生效

注：* 不含非强制性前缀。

3．SIMD 指令集

为了适应日益增加的音频/视频/大数据/深度学习等应用需求，加快 CPU 处理速度，Intel 在其 Pentium 系列处理器中增加了以单指令多数据(Single Instruction Multiple Data, SIMD) 技术为基础的多媒体指令，实现了有限程度的向量并行处理。之后，每一代 Intel 处理器的指令集主要关注 SIMD 指令的各种扩展，衍生出了 SSE、SSE2、SSE3、SSSE3、SSE4、AVX、AVX512 等指令集，以不断提升处理器的计算速度。从理论角度来说，采用 SIMD 技术可使处理速度提高 6～8 倍。如今先进的多媒体软件均采用了 SIMD 指令来提高处理速度，因此，应用 SIMD 指令已成为提高软件运行效率的关键技术之一。

1) MMX 指令集

(1) MMX 寄存器。

MMX 寄存器包括 8 个 64 位的用于进行 MMX 运算的寄存器，如图 2.21 所示，指令中分别用 mm0～mm7 表示。对这 8 个寄存器可以进行两种模式的读/写操作：32 位模式和 64 位模式。32 位模式用于和 CPU 中的通用寄存器进行数据交换，如 EAX、EBX、ECX、EDX 等。而 64 位模式则是在进行 MMX 指令运算时被采用，可以实现各寄存器之间的 64 位数据交换或者各种算术逻辑运算。

虽然指令中可以使用 mm0～mm7 来表示这些 64 位寄存器，但是在实物 CPU 中，mm0～mm7 是 FPU(浮点处理器)中寄存器 R0～R7 的别名，也就是说，MMX 寄存器实际上是 FPU 中的寄存器。

(2) MMX 数据类型。

为了进行 SIMD 操作，针对这些 64 位寄存器，MMX 指令集引入了 3 种 64 位的新数据类型：

- 64 位打包字节整型(64-bit packed byte integers)：包含 8 个打包字节整型。
- 64 位打包字整型(64-bit packed word integers)：包含 4 个打包字整型。
- 64 位打包双字整型(64-bit packed doubleword integers)：包含 2 个打包双字整型。

MMX 指令可以在内存和 MMX 寄存器之间(或者在 MMX 寄存器之间)传送这 3 种类型的数据，也可以通过算术逻辑运算实现多个数据(包含在 1 个 64 位类型中的多个整型数据)的并行处理。

(3) MMX 指令。

MMX 指令集是第一套采用 SIMD 技术的 Intel 扩展指令集，它包括 47 条指令，分为 8 类：数据传送指令、算术运算指令、比较运算指令、格式转换指令、解包运算指令、逻辑运算指令、移位运算指令、退出 MMX 状态指令。

下面对这 8 类指令进行简单介绍，并给出典型例子。

① 数据传送指令。数据传送指令完成内存数据与 MMX 寄存器，或者 MMX 寄存器与通用 32 位寄存器，或者 MMX 寄存器之间的 32 位/64 位数据传送。

进行 32 位数据传送的指令为 MOVD，例如：

```
    MOVD mm，r/m32        ；操作码：0F 6E/r，功能：将通用寄存器或内存的 32 位数据传送到
                         ；MMX 寄存器
```

MOVD 指令只对 MMX 寄存器的低 32 位有效。在 MMX 寄存器作为目的操作数时，MMX 寄存器的高 32 位置为 0；在 MMX 寄存器作为源操作数时，MMX 寄存器的高 32 位

不参与指令的执行。该指令对标志位没有影响。

若要进行 64 位数据传送，则需使用 MOVQ 指令，例如：

　　　　MOVQ mm/m64，mm　　　　；操作码：0F 7F/r，功能：将 MMX 寄存器数据传送到 MMX 寄存器
　　　　　　　　　　　　　　　　　　；或内存

MOVQ 指令实现了 64 位内存数据和 MMX 寄存器的数据传送，以及 MMX 寄存器之间的数据传送。同样，该指令不影响标志位。

② 算术运算指令。算术运算指令可对具有 MMX 数据类型的数据进行加、减、乘和乘加操作。例如：

假设(mm0) = 0101010101010101H，(mm1) = FFFFFFFFFFFFFFFFH，分别执行以下 4条指令：

　　　　PADDB mm0，mm1　　　　；(mm0)按字节加(mm1)→mm0，执行后(mm0)=0000000000000000H
　　　　PSUBB mm0，mm1　　　　；(mm0)按字节减(mm1)→mm0，执行后(mm0)=0202020202020202H
　　　　PMULHW mm0，mm1　　　；(mm0)按 4 字乘(mm1)——积的高16位——→mm0，执行后(mm0)=
　　　　　　　　　　　　　　　　FFFFFFFFFFFFFFFFH
　　　　PMADDWD mm0，mm1　　；(mm0)按 4 字乘(mm1)——相邻32位积相加——→mm0，执行后(mm0)=
　　　　　　　　　　　　　　　　FFFFFDFEFFFFFDFEH

这 4 条指令不影响标志位寄存器 EFLAGS。图 3.13 形象地说明了 PMADDWD 指令的操作过程。

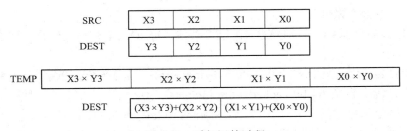

图 3.13　乘加运算过程

③ 比较运算指令。比较运算指令用于对 MMX 类型数据的多个有符号数据(字节、字、双字)进行比较，根据比较结果给出相应的掩码并写入目的操作数。例如，PCMPEQB/PCMPEQW 指令完成将目的操作数 MMX 寄存器与源操作数 MMX 寄存器或内存的 64 位数按字节/字进行相等比较，如果对应字节/字相等，则目的操作数对应字节/字位置置为全 1，否则置为全 0。

假设(mm0) = 0101010101010101H，(mm1) = 0101FFFFFF01FFFFH，分别执行以下比较指令：

　　　　PCMPEQB mm0，mm1　　　　；执行后，(mm0)=FFFF000000FF0000H
　　　　PCMPEQW mm0，mm1　　　　；执行后，(mm0)=FFFF000000000000H

这些指令不影响标志位寄存器 EFLAGS。

④ 格式转换指令。格式转换指令用于将字数据转换为字节数据，或者将双字数据转换为字数据。根据指令的不同，可以进行有符号饱和转换或者无符号饱和转换。例如，PACKSSDW 指令完成将目的操作数 MMX 寄存器中 2 个有符号双字数据与源操作数 MMX

寄存器或内存的 64 位数中 2 个有符号双
字数据按有符号饱和方式组成 4 字有符
号数据并写入目的操作数中。图 3.14 给
出了双字数据转换为字数据的操作过程。

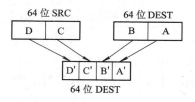

图 3.14　PACKSSDW 的操作过程

　　假设(mm0) = 0101010101010101H，
(mm1) = 0101FFFFFFFFFFFFH，执行如
下格式转换指令：

　　　　　PACKSSDW mm0，mm1　　　　　；执行后，(mm0)=7FFFFFFF7FFF7FFFH
该指令不影响标志位寄存器 EFLAGS。

　　⑤ 解包运算指令。解包运算指令将目的操作数和源操作数中字节数据、字数据或者双
字数据按一定规则进行交织，形成新的操作数并写入目的操作数中。例如，PUNPCKHBW/
PUNPCKLBW 指令完成将目的操作数 MMX 寄存器与源操作数 MMX 寄存器或内存的 64
位数中高位/低位的 4 个字节进行交织，形成新的 64 位数据并写入目的操作数中。图 3.15
和图 3.16 形象地说明了 PUNPCKHBW 和 PUNPCKLBW 的操作过程。

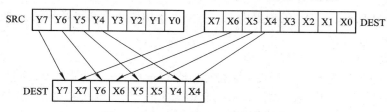

图 3.15　PUNPCKHBW 的操作过程

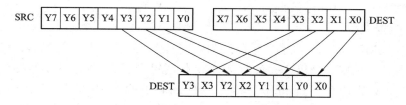

图 3.16　PUNPCKLBW 的操作过程

　　假设(mm0) = 0101010101010101H，(mm1) = 0101FFFFFFFFFFFFH，分别执行如下解
包运算指令：

　　　　　PUNPCKHBW mm0，mm1　　　　；执行后，(mm0)=01010101FF01FF01H
　　　　　PUNPCKLBW mm0，mm1　　　　；执行后，(mm0)=FF01FF01FF01FF01H
这些指令不影响标志位寄存器 EFLAGS。

　　⑥ 逻辑运算指令。逻辑运算指令对 MMX 类型数据进行按位与、与非、或和异或运算，
例如：

　　　　　PAND mm，mm/m64　　　　；将目的操作数 MMX 寄存器与源操作数 MMX 寄存器或内存的 64
　　　　　　　　　　　　　　　　　　；位数按位进行相与逻辑运算，结果数据写入目的操作数中
　　　　　PANDN mm，mm/m64　　　　；将目的操作数 MMX 寄存器与源操作数 MMX 寄存器或内存的 64
　　　　　　　　　　　　　　　　　　；位数按位进行与非逻辑运算，结果数据写入目的操作数中

　　由于这组指令含义清楚，因此实例省略。

⑦ 移位运算指令。移位运算指令与一般的移位运算指令类似，分为逻辑移位和算术移位两种，只不过移位是根据对应的 MMX 数据类型进行的，且多个数据可以同时进行移位操作。例如，PSLLW 指令完成将目的操作数 MMX 寄存器中数据以 4 字为单位向左逻辑移位，移位次数由源操作数指定。

假设(mm0) = F101010101F10101H，(mm1) = 000000000000000EH，执行如下移位运算指令：

      PSLLW mm0，mm1　　　　　　　；执行后，(mm0)=4000400040004000H

该指令不影响标志位寄存器 EFLAGS。

⑧ 退出 MMX 状态指令。退出 MMX 状态指令为 EMMS，在 MMX 指令程序的最后插入该指令，用于清空浮点处理器的标志状态寄存器，通知浮点处理器现在程序退出了 MMX 状态。

以上是对 MMX 指令集的简单介绍，以期帮助读者建立相应的概念。如果需要进一步深入了解，请参考 Intel 公司的软件开发者手册。

2) SSE 指令集

SSE 指令由 Pentium Ⅲ 处理器引入，主要用于增强对视频、音频的处理，进一步提高处理器的 SIMD 处理能力。

(1) SSE 寄存器。

SSE 指令建立在新增的 8 个 128 位的寄存器 xmm0～xmm7 基础上，而且为了记录这些 xmm 寄存器在运算过程中的状态，处理器又增加了一个 32 位状态寄存器 MXCSR。

SSE 寄存器主要增加了对浮点数 SIMD 操作的支持，可以将 128 位分解为多个浮点数，然后进行同时处理，加快处理速度。

(2) SSE 数据类型。

为了进行 SIMD 操作，针对这些 128 位的寄存器，SSE 技术引入了 128 位打包单精度浮点数据类型。该数据类型包含 4 个独立的 32 位的符合 IEEE 标准的单精度浮点数。

SSE 指令可以在内存和 xmm 寄存器(或者在 xmm 寄存器之间)进行数据传送或者转换，也可以通过运算实现 4 个浮点数据的并行处理。一般情况下，128 位内存数据必须以 16 字节对齐方式存取，而且还有专门的指令实现 xmm 寄存器与 64 位 mm 寄存器，以及 32 位通用寄存器之间的数据传送。

(3) SSE 指令。

SSE 指令集可分为 8 类：数据传送指令、算术运算指令、逻辑运算指令、比较运算指令、混洗运算指令、格式转换指令、状态管理指令以及 Cache 控制、内存排序指令。

3) SSE2 指令集

SSE2 指令由 Pentium 4 处理器和 Pentium Xeon 处理器引入。针对 SSE 的 xmm 寄存器只能处理 4 个单精度浮点数的局限性，SSE2 对 xmm 寄存器定义了可以进行整数运算的多种数据类型，并且引入了新的用于 SIMD 运算的指令，进一步增强了对音频、视频等多媒体数据的处理能力。

(1) SSE2 寄存器。

SSE2 指令集仍采用 8 个 128 位的 xmm 寄存器进行运算，并且同样包含状态寄存器

MXCSR 指示系统运行状态。

(2) SSE2 数据类型。

SSE2 数据类型包括 1 个 128 位的打包浮点数据类型和 4 个 128 位的整数数据类型。其中，128 位的打包浮点数据类型包括 2 个 64 位的打包双精度浮点数，128 位的整数数据类型分别是打包字节数据类型(包括 16 个字节)、打包字数据类型(包括 8 个字)、打包双字数据类型(包括 4 个双字)和打包四字数据类型(包括 2 个四字)。

(3) SSE2 指令。

SSE2 指令集可分为 4 类：打包标量双精度浮点运算指令、64 位和 128 位 SIMD 整数运算指令、MMX 和 SSE 指令的 128 位扩展整数指令以及 Cache 控制和指令排序指令。

4) AVX 指令集

Intel 的高级矢量扩展指令集(Advanced Vector Extensions，AVX)提升了采用 XMM 寄存器的 128 位 SIMD 指令性能。对 XMM 寄存器使用"矢量扩展"(VEX)前缀以及对 256 位矢量寄存器(YMM)进行操作，几乎所有 128 位版本的 XMM(但不包括 MMX 寄存器)上操作的 SIMD 指令均被提升为支持 VEX-128 编码的三操作数语法指令。AVX 指令可以实现 256 位和 128 位浮点算术运算(SQRTPS、SQRTPD、RSQRTPS、RCPPS 等)、数据传送(MOVAPS、MOVAPD、MOVDAQ 等)和整数运算等。

3.2　汇编语言及源程序结构

用指令的助记符、符号地址、标号、伪指令等符号书写程序的语言称为汇编语言。用汇编语言书写的程序称为汇编语言源程序或简称源程序。把汇编语言源程序翻译成在计算机上能执行的机器语言程序(目的代码程序)的过程叫作汇编，完成汇编过程的系统程序称为汇编程序。

汇编程序在对源程序进行汇编的过程中，除了能将源程序翻译成目的代码外，还能给出源程序书写过程中所出现的语法错误信息，如非法格式，未定义的助记符、标号，漏掉操作数等。另外，汇编程序还可以根据用户要求，自动分配各类存储区域(如程序区、数据区、暂存区等)，自动进行各种进制数至二进制数的转换，自动进行字符至 ASCII 码转换及计算表达式的值等。

汇编语言源程序通常作为计算机系统中的底层控制软件，可以直接对计算机底层资源(寄存器、存储器单元、I/O 端口)进行操作，可以有效、快速、高性价比地实现所需功能，是计算机系统软件编程时不可缺少的一种实现方式。

3.2.1　汇编语言的语句格式

由汇编语言编写的源程序是由许多语句(也可称为汇编指令)组成的。每个语句由 1～4 个部分组成，其格式是：

[标号] 指令助记符 [操作数] [；注释]

其中用方括号括起来的部分是可选项，每个部分之间用空格(至少一个)分开。每条语句可以在一行的任意位置起始，最多可有 132 个字符。

1．标号

标号(也叫作名称)是给指令或某一存储单元地址所起的名字，它可由下列字符组成：

字母：A～Z。

数字：0～9。

特殊字符：?、.、@、—、$。

数字不能作名称的第一个字符，而圆点仅能用作第一个字符。标号最长为 31 个字符。当名称后跟冒号时，表示是标号，它代表该行指令的起始地址，其他指令可以引用该标号作为转移的符号地址。

当名称后不带冒号时，名称有可能是标号，也可能是变量。伪指令前的名称不加冒号；当标号用于段间调用时，后面也不能跟冒号。例如：

段内调用：

　　OUTPUT：IN　AL，DX

段间调用：

　　OUTPUT　IN　AL，DX

2．指令助记符

指令助记符可以是指令操作码的符号表示，也可以是伪指令。如果指令带有前缀(如 LOCK、REP、REPE/REPZ、REPNE/REPNZ)，则指令前缀和指令助记符要用空格分开。

3．操作数

依指令的要求，操作数可能有一个、两个、三个或者没有，伪指令的操作数可能有多个。当操作数超过一个时，操作数之间应用逗号分开。

4．注解

注解项为可选项，可以为源程序或语句添加注解，用于提高程序的可读性。

在注解前面要加分号，它可位于操作数之后，也可位于一行的开头。汇编时，对注解不作处理，仅在列源程序清单时列出，供编程人员阅读。例如：

　　　　; 读端口 B 数据

　　　IN AL，PORTB　　　　　　　; 读 B 口数据到 AL 中

3.2.2　常数

汇编语言语句中出现的常数一般为以下 7 种。

1．二进制数

二进制数字后跟字母 B，如 01000001B。

2．八进制数

八进制数字后跟字母 Q 或 O，如 202Q 或 203O。

3．十进制数

十进制数字后跟 D 或不跟字母，如 85D 或 85。

4．十六进制数

十六进制数字后跟 H，如 56H、0FFH。注意，当数字的第一个字符是 A～F 时，在字符前应添加一个数字 0，以示和变量的区别。

5．十进制浮点数

十进制浮点数的一个例子是 25E-2。

6．十六进制实数

十六进制实数后跟 R，数字的位数必须是 8、16 或 20。在第一位是 0 的情况下，数字的位数可以是 9、17 或 21，如 0FFFFFFFFR。

7．字符和字符串

字符和字符串要求用单引号括起来，如 'BD'。

以上第 5、6 项中，两种数字格式只允许在 MASM 中使用。

3.2.3 伪指令

伪指令用来对汇编程序进行控制，以使程序中的数据实现条件转移、列表、存储空间分配等处理。其格式和汇编指令一样，但是一般不产生目的代码。伪指令很多，有 50～60 种，现仅介绍常用的几种。

1．定义数据伪指令

该类伪指令用来定义存储空间及其所存数据的长度。

DB：定义字节数据及所存储的字节单元，即每个数据是 1 个字节，占用 1 个地址单元。

DW：定义字数据及所存储的字单元，即每个数据占 1 个字(2 个字节)，低字节在低地址，高字节在高地址。

DD：定义双字，即每个数据占 2 个字，低字在低地址，高字在高地址。

DQ：定义 4 字长，即每个数据占 4 个字。

DT：定义 10 个字节长，用于压缩式十进制数。

例如：

        DATA1 DB 5，6，8，100

表示从 DATA1 单元开始，连续存放数据 5、6、8、100，共占 4 个字节地址单元。

        DATA2 DW 7，287

表示从 DATA2 单元开始，连续存放数据 7、287 两个字，共占 4 个字节地址单元。

定义一个存储区时，也可以不存放数据，如：

        TABLE DB ?

表示仅在 TABLE 地址定义了 1 个字节单元，而其中存放的内容是随机的。

当一个定义的存储区内的每个单元要放置同样的数据时，可用 DUP 操作符。例如：

        BUFFER DB 100 DUP(0)

表示以 BUFFER 为首地址的 100 个字节单元中均存放 00H 数据。

2．定义符号伪指令 EQU

伪指令 EQU 用来给符号定义一个值。在程序中，凡是出现该符号的地方，汇编时均用其值代替，如：

    TIMES EQU 50

    DATA DB TIMES DUP(?)

上述两个语句实际等效于如下一条语句：

    DATA DB 50 DUP(?)　　　　；定义 50 个字节存储单元

3. 定义段伪指令 SEGMENT 和 ENDS

  定义段伪指令可将源程序划分成若干段。通常，一个完整的汇编语言源程序由 3 个段，即堆栈段、数据段和代码段组成。

  定义段伪指令的一般格式如下：

    段名　SEGMENT　［定位类型］［组合类型］［类别］

      ⋮

    段名　ENDS

SEGMENT 和 ENDS 应成对使用，缺一不可。段名是给定义的段所起的名称，不可省略；其他可选项是赋予段名的属性，可以省略。例如：

    STACK SEGMENT

     DW 200 DUP(?)

    STACK ENDS

    DATA SEGMENT

     BUF DB 1,2,3

     TAB DW ?

    DATA ENDS

4. 设定段寄存器伪指令 ASSUME

  伪指令 ASSUME 用于通知汇编程序，哪一个段寄存器是该段的段寄存器，以便对使用变量或标号的指令汇编出正确的目的代码，其格式如下：

    ASSUME　段寄存器：段名［，段寄存器：段名，…］

  例如：

    CODE SEGMENT

     ASSUME CS:CODE, DS:DATA, SS:STACK

     MOV AX, DATA

     MOV DS, AX

      ⋮

    CODE ENDS

  由于伪指令 ASSUME 只是指明某一个段地址应存于哪一个段寄存器中，并没有包含将段地址送入该寄存器的操作，因此要将真实段地址装入段寄存器还需要汇编指令来实现。这一步是不可缺少的。

5. 定义过程伪指令 PROC 和 ENDP

  在程序设计中，可将具有一定功能的程序段定义为一个过程。它可以被别的程序调用(用 CALL 指令)或由 JMP 指令转移到此执行。

过程由伪指令 PROC 和 ENDP 来定义，其格式如下：

```
过程名        PROC [类型]
              过程体
              RET
过程名        ENDP
```

其中，过程名是过程的名称，不能省略；过程的类型由 FAR 和 NEAR 来确定；ENDP 表示过程结束。过程体内至少应有一条 RET 指令，以便返回被调用处。

过程可以嵌套，即一个过程可以调用另一个过程。过程也可以递归使用，即过程可以调用过程本身。

与转移指令 JMP 相似，过程也分近过程(类型为 NEAR)和远过程(类型为 FAR)。前者只在本段内调用，后者为段间调用。如果过程缺省类型，则该过程被默认为近过程。

例 3.3　将一个延时子程序定义为过程，程序如下：

```
SOFTDLY       PROC
              PUSH      BX
              PUSH      CX
              MOV       BL, 10
DELAY:        MOV       CX, 2801
CYCLE:        LOOP      CYCLE
              DEC       BL
              JNZ       DELAY
              POP       CX
              POP       BX
              RET
SOFTDLY       ENDP
```

上述过程为近过程，该过程的执行时间即可用作软件延时时间。改变 BL 和 CX 中的值，即可改变延时时间的长短。为了不破坏主程序的工作状态，通常在过程中用堆栈指令来保护该过程所用到的通用寄存器的内容。

远过程调用时被调用过程必定不在本段内。例如，有两个程序段，其结构如下：

```
CODE1         SEGMENT
              ASSUME CS:CODE1
              ⋮
FARPROC       PROC FAR
              ⋮
              RET
FARPROC       ENDP
CODE1         ENDS
CODE2         SEGMENT
              ASSUME CS:CODE2
              ⋮
```

```
              CALL FARPROC
                  ⋮
              CALL NEARPROC
                  ⋮
NEARPROC      PROC NEAR
                  ⋮
              RET
NEARPROC      ENDP
CODE2         ENDS
```

CODE1 段中的 FARPROC 过程被 CODE2 段调用，故定义为远过程；CODE2 段内的 NEARPROC 仅被本段调用，故定义为近过程。

过程与子程序一样，只产生一个目的代码副本，需要执行 CALL 指令从调用过程的程序段跳转到被调用过程段的程序上执行，然后通过执行 RET 指令返回被调用处继续程序的运行。

6. 宏命令伪指令

在汇编语言编写的源程序中，有的程序段要多次使用，为了简化程序书写，该程序段可以用一条宏命令来代替。在使用宏命令前首先要对宏命令进行定义。

宏命令的一般格式如下：

```
宏命令名      MACRO [形式参量表]
              宏体
              ENDM
```

其中，宏命令名是一个宏定义调用(或称宏调用)的依据，也是不同宏定义互相区别的标志，是必须有的。对宏命令名的规定与对标号的规定是一致的。

宏定义中的形式参量是可选项，参量可以仅有一个，也可以有多个。若有多个形式参量，各参量之间应用逗号分开。

需要注意的是，在调用时的实参量如果多于一个，也要用逗号分开，并且它们与形式参量在顺序上要一一对应。但是 IBM 宏汇编中并不要求它们在数量上一致。若调用时的实参量多于形式参量，则多余部分就被忽略；若实参量少于形式参量，则多余的形式参量变为 NULL(空)。

例如：

```
GADD      MACRO   X, Y, ADDS
          MOV     AX, X
          ADD     AX, Y
          MOV     ADDS, AX
          ENDM
```

其中，X、Y、ADDS 是形式参量。调用时，下面的宏命令书写格式是正确的：

```
          GADD    DATA1，DATA2，SUM
```

其中，DATA1、DATA2、SUM 是实参量。

实际上与该宏命令对应的源程序为：

        MOV   AX, DATA1
        ADD   AX, DATA2
        MOV   SUM, AX

宏命令与子程序有许多类似之处。它们都是一段相对独立的、用来完成某种功能的、可供调用的程序模块，定义后可多次调用。但在形成目的代码时，子程序只形成一段目的代码，调用时转来执行。而宏命令是将形成的目的代码插到主程序调用的地方。因此，前者占内存少，但执行速度稍慢；后者刚好相反。

7. 汇编结束伪指令 END

伪指令 END 表示源程序的结束，执行后令汇编程序停止汇编。因此，任何一个完整的源程序均应有 END 指令，其一般格式如下：

        END [表达式]

其中，表达式表示该汇编源程序的启动地址。例如：

        END START

表明该源程序的启动地址为 START。

3.2.4 汇编语言的运算符

汇编语言的操作数可以是常数、寄存器名、标号、变量，也可以是表达式。表达式由常数、寄存器名、标号、变量与运算符相结合而成，包括数字表达式和地址表达式。

汇编语言的运算符有算术运算符(如 +、−、*、/ 等)、逻辑运算符(如 AND、OR、XOR、NOT)、关系运算符(如 EQ、NE、LT、GT、LE、GE)、取值运算符和属性运算符。前面 3 种运算符与高级语言中的运算符类似，此处不再作介绍。后两种运算符是 80x86 汇编语言特有的。

下面介绍几种常用的运算符。

1. 取值运算符 SEG 和 OFFSET

SEG 和 OFFSET 两个运算符分别给出一个变量或标号的段地址和段内偏移地址。例如，定义标号 SLOT 为

        SLOT   DW 25

则指令

        MOV   AX，SLOT   ; 执行后(AX)=25

将从 SLOT 地址中取一个字送入 AX 中。假如要将 SLOT 标号所在段的段地址送入 AX 寄存器，则可用运算符 SEG，其指令如下：

        MOV   AX，SEG SLOT

若要将 SLOT 在段内的偏移地址送入 AX 寄存器，则可用运算符 OFFSET，其指令如下：

        MOV   AX，OFFSET SLOT

2. 属性运算符 PTR

属性运算符用来给指令中的操作数指定一个临时属性，而暂时忽略当前的属性。它作用于操作数时，将忽略操作数当前的类型(字节或字)及属性(NEAR 或 FAR)，而给出一个临时的类型或属性。例如：

```
        SLOT    DW 25
```
此时 SLOT 已定义成字单元。若要取出其第一个字节的内容，则可用 PTR 对其作用：
```
        MOV   AL，BYTE PTR SLOT
```
　　改变属性的例子如下：
```
        JMP   FAR PTR STEP
```
这样，即使标号 STEP 原先是 NEAR 型的，使用 FAR PTR 后，这个转移就变成段间转移了。
　　又如：
```
        MOV   [BX]，5
```
对于该指令，汇编程序不知道传送的是一个字节还是一个字。若是一个字节，则应写成：
```
        MOV   BYTE PTR [BX]，5
```
若是字，则应写成：
```
        MOV   WORD PTR [BX]，5
```

3．段超越前缀

　　前面已经说明，可用 ASSUME 来设定哪一个段寄存器与哪一段有关系，以后使用时即可默认。例如，在指令"MOV AL，[SI]"执行时，默认在 DS 所决定的段内传送偏移地址为[SI]的内容。

　　若要存取其他段内的操作数，可使用段超越前缀。例如，指令"MOV AL，ES:[SI]"表示在此指令中临时使用 ES 的内容所决定的段，偏移地址仍为 SI 的内容。

3.2.5　汇编语言源程序的结构

1．源程序完整结构

　　一个完整的汇编源程序一般应有 3 个程序段，即代码段、数据段和堆栈段。

　　代码段包括了许多以符号表示的指令，其内容就是程序要执行的指令。

　　堆栈段用来在内存中建立一个堆栈区，以便在中断、调用子程序时使用。堆栈段一般可以有几十个字节至几千字节。如果太小，则可能导致程序执行中的堆栈溢出错误。

　　数据段用来在内存中建立一个适当容量的工作区，以存放常数、变量等程序需要对其进行操作的数据。

　　源程序一般都有相同的结构。一个标准的完整段定义的源程序结构如下：
```
        STACK    SEGMENT PARA STACK 'STACK'
                 DB 500 DUP(0)
        STACK    ENDS
        DATA     SEGMENT
                     ⋮
        DATA     ENDS
        CODE     SEGMENT
                 ASSUME CS: CODE, DS: DATA, ES: DATA, SS: STACK
        START:   MOV   AX, DATA
                 MOV   DS, AX
```

```
        MOV    ES, AX              ; 设置数据段寄存器
          ⋮
        MOV    AH, 4CH
        INT    21H                 ; 返回操作系统
CODE    ENDS
END     START
```

当然，上述标准结构仅仅是一个框架，形成实际程序模块时，还需对它进行修改，如堆栈大小的设定，堆栈段、数据段要否，其组合类型、类别的选择等。但是作为主模块，下面几个部分是不可少的：

(1) 必须用伪指令 ASSUME 告诉汇编程序，哪一个段和哪一个段寄存器相对应，即某一段地址应放入哪一个段寄存器。这样在对源程序模块进行汇编时，才能确定段中各项的偏移量。

(2) 装入程序执行时，将把 CS 初始化为正确的代码段地址，把 SS 初始化为正确的堆栈段地址，因此在源程序中不需要再对它们进行初始化。因为装入程序已将 DS 寄存器留作他用(这是为了保证程序段在执行过程中数据段地址的正确性)，故在源程序中应有以下两条指令，对它进行初始化：

```
MOV    AX, DATA
MOV    DS, AX
```

若在源程序中使用了附加段，也要用 MOV 指令给 ES 赋段地址。

(3) 在 DOS 环境下，通常采用 DOS 的 4CH 号中断功能，使汇编语言返回 DOS，即采用如下两条指令：

```
MOV    AH, 4CH
INT    21H
```

如果不是主模块，这两条指令是不需要的。

2. 源程序简化结构

高版本的汇编程序支持简化段定义的汇编语言源程序，其结构如下：

```
.MODEL SMALL ; 存储模型，可设为 Tiny、Small、Medium、Compact、Large、Huge、Flat 型
.STACK 100H                 ; 定义堆栈段及其大小
.DATA                       ; 定义数据段
   ⋮                        ; 数据声明
.CODE                       ; 定义代码段
 START:                     ; 起始执行地址标号
        MOV    AX, @DATA     ; 预定义符号@DATA 给出数据段名称和地址
        MOV    DS, AX        ; 存入数据段寄存器
          ⋮                 ; 具体程序代码
        MOV    AH, 4CH
        INT    21H
        END    START        ; 程序结束
```

3.3　汇编语言与 C 语言混合编程接口

采用高级语言编程可使程序员从大量细节中解脱出来，加快软件设计的进度。同时高级语言编译器在代码优化方面是卓有成效的，有些编译器针对特定的处理器进行了优化，可极大提高被编译程序的执行速度。但是编译器通常采用常规的优化处理手段，对个别的特殊应用和安装的特殊硬件并不了解。而汇编语言代码可充分利用计算机系统的某些硬件(比如视频显示卡、声卡、数据采集卡等)的特性，在配置硬件设备、优化程序执行速度、优化程序大小等方面仍有不可替代的优势。因此，高级语言与汇编语言混合编程在计算机系统底层软件设计中成为普遍的选择。

当高级语言采用 C 语言时，汇编语言与 C 语言混合编程的接口有两种实现方法：

(1) C 语言程序中嵌入汇编语言代码；

(2) C 语言程序从外部调用汇编语言代码。

3.3.1　C 语言程序中嵌入汇编语言代码

C 语言程序中嵌入汇编语言代码有两种格式：一种是单句的，一种是模块的。

首先来看单句格式的使用例子。

```
main()
{
  __asm   MOV AH, 2;
  __asm   MOV BH, 0;
  __asm   MOV DL, 20;
  __asm   MOV DH, 10;
}
```

从上例可以看出，对于单句格式，只要在每一条汇编语句前面加上"__asm"前缀，就可以使之成为合法有效的指令。编译器可以对这样的程序进行编译、链接。

单句格式适合于使用少量的汇编语句的情况，对于大量采用汇编语句编写的程序模块，可以使用模块格式。例如：

```
main()
{
    __asm{
        MOV   AH, 2;
        MOV   BH, 0;
        MOV   DL, 20;
        MOV   DH, 10;
    }
}
```

从这个程序可以看出其基本格式，即把若干条汇编语句放入"__asm{}"代码块中，每行以分号或换行符结束。注意，这种程序的注释必须采用 C 语言格式。

下面我们来看一个在 C 语言程序中嵌入汇编语言代码的例子。

例 3.4　查找最大数。

```
main()
{
  unsigned char data1=8，data2=10；
  unsigned char max；
  printf("Find Max Data Using Asm:\n");
  __asm{
          MOV    AH，data1
          MOV    AL，data2
          CMP    AH，AL
          JB     HERE
          MOV    max，AH
          JMP    FINISH
  HERE：   MOV    max，AL
  FINISH:
       }
       printf("Max is %d\n"，max);
}
```

这个例子十分简单，通过该例子可以看到，在汇编语言部分可以直接使用 C 函数定义的局部变量(或者全局变量)，而且可以将结果直接写入变量中。这样可以简化对参数的传递。需要注意的是，在内嵌汇编语言部分只能包含 CPU 可执行指令(一般指令、串指令、输入/输出指令等)，而不能包含伪指令。换句话说，只能是代码段定义的指令语句可以写入内嵌汇编语言部分，其他的段内容则不可以写入。对于诸如数据段定义变量这样的功能，则可以完全交给 C 函数的变量说明来完成。

在 C 语言程序中嵌入汇编语言代码的优点是：

(1) 简单，无须考虑外部链接、命名、参数传递协议等问题。

(2) 高效，不存在过程调用的开销。

其缺点是：缺乏可移植性。

3.3.2　C 语言程序从外部调用汇编语言代码

C 语言程序从外部调用汇编语言代码可以支持程序的可移植性。

例 3.5　文件 AddMain.cpp 提供了用 C++ 编写的主程序模块，文件 addem.asm 提供了用汇编语言编写的子程序模块。通过主程序调用函数 addem()，实现了 C++ 程序从外部调用汇编语言代码。

微型计算机原理及接口技术(第四版)

主程序模块(C++):

```cpp
//Addem Main Program (AddMain.cpp)
#include <iostream>
using namespace std;
extern "C" int addem(int p1, int p2, int p3);
int main()
{
    int total = addem( 10, 15, 25 );
    cout << "Total = " << total << endl;
    return 0;
}
```

子程序模块(汇编):

```
title The addem Subroutine (addem.asm)
; This subroutine links to Visual C++ 6.0.
.386P
.model flat
public _addem
.code
_addem proc near
    push    ebp
    mov     ebp,esp
    mov     eax,[ebp+16]    ; first argument
    add     eax,[ebp+12]    ; second argument
    add     eax,[ebp+8]     ; third argument
    pop     ebp
    ret
_addem endp
    end
```

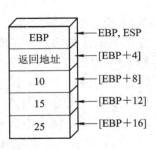

图 3.17　堆栈结构

程序说明：在 C++ 中，函数是这样返回数据的：8 位值在 AL 中返回，16 位值在 AX 中返回，32 位值在 EAX 中返回，64 位值在 EDX:EAX 中返回；更大的数据结构(结构值、数组等)存储在静态数据区内，EAX 中返回指向该数据的指针。堆栈结构如图 3.17 所示。

3.4　单核处理器平台的程序设计

例 3.6　屏幕显示"Hello world"。

(1) DOS 操作系统或 Windows 实模式下的程序源代码：

```
stack    segment stack
```

```
            db 100 dup (?)
stack    ends
data     segment
            message db 'Hello, world', 0dh, 0ah, '$'
data     ends
code     segment
            assume cs:code, ds:data,ss:stack
start:
            mov    ax, data
            mov    ds, ax
            mov    ah, 9
            mov    dx, offset message
            int     21h                          ; 调用屏幕显示功能
            mov    ah, 4ch
            int     21h                          ; 调用返回操作系统功能
code     ends
            end start
```

(2) Windows 保护模式下的程序源代码：

```
.386
.model flat, stdcall
MessageBoxA PROTO,
                hWnd: DWORD,
                lpTex: PTR BYTE,
            lpCaption: PTR BYTE,
                style: DWORD                ; 声明操作系统 MessageBoxA 函数原型
ExitProcess PROTO, exitCode: DWORD     ; 声明操作系统 ExitProcess 函数原型
.data
szCaption db    'A MessageBox !', 0         ; 窗口标题栏内容
szText      db    'Hello, World !', 0          ; 窗口中显示的内容
.code
start:   push 0                               ; 窗口中显示"确定"按钮(MB_OK)
            push offset szCaption              ; 窗口标题栏显示内容字符串指针
            push offset szText                 ; 窗口中显示内容字符串指针
            push 0                             ;   NULL
            call MessageBoxA                   ; 显示窗口
            push 0                             ; 参数 0 表示程序正常结束
            call ExitProcess                   ; 结束当前进程
end      start
```

例 3.7　整数数组求和。

程序源代码如下：

```
.386
.MODEL flat, stdcall
.STACK 4096
ExitProcess PROTO, dwExitCode:DWORD
.data
intarray WORD 100h, 200h, 300h, 400h
.code
main PROC
        mov edi, OFFSET intarray        ; 数组首地址
        mov ecx, LENGTHOF intarray      ; 循环次数（数组元素个数）
        mov ax, 0                       ; 累加和初值
L1:     add ax, [edi]                   ; 累加
        add edi, TYPE intarray          ; 指针加，指向数组下一个元素
        loop L1                         ; ECX 减 1，循环，直到 ECX=0
        INVOKE ExitProcess, 0           ; 结束当前进程
main ENDP
END main
```

例 3.8 字符串拷贝。

程序源代码如下：

```
.386
.MODEL flat, stdcall
.STACK 4096
ExitProcess PROTO, dwExitCode:DWORD
.data
source    BYTE    "This is the source string", 0
target    BYTE    SIZEOF source DUP(0)
.code
main PROC
        mov esi, 0                      ; 数组元素索引值
        mov ecx, SIZEOF source          ; 设置循环计数器
L1:     mov al, source[esi]             ; 从源字符串读取一个字符
        mov target[esi], al             ; 存储字符至目标字符串
        inc esi                         ; 索引值加 1，指向数组下一个元素
        loop L1                         ; 循环
        INVOKE ExitProcess, 0           ; 结束当前进程
main ENDP
END main
```

例 3.9 将以地址 Data 开始的 10 个无符号字数据按从大到小的顺序重新排列。采用冒泡排序法进行排序，程序源代码如下：

```
    void main(void)
    {
//变量定义
        unsigned short data[10]={235, 3278, 581, 2561, 357, 128,5,5476,12345,7891};
        unsigned short *data_point;
        unsigned short i;

        data_point = data;
        printf("Order Data From Maximum to Minimum Using Asm:\n");
        printf("Original Order:\n");
        for(i=0; i<10; i++)
            printf("%d  ", data[i]);
        printf("\n");
        _ _asm{
            XOR     ECX, ECX
            XOR     EDX, EDX
            MOV     EDI, data_point
            MOV     CL, 10
            DEC     CX
LOP1:       MOV     DX, CX;                   ; 设置外循环
            MOV     ESI, 0
LOP2:       MOV     AX, [EDI+ESI]
            CMP     AX, [EDI+ESI+2]
            JAE     CONTIN
            XCHG    AX, [EDI+ESI+2]
            MOV     [EDI+ESI], AX
CONTIN:     INC     ESI
            INC     ESI
            LOOP    LOP2
            MOV     CX, DX
            LOOP    LOP1
        }
        printf("New Order:\n");
        for (i=0; i<10; i++)
            printf("%d ", data[i]);
        printf("\n");
    }
```

例 3.10　已知矢量 $A = (a_0, a_1, \cdots, a_{N-1})$ 和矢量 $B = (b_0, b_1, \cdots, b_{N-1})$，两个矢量的点乘定义为 $A \cdot B = \sum_{i=0}^{N-1} a_i b_i$。编写采用 SSE2 指令实现求两个矢量的点乘的程序。设 N = 8，

矢量分量类型为字。

这里采用 SSE2 指令中的 PMADDWD 完成矢量的分量乘运算和部分和,然后利用移位运算依次求出最终的结果。程序源代码如下:

```
void main(void)
{   //矢量定义
    int X;
    short A[8]={70,100,10,10,23,15,16,8};
    short B[8]={70,100,10,10,23,15,16,8};
    unsigned char i;

    printf("Dot product using asm with SSE2 Regisers:\n");

    __asm{
            MOVDQU     XMM0, A          //读入数据
            MOVDQU     XMM1, B          //读入数据
            PMADDWD  XMM0, XMM1    //两矢量相乘,并求部分和
            MOVD       EAX, XMM0        //取第一个双字
            PSRLDQ     XMM0, 4          //右移 32 位
            MOVD       EBX, XMM0        //取第二个双字
            ADD        EAX, EBX         //相加求和
            PSRLDQ     XMM0, 4          //右移 32 位
            MOVD       EBX, XMM0        //取第三个双字
            ADD        EAX, EBX         //相加求和
            PSRLDQ     XMM0, 4          //右移 32 位
            MOVD       EBX, XMM0        //取第四个双字
            ADD        EAX, EBX         //相加求和
            MOV        X, EAX           //存结果
    }
    printf("Dot Product of Two Vectors is :%d\n",X);
}
```

对该程序进行实测,运行百万次的时间约为 0.015 秒;采用一般程序方法,运行百万次的时间约为 0.064 秒。硬件测试环境采用的 CPU 为 Pentium4 at 2.8 GHz。可见速度提高了 4 倍以上,SSE2 对性能的影响还是很明显的。

3.5　多核处理器平台的程序设计

在具有多核的 64 位或 32 位处理器结构中,处理器具有对连接于相同系统总线上各个核的管理能力。这些能力包括:为系统内存的原子操作提供总线的锁和 Cache 一致性管理;串

行化指令；处理器内高级可编程中断控制器的管理；二级/三级 Cache 的管理；超线程技术管理(单一核上并发运行 2 个以上线程)。这些管理机制确保了多核系统的内存一致性和 Cache 的一致性，并能够预测对内存操作的顺序，分散中断的处理到不同的处理器，同时通过利用当前操作系统和应用中多线程与多进程来提高系统性能。Intel 的指令集也提供了丰富的处理器控制类指令，但是对于多核程序设计而言，一般会借助于现有的多核开发平台进行程序编写，比如 OpenMP、TBB(Threading Building Blocks)、MPI(Message Passing library)、Cilk++ 等。下面简要介绍常用的 OpenMP 标准实现多核程序的方法。

　　OpenMP 标准通过编译指导(pragma)、指令指导(directive)、函数调用和环境变量等显式指导编译器利用程序中的并行性实现多核程序。OpenMP 是与平台无关的，这也是其重要优点之一。最初的 OpenMP 标准形成于 1997 年，目前版本(2021 年发布)为 OpenMP5.2，支持 C/C++、Fortran 语言。主流编译器如 gcc、IBM XL C/C++/Fortran、Intel C/C++/Fortran、Visual Studio 2008～2010 C/C++、clang 等，均不同程度支持 OpenMP。OpenMP 提供了一种简单的编写多线程应用程序的方法，无须程序员进行复杂的线程创建、同步、负载平衡和销毁工作。对于程序中经常使用的循环结构，可以在循环之前插入一条编译指导，使其以多线程执行，并可以指定线程的数目和变量的共享等。这样，编译器就会自动根据这些指导生成对应的多线程程序，执行时就会由操作系统安排多核处理器上的不同核完成。

　　由于篇幅所限，无法在此将 OpenMP 全部内容讨论清楚。为此，Visual Studio 2010 平台给出了 3 个简单的 OpenMP 示例，以便编程人员获得直观的多核程序感受。如果读者想进一步学习，可以访问 www.openmp.org 下载详细的标准说明，或者阅读相关的参考书。

　　程序运行环境：64 位操作系统 Window 7，处理器为 Intel(R) Core(TM) i5-3470@3.20 GHz (内部包含 4 个处理核)，内存 4 GB。软件开发环境：Visual Studio 2010。为了使 Visual Studio 支持 OpenMP 编译，需要在工程属性页→配置属性→C/C++ 下面的语言选项中将 OpenMP 支持选中，如图 3.18 所示。

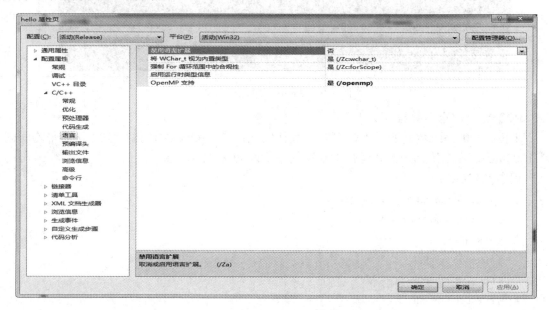

图 3.18　工程属性支持 OpenMP 界面

例 3.11　OpenMP 环境支持验证。

程序源代码如下：

```c
#include <omp.h>              //包含 OpenMP 库函数的头文件
#include <stdio.h>

int main(){
#ifdef _OPENMP               //当环境支持 OpenMP 时，该宏定义有效
    printf("Hello World, Here is OpenMP\n");
#endif
#pragma omp parallel         //pragma 编译指导告诉编译器下面语句以并行方式多线程执行
    printf("Hello from thread %d,nthreads %d\n",omp_get_thread_num(),omp_get_num_threads());
}
```

运行结果如图 3.19 所示。

图 3.19　Hello 程序运行结果

例 3.12　浮点运算程序。

下面是 200MB 数据的浮点计算时间统计情况：具有 OpenMP 运行 100 次的平均时间是 1280 ms，不具有 OpenMP 运行 100 次的平均时间是 4160 ms。

程序源代码如下：

```c
#include <omp.h>
#include <stdlib.h>
#include <stdio.h>
#include <math.h>
#include <memory.h>
#include <time.h>
#define NUM_LOOP    1048576*200
```

```
float a[NUM_LOOP], b[NUM_LOOP];

int main(){
    int i;
    unsigned int n;
    time_t time_start, time_end;

    n = NUM_LOOP;
    time_start = time(NULL);
#pragma omp parallel for
    for(i = 0; i < n; i++)
        a[i] = rand();
#pragma omp parallel for
    for(i = 1; i < n; i++)
        b[i] = (a[i]+a[i-1])/2;
    time_end = time(NULL);
    printf("Time using OpenMP by %d threads for loop test is %.4f ms\n", omp_get_num_threads(),
        (float)1000*difftime(time_end,time_start));
}
```

例 3.13 内存竞争程序。

本例将整型变量 x 初始化为 2 后,生成 2 个线程,其中线程 0 将 x 更新为 5,线程 1 则读取 x 的值并显示。

程序源代码如下:

```
#include <omp.h>
#include <stdio.h>
int main(){
    int x;
    x = 2;
#pragma omp parallel num_threads(2) shared(x)      //说明下面代码以 2 个线程并行执行,
                                                   //变量 x 为共享变量

    {
        if(omp_get_thread_num()==0){               //获取线程编号
            x = 5;                                 //线程 0 写 x 为 5
        }else{
            /*print 1: the following read of x has a race*/
            printf("1:Thread# %d: x = %d\n", omp_get_thread_num(), x);
                                                   //线程 1 读 x 并打印显示
        }
#pragma omp barrier              //线程同步编译指导,使得并行区内的所有线程都到达同一位置
```

```
            if(omp_get_thread_num()==0){
                    printf("2:Thread# %d: x = %d\n", omp_get_thread_num(), x);
            }else{
                    printf("3:Thread# %d: x = %d\n", omp_get_thread_num(), x);
            }
        }
        return 0;
    }
```

　　对于第一个打印位置，x 的读取存在竞争。如果线程 0 对 x 的写执行快于打印，那么线程 1 将打印显示 x 为 5。但是，如果因为某种原因，比如线程调度，导致打印语句执行在前，那么将打印 x 为 2。当然，由于打印语句 printf 是 C 的函数调用，其执行大多数都慢于线程 0 的写操作，打印结果将显示为 5。如果在 x = 5 语句前，安排一个延迟类的语句，比如 printf("…")，那么线程 1 的打印结果将会变为 2。后续的并行语句由于采用了 barrier(栅障)编译指导告诉两个线程在这个位置同步，使得打印 2 和打印 3 显示的 x 值均为 5。

　　上述简单例子说明了多核程序对存储处理是非常关键的，程序员应该避免诸如主存竞争等问题的出现。当然，这种情况给调试造成了一定的困难，比如会使得程序执行结果每次都不一致，且较难以定位错误和修改。

习　题

　　3.1　判别下列指令的寻址方式：

MOV　AX, 00H

SUB　　AX，AX

MOV　AX，[BX]

ADD　AX，TABLE

MOV　AL，ARRAY[SI]

MOV　AX，[BX+6]

　　3.2　若 1KB 的数据存放在以 TABLE 为首地址的主存区域，试编程序将该数据块搬到以 NEXT 为首地址的主存区域中。

　　3.3　试编写 10 个字(16 位二进制数)之和的程序。

　　3.4　某 16 位二进制数，放在以 DATA 开始的连续的两个存储单元中，试编写程序求其平方根和余数，并将其分别存放在 ANS 和 REMAIN 存储单元中。

　　3.5　试编写程序将 BUFFER 中的一个 8 位二进制数转换为 ASCII 码表示的十进制数，并按位数高低顺序存放在以 ANSWER 为首地址的主存区域中。

　　3.6　在以 DATA1 为首地址的主存区域中顺序存放着以 ASCII 码表示的十进制千位数，现欲将其转换成二进制数，试编写程序实现之。

　　3.7　试编写程序，将 MOLT 存储单元中的一个 8 位二进制数乘以 20，乘积放在 ANS 存储单元及下一单元中(用 3 种方法完成)。

3.8　在以 DATA 为首地址的主存区域中存放 100 个无符号 8 位数，试编写程序找出其中最大的数，并将其放在 KVFF 存储单元中。

3.9　在上题中，若要求将数据按大小顺序排列，试编写程序实现之。

3.10　在 BUFF 存储单元中有一个 BCD 数 A，试编写程序计算 Y，结果送 DES 存储单元。其中：

$$Y = \begin{cases} 3A, & A \leqslant 20 \\ A-20, & 20 < A < 60 \\ 80, & A \geqslant 60 \end{cases}$$

3.11　在当前数据段(由 DS 决定)中偏移地址为以 DATAB 开始的顺序 80 个存储单元里，存放着某班 80 个同学某门考试的成绩。

(1) 编写程序统计高于 90 分、80～89 分、70～79 分、60～69 分、低于 60 分的人数，并将结果放在同一数据段、偏移地址为以 BTRX 开始的顺序存储单元中。

(2) 试编写程序，求该班这门课的平均成绩，并将其放在该数据段的 LEVT 存储单元中。

3.12　在当前数据段(由 DS 决定)的 DAT1 和 DAT2 存储单元中分别存放两个有符号的 8 位数，现欲求两数和的绝对值，并将其放在 DAT3 存储单元中，试编写程序实现之。

3.13　试编写程序，给从主存 40000H 到 4BFFFH 的每个单元中均写入 55H，并逐个单元读出比较。若写入的与读出的完全一致，则将 AL 置 7EH；若有错，则将 AL 置 81H。

3.14　试编写程序，统计由主存 40000H 开始的 16K 个单元中所存放的字符 "A" 的个数，并将结果存放在 DX 中。

3.15　试采用 MMX 和 SSE2 技术分别编写程序实现两个 8×8 矩阵 **A** 和 **B** 的乘积，结果存放于 **C** 矩阵。

3.16　利用 OpenMP 并行技术，实现不少于 4 个线程并行的 1000 个随机数据排序程序，并给出加速性能分析。

3.17　给出至少 3 种实现对 AX 寄存器清零的汇编指令方法。

3.18　如果要将十进制数 25 以压缩的 BCD 码格式写入 AL 寄存器，那么下列(　　)指令是正确的。

A.　MOV AX, 0025H　　　　　　　B.　MOV AX, 0025

C.　MOV AX, 0205H　　　　　　　D.　MOV AX, 0205

3.19　定义字的伪操作助记符是(　　)。

A.　DB　　　　　　B.　DW　　　　　　C.　DD

D.　DQ　　　　　　E.　DT

3.20　在 8086 宏汇编语言中，求变量基址的操作符是(　　)。

A.　SEG　　　　　　　　　　　　B.　OFFSET

C.　TYPE　　　　　　　　　　　　D.　SIZE

3.21　已知 CNT EQU 4556H，则以下与 MOV BL, 56H 等效的指令是(　　)。

A.　MOV BL, TYPE CNT　　　　　　B.　MOV BL, HIGH CNT

C. MOV BL, LOW CNT   D. MOV BL, SHORT CNT

3.22 已知(AX)=2345H, (DX)=5219H, 指出两个数据相加和相减后, FLAGS(PSW)中状态标志位 SF、ZF、PF、CF、AF 和 OF 的值。

3.23 针对表 3.2 中的指令, 填写各条指令执行后 AL 寄存器值和相关标志位状态。

表 3.2 指令执行后的结果

指　令	AL 寄存器值	SF	ZF	PF
MOV AL, 4CH				
AND AL, 0F0H				
OR AL, 08CH				
XOR AL, AL				

3.24 阅读如下汇编程序, 说明程序的功能和运行结果。

```
MOV   AH, 0
MOV   AL, 10
SAL   AX, 1
MOV   BX, AX
MOV   CL, 2
SAL   AX, CL
ADD   AX, BX
```

3.25 阅读如下汇编程序, 将程序执行的结果填入画横线处。

```
A     DW 1234H
B     DW 5678H
      ...
PUSH   A
PUSH   B
POP    A
POP    B
```

上述程序段执行后, (A)=_____, (B)=_____。如果执行前 SP=200H, 那么执行后(SP)=_____。

3.26 补全如下汇编程序, 使其完成|AX – BX|, 结果写入 AX 的功能。

```
_____   AX, BX
JC _____
SUB AX, BX
_____ HERE2
HERE1: SUB _____, _____
      MOV   AX, BX
HERE2: HLT
```

3.27　假设在数据段中申请了如下变量，其中 BYTE_VAR 的地址是 20000H，在表 3.3 中填写此时存储区内部的数值。

BYTE_VAR　　DB 20
WORD_VAR　　DW　100
DWORD_VAR　DD　　50

表 3.3　字节编址存储区位置表

地　　址	十六进制数值
1FFFFH	
20000H	
20001H	
20002H	
20003H	
20004H	
20005H	
20006H	

3.28　假设 80386 系统当前基址寄存器采用 EBX，变址寄存器采用 ESI，在表 3.4 中填写有效地址值。注意：表中数据采用十六进制方式表示。

表 3.4　填写有效地址 EA

基址 EBX	变址 ESI	比例因子	位移量	有效地址 EA
28000000	00004000	1	1000	
48000000	00008000	2	2000	
68000000	0000A000	4	4000	
88000000	0000B000	8	8000	

3.29　根据 8086 指令填写内存对应单元位置数据。

(1)　MOV AX, 8756H

　　　MOV　[BX][SI], AX；假设 BX=1000H，SI=2000H，DS=3000H

在表 3.5 中填写[BX][SI]处的内存地址和数据。

表 3.5　填写[BX][SI]处的内存地址和数据

8086 内存十六进制地址	十六进制数据

(2)　SUB CX,CX

　　　ADD CX, 8756H

MOV DISP[BX][SI], CX; 假设 BX=1000H，SI=2000H，DS=3000H，DISP=0010H

在表 3.6 中填写 DISP[BX][SI]处的内存地址和数据。

表 3.6　填写 DISP[BX][SI]处的内存地址和数据

8086 内存十六进制地址	十六进制数据

3.30　在 C 语言中嵌入汇编程序是一种常见的应用汇编方式。请在 C 程序中编写汇编子函数，实现 1000 个 short 类型数据的从小到大排序。函数接口如下：

void ASM_SORT(short * source, short *destination)

其中，source 是待排数据内存指针，destination 是排序后的数据内存指针。

第 4 章 总线技术

总线是计算机组件间、计算机间、计算机与设备间连接的信号线和通信的公共通路。总线作为计算机系统的重要组成部分，其性能直接影响计算机系统的性能。本章将介绍一些常见的标准总线及其总线应用中涉及的工程设计问题。

4.1 总线概述

计算机中芯片内部器件之间、插件板卡之间、计算机与外部设备(简称外设)之间、计算机与计算机之间的公共连线都可理解为总线。

按连接的层次，总线可分为三类：片内总线、内总线和外总线。

(1) 片内总线：连接芯片内部各功能部件的总线。CPU 内部的运算器、寄存器等功能部件即可通过片内总线连接。片内总线连线距离很短，传输速率极高。

(2) 内总线：连接 CPU、主存、显卡等高速功能部件的总线。内总线又称系统总线，是计算机系统的重要组成部分。系统总线由地址总线、数据总线和控制总线组成。

(3) 外总线：连接计算机与计算机、计算机与外设的总线。外总线又称通信总线或 I/O 总线。

按数据传输位数，总线可分为两类：并行总线和串行总线。

(1) 并行总线：采用多条数据线对数据各位进行同时传输的总线。常见的并行总线数据线位数有 8、16、32、64、128 位等。因为并行总线可同时传输数据各位，故数据传输率较高。为了追求更高的数据传输率，并行总线的频率不断提高，但高频率会造成数据传输错误：一方面高频率使发送端原本同步的各位数据到达接收端时出现时钟偏移；另一方面高频率会加剧空间距离很近的多条数据线间的串扰。所以，并行总线仅适宜计算机内部高速部件近距离连接。

(2) 串行总线：采用一条数据线逐位传输数据各位的总线。虽然串行总线单位时钟周期传输的数据位比并行总线的少，但串行总线无须考虑时钟偏移和串扰问题，故可通过提高频率来提高数据传输率。串行总线常用于长距离通信及计算机网络，目前串行总线越来越普遍，在短距离应用中的性能也已超过并行总线。

计算机与外设(包括其他微机)之间通常以两种方式通信，即串行通信和并行通信。并行通信是指将构成一组数据的各位同时传送，串行通信是指将数据一位接一位地传送。所以，并行通信利用并行总线、并行接口予以实现，串行通信利用串行总线、串行(通信)接口来实现。

计算机系统由总线将各功能部件连接构成，虽然不同厂商的功能部件在实现方法上千差万别，但由于遵循了统一的总线标准，最终生产出的功能部件的总线连接接口是统一的，在系统集成时便于组装、易于扩展，可互换使用。标准化总线一般由 IEEE(美国电气电子工程师协会)或计算机厂商联盟制定，总线规范对总线插槽尺寸、引脚分布、信号定义、时序控制、数据传输率、总线通信协议等有明确规定。目前已存在大量的标准化总线。以下几节将介绍几种典型的标准化总线。

4.2 典型的标准化总线

4.2.1 ISA 总线

ISA 总线全称为工业标准结构(Industry Standard Architecture)总线，属于内总线(系统总线)。1981 年 IBM 推出基于 Intel 8088 处理器的个人电脑，采用了 PC/XT 总线，即 8 位 ISA 总线。1984 年，IBM 推出基于 Intel 80286 处理器的 16 位个人电脑，为了与 16 位处理器匹配，将 PC/XT 总线升级为 PC/AT 总线，即 16 位 ISA 总线。1988 年，以康柏(Compaq)公司为首的九个厂商联合，将 PC/AT 总线扩展到 32 位，取名 EISA(Extended ISA)。EISA 总线能更好地匹配 Intel 的 32 位处理器，并兼容 8 位和 16 位的 ISA 总线。

1. 概述

PC/XT 总线频率为 4.77 MHz，8 位数据位宽，可寻址 1 MB 地址空间。PC/XT 总线共 62 个信号，包括 20 条地址线、8 条数据线、主存读/写信号、接口读/写信号、6 个中断请求信号、3 个 DMA 请求信号及 3 个 DMA 响应信号等，如表 4.1 所示。

表 4.1　PC/XT 总线引脚定义

引　脚	信　　号	引　脚	信　　号
B_1	GND	A_1	$\overline{\text{IOCHK}}$
B_2	RESET	A_2	SD_7
B_3	+5 V	A_3	SD_6
B_4	IRQ_2/IRQ_9	A_4	SD_5
B_5	−5 V	A_5	SD_4
B_6	DRQ_2	A_6	SD_3
B_7	−12 V	A_7	SD_2
B_8	$\overline{\text{NOWS}}$(SRDY)	A_8	SD_1
B_9	+12 V	A_9	SD_0
B_{10}	GND	A_{10}	IORDY
B_{11}	$\overline{\text{SMEMW}}$	A_{11}	AEN
B_{12}	$\overline{\text{SMEMR}}$	A_{12}	SA_{19}
B_{13}	$\overline{\text{IOW}}$	A_{13}	SA_{18}
B_{14}	$\overline{\text{IOR}}$	A_{14}	SA_{17}
B_{15}	$\overline{\text{DACK}}_3$	A_{15}	SA_{16}

引 脚	信 号	引 脚	信 号
B_{16}	DRQ_3	A_{16}	SA_{15}
B_{17}	$\overline{DACK_1}$	A_{17}	SA_{14}
B_{18}	DRQ_1	A_{18}	SA_{13}
B_{19}	$\overline{REFRESH}$	A_{19}	SA_{12}
B_{20}	BCLK	A_{20}	SA_{11}
B_{21}	IRQ_7	A_{21}	SA_{10}
B_{22}	IRQ_6	A_{22}	SA_9
B_{23}	IRQ_5	A_{23}	SA_8
B_{24}	IRQ_4	A_{24}	SA_7
B_{25}	IRQ_3	A_{25}	SA_6
B_{26}	$\overline{DACK_2}$	A_{26}	SA_5
B_{27}	T/C	A_{27}	SA_4
B_{28}	BALE	A_{28}	SA_3
B_{29}	+5 V	A_{29}	SA_2
B_{30}	OSC	A_{30}	SA_1
B_{31}	GND	A_{31}	SA_0

PC/AT 总线频率为 8 MHz，16 位数据位宽，可寻址 16 MB 地址空间。PC/AT 总线在 PC/XT 总线 62 个信号的基础上又扩展了 36 个信号，扩展部分包括 4 条地址线、8 条数据线、7 个中断请求信号、4 个 DMA 请求信号及 4 个 DMA 响应信号等，如表 4.2 所示。

表 4.2 ISA 总线扩充插座引脚定义

引 脚	信 号	引 脚	信 号
D_1	$\overline{MEMCS16}$	C_1	$\overline{SBHE}$
D_2	$\overline{IOCS16}$	C_2	LA_{23}
D_3	IRQ_{10}	C_3	LA_{22}
D_4	IRQ_{11}	C_4	LA_{21}
D_5	IRQ_{12}	C_5	LA_{20}
D_6	IRQ_{14}	C_6	LA_{19}
D_7	IRQ_{15}	C_7	LA_{18}
D_8	$\overline{DACK_0}$	C_8	LA_{17}
D_9	DRQ_0	C_9	$\overline{MEMR}$
D_{10}	$\overline{DACK_5}$	C_{10}	$\overline{MEMW}$
D_{11}	DRQ_5	C_{11}	SD_8
D_{12}	$\overline{DACK_6}$	C_{12}	SD_9
D_{13}	DRQ_6	C_{13}	SD_{10}
D_{14}	$\overline{DACK_7}$	C_{14}	SD_{11}
D_{15}	DRQ_7	C_{15}	SD_{12}
D_{16}	+5 V	C_{16}	SD_{13}
D_{17}	$\overline{MASTER}$	C_{17}	SD_{14}
D_{18}	GND	C_{18}	SD_{15}

EISA 总线频率为 8.33 MHz，32 位数据位宽，传输速率最高为 33 MB/s，可寻址 4 GB 地址空间。EISA 总线共 196 个信号，总线插座与 ISA 总线兼容，插板插在上层为 ISA 总线信号，插在下层为 EISA 总线信号。

2. 信号功能

下面以 16 位 ISA 总线 PC/AT 为例，介绍其信号功能及读/写时序。

16 位 ISA 总线信号可分为地址信号、数据信号、周期控制信号、总线控制信号、中断信号、DMA 信号及电源信号，共七大类。

1) 地址信号

$SA_0 \sim SA_{19}$：地址总线(System Address Bus)，用来寻址主存或 I/O 地址，即 $SA_0 \sim SA_{19}$ 用来寻址 1 MB 主存空间，$SA_0 \sim SA_{15}$ 用来寻址 64 K I/O 地址。寻址 I/O 地址时实际上仅用 $SA_0 \sim SA_9$ 参与译码，故其实际 I/O 寻址范围仅为 1 K，即在 64 K I/O 空间内有 64 个重叠的 1 K I/O 地址空间。

$LA_{17} \sim LA_{23}$：未锁定地址(Unlatched Address)信号，配合 $SA_0 \sim SA_{19}$ 可寻址 16 MB 主存空间。

BALE：缓冲地址锁存允许(Buffered Address Latch Enable)信号。当 BALE 信号为高电平时，地址信号 $LA_{17} \sim LA_{23}$ 和 $SA_0 \sim SA_{19}$ 有效，BALE 在下降沿锁存地址信号。

$\overline{SBHE}$：系统高字节允许(System Byte High Enable)信号。当该信号为低电平时，表明数据总线高位 $SD_8 \sim SD_{15}$ 传送数据。当该信号为高电平且 $SA_0 = 0$ 时，表示由 $SD_0 \sim SD_7$ 传送 8 位数据；当该信号为低电平且 $SA_0 = 1$ 时，表示由 $SD_8 \sim SD_{15}$ 传送 8 位数据；当该信号为低电平且 $SA_0 = 0$ 时，表示由 $SD_0 \sim SD_{15}$ 传送 16 位数据。

AEN：地址允许(Address Enable)信号，由 DMA 控制器产生，用来在 DMA 期间禁止 I/O 端口的地址译码。AEN = 1 表示处于 DMA 总线周期；AEN = 0 表示处于非 DMA 总线周期。

2) 数据信号

$SD_0 \sim SD_{15}$：数据总线(System Data Bus)，8 位数据通过 $SD_0 \sim SD_7$ 或 $SD_8 \sim SD_{15}$ 传送，16 位数据通过 $SD_0 \sim SD_{15}$ 传送，SD_{15} 为最高位，SD_0 为最低位。当 8086 CPU 向 8 位设备传送数据时，可将 16 位数据分两次由 $SD_0 \sim SD_7$ 送出。

3) 周期控制信号

$\overline{SMEMR}$、$\overline{SMEMW}$：系统主存读、写(System Memory Read or Write)信号，低电平有效，指示主存设备进行读/写操作。主存读操作指将数据从主存读出到总线；主存写操作指将数据经总线写入主存。该信号仅对 1MB 主存空间有效，主要是为了兼容 8 位 ISA 总线。

$\overline{MEMR}$、$\overline{MEMW}$：主存读、写(Memory Read or Write)信号，低电平有效，指示主存设备进行读/写操作。该信号对整个 16MB 主存空间有效。当该信号有效时，对应的 $\overline{SMEMR}$、$\overline{SMEMW}$ 信号也有效。

$\overline{IOR}$、$\overline{IOW}$：I/O 读、写(I/O Read or Write)信号，低电平有效，指示 I/O 设备进行读/写操作。I/O 读操作指将数据从 I/O 设备读出到总线；I/O 写操作指将数据经总线写入

I/O 设备。

$\overline{\text{MEMCS16}}$：存储器 16 位片选(Memory Chip Select 16)信号，低电平有效，指示主存设备进行 16 位数据操作。

$\overline{\text{IOCS16}}$：I/O 16 位片选(I/O Chip Select 16)信号，低电平有效，指示 I/O 设备进行 16 位数据操作。

IORDY：通道准备就绪(I/O Channel Ready)信号。该信号为高电平时，表示设备准备就绪。慢速设备可通过将该信号设置为低电平，使 CPU 进入等待周期。

$\overline{\text{SRDY}}(\overline{\text{NOWS}})$：同步准备就绪(Synchronous Ready)信号，又称零等待状态(NO Wait State)信号，低电平有效。总线设备将该信号置为低电平时，表示无须额外等待即可完成一个总线周期。当 IORDY 信号为低电平时，该信号被忽略。

4) 总线控制信号

$\overline{\text{REFRESH}}$：主存刷新信号，低电平有效。该信号为低电平时，表示正在进行主存刷新。

$\overline{\text{MASTER}}$：系统控制权信号，低电平有效。总线主设备向 DMA 控制器发出 DRQ 信号，在收到 $\overline{\text{DACK}}$ 信号的同时，使该信号变为低电平，表示取得总线控制权。

$\overline{\text{IOCHK}}$：I/O 通道检查(I/O Channel Check)信号，低电平有效。当总线设备发生奇偶校验等错误时，该信号变为低电平，迫使 CPU 产生不可屏蔽中断(NMI)。

RESET：复位驱动信号，当系统加电或按下复位键时复位系统逻辑状态。该信号宽度一般不小于 BCLK 信号周期的 9 倍。

BCLK：总线时钟(System Bus Clock)信号，频率为 OSC 信号的一半，工作周期为 50%。

OSC：晶体振荡器(Oscillator)信号，频率为 14.318 18 MHz，工作周期为 50%。

5) 中断信号

$\text{IRQ}_3 \sim \text{IRQ}_7$，$\text{IRQ}_9 \sim \text{IRQ}_{12}$，$\text{IRQ}_{14}$，$\text{IRQ}_{15}$：总线设备向 CPU 发出的中断请求(Interrupt Request)信号。该信号上升沿产生中断请求，请求必须保持高电平，直到 CPU 确认。IRQ 信号的优先级顺序由高到低为 IRQ_9，$\text{IRQ}_{10} \sim \text{IRQ}_{12}$，$\text{IRQ}_{14}$，$\text{IRQ}_{15}$，$\text{IRQ}_3 \sim \text{IRQ}_7$。

6) DMA 信号

$\text{DRQ}_0 \sim \text{DRQ}_3$，$\text{DRQ}_5 \sim \text{DRQ}_7$：总线设备向 DMA 控制器提出的 DMA 请求(DMA Request)信号。该信号为高电平时产生 DMA 请求，请求必须保持高电平，直到 DMA 控制器确认。DRQ 信号的优先级顺序由高到低为 $\text{DRQ}_0 \sim \text{DRQ}_3$，$\text{DRQ}_5 \sim \text{DRQ}_7$。$\text{DRQ}_4$ 用于级联 DMA 控制器。

$\overline{\text{DACK}_0} \sim \overline{\text{DACK}_3}$，$\overline{\text{DACK}_5} \sim \overline{\text{DACK}_7}$：DMA 响应(DMA Acknowledge)信号，低电平有效。$\overline{\text{DACK}_0} \sim \overline{\text{DACK}_3}$ 和 $\overline{\text{DACK}_5} \sim \overline{\text{DACK}_7}$ 分别用于确认 $\text{DRQ}_0 \sim \text{DRQ}_3$ 和 $\text{DRQ}_5 \sim \text{DRQ}_7$ 的 DMA 请求。

T/C：计数结束(Terminal/Count)信号。DMA 通道计数完成时该信号为高电平。

7) 电源信号

电源信号包括 GND、±5 V 及 ±12 V(DC)。

3. 读/写时序

16 位 ISA 总线存储器读/写标准时序如图 4.1 所示。

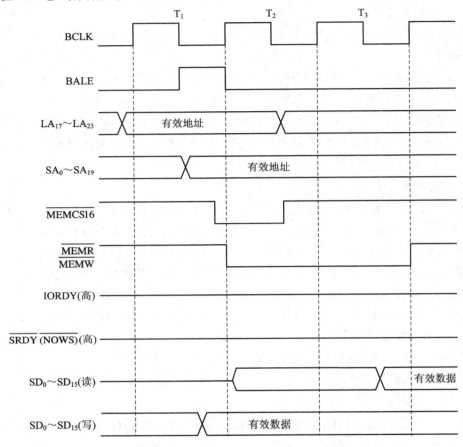

图 4.1   16 位 ISA 总线存储器读/写标准时序

时钟周期 T_1：BALE 信号下降沿锁存 $LA_{17} \sim LA_{23}$ 和 $SA_0 \sim SA_{19}$ 地址信号。若为写总线周期，则 CPU 将数据输出到数据总线 $SD_0 \sim SD_{15}$ 上并保持。总线控制逻辑在时钟周期 T_1 结束时采样 $\overline{MEMCS16}$ 信号，若 $\overline{MEMCS16}$ 信号有效，则在时钟周期 T_2 开始时使主存读命令 $\overline{MEMR}$ 或写命令 $\overline{MEMW}$ 有效并保持。

时钟周期 T_2：此周期中间采样 $\overline{SRDY(NOWS)}$ 信号和 IORDY 信号。若两者均有效，则 CPU 会将 READY 信号置为有效，总线周期在时钟周期 T_2 结束时结束；若 IORDY 信号有效，$\overline{SRDY(NOWS)}$ 信号无效，则总线周期在时钟周期 T_3 结束时结束；若 IORDY 信号无效，则忽略 $\overline{SRDY(NOWS)}$ 信号，CPU 插入等待周期。

时钟周期 T_3：IORDY 信号被再次采样，若有效，则总线周期结束；若无效，则在之后的每个时钟周期采样 IORDY 信号，IORDY 信号有效时总线周期结束。

总线周期结束后，$\overline{MEMR}$ 或 $\overline{MEMW}$ 命令信号被置为无效。

16 位 ISA 总线存储器读/写存在三种时长的总线周期：标准周期需要三个 BCLK 时间；通过 IORDY 信号插入若干等待周期可延长总线周期；通过 $\overline{SRDY(NOWS)}$ 信号可将总线周

期缩短到两个 BCLK 时间。

16 位 ISA 总线 I/O 读/写标准时序如图 4.2 所示，请读者加以分析。

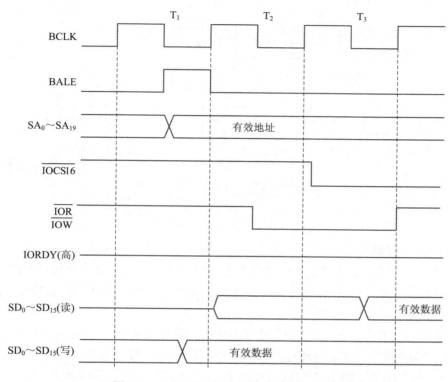

图 4.2 16 位 ISA 总线 I/O 读/写标准时序

4.2.2 PCI 总线

1．概述

随着图形界面操作系统及多媒体技术的广泛应用，ISA 和 EISA 总线远不能适应系统对高速图形处理和 I/O 吞吐能力的要求。为此，1992 年 Intel 发布 PCI 1.0 总线标准；1993 年 Intel、IBM、Compaq、Apple 和 DEC 等多家公司联合成立 PCI-SIG(Peripheral Component Interconnect-Special Interest Group)组织，由该组织发布 PCI 2.0 总线标准；之后 PCI-SIG 陆续发布了 PCI 2.1、PCI 2.2、PCI 2.3 总线标准，PCI 2.1 总线标准使 PCI 总线大规模普及，具有里程碑意义；2004 年发布的 PCI 3.0 是 PCI 总线的最后一个官方版本。

PCI(Peripheral Component Interconnect，外围部件互连)总线体系结构由 Host 主桥、PCI 总线、PCI 桥及 PCI 设备等组成，如图 4.3 所示。PCI 总线通过 Host 主桥与处理器和主存储器相连。Host 主桥的主要功能是让处理器访问 PCI 设备和使 PCI 设备访问主存储器。PCI 桥可用来扩展 PCI 总线，形成多级 PCI 总线结构。PCI 设备包括网卡、声卡、显卡、硬盘等，PCI 接口的显卡很快就被后续的 AGP 和 PCIe 显示所取代。

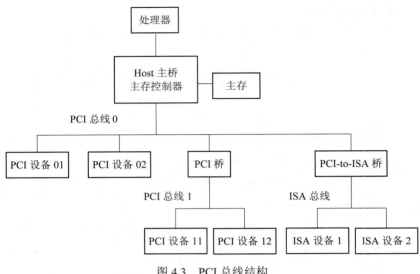

图 4.3　PCI 总线结构

PCI 总线具有以下特点：

(1) 传输速率高。PCI 总线时钟频率为 33 MHz 和 66 MHz。PCI 总线数据位宽为 32 位和 64 位。在进行 64 位数据传输时，传输速率峰值为 528 MB/s，与 ISA 和 EISA 总线相比，具有较大的优势。

(2) 独立于 CPU 工作。当 CPU 对 PCI 总线上的设备进行写操作时，CPU 将数据传送到 PCI 桥的缓冲器中，在数据通过 PCI 总线写入目标设备的过程中，CPU 可以执行其他操作。可见，PCI 总线与 CPU 工作是相对独立的、不同步的，这一特点使得 PCI 总线可以支持不同型号的 CPU。

(3) 即插即用。将 PCI 板卡插入 PCI 总线插槽，即能自动识别、配置系统资源、装入相应设备驱动程序，无须手动配置即可使用设备，为用户带来了极大的方便。

(4) 支持多主控设备。同一条 PCI 总线上可以有多个主控设备，各个主控设备通过总线仲裁竞争总线控制权，实现主控设备与目标设备间的数据传输。PCI 总线能挂接的负载与总线频率有关，33 MHz 的 PCI 总线可驱动约 10 个负载，66 MHz 的 PCI 总线可驱动约 4 个负载。

(5) 多总线共存。通过桥电路扩展，PCI 总线能和 ISA、EISA 等总线兼容共存，从而使一个系统中既可以有高速外围设备，也可以有低速外围设备。

2．信号功能

PCI 总线定义的信号可分为 8 类：系统信号、地址和数据信号、接口控制信号、仲裁信号、错误报告信号、中断信号、64 位扩展信号及 JTAG 信号，如图 4.4 所示。PCI 总线定义的信号也可分为必备和可选两大类。主控设备需要 49 个必备信号，目标设备需要 47 个必备信号。可选信号共 53 个，主要用于 64 位扩展、中断请求、高速缓存支持等。

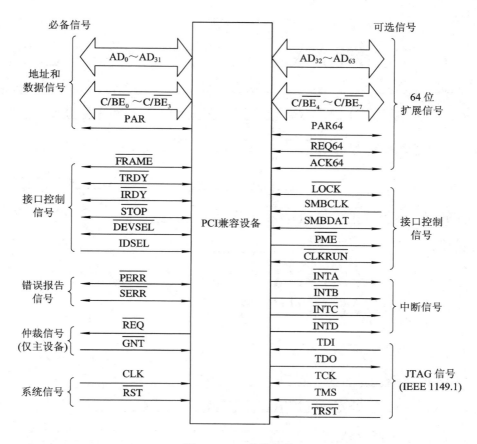

图 4.4　PCI 总线信号

3. 读/写时序

PCI 总线周期以 $\overline{\text{FRAME}}$ 有效开始，以 $\overline{\text{FRAME}}$ 无效结束。AD 为地址/数据复用信号，在地址时段为地址信号，在数据时段为数据信号。每个 PCI 总线周期都由一个地址时段和多个数据时段组成。总线主控设备通过 $\text{C}/\overline{\text{BE}}$ 信号在地址时段发送总线命令信号，在数据时段发送字节选通信号。写操作从地址时段直接进入数据时段。读操作在地址时段后首先需要一个交换时段，然后进入数据时段。数据时段的个数取决于要传输的数据个数。一个数据时段至少需要一个 PCI 时钟周期。在任何一个数据时段都可以插入等待周期。

基本读操作时序如图 4.5 所示，基本写操作时序如图 4.6 所示。

$\overline{\text{FRAME}}$ 信号指示一个 PCI 总线周期的开始与结束。当 PCI 设备获得总线的使用权后，该信号置为有效；当总线周期结束时，该信号置为无效。

$\text{C}/\overline{\text{BE}}$ 信号为总线命令和字节选通信号。在地址时段，该信号为总线命令，并定义了多个总线命令，例如 0010 为读 I/O 命令、0011 为写 I/O 命令、0110 为读存储器命令、0111 为写存储器命令等。在数据时段中，该信号为字节选通信号，$\overline{\text{BE}}_0$、$\overline{\text{BE}}_1$、$\overline{\text{BE}}_2$、$\overline{\text{BE}}_3$ 分别对应一个数据的 0(最低)、1、2、3(最高)字节，通过该信号可对 PCI 设备进行单字节和多字节访问。

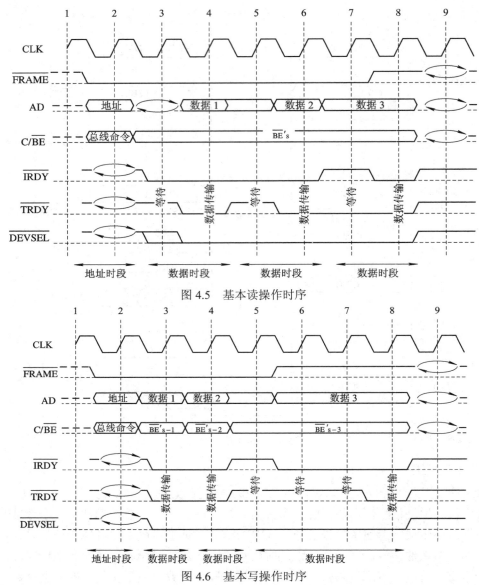

图 4.5　基本读操作时序

图 4.6　基本写操作时序

$\overline{IRDY}$ 信号由 PCI 主控设备驱动。写操作时，$\overline{IRDY}$ 信号有效表示数据已经在 $AD_0 \sim$ AD_{31} 上有效；读操作时，$\overline{IRDY}$ 信号有效表示主控设备已经准备好接收数据，目标设备可以将数据发送到 $AD_0 \sim AD_{31}$ 上。

$\overline{TRDY}$ 信号由 PCI 目标设备驱动。写操作时，$\overline{TRDY}$ 信号有效表示目标设备已经准备好接收数据，可将 $AD_0 \sim AD_{31}$ 上的数据写入目标设备；读操作时，$\overline{TRDY}$ 信号有效表示数据已经在 $AD_0 \sim AD_{31}$ 上有效。配合使用 $\overline{TRDY}$ 信号和 $\overline{IRDY}$ 信号可实现 PCI 总线读/写操作。

$\overline{DEVSEL}$ 信号有效表示目标设备已准备好。该信号与 $\overline{TRDY}$ 信号不同，该信号有效仅表示目标设备已经完成了地址译码，但并不表示目标设备可以与主设备进行数据交换。目标设备用该信号通知主控设备，主控设备访问对象在当前 PCI 总线上。当 $\overline{TRDY}$ 信号有效时，主控设备才可与目标设备读/写数据。

PCI 总线采用并行单端信号，一般通过提高总线位宽和频率的方法增加总线带宽。但提高总线位宽，会增加芯片引脚，影响芯片生产成本；提高总线频率，会产生时钟偏移和串扰问题，还会影响总线负载能力。因此，从位宽和频率两方面入手提高总线带宽是有限的。

4.2.3 PCIe 总线

1. 概述

PCIe(PCI Express)是计算机高速串行内总线标准，由 PCI-SIG 组织制定和维护，旨在替代旧的 PCI 总线。PCIe 发展经历了多个版本，从 2003 年的 PCIe 1.0 到 2021 年的 PCIe 6.0，各版本主要参数如表 4.3 所示。与并行传输方式的 PCI 总线相比，PCIe 总线采用串行差分信号，避免了时钟偏移和串扰问题，总线可达到很高的频率，从而大幅提高了总线带宽。与共享总线结构的 PCI 总线相比，PCIe 总线采用端到端的连接方式，每一条 PCIe 链路中只连接两个设备。PCIe 总线支持主动电源管理、错误报告、热插拔以及服务质量等功能。

表 4.3 PCIe 总线各版本主要参数

PCIe 总线标准	发布时间	总线频率/GHz	单路传输速率/(GT/s)	编码方式/b
1.0	2003 年	1.25	2.5	8/10
2.0	2007 年	2.5	5.0	8/10
3.0	2010 年	4	8.0	128/130
4.0	2017 年	8	16.0	128/130
5.0	2019 年	16	32.0	128/130
6.0	2021 年	32	64.0	128/130

PCIe 总线体系结构由根组件(Root Complex)、交换器(Switch)、PCIe-PCI 桥(PCI Express-PCI Bridge)、终端设备(Endpoint)等组成，如图 4.7 所示。根组件集成 PCIe 控制器、存储器控制器等，可提供多个 PCIe 端口，供交换器进行 PCIe 链路扩展或连接 PCIe 终端设备。交换器具有一个上游端口和多个下游端口。上游端口与根组件或其他交换器连接；下游端口与 PCIe 终端设备或桥接芯片连接，扮演数据路由器的角色。PCIe 终端设备包括基于 PCIe 总线的显卡、网卡、USB 控制器等。

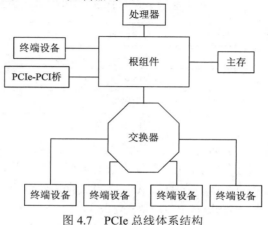

图 4.7 PCIe 总线体系结构

单路 PCIe 数据通路(Lane)由两组差分信号构成，可进行全双工数据传输。单路传输速率为

$$单路传输速率 = 总线频率 \times 数据位宽 \times 2 \qquad (4\text{-}1)$$

串行数据位宽为 1 位，乘 2 表示全双工传输。单路传输速率单位为 GT/s(gigatransfers per second)，表示千兆每秒传输量。从表 4.3 可以看出，PCIe 传输速率不断翻倍，从 2003 年 PCIe 1.0 的 2.5 GT/s 提升到 2021 年 PCIe 6.0 的 64.0 GT/s。

一条 PCIe 链路可以由多条数据通路组成，一般有 1、2、4、8、16 和 32 个数据通路，即 ×1、×2、×4、×8、×16 和 ×32，其中最大带宽 ×32 主要用于显卡。以 PCIe 4.0 为例，数据通路数与带宽的关系如表 4.4 所示。

表 4.4　PCIe 4.0 总线数据通路与带宽的关系

数据通路数	×1	×2	×4	×8	×16
总传输速率/(GT/s)	16	32	64	128	256
总带宽/ (GB/s)	1.969	3.938	7.877	15.754	31.508

PCIe 1.0 和 PCIe 2.0 为了直流平衡及内嵌时钟的目的，采用 8b/10b 编码，将每 8 位数据编码成 10 位传输，编码额外开销为 20%。从 PCIe 3.0 开始，采用 128b/130b 编码，编码额外开销仅约 1.54%，从编码效率方面进一步提高了带宽。

2. 传输协议

PCIe 总线定义了一种分层的体系结构，包括事务层(Transaction Layer)、数据链路层(Data Link Layer)和物理层(Physical Layer)。

包(Packet)是 PCIe 总线数据传输的基本单元。事务层数据包(Transaction Layer Packet，TLP)主要由包头(Header)、有效数据(Data Payload)和 ECRC(EndPoint CRC)三部分组成，如图 4.8 所示。包头包含当前 TLP 的总线事务类型、路由等重要信息。当存储器读/写请求为 64 位地址模式时，TLP 包头为 4 个 32 位大小，如图 4.9 所示；当存储器读/写请求为 32 位地址模式时，TLP 包头为 3 个 32 位大小，如图 4.10 所示。第一个 32 位为通用 TLP 包头，由 Fmt、Type、Length 等字段组成。Length 字段表示 TLP 有效数据的长度，单位为 4 字节，即双字(DW)，数值范围为 0～1023。Fmt 字段确定 TLP 包头本身的长度和 TLP 是否带有有效数据，Type 字段表示支持的总线事务，Fmt 和 Type 字段配合可确定当前 TLP 的总线事务。

STP	sequence number	Header	Data Payload	ECRC	LCRC	END

事务层包

数据链路层包

物理层包

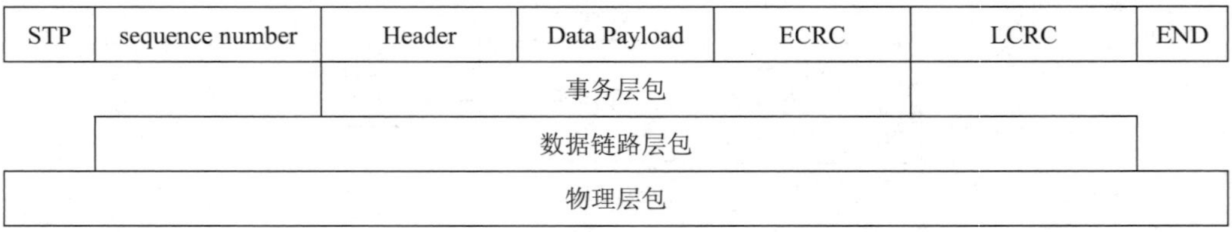

图 4.8　PCIe 包格式

存储器和 I/O 的读/写请求的 TLP 包头格式相同，如图 4.9 所示。读请求 TLP 不包含有效数据，其 Length 字段表示需要从目标设备读取的数据长度，写请求 TLP 的 Length 字段表示实际有效数据的长度。Requester ID 和 Tag 字段联合表示请求方的 ID。Address 字段表示完成方地址。存储器读/写请求 TLP 包头的 Address 字段有 32 位和 64 位两种地址模式，I/O 的读/写只有 32 位地址模式。

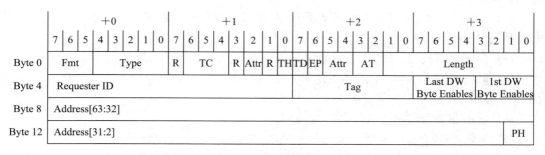

图 4.9　64 位 Address 存储器和 I/O 的读/写请求的 TLP 包头格式

存储器读/写请求 TLP 包头的 Type 字段值均为 00000，当 Fmt=000 时，表示 TLP 包头大小为 3 个 32 位且 TLP 是不带数据的读请求；当 Fmt=001 时，表示 TLP 包头大小为 4 个 32 位且 TLP 是不带数据的读请求；当 Fmt=010 时，表示 TLP 包头大小为 3 个 32 位且 TLP 是带数据的写请求；当 Fmt=011 时，表示 TLP 包头大小为 4 个 32 位且 TLP 是带数据的写请求。

I/O 读/写请求的 TLP 包头的 Type 字段值均为 00010，I/O 读写只有 32 位地址模式。当 Fmt=000 时，表示 TLP 包头大小为 3 个 32 位且 TLP 是不带数据的读请求；当 Fmt=010 时，表示 TLP 包头大小为 3 个 32 位且 TLP 是带数据的写请求。

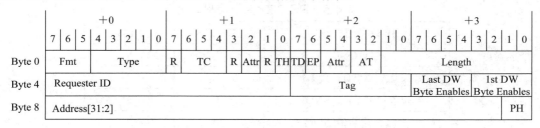

图 4.10　32 位 Address 存储器和 I/O 的读/写请求的 TLP 包头格式

请求方(Requester)发送数据时，数据首先在事务层被封装为 TLP，然后 TLP 在数据链路层被加上 12 位的序列号(sequence number)前缀和 32 位的 LCRC(Link CRC)后缀，接着在物理层被加上包起始字符(STP)前缀和包结束字符(END)后缀，如图 4.8 所示，最后转换为串行数据，经过 8b/10b 或 128b/130b 编码后传输。

完成方(completer)接收数据时，首先进行 8b/10b 或 128b/130b 解码并将数据转换为并行数据，然后在物理层检测并剥离包起始字符和包结束字符，接着在链路层进行 LCRC 校验和序列号检查，最后将剥离干净的 TLP 转交给完成方事务层。LCRC 由数据链路层产生和校验，ECRC(End-to-end CRC)是可选的，由事务层产生和校验。

4.2.4　RS-232 总线

1. 概述

RS-232 是一种曾广泛使用的串行数据通信接口标准，由美国电子工业协会(EIA)制定，故又称为 EIA-232。EIA-232 标准最初发布于 1962 年，1969 年发布 EIA-232-C，最终版本是发布于 1997 年的 EIA-232-F。RS-232 具有以下特点：

(1) 传输信号线少。RS-232 定义了 20 多条信号线，但实际应用中一般只使用 3～7 条进行串行异步传输。

(2) 传输距离较远。RS-232 的传输距离一般为 15 m。

(3) 采用不归零编码(NRZ)和负逻辑，即：逻辑 1 的电压为 –15～–3 V，逻辑 0 的电压为 +3～+15 V。

(4) 采用非平衡传输方式，即单端通信。

(5) 传输速率较低，典型的波特率为 300、1200、2400、9600、19 200 Baud 等。

RS-422 是 RS-232 的改进版本。RS-422 采用平衡传输方式，即采用差分信号消除了 RS-232 非平衡电路易受电压偏移影响的问题，提高了数据传输速率，增大了传输距离。当传输距离为 12 m 时，RS-422 的传输速率可达 10 Mb/s；当传输距离为 1200 m 时，RS-422 的传输速率为 100 kb/s。RS-422 接口最多可连接 10 台设备，其中一个为主(控)设备，其余为目标设备(从设备)，可支持一点对多点全双工双向通信，但从设备间不能通信。

RS-485 又对 RS-422 进行了扩展。RS-485 最多可连接 32 台设备，从设备可不通过主设备与任何其他从设备通信，实现了真正的多点通信。

2．信号功能

RS-232 连接器有 DB-25 和 DB-9 两种，主要信号功能如表 4.5 所示。

表 4.5　RS-232 主要信号功能

引脚功能及名称	DB-25	DB-9
地线(GND)	7	5
发送数据(TD、TXD)	2	3
接收数据(RD、RXD)	3	2
数据终端准备(DTR)	20	4
数据准备就绪(DSR)	6	6
请求发送(RTS)	4	7
允许发送(CTS)	5	8
数据载波检测(DCD)	8	1
振铃指示(RI)	22	9

3．读/写实现

RS-232 通信模型如图 4.11 所示。通信双方中的一方称为数据终端设备(DTE)，通常指计算机；另一方称为数据通信设备(DCE)，通常指调制解调器。RS-232 信号功能是从 DTE 角度来定义的。DTE 和 DCE 之间的通信可简单描述如下：

(1) DTE 发送数据终端准备(DTR)信号给 DCE，通知 DCE 希望建立连接。

(2) DCE 发送数据准备就绪(DSR)信号给 DTE，通知 DTE 连接已建立。

(3) DTE 发送请求发送(RTS)信号给 DCE，通知 DCE 有数据要发送。

(4) DCE 发送允许发送(CTS)信号给 DTE，通知 DTE 可以开始传输数据。

(5) DTE 通过 TD 引脚发送数据，DCE 通过 RD 引脚接收数据。

图 4.11　RS-232 通信模型

　　RS-232 采用串行异步通信方式，其通信字符流如图 4.12 所示。数据一次一字符通过发送器传输，采用负逻辑，首先发送一个起始比特 '0'，紧跟其后的是组成字符的 5～8 比特位，按照从低位到高位串行传输，字符末尾一般有一位奇偶校验位，最后是停止比特 '1'。停止比特为正常比特宽度的 1、1.5 或 2 倍，停止比特和线路空闲状态的含义相同，故发送器不停地发送停止信号，直到下一个字符准备好。

　　异步通信每传送一个字符，要增加大约 20% 的附加信息位，这必然会降低传送效率。但是，这种通信方式可靠且容易实现，故广泛地应用于各种微机系统中。

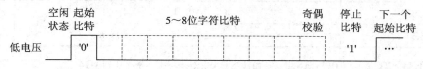

图 4.12　RS-232 串行异步通信字符流(负逻辑)

　　近距离串行异步通信时，RS-232 可以不需要调制解调器(DCE)而直接连接两台计算机(DTE)。在实际应用中，三线制 RS-232 是最简单的连接方式，其发送数据、接收数据和地线三条线的连接方式如图 4.13 所示。因为通信双方都可以发送或接收数据，且任何一方的 RTS 与 CTS 连接、DTR 与 DSR 连接，故只要请求即可响应。

　　七线制 RS-232 在三线制的基础上增加了四条控制信号线，连接方式如图 4.14 所示。计算机 A(DTE A)和计算机 B(DTE B)通过让对方认为自己与调制解调器(DTE)相连的方法来直接连接两台计算机，故这种连接叫作虚拟调制解调器(Null Modem)方式。

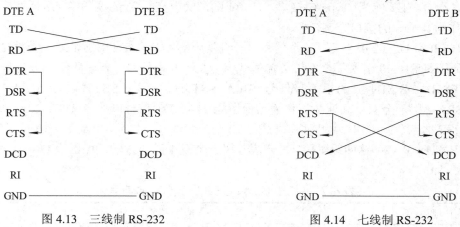

图 4.13　三线制 RS-232　　　　　　　　图 4.14　七线制 RS-232

4.2.5　USB 总线

1. 概述

USB(Universal Serial Bus)是连接计算机系统和外部设备的通用串行总线标准。Intel、

Microsoft、IBM 等七家公司在 1994 年联合提出 USB 总线标准，1995 年 USB-IF(USB Implementers Forum)成立，负责发布与维护 USB 相关标准。USB 总线发展经历了多个版本，从 1996 年的 USB 1.0 到 2019 年的 USB4，带宽不断提高，各版本主要参数如表 4.6 所示。

表 4.6　USB 总线各版本主要参数

现用名	曾用名	发布时间	最大带宽	电压/V	电流
USB 1.0	—	1996 年	1.5 Mb/s		
USB 1.1	—	1998 年	12 Mb/s	5	500 mA
USB 2.0	—	2000 年	480 Mb/s		
USB 3.2 Gen1	USB 3.0 USB 3.1 Gen1	2008 年	5 Gb/s		900 mA
USB 3.2 Gen2	USB 3.1 USB 3.1 Gen2	2013 年	10 Gb/s		
USB 3.2 Gen2 × 2	USB 3.2	2017 年	20 Gb/s		3 A
USB4	—	2019 年	40 Gb/s	20	5A
USB4 2.0	—	2022 年	80 Gb/s		

USB-IF 于 2022 年 10 月 18 日发布 USB4 2.0 规范，替代 USB4 1.0 规范。随着新规范的发布，USB 接口将统一以传输带宽命名：USB4 2.0 对应 USB 80 Gb/s，USB4 对应 USB 40 Gb/s，USB 3.2 Gen2 × 2 对应 20 Gb/s，USB 3.2 Gen2 对应 USB 10 Gb/s，USB 3.2 Gen1 对应 USB 5 Gb/s。

2. 接口及信号功能

USB 1.0 和 USB 2.0 时代，Type-A 是应用最广泛的 USB 接口，Type-B 主要用于打印机和传真机等设备。USB 3.1 引入了全新设计的 Type-C 接口，其最大特点是物理接口上下端信号一致，从而避免了 Type-A 和 Type-B 接口的正反插问题。USB 3.2 Gen2 × 2 双通道高速数据传输，必须使用 Type-C 接口。USB4 则彻底放弃了 Type-A 和 Type-B 接口，选择 Type-C 作为其唯一的接口方案。

USB 1.0 和 USB 2.0 定义了 4 个信号，一组差分信号 D−、D+用于半双工数据传输，如表 4.7 所示。USB 3.0 引入了全双工传输模式，定义了 9 个信号，新增两组差分信号和一个信号地(GND_DRAIN)；两组差分信号 StdA_SSTX+、StdA_SSTX−，StdA_SSRX+、StdA_SSRX− 用于全双工高速数据传输，保留原 D−、D+ 信号以兼容 USB 2.0，如表 4.8 所示。USB4 定义了 A、B 两组对称信号各 12 个；TX1+、TX1−，RX1+、RX1−，TX2+、TX2−，RX2+、RX2− 这四组(两路)差分信号用于全双工高速传输；保留原 D−、D+信号以兼容 USB 2.0。

表 4.7　USB 1.0 和 USB 2.0 定义的信号

引　脚	名　称	线缆颜色	功　能
1	VBUS	红	电源(+5 V)
2	D−	白	数据线
3	D+	绿	
4	GND	黑	电源地

表 4.8　USB 3.0 定义的信号

引　　脚	名　　称	线缆颜色	功　　能
1	VBUS	红	电源(+5 V)
2	D−	白	数据线
3	D+	绿	
4	GND	黑	电源地
5	StdA_SSRX−	蓝	高速接收数据线
6	StdA_SSRX+	黄	
7	GND_DRAIN		信号地
8	StdA_SSTX−	紫	高速发送数据线
9	StdA_SSTX+	橙	

3. 编码方式

USB 1.0 和 USB 2.0 使用翻转不归零(NRZI)编码,USB 3.2 Gen1、USB 3.2 Gen2 和 USB 3.2 Gen2×2 使用 8b/10b 或 128b/132b 编码, USB4 使用 128b/132b 或 64b/66b 编码。NRZI 编码在数据为 0 时电平翻转, 数据为 1 时电平不翻转。8b/10b 编码将每 8 位数据编码成 10 位,编码额外开销为 20%。64b/66b 编码只有 2 位无效数据,编码额外开销仅约 3%。128b/132b 与 64b/66b 编码额外开销相同, 但 128b/132b 编码的检错纠错优于 64b/66b 编码。

4. 传输协议

USB 系统由主机(host)、互连(interconnect)和设备(devices)三部分构成, 主机与设备以分层的星形拓扑结构互连。数据传输由 USB 总线接口层、USB 设备层和 USB 应用层三层协议实现。

包(Packet)是 USB 数据传输的基本单元。USB 2.0 的包由同步字段(SYNC)、标识符 (Packet Identifier)字段(PID)、设备地址(ADDR)字段、设备端点(ENDP)字段、数据(DATA) 字段、帧序列号(FrameNumber)字段、循环冗余校验(CRC)字段和包结尾(EOP)字段等组成。 PID 用来标识包的类型, 主要有令牌包、数据包、握手包和起始包等, 基本格式如图 4.15 所示。ADDR(Address)字段用来标识设备地址, 共 7 位, 0 地址默认保留不用, 故最多有 127 个设备地址。ENDP(Endpoint)字段用来标识设备的端点, 共 4 位, 故每个设备最多有 16 个端点。FrameNumber 字段用来标识 11 位帧序列号, 主机每发出一个帧, FrameNumber 就自增 1, 当 FrameNumber 达到最大值 7FFH 时, 归零重新开始计数。DATA 字段用来存 放数据,最大 1024B。CRC5 和 CRC16 字段用来进行数据循环冗余校验:令牌包用 5 位 CRC 校验, 生成多项式为 x^5+x^2+1;数据包用 16 位 CRC 校验, 生成多项式为 $x^{16}+x^{15}+x^2+1$。

令牌包
(Token)

SYNC	PID (8 位)	ADDR (7 位)	ENDP (4 位)	CRC5 (5 位)	EOP

数据包
(Data)

SYNC	PID (8 位)	DATA (最大 1024B)	CRC16 (16 位)	EOP

起始包
(SOF)

SYNC	PID (8 位)	FrameNumber (11 位)	CRC5 (5 位)	EOP

握手包
(Handshake)

SYNC	PID (8 位)	EOP

图 4.15　USB 2.0 包格式

数据经过打包后在 USB 总线上传输。USB 2.0 发送数据时，首先将并行数据转换成串行数据，然后进行比特填充(Bit Stuffing)，最后进行 NRZI 编码。传输数据时，按低位在前、高位在后的顺序传输。接收数据时，首先要对数据进行解码，然后去除填充比特，最后将其转换成并行数据。USB 2.0 采用比特填充技术同步时钟信号，当数据中出现连续 6 个"1"时就必须插入 1 个"0"。

USB 3.x 包括超高速(SuperSpeed)和非超高速(non-SuperSpeed)模块。非超高速模块用来兼容 USB 2.0，超高速模块用来实现高速全双工数据传输。USB4 利用隧道(tunneling)协议，允许 USB、DisplayPort 和 PCIe 数据同时传输，动态共享链路带宽。

4.2.6　ATA 总线

ATA(Advanced Technology Attachment，高级技术附件)是用来连接存储设备和计算机的接口标准，因其针对的是并行传输，故又称为 Parallel ATA(PATA)。ATA 是美国国家标准学会(ANSI)标准，从 1994 年发展至今经历了七代，从表 4.9 中可以看出 ATA 的演变：传输方式经历了 PIO、DMA 和 Ultra DMA，速度不断提高，两次扩大了逻辑块寻址(LBA)位数，数据线从 40 芯线演变为 80 芯线。

ATA 的传输方式有 PIO、DMA 及 Ultra DMA 三种。PIO(Program I/O)方式需要 CPU 参与数据传输，CPU 占用率较高，最高传输速率为 PIO-4 的 16.7 MB/s(此种传输方式已基本不再使用)；DMA(Direct Memory Access)方式无须 CPU 参与数据传输，最高传输速率为 Multi-word DMA 2 的 16.7 MB/s；Ultra DMA 方式无须 CPU 参与数据传输，最高传输速率为 133 MB/s。Ultra DMA 通过同时利用时钟上升沿和下降沿来提高传输速率，通过使用循环冗余校验来保证高速传输时的数据完整性，是 ATA 主要使用的传输方式。

早期 ATA 采用 22 位 LBA 寻址，最大只能寻址 $2^{22} \times 512 \text{ B} = 2.1 \text{ GB}$。从 ATA-1 开始支持 28 位 LBA 寻址，最大可寻址磁盘容量提高到 137 GB。ATA-6 将 LBA 提高到 48 位，使得最大可寻址磁盘容量高达 144 PB。

在 Ultra DMA 33 传输方式及之前，ATA 使用 40 针 40 芯线总线。从 Ultra DMA 66 开始，ATA 使用 40 针 80 芯总线。80 芯线比 40 芯线多 40 条接地线，通过 40 条接地线和 40 条信号线的交错分布，减少了高速信号线间的串扰，保证了信号完整性和数据可靠性。

表 4.9　ATA 的发展及主要性能

名　称	传输方式	最大磁盘容量	线　缆	发布年份	逻辑块寻址位数(LBA)
pre-ATA	PIO 0	2.1 GB		1994 年前	22 位
ATA-1	PIO 0, 1, 2 Single-word DMA 0, 1, 2 Multi-word DMA 0		40 针 40 芯	1994 年	28 位
ATA-2	PIO 3, 4 Multi-word DMA 1, 2	137 GB		1996 年	
ATA-3				1997 年	
ATA-4	Ultra DMA 33			1998 年	
ATA-5	Ultra DMA 66		40 针 80 芯	2000 年	
ATA-6	Ultra DMA 100	144 PB		2002 年	48 位
ATA-7	Ultra DMA 133			2005 年	

与并行 PATA 相对应的串行 SATA(Serial ATA)是用来连接存储设备和计算机的串行接口标准。SATA 的各版本带宽如表 4.10 所示。PATA 和 SATA 的主要参数对比见表 4.11，从表中可以看出 SATA 具有速度高、电压低、线缆窄、支持热插拔、传输距离长等众多优点，现已基本取代 PATA。

表 4.10　SATA 各版本对比

SATA 版本	带宽/(Gb/s)	年　份
SATA 1.0	1.5	2003 年
SATA 2.0	3	2004 年
SATA 3.0	6	2009 年
SATA 3.2	16	2013 年

表 4.11　PATA 和 SATA 的主要参数对比

技术特征	PATA(并行 ATA)	SATA(串行 ATA)
最高数据传输速率/(MB/s)	133	600(SATA3.0)
工作电压/V	5	0.5
线缆最大长度/m	0.46	1
针脚数量	40(40 针 80 芯)	7
支持热插拔	否	是
通信模式	并行传输，单端信号	串行传输，差分信号

4.3　总线驱动与控制

4.3.1　总线竞争的概念

总线竞争亦称总线争用，即同一时刻有两个或两个以上的总线设备向同一总线上输出信号。图 4.16 中，各逻辑门为总线设备，输出门 A 和输出门 B 在同一时刻利用同一总线将各自的输出信号传送给负载输入门，若两个输出门的输出信号

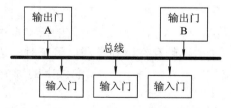

图 4.16　输出门 A 和输出门 B 的总线竞争

状态不同，则会使总线上的信号状态不确定而产生错误，甚至会因过大电流加载到总线上而损坏总线设备。

在计算机系统中总线竞争会导致计算机无法正常工作，所以应保证在任何情况下不会发生总线竞争。采用分时使用总线的方式可避免总线竞争，即保证任何时刻只有一个总线设备利用总线输出信号。在图 4.16 中，在输出门的输出端加三态控制电路，通过对三态输出门 A 和三态输出门 B 进行三态控制，保证三态门 A 导通有输出时，三态门 B 截止输出为高阻状态，三态门 B 导通有输出时，三态门 A 截止输出为高阻状态，这样即可保证任何

时刻只有一个三态输出门往总线上加载信号，从而避免竞争的发生。

4.3.2 总线负载的计算

芯片或驱动器的驱动能力是它能在规定的性能下提供给下一级电路的电流(或吸收下级的电流)的能力及允许在其输出端所连接的等效电容的能力。前者是下级电路对驱动器呈现的直流负载，后者是下级电路对驱动器呈现的交流负载。

图 4.17 中，左侧的驱动器驱动右侧的负载。当驱动器输出为高电平时，驱动器必须有能力为所有负载提供所需要的电流，所以驱动器的高电平输出电流 I_{OH} 应不小于所有负载所需高电平输入电流 I_{IH} 之和，即直流负载应满足：

$$I_{OH} \geqslant \sum_{i}^{N} I_{IHi} \tag{4-2}$$

式中：I_{IHi} 为第 i 个负载所需的高电平输入电流；N 为驱动器所驱动的负载个数。

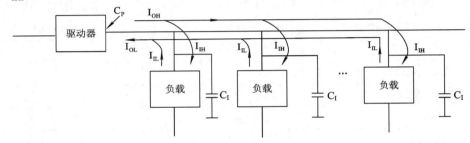

图 4.17 负载计算示意图

当驱动器输出为低电平时，驱动器必须有能力吸收所有负载提供的电流，所以驱动器的低电平输出电流 I_{OL}(即驱动器的倒灌电流)应不小于所有负载所需低电平输入电流 I_{IL}(即负载的漏电流)之和，即直流负载还应满足：

$$I_{OL} \geqslant \sum_{i}^{N} I_{ILi} \tag{4-3}$$

式中：I_{ILi} 为第 i 个负载所需的低电平输入电流；N 为驱动器所驱动的负载个数。

电容的存在可使脉冲信号延时、边沿变坏，所以许多芯片或驱动器都规定了所允许的负载电容 C_P。另一方面，总线上的每个负载都有一定的输入电容 C_I，因此交流负载应满足：

$$C_P \geqslant \sum_{i}^{N} C_{Ii} \tag{4-4}$$

式中：C_{Ii} 为第 i 个负载的输入电容；C_P 为驱动器所能驱动的最大负载电容；N 为驱动器所驱动的负载个数。

估算驱动器负载时，首先应利用式(4-2)～式(4-4)对直流负载和交流负载分别进行计算，然后选取最小的负载数目。这样进行的估算是理想的情况，其实还有一些因素并未考虑，因此实际应用时通常选取更小的负载数目。

例 4.1 经器件手册查得，某门电路的输入参数为 $I_{IH} = 0.1$ mA，$I_{IL} = 0.2$ mA，$C_I = 5$ pF。该门输出参数为 $I_{OH} = 15$ mA，$I_{OL} = 24$ mA，$C_P = 150$ pF。若用该门分别作驱动器和负载使

用，那么理想情况下该门可驱动多少个同样的门？

首先，计算直流负载。

根据式(4-2)，当驱动器输出为高电平时，允许负载最多为 15 mA ÷ 0.1 mA = 150(个)；

根据式(4-3)，当驱动器输出为低电平时，允许负载最多为 24 mA ÷ 0.2 mA = 120(个)。

其次，计算交流负载。

根据式(4-4)，允许负载最多为 150 pF ÷ 5 pF = 30(个)。

最后，经直流和交流负载计算，取最小值 30 作为理想情况下的负载数。

4.3.3 总线驱动与控制设计

1．系统总线的驱动与控制

任何输出器件都有有限的驱动能力，总线也被定义了有限的驱动能力。当计算机系统总线上挂接了较多的存储芯片和接口器件时，必须对系统总线信号进行驱动。

以 Intel 8086 处理器构成的微机系统为例，在 2.1.6 节的系统总线形成电路中，用三态锁存器(8282 或 74LS373)不仅能够分离出地址信号，而且能提升其输出信号(包括地址、控制等单向信号)的驱动能力；用三态数据缓冲器(8286)或总线收发器(74LS245)不仅能够控制双向数据线的有效时刻和数据传送方向，而且也能提升双向数据信号的驱动能力。对作为驱动器的三态锁存器和三态数据缓冲器进行输出端的三态控制，使得当这些三态器件输出被允许时，8086 CPU 与系统总线连接，CPU 可以对整个主存地址空间和 I/O 地址空间进行访问；当这些三态器件输出被禁止时，8086 CPU 与系统总线脱离，允许其他总线主设备(如DMAC)占有总线，以此避免 CPU 与其他总线主设备争用总线。

2．插件板内总线的驱动与控制

在搭建或扩展微机系统时，常常需要设计多种主存模块插件板或 I/O 接口插件板(即印刷电路板)，这些插件板通过特定的连接方式与微机系统中的相关总线连接，并将总线信号引入插件板上的各存储器芯片或 I/O 接口芯片内，实现所有主存芯片和 I/O 接口芯片被接入系统中，如图 4.18(a)所示；同时，这些主存芯片和 I/O 接口芯片也成为总线的负载。

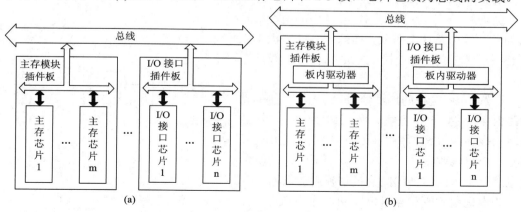

图 4.18 插件板与总线连接方式

(a) 无板内驱动器；(b) 有板内驱动器

当插件板上有较多的器件或总线上接入多个插件板时，总线负载数量会明显增加(即总线负载加重),进而使总线驱动能力达不到支持众多负载进行正常工作的要求。为了减轻总线负载,一种有效的解决方法是在插件板内增加总线驱动器,如图 4.18(b)所示,即在总线信号进入插件板后先利用驱动器加以驱动,再将驱动后的信号加载至主存芯片、I/O 接口芯片等器件上。

通过对图 4.18(b)中的插件板内总线驱动器进行适当设计,可以使板内驱动器具有多种功能:

(1) 提高信号驱动能力。适当选择驱动器器件,可使板内驱动器输出信号驱动能力较输入信号驱动能力有大幅提升,以保证插件板上即便有较多的器件(负载较重)也能在驱动之后总线信号的作用下正常工作。

(2) 减轻总线负载。当加入板内驱动器后,插件板对总线呈现的负载仅为驱动器器件,总线负载数量大为减少(即总线负载减轻),使得总线上可以接入更多的插件板,有利于系统扩展。

(3) 防止总线竞争。如果选择具有三态控制功能的驱动器,则可以通过有效的三态控制保证从各插件板读出数据时不会发生总线竞争。

在总线结构的微机系统中,总线竞争只会出现在有两个以上器件同时往总线上送数据的时候,因此只要在 CPU 读取主存或 I/O 接口时,确保只有一个被选主存或 I/O 接口插件板内的驱动器能够有效工作(其他插件板内的驱动器都处于高阻状态),使得 CPU 仅能从被选择的插件板中读取到所需数据,就可以避免总线竞争的发生。

设计板内总线驱动器与系统总线驱动器的相同之处是,数据总线信号的驱动均使用双向驱动器,如 74LS245、8286 等;地址、控制总线信号的驱动均使用单向驱动器,如74LS373、8282 等。

设计板内总线驱动器与系统总线驱动器的不同之处是,系统总线驱动器是面向系统全部主存和 I/O 资源的,所以它要始终有效,其驱动器的三态控制端可以设置为常有效状态;板内总线驱动器是面向系统部分主存或 I/O 模块的,所以只有当 CPU 要读写该板内主存或I/O 模块时,其驱动器才应该有效,故用板内主存或 I/O 模块占用的地址空间译码后的信号来控制板内驱动器的三态控制端。

例 4.2 假设由微处理器 μP 送出的地址信号 A_0 的负载能力是 3 个负载,而系统中电路板 1 上有 15 个负载欲与 A_0 连接。试为 A_0 信号线设计驱动方案。

显然,μP 送出的地址信号 A_0 无法直接驱动电路板 1 上的 15 个负载。图 4.19 给出了一个总线驱动设计的方案,图中在 CPU 板上的驱动器相当于系统总线驱动器,其输出信号作为系统总线,而电路板 1 内的缓冲器则为插件板内驱动器。

假设选用的驱动器可以驱动 5 个负载,电路板 1 内的 15 个负载就需要 3 个驱动器(用具有驱动能力的缓冲器实现)。考虑到系统中可能还有其他插件板,所以将 μP 的 A_0 驱动后的系统总线信

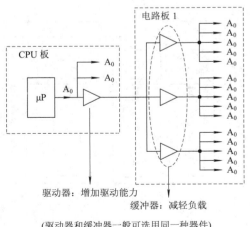

驱动器:增加驱动能力

缓冲器:减轻负载

(驱动器和缓冲器一般可选用同一种器件)

图 4.19 总线驱动设计方案

号加载至电路板 1 内的缓冲器上。按图 4.19 的设计，电路板 1 对系统总线(A_0)呈现的负载数仅为缓冲器的数目，即 3 个负载，而非 15 个负载。

此例具体说明了两级驱动器的作用：CPU 板内的驱动器用于增加信号驱动能力；插件板内的驱动器对板内能增加信号驱动能力，而对系统(总线)则能减轻负载。

例 4.3 由 8086 CPU 构成的微机中有一块电路板。该电路板上既有主存又有接口，主存地址范围为 C0000H～EFFFFH，接口地址范围为 A000H～BFFFH。试设计该电路板板内双向数据总线驱动和控制电路。

首先，对主存和接口进行地址分析。主存地址范围为 C0000H～EFFFFH，如表 4.12 所示。接口地址范围为 A000H～BFFFH，如表 4.13 所示。

<table>
<tr><td colspan="7">表 4.12　主存地址分析</td></tr>
<tr><td>A_{19}</td><td>A_{18}</td><td>A_{17}</td><td>A_{16}</td><td>A_{15}</td><td>…</td><td>A_0</td></tr>
<tr><td>1</td><td>1</td><td>0</td><td>0</td><td>×</td><td>…</td><td>×</td></tr>
<tr><td>1</td><td>1</td><td>0</td><td>1</td><td>×</td><td>…</td><td>×</td></tr>
<tr><td>1</td><td>1</td><td>1</td><td>0</td><td>×</td><td>…</td><td>×</td></tr>
</table>

<table>
<tr><td colspan="7">表 4.13　接口地址分析</td></tr>
<tr><td>A_{15}</td><td>A_{14}</td><td>A_{13}</td><td>A_{12}</td><td>A_{11}</td><td>…</td><td>A_0</td></tr>
<tr><td>1</td><td>0</td><td>1</td><td>0</td><td>×</td><td>…</td><td>×</td></tr>
<tr><td>1</td><td>0</td><td>1</td><td>1</td><td>×</td><td>…</td><td>×</td></tr>
</table>

其次，使用 2 片总线收发器 74LS245 对双向数据总线进行驱动和控制。假设 CPU 做读操作时，74LS245 由 B 端向 A 端导通；CPU 做写操作时，74LS245 由 A 端向 B 端导通。为防止总线竞争，CPU 读/写主存或接口时，保证 74LS245 的三态控制端 $\overline{E}=0$；CPU 不读/写主存或接口时，74LS245 的 $\overline{E}=1$，使其作为输出的那一端为高阻状态。

最后，根据分析结果设计出符合本题要求的电路，如图 4.20 所示。

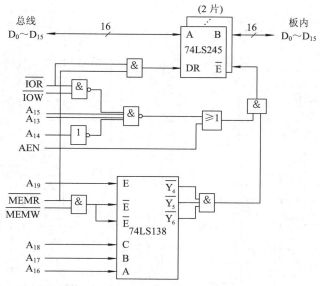

图 4.20 双向数据总线驱动控制电路

例 4.4 采用 8086 CPU 的微机系统，其主存地址范围为 C0000H～C7FFFH，由 4 块大小为 8 K×8 b 的芯片构成主存板。试设计板内双向数据总线驱动控制电路及单向信号驱动电路。

首先，对主存进行地址分析。主存地址范围为 C0000H～C7FFFH，4 块芯片构成 2 个奇偶地址存储体，地址范围如表 4.14 所示，可选用 74LS138 作为片选地址译码器。

表 4.14　主存地址分析

A_{19}	A_{18}	A_{17}	A_{16}	A_{15}	A_{14}	A_{13}	A_{12}	A_{11}	A_{10}	…	A_0	内存芯片
1	1	0	0	0	0	×	×	×	×	…	×	2 片 8 K×8 b 奇偶分体 C0000H～C3FFFH
1	1	0	0	0	0	×	×	×	×	…	×	
1	1	0	0	0	1	×	×	×	×	…	×	2 片 8 K×8 b 奇偶分体 C4000H～C7FFFH
1	1	0	0	0	1	×	×	×	×	…	×	

其次，使用 2 片总线收发器 74LS245 对双向数据总线进行驱动和控制，通过 $\overline{\text{MEMR}}$ 信号控制 74LS245 导通方向，通过 74LS138 的译码信号控制 74LS245 的三态控制端 $\overline{\text{E}}$。由 4 片芯片构成的主存板，其板内单向信号也对系统总线构成较大的负载，故使用 3 片三态缓冲器 74LS244 对单向信号 A_0～A_{13}、$\overline{\text{BHE}}$、$\overline{\text{MEMR}}$、$\overline{\text{MEMW}}$ 进行驱动，且驱动控制方案有如下两种：

(1) 由于 74LS244 驱动的是加载至主存板的单向信号，故可将其三态控制端 $\overline{\text{E}}$ 接成永久有效，使 74LS244 置为永久导通。

(2) 将加载至 74LS245 三态控制端 $\overline{\text{E}}$ 的信号同时加载至 74LS244 三态控制端 $\overline{\text{E}}$ 上，使得 74LS244 驱动的单向信号与 74LS245 驱动的双向信号同步有效。

最后，根据分析结果设计出符合本题要求的电路，如图 4.21 所示。

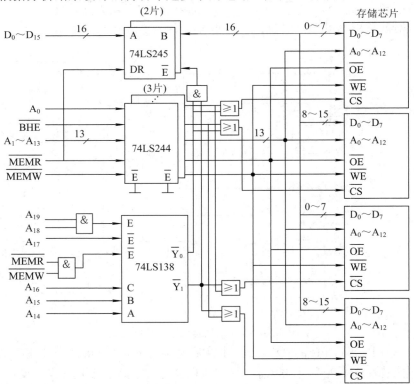

图 4.21　双向数据总线驱动控制电路及单向信号驱动电路

4.4　总线设计中的工程问题

在进行微型计算机系统设计时，总线设计是系统设计者必须认真加以考虑的。在进行总线的设计时，一些工程上的问题必须注意到，否则，将来系统设计出来之后很可能工作不稳定甚至无法正常工作。除 4.3 节提到的负载能力和总线竞争之外，尚有一些问题需要注意。

4.4.1　总线上的交叉串扰

总线间的分布电容和分布电感均会引起总线上信号的交叉串扰。

1. 由分布电容引起的串扰

任何两条导线之间都存在着分布电容，总线各引线之间也不例外。尤其是相邻引线之间，由于它们的距离比较近，分布电容也就比较大。一条引线上的脉冲信号通过分布电容可以耦合到另一条引线上，这就是总线间的交叉串扰。

为说明线间分布电容所产生的串扰，现在用集总参数电容来代替分布电容，如图 4.22 所示。

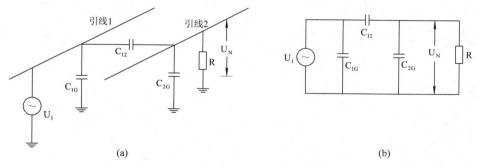

图 4.22　总线间的电容耦合及其等效电路

(a) 两线间的耦合电容；(b) 等效电路

在图 4.22 中，C_{12} 为引线 1 与引线 2 之间的耦合电容；C_{1G} 为引线 1 对地的分布电容；C_{2G} 为引线 2 对地的分布电容；R 为引线 2 的负载电阻。设引线 1 上加有信号 U_1，通过分布电容耦合到引线 2 上的串扰电压 U_N 可利用等效电路(见图 4.22(b))计算：

$$U_N = \frac{j\omega R C_{12} U_1}{1 + j\omega R(C_{12} + C_{2G})} \tag{4-5}$$

通常，总线上某条引线的负载电阻 R 远远小于电容 C_{2G} 及 C_{12} 的容抗，于是，式(4-5)可以简化为下式：

$$U_N = j\omega R C_{12} U_1 \tag{4-6}$$

在总线上，通常很少传输单一频率的信号，而多是传输脉冲信号。对于脉冲信号，也可以利用上面的方法分析。那就是将脉冲信号进行频谱分析，找出每个频率信号的串扰，将它们进行叠加，就可以得到脉冲信号的串扰。当引线的电容 C_{1G}、C_{2G} 及 C_{12} 很小，而信号 U_1 为持续时间较长的脉冲信号时，由图 4.22(b)可以看到，这个信号在引线 2 的负载上产

生的串扰信号 U_N 就是信号 U_1 经微分电路产生的微分信号。

为了减少总线上的交叉串扰，应当从引起这种串扰的原因——分布电容来考虑，只有尽可能地减少分布电容，才能减少串扰。为减少分布电容，应当尽可能缩短总线的长度。总线的长度愈短，线间的分布电容也就愈小。同样，适当地加大线与线之间的距离，也可以减少线间的分布电容。

降低总线负载，能够减少线间的串扰。但是，采取这种措施是有一定限度的，因为降低总线的负载必然会加重总线驱动器的负担。

在设计利用印刷电路板制成的窄带板总线时，可以在信号线之间腐蚀一条地线，即用地线将两两信号线隔开，这样可以减少信号线之间的分布电容。在采取这样的措施时，要注意到总线中的引线之间加上地线之后，会使引线到地的电容增加，这相当于增加了总线驱动器的交流负载，对驱动器的工作不利。但在利用印刷电路板制成窄带板总线或用扁平电缆构成总线时，经常采用这种方法。

2. 由分布电感引起的交叉串扰

除上面提到的总线中因分布电容耦合产生的交叉串扰外，任何两条引线之间也会存在互感。在 CPU 的时钟频率较高时，线间的互感也可以通过磁场的耦合造成交叉串扰。同样，可以用集总参数的电路来定性地说明总线中引线间因互感造成的串扰。其电路如图 4.23 所示。

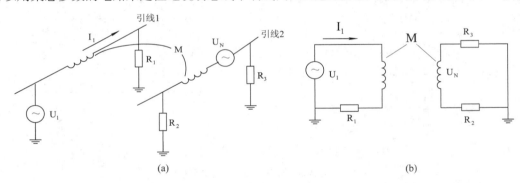

图 4.23　总线中引线间的互感产生串扰

(a) 两线间的互感；(b) 等效电路

在图 4.23 中，当引线 1 有信号时，引线上就有电流 I_1 流过，经两线间的互感 M 耦合，会在引线 2 上感应产生干扰电压 U_N，表示如下：

$$U_N = j\omega M I_1 \tag{4-7}$$

为了消除互感所引起的串扰，同样可以用增加线间的距离、缩短总线长度、降低总线信号的工作频率等措施，使串扰的影响减到最小。

除上面所提到的措施外，如果可能，总线也可以采用绞扭线，使得线与线之间产生的磁场相互(部分地)抵消，从而减少串扰。

4.4.2　总线的延时

当总线的长度可与其传输信号的波长相比拟时，应当将其视为长线。资料表明，现在计算机的系统总线均应看作长线。而且，有人曾提出，在微型计算机中，超过 30 cm 的总线都应视为长线。

信号在作为长线的总线上传输时，必须用长线理论分析问题。此时，长线的参数都是分布参数而且会随环境、负载、元器件的变化而发生变化。有人测出某微型计算机系统的内总线的特性阻抗，可为我们提供一个数量级的概念。该总线的特性阻抗在 $90\sim150$ Ω 之间。一般来说，特性阻抗大一些好，因为特性阻抗愈大，对总线驱动器愈有利。但实际上又很难做到，尤其是当总线上的插件板很多、总线的负载很重时，就更难做到。

信号在总线上传播时需花费时间，造成时延。在微型计算机的内总线上，信号传播 1 m 所需时间为 $4\sim15$ ns，总线延时 T_t 可由下式计算：

$$T_t = l\sqrt{L_1 C_1} \tag{4-8}$$

式中：1 为总线长度；L_1 为单位长度上的分布电感；C_1 为单位长度上的分布电容。

例如，一个印刷电路窄带底板总线，其特性阻抗约为 100 Ω，$C_1 = 66$ pF/m，$L_1 = 0.66$ μH/m，利用式(4-8)可以估算出该总线每米的延时为 6.6 ns。

上面的例子讨论的是空载总线，即在总线驱动器之后未插任何电路板。若将各电路板插到该总线上，将大大增加总线的负载。尤其是交流负载(电容)会大大增加，这必然会使总线的延时增加。有负载的总线延时 T_u 可由下式计算：

$$T_u = T_t \sqrt{1 + \frac{C_L}{C_1}} \tag{4-9}$$

式中：C_L 为单位长度上的负载电容。

为了说明负载的影响，假设在上面 1 m 长的总线上插上插件板后总电容为 660 pF，则由式(4-9)可以计算出在 1 m 长的总线上的延时增大到 21.8 ns。

以上讨论主要说明：减少总线的长度可以有效地减少总线的时延，因此应将对时间要求严格的插件板尽量插在靠近主机板的插槽上，将要求较低的插件板插在稍远的插槽上；当总线上的信号频率较高时，负载电容会对信号传输的延时造成较大的影响，所以在设计时应认真设计每块插件板，尽可能地减少负载电容，从而使整个系统总线上的延时最小；延时还与单位总线长度上的分布电感有关，所以在设计总线时，应认真设计和加工，采用不同的形式，如印刷电路板、插座引线或扁平电缆等，因为它们的分布电感是不同的。

4.4.3　总线上的反射与终端网络

1. 总线上的反射

当总线被视为长线时，信号沿长线传播。一般情况下，这种视为长线的总线两端不可能严格匹配，总线上的信号就会产生反射。要在负载上建立起所要求的波形，往往需要多次反射才能达成。

信号沿总线传播并到达总线终端时，如果总线的终端负载阻抗与总线的特性阻抗不匹配，则信号就要部分地由终端反射回来。反射回来的信号沿总线向信号源方向传播，到达信号源时，若信号源的内部阻抗与总线的特性阻抗不匹配，则信号又会部分地反射，反射信号又一次向终端传播。此过程有时需要多次才能在负载上建立起所需要的波形，这就要花费更多的时间。因此，反射会使波形变坏、延时增加，所以在总线上应尽可能地减少反射的发生。

传输线的等效电路如图 4.24 所示。

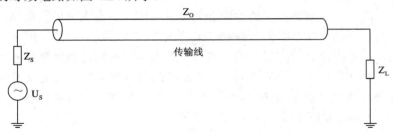

图 4.24 传输线的等效电路

根据图 4.24 所示的等效电路，由负载不匹配所产生的负载反射系数 ρ_L 可用下式表示：

$$\rho_L = \frac{Z_L - Z_O}{Z_L + Z_O} \tag{4-10}$$

由信号源内阻不匹配所产生的信号源反射系数 ρ_S 为

$$\rho_S = \frac{Z_S - Z_O}{Z_S + Z_O} \tag{4-11}$$

由式(4-10)和式(4-11)可以看到，只有当负载阻抗与传输线的特性阻抗完全相等时，负载的反射系数才为 0，即没有反射。同样，只有当信号源的内阻与传输线的特性阻抗完全相等时，信号源的反射系数才为 0，也就是说信号源端才无反射。在实际工程应用中，这是很难做到的。

传输线上的信号反射可用网格图来说明。例如，在图 4.24 中，信号源的内阻 $Z_S = 7.5\ \Omega$，传输线的特性阻抗 $Z_O = 50\ \Omega$，负载阻抗 $Z_L = 3900\ \Omega$。若在 $t = 0$ 的时刻，在信号源 U_S 上加一个阶跃信号，幅度为 2 V，则信号反射网格图如图 4.25 所示。

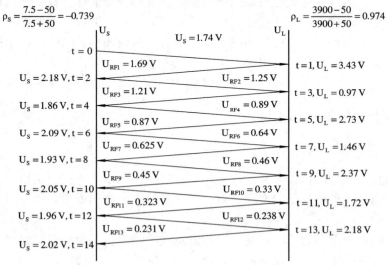

图 4.25 信号反射网格图

由图 4.25 可以看到，信号源的 2 V 阶跃信号要经过许多次的反射和相当长的时间才能在负载上最终建立起来，而且每次反射回来的相位也是不一样的，因此负载上的电压是有增有减的，但最终趋近于阶跃值 2 V。

由上面的反射网格图可以想象，如果信号源上加的是一个窄脉冲，而且传输线完全匹配，则只要经过一定的延时，在负载上就会出现这一窄脉冲。但是，如果窄脉冲加在上述不匹配的传输线上，则信号需多次反射才能在负载上建立起来。很可能在脉冲持续时间里还没有建立足够的电压，脉冲就已经结束了。这样一来，尽管信号源已发出脉冲，但负载上并未产生这个脉冲，这必定会产生错误。

因此，在进行总线设计时，需要仔细考虑总线的反射，减少其对系统工作的影响。

要减少反射的影响，就要尽量使信号源内阻、总线的特性阻抗和负载阻抗三者相匹配。很显然，由于许多分布参数的影响，完全做到三者的匹配有时是十分困难的，但是应当尽量朝这个方向去努力，使它们尽可能地接近，使反射不至于影响系统的正常工作。

2. 终端匹配网络

为减少反射的影响，可以在总线的终端与始端接上终端匹配网络。在这里仅以 16 位微机系统中的系统总线的匹配网络和外总线的匹配网络设计为例。

1) 系统总线的匹配网络

(1) 在系统总线上，传输速率不高时可以不接匹配网络。

(2) 最简单的情况就是接上拉电阻，即将几千欧到十几千欧的电阻接在每条总线与 +5 V 电源之间。这样做可以提高总线的抗干扰性。实践证明，在未加上拉电阻的某种应用中，微型机工作不正常，隔一段时间就会出错；加上上拉电阻后，就再未发生过错误。

(3) 在总线上加上电阻分压电路，其形式如图 4.26 所示。图中，电容 C 为电源滤波电容；电阻 R_1 和 R_2 构成分压网络。两个电阻分别取值 220 Ω 和 330 Ω，经它们分压后可得到高电平(逻辑 1)，两者的等效电阻应尽量接近前面提到的总线的特性阻抗。当然，这不是很严格的，为降低对电源的负载，两电阻也可取稍大一些的值，例如 330 Ω 和 680 Ω 等。

(4) 另一种形式的终端匹配网络是带有钳位二极管的电阻分压网络，其结构如图 4.27 所示。

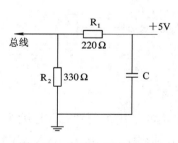

图 4.26 电阻分压电路

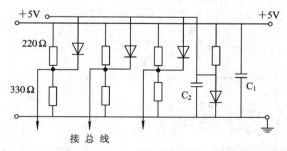

图 4.27 带有钳位二极管的电阻分压网络

在图 4.27 中，当总线上维持高电平时，二极管截止，分压电阻向总线提供高电平。当总线上的电位为低电平时，匹配网络可以保证总线上为低电平。而且，还可利用钳位二极管对总线上的器件提供保护。当因某种原因使总线上的电平变负(例如脉冲由高变低时可能会使总线上出现负尖峰)时，二极管导通，使总线的最低电压维持在零点几伏而不会更低。

(5) 利用恒压源的总线匹配网络如图 4.28 所示。在此网络中，利用稳压器使其输出电压维持在高电平(2.75～3.6 V)上，将此电压经过一个电阻(阻值为 180 Ω)与总线相接。

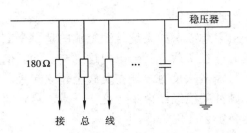

图 4.28　带有恒压源的总线匹配网络

2) 外总线的匹配网络

在外总线上同样存在着信号传输中的反射问题，为了保证总线上信号传输的正确性，外总线上也需要接上匹配网络。例如 SCSI 总线上的终结器就是终端匹配网络。

(1) 除加终端匹配网络外，还可以在驱动器的起始端加上几十欧姆的小电阻，如图 4.29 中的 R。

图 4.29 所示的始端匹配电阻可以增加信号源的内阻，使其更加接近总线的特性阻抗。这种方法在某些接口的信号传输中经常见到，它还具有保护驱动器的作用。

(2) 简单的外总线的匹配网络。在通信总线中，因为传输距离远，所以长线中存在的问题更加突出，终端匹配同样十分重要。一种简单的终端匹配方法如图 4.30 所示。

在图 4.30 中，若 R 选得太小，则对左边发送器造成的负载太重；若选得太大，则又起不到匹配网络的作用。有时宁可取得大一些，因为至少可以改善终端的匹配条件，减少反射的影响。

在图 4.30 的基础上加上电阻分压网络可以增强匹配效果，其形式如图 4.31 所示。

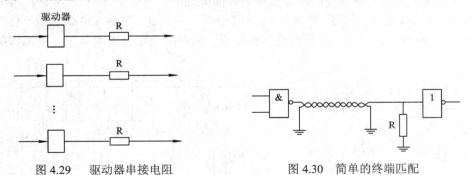

图 4.29　驱动器串接电阻　　　　　　　图 4.30　简单的终端匹配

图 4.31 中分压电阻的作用与图 4.26 电阻分压电路中电阻的作用很类似，只是因为总线的特性阻抗的大小不一样，它们的取值有所不同而已。例如可取 R_1 为 330 Ω，R_2 为 510 Ω。

(3) IEEE 488 总线的终端网络。IEEE 488 总线是用于计量测试系统的并行外总线。在该总线上挂接的设备，推荐采用如图 4.32 所示的连接电阻分压网络。

在图 4.32 中，利用分压电阻使总线置于高电平(3.3 V 左右)，同时可以减少反射的影响。尽管等效电阻与总线的特性阻抗相差甚多，但却不能轻易地减少分压电阻，因为那样做势必会增加总线负载，从而对总线传输产生不良的影响。

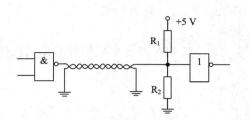

图 4.31 终端分压网络

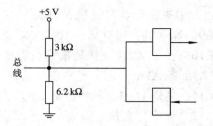

图 4.32 IEEE 488 总线匹配网络

(4) SCSI 总线的终端匹配网络。在 SCSI 总线规范中规定，在该总线单端应用时，总线端采用与图 4.26 完全一样的电阻分压电路，两个电阻 R_1 和 R_2 同样规定为 220 Ω 和 330 Ω。但现在单端传输已基本不再使用。

当 SCSI 工作在差分总线传输的时候，规范规定可用多种 SCSI 总线的终端匹配网络，包括无源的、有源的及智能化的。其中最简单的就是如图 4.33 所示的无源终端匹配网络。

(5) 其他。还可以采用始端与终端均接上拉电阻的方法，其形式如图 4.34 所示。图中，电阻 R 可以选取几百欧姆。R 选小了对减少反射有利，但增加了负载；选大了效果刚好相反。通常可折中考虑。

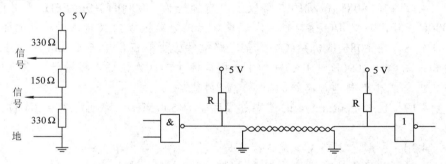

图 4.33 SCSI 总线的无源终端匹配网络　　　图 4.34 始端与终端均接上拉电阻

在对外总线进行总线匹配时，还需特别强调的是，若外总线经过空旷地带，则有可能受雷击影响，所以一定要考虑防雷电措施。否则，有可能会造成灾难性的后果。

习 题

4.1　试说明总线的分类及采用总线标准的优点。

4.2　PC/XT 总线插座上有多少个接点？主要包括哪几类信号？

4.3　与 PC/XT 相比，PC/AT(ISA)总线新增加了哪些信号？其总线工作频率是多少？

4.4　试说明 PCI 总线的特点。PCI 总线通常分为哪几类？说明什么叫即插即用。

4.5　与 PCI 总线相比，PCIe 总线有哪些优点？

4.6　PCIe 总线协议可分为哪几层？每层的包格式有何不同？

4.7　试比较各版本 PCIe 总线协议物理层的数据编码方式。

4.8　NVMe 是主机与 SSD 之间的通信协议，一般建立在 PCIe 总线之上，是一种应用层协议。请查阅资料，说明 NVMe 如何利用 PCIe 总线进行数据传输。

4.9　说明串行接口总线 RS-232C 的特点及其不足。

4.10　当前 ATA 总线的最高数据传输速率为多少？ATA 的三种数据传输方式有什么不同？SATA 与 ATA 相比，有哪些优点？

4.11　简述 USB 2.0 和 USB 3.0 的信号及其作用。

4.12　说明什么是总线竞争。在计算机系统中，一旦发生总线竞争其后果会怎样？

4.13　已知某门电路的输入参数为 $I_{IH} = 0.1$ mA，$I_{IL} = 0.2$ mA，$C_{IN} = 5$ pF；该门的输出参数为 $I_{OH} = 16$ mA，$I_{OL} = 22$ mA，$C_P = 250$ pF。试问：若该门驱动它自己，则在理想的情况下可驱动多少个门？

4.14　当某微机系统由多块电路板构成时，试说明对板内双向数据总线进行驱动与控制的必要性。

4.15　在 8086 微机系统中，主存板的板内主存地址为 A0000H～FFFFFH，试设计出板内双向数据总线的驱动与控制电路。

4.16　在 8088 微机系统中，接口板板内接口地址为 5000H～7FFFH，试设计出板内双向数据总线的驱动与控制电路。

4.17　在 8086 微机的电路板上，有地址为 80000H～9FFFFH 的主存模块和地址为 4000H～5FFFH 的 I/O 接口模块。试设计出该电路板板内双向数据总线的驱动与控制电路。

4.18　在 8086 微机系统中，某电路插件板上有占用地址 C4000H～CFFFFH 的主存模块和占用地址 1090H～10AFH 的 I/O 接口模块。试为该插件板设计在最大模式总线下的双向数据总线和单向地址总线的驱动与控制电路。

4.19　已知 Pentium 4 的前端总线频率为 500 MHz，数据位宽为 64 位，试计算前端总线带宽。

4.20　引起总线交叉串扰的因素是什么？如何减少串扰的影响？

4.21　总线上的延时是如何造成的？减少它们的途径有哪些？

4.22　说明总线上信号反射的产生原因及造成的后果。

4.23　在计算机的内总线上，可以采取哪些措施减小反射的影响？

第 5 章 存 储 技 术

计算机的主存储器在目前的存储体系中处于 Cache 与辅助存储器(或辅助存储器的 Cache)之间的存储层次，CPU 可以直接访问。

在构成各种微型计算机主存储器时，目前均采用半导体存储器。本章主要介绍各类半导体存储器芯片及主存储器的构成方法。要求读者掌握各种半导体存储器芯片的外部特征及使用场合，能熟练地将它们连接到微型计算机的总线上，构成所要求的主存模块。

5.1 概述

5.1.1 存储器的分类

根据存储器是设在主机内部还是外部，可将其分为内部存储器(简称内存)和外部存储器(简称外存)。内存用来存储当前运行所需要的程序和数据，以便直接与 CPU 交换信息。相对外存而言，内存的容量小，工作速度高。外存刚好相反，容量大，存取速度比较慢，用于存放当前不参加运行的程序和数据。早期计算机的内存就是指主存，现代计算机的内存包括主存和 Cache 两个存储层次。外存与主存经常成批交换数据。

按照构成存储器材料的不同，存储器可分为半导体存储器、磁存储器、激光存储器和纸卡存储器等。目前，构成主存时无一例外地都采用半导体存储器。按照工作方式的不同，半导体存储器分为读写存储器(RAM)和只读存储器(ROM)。

1. 读写存储器(RAM)

RAM 最重要的特性就是其存储信息的易失性(又称挥发性)，即若去掉它的供电电源，则其存储的信息也随之丢失。在使用中应特别注意这种特性。

RAM 按其制造工艺又可以分为双极型 RAM 和金属氧化物(MOS)RAM。

(1) 双极型 RAM。双极型 RAM 的主要特点是存取时间短，通常为几纳秒(ns)甚至更短。与金属氧化物(MOS)型 RAM 相比，其集成度低，功耗大，而且价格也较高。因此，双极型 RAM 主要用于要求存取时间很短的微型计算机中。

(2) MOS 型 RAM。用 MOS 器件构成的 RAM 又可分为静态读写存储器和动态读写存储器。当前微型计算机主存中均采用 MOS 型 RAM。

① 静态 RAM(SRAM)：存取时间短(几纳秒到几百纳秒)，集成度比较高(目前经常使用的

静态存储器每片的容量为几十字节到几十兆字节),功耗比双极型 RAM 低,价格也比较便宜。

② 动态 RAM(DRAM):存取速度与 SRAM 相当,最大特点是集成度特别高,功耗比 SRAM 低,单位容量的价格也比 SRAM 便宜。

在使用 DRAM 时需要特别注意的是,它是靠芯片内部的电容来存储信息的,而晶体管存在漏电流,因此电容上的电荷会缓慢泄漏,所以需要每隔固定时间(通常为几毫秒到几十毫秒)对 DRAM 存储的信息刷新一次。

由于用 MOS 工艺制造的 RAM 集成度高,存取速度能满足目前使用的各类微型机的要求,而且其价格也比较便宜,因此这种类型的 RAM 广泛用于各类微型计算机中。

2. 只读存储器(ROM)

ROM 的重要特性是其存储信息的非易失性,即存放在 ROM 中的信息不会因去掉供电电源而丢失。当再次加电时,其存储的信息依然存在。ROM 又分为以下几类:

(1) 掩膜工艺 ROM。这种 ROM 是芯片制造厂根据 ROM 要存储的信息,设计固定的半导体掩膜版进行生产的。一旦制出成品之后,其存储的信息即可读出使用,但不能改变。这种 ROM 常用于批量生产,生产成本比较低。微型机中一些固定不变的程序或数据可采用这种 ROM 存储。

(2) 可一次编程 ROM(PROM 或 OTP ROM(One-Time Programmable ROM))。为了使用户能够根据自己的需要来写 ROM,厂家生产了一种 PROM,允许用户对其进行一次编程——写入数据或程序。编程之后,信息就永久性地固定下来,用户只可以读出和使用,再也无法改变其内容。

(3) 可擦去重写的 PROM。这种可擦去重写的 PROM 是目前使用最广泛的 ROM。这种芯片允许将其存储的内容利用物理方法(通常是紫外线)或电的方法(通常是加上一定的电压及特定的控制信号)擦去,然后重新对其进行编程,写入新的内容。擦去和重新编程可以多次进行。一旦写入新的内容,就可以长期保存下来(一般在 10 年以上),不会因断电而消失。

利用物理方法(紫外线)可擦除的 PROM 通常用 EPROM 来表示;用电的方法可擦除的 PROM 用 EEPROM(或 E^2PROM 或 EAROM)来表示。这些芯片集成度高,价格低,使用方便,尤其适合科研工作的需要。

5.1.2 存储器的主要性能指标

1. 存储容量

存储器芯片的存储容量的表示方式一般为:芯片的存储单元数 × 每个存储单元的位数。

例如,6264 静态 RAM 的容量为 8 K × 8 bit,即它具有 8 K 个单元(1 K = 1024),每个单元存储 8 bit(一个字节)数据。又如,某 DDR4 同步动态 RAM 芯片的容量为 4G × 4 bit。

现在,各厂家为用户提供了许多种不同容量的存储器芯片。在构成微型计算机内存系统时,可以根据要求加以选用。当计算机的内存确定后,选用容量大的芯片可以少用几片,这样不仅使电路连接简单,而且使功耗和成本都可以降低。

2. 存取时间

存取时间就是存取存储器芯片中某一个单元的数据所需要的时间。

当拿到一块存储器芯片时,可以从其手册上得到它的存取时间。CPU 在读/写 RAM 时,它提供给 RAM 芯片的读/写时间必须比 RAM 芯片所要求的存取时间长。如果不能满足这一点，则微型机无法正常读/写此 RAM 芯片。

3. 可靠性

微型计算机要正确地运行，必须要求存储器系统具有很高的可靠性，因为内存的任何错误都可能使计算机无法工作，而存储器的可靠性直接与构成它的芯片有关。目前所用的半导体存储器芯片的平均故障间隔时间(MTBF)大概为 $5 \times 10^6 \sim 1 \times 10^8$ h。

4. 功耗

使用功耗低的存储器芯片构成存储系统时，不仅可以减少对电源容量的要求，而且还可以提高存储系统的可靠性。

5. 价格

构成存储系统时，在满足上述要求的情况下，应尽量选择价格便宜的芯片。

有关存储器的其他性能，如体积、重量、封装方式等这里不再说明。

5.2　常用存储器芯片及接口设计

随着技术的发展，不管是 SRAM 还是 DRAM，其集成度愈来愈高。目前，4 MB、8 MB 的 SRAM 已很容易买到，而且 4 Gb、8 Gb 的 DRAM 芯片早已成为商品。同时，不同容量、不同速度、不同功能的各种存储器芯片有成千上万种。这在为用户提供了选择灵活性的同时，也为在技术上掌握它们带来了一定的困难。

本节将从工程应用的角度出发，通过对典型存储器芯片的介绍，阐述构成微型计算机主存时常用的一些存储器芯片的连接设计方法以及使用中应注意的一些问题。

5.2.1　静态随机读写存储器(SRAM)及接口设计

静态随机读写存储器(Static Random Access Memory)初始存取等待时间短，存取数据速度快，不需要刷新，使用方便，广泛应用于各种场合。

SRAM 从高层次上可分为异步型和同步型两大类。异步 SRAM 的访问独立于时钟，数据输入和输出由地址、片选、读/写信号的变化控制。同步 SRAM 的所有访问都在时钟的上升/下降沿启动，地址、数据输入和其他控制信号均与时钟信号相关。

1. 异步 SRAM

异步 SRAM 控制信号不需要和时钟同步。

1) 典型芯片

下面以典型的传统异步型 SRAM 芯片 6264(6164)、6116 为例，介绍此类 SRAM 的外部特性。

(1) 引脚及功能。

6264(6164)芯片有 28 条引脚，如图 5.1 所示。

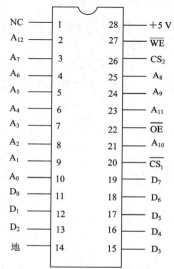

图 5.1　6264 引脚图

$A_0 \sim A_{12}$：13 条地址线。这 13 条地址线决定了该芯片有 $2^{13} = 8$ K 个存储单元。

$D_0 \sim D_7$：8 条双向数据线。8 条数据线决定该芯片的每个存储单元存放一个字节的数据。在使用中，芯片的数据线与总线的数据线相连接。当 CPU 写芯片的某个单元时，数据经总线传送到该芯片内部这个指定的单元；当 CPU 读芯片的某个单元时，又能将被选中单元中的数据传送到总线上。

$\overline{CS_1}$、CS_2：两条芯片选择信号线。当两个片选信号同时有效，即 $\overline{CS_1} = 0$、$CS_2 = 1$ 时，才能选中该芯片。不同类型的芯片，其片选信号多少不一，但要选中芯片，只有使芯片上所有片选信号同时有效才行。一台微型计算机的主存空间要比一块芯片的容量大。在使用中，通过对高位地址信号和控制信号的译码产生(或形成)片选信号，把芯片的存储容量放在设计者所希望的主存空间上。简言之，就是利用片选信号将芯片放在所需要的主存地址范围上。

$\overline{OE}$：输出允许信号线。只有当 $\overline{OE} = 0$，即当其有效时，才允许该芯片将某单元的数据传送到芯片外部的 $D_0 \sim D_7$ 上。

$\overline{WE}$：写允许信号线。当 $\overline{WE} = 0$ 时，允许将数据写入芯片；当 $\overline{WE} = 1$ 时，允许读出芯片上的数据。

以上 4 条信号线的功能如表 5.1 所示。

NC 为没有使用的空脚。芯片上还有 +5 V 电源和接地线。

表 5.1　6264 真值表

$\overline{WE}$	$\overline{CS_1}$	CS_2	$\overline{OE}$	$D_0 \sim D_7$
0	0	1	×	写入
1	0	1	0	读出
×	0	0	×	三态(高阻)
×	1	1	×	
×	1	0	×	

注：×表示不考虑。

这类 CMOS 的 RAM 芯片功耗极低，在未被选中时仅为 10 μW，在工作时也只有 15 mW，而且只要电压在 2 V 以上即可保证数据不会丢失(如 NMC6164)，因此很适合由电池不间断供电的 RAM 电路使用。

(2) 时序。

厂家生产的每一种 SRAM 芯片都有工作时序的要求，不同芯片的时序要求是不一样的。图 5.2 和图 5.3 分别画出了芯片 6264 的写入时序和读出时序。

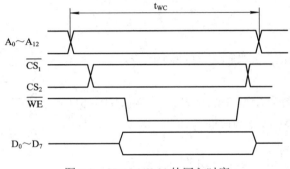

图 5.2　SRAM 6264 的写入时序

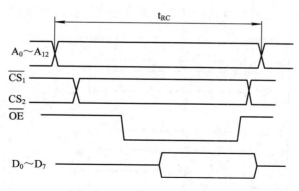

图 5.3　SRAM 6264 的读出时序

由图 5.2 和图 5.3 可以看到，当需要读/写该 RAM 芯片的某一单元时，芯片要求在地址线 $A_0 \sim A_{12}$ 上加载要写入(或要读出)的地址，使两个片选信号 $\overline{CS_1}$ 和 CS_2 同时有效。当写入时，必须在芯片的数据线 $D_0 \sim D_7$ 上加载要写入的数据，在这期间要使芯片的写允许信号 $\overline{WE}$ 有效。经过一定的时间，数据就写入了地址所指定的单元中。读出的时候，在地址、片选有效的同时使输出允许 $\overline{OE}$ 有效，经过一定的时间，数据就从地址所指定的单元中被读出来。

读/写芯片时，芯片对各信号的持续时间都有一定的要求。图 5.2 和图 5.3 中仅标出了最重要的时间 t_{WC} 和 t_{RC}，它们分别是该芯片的写周期和读周期。

在这里我们特别强调每一块存储器芯片都有它自己的 t_{WC} 和 t_{RC}。同时，在第 2 章中描述 8086 CPU 时序时，曾说明 CPU 读/写存储器时有它自己的时序。CPU 读/写存储器时，加到存储器芯片上的时间必须比存储器芯片所要求的时间长。粗略地估计可有：$4T > t_{WC}$ (或 t_{RC})。其中 4T 是 8086 CPU 正常情况下一次读/写内存所用的时间。工程上在估算时常用 $4T = t_{WC}$(或 t_{RC})。

如果不能满足上面的估计条件，那就是快速 CPU 遇上了慢速内存，其读/写一定会不可靠。这时就必须采取如下措施：

① 利用 READY 信号插入等待时钟周期 T_W。

② 放慢 CPU 的速度——降低 CPU 的时钟频率。

③ 更换更快的(即 t_{WC} 和 t_{RC} 更短的)存储器芯片。

2) 地址译码方式

因为微机系统中各功能部件都是通过总线接入系统的，所以对于设计人员来说，在了解存储器芯片的外部特性之后，重要的是必须掌握存储器芯片与总线的连接接口，即按照设计规定的芯片占主存地址范围，将存储器芯片正确地接到总线的连接电路上。如前所述，芯片的片选信号是由高位地址和控制信号译码形成的，由它们确定芯片的主存地址范围。下面介绍决定芯片存储地址空间和实现片选译码的方法。

(1) 全地址译码方式。

全地址译码方式使存储器芯片的每一个存储单元唯一地占据主存空间的一个地址，或者说利用地址总线的所有地址线来唯一地确定存储芯片的一个单元。

例 5.1　图 5.4 所示是采用全地址译码方式实现的存储芯片与 8088 最大模式系统总线连接的电路图。

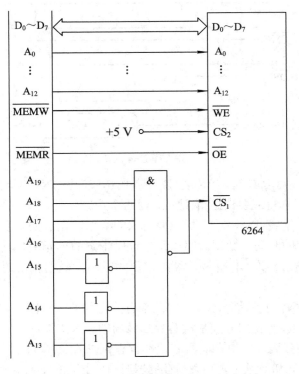

图 5.4　6264 全地址译码器

从图 5.4 可以看到，6264 这一 8 KB 的芯片唯一地占据从 F0000H～F1FFFH 这 8 KB 主存空间；芯片的每一个存储单元唯一地占据上述地址空间中的一个地址。

从例 5.1 中可以看到，地址总线的低位地址(A_0～A_{12})经芯片内部译码确定芯片内部的某一个单元，高位地址(A_{19}～A_{13})利用译码器来决定芯片被放置在主存空间的什么位置上。若图 5.4 中其他连线不变，仅将连接 $\overline{CS_1}$ 的译码器改为图 5.5 所示电路，则 6264 所占主存的地址范围就唯一地定位于 80000H～81FFFH 之内。

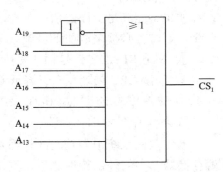

图 5.5　另一种译码电路

由此可见，只要采用适当的译码电路，就可以将 6264 这 8 KB 地址单元放在主存空间的任一 8 KB 范围内。

(2) 部分地址译码方式。

部分地址译码就是只用高位地址的一部分译码产生存储芯片的片选，用来确定存储芯片所占主存地址空间。

例 5.2　采用部分地址译码方式实现的存储芯片与 8088 最大模式系统总线连接的电路图如图 5.6 所示。

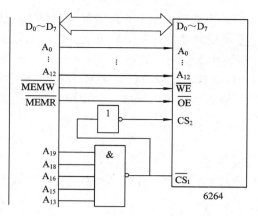

图 5.6　6264 部分地址译码连接

分析图 5.6 的连接，可以发现，此时 8 KB 的 6264 所占的主存地址空间为：

DA000H～DBFFFH

DE000H～DFFFFH

FA000H～FBFFFH

FE000H～FFFFFH

可见，8 KB 的芯片占了 4 个 8 KB 的主存空间。为什么会发生这种情况呢？原因就在于确定存储芯片的存储单元时没有利用地址总线的全部地址，而只利用了地址信号的一部分。在图 5.6 中，A_{14} 和 A_{17} 并未参加译码，这就是部分地址译码的含义。

部分地址译码少用了地址线参加译码，致使一块 8 KB 的芯片占据了多个 8 KB 的地址空间，产生了地址重叠区。在主存设计时，重叠的地址区域决不可再分配给其他芯片，只能空着不用，否则会在存储芯片被 CPU 读/写时造成总线竞争而使微机无法正常工作。

部分地址译码使地址出现重叠区，而重叠的部分必须空着不准使用，这就破坏了地址空间的连续性并减少了总的主存地址空间，但这种方式的译码器设计比较简单，比如图 5.6 所示的电路中就少用了两条译码输入线。可以说，部分译码方式是以牺牲主存空间为代价来换取译码的简单化的。

可以推而广之，若参加译码的高位地址愈少，译码愈简单，一块芯片所占的主存地址空间就愈多。极限情况是，只有一条高位地址线接在片选信号端。在图 5.6 中，若只将 A_{19} 接在 $\overline{CS_1}$ 上，这时一片 6264 芯片所占的主存地址范围为 00000H～7FFFFH。这种只用一条高位地址线接片选信号端的连接方法叫作线性选择，现在很少使用。

(3) 译码器件选择。

前例设计中所用的译码器电路都是用门电路构成的，这仅仅是构成译码器的一种方法。在工程上常用的译码电路还有如下几种类型可选：

① 利用厂家提供的现成的译码器芯片。例如，74 系列的 138、139、154 等均可选用。这些现成的译码器已使用多年，性能稳定可靠，使用方便，故常被采用。

② 利用厂家提供的数字比较器芯片。例如，74 系列的 682～688 均可选用。这些芯片用作译码器，会给改变译码地址带来方便。在需要方便地改变存储芯片地址的应用场合，用比较器芯片作译码是很合适的。

③ 利用 ROM 作译码器。事先在 ROM 的固定单元中固化好适当的数据,使它在连接中作为译码器使用。这种方式在批量生产中用起来更合适,而且也具有一定的保密性。但它需要专门制作或编程,在科研中使用略显麻烦。

④ 利用 PLD。利用 PLD 编程器可以方便地对 PLD 器件进行编程,使它满足译码器的要求。只要有 PLD 编程器,原则上就可以构成各种逻辑功能,当然也可以构造译码器,而且其保密性能会更好一些。

3) 接口设计举例

(1) 利用现成的译码器芯片。

例 5.3 2 K × 8 bit 存储芯片 6116 在 8086 系统总线上的连接如图 5.7 所示。

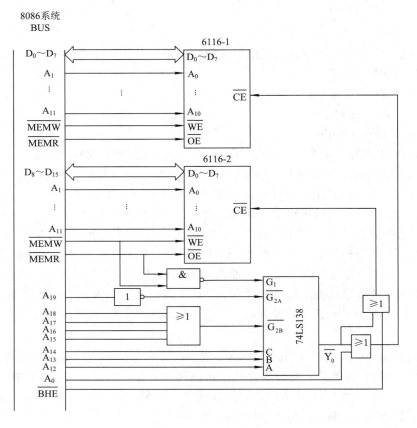

图 5.7   6116 的连接

在图 5.7 中,采用 3-8 译码器 74LS138 作为片选信号的译码器,使 6116-1 占据主存地址 80000H~80FFFH 中的全部偶地址,6116-2 占据主存地址 80000H~80FFFH 中的全部奇地址。

(2) 利用 ROM 作译码器。

如上所述,74LS138 和 74LS154 都可以作为存储器的译码电路。但是,一旦这些译码器的输入地址线连接完毕,其输出端所选择的地址空间也就确定了;如果要改变,就必须改变所输入的地址线。因此,人们设想是否能设计一种可编程的地址译码器,其输出端选择的地址空间可以随编程的不同而不同。符合这种设计的地址译码器就是由 ROM 构成的地址译码器。下面举一个实例加以说明。

　　例 5.4　现在要用 4 片 6264 构成一个存储容量为 32 KB 的存储器模块，其地址空间为 E0000H～E7FFFH。用一块 PROM 63S241 作为译码器，其连接电路如图 5.8 所示。

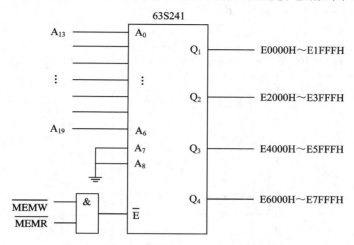

图 5.8　ROM 地址译码器

　　63S241 是一块 $512 \times 4b$ 的 PROM 芯片，具有地址线 $A_0 \sim A_8$，$\overline{E}$ 为片选端，低电平有效，$Q_1 \sim Q_4$ 为 4 位数据输出。现在图中 $\overline{E}$ 端接 $\overline{MEMW}$ 和 $\overline{MEMR}$ 相与之后的信号，A_7、A_8 接地，$A_0 \sim A_6$ 分别与 8088 最大模式系统总线的高位地址线 $A_{13} \sim A_{19}$ 相连，$Q_1 \sim Q_4$ 分别接 4 块 6264 的片选端。如果在 63S241 的 070H～073H 单元分别写入如下内容：

　　　　(070H) = 1110B
　　　　(071H) = 1101B
　　　　(072H) = 1011B
　　　　(073H) = 0111B

在除上述 4 个单元外的其余单元中都写入全"1"的数据，那么当 CPU 读/写 E0000H～E1FFFH 的存储空间时，由图 5.8 可知，此时恰好选中了 63S241 芯片的 070H 单元，该单元内容使 $Q_4Q_3Q_2Q_1 = 1110B$，即 Q_1 端输出低电平，选通第 1 块存储器芯片 6264。当 CPU 读/写 E2000H～E3FFFH 的存储空间时，就会选中 63S241 芯片的 071H 单元，该单元内容使 $Q_4Q_3Q_2Q_1 = 1101B$，即 Q_2 端输出低电平，选通第 2 块存储器芯片 6264。以此类推，就可以正确地完成地址译码功能。在这种情况下，4 块 6264 芯片所占有的地址空间分别为：

　　　　第 1 块 6264——E0000H～E1FFFH
　　　　第 2 块 6264——E2000H～E3FFFH
　　　　第 3 块 6264——E4000H～E5FFFH
　　　　第 4 块 6264——E6000H～E7FFFH

　　画出完整的主存模块连接电路，如图 5.9 所示。

　　在图 5.9 中，采用 PROM 作为译码器。同时，利用第 4 章中总线驱动的概念，对双向数据总线和单向地址线、控制信号线采用了板内驱动器驱动。在这里再次强调，尽管本节描述的是 RAM 连接，在此之前均未考虑驱动问题，但将来在构成微机系统时，只有那些规模很小的系统才不需要加驱动，在多数情况下，设计者必须仔细考虑和估算，决定是否需要加总线驱动。

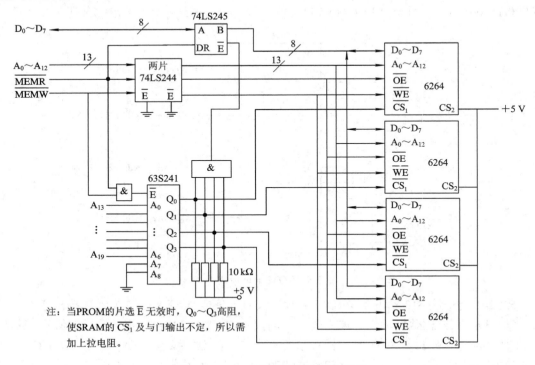

图 5.9　ROM 作译码器的连接电路图

(3) 利用数字比较器作译码器。

厂家为用户生产了许多数字比较器，这些器件可以用作译码电路，而且使用方便。下面就以 74LS688 为例，说明如何将数字比较器用作译码器。数字比较器 74LS688 的引脚如图 5.10 所示。

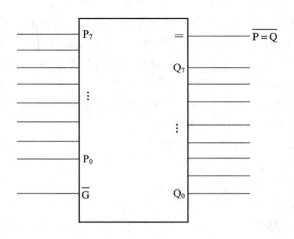

图 5.10　数字比较器 74LS688 的引脚图

74LS688 将 P 边输入的 8 位二进制编码与 Q 边输入的 8 位二进制编码进行比较。当 P = Q，即两边输入的 8 位二进制数相等时，"="引脚输出为低电平。芯片上的 $\overline{G}$ 端为比较器有效控制端。只有当 $\overline{G} = 0$ 时，74LS688 才能工作，否则"="引脚输出为高电平。

例 5.5　利用 74LS688 作译码器的主存模块连接电路如图 5.11 所示。

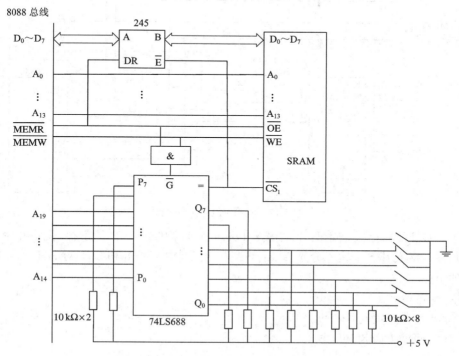

图 5.11　利用数字比较器作译码器的主存模块连接电路

在图 5.11 中，将高位地址接在 74LS688 的 P 边。由于本例中高位地址只有 6 条，故将 P 边多余的两条线接固定的高电平(也可以直接接地)。74LS688 的 Q 边通过短路插针或拨码开关，接成所需编码。本例为 Q_4 和 Q_1 接地(零电平)，其余的全接高电平，则图中所示的 16 K × 8 bit 的存储芯片的主存地址为 B4000H～B7FFFH。

(4) 利用 PLD 作译码器。

早期的 PLD(可编程逻辑器件)主要包括 PLA(可编程逻辑阵列)、PAL(可编程阵列逻辑)和 GAL(门阵列逻辑)，集成度比较低，功能少，很适合用作译码器。新近的 CPLD(复杂可编程逻辑器件)的集成度已达近千万个逻辑单元，引出线有千条之多，可以完成非常复杂的功能。

这里主要说明如何利用简单的 PLD 实现译码器的功能。

顾名思义，PLD 是可编程器件。厂家提供的 PLD 产品可供用户按自己的需求编程使用，而且后期产品大多都是可多次编程的。同时，厂家或第三方为这些产品配有专门的编程软件，用户使用起来是很方便的。

现以简单的 PAL16L8 为例来说明如何将它用作译码器。

例 5.6　利用 62256(32 K × 8 bit)存储芯片构成 8088 微机系统 64 KB 的主存模块，其地址范围为 A0000H～AFFFFH，电路连接如图 5.12 所示。

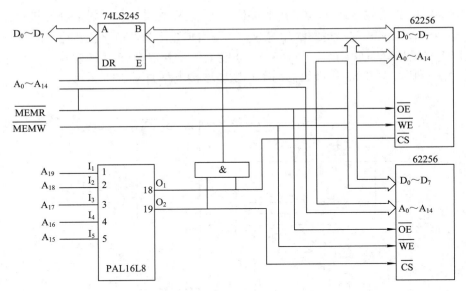

图 5.12 利用 PLD 作译码器

由图 5.12 可以看到,需用两片 32 K × 8 bit 的芯片构成 64 KB 的主存。图中用 PAL16L8 作为译码器,定义其 5 个输入分别接 $A_{19} \sim A_{15}$,两个输出为 O_1 和 O_2。对 PAL 用 VHDL 语言编程如下:

```
library ieee;
use ieee.std_logic_1164.all;
entity DECODER_16L8 is
port (
        A19,A18,A17,A16,A15: in STD_LOGIC;
        O1,O2: out STD_LOGIC
);
end DECODER_16L8;
architecture PAL1 of DECODER_16L8 is
begin
        O1 <= not(A19 and (not A18) and A17 and (not A16) and (not A15));
        O2 <= not(A19 and (not A18) and A17 and (not A16) and A15);
end PAL1;
```

4) 异步 SRAM 的新发展

根据不同应用领域的需求,异步 SRAM 逐渐发展出了两个分支:快速异步型 SRAM 和低功耗异步型 SRAM。

(1) 快速异步型 SRAM。

存取时间为 35 ns(或更短)的异步 SRAM 可被归类为快速异步型 SRAM。这类存储器的存取速度快(典型存取时间为 10 ns),功耗较高,存储容量通常在 64 Kb~32 Mb 之间。其典型应用为嵌入式系统(比如交换机、路由器等网络设备)中的高速存储器。

以赛普拉斯(Cypress)公司(已于 2020 年被英飞凌公司收购)生产的 CY7C1041G 芯片为例,该芯片的存储容量为 256 K × 16 b,最短读/写时间为 10 ns;芯片内部自带检错与纠错电路,可以自动发现并纠正 1 位错误。为了控制每个 16 位存储单元中高字节、低字节的独立读/写,引入了数据高 8 位允许信号 $\overline{\text{BHE}}$ 以及数据低 8 位允许信号 $\overline{\text{BLE}}$。如果对某个存储单元的 16 位进行读/写,则 $\overline{\text{BHE}}$ 与 $\overline{\text{BLE}}$ 信号应该同时有效;如果只读/写某个存储单元的高字节,则应该 $\overline{\text{BHE}}$ 信号有效、$\overline{\text{BLE}}$ 信号无效;如果只读/写某个存储单元的低字节,则应该 $\overline{\text{BHE}}$ 信号无效、$\overline{\text{BLE}}$ 信号有效。

CY7C1041G 芯片的数据读/写过程与 6264 一样,只是增加了对 $\overline{\text{BHE}}$ 与 $\overline{\text{BLE}}$ 信号的控制。该芯片的典型工作电流为 38 mA;如果片选信号 $\overline{\text{CE}}$ 无效(高电平),则芯片处于低功耗状态,电流仅为 6 mA;电源电压在 1 V 时,仍能保证数据不丢失。

(2) 低功耗异步型 SRAM。

有些应用(例如移动设备)对功耗的关注程度要超过对性能的关注程度,因此制造商推出了功耗极低的 SRAM 系列。赛普拉斯(Cypress)推出了 MoBL(更长的电池使用寿命)低功耗异步型 SRAM 产品,这类产品典型的存取时间约为 45 ns(或更长),内部结构专为实现低功耗而优化,典型待机电流可低至 2.5 μA,而读写频率在 1 MHz 时的工作电流也仅为 3.5 mA。

低功耗异步型 SRAM 的存储容量通常在 256 Kb～64 Mb 之间,工作功耗及待机功耗都比快速异步型 SRAM 低,读/写时间通常在 45 ns 以上,其他外部特性及工作过程与快速异步型 SRAM 类似。

2. 同步 SRAM

同步 SRAM 所有控制信号、输入/输出数据均要与时钟同步,不需要像异步 SRAM 那样必须分别考虑基于各种信号的时序。

同步 SRAM 出现于 20 世纪 80 年代后期,最初用于高性能的工作站和服务器中的二级缓存。20 世纪 90 年代中期,个人计算机得到普及,同步 SRAM 开始用于个人计算机中的二级缓存。随后,同步 SRAM 大量用于包括高性能网络设备在内的众多应用的设计中。目前同步 SRAM 的存储容量通常在 2 Mb～144 Mb 之间。

1) 同步 SRAM 的分类

同步 SRAM 根据不同的架构,可分为如下几类:

(1) 标准同步 SRAM。

标准同步 SRAM 器件主要用于个人计算机的二级缓存,也广泛用于网络通信、医疗和测试等设备中。

标准同步 SRAM 具有两种基本格式:流水线型和直通型。直通型同步 SRAM 仅在输入端有寄存器,当地址和控制输入被捕获且一个读存取操作被启动时,数据将被允许"直接"流至输出端。当用户更倾向于减小初始延迟,而对持续带宽要求不高时,可优先选用直通型架构。"流水线型"同步 SRAM 同时拥有一个输入寄存器和一个输出寄存器。流水线型同步 SRAM 所提供的工作频率和带宽通常高于直通型同步 SRAM。因此,在需求较高带宽且对初始延迟不是很敏感时,可优先选用流水线型同步 SRAM。

(2) NoBL(无总线延迟)型同步 SRAM。

标准同步 SRAM 是高速缓冲存储器应用的理想选择。对于典型的网络应用,经常会出现读、写操作频繁交替进行的现象。一个其后紧跟着写操作的读操作将导致在数据总线上出现竞争状态。对于总线竞争来说，唯一的规避措施就是引入"等待"或"无操作"(NOP)周期，以提供总线转向时间。但是，这些"等待周期"会影响总线的利用率，从而导致带宽利用率不足。由于带宽利用率是网络应用的一项关键因素，所以，标准同步 SRAM 并非此类网络应用的理想选择。为了解决总线竞争问题，人们开发了"无总线延迟"(NoBL)(也称"零总线转向"(ZBT))型同步 SRAM。

NoBL 型同步 SRAM 在接口电路中增加了数据寄存器及相应的控制电路，可完全消除标准同步 SRAM 所需的"等待状态"，实现峰值总线利用率。该功能极大地改善了存储器的性能，尤其是在读、写操作频繁交替进行的情况下。

(3) QDR(四倍数据速率)型同步 SRAM。

尽管推出了 NoBL 型架构并使性能比标准同步 SRAM 有所改善，但某些系统对性能有着更高的要求，不仅要求较高的工作速度，而且还需要对存储器进行同时读和写操作。于是，由赛普拉斯(Cypress)、Renesas、IDT、NEC 和三星(Samsung)等几家公司联合组成的 QDR 协会开发出了 QDR、QDRⅡ、QDRⅡ+ 型同步 SRAM。

QDR 架构延迟低，且带宽明显高于 NoBL 型架构。QDR 型同步 SRAM 与 NoBL 型同步 SRAM 最为显著的差异是，QDR 型同步 SRAM 的读端口和写端口是分开的。这些端口可独立工作，支持并行的读/写操作，彻底消除了总线竞争。QDR 型同步 SRAM 能够以 2 倍数据传输速率(DDR，即时钟的上升沿和下降沿可分别传送一次数据)来支持两项同时出现的读和写操作，即具有"四倍数据速率"(QDR)。

QDRⅡ+ 型同步 SRAM 数据位宽有 36 位、18 位、9 位可选，突发长度为 2 或 4，读取延迟为 2 个或 2.5 个时钟周期，时钟频率最高可达 550 MHz，存储容量通常在 18～144 Mb 之间。

(4) DDR(双倍数据速率)型同步 SRAM。

DDR 和 DDRⅡ型同步 SRAM 与 QDR 型同步 SRAM 都属于相同的存储器系列。它们与 QDR 型同步 SRAM 很相似，主要的差异在于 DDR 型同步 SRAM 不具备单独的读和写端口。QDR 型同步 SRAM 能同时执行读和写操作，而 DDR 型同步 SDRAM 器件只能分别(而不是在某一给定的时刻同时)执行读和写操作。

因此，QDR 型同步 SRAM 主要面向大量读、写操作随机交替出现的应用，而 DDR 型同步 SRAM 则主要针对大量读操作(或写操作)连续出现且所需带宽远远高于标准同步 SRAM 或 NoBL 型器件的应用。

DDRⅡ+ 型同步 SRAM 数据位宽有 36 位、18 位可选，突发长度为 2 或 4，读取延迟为 2 个或 2.5 个时钟周期，时钟频率最高可达 550 MHz，存储容量为 18～144 Mb。

2) 典型同步 SRAM 芯片

CY7C1645KV18 是赛普拉斯(Cypress)公司生产的一款 4M×36b 容量的 QDRⅡ+ 型同步 SRAM，可以满足通信、网络、数字信号处理等领域对高性能存储器的要求。CY7C1645KV18 具有独立的读端口、写端口，彻底消除了读、写操作交替出现时数据总线信号转向所造成的延迟，可以实现并行读/写，两个端口共享地址总线；时钟频率最高为 450 MHz，突发长度为 4；读、写端口都可以实现双倍速率(DDR)数据传输，在主频为 450 MHz 的情况下，每秒钟可以进行 900 M 次数据传输；核心电源电压 V_{DD} 为 1.8 V，输入/输出电源电压 V_{DDQ} 为 1.5 V 或 1.8 V；采用 FBGA 封装。

QDRⅡ+ 型同步 SRAM 工作时功耗较高。CY7C1645KV18 在时钟频率为 450 MHz 的情况下，最大工作电流可达 1290 mA。

CY7C1645KV18 的内部结构及主要引线如图 5.13 所示。

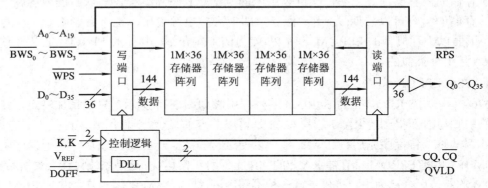

图 5.13 CY7C1645KV18 的内部结构及引线

3) 同步 SRAM 连接接口设计

QDR 型同步 SRAM 具有专用的接口信号及读/写方式，必须通过相应的 QDR SRAM 控制器才能连接到系统总线上。QDR SRAM 控制器通常包括以下几个模块：

(1) 用户接口：用于连接到用户的系统总线。

(2) 物理接口：用于连接相应的 QDR SRAM 芯片。

(3) 状态机：用于实现读/写时序的转换及延迟校准。

(4) 错误检测与纠错模块：如果用两片 CY7C1645KV18 位扩充，可实现 72 位的数据宽度，其中 64 位用于存储有效数据，8 位用于存储海明校验码，可以发现 2 位错误、纠正 1 位错误。

QDR SRAM 控制器通常用复杂的可编程逻辑器件(CPLD)或现场可编程门阵列(FPGA)实现，常见实现方法如下：

(1) 根据具体要求，用硬件描述语言自行实现。

(2) 利用现成的解决方案。比如，某些 EDA 工具提供 QDRⅡ SRAM 控制器可定制参数的 IP 核，在 FPGA 开发集成环境中可直接调用。

5.2.2 只读存储器(ROM)及接口设计

早期的只读存储器(Read Only Memory)在线工作时只读不写，故此而得名。大多数只读存储器在特定条件下，可以对其存储的信息进行擦除并重新写入，故称为可编程 ROM。

因为与 SRAM 具有不同的内部构造电路，所有的 ROM 均具有信息非易失性(非挥发性，即掉电信息不丢失)特性，而所有的 RAM 则为易失性的。但无论是 ROM 还是 RAM，通常都可对任何存储单元在任何时间进行随机访问(作为特例，同步 SRAM、SDRAM、NAND Flash 的突发读/写严格来讲不是随机访问)。

由于 EPROM 和 EEPROM 存储容量较大，可多次擦除后重新对它们进行编程而写入新的内容，使用十分方便，尤其是厂家为用户提供了独立的擦除器、编程器或插在各种微型机上的编程卡，大大方便了用户，因此，这两种类型的只读存储器得到了极其广泛的应用。

1. 紫外线可擦除只读存储器 EPROM

EPROM 是一种可以擦去重写的只读存储器，通常用紫外线对其窗口进行照射，即可把它所存储的内容擦去。之后，又可以用电的方法对其重新编程，写入新的内容。一旦写入，其存储的内容可以长期(几十年)保存，即使去掉电源电压，也不会影响到它所存储的内容。下面以一种典型的 EPROM 芯片 2764 为例来作介绍，其他的 EPROM 芯片在使用上与 2764 是十分类似的。

1) 典型 EPROM 芯片

2764 是一块 8 K × 8 bit 的 EPROM 芯片，引脚如图 5.14 所示，只要稍加注意，就会发现它的引脚与前面提到的 RAM 芯片 6264 是可以兼容的，这对于使用者来说是十分方便的。在软件调试时，将程序先放在 RAM 中，以便进行修改。一旦调试成功，可把程序固化在 EPROM 中，再将 EPROM 插在原 RAM 的插座上即可正常运行。这是系统设计人员所希望的。EPROM 的制造厂家已为用户提供了许多种不同容量、能与 RAM 引脚相兼容的 EPROM 芯片。

$A_0 \sim A_{12}$ 为 13 条地址信号输入线，说明芯片的容量为 8 K 个单元。

$D_0 \sim D_7$ 为 8 条数据线，表明芯片的每个存储单元存放一个字节(8 位二进制数)。在其工作过程中，$D_0 \sim D_7$ 为数据输出线；当对芯片编程时，由这 8 条线输入要编程的数据。

$\overline{CE}$ 为输入信号。当它有效(低电平)时，能选中该芯片，故 $\overline{CE}$ 又称为片选信号(或允许芯片工作信号)。

$\overline{OE}$ 是输出允许信号。当 $\overline{OE}$ 为低电平时，芯片中的数据可由 $D_0 \sim D_7$ 输出。

$\overline{PGM}$ 为编程脉冲输入端。当对 EPROM 编程时，在此引脚加入编程脉冲。读数据时 $\overline{PGM}$ 为 1。

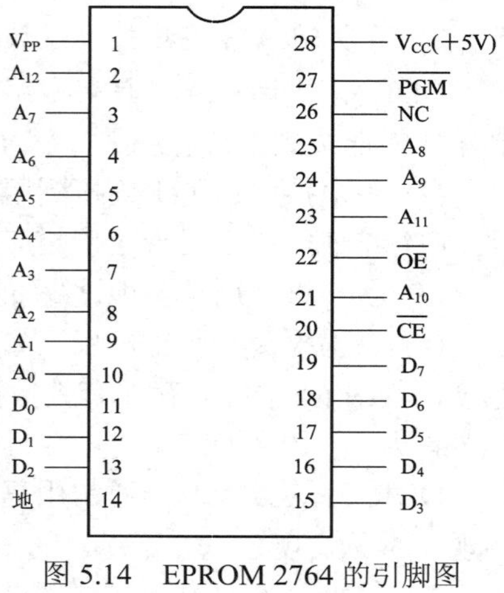

图 5.14　EPROM 2764 的引脚图

2) EPROM 连接接口设计

2764 在使用时，仅用于将其存储的内容读出。其过程与 RAM 的读出十分类似，即送出要读出的地址，然后使 $\overline{CE}$ 和 $\overline{OE}$ 均有效(低电平)，则在芯片的 $D_0 \sim D_7$ 上就可以输出要读出的数据。

EPROM 2764 芯片与 8088 总线的连接如图 5.15 所示。从图中可以看到，该芯片的地址范围在 F0000H～F1FFFH 之间。其中，RESET 为 CPU 的复位信号，有效时为高电平；$\overline{MEMR}$ 为存储器读控制信号，当 CPU 读存储器时有效(低电平)。

6264 和 2764 是可以兼容的，要做到这一点，只要在连接 2764 时适当加以注意就行了。例如，在图 5.15 中，若 $\overline{PGM}$ 端不接 $V_{CC}(+5\ V)$，而将它与系统的存储器写信号 $\overline{MEMW}$ 接在一起，则在插座上插上 2764 只读存储器后即可读出其存储的内容。当在此插座上插上 6264 时，又可以对此 RAM 进行读或写。这为程序的调试带来了很大的方便。

为了说明 EPROM 的连接，来看下面一个连接实例。

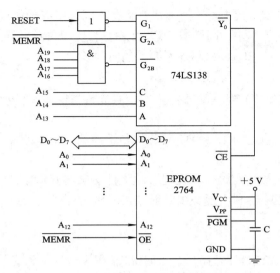

图 5.15 EPROM 2764 的连接图

例 5.7 利用 2732 和 6264 分别构成 00000H～02FFFH 的 ROM 存储区和 03000H～06FFFH 的 RAM 存储区。试画出与 8088 系统总线的连接图(注:可不考虑板内的总线驱动)。

从题目中可以看到,要形成的 ROM 区域范围为 12 KB,而使用的 EPROM 芯片是容量为 4 KB 的 EPROM 2732,因此,必须用 3 片 2732 才能构成这 12 KB 的 ROM。

同样,要构成的 RAM 区域为 16 KB,而使用的 RAM 芯片是静态读/写存储器 SRAM 6264,它是一片 8 K × 8 bit 的芯片,故必须用两片 6264 才能构成所要求的内存范围。

根据上面的分析,画出连接电路图,如图 5.16 所示。

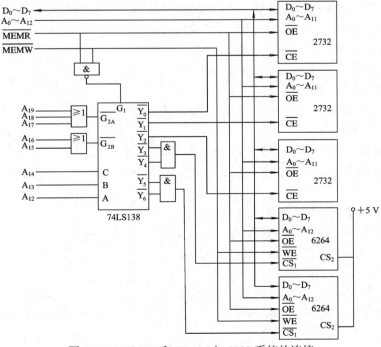

图 5.16 EPROM 和 SRAM 与 8088 系统的连接

例 5.7 中使用的 2732 与 2764 的引脚功能略有不同，感兴趣的读者可查阅有关手册。

在 EPROM 的连接使用中，同样应注意时序的问题，即必须保证 CPU 读出 EPROM 时所提供给芯片的时间要比 EPROM 芯片所要求的时间长。

3) EPROM 编程

EPROM 的一个重要优点就是可擦除重写，且允许擦除重写的次数超过一万次。

(1) 擦除。

那些刚出厂未被使用过的 EPROM 芯片均是干净的，干净的标志就是芯片中所有单元的内容均为 FFH。

若 EPROM 芯片已被使用过，则在对其编程前必须将其从系统中取下来，放在专门的擦除器上进行擦除。擦除器利用紫外线照射 EPROM 的窗口，一般 15~20 min 即可擦除干净。

(2) 编程。

对 EPROM 的编程通常有两种方式，即标准编程和快速编程。

① 标准编程。标准编程过程为：将 EPROM(如 2764)插到专门的编程器上，在引脚 V_{CC} 上加 +5 V，在引脚 V_{PP} 上加 EPROM 芯片所要求的高电压(如 +12.5 V、+15 V、+21 V、+25 V 等)，然后在地址线上加载要编程单元的地址，在数据线上加载要写入的数据，使 $\overline{CE}$ 保持低电平，$\overline{OE}$ 为高电平；在上述信号全部达到稳定后，在 $\overline{PGM}$ 端加上 (50 ± 5)ms 的负脉冲，这样就将一个字节的数据写入了相应的地址单元中。重复上述过程，即可将要写入的数据逐一写入相应的存储单元中。

每写入一个地址单元，在其他信号不变的条件下，将 $\overline{OE}$ 变低，可以立即读出校验；也可在所有单元都写完后再进行最终校验；还可同时采用上述两种方法进行校验。若写入数据有错，则可从擦除开始，重复上述过程再进行一次写入编程过程。

标准编程用在早期的 EPROM 中。这种编程方式有两个主要的缺点：其一是编程时间太长，当 EPROM 容量较大时，每个单元 50 ms 的编程时间，使得写一块大容量芯片的时间长得令人无法接受；其二是不够安全，因编程脉冲太宽，可能会使功耗过大而损坏 EPROM。

② 快速编程。随着技术的进步，EPROM 芯片的容量愈来愈大。同时，人们也研制出相应的快速编程方法。

例如 EPROM 27C040 是一块 512 KB 的芯片，其引脚如图 5.17 所示。V_{PP} 为编程高电压，编程时加 +13 V，正常读出时与 V_{CC} 接在一起；$\overline{G}$ 为输出允许信号；$\overline{E}$ 为片选信号，编程时，此端加编程脉冲。该芯片在正常读出时，其连接与 2764 类似；编程时，V_{CC} 升至 6.5 V。其编程时序如图 5.18 所示。

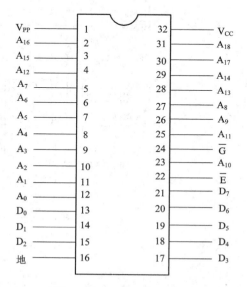

图 5.17　27C040 的引脚图

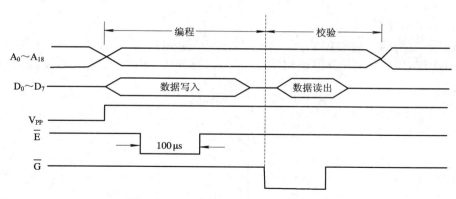

图 5.18　EPROM 27C040 的编程时序图

由图 5.18 可以看到，27C040 所用的编程脉冲只有 100 μs。因此，27C040 的编程时间是很短的。

27C040 的编程分为三大步。第一步是用 100 μs 的编程脉冲依次写完全部要写的单元。第二步是从头开始校验每个写入的字节。若没有写对，则再重写此单元——用 100 μs 编程脉冲写一次，立即校验；若连续 10 次仍未写对，则认为芯片已损坏。这一步是对那些第一步未写对的单元进行补写。第三步则是从头到尾对每一个编程单元校验一遍，若全对，则编程即告结束。

请读者注意，不同型号、不同厂家的 EPROM 芯片的编程要求可能略有不同。例如，前面提到的 2764 也可以采用快速编程，但它所用的编程脉冲宽度为 1～3 ms 而不是 27C040 的 100 μs，这种编程思路是可以借鉴的。同时，现在已有许多智能化的编程器，它们可以自适应地判断 EPROM 芯片编程时所要求的 V_{PP} 和编程脉冲宽度，这将为使用者带来更大的方便。

2. 电可擦除只读存储器 EEPROM(E^2PROM)

EEPROM 是电可擦除只读存储器的英文缩写。EEPROM 在擦除及编程上比 EPROM 更加方便。EPROM 在擦除时必须将芯片取下，放在特定的擦除器中，在紫外线灯下进行照射才能将内容擦除干净；而 EEPROM 可以在线进行擦除，使用起来极为方便。

1) 典型 EEPROM 芯片

EEPROM 以其制造工艺及芯片容量的不同而有多种型号，有的型号与相同容量的 EPROM 完全兼容(例如 2864 与 2764 完全兼容)，有的型号则具有自己的特点。下面仅以其中一种芯片为例加以说明。读者在掌握了这种芯片的使用之后，对类似的芯片也就不难理解和使用了。

(1) NMC98C64A 的引脚及功能。

8 K × 8 b 的 EEPROM 98C64A 是一片 CMOS 工艺的 EEPROM，其引脚如图 5.19 所示。A_0～A_{12} 为地址线，用于选择片内的 8 K 存储单元。

D_0～D_7 为 8 条数据线，表明每个存储单元存储一个字节的信息。

$\overline{CE}$ 为片选信号。当 $\overline{CE}$ 为低电平时，选中该芯片；当 $\overline{CE}$ 为高电平时，该芯片不被选中。芯片未被选中时，芯片的功耗很小，仅为 $\overline{CE}$ 有效时的 1/1000。

$\overline{OE}$ 为输出允许信号。当 $\overline{CE}=0$，$\overline{OE}=0$，$\overline{WE}=1$ 时，可将选中的地址单元的数据读

出。这与 6264 很相似。

$\overline{WE}$ 为写允许信号。当 $\overline{CE}=0$，$\overline{OE}=1$，$\overline{WE}=0$ 时，可将数据写入指定的存储单元。

READY/$\overline{BUSY}$ 为漏极开路输出端。当写入数据时，该信号变低；数据写完后，该信号变高。

```
READY/BUSY  1        28  Vcc
A12         2        27  WE
A7          3        26  NC
A6          4        25  A8
A5          5        24  A9
A4          6        23  A11
A3          7        22  OE
A2          8        21  A10
A1          9        20  CE
A0         10        19  D7
D2         11        18  D6
D1         12        17  D5
D0         13        16  D4
GND        14        15  D3
```

图 5.19　EEPROM 98C64A 的引脚图

(2) 时序与工作过程。

EEPROM 98C64A 的工作过程如下：

① 读出数据。由 EEPROM 读出数据的过程与从 EPROM 及 RAM 中读出数据的过程是一样的。当 $\overline{CE}=0$，$\overline{OE}=0$，$\overline{WE}=1$ 时，只要满足芯片所要求的读出时序关系，就可从选中的存储单元中将数据读出。

② 写入数据。将数据写入 EEPROM 98C64A 有两种方式。

第一种是按字节编程方式，即一次写入一个字节的数据。以字节方式写入的时序如图 5.20 所示。

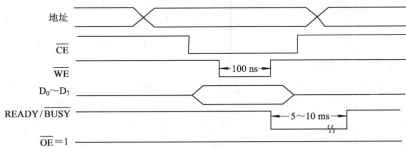

图 5.20　EEPROM 字节写入时序图

从图 5.20 中可以看出，当 $\overline{CE}=0$，$\overline{OE}=1$，在 $\overline{WE}$ 端加上 100 ns 的负脉冲时，便可以将数据写入规定的地址单元。这里要特别注意的是，$\overline{WE}$ 负脉冲过后，并非表明写入过程已经完成，而是到 READY/$\overline{BUSY}$ 端的低电平变高，才表明完成一个字节的写入。这段时间里包括了对本单元数据擦除和新数据写入的时间。不同芯片所用时间略有不同，一般是几百微秒到几十毫秒。98C64A 需要的 T_{WR} 最小为 5 ms，最大为 10 ms。

在对 EEPROM 编程的过程中，可以通过程序查询 READY/$\overline{BUSY}$ 信号或利用它产生中断来判断一个字节的写入是否已经完成。对于那些不具备 READY/$\overline{\text{BUSY}}$ 信号的芯片，可用软件或硬件延时的方式，保证写入一个字节所需要的时间。

可以看到，在对 EEPROM 编程时，可以在线操作，即可在微机系统中直接进行，从而减少了不少麻烦。

第二种编程方法称为自动按页写入。在 98C64A 中一页数据最多可达 32 个字节，要求这 32 个字节在内存中是顺序排列的。即 98C64A 的高位地址 A_{12}～A_5 用来定位一页数据，低位地址 A_4～A_0 就是一页所包含的 32 个字节。因此，A_{12}～A_5 可以称为页地址。

页编程的过程是，利用软件首先向 EEPROM 98C64A 写入页的第一个数据，并在此后的 300 μs 之内连续写入本页的其他数据，然后利用查询或中断查看 READY/$\overline{\text{BUSY}}$ 是否已变高，若变高，则写周期完成，表明这一页——最多可达 32 个字节的数据已写入 98C64A，接着可以写下一页，直到将数据全部写完。利用这样的方法，对 8 K × 8 b 的 98C64A 来说，写满该芯片最多只需 2.6 s，是比较快的。

2) EEPROM 连接接口设计

EEPROM 与 SRAM 类似，可以很方便地接到微机系统中。图 5.21 就是将 98C64A 连接到 8088 总线上的连接接口电路。当读该芯片的某一单元时，只要执行一条存储器读指令，就会满足 $\overline{\text{CE}}$ = 0，$\overline{\text{MEMW}}$ = 1 和 $\overline{\text{MEMR}}$ = 0 的条件，将存储的数据读出。

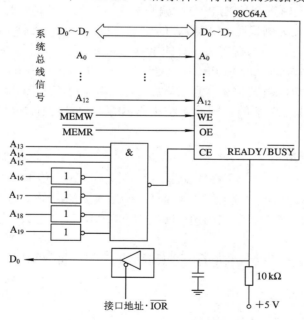

图 5.21　EEPROM 98C64 的连接

当需要对 EEPROM 的内容重新编程时，可在图 5.21 的连接下直接进行。可以以字节方式来编程，也可以以页方式编程。图中，READY/$\overline{\text{BUSY}}$ 信号的状态通过一个接口(三态门)可以读到 CPU 中，用来判断一个写周期是否结束。

EEPROM 98C64A 有写保护电路，加电和断电不会影响 EEPROM 的内容。EEPROM 一旦编程完毕，其数据即可长期保存(10 年以上)。每一个存储单元允许擦除/编程十万次。若希望一次将芯片所有单元的内容全部擦除干净，可利用 EEPROM 的片擦除功能，即在 D_0～D_7

上加 FFH，使 $\overline{CE} = 0$，$\overline{WE} = 0$，并在 $\overline{OE}$ 上加 +15 V 电压，再使这种状态保持 10 ms 即可。

在图 5.21 中，对 EEPROM 编程时可以利用 READY/$\overline{BUSY}$ 状态产生中断，或利用接口查询其状态(见后面章节)，也可以采用延时的方法，只要延时时间能保证芯片写入即可。

例 5.8　在图 5.21 所示连接接口电路支持下，编写将数据写入 98C64A 的程序。

下面的程序可将 55H 写满整片 98C64A。

```
START: MOV   AX, 0E00H
       MOV   DS, AX
       MOV   SI, 0000H
       MOV   CX, 2000H
GOON:  MOV   AL, 55H
       MOV   [SI], AL
       CALL  T20MS        ; 延时 20 ms，以确保 98C64A 所需最大 10 ms 的写入时间
       INC   SI
       LOOP  GOON
       HLT
```

例 5.8 这种利用延时等待的 EEPROM 编程方式很简单，但要浪费一些 CPU 的时间。

以上仅以 98C64A 为例说明 EEPROM 的应用，实际中有许多种 EEPROM 可供选择，它们的容量不同，写入时间有短有长，有的重复写入可达百万次，有的一页可包括更多字节。例如一页为 1024 个单元的 EEPROM，连续写满一页只需等待 6 ms。

除上述并行 EEPROM(其数据并行读/写)外，还有串行 EEPROM。串行 EEPROM 由于其读/写时数据是串行传输的，因而无法用作内存，只能当作外存使用，在简单的 IC 卡中应用十分广泛。

3．闪速存储器 Flash

EEPROM 使用单一电源，可在线编程，但其最大的缺点是编程时间过长。尽管有一些 EEPROM 有页编程功能，但仍感编程时间长得让人无法忍受，尤其是在编程大容量芯片时更是这样。为此，人们研制出闪速(Flash)EEPROM，其容量大，编程速度快，获得了广泛的应用。

Flash 存储器根据内部存储单元的排列及制造工艺的不同，可分为 NOR 型与 NAND 型两大类。

1) NOR 型 Flash 存储器

NOR 型 Flash 存储器具有以下特点：

- 有独立的数据、地址总线，可以快速随机读取。
- 在以块为单位或整片进行预编程和擦除后，可单字节或单字编程。
- 读操作速度快，擦除、编程操作速度慢。
- 集成度低，单位容量的成本高。
- 可擦写次数通常为 10 万次。
- 常用于存储少量代码，比如实现 PC 的 BIOS、嵌入式系统中的固件等。

下面以闪速存储器 28F040 为例说明 Flash 芯片的使用方法。

(1) 典型闪存芯片。

28F040 的引脚如图 5.22 所示。由图 5.22 可以看到，28F040 与 27C040 的引脚是相互兼容的。但前者可以做到在线编程，而后者是无法做到的。

28F040 是一块 512 KB 的闪速 EEPROM 芯片，其内部可分成 16 个 32 KB 的块(或者称为页)，每一块可独立进行擦除。

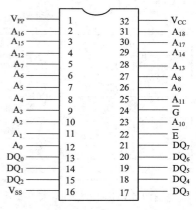

图 5.22 闪存 28F040 的引脚图

(2) 闪存工作条件及类型。

28F040 有如下几种工作类型：

① 读出：包括从 28F040 中读出某个单元的数据、读出芯片内部状态寄存器中的内容、读出芯片内部的厂家标记和器件标记这三种情况。

② 写入编程：包括对 28F040 进行编程写入及对其内部各 32 KB 块的软件保护。

③ 擦除：包括对整片一次擦除或只擦除片内某些块以及在擦除过程中使擦除挂起和恢复擦除。

要使 28F040 工作，需要首先向芯片内部写入命令，然后再根据此命令的要求进行具体操作，以实现擦除、写入等功能。28F040 的命令如表 5.2 所示。

表 5.2 28F040 的命令

命 令	总线周期	第一个总线周期			第二个总线周期		
		操作	地址	数据	操作	地址	数据
读存储单元	1	写	×	00H			
读存储单元	1	写	×	FFH			
标记	3	写	×	90H	读	IA	
读状态寄存器	2	写	×	70H	读	×	SRD
清除状态寄存器	1	写	×	50H			
自动块擦除	2	写	×	20H	写	BA	D0H
擦除挂起	1	写	×	B0H			
擦除恢复	1	写	×	D0H			
自动字节编程	2	写	×	10H	写	PA	PD
自动片擦除	2	写	×	32H	写	×	30H
软件保护	2	写	×	0FH	写	BA	PC

注：IA：厂家标记地址为 0000H，器件标记地址为 00001H。

　　BA：选择块的任意地址。

　　PA：欲编程存储单元的地址。

　　SRD：由状态寄存器读得的数据。

　　PD：写入 PA 单元的数据。

　　PC：保护命令。PC 又分为 4 种：为 00H 时表示清除所有的保护；为 FFH 时表示置全片保护；为 F0H 时表示清地址所规定的块保护；为 0FH 时表示置地址所规定的块保护。

除命令外，28F040 的许多功能需要根据其内部状态寄存器的内容来决定。先向 28F040 写入命令 70H，接着便可以读出寄存器的各位。状态寄存器各位的含义见表 5.3。

表 5.3　状态寄存器各位的含义

位	高(1)	低(0)	功　能
$SR_7(D_7)$	准备好	忙	写命令
$SR_6(D_6)$	擦除挂起	正在擦除/已完成	擦除挂起
$SR_5(D_5)$	片或块擦除错误	片或块擦除成功	擦除
$SR_4(D_4)$	字节编程错误	字节编程成功	编程状态
$SR_3(D_3)$	V_{PP} 太低，操作失败	V_{PP} 合适	监测 V_{PP}
$SR_2\sim SR_0$			保留未用

28F040 工作时，要求在其引脚控制端加入适当电平，才能保证芯片正常工作。28F040 在不同工作类型下工作时需外加的控制信号是不一样的，具体如表 5.4 所示。

表 5.4　28F040 的工作条件

引　线	$\overline{E}$	$\overline{G}$	V_{PP}	A_9	A_0	$DQ_0\sim DQ_7$
只读存储单元	V_{IL}	V_{IL}	V_{PPL}	×	×	数据输出
读	V_{IL}	V_{IL}	×	×	×	数据输出
禁止输出	V_{IL}	V_{IH}	V_{PPL}	×	×	高阻
准备状态	V_{IH}	×	×	×	×	高阻
厂家标记	V_{IL}	V_{IL}	×	V_{ID}	V_{IL}	97H
芯片标记	V_{IL}	V_{IL}	×	V_{ID}	V_{IH}	79H
写入	V_{IL}	V_{IH}	V_{PPH}	×	×	数据写入

注：V_{IL} 为低电平，V_{IH} 为高电平(V_{CC})，×表示高低电平均可；V_{PPL} 为 0～V_{CC}，V_{PPH} 为 +12 V，V_{ID} 为 +12 V。

(3) 闪存功能实现。

① 只读存储单元。在初始加电以后或在写入 00H 或者 FFH 命令之后，芯片就处于只读存储单元的状态。这时就如同读 SRAM 或 EPROM 一样，很容易读出所要读出地址单元的数据。这时的 V_{PP} 可以是 V_{PPH} 或 V_{PPL}。

② 编程写入。28F040 采取字节编程方式，先写入命令 10H，再向写入的地址单元写入相应的数据，接着查询状态，判断这个字节是否写好。写好一个字节后，重复这个过程，逐个字节地写入。28F040 写入一个字节的时间最快为 8.6 μs。请读者注意，这种写入与前面提到的 98C64A 的字节编程十分类似，即一条指令足以将数据、地址锁存于芯片内部。在这里，用 $\overline{E}$ 的下降沿锁存地址，用 $\overline{E}$ 的上升沿锁存数据。指令过后，芯片进行内部操作，98C64A 由 READY/$\overline{BUSY}$ 指示其忙的过程；而 28F040 则以状态寄存器的状态来判断其是否写好。显然，28F040 的编程速度要快得多，这就是它称为闪存的缘由。

③ 擦除。因为编程写入时只能把存储单元中为"1"的二进制位从 1 变为 0，所以只有擦除才能把存储单元中所有二进制位变为 1。28F040 能以两种方式进行擦除。

a. 整片擦除。28F040 可以对整片进行一次性擦除(先写自动片擦除命令 32H，再写片擦除确认命令 30H)，擦除时间最快只用 2.6 s。擦除后各单元的内容均为 FFH，受保护的内容不被擦除。

b．块擦除。28F040 可以进行块擦除(先写自动块擦除命令 20H，再写确认命令 D0H 和块地址)，每 32 KB 为一块，每块由 $A_{15} \sim A_{18}$ 的编码来决定。在擦除时，可以有选择地擦除某一块或某些块，只要给出该块的任意一个地址(实际上只关心 $A_{15} \sim A_{18}$)即可。块擦除时间更短，最快为 100 ms。

④ 其他。28F040 具有写保护功能，只要利用命令将某一块或某些块规定为写保护，或者设置为整片写保护，就可以保证被保护的内容不被擦除和编程。

擦除挂起是指在擦除过程中需要读数据时，可以利用命令暂时挂起擦除。当读完数据后，又可以利用命令恢复擦除。

当 $\overline{E}$ 为高电平时，28F040 处于准备状态。在此状态下，其功耗比工作时小两个数量级，只有 0.55 mW。

(4) 闪存使用方法。

闪速 EEPROM 28F040 所表现的特性既有闪速 EEPROM 的共性，又有它自己的个性，即不同的闪速 EEPROM 之间会有些小的差别。只要了解了这一点，对于其他的芯片，仔细阅读厂家提供的资料，掌握并用好它们并不困难。

① 用作外存。由于闪速 EEPROM 的集成度已经做得很高，因此可以利用它构成存储卡。以 28F040 为例，利用 4 片这样的芯片构成 2 MB 存储卡，完全可以替代软磁盘，除价格稍高外，其他各方面都优于软磁盘。

② 用作内存。闪速 EEPROM 用作内存时，可用来存放程序或存放要求写入时间不受限制且不频繁改变的数据。

图 5.23 呈现了 28F040 作为内存模块的连接接口，与 2764 芯片连接方法类似，它接在 8088 最小模式系统总线上，利用 8088 最小模式下的 IO/$\overline{M}$ 信号以及 2-4 译码器 74LS139 产生片选控制信号 $\overline{E}$。当 8088 CPU 对主存空间 80000H～FFFFFH 的任一存储单元做读操作时，$\overline{E}$、$\overline{G}$ 有效，28F040 会在读取时间内将指定单元中的数据读出加载至数据线 $D_0 \sim D_7$ 上，使 CPU 获取。改变 $\overline{E}$ 端译码器的译码逻辑，就可以改变 28F040 在主存地址空间中的位置。

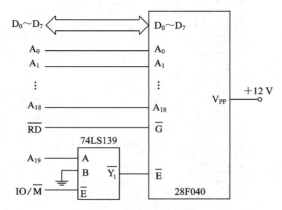

图 5.23　将 28F040 连接到最小模式下的 8088 系统总线上

28F040 在擦除和编程时，需要在 V_{PP} 引脚加 +12 V 的高电压，使用不方便。AMD 公司生产的 AM29F040B 的功能及引脚与 28F040 相似，但擦除和编程时只需要加 +5 V 电压即可，简化了电源设计。

对于容量更大的 NOR 型 Flash 存储器，比如美光(Micron)公司生产的 NOR 型 Flash 存储器 MT28EW01GABA1HJS-0AAT(存储容量为 64 M × 16 b，也可以配置为 128 M × 8 b)，感兴趣的读者可以查阅相关芯片手册。

2) NAND 型 Flash 存储器

NAND 型 Flash 存储器具有以下特点：

- 结构上为串行，集成度高，单位容量的价格低。
- 以页为单位读或编程，以块为单位擦除。
- 擦除、编程的速度比 NOR 型 Flash 存储器快。
- 使用专用的 8 位接口进行读、擦除、写等操作，数据、地址、命令信号复用；顺序读取速度快，随机读取慢，不能按字节随机编程。
- 芯片尺寸小，引脚数少。
- 可包含失效块。如果某一块失效，只需将失效块在地址映射表中屏蔽即可，不影响有效块的性能。
- 可擦写次数通常为 10 万次(SLC 型)。
- 适合纯数据存储和文件存储，常用在存储卡、固态硬盘等设备中。

下面以三星公司生产的 64 M × 8 b 芯片 K9F1208U0M 为例简要介绍 NAND 型 Flash 存储器。

K9F1208U0M 芯片为 48 引脚的 TSOP 封装(如图 5.24 所示)，其引脚功能如表 5.5 所示。其内部存储单元的组织结构为："512 个字节 + 16 个备用字节"组成一页(其中 512 字节分为前半页 256 字节和后半页 256 字节)，32 页组成一块，4096 块(64 M 字节 + 2 M 字节)组成一个 K9F1208U0M 芯片。

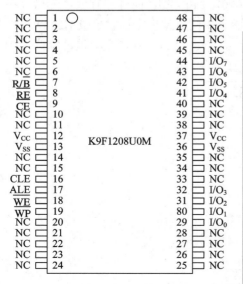

图 5.24　K9F1208U0M 引脚图

表 5.5　K9F1208U0M 的引脚功能

引线名称	功　　能
I/O$_0$～I/O$_7$	数据输入/输出，地址、命令输入
CLE	命令锁存信号输入
ALE	地址锁存信号输入
$\overline{\text{CE}}$	片选信号输入
$\overline{\text{RE}}$	读信号输入
$\overline{\text{WE}}$	写信号输入
$\overline{\text{WP}}$	写保护信号输入
R/$\overline{\text{B}}$	准备好/忙信号输出，漏极开路
V$_{CC}$	电源(2.7～3.6 V)
V$_{SS}$	地
NC	空脚

与之对比，一种非常古老的磁盘分区格式(FAT16 分区)是这样构成的："512 字节的有效数据＋地址及校验信息"构成一个扇区，32 个扇区构成一个簇，若干个簇构成一个 FAT16 磁盘分区。可见，NAND 型 Flash 存储器组织结构与磁盘相似，非常适合作为辅助存储器使用。

K9F1208U0M 在读操作时，接收命令和地址(26 位地址通过 8 位接口传送 4 次)之后，开始将该地址单元的数据传送至芯片内部的数据寄存器，这段时间内，R/$\overline{\text{B}}$ 为低电平(忙)，忙状态最大持续时间为 12 μs。如果要读的数据地址连续，则只需要送一个命令和地址，从该地址开始，可连续地把本页内后续的数据依次读出，读的性能可达到最高；而如果要读的数据地址不连续，即随机读取，则每个数据都要分几次送命令和地址，读的性能会急剧下降。

对于容量更大的 NAND 型 Flash 存储器，比如美光公司生产的 MT29F256G08AUAAA(存储容量为 32 G × 8 b，由 8 个裸片(Die)封装而成，每个裸片由 2 个 Plane 构成，每个 Plane 包含 2048 个块，每个块包含 128 个页，每个页的容量为 8 K ＋ 448 个字节)，感兴趣的读者可以查阅相关芯片手册。

随着技术的发展，很多嵌入式处理器内部已经集成了 NAND 型 Flash 存储器的接口，甚至可以直接通过该接口从 NAND 型 Flash 存储器中取指令，这使得在需要存储大量代码的场合，NAND 型 Flash 存储器可以取代 NOR 型 Flash 存储器。

5.2.3　其他存储器

微机中还会用到其他类型的存储器，本节仅对双端口存储器等几种常见存储器作简要介绍。

1. 双端口存储器

在多微处理器系统中，经常利用多端口存储器实现处理器之间的快速数据交换。多端口存储器包括双端口、三端口、四端口等多种。双端口存储器有多个厂家生产的多种型号。在这里仅以 256 字节的 DS1609 芯片为例说明它的使用。

1) DS1609 引脚

双端口存储器 DS1609 的引脚如图 5.25 所示。

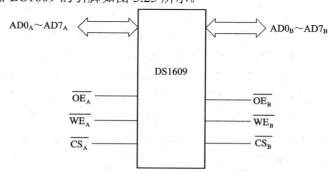

图 5.25　双端口存储器 DS1609 的引脚

由图 5.25 可以看到，双端口存储器的引脚分为两个独立的端口(A 端口和 B 端口)。

引脚 AD0～AD7 为复用线，这 8 条线上可输入地址信号，也可以传送数据。其他控制信号功能均与 SRAM 的类似。

2) 单端口读/写操作

DS1609 的任一端口的读操作可用图 5.26 所示的时序图来表示。由图 5.26 可以看到 DS1609 的读出过程: 在 AD0～AD7 上加地址信号, 利用 $\overline{CS}$ 的下降沿锁存地址于芯片内部, 然后在 $\overline{CS}$ 和 $\overline{OE}$ 同时为低电平时将地址单元中的内容读出。

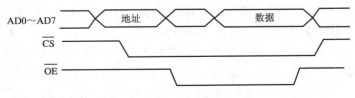

图 5.26　DS1609 的读出时序

写入数据时的时序如图 5.27 所示。与读出过程类似, 写入时首先在 AD0～AD7 上加地址信号, 由 $\overline{CS}$ 下降沿锁存, 然后在 AD0～AD7 上加要写入的数据, 在 $\overline{CS}$ 和 $\overline{WE}$ 同时为低时, 将数据写入相应的地址单元。

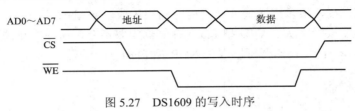

图 5.27　DS1609 的写入时序

3) 双端口同时操作

双端口存储器存在的 A、B 两端口对其存储单元同时操作时带来的问题有:

(1) 对不同存储单元允许同时读或写。

(2) 允许同一单元同时读。

(3) 当一个端口写某单元而另一端口同时读该单元时, 读出的数据要么是旧数据, 要么是新写入的数据。因此, 这种情况也不会发生混乱。

(4) 当两个端口同时对同一单元写数据时, 就会引起竞争, 产生错误。因此, 这种情况应想办法加以避免。

4) 竞争的消除

对于 DS1609 来说, 竞争发生在对一单元同时写数据时。为了防止竞争的发生, 可以另外设置两个接口, 该接口能保证一个端口只写而另一个只读。该接口可用带有三态门输出的锁存器来实现, 如 74LS373 和 74LS374。如果可能, 也可在 DS1609 中设置两个状态单元, A 端口状态单元规定为 A 端口只写而 B 端口只读, B 端口状态单元则规定为 B 端口只写而 A 端口只读, 两状态单元初始均设定为读状态。在 A 端口向 DS1609 写数据时, 先读 B 端口的状态, 若 B 端口不写(B 端口状态单元为读状态), 则设 A 端口状态单元为写状态, 并将数据写入 A 端口地址指定的存储单元中, 再将 A 端口状态单元设为读状态。若 B 端口为写状态, 则 A 端口写操作需等待。当 B 端口写入时, 同样需要查询 A 端口的状态。

5) 连接接口设计

可将 DS1609 一端口与 8086 CPU 相连接, 而将另一端口与单片机 MCS-51 相连接, 构成多机系统, 如图 5.28 所示。

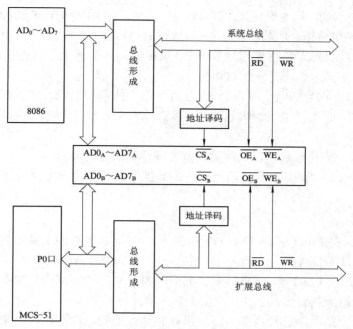

图 5.28 DS1609 的连接结构图

正确使用双端口存储器的关键是避免竞争造成的错误。对于其他型号的双端口、多端口存储器亦可用类似的思路去解决问题。

2. 先进先出(FIFO)存储器

在数字电路中，有利用移位寄存器实现 FIFO 的产品，其功能是通过移位来实现的。而这里要说明的 FIFO 存储器，是由若干存储单元构成的，数据写入之后就保持不动，FIFO功能是利用芯片内部地址指针的自动修改来实现的。下面仅以 512×9 b 的异步 FIFO 存储器 DS2009 为例加以说明。

1) DS2009 的引脚及功能

FIFO 存储器 DS2009 也是双端口存储器，只是它的一个端口是只写的，而另一个端口是只读的。其引脚如图 5.29 所示。

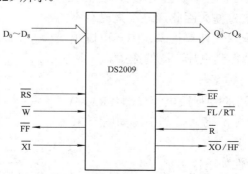

图 5.29 FIFO 存储器 DS2009 的引脚图

$D_0 \sim D_8$ 为 9 条输入数据线。

$Q_0 \sim Q_8$ 为 9 条输出数据线。

$\overline{RS}$ 为复位输入端，低电平有效，有效时使写入地址回到(000H)。DS2009 为 $512 \times 9\,b$ 容量，每写入一个 9 位数据，地址自动加 1；当加到 1FFH 后再加 1，又可回到 000H 从头开始。

$\overline{FL}/\overline{RT}$ 在多片 DS2009 级联以增加 FIFO 深度时，用 $\overline{FL}$ 低电平首先加载该芯片。当 $\overline{RT}$ 加上负脉冲时可使读出地址复位到 000H。

$\overline{EF}$ 为空标志，它为低电平时表示 FIFO 存储器中的数据已空，无数据可读。

$\overline{FF}$ 为满标志，它为低电平时表示 FIFO 存储器的各单元已写满。只有在有数据读出后，$\overline{FF}$ 才变为高电平。

$\overline{XI}$ 和 $\overline{XO}$ 用于多片级联，以扩展数据宽度或容量深度。

$\overline{HF}$ 为半满标志，当 FIFO 存储器已写入的数据达到或超过一半(256 个)时，$\overline{HF}$ 有效(低电平)。

2) 具体操作

(1) 写操作。在 FIFO 非满($\overline{FF}=1$)的条件下，利用 $\overline{W}$ 脉冲的上升沿将数据写入。每写入一个数据，内部写地址指针自动加 1，并在 512 个单元内循环。

(2) 读操作。在 FIFO 非空($\overline{EF}=1$)状态下，利用 $\overline{R}$ 脉冲下降沿将数据读出。每读出一个数据，内部读地址指针自动加 1，并在 512 个单元内循环。

芯片的满与空是利用芯片内部写地址指针和读地址指针的距离来决定的。同时，对芯片的写与读是完全独立的，可以同时进行，也可以各自操作。利用芯片所提供的状态信号，可以方便地通过 FIFO 实现两个 CPU(或两个总线)之间的数据传送。

(3) 扩展操作。可以利用多片 DS2009 实现字宽的扩展。比如，利用两片 DS2009 进行字宽扩展即可实现 18 位(两个 9 位)数据的扩展，从而构成 $512 \times 18\,b$ 的 FIFO 存储器。

同样，利用多片也可以实现深度的扩展。例如，利用 4 片 DS2009 进行深度扩展即可实现 $2048 \times 9\,b$ 的 FIFO 存储器。

3. 铁电存储器 FRAM

铁电存储器(FRAM)是最近几年研制的新型存储器，其核心是铁电晶体材料。该材料使得 FRAM 既可以进行非易失性数据存储，又可以像 RAM 一样操作。也就是说，FRAM 既可以像 SRAM 那样写入和读出，又可以像 ROM 那样，数据一旦写入便能长期保留下来，即使电源断掉，其存储的信息也不会丢失。所以说，FRAM 兼有 RAM 和 ROM 的双重特性，这将为使用者提供极大的方便。因此，近年来已有不少技术人员将其应用在嵌入式计算机系统中。可以预期，将来这种存储器定会得到更加广泛的应用。

1) 典型芯片

英飞凌(Infineon)公司的并行铁电存储器(FRAM) FM18W08 为典型的 FRAM 芯片，其引脚如图 5.30 所示。

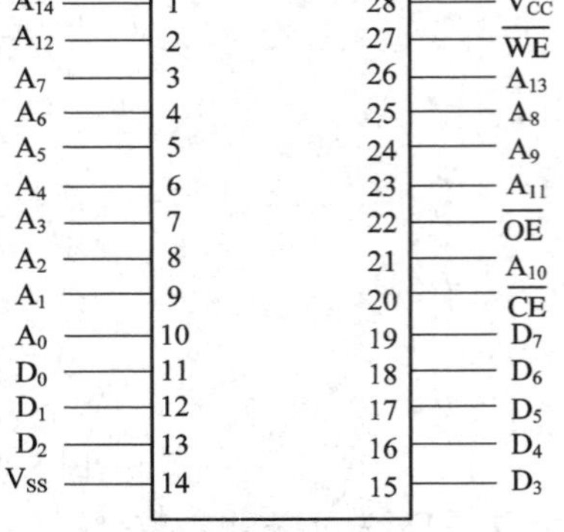

FM18W08 的主要特性如下：

- 采用 $32\,K \times 8\,b$ 的存储结构。
- 低电压，使用 $2.7 \sim 5.5\,V$ 电源供电。
- 近似无限次读/写(至少 10^{14} 次读/写)。

A_{14}	1		28	V_{CC}
A_{12}	2		27	$\overline{WE}$
A_7	3		26	A_{13}
A_6	4		25	A_8
A_5	5		24	A_9
A_4	6		23	A_{11}
A_3	7		22	$\overline{OE}$
A_2	8		21	A_{10}
A_1	9		20	$\overline{CE}$
A_0	10		19	D_7
D_0	11		18	D_6
D_1	12		17	D_5
D_2	13		16	D_4
V_{SS}	14		15	D_3

图 5.30 FM18W08 引脚图

- 在+85℃环境下，掉电数据可保存 10 年以上；在+65℃环境下，掉电数据可保存 151 年以上。
- 读写时序与 SRAM 相同，访问时间为 70 ns，访问周期为 130 ns。
- 先进的高可靠性铁电存储方式。
- 低功耗，小于 20 μA 的静态工作电流，读操作与写操作的功耗相同。

铁电存储器 FM18W08 的信号包括：

$A_0 \sim A_{14}$：地址信号。

$D_0 \sim D_7$：双向数据信号。

$\overline{WE}$：写允许信号。

$\overline{OE}$：输出允许信号。

$\overline{CE}$：片选信号。

V_{CC}：电源线，2.7～5.5 V。

V_{SS}：地线。

由图 5.30 可以看到，FM18W08 的引脚与前面讲述的 SRAM 没有区别，在连接使用上也没有区别。

2) 关于 FRAM 的几点说明

(1) 早期的 FRAM 读速度与写速度不一样，写入时间更长一些，在使用上要注意。近期的 FRAM 读速度与写速度是一样的。例如，上述 FM18W08 的一次读/写时间为 70 ns。一般地，一次读/写的时间短，而连续的读/写周期要长一些。例如，FM18W08 连续的读/写周期为 130 ns。这对多数工控机来说还是可以满足要求的。

(2) FRAM 在功耗、写入速度等许多方面都远远优于 EPROM 和 EEPROM。这里特别提出的是写入次数，FRAM 比 EPROM 和 EEPROM 要大得多。EPROM 的写入次数在万次左右，EEPROM 的写入次数一般为 1 万次至 10 万次，个别芯片能达到 100 万次。而早期的 FRAM 的写入次数为几百亿次，目前的芯片在百万亿次以上。

(3) 在 FRAM 家族中，除上述并行的 FRAM 芯片外，还有串行 FRAM 芯片。与串行 EEPROM 一样，串行 FRAM 只能用作外存。

5.3　动态随机读写存储器及接口设计

动态随机读写存储器(DRAM)以其速度快(相对于 ROM 和辅存)、集成度高、功耗小、单位容量的价格低(相对于 SRAM)等优点，在微型计算机中得到了极其广泛的使用。PC 中的内存条无一例外地采用动态存储器，现在的许多嵌入式计算机系统中也越来越多地使用这种存储器。本节将介绍动态存储器及内存条方面的内容。

5.3.1　简单异步 DRAM

大容量的 DRAM 芯片为构成主存提供了便利的条件。1983 年推出的 IBM PC-XT 个人计算机，以 Intel 8088 作为 CPU，支持 64～256 KB 的主存。SRAM 存储器容量小且价格昂贵，所以 PC-XT 采用了 64 K × 1 b 的 DRAM 芯片构成主存。9 片上述 DRAM 芯片位扩展连接，构成 1 个 64 K × 9 b 的存储器模块，每个存储单元包含 8 个数据位和 1 个奇偶校验位。该计算机的主板上最多可以焊接 4 个这样的存储器模块。下面以 Intel 2164A 芯片为例来说明简单异步 DRAM 的工作原理及使用方法。

1. 典型 DRAM 芯片

2164A 是 64 K × 1 b 的 DRAM 芯片，这种存储器芯片的引脚与 SRAM 有所不同，如图 5.31 所示。

$A_0 \sim A_7$ 为复用地址输入端。在 DRAM 芯片内部通过行地址和列地址寻址某个存储单元。2164A 由 $A_0 \sim A_7$ 加载的 8 位行地址与 8 位列地址选择其内部 256 行 × 256 列的阵列存储结构中的一个存储单元。而 256 行和 256 列共同决定了 64 K 个单元。其他 DRAM 芯片类似。例如，某 256 K × 1 b 的 DRAM 芯片，其内部有 256 行、每行为 1024 列的存储阵列。

D_{IN}、D_{OUT} 是芯片上的数据引脚。其中，D_{IN} 为数据输入引脚，当 CPU 写芯片的某一单元时，要写入的数据由 D_{IN} 送到芯片内部；D_{OUT} 是数据输出引脚，当 CPU 读芯片的某一单元时，数据由此引脚输出。

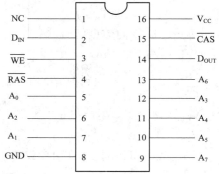

图 5.31　DRAM 2164A 的引脚图

$\overline{RAS}$ 为行地址锁存信号。利用该信号将行地址锁存在芯片内部的行地址缓冲寄存器中。
$\overline{CAS}$ 为列地址锁存信号。利用该信号将列地址锁存在芯片内部的列地址缓冲寄存器中。
$\overline{WE}$ 为写允许信号。当该信号为低电平时，允许将数据写入。反之，当 $\overline{WE} = 1$ 时，可以从芯片读出数据。

2. DRAM 工作过程

1) 读出数据

当要从 DRAM 芯片读出数据时，CPU 首先将行地址加在 $A_0 \sim A_7$ 上，然后送出 $\overline{RAS}$ 锁存信号，该信号的下降沿将行地址锁存在芯片内部；接着将列地址加到芯片的 $A_0 \sim A_7$ 上，再送 $\overline{CAS}$ 锁存信号，该信号的下降沿将列地址锁存在芯片内部；然后保持 $\overline{WE} = 1$，则在 $\overline{CAS}$ 有效期间(低电平)数据输出并保持。其过程如图 5.32 所示。

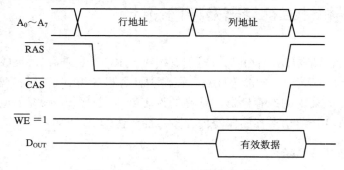

图 5.32　DRAM 2164 的读出过程

2) 写入数据

当需要将数据写入芯片时，前面的过程即锁存地址的过程与读出数据时的一样，行、

列地址先后由 $\overline{RAS}$ 和 $\overline{CAS}$ 锁存在芯片内部，在 $\overline{CAS}$ 下降沿到来之前使 $\overline{WE}$ 有效(为低电平)，加上要写入的数据，则可将该数据写入选中的存储单元。其过程如图 5.33 所示。

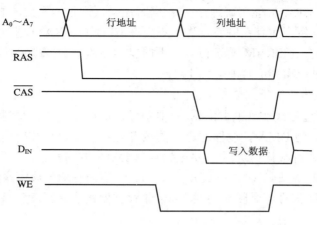

图 5.33　DRAM 2164 的写入过程

图 5.33 中，$\overline{WE}$ 变为低电平是在 $\overline{CAS}$ 有效之前，通常称为提前写。这种情况能将输入端 D_{IN} 的数据写入，而 D_{OUT} 保持高阻状态。若 $\overline{WE}$ 有效(低电平)出现在 $\overline{CAS}$ 有效之后，且满足芯片所要求的滞后时间，则 $\overline{WE}$ 开始时处于读状态，然后才变为写状态。这种情况下，能够先从选中的单元读出数据并输出至 D_{OUT}，然后再将 D_{IN} 上的数据写入该单元，即可一次完成读和写，故称为读变写操作周期。某些 DRAM 芯片还具有其他功能，请查阅 DRAM 芯片手册。

3) 刷新

动态 RAM 存在的一个重要的问题是，它所存储的信息必须定期进行刷新。因为 DRAM 所存储的信息是放在芯片内部的电容上的，即每比特信息存放在一个小电容上，而电容会缓慢地放电，时间久了就会使存放的信息丢失。将动态存储器所存放的每一行信息读出并照原样写入的过程称为动态存储器的刷新。通常 DRAM 要求每隔 2～4 ms 刷新一次。

动态存储器芯片的刷新过程是：每次送出行地址加到芯片上，利用 $\overline{RAS}$ 有效将行地址锁存于芯片内部，这时 $\overline{CAS}$ 保持无效(高电平)，这样就可以对这一行的所有列单元进行同时刷新。顺序送出各行地址，则可以刷新所有行的存储单元。也就是说，行地址循环一遍，则可将整个芯片的所有地址单元刷新一遍。只要保证在芯片所要求的刷新时间内(2～4 ms)刷新一遍，就可以达到定期刷新的目的。刷新波形如图 5.34 所示。

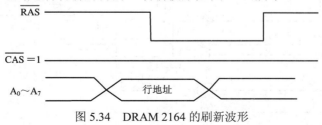

图 5.34　DRAM 2164 的刷新波形

图 5.34 中，$\overline{CAS}$ 保持无效，只利用 $\overline{RAS}$ 锁存刷新的行地址，进行逐行刷新。尽管还有其他一些刷新方法，但 2164 推荐这种简单有效的刷新过程。

3. DRAM 连接接口设计

在使用动态存储器时,在硬件连接接口中必须按照上述要求产生 $\overline{RAS}$、$\overline{CAS}$ 及地址复用控制信号,保证 DRAM 能正确地读/写;同时还必须产生一系列的刷新控制信号,能定时对 DRAM 进行刷新,而且在刷新过程中不允许 CPU 对 DRAM 进行读/写操作。因此,DRAM 的连接接口要比 SRAM 复杂得多。下面以 DRAM 芯片 2164A 与 8088 系统总线的连接为例,简要说明 DRAM 的接口设计。

1) 行、列地址及控制信号的形成

图 5.35 为利用延迟线实现的 DRAM 控制信号形成电路。图中左侧为 8088 系统总线的信号,其中 $\overline{DACK_0}$ 为 DMA 控制器通道 0 的应答信号,当 8088 CPU 正常工作或 DMA 控制器使用其他通道进行数据传送时,$\overline{DACK_0} = 1$。DMA 控制器通道 0 用于 DRAM 的刷新,因此,仅当进行 DRAM 刷新时,$\overline{DACK_0} = 0$。图 5.35 的右侧为该电路产生的 DRAM 控制信号,通过这些控制信号可对图 5.36 的 DRAM 存储器模块进行读、写、刷新操作。

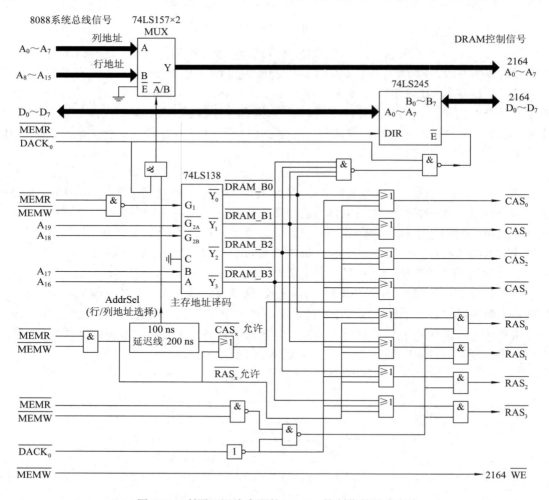

图 5.35　利用延迟线实现的 DRAM 控制信号形成电路

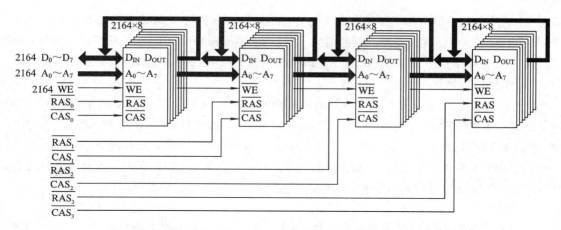

图 5.36　基于 2164A 的 8 位 DRAM 存储器模块(64 K × 8 b × 4 组)

假设 8088 CPU 主频为 5 MHz,则时钟周期为 200 ns。当 CPU 对主存进行读、写操作时,$\overline{MEMR}$、$\overline{MEMW}$ 信号负脉冲的宽度大约为两个时钟周期(见图 2.8 的 8086 读/写总线周期),即 400 ns。图 5.35 的关键部分为延迟线,$\overline{MEMR}$ 和 $\overline{MEMW}$ 信号相与后作为其输入,该延迟线将输入信号分别延迟 100 ns、200 ns 后,产生两个输出信号。这部分电路(延迟线、一个与门、一个或门)的输入信号为 $\overline{MEMR}$ 和 $\overline{MEMW}$,输出信号为 AddrSel(行/列地址选择信号)、$\overline{CAS}_x$ 允许信号、$\overline{RAS}_x$ 允许信号,其对应关系如图 5.37 所示。

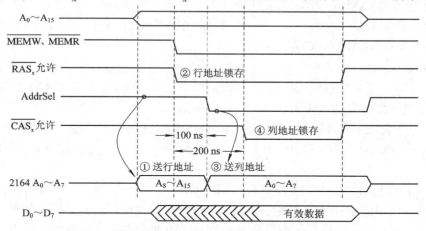

图 5.37　利用延迟线实现的 DRAM 控制电路的读/写时序

下面讨论对 DRAM 正常读/写,即 $\overline{DACK}_0 = 1$ 的情况。

图 5.36 的 DRAM 模块有 4 组,每组由 8 片 2164A 构成,容量为 64 KB。组内的 8 片 2164A 采用位扩展连接方式,读、写时同时工作。图 5.35 中的 74LS138 为主存地址译码电路,有 4 个译码输出,可将图 5.36 中 DRAM 模块的 4 组分别映射到 8088 主存地址空间的 00000H～0FFFFH、10000H～1FFFFH、20000H～2FFFFH、30000H～3FFFFH 范围内。这些译码输出信号分别和 $\overline{CAS}_x$ 允许、$\overline{RAS}_x$ 允许信号相或,可产生每组 DRAM 的 $\overline{RAS}$ 及 $\overline{CAS}$ 信号。

图 5.35 中延迟线的输出 AddrSel 作为二选一多路数据选择器 74LS157 的选择信号。74LS157 的两组输入分别是 8088 系统总线地址线的低 8 位 A_0～A_7、高 8 位 A_8～A_{15},输出

接如图 5.36 所示的 DRAM 存储器模块的 8 位地址线，其时序关系如图 5.37 所示。图 5.35 中的 74LS245 为双向数据总线的驱动器，当对地址范围为 00000H～3FFFFH 的主存进行读写时，74LS245 的 $\overline{E}$ 有效，将 B 边存储器模块的数据线连接至 A 边的 8088 系统总线上。

2) DRAM 的读/写

当 CPU 读/写地址范围为 00000H～0FFFFH 的主存时，图 5.35 中的 74LS157 在 AddrSel=1 的控制下，先将 8 位行地址 A_8～A_{15} 输出并加到 DRAM 芯片上，在 $\overline{RAS_0}$ 的作用下锁存于第 0 组芯片内部；100 ns 后，AddrSel = 0，使 74LS157 选择列地址 A_0～A_7 输出，再经过 100 ns 后由 $\overline{CAS_0}$ 将其锁存于第 0 组芯片内部。若 $\overline{MEMW}$ 信号为高电平，则实现读操作；若 $\overline{MEMW}$ 信号为低电平，则实现写操作。

3) 刷新

在早期基于 8088 微处理器构成的 PC/XT 微机中，DRAM 的刷新是利用 DMA 方式实现的。首先，利用可编程定时器 8253 的计数器 1，每隔约 15 μs 产生一次 DMA 请求(见例 7.8)，该请求加在 DMA 控制器 8237 的通道 0 上。

当 DMA 控制器响应来自通道 0 的 DMA 请求时，DMA 控制器使 $\overline{DACK_0}$ 为低电平。由图 5.35 可见，此时 $\overline{CAS_0}$ ～ $\overline{CAS_3}$ 均为无效(高电平)；同时，在 $\overline{MEMR}$ 或 $\overline{MEMW}$ 有效(低电平)时，$\overline{RAS_0}$ ～ $\overline{RAS_3}$ 均为有效(低电平)。此时，DMA 控制器通过地址总线的低 8 位送出刷新的行地址，74LS157 选择信号 A/$\overline{B}$ 为低电平，选择地址 A_0～A_7 输出。这样，就可以同时刷新所有 DRAM 芯片同一行的所有单元。完成一次刷新后，DMA 控制器会自动将刷新地址加 1，准备 15 μs 后刷新下一行。如果刷新行地址为 FFFFH，加 1 后将自动归零。

4) 关于使用 DRAM 的建议

由于 DRAM 在使用上的复杂性，特提出如下建议供读者在今后的工作中参考：

(1) 在设计专用微机系统(如嵌入式系统)时，尽量用 SRAM 代替 DRAM，尤其是当构成的内存不是很大时，SRAM 的价格是可以接受的。

(2) 采用系统集成的方式，使用现成的产品。例如，购买 PC 主板或直接购买 PC。产品供应商已做好 DRAM 作为主存的一切设计，用户只是拿来用，无须考虑 DRAM 如何读/写、如何刷新。

(3) 采用可提供 $\overline{RAS}$、$\overline{CAS}$ 和刷新控制的处理器。有一些处理器、单片机为用户提供了动态存储器使用的各种信号和控制功能，在进行系统设计时选用这样的处理器是十分方便的。例如，T6668 语音信号处理器及 Intel PAX270 处理器内部都集成了动态存储器的控制逻辑电路，只需外接 DRAM 芯片即可。

(4) 采用 DRAM 控制器。利用小规模集成电路产生 DRAM 接口信号(如 $\overline{RAS}$、$\overline{CAS}$、刷新控制等)是不明智的，好在厂家提供了各种型号的动态存储器控制器，例如，Intel 公司的 8203、8207、82C08 等。利用 DRAM 控制器可以省去形成 $\overline{RAS}$、$\overline{CAS}$、刷新控制等信号的麻烦，只要选好、用好 DRAM 控制器，就可以直接将 DRAM 芯片通过控制器接入系统中。

5.3.2 同步动态存储器 SDRAM

随着计算机对作为主存的存储器芯片性能要求的提升，DRAM 芯片也经历了若干代的变迁，早期的 PM DRAM(Page Mode DRAM)、EDO DRAM(Extended Data Out DRAM)已不再使用。目前，微机主存主要使用的是基于 SDRAM 发展起来的 DDR SDRAM 芯片。

1．SDRAM 概述

最早出现的 SDRAM 也称为 SDR SDRAM，即单倍速率同步动态随机存储器(Single Date Rate Synchronous Dynamic RAM)，它使用单端时钟信号，只在时钟的上升沿传输命令、地址和数据，工作速度与系统时钟同步。

尽管 SDRAM 是动态存储器，信息也是存放在电容上的，也需要定时刷新，甚至它也有行选通信号 RAS、列选通信号 CAS，地址信号线也是复用的，但它在内部结构及使用上又与简单异步 DRAM 有很大不同。引起不同的基本出发点就是希望 SDRAM 的速度更快一些，满足 PC 对内存速度的要求。SDRAM 与简单异步 DRAM 的主要不同表现在：

(1) 异步与同步。简单异步 DRAM 读/写时钟与 CPU 时钟是不同步的，或者不需要时钟信号；而 SDRAM 工作时，其读/写过程与存储控制器(集成在芯片组或微处理器中)提供的时钟信号严格同步。

(2) 内部组织结构。SDRAM 芯片的内部存储单元在组织上与简单异步 DRAM 有很大的不同。在 SDRAM 内部一般要将存储芯片的存储单元分成两个以上的体(Bank)(最少两个，一般为 4 个)。这样一来，当对 SDRAM 进行读/写时，选中的一个 Bank 在进行读/写时，另外没有被选中的 Bank 便可以预充电，做必要的准备工作。当下一个时钟周期选中它读或写时，它可以立即响应，不必再做准备。这显然能够提高 SDRAM 的读/写速度。而简单异步 DRAM 在读/写时，当一个读/写周期结束后，$\overline{RAS}$ 和 $\overline{CAS}$ 都必须停止激活，然后要有一个短暂的预充电期才能进入下一次的读/写周期中，其速度显然会很慢。简单异步 DRAM 可以看成内部只有一个 Bank 的 SDRAM。

为了实现内部多个 Bank 有效地工作，SDRAM 需要增加对于多个 Bank 的管理，这样就可以控制其中的 Bank 进行预充电，并且在需要使用的时候随时调用。一个具有两个 Bank 的 SDRAM 一般会多一条叫作 BA_0 的引脚，实现在两个 Bank 之间的选择：一般地，当 BA_0 是低电平时，表示 $Bank_0$ 被选择；而当 BA_0 是高电平时，$Bank_1$ 就会被选中。显然，若芯片内有 4 个 Bank 时，就需要两条引线来选择，即 BA_0 和 BA_1。

(3) 读/写方式。简单异步 DRAM 的读/写是按照图 5.32 和图 5.33 来进行的，也就是说每读/写一个存储单元，都按照一定的时序，在 DRAM 规定的读/写周期内完成存储单元的读/写。这个过程与 CPU 的时钟是异步的，不管 CPU 用几个时钟周期，只要满足 CPU 加到芯片上的读/写时间比 DRAM 所要求的读/写时间长就可以。

对于 SDRAM 来说，对它的某一单元的读/写要与存储控制器提供的时钟信号严格同步。所以，PC 的存储器控制器主动在每个时钟的上升沿给 SDRAM 芯片引脚发控制命令。这种情况在下面的时序中可以看到。

除能够像简单异步 DRAM 那样一次只对一个存储单元读/写外，重要的是 SDRAM 还有突发读/写功能。突发(Burst)是指对同一行中相邻的存储单元连续进行数据传输的方式，连续传输所涉及的存储单元(列)的数量就是突发长度(Burst Length，BL)。这种读/写方式在高速缓存 Cache、多媒体等许多应用中非常有用。

(4) 智能化。在 SDRAM 芯片内部设置有模式寄存器，利用命令可对 SDRAM 的工作模式进行设置。简单异步 DRAM 只有一种工作模式，无须对其进行设置。

2. SDRAM 基本操作

SDRAM 内部是由存储体(Bank)、行(Row)、列(Column)构成的三维结构,如图 5.38 所示。

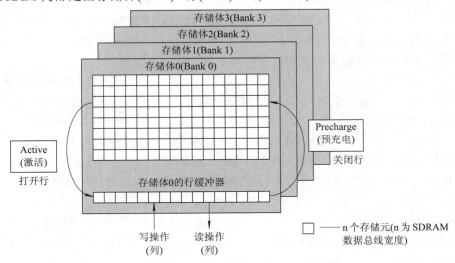

图 5.38　SDRAM 的内部结构

图 5.38 所示的 SDRAM,其内部分为 4 个存储体(Bank),每个存储体包含一个二维的存储阵列以及一个行缓冲器(由一排灵敏放大器构成)。存储阵列中的每一行又分为若干列,每一列由若干个存储元构成。存储元的个数由 SDRAM 芯片数据总线的宽度决定。SDRAM的读/写操作对应的是行缓冲器中的某个列。

当接收到行激活(Active)命令时,SDRAM 打开激活命令指定的存储体的行,并根据激活命令指定的行地址,将整个行所存储的数据传送到行缓冲器中(破坏性读出),这个过程称为行打开。随后的读/写命令是针对行缓冲器的读/写操作。SDRAM 控制器向 SDRAM 送读/写命令的同时还要送列地址。当对该行的读/写操作完成后,SDRAM 控制器要向 SDRAM发送预充电(Precharge)命令,把预充电命令指定的存储体行缓冲器中的数据写回存储阵列对应的行,这个过程称为行关闭。Precharge 命令可以关闭指定的存储体的行缓冲器,PrechargeAll 命令可以关闭所有存储体的行缓冲器;行缓冲器被关闭的存储体称为"空闲"(Idle)的。

由于行缓冲器的存在,对 SDRAM 的访问可分为以下三种情况:

(1) 当前要访问的"行"所在的存储体中,行缓冲器是关闭的。此时,SDRAM 控制器需要先向 SDRAM 发送激活命令,使该存储体中的相应行的数据传送至行缓冲器中,再发送读/写命令和列地址。这种情况下,读/写延时时间适中。

(2) 当前访问的"行"数据,刚好保存在相应存储体的行缓冲器中。此时,不需要发送激活命令,直接发送读/写命令和列地址即可访问。这种情况下,读/写延时最小。

(3) 当前访问的"行"所在的存储体中,行缓冲器打开,存的是另一个行的数据。此时,必须先发送 Precharge 或 Precharge All 命令关闭行缓冲器,再发送激活命令激活该行,最后发送读/写命令和列地址。这种情况下,读/写延时最大。

SDRAM 的多个存储体可以并行工作。比如,存储体 0 进行行激活时,存储体 1 的数据传输或预充电不会受到影响。SDRAM 的地址、数据、控制总线只有一套,SDRAM 控制器向 SDRAM 发送的命令之间必须满足规定的延时条件。

通过将 SDRAM 芯片的 $\overline{CS}$ (片选信号)、$\overline{RAS}$ (行地址锁存信号)、$\overline{CAS}$ (列地址锁存信号)、$\overline{WE}$ (写信号)置为对应的高低电平,可向 SDRAM 发送各种命令。表 5.6 列出了 SDRAM 的常用命令。

表 5.6　SDRAM 的常用命令

命　　令		缩写	$\overline{CS}$	$\overline{RAS}$	$\overline{CAS}$	$\overline{WE}$	存储体选择、地址信号		
							BA_1, BA_0	A_{10}	$A_0 \sim A_9,$ $A_{11},\ A_{12}$
No Operation(无操作)		NOP	H	×	×	×	×		
			L	H	H	H			
Active(激活)		ACT	L	L	H	H	V	行地址	
Read (读)	不自动预充电	RD	L	H	L	H	V	L	列地址
	自动预充电	RDA						H	
Write (写)	不自动预充电	WR	L	H	L	L	V	L	列地址
	自动预充电	WRA						H	
Burst Terminate (突发传送终止)		BT	L	H	H	L	×		
Precharge (预充电)	选择存储体	PCH	L	L	H	L	V	L	×
	所有存储体						×	H	
AutoRefresh(自动刷新)		ARF	L	L	L	H	×		
Load Mode Register (加载模式寄存器)		LMR	L	L	L	L	要写入模式寄存器的数据		

注: V 为有效(Valid),×为无关(Don't care),H 为高电平,L 为低电平。

SDRAM 模式寄存器的格式如图 5.39 所示。通常,突发类型取"0"(连续),突发长度、$\overline{CAS}$ 延迟根据需要选取,其他位应设置为"0"。

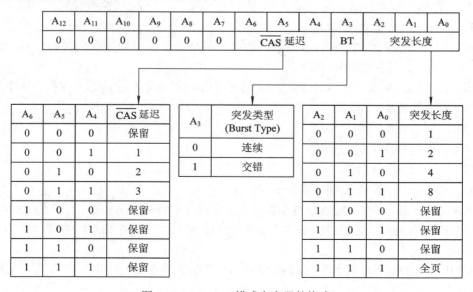

图 5.39　SDRAM 模式寄存器的格式

可通过 LMR(Load Mode Register)命令写入模式寄存器,从而设置突发长度、$\overline{\text{CAS}}$ 延迟等参数。向 SDRAM 发送 LMR 命令前,必须关闭所有存储体中的行缓冲器。在发送 LMR 命令时,有的 SDRAM 芯片要求存储体选择信号为"00"(假设总共有 4 个存储体)。写入模式寄存器的数据通过地址总线发送。通常,只在初始化时对 SDRAM 的模式寄存器写入一次,之后不再更改。

3. 典型 SDRAM 芯片

1) 引脚及功能

图 5.40 所示的 HYB25L256160AC-7.5 是英飞凌公司生产的、有 54 条引脚的 SDRAM 芯片。

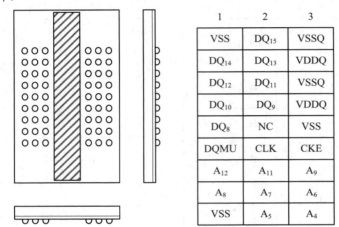

	1	2	3		7	8	9
A	VSS	DQ_{15}	VSSQ	A	VDDQ	DQ_0	VDD
B	DQ_{14}	DQ_{13}	VDDQ	B	VSSQ	DQ_2	DQ_1
C	DQ_{12}	DQ_{11}	VSSQ	C	VDDQ	DQ_4	DQ_3
D	DQ_{10}	DQ_9	VDDQ	D	VSSQ	DQ_6	DQ_5
E	DQ_8	NC	VSS	E	VDD	DQML	DQ_7
F	DQMU	CLK	CKE	F	$\overline{\text{CAS}}$	$\overline{\text{RAS}}$	$\overline{\text{WE}}$
G	A_{12}	A_{11}	A_9	G	BA_0	BA_1	$\overline{\text{CS}}$
H	A_8	A_7	A_6	H	A_0	A_1	A_{10}/AP
J	VSS	A_5	A_4	J	A_3	A_2	VDD

图 5.40　SDRAM 芯片 HYB25L256160AC-7.5 的引脚布局图(P-TFBGA-54 封装)

它的各引脚及功能如下:

$A_0 \sim A_{12}$:地址输入引脚,当执行 ACTIVE 命令和 READ/WRITE 命令时,用来决定使用 Bank 内的哪个基本存储单元。$A_0 \sim A_{12}$ 提供行地址,$A_0 \sim A_8$ 提供列地址。

CLK:时钟信号输入引脚。

CKE:时钟允许引脚,高电平有效。当这个引脚处于低电平期间,时钟信号无效,可使芯片进入关机、待机或自刷新模式。

$\overline{\text{CS}}$:片选信号引脚。用 SDRAM 构成的内存条一般都是多存储芯片架构,这个引脚就用于选择进行存取操作的芯片。

$\overline{\text{RAS}}$:行地址选通信号引脚。

$\overline{\text{CAS}}$:列地址选通信号引脚。

$\overline{\text{WE}}$:写允许信号引脚。

$DQ_0 \sim DQ_{15}$:数据输入/输出信号引脚。

BA_0、BA_1:Bank 地址输入信号引脚。BA 信号决定对哪个 Bank 进行激活、读/写或者预充电操作。BA 也用于定义 Mode 寄存器中的相关数据。有两个 BA 信号就表明芯片内部有 4 个 Bank。

DQML、DQMU:主要用于屏蔽输入/输出,功能相当于 OE(输出允许)信号。它们分别用于屏蔽 $DQ_0 \sim DQ_7$ 和 $DQ_8 \sim DQ_{15}$。

V_{DDQ}：DQ 供电引脚，可以提高抗干扰能力。

V_{SSQ}：DQ 供电接地引脚。

V_{SS}：内存芯片供电接地引脚。

V_{DD}：内存芯片供电引脚。

通过 $\overline{CS}$、$\overline{RAS}$、$\overline{CAS}$、$\overline{WE}$ 和地址信号线，可以向 SDRAM 发送各种命令，从而实现激活、读/写、预充电、刷新等功能。

2) 主要性能指标

(1) 容量。SDRAM 的容量经常用 XX 存储单元 × X 体 × 每个存储单元的位数来表示。例如，某 SDRAM 芯片的容量为 4 M × 4 × 8 b，表明该存储器芯片的容量为 16 MB 或 128 Mb。图 5.40 中 SDRAM 的容量为 4 M × 4 × 16 b，表示其容量为 16 M 字(16 位)。

(2) 时钟周期。它代表 SDRAM 所能运行的最大频率。显然，这个数字越小说明 SDRAM 芯片所能运行的频率就越高。对于一片普通的 PC100 SDRAM 来说，它芯片上的标识 10 代表了它的运行时钟周期为 10 ns，即可以在 100 MHz 的外频下正常工作。图 5.40 图题中的芯片名称上标有 7.5，表示它可以运行在 133 MHz 的频率上。

(3) CAS 延迟(CAS Latency，CL)时间，即发送读命令后，经过多少个时钟周期可以获得读出的第一个数据。

3) 时序

SDRAM 支持非突发(随机)读/写，也支持突发(顺序)读/写，其中突发读/写的效率更高，也是后续 DDR SDRAM 的主要工作方式。下面以突发读/写为例介绍 SDRAM 的工作时序。

SDRAM 突发读/写时序如图 5.41 所示。

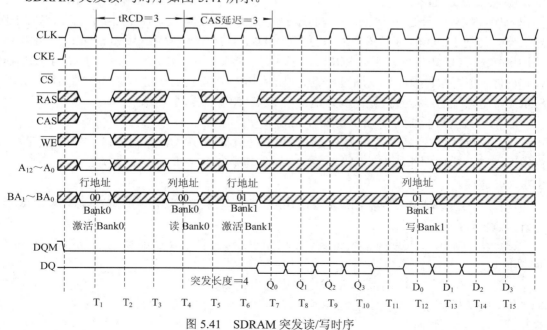

图 5.41 SDRAM 突发读/写时序

在对 SDRAM 进行读或写之前，需要发送激活(Active)命令，打开 SDRAM 要访问的存储体(Bank)中对应的行。在图 5.41 中，时钟允许信号 CKE 总是高电平，因此 SDRAM 处于正常工作状态；数据屏蔽信号 DQM 始终为低电平，读或写的数据全部有效(未屏蔽)。在时钟信号上升沿 T_1 时刻，$\overline{CS}=0$、$\overline{RAS}=0$、$\overline{CAS}=1$、$\overline{WE}=1$，表示正在向 SDRAM 发送激活命令，此时通过地址线 $A_0\sim A_{12}$ 送行地址，存储体选择信号 $BA_1BA_0=00$ 时选中存储体 0(Bank0)，即可打开存储体 0 中对应的行。此 SDRAM 要求 $\overline{RAS}$ 信号有效与 $\overline{CAS}$ 信号有效之间至少间隔 3 个时钟周期(tRCD=3)，因此最早可以在 T_4 时刻发送读命令，此时 $\overline{CS}=0$、$\overline{RAS}=1$、$\overline{CAS}=0$、$\overline{WE}=1$，同时通过地址线 $A_0\sim A_8$ 送列地址，存储体选择信号 $BA_1BA_0=00$ 时选中存储体 0(Bank0)。此 SDRAM 的 $\overline{CAS}$ 延迟已经设置为 3，因此在 T_7 时刻可得到读出的第一个数据；此 SDRAM 的突发长度已经设置为 4，则在 T_7、T_8、T_9、T_{10} 可连续读出 4 个数据(Q_0、Q_1、Q_2、Q_3)。

在等待存储体 0 读出数据的过程中，可以向存储体 1 发送激活命令，实现两个存储体并行工作。在 T_6 时刻，$\overline{CS}=0$、$\overline{RAS}=0$、$\overline{CAS}=1$、$\overline{WE}=1$，$BA_1BA_0=01$，表示正在向存储体 1 发送激活命令，同时通过地址线 $A_0\sim A_{12}$ 送行地址，打开要访问的行。当存储体 0 的 4 个数据全部读出后，间隔 2 个时钟周期，在 T_{12} 时刻向存储体 1 发送写命令。SDRAM 数据的写入是与时钟同步的，没有延迟。在 T_{12} 时刻，$\overline{CS}=0$、$\overline{RAS}=1$、$\overline{CAS}=0$、$\overline{WE}=0$，$BA_1BA_0=01$，通过地址线 $A_0\sim A_8$ 送列地址，通过数据线 DQ 送出要写入的数据，即可将数据 D_0 写入存储体 1 对应的单元；由于突发长度为 4，因此必须在 T_{13}、T_{14}、T_{15} 通过数据线 DQ 提供后续数据 D_1、D_2、D_3。

4．SDRAM 的连接使用

SDRAM 相对静态存储器 SRAM 而言，单位容量的价格低、集成度高(单个芯片的容量大)，速度比普通 DRAM 快，但是它也有本身的局限性。SDRAM 的读/写操作十分复杂，操作时序参数多，且这些参数在操作的过程中都必须满足某些条件，才能保证 SDRAM 稳定工作。为便于 SDRAM 接入系统，诞生了 SDRAM 控制器(SDRAM Controller)。SDRAM 控制器作为 CPU 或系统总线与 SDRAM 之间的连接接口，其作用就是隐藏复杂的 SDRAM 操作时序，使得软件设计者仅通过一组简单的控制操作就能实现对 SDRAM 的访问。所以，SDRAM 与系统的连接接口无一例外地使用 SDRAM 控制器来实现。

目前 SDRAM 控制器有以下实现方式：

(1) 在 PC 以南北桥芯片组为主要连接核心的时期，SDRAM 控制器集成在北桥芯片中，SDRAM 芯片连接在北桥上。例如，在 Pentium II 系统中，其 440BX 芯片组的北桥就支持 SDRAM 连接。

(2) 目前，SDRAM 控制器已经随着内存控制器一起集成在高性能的微处理器中，SDRAM 芯片直接连接在处理器上。

(3) 设计与 CPU 或系统总线连接的独立 SDRAM 控制器，SDRAM 芯片连接在 SDRAM 控制器上。

在此建议，不要用中小规模集成电路去产生存储器芯片信号，应选用具有这些信号的处理器、购买厂商为我们提供的 SDRAM 控制器芯片或者用 CPLD(或 FPGA)芯片自己编程来构成 SDRAM 控制器。

5．SDRAM 控制器

根据不同的应用场合和设计目标，SDRAM 控制器有多种形式，但其基本组成模块和设计思路都类似。

1) SDRAM 控制器的基本组成

通常 SDRAM 控制器可分为前端、后端两部分。前端与具体的 SDRAM 芯片无关，主要任务是接收和缓冲来自系统总线的命令，将经过规划、重排的命令发送给后端，并向总线主控设备返回状态信息。相对而言，后端与要控制的 SDRAM 芯片有关，如果 SDRAM 芯片的型号有变，则后端设计也要做相应的修改。后端的主要任务是将前端发来的请求或命令转换成 SDRAM 命令，把逻辑地址转换为 SDRAM 实际的物理地址，按照 SDRAM 芯片的时序要求产生相应的控制信号。

SDRAM 控制器内部主要包括四个功能模块：系统总线命令接收及仲裁模块、SDRAM 命令发生器、SDRAM 地址映射模块和数据通路。其中，系统总线命令接收及仲裁模块位于前端，而 SDRAM 命令发生器、SDRAM 地址映射模块位于后端，数据通路贯穿于前端与后端。

由 SDRAM 芯片的内部结构可知，SDRAM 物理地址分为存储体地址、行地址、列地址三部分，而系统总线给出的为逻辑地址，SDRAM 地址映射模块负责将逻辑地址转换为 SDRAM 物理地址。常用的地址方案有两种：连续主存地址映射和交错主存地址映射。

(1) 连续主存地址映射。

连续主存地址映射方式将逻辑地址连续的主存单元映射到 SDRAM 某个存储体的某一行内，待当前存储体的这一行顺序访问结束后，顺序访问下一存储体编号相同的行；当所有存储体的同一行访问结束后，转到第一个存储体的下一行继续访问。

图 5.42 为连续主存地址映射示意图，其中行号、列号、存储体编号均为二进制数，存储体方块内为十进制的逻辑地址。假设逻辑地址为 5 位；SDRAM 有 4 个存储体，每个存储体为 2 行、4 列，两位存储体地址为 B[1]、B[0]，一位行地址为 R[0]，两位列地址为 C[1]、C[0]，则逻辑地址与物理地址各位之间的对应关系如图 5.42(a)所示；图 5.42(b)示意了连续的逻辑地址在该 SDRAM 各存储体中是如何存储的。

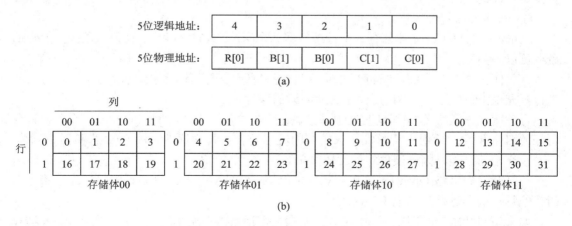

图 5.42　连续主存地址映射示意图

采用连续主存地址映射方式，如果访问 SDRAM 逻辑地址连续，则通常这些数据位于 SDRAM 某个存储体的同一行内，只需执行一次激活命令打开该行，完成所有数据的读/写后，利用预充电命令关闭该行即可。在这种地址映射方式下，如果访问 SDRAM 逻辑地址连续，则通常 SDRAM 中多个存储体是串行工作的。

(2) 交错主存地址映射。

交错主存地址映射方式将连续的逻辑地址映射到不同的存储体中。

图 5.43 为交错主存地址映射示意图，其表述方法同图 5.42。可见，采用交错主存地址映射方式，如果访问 SDRAM 逻辑地址连续，则通常这些数据分散在 SDRAM 不同的存储体中，因此多个存储体可以并行工作。

良好的地址映射方案，应该尽可能把连续的逻辑地址映射到 SDRAM 的同一行中，并尽可能映射到 SDRAM 的不同存储体中，从而提高 SDRAM 的读/写性能。

地址映射方案一般是固定的，在系统运行时不可更改。

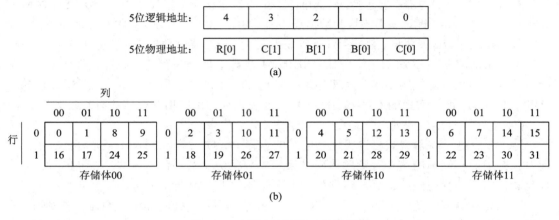

图 5.43　交错主存地址映射示意图

2) SDRAM 控制器的设计优化

在设计 SDRAM 控制器时，除地址映射之外，还有行缓冲器管理策略、访问请求命令重排等可以优化。

(1) 行缓冲器管理策略。

SDRAM 的每个存储体都有一个行缓冲器。激活(Active)命令可以打开行，预充电(PCH)命令可以关闭行。

行关闭优先策略(Close-Page Policy)尽量保持行缓冲器关闭，对当前行访问结束后立刻进行预充电(PCH)操作，不论后面是否还要访问该行。

行关闭优先策略的读/写延时适中并且恒定，与访问请求的时间空间局部性无关，具有良好的可预测性，适用于实时性要求较高的应用场合；每次读/写都是一个行激活、列读/写、预充电的过程，因此硬件实现比较简单。

行打开优先策略(Open-Page Policy)尽量保持行缓冲器打开，只要不访问当前存储体中的其他行，就不进行预充电(PCH)操作。

如果访问请求的时间空间局部性很好，则发生行命中的概率远大于发生行缺失的概率，采用行打开优先策略可以大大减少读/写延时；如果访问请求的时间空间分布很分散，则发生行缺失的概率可能会比较大，造成较大的读/写延时。

行打开优先策略的硬件实现比行关闭优先策略的复杂，因为需要判断是否行命中，并保证行缓冲器打开的时间不能过长，以防数据丢失。

(2) 访问请求命令重排。

SDRAM 具有多个存储体，可以同时进行不同的操作。因此，高性能的 SDRAM 控制器应尽可能在不产生数据冲突的前提下，尽快把可用资源分配给等待执行的命令，用有意义的命令替代 NOP 命令。

假设某 SDRAM 突发长度 BL 为 4，激活(Active)命令到读(RD)/写(WR)命令之间的最小时间间隔 t_{RCD} 为 2 个时钟周期，预充电(PCH)命令到激活(Active)命令之间的最小时间间隔 t_{RP} 为 2 个时钟周期，突发写入数据到预充电(PCH)命令之间的最小时间间隔 t_{DPL} 为 2 个时钟周期，如图 5.44 所示，要向存储体 x 的某一行(未打开)写入列地址连续的 4 个数据，然后向存储体 y 的某一行(已打开其他行)写入列地址连续的 4 个数据，如果顺序执行，共需 15 个时钟周期；而经过命令重排优化后，完成同样操作所需的时间缩短到 10 个时钟周期。

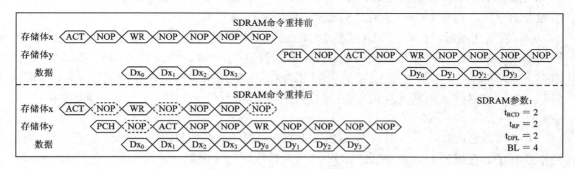

图 5.44　SDRAM 命令重排举例

基于上述思路，可以用硬件描述语言设计 SDRAM 控制器，经过综合、仿真验证、布局布线等步骤后，用 FPGA 芯片实现，或由专用 ASIC 芯片实现。

5.3.3　DDR SDRAM

随着技术的发展，后续依次出现了 DDR(也称 DDR1)、DDR2、DDR3、DDR4、DDR5 这几代 SDRAM。DDR(Double Data Rate)SDRAM 就是双倍数据传输率 SDRAM，是更先进的 SDRAM。DDR SDRAM 出现后，为了避免混淆，上一小节提到的 SDRAM 就被称为 SDR(Single Data Rate)SDRAM，即单倍数据传输率 SDRAM。

与 SDR SDRAM 一样，DDR SDRAM 也采用多存储体(Bank)流水线化操作的同步架构，其内部存储单元的核心频率通常与 SDR SDRAM 一样，在 100～266 MHz 之间。相对于 SDR SDRAM，后续的 DDR1～DDR5 SDRAM 主要使用了多位预取技术来提高数据传输率。与 SDR SDRAM 只在时钟上升沿采样不同，从 DDR SDRAM 开始，在时钟信号的上升沿和下降沿均采样以获得双倍的数据传输速率；从 DDR2 SDRAM 开始，接口的频率高于存储单元的核心频率。另外，后续的各代 DDR SDRAM 是基于 SDR SDRAM 设计制造技术的，因此厂房、流水线设备等的更新成本可降至最低，使得 DDR SDRAM 价格比普通 SDRAM 贵不了太多，也促使 DDR SDRAM 得到了更广泛的应用。

1. DDR SDRAM 与 SDRAM 的不同

DDR SDRAM 与 SDRAM 的不同主要体现在以下几个方面：

(1) 初始化。SDRAM 在开始使用前要进行初始化，这项工作主要是对模式寄存器进行设置，即 MRS。DDR SDRAM 与 SDRAM 一样，在开机时也要进行 MRS，不过由于操作功能增多，DDR SDRAM 在 MRS 之前还增加了一个扩展模式寄存器设置(EMRS)过程。这个 EMRS 对 DLL 的有效与禁止、输出驱动强度等功能实施控制。

(2) 时钟。前面介绍 SDRAM 时已经看到，SDRAM 的读/写采用单一时钟。在 DDR SDRAM 工作中要用差分时钟，也就是两个时钟，一个是 CK，另一个是与之反相的 $\overline{\text{CK}}$。

$\overline{\text{CK}}$ 并不能被理解为第二个触发时钟(可以在讲述 DDR 原理时简单地这么比喻)，它能起到触发时钟校准的作用。由于数据是在 CK 的上下沿触发的，使传输周期缩短了一半，因此必须要保证传输周期的稳定性以确保数据的正确传输，这就要求对 CK 的上下沿间距有精确的控制。但因为温度、电阻性能的改变等原因，CK 的上下沿间距可能发生变化，此时与其反相的 $\overline{\text{CK}}$ 就起到纠正的作用(CK 上升快下降慢，$\overline{\text{CK}}$ 则是上升慢下降快)。而上下沿触发的原因，也使 CL = 1.5 或 2.5 成为可能，并容易实现。

(3) 数据选通脉冲(DQS)。DQS 是 DDR SDRAM 中的重要信号，它主要用来在一个时钟周期内准确地区分出每个传输周期，并使数据得以准确接收。每一块 DDR SDRAM 芯片都有一个双向的 DQS 信号线。在写入时，DQS 信号线用来传送由内存控制器发来的 DQS 信号；在读取时，则由芯片生成 DQS 向内存控制器发送。可以说，DQS 就是数据的同步信号。

(4) 写入延时。在写入时，与 SDRAM 的 0 延时不一样，DDR SDRAM 的写入延迟已经不是 0 了。在发出写入命令后，DQS 与写入数据要等一段时间才会送达。这个周期被称为 DQS 相对于写入命令的延迟时间。

为什么会有这样的延迟呢？原因也在于同步，毕竟在一个时钟周期内进行两次传送需要很高的控制精度，它必须要等接收方做好充分的准备才能传送。写入延时 t_{DQSS} 是 DDR 内存写入操作的一个重要参数，太短的话恐怕接收有误，太长则会造成总线空闲。

(5) 突发长度与写入掩码。在 DDR SDRAM 中，突发长度可以设置为 2、4、8 等，没有了 SDRAM 的随机存取的操作(突发长度为 1)和全页式突发方式。对于突发写入，如果其中有不想存入的数据，仍可以运用 DM(也称 DQM)信号进行屏蔽。DM 信号和数据信号同时发出，接收方在 DQS 的上升沿与下降沿来判断 DM 的状态，如果 DM 为高电平，那么之前根据 DQS 选取的数据就被屏蔽了。

(6) 延迟锁定回路(DLL)。DDR SDRAM 对时钟的精确性有着很高的要求，而 DDR SDRAM 有两个时钟，一个是外部的总线时钟，一个是内部的工作时钟。在理论上，DDR SDRAM 的这两个时钟应该是同步的，但由于种种原因，如温度、电压波动而产生延迟使两者很难同步，更何况时钟频率本身也有不稳定的情况。这就需要根据外部时钟动态修正内部时钟的延迟，实现内部时钟与外部时钟的同步，为此专门设置了 DLL。利用这种电路，可使内部时钟与外部时钟保持同步。

2. DDR、DDR2 和 DDR3 SDRAM

SDRAM 用电容来存储信息，而要缩短电容的充放电时间难度很大，所以 SDRAM 的核心时钟频率(存储单元阵列的工作频率)也很难提高，通常在 100～266 MHz 之间。

为了提高读/写速度，DDR SDRAM 引入了预取(Prefetch)技术。比如，若某 DDR SDRAM 存储器芯片的数据位宽为 8 位，在读(或写)时其存储单元阵列可一次读(或写)16 位的数据，称作 2N 预取；同时接口采用 DDR 技术，在时钟的上升沿和下降沿各传输一个 8 位的数据，则预取的两个 8 位数据可以在一个时钟周期内传输完成，速度达到普通 SDRAM 的两倍。

DDR2 SDRAM 采用了相同的设计思路，为 4N 预取，同时将接口时钟(I/O 时钟)的频率加倍，并采用 DDR 技术，这样即可在核心时钟一个周期内完成这 4 个数据的传输。

DDR3 进一步将预取和 I/O 时钟频率加倍，即采用 8N 预取，并将 I/O 时钟频率提高到核心时钟频率的 4 倍，可在核心时钟一个周期内完成 8 个预取数据的传输。

DDR、DDR2、DDR3 SDRAM 提高 I/O 时钟频率后，可通过引入片上终端电阻、差分时钟、数据选通信号等技术来解决信号完整性问题。

图 5.45 为 SDR、DDR、DDR2、DDR3 SDRAM 内部组织架构对比。以图中的 DDR2 SDRAM 为例，采用 4N 预取，可以理解为在读数据时，其核心有 4 个存储单元可以并行工作，同时读出 4 个数据，并借助 DDR 技术，通过 4 选 1 多路数据选择器(MUX)，经过两个 I/O 时钟周期(一个核心时钟周期)完成这 4 个数据的传输。DDR2 SDRAM 的 I/O 时钟频率是核心时钟频率的 2 倍，而数据传输率又是 I/O 时钟频率的 2 倍(因为采用了 DDR 技术)。若数据传输率为 400 MT/s，表示每秒钟可以进行 400M 次数据传输，此时 I/O 时钟频率为 200 MHz，核心时钟频率为 100 MHz。

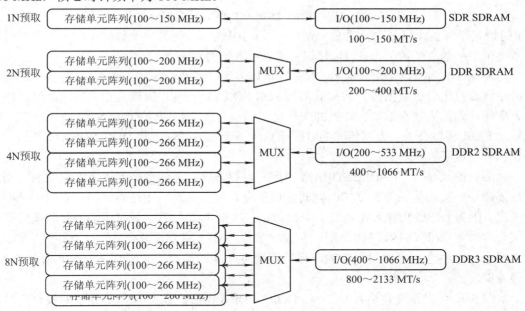

图 5.45　SDR、DDR、DDR2、DDR3 SDRAM 内部组织架构对比

图 5.46 为 SDR、DDR、DDR2 SDRAM 读/写时序对比。图中的时钟信号为 I/O 时钟，命令、地址信号由 $\overline{CS}$、$\overline{RAS}$、$\overline{CAS}$、$\overline{WE}$、存储体(Bank)选择信号、地址信号组合而成。从 DDR SDRAM 开始，引入数据选通信号 DQS(双向)，并使用差分时钟信号。图 5.46 的 DDR 和 DDR2 SDRAM 时序图中省略了 $\overline{CK}$ 时钟信号。

下面分析图 5.46 中的 SDR SDRAM 时序。在 T_1 时刻发送激活(Active)命令，打开指定存储体中对应的行；按照此 SDRAM 规定的时序，经过至少两个时钟周期，在 T_3 时刻发送读(Read)命令以及列地址；在 CAS 延迟参数设置为 2、突发长度 BL 参数设置为 4 的情况下，从 T_5 时刻开始，连续读出 4 个数据(每个时钟周期传输一个数据)，数据传输时间为

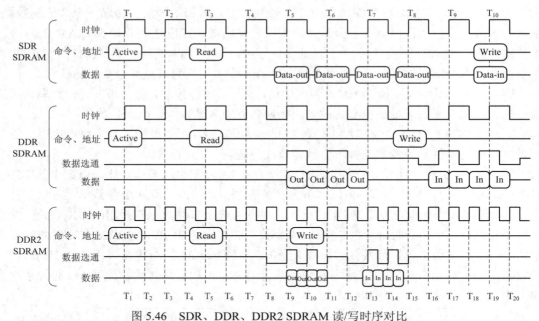

图 5.46　SDR、DDR、DDR2 SDRAM 读/写时序对比

4 个时钟周期。T_{10} 时刻发送写(Write)命令，同时提供写入的第一个数据，后续 3 个时钟周期要提供另外的 3 个数据，在 T_{13} 时刻完成 4 个数据的写入。

再看图 5.46 中的 DDR SDRAM 时序。可以发现，激活命令到读命令之间的时间间隔、读命令到接收第一个数据的时间间隔都与 SDR SDRAM 一样，原因是存储器核心时钟频率没有变化，因而内部存储单元阵列的工作速度并没有提高。因为 DDR SDRAM 采用了 2N 预取及 DDR 接口技术，数据传输的时间缩短到两个时钟周期。从 DDR SDRAM 开始，写操作也有延迟了。

最后看图 5.46 中的 DDR2 SDRAM 时序。可以发现，激活命令到读命令之间的时间间隔、读命令到接收第一个数据的时间间隔仍然没有变化，原因还是存储器核心时钟频率没有变化。因为 DDR2 SDRAM 采用了 4N 预取及 DDR 接口技术，数据传输的时间缩短到一个核心时钟周期(两个 I/O 时钟周期)。在读取数据的同时，T_{10} 时刻给另外一个存储体(Bank)发送写命令，经过 3 个时钟周期的延迟后连续写入 4 个数据，数据传输的时间为两个 I/O 时钟周期。

从图 5.46 可以发现，引入 DDR 和 DDR2 SDRAM 后，数据读/写的速度并没有明显的提高，原因是激活命令到读命令的时间、读命令到输出第一个数据的时间并没有变化，唯一缩短的只有数据读出(或写入)的那几个时钟周期。为了提高读/写速度，可以通过合理的地址映射方式，把地址连续的数据映射到不同的存储体(Bank)，让多个存储体并行(时间重叠)工作，实现大量数据的连续读出(或写入)。

图 5.47 为 DDR3 SDRAM 不同 Bank 之间交替读、数据连续读出的时序。图中 DDR3 SDRAM 的参数如下：

- CAS 延迟，即 RL(Read Latency)=5；
- 突发长度 BL=8；
- tCCD(CAS# to CAS# Command Delay)=4。

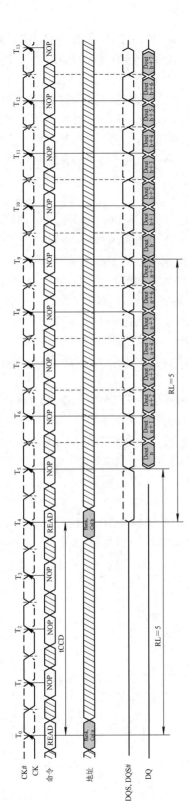

图 5.47　DDR3 SDRAM 不同 Bank 之间交替读、数据连续读出的时序

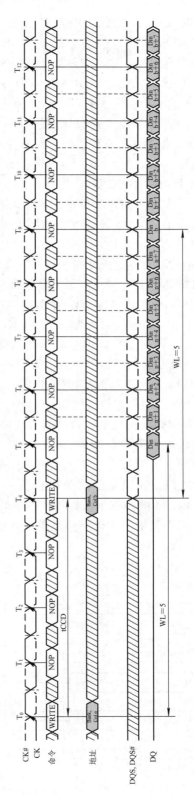

图 5.48　DDR3 SDRAM 不同 Bank 之间交替写、数据连续写入的时序

在 T_0 时刻向存储体 0($Bank_0$)发送读命令,经过 4 个时钟周期(tCCD)后向存储体 1($Bank_1$)发送读命令,则从 T_5 时刻开始可以连续读出两个存储体的共 16 个数据。如果两个存储体一直这样重叠交替工作,则可以达到 DDR3 SDRAM 的最高数据读出速度。

同理,图 5.48 为 DDR3 SDRAM 不同 Bank 之间交替写、数据连续写入的时序。图中 DDR3 SDRAM 的参数与图 5.47 类似。在 T_0 时刻向存储体 0($Bank_0$)发送写命令,经过 4 个时钟周期(tCCD)后向存储体 1($Bank_1$)发送写命令,则从 T_5 时刻开始可以连续写入两个存储体共 16 个数据。如果两个存储体一直这样重叠交替工作,则可以达到 DDR3 SDRAM 的最高数据写入速度。

3. DDR4 和 DDR5 SDRAM

按照前文的思路,DDR4 SDRAM 应该采用 16N 预取,同时将 I/O 时钟频率提高到核心时钟频率的 8 倍。但是这里遇到了两个问题:首先是每次升级预取倍数都要翻倍(2 倍),复杂度呈指数级上升,在 I/O 时钟频率如此高的情况下提升预取倍数已经非常困难;其次,各代 DDR SDRAM 的突发长度都必须是预取的整数倍(倍数是 2 的整数次幂,比如 1 倍、2 倍、4 倍),如果采用 16N 预取,则突发长度至少是 16,而内存条与计算机主板之间的接口规定数据宽度是 64 位(8 个字节),那么一次突发读/写传输的数据量是 16×8 个字节=128 个字节,是 Cache 块容量(64 个字节)的两倍,导致从主存装入某块到 Cache 时读出的一半数据是无用的(各代 DDR SDRAM 只支持突发读/写),或者每次必须装入两个主存块到 Cache,这极大地浪费了主存带宽或加重了主存的负担。

因此,DDR4 没有将预取加倍(仍然采用 8N 预取),而是从以下两个方面做了改进:

(1) 将 I/O 时钟频率翻倍,即让 I/O 时钟频率是核心时钟频率的 8 倍。

(2) 引入存储体分组技术。存储器芯片内部可包含 2 个或 4 个存储体组(Bank Group),每个存储体组由 4 个存储体构成。每个存储体组都有自己的 8N 预取缓冲器,通过多路数据选择器从对应的存储体组中选择输出。如果两个存储体来自不同的存储体组,那么它们之间没有任何关联,可以完全独立工作。

DDR4 SDRAM 的内部组织架构如图 5.49 所示。图中的 DDR4 SDRAM 具有两个存储体组。注意,图中只给出了存储体组中存储单元的 8N 预取情况,而存储体并没有在图中展现出来。

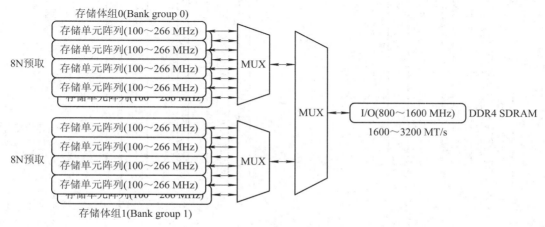

图 5.49　DDR4 SDRAM 的内部组织架构

　　DDR、DDR2、DDR3 SDRAM 有一个和时间有关的参数 tCCD，表示的是 I/O 时钟周期数，其含义是"CAS_n to CAS_n delay"，意思是向不同存储体发送的两个读(或写)命令之间的最短时间间隔。因为 DDR、DDR2、DDR3 SDRAM 的 I/O 时钟频率相对核心时钟频率的倍数是预取数的一半(比如 DDR3 SDRAM，8N 预取，则 I/O 时钟频率是核心时钟频率的 4 倍)，所以 tCCD 参数相对较小，可以在两个存储体重叠交替工作的情况下实现数据的不间断读出(或写入)，见图 5.47、图 5.48 的时序。

　　DDR4 SDRAM 仍为 8N 预取，却把 I/O 时钟频率提高到核心时钟频率的 8 倍，而同一存储体组中的存储体之间在电路上有一定的关联，所以如果两个存储体来自同一存储体组，则其 tCCD 参数相对较大，记作 tCCD_L(tCCD Long)。DDR4 SDRAM 的各存储体组之间相互独立，可以独立接收并执行激活、读取、写入和刷新等操作，因此如果两个存储体来自不同存储体组，则其 tCCD 参数相对较小，记作 tCCD_S(tCCD Short)。

　　典型的 DDR4 SDRAM，其 tCCD_L 为 5 或 6 个 I/O 时钟周期，tCCD_S 为 4 个 I/O 时钟周期。因此，对于 DDR4 SDRAM 来说，如果不分存储体组，或者同一存储体组内部的两个存储体重叠交替工作，那么两个存储体的数据之间会存在至少一个时钟周期的空闲，无法实现数据不间断输出；而如果两个存储体属于不同的存储体组，那么这两个存储体重叠交替工作就可以实现数据的不间断读出(或写入)，达到 DDR4 SDRAM 的最高数据传输率。

　　图 5.50 为 DDR4 SDRAM 不同存储体组之间交替读并实现数据连续读出的时序；图 5.51 为 DDR4 SDRAM 不同存储体组之间交替写并实现数据连续写入的时序。因为 DDR4 SDRAM 为 8N 预取，所以突发长度必为 8。图中的 CMD 为命令信号，由 $\overline{CS}$、$\overline{ACT}$、$\overline{RAS}$、$\overline{CAS}$、$\overline{WE}$ 等信号组合而成(图中所示的 READ 为读命令，DES 为空操作命令)；DQS_t、DQS_c 为差分的数据选通信号；DDR4 SDRAM 的参数 tCCD_S=4，读延迟 RL=11，写延迟 WL=9。

　　DDR5 SDRAM 将预取提升到 16N，并将 I/O 时钟频率再次翻倍(I/O 时钟频率是核心时钟频率的 16 倍)，同时沿用了 DDR4 SDRAM 的存储体分组技术。为了解决一次突发读/写(突发长度为 16)的数据量大于 64 字节 Cache 块的问题，规定用 DDR5 SDRAM 存储器芯片构成的内存条必须划分成两个独立的子通道(SubChannels)，每个子通道可以提供 32 位的数据，这样一次突发读/写的数据量刚好是 Cache 块的大小(64 个字节)；两个子通道可以并行工作，这样单个内存条即可构成双通道内存。

　　与 DDR4 相比，DDR5 SDRAM 主要还在以下方面做了改进：

　　· 更低的电源电压，进一步降低了功耗。

　　· 片上 ECC 检错与纠错电路，每 128 位数据增加了 8 位的纠错码，实现了硬件自动检错与纠错。

　　· DDR4 SDRAM 通过 CKE、ACT_n、RAS_n、CAS_n、WE_n、$A_0 \sim A_{17}$、$BG_0 \sim BG_1$、$BA_0 \sim BA_1$ 等引脚接收命令和地址；DDR5 SDRAM 把这些引脚统一为 $CA_0 \sim CA_{13}$，显著减少了此类引脚的数量，代价是有些命令(比如激活、读、写、访问模式寄存器等)需要连续两个时钟周期来传送。

　　· DDR4 SDRAM 最多可寻址 16 个 14 位的模式寄存器；DDR5 SDRAM 最多可寻址 256 个 8 位的模式寄存器，预留了更多扩展的可能性。

　　表 5.7 列出了各代 DDR SDRAM 芯片参数对比。

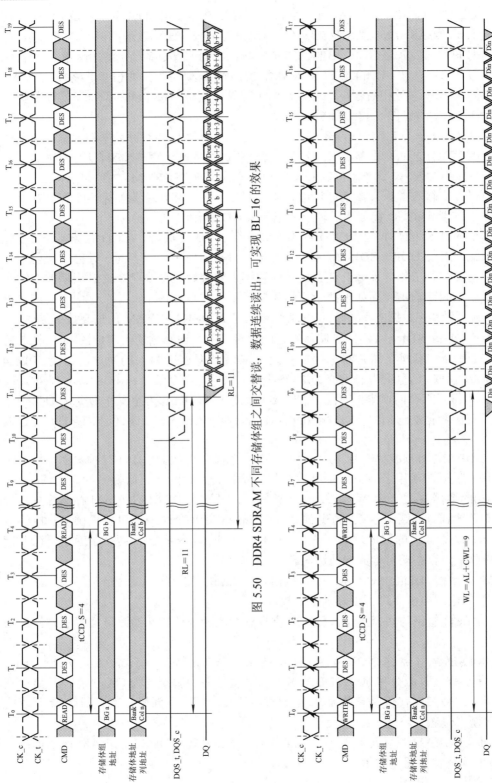

图 5.50　DDR4 SDRAM 不同存储体组之间交替读，数据连续读出，可实现 BL=16 的效果

图 5.51　DDR4 SDRAM 不同存储体组之间交替写，数据连续写入，可实现 BL=16 的效果

表 5.7 各代 SDRAM 芯片参数对比

各代 SDRAM	DDR	DDR2	DDR3	DDR4	DDR5
DQ 电源电压/V	2.5	1.8	1.5	1.2	1.1
数据线宽度	×4/×8/×16	×4/×8/×16	×4/×8/×16	×4/×8/×16	×4/×8/×16
单个芯片容量	64 Mb~1 Gb	128 Mb~4 Gb	512 Mb~8 Gb	2 Gb~16 Gb	8 Gb~64 Gb
预取	2N	4N	8N	8N	16N
存储体数量	4	8	8	每组 4 个	每组 2 或 4 个
存储体组数量	无	无	无	×4/×8：4 组 ×16：2 组	×4/×8：8 组 ×16：4 组
突发长度	2 或 4 或 8	4 或 8	8	8	16
核心时钟频率/MHz	100~200	100~200	100~266	100~266	100~266
接口时钟频率/MHz	100~200	200~400	400~1066	800~1600	1600~3200
数据传输率/(MT/s)	200~400	400~800	800~2133	1600~3200	3200~6400

4. DDR SDRAM 连接接口设计

与 SDRAM 连接接口类似，DDR(包括 DDR1~DDR5)SDRAM 芯片与系统连接时也采用存储控制器作为连接接口。微机系统中的 DDR SDRAM 控制器有以下实现方式：

(1) 在采用南北桥芯片组的 PC 中，DDR SDRAM 控制器集成在北桥芯片的存储控制器中，DDR SDRAM 芯片直接连接到北桥芯片上。例如，作为在移动 Pentium 4 系统中的北桥芯片 852GM GMCH，其内部集成了单通道 DDR SDRAM 控制器，可以直接连接 64 位数据宽度的 DDR SDRAM 内存条。在 Core 2 系统中的北桥芯片 82G41 GMCH 集成了双通道存储控制器，每个通道最多可以连接两个 DIMM 封装的 64 位数据宽度的 DDR2/DDR3 SDRAM 内存条。

(2) 在比较新的高性能处理器中已经集成了 DDR SDRAM 控制器，DDR SDRAM 芯片直接连接在处理器上。例如，在第十二代 Core i3/i5/i7/i9 处理器构成的计算机系统中，处理器内部已经集成了支持 DDR4 和 DDR5 SDRAM 的双通道存储控制器，DDR4 或 DDR5 SDRAM 内存条直接与处理器相连。

5.3.4 内存条

内存条是 PC 的重要组成部分。它将多片存储器芯片焊在一小条印刷电路板上，构成容量不一的内存条。使用时将小条插在主板的内存条插座上。由于 PC 的主存要求容量大、速度快、功耗低且造价低廉，而动态存储器恰恰具备这些性能，因此，PC 的内存条无一例外地采用了动态存储器。

早期内存条的内部包含 8 片 256 K×1 b 的 DRAM 芯片 μPD41256，采用位扩展的方式连接，实现 256 K×8 b 的 DRAM 存储器模块(内存条)。随着 PC 的发展，对内存条容量、性能的要求不断提高，构成内存条的 DRAM 也经历了若干代的变更，从早期的 DRAM 到 SDRAM、DDR SDRAM、DDR2 SDRAM 直到目前常用的 DDR5 SDRAM。

某种有 288 引脚的 DDR5 UDIMM 内存条电路板外形如图 5.52 所示。UDIMM 即无缓冲双列直插式存储模块，主要用于台式机(个人计算机)。由于没有数据缓冲器、缓冲寄存器，所以该内存条延迟更小、成本更低。该内存条单条容量为 32 GB。

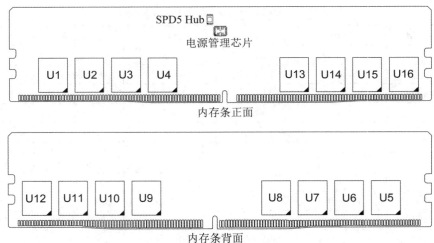

图 5.52　32 GB DDR5 UDIMM 内存条电路板外形图

上述内存条的电路如图 5.53 所示。图中省略了存储器芯片的电源、地引脚。DDR5 内存条要求必须包含两个独立的 32 位子通道，每个子通道最多可以有两个物理 Rank。

一个 Rank 是指连接到同一个片选信号的存储器芯片集合。当存储控制器访问内存条的某个 Rank 时，构成此 Rank 的所有存储器芯片同时工作。可以理解为，Rank 内部的存储器芯片采用位扩展连接方式，而 Rank 之间采用字扩展连接方式。Rank 的片选信号由集成在芯片组或微处理器芯片内部的存储控制器提供。

支持 DDR5 的存储控制器必须能够提供两组信号分别供 DDR5 内存条的两个子通道使用，每组信号包括两套时钟和片选信号(每个 Rank 使用一套)、地址命令信号 CA[12:0]、数据锁存信号 DQS(差分信号，每 8 位数据对应一对 DQS 信号)、数据屏蔽信号 DM(每 8 位数据对应一个 DM 信号)、数据线 DQ[31:0]。

图 5.53 中 DDR5 内存条使用的 DDR5 SDRAM 存储器芯片参数如下：

- 芯片包含 8 个存储体组，每组 4 个存储体，所以芯片内部共有 32 个存储体。
- 每个存储体使用 16 位的行地址、10 位的列地址。
- 数据线为 8 位。

该存储器芯片的容量 = 8 组 × 4 体 / 组 × $(2^{16} × 2^{10})$ / 体 × 8 位 = 2^{31} 字节 = 2G × 8 位。

图 5.53 中，子通道 A 由 8 片存储器芯片构成，其中 U1、U2、U3、U4 构成 Rank0，U5、U6、U7、U8 构成 Rank1。因为每个子通道最多可以包含两个 Rank，所以 DDR5 存储控制器为每个子通道提供两个片选信号，比如子通道 A 的 CS0_A_n 和 CS1_A_n 信号。如果子通道内部只有一个 Rank，则 CS1_A_n 信号不用。信号名称的后缀 "_n" 表示此信号是低电平有效；后缀 "_t" 和 "_c" 表示差分信号对。

由图 5.53 电路可知，每个 Rank 内部的 4 个存储器芯片采用位扩展连接方式，将数据宽度扩展到 32 位；Rank 内部的所有存储器芯片共用时钟、片选、地址命令信号，每 8 位数据对应一对数据锁存信号和一个数据屏蔽信号；其中地址命令信号由子通道内部的所有存储器芯片共用。子通道 B 的电路结构和子通道 A 完全一样。每个子通道电路最左侧的信号连接到图 5.52 所示的内存条底部的触点上，通过把内存条插到计算机主板的内存条插槽中，将这些信号通过计算机主板直接连接到微处理器芯片对应的引脚上。

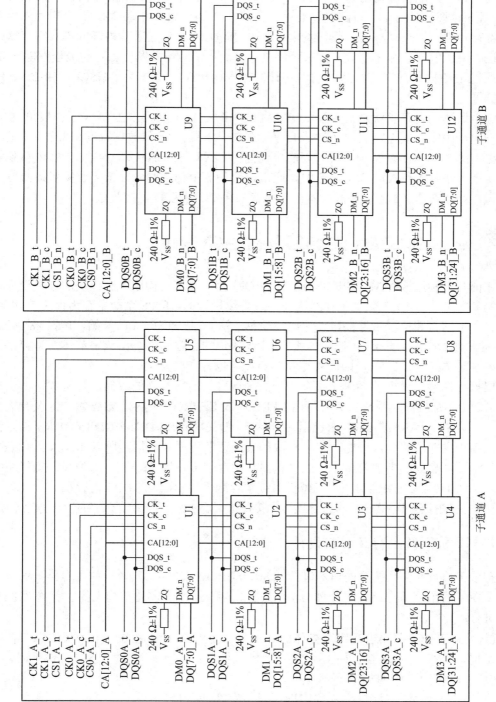

图 5.53 32 GB DDR5 UDIMM 内存条电路

图 5.53 的 DDR5 内存条电路中省略了电源管理芯片(PMIC)以及 SPD5 Hub 芯片。SPD5 Hub 中包含 EEPROM，里面存储了该内存条的重要参数，比如存储器芯片及模组厂商、工作频率、工作电压、速度、容量、行/列地址宽度等，这些参数由内存条的生产厂商在出厂前根据内存芯片的实际情况写入，通常不允许修改。在计算机启动的过程中，由 BIOS(或 UEFI)程序读取这些参数，将这些参数写入存储控制器(通常集成在微处理器芯片中)内部的相关寄存器中，并根据这些参数初始化 DDR5 SDRAM 存储器芯片内部的模式寄存器，为内存设置最优的参数和工作方式，从而使内存条能正常工作并发挥出它的最佳性能。SPD5 Hub 通过 I3C(向下兼容 I2C)串行总线与计算机主板相连，此总线有 HSCL、HSDA、HSA 三个信号。

综上所述，内存条就是把多片 SDRAM 芯片经过位扩展(或位扩展 + 字扩展)的方式连接到一起，做成一块电路板，从整体上看，它是一个具有 64 位数据宽度、增加了校验位、容量更大的 SDRAM 存储器，其控制信号、使用方式和 SDRAM 芯片类似。在内存条的具体实现上，是否提供校验位是可选的。通常，服务器上使用的内存条需要提供校验位以提高可靠性；而普通 PC 为了降低成本，其内存条通常不需要提供校验位。

5.4　Intel 16/32/64 位微机系统的主存设计

在前几节利用 SRAM、EPROM 或 EEPROM 存储器芯片构成主存模块的连接设计示例中，大多数是针对 8088 微机主存结构及系统总线设计的。8088 系统主存为单字节体结构，系统总线数据为 8 位，主存接口设计比较简单。从 16 位 8086 CPU 开始，Intel x86 处理器由 16 位升级到 32 位直至 64 位，由相应 CPU 决定的主存结构也由双字节体变为 4 字节体直至 8 字节体(见 2.5.2 节)，因而主存及接口设计也有一些变化。

根据存储信息属性的要求，主存的不同区域可由不同类型的存储芯片构成，如引导区可由 ROM 芯片构成，系统参数区可由 EPROM 或 EEPROM 构成，数据缓冲区及频繁加载的程序区可由 SRAM 或 DRAM(包括 SDRAM、DDR/DDR2/DDR3/DDR4/DDR5 SDRAM)构成。由于主存的绝大部分空间用来存放频繁加载的程序和数据，所以 RAM 芯片是主存设计的主要对象。早期或容量不大的微机系统主存较多使用 SRAM，大容量的微机系统主存较多使用 DRAM/SDRAM，现代微机系统主存则采用 DDR4/DDR5 内存条。

构成主存的不同存储芯片与系统连接的接口可采用 5.2 节和 5.3 节介绍的设计方法来实现。

5.4.1　16 位系统主存及接口设计

构成 Intel 16 位系统的处理器包括 8086、80186、80286，其决定的主存结构的最大变化是采用了两个字节存储体的分体结构，见图 2.4 和表 2.2。在此结构上的主存读/写按如下方式进行：

(1) 当 CPU 对主存进行字节操作时，一个总线周期即可完成。当读/写的字节在主存偶地址时，CPU 使 $A_0 = 0$，并利用 $D_0 \sim D_7$ 传送数据；而当读/写的字节在奇地址时，CPU 使 $\overline{BHE} = 0$，利用 $D_8 \sim D_{15}$ 传送数据。

(2) 当 CPU 对主存进行 16 位字操作时，存在两种情况：

① 当该字是按规则字(或对准字)存储时。所谓规则字,就是该字的低字节存放在主存偶地址,高字节存放在其下一个奇地址单元中。读/写这样的字只需一个总线周期,数据由 $D_0 \sim D_{15}$ 传送,其中 $D_0 \sim D_7$ 传送低字节,$D_8 \sim D_{15}$ 传送高字节,此时 A_0、$\overline{BHE}$ 同时为低。

② 当该字是按非规则字(或未对准字)存储时。此时该字的低字节存放在奇地址而高字节存放在下一个偶地址单元中。16 位 CPU 读/写非规则字需要两个总线周期:第一个总线周期 CPU 送奇地址,$\overline{BHE} = 0$,由 $D_8 \sim D_{15}$ 传送低字节,完成一个字节的传送;第二个总线周期 CPU 送出下一个偶地址,$A_0 = 0$,由 $D_0 \sim D_7$ 传送高字节,完成第二个字节的传送。

据此,16 位系统的主存及接口设计的显著特点就是加入了存储体选择信号 A_0 和 $\overline{BHE}$。

例 5.9 将两片 6264 接到 8086 系统总线上,构成 16 KB 的主存空间,其连接如图 5.54 所示。图中,将 16 KB 的主存分为两个体:偶地址 8 KB 利用高位地址 $A_{19} \sim A_{14}$ 和 A_0 译码构成片选信号;而奇地址 8 KB 利用 $A_{19} \sim A_{14}$ 和 $\overline{BHE}$ 译码构成片选信号。形成的主存地址范围为 70000H $\sim$ 73FFFH,其中 6264-1 占该空间的偶地址,位于低字节体上,6264-2 占该空间的奇地址,位于高字节体上。

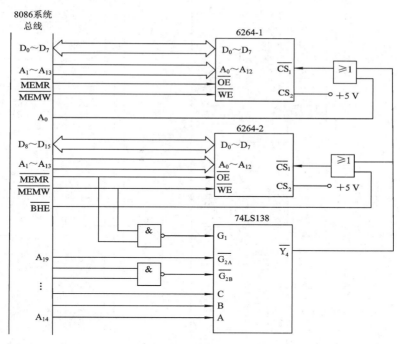

图 5.54　6264 与 8086 系统总线的连接

例 5.10 利用集成 DRAM 控制器实现 DRAM 接口及主存模块设计。

本例中的 DRAM 存储器采用如图 5.55 所示的 MC-41256A8 DRAM 模块。该模块采用 30 引脚的 SIMM(Single Inline Memory Module)封装,内部包含 8 片 256 K × 1 b DRAM 芯片 µPD41256,总容量为 256 K × 8 b,5 V 供电。

MC-41256A8 DRAM 主存模块的内部电路如图 5.56 所示,利用 8 片 256 K × 1 b DRAM 芯片 µPD41256 进行位扩展,实现 256 K × 8 b 的 DRAM 模块 MC-41256A8。图中 $C_1 \sim C_8$ 为 0.1 µF 的去耦电容。

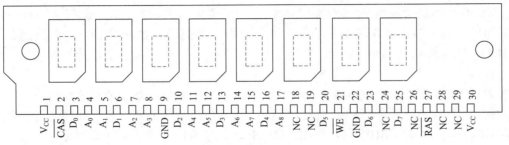

图 5.55　MC-41256A8 DRAM 模块(256 K × 8 b)外形及引脚定义

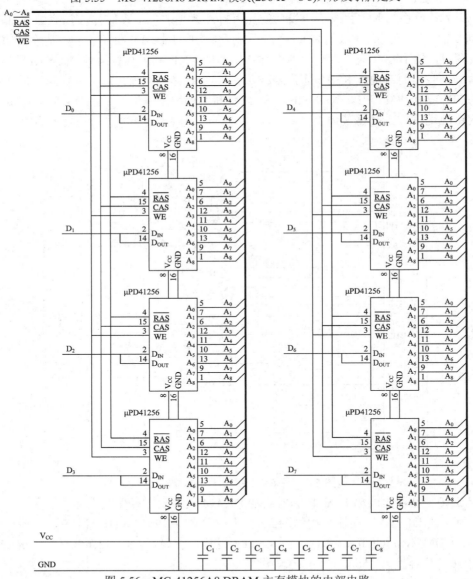

图 5.56　MC-41256A8 DRAM 主存模块的内部电路

图 5.57 为利用 DRAM 控制器 82C08 实现的基于 80286 总线的 1 MB DRAM 主存系统。80286 CPU 系统总线的数据线有 16 条($D_0 \sim D_{15}$)，地址线有 24 条($A_1 \sim A_{23}$)，主存寻址能力为 16 MB。

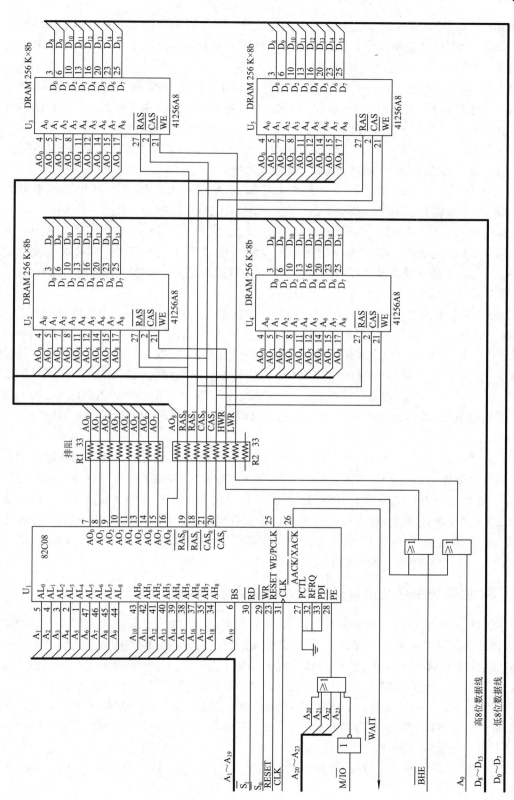

图 5.57 利用 DRAM 控制器 82C08 实现的 16 位系统总线下 80286 系统的 1 MB DRAM 主存

Intel 82C08 DRAM 控制器可以控制两个存储体，每个存储体为 256 K × 16 b DRAM，输入引脚 BS 为存储体选择信号。当 BS = 0 时，选中 0 号存储体(由 U_2、U_3 组成)；当 BS = 1 时，选中 1 号存储体(由 U_4、U_5 组成)。

　　对于 8086 或 80286 CPU 来说，82C08 可以控制 1 MB 的 DRAM 主存。82C08 内部有一个地址多路转换器，可以将 256 KB 存储器的 18 位地址分配到 9 条地址线上，产生 DRAM 要求的行、列地址及其选通信号的时序。

　　$\overline{AACK}$ / $\overline{XACK}$ 信号用于向 CPU 指示就绪状态，一般与 CPU 的 READY 输入引脚连接，或者与时钟发生器 8284A 的 RDY_1 或 RDY_2 输入连接。

　　如图 5.57 所示，82C08 低 9 位地址输入引脚为 AL_0～AL_8，高 9 位地址输入引脚为 AH_0～AH_8，地址输出引脚为 AO_0～AO_8。82C08 内部电路可以配合 AO_0～AO_8 输出的行、列地址信号产生相应的行地址选通信号 $\overline{RAS}$ 与列地址选通信号 $\overline{CAS}$，这些信号产生的时间由时钟信号 CLK 及 80286 CPU 输出的状态信号 $\overline{S_1}$、$\overline{S_0}$ 控制。图 5.57 中，82C08 的输出引脚 $\overline{RAS_0}$、$\overline{CAS_0}$ 是 0 号存储体(U_2、U_3)的行、列地址选通信号；82C08 的输出引脚 $\overline{RAS_1}$、$\overline{CAS_1}$ 是 1 号存储体(U_4、U_5)的行、列地址选通信号。

　　图 5.57 所示电路是 16 位 80286 系统中的 1 MB 主存，由 4 个 256 KB 的 DRAM 主存模块 MC-41256A8 组成。存储器 U_2 及 U_4 组成高字节(奇地址)存储体，U_3 与 U_5 组成低字节(偶地址)存储体。82C08 的 DRAM 写信号 $\overline{WE}$ 与系统总线的 A_0 信号同时为低电平时，可以写入低字节(偶地址)存储体；82C08 的 DRAM 写信号 $\overline{WE}$ 与系统总线的 $\overline{BHE}$ 信号同时为低电平时，可以写入高字节(奇地址)存储体。系统总线高位地址线 A_{20}～A_{23} 为低电平、M / $\overline{IO}$ 为高电平时，82C08 的片选信号 $\overline{PE}$ 有效。因此，该 DRAM 主存系统的地址范围为 000000H～0FFFFFH。

　　注意，本例中的"存储体"有两种划分方法。第一种是由 82C08 的 BS 引脚选择的存储体：0 号存储体由 U_2 与 U_3 组成，地址范围为 000000H～07FFFFH；1 号存储体由 U_4 与 U_5 组成，地址范围为 080000H～0FFFFFH。第二种是由 80286 CPU 系统总线的 A_0 信号选择的低字节(偶地址)存储体(由 U_3 与 U_5 组成，用来存储地址范围为 000000H～0FFFFFH 之间的偶地址字节数据)和由 $\overline{BHE}$ 信号选择的高字节(奇地址)存储体(由 U_2 与 U_4 组成，用来存储地址范围为 000000H～0FFFFFH 之间的奇地址字节数据)。

5.4.2　32 位系统主存及接口设计

　　从 80386 处理器开始，Intel 处理器进入 32 位时代，由 32 位处理器决定的主存结构扩展为 4 个字节存储体，见图 2.22。与主存读/写操作相关的 80386 或 80486 处理器信号有：

　　(1) 地址信号 A_2～A_{31}(共 30 个)。其编码可寻址 1 G 个 32 位的存储单元。这里没有 A_0 和 A_1，这两个信号已在 80386、80486 处理器内部译码，用于产生 4 个体选择信号。

　　(2) 体选择信号 $\overline{BE_0}$～$\overline{BE_3}$。与 8086 类似，在 32 位的 80386、80486 系统中，为了灵活地寻址一个字节、一个 16 位字或一个 32 位字，主存必须分成 4 个体。而选择信号 $\overline{BE_0}$～$\overline{BE_3}$ 分别用于选择 4 个体中的一个体，见表 2.10。

　　(3) 32 位数据信号 D_0～D_{31} 分为 4 个字节，分别是 D_0～D_7、D_8～D_{15}、D_{16}～D_{23} 和 D_{24}～D_{31}。

(4) 控制信号 M/$\overline{\text{IO}}$(主存/接口选择信号，与 8086 一样)；D/$\overline{\text{C}}$(数据/控制)信号，低电平表示处理器中止或正在响应中断，高电平表示正在传送数据；W/$\overline{\text{R}}$(读/写)信号，低电平表示读主存或接口，高电平表示写主存或接口。在 80486 系统中，它们的功能如表 5.8 所示。

表 5.8　控制信号编码表示的总线周期

M/$\overline{\text{IO}}$	D/$\overline{\text{C}}$	W/$\overline{\text{R}}$	总 线 周 期
0	0	0	中断响应
0	0	1	停机
0	1	0	I/O 读
0	1	1	I/O 写
1	0	0	取指令操作码
1	0	1	保留
1	1	0	存储器读
1	1	1	存储器写

鉴于 32 位系统主存的 4 体结构，32 位系统的主存及接口设计的显著特点就是加入了存储体选择信号 $\overline{\text{BE}_0}$、$\overline{\text{BE}_1}$、$\overline{\text{BE}_2}$ 和 $\overline{\text{BE}_3}$，以确保 4 个体协同工作，支持字节、16 位字、32 位双字的主存读/写操作。

例 5.11　在 80486 系统中，利用 4 片容量为 128 K × 8 b 的 SRAM 芯片构成 512 KB 的主存空间，连接图如图 5.58 所示。

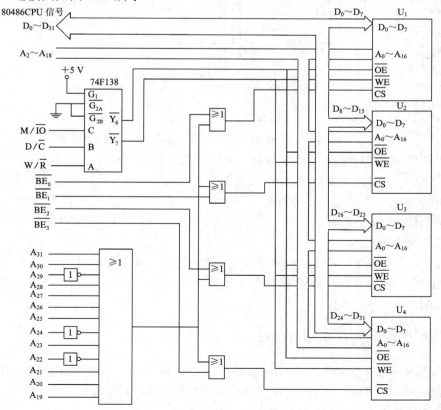

图 5.58　80486 内存芯片连接图

微型计算机原理及接口技术(第四版)

在图 5.58 中，4 片 SRAM 构成 4 个存储体，分别利用 $\overline{BE_0} \sim \overline{BE_3}$ 参加译码选中一个体。4 个 SRAM 占用主存 21400000H～2147FFFFH 地址范围。读/写该主存空间时，若 $\overline{BE_0}$ 有效，则 U_1 芯片被选中，支持 $D_0 \sim D_7$ 字节存取；若 $\overline{BE_1}$ 有效，则 U_2 芯片被选中，支持 $D_8 \sim D_{15}$ 字节存取；若 $\overline{BE_2}$ 有效，则 U_3 芯片被选中，支持 $D_{16} \sim D_{23}$ 字节存取；若 $\overline{BE_3}$ 有效，则 U_4 芯片被选中，支持 $D_{24} \sim D_{31}$ 字节存取。若 2 个或 4 个体选择信号同时有效，则可支持在该主存空间上读/写 16 位或 32 位数据。

例 5.12 根据存储信息的需要，主存的不同区域可以用不同类型的芯片构成。假设在 80486 系统中，有一个主存模块与 80486 微处理器的接口如图 5.59 所示，其中 62256 为 SRAM 芯片，98C64 为 EEPROM 芯片。

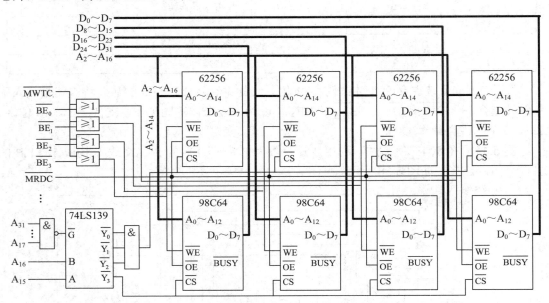

图 5.59　SRAM 和 EEPROM 构成的主存模块与 80486 微处理器的接口

分析图 5.59 电路可知，4 个 32 KB 的 62256 芯片被分别放置于主存的 4 个字节存储体中，通过由 $\overline{BE_0}$、$\overline{BE_1}$、$\overline{BE_2}$ 和 $\overline{BE_3}$ 形成的写控制信号选择相应字节段进行操作，以保证 CPU 按指令要求写入指定长度的数据；而从 4 个字节存储体读出的 32 位数据则由 CPU 选取所需字节段。62256 芯片所占的主存空间为 FFFE0000H～FFFF7FFFH。每片 62256 有四分之一的空间未被利用。

4 个 8 KB 的 98C64 芯片也被分别放置于主存的 4 个字节存储体中。$\overline{BUSY}$ 未使用。写 EEPROM 时，可利用软件延迟来保障写入(即编程)时间。98C64 芯片所占的主存空间为 FFFF8000H～FFFFFFFFH。

5.4.3　64 位系统主存及接口设计

64 位微机系统的大容量主存均采用 DDR SDRAM 内存条实现，并通过 DDR SDRAM 控制器实现对内存条的读、写、刷新等操作。DDR SDRAM 控制器位于存储控制器中。在早期南北桥结构的计算机中，存储控制器集成在北桥芯片里，内存条直接与北桥芯片连接；

后来随着芯片集成度的提高，北桥芯片中包括存储控制器在内的绝大部分电路被集成在了微处理器芯片中，余下的电路集成到了南桥芯片中，芯片组就只剩下一块芯片了，内存条直接连接到微处理器芯片上。

例 5.13 南北桥结构的单通道内存系统设计与初始化示例。

图 5.60 为以 852GM GMCH 作为北桥芯片的移动 Pentium 4 微机系统框图。852GM GMCH 内部集成的存储控制器中包含了单通道 DDR SDRAM 控制器，可以直接连接 64 位数据宽度的 DDR SDRAM 内存条。852GM GMCH 不支持内存的检错与纠错，因此与其连接的内存条不需要提供校验位。

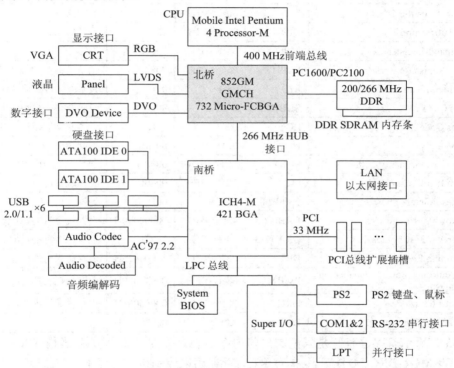

图 5.60 具有单通道内存、基于南北桥结构芯片组的计算机系统框图

PCI 总线为每个连接在它上面的设备(Device)定义一块配置空间(Configuration Space)，其中每个设备可以有最多 8 个功能模块(Function)，而每个功能模块可以有 256 个 8 位控制寄存器，通过读、写这些寄存器，可以了解该设备当前的工作状态，控制该设备的工作方式。852GM GMCH 内部的集成图形控制器、存储控制器，以及南桥 ICH4-M 芯片都是通过 0 号 PCI 总线(PCI Bus #0)相互连接的，所以 852GM GMCH 中的所有设备(包括存储控制器)都连接在 PCI Bus #0 上。

852GM GMCH 中有两个设备(Device)：Device #0(Host-Hub Interface Bridge/DDR SDRAM Controller)和 Device #2(Integrated Graphics Controller)。其中 Device #0 又分成 3 个功能模块(Function)：Function #0(Host Bridge Legacy Registers)；Function #1(DDR SDRAM Interface Registers)；Function #3(Intel Reserved Registers)。因此，852GM GMCH 中控制 DDR SDRAM 控制器的寄存器在 Bus #0、Device #0、Fuction #1 指定的区域中。

PCI 总线 0 上的存储控制器(Device #0)是一个比较特殊的 PCI 设备，这个设备除需要管理 DDR SDRAM 内存条之外，还需要管理整个存储域的地址空间，包括 PCI 总线域地址空间。在 Intel x86 处理器系统中，存储控制器是管理存储域地址空间的重要设备，因此，存储控制器中包含了大量与存储器空间相关的寄存器。

852GM GMCH 中存储控制寄存器共有 17 个，位于 PCI Bus #0、Device #0、Fuction #1 的配置空间中，如表 5.9 所示。

表 5.9　852GM GMCH 中存储控制寄存器的配置空间
(PCI Bus #0、Device #0、Fuction #1)

寄 存 器 名	缩　写	地址范围	默认值	说　　明
Vendor Identification	VID	00H～01H	8086H	制造商 ID，Intel
Device Identification	DID	02H～03H	3584H	设备标识 ID
PCI Command Register	PCICMD	04H～05H	0006H	
PCI Status Register	PCISTS	06H～07H	0080H	记录设备 0 的 PCI 错误状态
Revision Identification	RID	08H	01H	设备 0 的版本号
Sub-Class Code	SUBC	0AH	80H	设备 0 功能模块 1 的子类号
Base Class Code	BCC	0BH	08H	设备 0 功能模块 1 的基类号
Header Type	HDR	0EH	80H	返回 80H，表示"多功能设备"
Subsystem Vendor Identification	SVID	2CH～2DH	0000H	子系统生产商 ID
Subsystem Identification	SID	2EH～2FH	0000H	子系统 ID
Capabilities Pointer	CAPPTR	34H	00H	
DRAM Row 0-3 Boundaries	DRB0～3	40H～43H	00000000H	设置每个行的地址上限
DRAM Row 0-3 Attributes	DRA0～3	50H～51H	7777H	设置每个行的页面大小
DRAM Timing Register	DRT	60H～63H	18004425H	内存访问时间控制
DRAM Controller Power Management Control Register	PWRMG	68H～6BH	00000000H	内存功耗管理
Dram Controller Mode	DRC	70H～73H	00000081H	内存模式管理
DRAM Throttle Control	DTC	A0H～A3H	00000000H	

表 5.9 所示寄存器有些是只读的，与内存控制有关的可读/写寄存器是 DRB、DRA、DRT、PWRMG、DRC、DTC。其中，DRT 寄存器用来控制访问内存条时与时序有关的参数，其数据位的定义如表 5.10 所示。其他寄存器数据位的定义可以查阅 852GM GMCH 数据手册。

表 5.10　DRT 寄存器中各数据位的定义(单位：时钟周期数 T)

位	描　　　　述
31	tWRT，写命令到读命令之间的延迟。0：tWRT=1T(当 CL=2 或 2.5 时)；1：保留
30	tWR，写操作完成后到其他命令(比如预充电命令)的延迟。0：tWR=2T；1：tWR=3T
29～28	tWR-RD，写操作与紧跟其后的读操作之间的时间间隔。00：4T；01：3T；10：2T；11：保留
27～26	tRD-WR，读操作与紧跟其后的写操作之间的时间间隔。00：7T；01：6T；10：5T；11：4T
25	tRD-RD，读操作与紧跟其后的读操作之间的时间间隔。0：4T；1：3T
24～15	保留
14～12	tRFC：同一行的刷新命令与激活命令之间的时间间隔。000：14T；001：13T；010：12T；011：11T；100：10T；101：9T；110：8T；111：7T

续表

位	描　　述
11	tRASmax，激活命令(行地址有效)到预充电命令之间的最大时间间隔。0：120 ms；1：保留
10～9	tRASmin，激活命令(行地址有效)到预充电命令之间的最小时间间隔。00：8T；01：7T；10：6T；11：5T
8～7	保留
6～5	tCL，CAS 延迟。00：2.5T；01：2T；10：保留；11：保留
4	保留
3～2	tRCD，从 RAS 到 CAS 的延迟，即激活命令到读/写命令之间的延迟。00：保留；01：3T；10：2T；11：保留
1～0	tRP，同一行预充电命令和激活命令之间的延迟。00：保留；01：3T；10：2T；11：保留

　　Intel x86 处理器在 I/O 地址空间定义了两个 32 位的寄存器，分别为 CONFIG_ADDRESS 寄存器和 CONFIG_DATA 寄存器，其接口地址分别为 0CF8H 和 0CFCH。x86 处理器通过这两个 I/O 端口访问 PCI 设备的配置空间。CONFIG_ADDRESS 寄存器各数据位的定义如图 5.61 所示。其中，最高位为允许位，该位为 1 时，对 CONFIG_DATA 寄存器进行读/写时将引发 PCI 总线的配置周期。

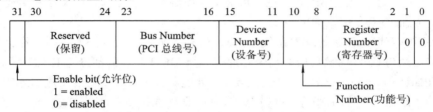

图 5.61　CONFIG_ADDRESS 寄存器各数据位的定义

　　当 CPU 要访问北桥芯片 852GM GMCH 中的寄存器时，首先将该寄存器对应的 PCI 总线号、设备号、功能号、寄存器号写入 CONFIG_ADDRESS 寄存器(接口地址为 0CF8H)，并置 CONFIG_ADDRESS 寄存器的最高位为 1，然后通过读/写寄存器 CONFIG_DATA(接口地址为 0CFCH)即可访问 CONFIG_ADDRESS 指定的 852 GM GMCH 寄存器。852GM GMCH 中的 HOST 主桥负责将 CPU 对 CONFIG_ADDRESS 和 CONFIG_DATA 的 I/O 访问转换成相应 852GM GMCH 寄存器的访问。

　　注意，对 CONFIG_ADDRESS 和 CONFIG_DATA 的访问都必须是双字(32 位)的。因此，CONFIG_ADDRESS 寄存器的低两位必须是 0，即 8 位的寄存器号低两位是 0。也就是说，CONFIG_ADDRESS 所指定的寄存器都是 4 个一组，看成一个 32 位寄存器。

　　通过写入 852GM GMCH 中的 DRT 寄存器来配置 DDR SDRAM 控制器访问内存的时序，汇编语言代码如下：

```
        .386
        ...

        MOV DX, 0CF8H           ; CONFIG_ADDRESS 寄存器的接口地址 0CF8H
        MOV EAX, 80000160H      ; 要写入 CONFIG_ADDRESS 寄存器的数据，允许位为 1；
                                ; PCI BUS #0、DEVICE #0、FUCTION #1，寄存器地址 60H
        OUT DX, EAX             ; 写 CONFIG_ADDRESS 寄存器
```

```
MOV DX, 0CFCH              ；CONFIG_DATA 寄存器的接口地址 0CFCH
MOV EAX, 6A00442AH         ；要写入 CONFIG_DATA 寄存器的数据
OUT DX, EAX                ；写 CONFIG_DATA 寄存器
...
```

上述汇编代码中，写入 DRT 寄存器(60H～63H)的内容为 6A00442AH，根据表 5.10 可知，配置 852GM GMCH 中的 DDR SDRAM 控制器有关参数为：$tWRT = 1T$，$tWR = 3T$，$tWR\text{-}RD = 2T$，$tRD\text{-}WR = 5T$，$tRD\text{-}RD = 3T$，$tRFC = 10T$，$tRASmax = 120 \text{ ms}$，$tRASmin = 6T$，$tCL = 2T$，$tRCD = 2T$，$tRP = 2T$。

例 5.14 基于 SoC 处理器的主存系统示例。

随着主频的不断提升，处理器对主存系统的带宽要求越来越高，主存带宽成为系统性能的瓶颈。由于受到晶体管本身的特性和制造工艺的制约，主存频率不可能无限制地提升。为了解决主存带宽瓶颈问题，引入双通道主存控制技术，即在北桥(MCH)芯片的存储控制器中设计两个 SDRAM 控制器，这两个 SDRAM 控制器可相互独立工作，每个控制器控制一个主存通道。

支持双通道主存控制技术的北桥芯片中包含了两个独立的、具备互补性的主存控制器，两个主存控制器可以并行工作。例如，当控制器 B 准备进行下一次读/写主存的时候，控制器 A 就在读/写主存，反之亦然。可见，两个主存控制器交替工作，理论上可以使等待时间缩减 50%，从而使主存带宽翻倍。

在 Intel 第四代 Core i 处理器系统中，MCH 被一分为二，HOST 主桥、存储控制器和图形控制器已经与 CPU 内核集成在一个芯片中，而 MCH 剩余的部分与 ICH(南桥芯片)合并成为 PCH(Platform Controller Hub)。Intel Core i7 处理器已集成了支持 3 个通道连接 DDR3 存储器的存储控制器。可见，在基于 SoC 构架的 x86 处理器中，芯片组的概念已经被逐渐淡化。但是，从体系结构的角度来看，整合之后的 Intel x86 处理器系统在结构上并没有太大改变。

图 5.62 为由 Intel 第四代 Core i7/i5/i3 微处理器构成的计算机系统框图。

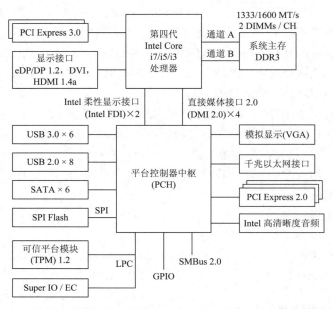

图 5.62　具有双通道主存、基于 SoC 处理器与 PCH 的计算机系统框图

在图 5.62 所示的计算机系统中，存储控制器已经与 CPU 集成在一个芯片中，与存储控制器有关的寄存器在 PCI Bus #0、Device #0、Fuction #0 指定的 PCI 配置空间中。其中，地址 48H～4FH 为 64 位的 MCHBAR 寄存器。该 BAR(Base Address Register)寄存器中保存了存储控制器中的"存储器映射寄存器"使用的地址空间的基地址，该基地址指向一个 32 KB 大小的存储器区域。当 MCHBAR 寄存器的"MCHBAR Enable"位为 1 时，这段存储区域有效，CPU 可以通过访问这段存储区域来实现对存储控制器中的"存储器映射寄存器"的读或写，这些寄存器中就包括与 DRAM 控制器有关的配置寄存器。通常，应该把这 32 KB 的存储区域映射到主存地址空间的高端，并且这段主存地址空间不与实际的物理主存映射。MCHBAR 寄存器中各数据位的定义如下：

(1) 数据位 63～39：保留。

(2) 数据位 38～15：MCH"存储器映射寄存器"使用的地址空间的基地址。该地址空间大小为 32 KB，基地址为 32 KB 的整数倍。因此，该基地址的低 15 位为 0。MCHBAR 寄存器的数据位 38～15 定义了该基地址的高 24 位。

(3) 数据位 14～1：保留。

(4) 数据位 0：MCHBAR Enable 位。

向 MCHBAR 寄存器写入适当的基地址，并将"MCHBAR Enable"位置 1，即可通过访问这段主存区域对 DRAM 控制器中的寄存器进行读/写。关于各寄存器的地址偏移及数据位的定义，可参考 Intel 第四代 Core i7/i5/i3 处理器数据手册。

根据当前系统中实际安装的内存条的参数，完成两个主存通道的寄存器的初始化后，集成于微处理器内部的 DRAM 控制器就可以按照设定好的模式工作，根据需要实现对主存系统的读、写、刷新等操作。

例5.15 用 256M × 16 b 的 DDR3 SDRAM 构成 Intel Atom E3826 的单通道 4 GB 主存。

Atom E3826 是 Intel 于 2013 年推出的一款嵌入式处理器，采用 22 nm 制程工艺，内部集成了两个 x86/x64 低功耗内核，每个内核拥有 32 KB 的 8 路组相联 L1 指令 Cache、24 KB 的 6 路组相联 L1 数据 Cache，两个内核共享 1 MB 的 16 路组相联 L2 Cache，使用 36 位主存物理地址、48 位虚拟地址(逻辑地址)，最大支持 8 GB 主存，支持 Intel VT-x 硬件虚拟化技术，集成了 Z3700 系列核心显卡，热设计功耗(TDP)为 7W。

Atom E3826 处理器内部集成了双通道存储控制器，每通道最多可控制 3 个 Rank 的 DDR3L(DDR3 低电压版)SDRAM 存储器。

DDR3 SDRAM 芯片选用美光(Micron)公司的 MT41K256M16HA-125。该芯片数据传输率可达 1600 MT/s(I/O 时钟频率为 800 MHz)，通过 A[14:0]接收行地址，通过 A[9:0]接收列地址，数据宽度为 16 位，共 8 个存储体(Bank)，因此芯片的总容量为

$$(2^{15} \times 2^{10}) \ / \ 体 \times 16\ b \times 8\ 体 = 32M \times 16\ 位 \times 8 = 256M \times 16\ b = 512\ MB$$

主存连接电路如图 5.63 所示，图中省略了与连接主存无关的 Atom E3826 处理器引脚，省略了存储器芯片的电源、接地引脚。电路中用 8 片 DDR3 SDRAM 芯片构成了 Atom E3826 系统一个通道的主存，通道内实现了两个 Rank，主存总容量为 4 GB。

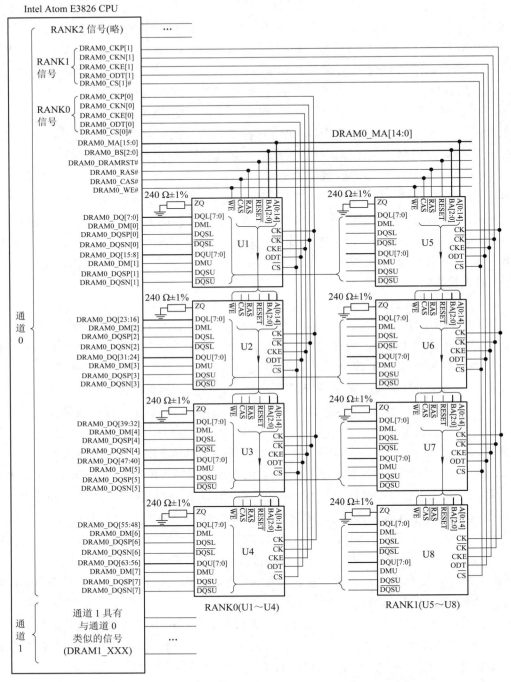

图 5.63　用 DDR3 SDRAM(256M×16)构成 Intel Atom E3826 的单通道 4 GB 主存

由图 5.63 可知，Atom E3826 处理器提供了用来连接两个 DDR3 SDRAM 通道的引脚，我们只用到了通道 0，和通道 1 有关的引脚未用到(悬空)；每通道最多可以连接 3 个 Rank，我们只用到 2 个 Rank(Rank0 和 Rank1)，所以通道 0 用来连接 Rank2 的引脚未用到(悬空)。同一通道内部的所有存储器芯片共用地址信号 MA[15:0]、存储体选择信号 BS[2:0]、复位信号 DRAMRST#、行地址选择信号 RAS#、列地址选择信号 CAS#、写信号 WE#；每个 Rank 由独立的时钟和片选信号进行控制，其内部的存储器芯片采用位扩展连接方式，四片存储器芯片位扩展可提供 64 位的数据，其中每 8 位数据对应一个数据屏蔽信号(DM)和一对数据锁存信号(DQSP、DQSN)。Rank0 和 Rank1 的电路结构完全一样。

在系统启动时，需要把此 DDR3 SDRAM 的有关参数写入 Atom E3826 处理器存储控制器有关的寄存器中，并正确初始化 DDR3 SDRAM 内部的模式寄存器，之后存储控制器才可以对此 DDR3 SDRAM 进行正常的读、写、刷新等操作。为了在系统启动时能够得到此 DDR3 SDRAM 的参数，还需要一个用来存储这些参数的 SPD 芯片，可以用串行 EEPROM 芯片 AT24C02 实现，图 5.63 省略了这部分电路。

习　题

5.1　以 8088 为 CPU 的某微型计算机的内存 RAM 区为 00000H～3FFFFH，若采用 6264、62256、2164 或 21256，各需要多少个芯片？

5.2　利用全地址译码将 6264 芯片连接在 8088 最大模式系统总线上，其所占地址范围为 BE000H～BFFFFH，试画连接图。

5.3　试利用 6264 芯片在 8088 系统总线上实现 00000H～03FFFH 的内存区域，试画连接电路图。若在 8086 系统总线上实现上述内存，试画连接电路图。

5.4　叙述 EPROM 的编程过程及在编程中应注意的问题。

5.5　已有两片 6116，现欲将它们连接到 8088 系统中，其地址范围为 40000H～40FFFH，试画连接电路图。写入某数据并读出与之比较，如有错，则在 DL 中写入 01H；若每个单元均对，则在 DL 中写入 EEH。试编写此检测程序。

5.6　若利用全地址译码将 EPROM2764 连接在首地址为 A0000H 的 8086 系统内存区，试画出连接电路图。

5.7　内存地址从 40000H～BBFFFH 共有多少千字节(KB)？

5.8　试判断 8088 系统中存储系统由译码器 74LS138 的输出 $\overline{Y_0}$、$\overline{Y_4}$、$\overline{Y_6}$ 和 $\overline{Y_7}$ 所决定的内存地址范围，其连接电路见图 5.64。

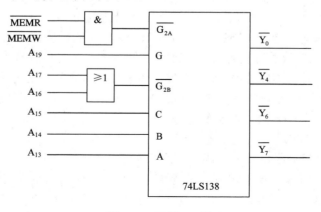

图 5.64　习题 5.8 图

5.9　若要将 4 块 6264 芯片连接到 8088 微处理器的 A0000H～A7FFFH 地址空间中，并限定采用 74LS138 作为地址译码器，试画出包括板内总线驱动的连接电路图。

5.10　将 4 片 6264 连接到 8086 系统总线上，要求其内存地址范围为 70000H～77FFFH，画出连接电路图。

5.11　简述 EEPROM 的编程过程。

5.12　在某 8088 微型计算机系统中，要将一块 2764 芯片连接到 E0000H～E7FFFH 的空间中，利用局部译码方式使它占有整个 32 KB 的空间，试画出地址译码器及 2764 芯片与 8088 总线的连接电路图。

5.13　EEPROM 98C64A 芯片各引脚的功能是什么？要将一片 98C64A 与 8088 微处理器相连，并能随时改写 98C64A 中各单元的内容，试画出 98C64A 和 8088 的连接电路图(地址空间为 40000H～41FFFH)。

5.14　在上题连接图的基础上，通过调用 20 ms 延时子程序，编写将内存中以 B0000H 开始的顺序 8 KB 的内容写入图中的 98C64A 中的程序。

5.15　与 RAM 或 EEPROM 相比，铁电存储器 FRAM 有什么不同？

5.16　现有容量为 32 K×4 b 的 SRAM 芯片，在 8086 系统中，利用这样的芯片构成从 88000H～97FFFH 的内存，画出在最大和最小模式下包括总线驱动在内的此芯片与系统总线的连接图。

5.17　在 80486 系统中，某 SRAM 芯片容量为 256 K×8 b，试用这样的芯片构成从 40000000H～400FFFFFH 的内存，画出电路连接图。

5.18　就本书中提到的动态存储器 2164，说明动态存储器的读/写过程。

5.19　对于动态存储器的使用，本书中提出了哪些建议？

5.20　标准的动态存储器 DRAM 与同步动态存储器 SDRAM 的主要不同表现在哪些方面？

5.21　SDRAM 的突发读/写与一般的连续读/写有什么不同？

5.22　DDR SDRAM 的 DDR 是什么意思？与一般的 SDRAM 相比，DDR SDRAM 有哪些不同？

5.23　将异步型 SRAM 芯片 CY7C1041BN 连接到 8086 最大模式系统总线，构成从 00000H～7FFFFH 的内存地址空间，画出连接电路图。

5.24　同步 SRAM 有哪几种类型？各有什么特点？

5.25　QDR Ⅱ+ 型同步 SRAM 芯片 CY7C1645KV18 数据总线的宽度是 36 位，不是字节的整数倍，为什么？该芯片内部设计有 4 个存储器阵列，有什么好处？

5.26　NOR 型与 NAND 型的 Flash 存储器各有什么特点？分别适用于什么场合？

5.27　通过查阅相关资料，了解 NAND Flash 中常用的 ECC(Error Checking and Correction，检错及纠错)方法，以及如何用硬件描述语言设计 NAND Flash 控制器。

5.28　(1) 简述 SDRAM 的内部结构；

(2) SDRAM 常用命令有哪些？各命令的功能是什么？

(3) 通过 SDRAM 模式寄存器可以设置哪些参数？

(4) 采用 SDRAM 构成 8086 微机系统的内存合适吗？为什么？

5.29　简述 DRAM 控制器应完成的主要功能，并列举几种 DRAM 控制器的实现方式。

5.30 通过查阅相关资料，以某一芯片组或微处理器 SoC 为例，简述在现代计算机系统中主存系统是如何实现的，以及如何实现对存储控制器的初始化。

5.31 根据 Intel 开源硬件平台提供的内存初始化代码，研究通过 SMBUS 读取 SPD(串行存在检测) EEPROM 的内容、初始化存储控制器寄存器以及内存训练的原理及过程。

5.32 现代计算机系统中，UEFI(统一可扩展固件接口)在主存初始化之前就已经开始执行 C 程序了。在主存无法访问的情况下，C 程序执行时所需的栈在哪里？

(在主存准备好之前，UEFI 一般把 Cache 初始化为内存(Cache As RAM，CAR)。查阅有关资料，研究 CAR 的原理及实现方法。)

5.33 通过测试软件，调研你的计算机主存是采用第几代 DDR SDRAM 实现的，共使用了几根内存条，共有多少个通道，每个通道的数据位宽是多少，主存的时钟频率、最大带宽、实测带宽是多少。分析这些数据之间的关联。

第6章 输入/输出技术

计算机强大的信息获取、处理、控制功能的实现，有赖于计算机与外部世界的联系。计算机与外部世界的联系越紧密，计算机应用得就越广泛。如何实现计算机与外部世界的联系，将是本章及后续几章要讨论的问题。

本章主要介绍I/O接口的基本概念和计算机与外部设备连接时采用的基本输入/输出技术。

6.1 I/O 概述

用户通过输入/输出设备与计算机交互，而各种各样的输入/输出设备是计算机系统功能的延伸，其地位越来越重要，而且种类繁多。因此，CPU通过什么方式管理如此之多的输入/输出设备就是一个必须解决的问题。另外，输入/输出设备必须通过接口才能连接到计算机系统总线上，接口的设计至关重要。

6.1.1 外部设备概述

在计算机系统中与人们联系最直接的就是输入/输出设备(I/O设备)，它是计算机系统与外界交换信息的装置。从计算机系统的整体结构来讲，CPU和主存合称为主机，而输入/输出设备通常位于主机之外，所以又称为外部设备(Periphery，简称外设)。一般情况下，除了CPU和主存外，计算机系统的其他部件都可看成是外部设备。

目前，外设在计算机系统中的地位越来越重要。尤其是在微型计算机中，用很少量的集成电路芯片，就可以构成包含CPU和主存的主机；而外设则往往包括一些相当精密的机械、电子、磁、光装置，以及复杂的控制电路。因此，在整机价格的组成方面，外设所占的比重越来越大。

众多的外设在计算机系统中各自担负着不同的职责。随着计算机应用的发展，不断有新的外设推向市场。一般来讲，计算机的外设可以分为以下五大类。

1. 输入设备

输入设备是指完成人机数据输入的外围设备。人们设计、建造和使用计算机的目的是让计算机帮助人们更高效地完成一定的功能。早期的计算机最主要的应用是科学计算，现代计算机的应用则深入我们生活的方方面面。不管要求计算机完成什么样的功能，首先需要将所编制的程序和处理的数据输入计算机，而程序和数据等的输入就需要输入设备来完成。早期的计算机是使用纸带读入机等来完成程序和数据的输入的，键盘和鼠标是目前计算机配置的标准输入设备。随着现代计算机在多媒体信息领域的应用，各种用于多媒体信息输入的设备不断涌现，如语音输入设备、图像输入设备(如扫描仪、数字相机)以及各种音视频输入设备(如视频采集卡、数字摄像机)等。

2．输出设备

输出设备是指完成计算机数据输出的外围设备。计算机需要通过输出设备将程序运行的结果以某种方式输出给用户，比如通过显示器将结果显示在屏幕上，或通过打印机将结果打印在打印纸上等。现代计算机的输出设备种类越来越丰富，如用于绘制工程图纸的绘图仪(笔式、喷墨式)、打印机(针式、喷墨式、激光式)以及各种音视频输出设备等。

3．存储设备(辅助存储器)

现代计算机存储器采取层次结构实现，即按“Cache—主存储器—辅助存储器”层次组成。辅助存储器(也即外存)按照所采用的存储介质分类，主要包括磁介质存储器(如磁盘存储器、磁带存储器)、光介质存储器(如 DVD 驱动器、蓝光光盘驱动器)和 NAND Flash 介质存储器(如存储卡、固态硬盘)。可执行程序以及计算机处理的各种信息(如数据、文本、图形、图像、声音、视频、动画等)均以文件的形式存放在辅助存储器中。

4．数据通信设备

计算机与计算机之间的数据通信有多种方式，如早期的通过模拟电话线实现的计算机之间点到点的通信，通信双方要使用数据通信设备——调制解调器完成数字信号与模拟信号的转换。现代计算机主要通过网络进行数据通信，每台计算机都是通过数据通信设备——网络适配器(又称网卡)联入网络的。正是借助各种数据通信设备，计算机之间的互联才得以实现。

5．过程控制设备

工业控制是计算机的一个重要应用领域。工业控制中通常需要使用一些过程控制设备完成对某一工业过程的控制。这些过程控制设备往往是针对某一特定应用专门设计的，属于计算机系统的非标准外围设备。

6.1.2　I/O 方式概述

在计算机系统中，CPU 管理 I/O 设备的输入/输出控制方式有五种：程序查询方式、程序中断方式、DMA 方式、通道方式、外围处理机方式，其中前两种方式由软件实现，后三种方式由硬件实现。通道方式、外围处理机方式主要用于大型计算机系统，微机中常用的管理 I/O 设备的输入/输出控制方式主要是上述前三种。

1．程序查询方式

程序查询方式是早期计算机使用的一种方式，这种方式下 CPU 与外围设备的数据交换完全依赖于计算机的程序控制。

在进行信息交换之前，CPU 要设置传输参数、传输长度等，然后启动外设工作，与此同时，外设则进行数据传输的准备工作；相对于 CPU 来说，外设的速度是比较低的，因此外设准备数据的时间往往是一个漫长的过程，而在这段时间里，CPU 除循环检测外设是否已准备好之外，不能处理其他事务，只能一直等待；直到外设完成数据准备工作，CPU 才能开始进行信息交换。

这种方式的优点是硬件结构比较简单，但外设的动作通常很慢，程序循环查询外设状态需花费大量 CPU 时间，数据传输率、CPU 利用率都很低。所以，程序查询方式仅适用于慢速设备在一定条件下与 CPU 进行信息交换的场合。在实际应用中，除了单片机系统之外，已经很少使用程序查询方式了。

2．程序中断方式

中断是外围设备用来"主动"通知 CPU，准备发送/接收数据或处理外设事件的一种方式。

通常，当一个中断发生时，CPU 暂停其现行程序，转而执行中断处理程序，完成数据传输或事务处理的工作；当中断处理完毕后，CPU 又返回到原来的任务，并从断点处继续执行程序。

这种方式提高了 CPU 利用率，是管理 I/O 设备的比较有效的方法。中断方式一般适用于对 CPU 利用率要求较高且与 CPU 交换信息的设备为中、低速的场合，或用于处理随机出现的外设事件。与程序查询方式相比，程序中断方式的硬件结构相对复杂一些，成本相对较高。

3．DMA 方式

DMA(Direct Memory Access)方式就是直接存储器存取方式，是一种完全由硬件执行数据传输的工作方式。

在 DMA 方式中，DMA 控制器从 CPU 那里完全接管对总线的控制权，数据交换不经过 CPU 而直接在主存和外设之间进行。

DMA 方式的主要优点是数据传送速度很高。与程序中断方式相比，这种方式需要更多的硬件，适用于主存和高速 I/O 设备之间大批量数据传输的场合。

6.1.3　I/O 接口概述

外部设备是计算机与外界联系的主要对象。计算机的应用环境千差万别，与计算机相连的外设各式各样，有机械式的、电动式的、电子式的、光电式的，有模拟的、数字的，有并行的、串行的，有高速的、中速的、低速的，有简单的、复杂的，这使得大多数外设不能直接与计算机系统相连接，而必须通过接口与计算机系统总线连接起来。

1．I/O 接口功能

I/O 接口是位于计算机系统与外设之间的连接电路，是计算机系统与外设连接的桥梁，起着沟通、协调两者关系的作用。针对不同的外设，I/O 接口通常具有如下基本功能：

(1) 提供信息传递通道。由于接口位于计算机系统与外设中间，因此它必须为两者提供信息传递的通道，通道一般是利用接口中的端口(寄存器)来实现的。我们可以设计多个通道，并有效控制各通道的工作时刻，使计算机系统与外设间的多种信息可以在各通道中分时传输。

(2) 进行数据格式转换。我们通常将外设提供或接收的信息广义地称为数据，其形式有多种，如模拟数据、数字数据、并行数据、串行数据等。而计算机系统传输、处理的数据只是数字化的并行数据。因此，在两者进行信息交换时若数据格式不一致，则必须进行数据格式转换。在 I/O 接口中主要完成的数据格式转换有：

· 模/数转换。若外设是模拟设备，则其发送与接收的信息为模拟数据。当计算机系统从模拟外设获取信息时，必须将外设的模拟数据转换成并行数字数据，才能被计算机系统接收。同样，当计算机系统给模拟外设加载信息时，必须将计算机的并行数字数据转换成模拟数据，才能被外设接收。

· 串/并转换。若外设是数字化的串行设备，其发送与接收的信息为串行数据，则必须将外设的串行数据转换成并行数据，才能被计算机系统接收。同样，需将计算机的并行数据转换成串行数据，才能被外设接收。

· 数位转换。某些外设虽然是数字化的并行设备，但其传输的并行数据数位若与计算机系统的并行数据数位不符，也需要通过接口将两者的数位作适当的变换。

(3) 进行速度匹配。大多数情况下外设的速度低于计算机系统的速度，由于这种速度的不匹配会造成外设与计算机系统传输信息时出现错误，因此必须通过 I/O 接口来协调两者的速度。

一种常用的速度变换方法是在接口中设计数据缓冲器，通过数据缓冲器的"缓冲"功能，使快速的计算机系统与慢速的外设之间实现有效的信息传递。

(4) 进行负载匹配。目前的微机系统均采用总线结构，系统中所有部件都是通过总线相互连接在一起的，其中外设与微机系统的连接实际上是通过将外设经过接口连接在微机的系统总线上来实现的。由于每种外设对总线呈现的负载不同，而系统总线的负载能力是有限制的，因此，当大负载外设或多外设连接到微机系统时，接口中必须设计负载匹配电路。驱动器可以作为一种能够提供大电流的电流负载匹配电路来使用。

(5) 提供中断能力。当接口中包含中断请求电路时，可以支持外设以中断方式与计算机系统进行信息交换，这样可以提高 I/O 接口自身在多种输入/输出方式下的适应性。

2. 基本 I/O 接口模型

由于需要在外设和计算机系统之间建立多个通道，因此一个外设接口可能由多个端口构成。假定外设已数字化，并利用数据、状态、控制(命令)三类信息与计算机系统进行信息交换，则图 6.1 所示的正是外设与计算机系统连接的典型 I/O 接口模型。接口中的数据端口提供了外设与计算机系统间数据交换的通道，命令端口传递 CPU 发给外设的控制命令，状态端口将外设的工作状态反映给 CPU。

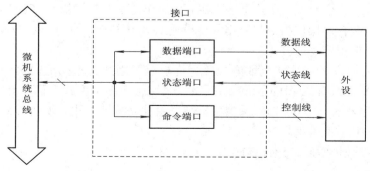

图 6.1　典型 I/O 接口模型

大多数外设与计算机进行信息交换时都需要事先进行联络，只有双方建立好联络关系

(即握手成功)之后，才能进行信息交换。例如，欲将计算机内部的数据输出给外设，常规的工作过程为：首先由 CPU 读外设与系统连接的状态端口，获得外设的工作状态，CPU 根据外设状态决定输出数据的时刻；一旦数据输出时刻确定，CPU 便通过数据端口将数据输送到外设数据接收线上，并发出一个控制信号，告诉外设一个有效的数据已加在外设数据接收线上；外设根据 CPU 发出的控制信号接收数据，进而对数据进行加工处理，并同时改变状态信息。这样，外设的状态与 CPU 的控制信号间就建立了一对联络应答(握手)关系。为了方便外设与计算机系统的连接与控制，一些通用接口芯片的内部已集成了这样的联络电路(如可编程并行接口芯片 8255)，使得接口设计更加方便灵活。

3. I/O 接口地址及编址方式

当计算机系统中有多个外设时，CPU 在某个时刻只能与一个外设打交道。为了确定此刻哪一个外设可以与计算机打交道，采取了与内存同样的处理方法，即利用二进制编码为外设接口中的存储器(寄存器)进行编号，该编号被称为外设地址(又称 I/O 地址)，也即通过外设地址来识别不同的外设。

从图 6.1 可以看出，外设需要通过接口才能与计算机系统连接，同时外设与计算机系统交换的信息类型较多，一个外设接口中常常含有多个端口，所以外设地址通常用于对端口的控制。每个端口都需要 I/O 地址控制，因此一个外设需要分配多个 I/O 地址，为此也常将 I/O 地址称作端口地址(也称为接口地址)。有时为了节省 I/O 地址的使用或简化译码电路的设计，可以使一个输入端口与一个输出端口共用一个 I/O 地址。

对 I/O 地址有两种编排方式。一种是将主存地址与 I/O 地址统一编排在同一地址空间中，简称统一编址方式(也即存储器映射 I/O 方式)；另一种是将主存地址与 I/O 地址分别编排在不同的地址空间(即内存地址空间与 I/O 地址空间)中，简称独立编址方式。

采用统一编址方式可以将外设与主存同样看待，不仅可以对主存实施多种操作与运算，而且可以对外设实施与主存同样的操作与运算，使得对外设的操作十分灵活方便。由于主存与外设占据同一个地址空间，因此分配给外设的地址，主存便不能使用，使主存地址空间与 I/O 地址空间受到限制，从而限制了主存与外设的规模。另外，在获得了对主存与外设可以同样方便操作的同时，却给检修、维护增加了难度。当一条传送指令的执行出现错误时，很难从指令上判断出是主存还是外设出了问题。

采用独立编址方式时，主存与外设各自有互不影响的地址空间，使 CPU 能够拥有较大的主存空间与 I/O 空间。为了区分是对主存操作还是对外设操作，CPU 使用两组指令，即常规的主存、寄存器操作指令与专用的外设输入/输出指令。这样，对外设的操作不会像主存那样灵活，但很容易区分。

由于统一编址方式与独立编址方式各有优缺点，因此在不同的微机中采用了不同的编址方式。如 Motorola 公司的 M68 系列微机采用统一编址方式，而 Intel 公司的 80x86 系列早期微机及 Zilog 公司的 Z80 系列微机则采用独立编址方式。现代 Intel x86 微机则同时采用了统一与独立两种编址方式。

4. Intel I/O 地址空间及地址译码

1) 80x86 I/O 地址空间

80x86 系统有独立的 I/O 地址空间。

在 80x86 系列的 PC 中，I/O 地址空间为 0000H～FFFFH，大小为 64 KB，用 16 位地址表示。图 6.2 表明了 PC 中 I/O 的映射，其中 0000H～03FFH 之间的 I/O 空间为计算机系统和 ISA 总线预留，而位于 0400H～FFFFH 的 I/O 端口对于用户应用、主板功能和 PCI 总线是有效的。

80287 协处理器将 00F8H～00FFH 的 I/O 地址用于通信，因此，Intel 预留了 00F0H～00FFH 的 I/O 端口。80386 至 Pentium Ⅱ 使用 I/O 端口 800000F8H～800000FFH(存储器映射 I/O 端口)与它们的协处理器进行通信。

数据总线位数的不同，使得 80x86 系统的 I/O 地址空间在结构上有所不同，正如主存结构一样。8088 系统的 I/O 空间由 1 个字节体构成，可实现 8 位 I/O 传输；8086、80186、80286、80386SX 系统 I/O 空间由高、低 2 个字节体构成，可实现 8/16 位 I/O 传输，结构如图 2.4(b) 所示。从 80386DX、80486 的 32 位系统直至目前的多核 64 位系统，其 I/O 空间都由 4 个字节体构成，可实现 8/16/32 位 I/O 传输，结构如图 2.24 所示。到目前为止，Intel 系统没有 64 位的 I/O 指令。

图 6.2　PC 中 I/O 的映射

2) I/O地址译码方式

与存储器地址译码类似，I/O 端口地址译码时也可以采用两种译码方式：全地址译码与部分地址译码。全地址译码时所有 I/O 地址线参与译码，部分地址译码时只需部分 I/O 地址线参与译码。全地址译码使 I/O 设备占据 I/O 地址空间的唯一区域，不会造成 I/O 空间的浪费；部分地址译码会使 I/O 设备占据 I/O 地址空间的多个区域，而这些地址区域不可以用于其他 I/O 设备，但其优点是译码电路简单，由此可适当地降低成本，提高可靠性。

译码器件可以选用逻辑门器件、译码器、数字比较器、ROM 器件、可编程逻辑器件(PLD)等。

3) I/O端口地址译码举例

例 6.1　使用 I/O 地址 5CH 选择输入端口。译码电路如图 6.3 所示，采用部分地址译码方式，由逻辑门器件实现。

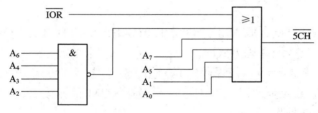

图 6.3　8 位 I/O 地址译码电路

例 6.2 使用 I/O 地址 A0D8H～A0DFH 选择 I/O 端口。译码电路如图 6.4 所示，采用全地址/部分地址译码方式，由译码器件实现。

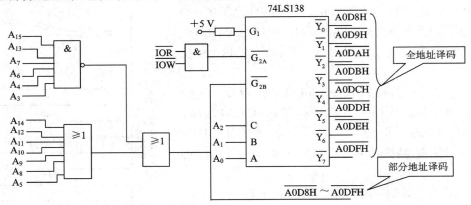

图 6.4　16 位 I/O 地址译码电路

例 6.3 使用低 8 位 I/O 地址选择输出端口。译码电路如图 6.5 所示，采用部分地址译码方式(A_0、A_8～A_{15} 未参与译码)，由数字比较器实现。

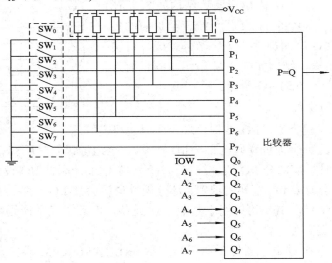

图 6.5　8 位 I/O 地址译码电路

当开关 SW_0、SW_2、SW_5 为接通状态时，由 P = Q 端得到输出端口 DAH～DBH 的地址译码信号。

当开关 SW_0、SW_1、SW_6、SW_7 为接通状态时，由 P = Q 端得到输出端口 3CH～3DH 的地址译码信号。

例 6.4 使用 ISA 总线上低 10 位 I/O 地址 03C0H～03FFH 选择 I/O 端口。译码电路如图 6.6 所示，采用部分地址译码方式(A_0～A_2、A_{10}～A_{15} 未参加译码)，由 ROM 器件实现。

利用在 ROM 的特定单元(由待译码的 I/O 地址选定)中写入特定值(只有 1 个数据位为 0，其余 7 位为 1)，其他单元全部写入 FFH，使得当从 ROM 单元读出数据时，数据线上输出的信号即可以作为 I/O 地址译码信号。

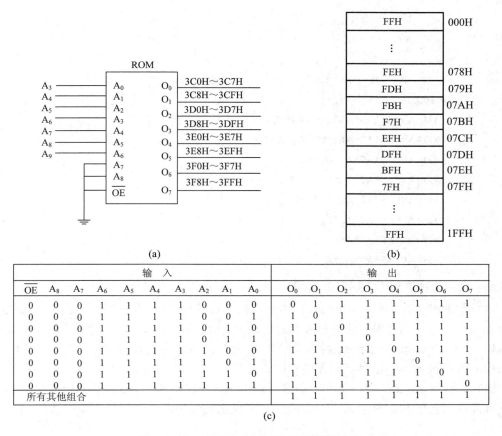

图 6.6 ISA 总线上 10 位 I/O 地址译码电路

(a) 连接电路；(b) ROM 中写入的内容；(c) ROM 输入/输出真值表

例 6.5 将例 6.4 中的译码器件改为可编程逻辑器件(PLD)16L8，译码电路如图 6.7 所示。

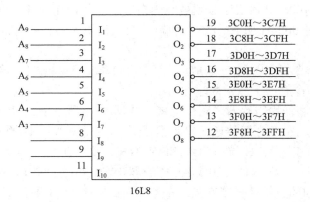

图 6.7 10 位 I/O 地址译码器

利用 PLD 写入器，根据如下信息对 16L8 进行 ABEL 语言编程，即可由 16L8 的输出端获得所需的 I/O 地址译码信号：

```
; pins    1    2    3    4    5    6    7    8    9    10
         A9   A8   A7   A6   A5   A4   A3   NC   NC   GND
; pins   11   12   13   14   15   16   17   18   19   20
         NC   O8   O7   O6   O5   O4   O3   O2   O1   VCC
EQUATIONS
     /O1=A9*A8*A7*A6*/A5*/A4*/A3
     /O2=A9*A8*A7*A6*/A5*/A4*A3
     /O3=A9*A8*A7*A6*/A5*A4*/A3
     /O4=A9*A8*A7*A6*/A5*A4*A3
     /O5=A9*A8*A7*A6*A5*/A4*/A3
     /O6=A9*A8*A7*A6*A5*/A4*A3
     /O7=A9*A8*A7*A6*A5*A4*/A3
     /O8=A9*A8*A7*A6*A5*A4*A3
```

5. Intel 处理器对 I/O 端口的访问

I/O 端口是外设与系统连接的接口中提供信息传输通道的硬件电路,可由处理器的控制信号和地址信号译码控制,使其与外设进行通信。I/O 端口可以是输入端口、输出端口或双向端口。一些 I/O 端口用于传输数据,如串行接口的发送和接收寄存器;另一些 I/O 端口用来控制外围设备,如磁盘控制器的控制寄存器。

I/O 地址空间的 I/O 端口访问可通过一组 I/O 指令和特殊的 I/O 保护机制来处理。可利用处理器通用传送和字符串指令、分段或分页提供的保护来处理存储器映射 I/O 的 I/O 端口访问。

使用 I/O 地址空间的好处是在指令流中的下一条指令被执行之前可保证写 I/O 端口操作被完成。

用来访问未对齐端口的总线周期的准确次序是不确定的,如果硬件或软件需要以一种特定的次序写 I/O 端口,则该次序必须被明确指定。例如,在地址 0002H 加载一个字长的 I/O 端口,然后在地址 0004H 加载另一个字端口,必须使用两字长的写,而不能对地址 0002H 做单一双字的写。

处理器的 I/O 指令提供访问 I/O 地址空间的 I/O 端口(这些指令不能用于访问存储器映射 I/O 端口)。I/O 指令有如下两组:

(1) 在 I/O 端口和通用寄存器之间传递单一数据项(字节、字或双字)的 I/O 指令;

(2) 在 I/O 端口和主存之间传递一串数据项(字节、字或双字串)的 I/O 指令。

寄存器 I/O 指令 IN(从 I/O 端口输入)和 OUT(输出到 I/O 端口)在 I/O 端口与 EAX 寄存器(32 位 I/O)、AX 寄存器(16 位 I/O)或 AL 寄存器(8 位 I/O)之间传送数据。I/O 端口地址可以是 00H~FFH 之间的直接数值或在 DX 寄存器中的一个 16 位数值。

串 I/O 指令 INS(从 I/O 端口输入数据串)和 OUTS(输出数据串到 I/O 端口)在 I/O 端口与主存单元之间传送数据。被访问 I/O 端口的地址由 DX 寄存器给出,源或目的存储器地址由 DS:ESI 或 ES:EDI 寄存器分别给出。

当使用重复前缀之一(如 REP)时,INS 和 OUTS 指令执行数据串(或块)输入或输出操作。

重复前缀 REP 修改 INS 和 OUTS 指令执行之后相关寄存器的内容，以便在 I/O 端口和主存之间传递数据块，也即，在每个字节、字或双字在选定的 I/O 端口和主存之间被传送之后，ESI 或 EDI 寄存器被递增或递减(根据 EFLAGS 寄存器中 DF 标志的设置)。

6. 基本的并行输入/输出接口

在微机与外设的各种接口中，三态缓冲器是最基本的输入接口，数据锁存器是最基本的输出接口。

1) 并行输入接口

三态缓冲器有多种型号，74LS244 是一种常用的型号，它集成了 8 个输入与输出同相、控制端低电平有效的三态门，可以作为 8 位并行输入接口。

例 6.6 一种典型的输入接口设计如图 6.8 所示。这是一个 8088 系统中的 8 位输入端口，它通过控制一个 8 位的三态缓冲器 74LS244，在执行以下指令时可以获得 8 个开关的状态：

IN AL，80H ；从 80H 端口获得 8 个开关接通或断开的信息，将之存入 AL 寄存器中

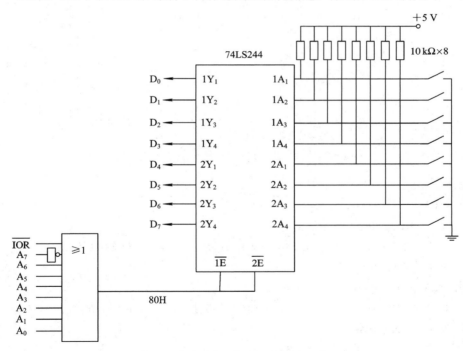

图 6.8　三态缓冲器作 8 位并行输入接口

2) 并行输出接口

并行输出接口可以选用数据锁存器或三态数据锁存器。74LS273 是常用的数据锁存器，而 74LS374 是常用的三态数据锁存器。

例 6.7 图 6.9 是利用 74LS273 设计的用于 8086 系统中的 8/16 位输出端口，可以分别给两个 8 位输出端口加载信息，控制每个端口连接的发光二极管亮或不亮，也可以同时给两个 8 位输出端口加载信息，控制 16 个发光二极管的亮或不亮。

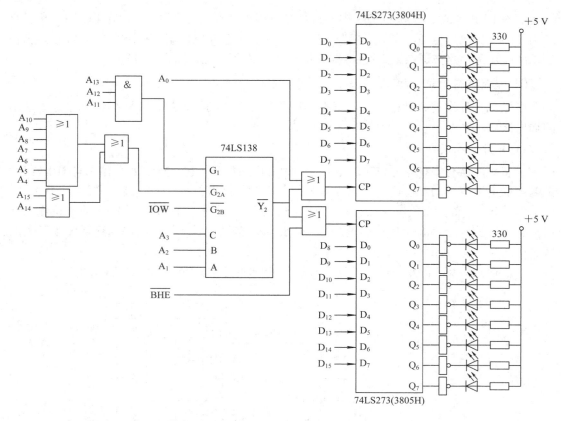

图 6.9 利用 74LS273 设计的 8/16 位输出端口

控制程序：

```
MOV   DX，3804H
MOV   AL，00H
OUT   DX，AL          ；与端口 3804H 连接的 8 个发光二极管全部不亮
MOV   DX，3805H
MOV   AL，0FFH
OUT   DX，AL          ；与端口 3805H 连接的 8 个发光二极管全部发光
MOV   DX，3804H
MOV   AX，0FFFFH
OUT   DX，AX          ；与端口 3804H 和 3805H 连接的 16 个发光二极管全亮
```

6.2 程序查询 I/O 方式

程序控制 I/O 方式包括程序查询方式和程序中断方式，无条件传送方式是程序查询方式的一种特例。

6.2.1　无条件传送方式

在实际应用中，经常会遇到这样一类外设，它们的工作方式十分简单，随时可以从它们那里获取数据或为它们提供数据。例如，开关、发光二极管、继电器、步进电机等均属于这类设备。CPU 在与这类外设进行信息交换时，可以采用无条件传送方式。

所谓无条件传送方式，是指外设时刻处于准备好状态，可以在需要的时刻让 CPU 无条件地直接与外设进行输入/输出操作，也即 CPU 仅需要通过 I/O 指令即可由接口获取外设数据或为外设提供数据。这种方式的实现很简单，硬件上只需要提供 CPU 与外设连接的数据端口，而软件上则只需要提供相应的输入或输出指令即可。

对于简单的输入设备，在硬件上只需要设计一个数据输入接口并在程序中执行一条 IN 指令，即可实现外设与 CPU 的信息交换。可实现数据输入接口的器件有三态门，如 74LS244。

例 6.8　以开关为例说明用无条件传送方式实现将外设数据输入到 CPU。由于微机系统采用总线结构，系统中的所有设备均通过总线相互连接，故开关只需要与微机系统总线相连，即可以通过总线与 CPU 连接起来。图 6.10 给出了开关 S 与 8088 系统连接的接口电路。

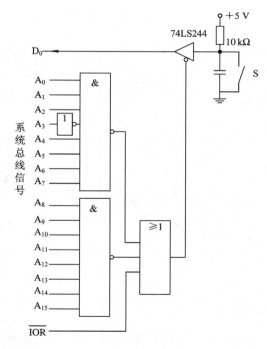

图 6.10　开关 S 与微机系统连接的接口电路

开关的接通与断开状态已通过图中电路转换为计算机能够接收的 0 或 1 信息，此信息加载在三态门的输入端。当三态门的控制端出现有效的低电平时，三态门被有效地打开，输入端的数据传递到输出端，加载至微机系统的数据总线上。如果此时 CPU 读外设(即开关)，就可以从总线上获得开关的状态信息。

完成如下任务：当开关接通时，CPU 执行程序段 ON；当开关断开时，CPU 执行程序段 OFF。下述指令的执行可以完成该任务：

    MOV   DX, 0FFF7H
    IN   AL, DX
    AND   AL, 01H
    JZ   ON   ；假定程序段 ON 与本程序段在同一内存段中
    JMP   OFF

指令 IN AL, DX 执行时，系统总线上会呈现 $\overline{IOR}$ 为低和 I/O 地址为 FFF7H 的状态，这使得图中的译码器输出低电平而打开三态门，同时 CPU 将三态门提供的开关信息通过数据线加载至寄存器 AL，完成将开关状态无条件传送至 CPU 的数据输入任务。

以无条件传送方式实现数据输出的硬件设计只需要提供一个数据输出接口并在程序中执行一条 OUT 指令即可。

例 6.9　I/O 设备为发光二极管，图 6.11 为发光二极管与 8086 系统连接的接口电路。锁存器作为发光二极管与 8086 系统数据总线连接的中间接口，被放置在 I/O 空间的偶地址体上($A_0 = 0$)，接收来自 CPU 数据线 $D_0 \sim D_7$ 的输出数据。当锁存器的 CP 端出现上升沿信号时，数据总线上的数据被锁存于锁存器内部并输出。

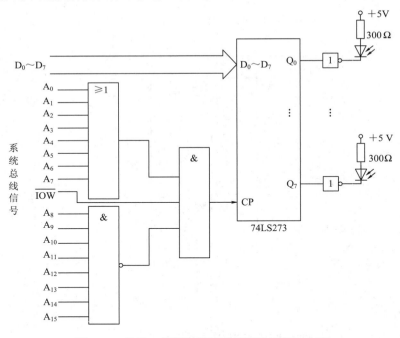

图 6.11　发光二极管与微机系统连接的接口电路

发光二极管为电流控制器件，当其上有几毫安至十几毫安的电流流过时，发光二极管发光；如其上流过的电流小于几毫安，则发光二极管的亮度较暗。为了将锁存器输出的电平信号转换成发光二极管所需要的电流信号，将发光二极管的正极端通过电阻 R 接 +5 V 电源，负极端接反相器的输出。适当地选择电阻 R(约几百欧姆)，就可以保证发光二极管发光时驱动电流在合理范围内。反相器同时也充当驱动器和缓冲器的作用，当发光二极管发光时，反相器提供足够大的吸入电流。对于图 6.11 中的电路，8086 CPU 执行下述指令可以使两个发光二极管发光：

      MOV   DX，0FF00H

      MOV   AL，81H

      OUT   DX，AL

而 CPU 执行下述指令可以使所有发光二极管不发光：

      MOV   DX，0FF00H

      MOV   AL，00H

      OUT   DX，AL

在该输出控制中，指令 OUT DX，AL 的执行使锁存器 CP 端的译码器产生一个负脉冲，在负脉冲期间，CPU 的输出数据通过 AL，经数据总线加载至锁存器输入端，而负脉冲的后沿(上升沿)将数据锁存于锁存器中并输出，以控制发光二极管的工作。

上述例子表明，无论数据是输入还是输出，在无条件传送方式中，数据的交换总与 I/O 指令的执行同步，所以该方式也被称作同步传送方式。

6.2.2 程序查询方式

实际中，有许多外设与微机系统的信息交换需要在满足一定条件的情况下才能进行。假如外设的速度比较慢，对 CPU 的工作效率要求不高，那么 CPU 就可以用查询的方式与外设进行信息交换。

所谓查询方式，就是 CPU 通过执行指令不断地询问外设的工作状态，然后根据外设的状态确定对其进行 I/O 操作的时刻。典型的查询方式工作流程如图 6.12 所示。从图中清晰可见，每次的 I/O 操作均是在对外设状态查询并被外设允许的情况下进行的，这是查询方式的主要特点。

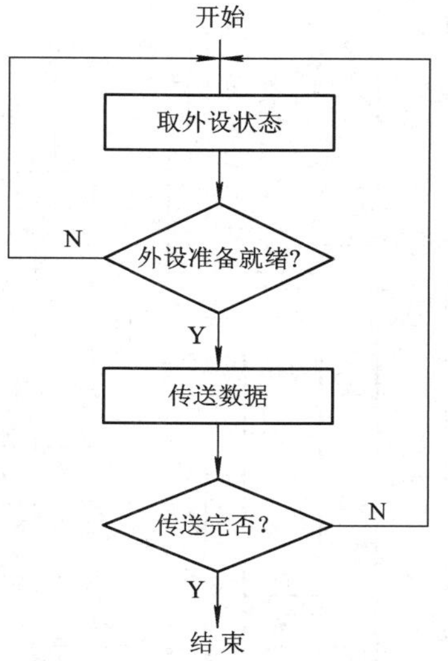

1. 查询方式的实现

图 6.12 典型的查询方式工作流程

为了使 CPU 能够查询到外设状态，需要外设提供一个状态信息(此状态信息将作为一个特殊的数据)，此状态信息将传递给 CPU，供 CPU 查询。

若 CPU 从外设接收数据，则 CPU 先读状态端口以获取外设状态。当外设已处于准备好数据的状态时，CPU 从数据端口读取外设数据，必要时从控制端口向外设发出数据已接收的响应信号，使外设开始下一数据的准备工作；当外设处于未准备好数据状态时，CPU 只能通过不断查询来等待外设状态的建立。

若 CPU 向外设输出数据，则 CPU 同样先读状态端口以获取外设状态。当外设已处于可以接收数据的状态时，CPU 通过数据端口向外设输出数据，必要时从控制端口向外设发出数据已输出的响应信号，启动外设接收数据；当外设处于不可以接收数据的状态时，CPU 仍只能通过不断查询来等待外设状态的建立。

显然，CPU 在与外设以查询方式进行信息交换时，数据端口与状态端口是该方式实现的硬件基础；在 I/O 控制程序中，使用循环查询外设状态是该方式的软件实现中不可缺少的部分。这种方法的优点是硬件简单，代价是 CPU 利用率不高。

例 6.10　图 6.13 给出了用查询方式实现 I/O 传送的示例。其中图 6.13(a)为外设与微机接口电路，图 6.13(b)为某数字化外设的工作时序。由其时序可看出，该外设只能在其不忙(BUSY = 0)时才能接收数据，而加载在其数据线上的数据只有在选通信号 $\overline{STB}$ 的负脉冲作用下，才能进入外设内部。外设一旦接收到一个有效的数据，它便开始对数据进行处理而进入忙状态(BUSY = 1)，数据处理完毕(BUSY = 0)后，它又可以开始接收新的数据。显然，该外设适合用查询方式由 CPU 控制向其输出数据。

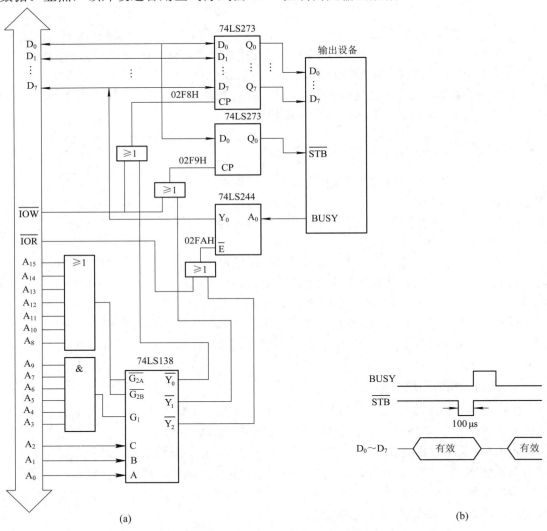

图 6.13　用查询方式实现 I/O 传送的示例
(a) 外设与微机接口电路；(b) 外设工作时序

图 6.13(a)中，由 I/O 地址 02F8H 控制的锁存器 74LS273 作为数据端口传递 CPU 向外设输出的数据，由 I/O 地址 02F9H 控制的锁存器 74LS273 作为控制端口传递 CPU 向外设发出的控制信息，由 I/O 地址 02FAH 控制的三态门 74LS244 作为状态端口传递外设提供给

CPU 的状态信息，3-8 译码器 74LS138 用来产生三个端口所需的 I/O 地址译码控制信号。

现在欲将 8088 系统中从内存地址为 D2000H 开始的顺序 1000 个数据输出给图 6.13(a) 中的外设，用查询方式编写的控制程序段如下：

```
DAOUT:  MOV    AX, 0D200H
        MOV    DS, AX
        MOV    BX, 0              ; 初始化内存首地址
        MOV    CX, 1000           ; 初始化计数器
        MOV    DX, 02F9H
        MOV    AL, 01H
        OUT    DX, AL             ; 初始化选通信息 STB
NEXT:   MOV    DX, 02FAH
WAT:    IN     AL, DX
        AND    AL, 80H
        JNZ    WAT                ; 状态查询环
        MOV    DX, 02F8H
        MOV    AL, [BX]
        OUT    DX, AL             ; 数据输出
        MOV    DX, 02F9H
        MOV    AL, 00H
        OUT    DX, AL
        CALL   DLY100 μs          ; DLY100 μs 为 100 μs 的延迟子程序
        MOV    AL, 01H
        OUT    DX, AL             ; 产生选通信号 STB
        INC    BX                 ; 修改内存指针
        LOOP   NEXT               ; 输出次数的循环控制
        RET
```

2．多外设的查询控制

在微机系统中，希望以查询方式与微机进行信息交换的外设可能有多个。查询方式是一种同步机制，它以轮询的方式依次对各个外设进行服务。轮询的顺序确定了外设的优先级，而轮询的顺序又是根据外设的重要性确定的。通常是相对重要的和速度快的外设先被查询、服务，而相对不重要的和速度慢的外设后被查询、服务。

可以采取多种控制方法对外设进行轮询，图 6.14 示意了几种轮询控制流程。这几种方法的不同之处在于对外设优先级间差异大小的规定不同。

查询方式与无条件传送方式类似，它们的实现都不需要复杂的硬件，所有的输入/输出传送都是在程序的控制下完成的，只是无条件传送方式更加简单，它可以看作是查询方式的一种特例，因此两者同属于程序控制的 I/O 方式。由于查询与无条件传送方式实现简单，因此在许多外设与系统连接的场合中得到了应用。

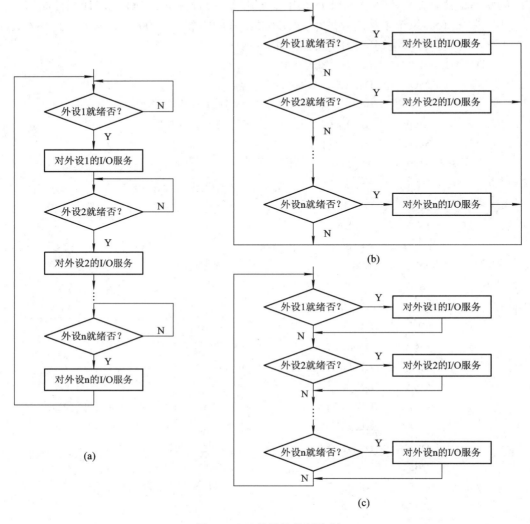

图 6.14　几种轮询控制流程

6.3　中断方式

查询方式尽管很简单，但它有以下两方面的限制：

(1) CPU 在对外设查询时不能做其他的工作，特别是在对多个外设轮询时，无论是否必要，都要查询外设状态，造成处理器时间的浪费，使 CPU 工作效率降低。

(2) CPU 在对多个外设以查询方式实现 I/O 操作时，如果某外设要求 CPU 对其服务的时间间隔小于 CPU 对多个外设轮询服务一个循环所需要的时间，则 CPU 就不能对该外设进行实时数据交换，这可能会造成数据丢失。

若要求 CPU 有较高的工作效率，或与 CPU 进行数据交换的外设有较高的实时性要求，则更适宜选择中断方式。

实际使用中，由于中断的功能远远超出了预期设计，因此它不仅用于实时处理，而且还广泛地用于分时操作、人机交互、多机系统、实时多任务处理中。

6.3.1　中断概述

所谓中断，是指某事件的发生引起 CPU 暂停当前程序的运行，转入对所发生事件的处理，处理结束后又回到原程序被打断处接着执行的这样一个过程。

显然，中断的产生需要特定事件的引发，中断过程的完成需要专门的控制机构。图 6.15 示意了微机中实现中断的基本模型，其中的中断控制逻辑和中断优先级控制逻辑构成了中断控制器，用来控制 CPU 是否响应中断事件提出的中断请求、多个中断事件发生时 CPU 优先响应哪一个、如何对中断事件进行处理以及如何退出中断，即它控制了中断方式的整个实现过程。图 6.16 显示了在有中断产生的情况下 CPU 运行程序的轨迹。从程序执行的角度看，中断使 CPU 暂停了正在执行的程序，转而执行中断处理程序，在中断处理程序被执行完毕后，又回到被暂停程序的中断断点处接着原状态继续运行原程序。

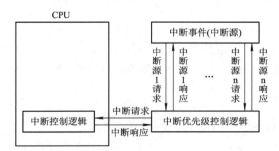
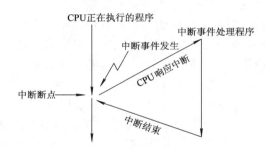

图 6.15　微机系统中实现中断的基本模型　　　　图 6.16　在有中断产生的情况下 CPU 运行程序的轨迹

1．中断源

能够引发中断的事件被称为中断源。通常，中断源有两类：内部中断源与外部中断源。

由处理机内部产生的中断事件称为内部中断源。常见的内部中断源有计算溢出、指令的单步运行、程序运行至断点处、执行特定的中断指令等。

由处理机外部设备产生的中断事件称为外部中断源。常见的外部中断源有外设的输入/输出请求、定时时间到、电源掉电、设备故障等。

由内部中断源引发的中断称为内中断，由外部中断源引发的中断称为外中断。

2．中断过程

中断方式的实现一般需要经历下述过程：

中断请求──→中断响应──→断点保护──→中断源识别──→执行中断服务程序(包括保护现场、中断服务、恢复现场和中断返回)

1) 中断请求

当外部中断源希望 CPU 对它服务时，就以产生一个中断请求信号并加载至 CPU 中断请求输入引脚的方式通知 CPU，形成对 CPU 的中断请求。

为了使 CPU 能够有效地判定接收到的信号是否为中断请求信号，外部中断源产生的中断请求信号应符合下列有效性规定：

(1) 信号形式应满足 CPU 的要求。如 8086/88 CPU 要求非屏蔽中断请求信号(NMI)为上升沿有效，可屏蔽中断请求信号(INTR)为高电平有效。

(2) 中断请求信号应被有效地记录，以便 CPU 能够检测到它。

(3) 一旦 CPU 为某中断源的请求提供了服务，则该中断源的请求信号应及时撤销。

后两点规定是为了保证中断请求信号的一次有效性，有许多通用接口芯片或可编程中断控制器都提供了这一保证。

内部中断源以 CPU 内部特定事件的发生或特定指令(如 INT n 指令)的执行作为对 CPU 的中断请求。

2) 中断响应

CPU 对内部中断源提出的中断请求必须响应，而对外部中断源提出的中断请求是否响应取决于外部中断源的类型及响应条件。如 CPU 对非屏蔽中断请求会立即作出反应，而对可屏蔽中断请求则要根据当时的响应条件作出反应。CPU 接受中断请求称为响应中断，不接受中断请求称为不响应中断。

对于传统的无指令流水线的串行计算机，CPU 对中断请求的检测时刻为每条指令执行的最后一个时钟周期。只有当可屏蔽中断请求满足一定的响应条件时，CPU 才可响应其中断请求。不同的微机对可屏蔽中断请求有不同的响应条件。8086/88 系统的响应条件为：

(1) 指令执行结束。

(2) CPU 处于开中断状态(即 IF = 1)。

(3) 没有发生复位(RESET)、保持(HOLD)和非屏蔽中断请求(NMI)。

(4) 开中断指令(STI)、中断返回指令(IRET)执行完，需要再执行一条指令，才能响应 INTR 请求。另外，带前缀(比如 REP 前缀)的指令被看作一个整体，这个整体执行完之后才可以响应 INTR 请求。

3) 断点保护

一旦 CPU 响应了某中断请求，它将对此中断进行服务，也即将从当前程序跳转到该中断的服务程序上。为了在中断处理结束时能使 CPU 回到被中断程序断点处接着执行原程序，需要对被中断程序的断点信息进行保护。

不同的 CPU 所作的断点保护操作不同。8086/88 CPU 的硬件自动保护的断点信息为断点地址(包括断点处的段地址与段内偏移地址)和标志寄存器内容，它通过压栈的方法将断点信息保存在堆栈中，其他信息的保护需要通过软件在中断处理程序中完成。

4) 中断源识别

当系统中有多个中断源时，一旦中断发生，CPU 必须确定是哪一个中断源提出了中断请求，以便对其作相应的服务，这就需要识别中断源。

常用的中断源识别方法有：

(1) 软件查询法。对于外部中断，该方法在硬件上需要输入接口的支持，如图 6.17(a)所示。一旦中断请求被 CPU 响应，则 CPU 在中断处理程序中读中断请求状态端口，并通过图 6.17(b)所示的流程依次查询外部中断源的中断请求状态，以此确定提出请求的中断源并为其服务。

(2) 中断矢量法。该方法将多个中断源进行编码(该编码称为中断矢量)，以此编码作为中断源识别的标志。中断源在提出请求的同时，向 CPU 提供此编码供识别之用。在 8086/88 中断系统中，识别中断源采用的就是中断矢量法。

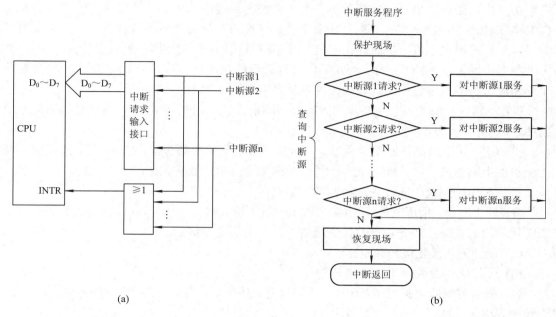

图 6.17　中断源识别的软件查询法
(a) 硬件接口；(b) 软件查询流程

5) 执行中断服务程序

(1) 保护现场。

将中断服务程序要使用的寄存器中的原始数据压入堆栈。

(2) 中断服务。

中断服务完成对所识别中断源的功能性处理，是整个中断处理的核心，也是对各种中断源进行处理之差别所在。由于中断源不同，要求 CPU 对其进行的处理不同，因此中断服务的内容、复杂度也不同。如有的中断服务只做简单的 I/O 操作，有的中断服务可能要监测控制一条生产线，还有的中断服务将完成与其他系统的协调工作。总之，中断服务可以完成的任务是多种多样的。

(3) 恢复现场。

中断服务结束后，应恢复在中断处理程序中由软件保护的信息。若在中断处理程序开始处，按一定顺序将需要保护的信息压入堆栈，则在断点恢复时，应按相反的顺序将堆栈中的内容弹回到信息的原存储处。

(4) 中断返回。

中断返回实际上是 CPU 硬件断点保护的相反操作，它从堆栈中取出断点信息，使 CPU 能够从中断处理程序返回到原程序继续执行。一般中断返回操作都是通过执行一条中断返回指令实现的。

3. 中断优先级及嵌套

若中断系统中有多个中断源同时提出中断请求，那么 CPU 先响应谁呢？中断优先级就是为解决这个问题而提出的。

由于中断源种类繁多、功能各异，因此它们在系统中的地位、重要性不同，它们要求 CPU 为其服务的响应速度也不同。按重要性、速度等指标对中断源进行排队，并给出顺序编号，这样就确定了每个中断源在接受 CPU 服务时的优先等级(即中断优先级)。

在多中断源的中断系统中，解决好中断优先级的控制问题是保证 CPU 能够有序地为各个中断源服务的关键。中断优先级控制逻辑要实现以下功能：

(1) 不同优先级的多个中断源同时提出中断请求时，CPU 应首先响应具有最高优先级的中断源提出的请求。

(2) CPU 正在对某中断源服务时，若有优先级更高的中断源提出请求，则 CPU 应对高优先级的中断作出响应，即高优先级的中断请求可以中断低优先级的中断服务。

目前采用的解决中断优先级控制的方案有：

(1) 软件查询。采用软件识别中断源的方法(如图 6.17 所示)，以软件查询的顺序确定中断源优先级的高低，即先查询的优先级高，后查询的优先级低。

(2) 硬件链式优先级排队电路。

(3) 硬件优先级编码比较电路。

(4) 利用可编程中断控制器(PIC)。这是目前使用得最广泛，也是最方便的方法，是 80x86 系统中采用的方法。

中断控制逻辑可以确保高优先级的中断请求中断低优先级的中断服务，使得 CPU 在对某个中断源服务期间有可能转向对另一个中断源的服务，如图 6.18 所示，从而形成中断嵌套。中断嵌套可以保证 CPU 对中断源的响应更及时，可以更加突出中断源之间重要性的差别。

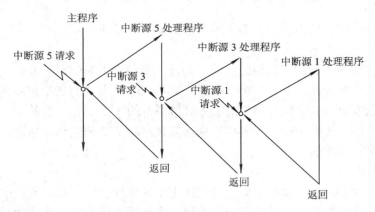

(假设中断源 1~n 的优先级为从高到低)

图 6.18　中断嵌套示意图

中断嵌套可以在多级上进行。要保证多级嵌套的顺利进行，需要做以下几个方面的工作：

(1) 在中断处理程序中要有开中断指令。大多数微机在响应中断时硬件会自动关中断，因此，中断处理程序是在关中断的情况下运行的。若要实现中断嵌套，对于可屏蔽中断而言，一定要使中断处理程序处于允许中断的状态。

(2) 要设置足够大的堆栈。当断点信息保存在堆栈中时，随着中断嵌套级数的增加，对堆栈空间的需求也在增加，只有堆栈足够大，才不会发生堆栈溢出。

(3) 要正确地操作堆栈。在中断处理程序中，涉及堆栈的操作要成对进行，即有几次压栈操作，就应有几次相应的弹出操作，否则会造成返回地址与状态错误。

6.3.2 Intel 16 位中断系统

当 Intel x86 处理器加电复位后，默认工作在实模式(又称为实地址模式)下，相当于一个快速的 8086，内存寻址能力为 1 MB，CPU 只能单任务运行，不支持虚拟存储管理。在实模式下，中断系统相对简单。从 8086/8088 系统开始，采用可编程中断控制器 8259 管理外部可屏蔽中断源；后续的 PC 系统中虽然微处理器不断升级，但为了保证软件的兼容性，可编程中断控制器 8259 一直保留。

1. 8086/8088 中断系统

8086/88 中断系统可以容纳最多 256 个中断源，所有中断源统一编码，每个中断源用一个字节型编码标识，该编码称为中断向量码，它是 CPU 识别中断源的标记。

1) 中断源类型

256 个中断源分为两大类：内部中断和外部中断。

(1) 内部中断。

内部中断由 CPU 内部事件及执行软中断指令产生。已定义的内部中断有：

① 除法错中断。执行除法指令时，如果商溢出或除数为 0，则产生该中断。该中断的向量码为 0。

② 单步中断。这是在调试程序过程中为单步运行程序而提供的中断形式。当设定单步操作(即状态寄存器中陷阱标志 TF = 1)后，CPU 执行完一条指令就产生该中断。该中断的向量码为 1。

③ 断点中断。这是在调试程序过程中为设置程序断点而提供的中断形式。设置断点或执行 INT 3 指令可产生该中断。INT 3 指令功能与软件中断相同，但是为了便于与其他指令置换，它被设置为 1 字节指令。该中断的向量码为 3。

④ 溢出中断。在算术运算程序中，若在算术运算指令后加入一条 INTO 指令，则将测试溢出标志 OF。当 OF = 1(表示算术运算有溢出)时，该中断发生。该中断的向量码为 4。

⑤ 软件中断。执行软件中断指令 INT n 即产生该中断。指令中的 n 为该中断的中断向量码。用户可以通过设置不同的中断向量码 n 来形成自己定义的软件中断事件。需要注意的是，8086/88 中断系统将各类中断源以统一的向量码标识，所以用户使用的中断向量码不得与微机系统中已使用的中断向量码冲突。

(2) 外部中断。

外部中断是由外部中断源产生对 CPU 的请求引发的。8086/88 中断系统将外部中断源又分为以下两种：

① 非屏蔽中断。当某外部中断源产生一个有效的上升沿信号作为中断请求信号，并被加载至 CPU 的 NMI 引脚上时，产生非屏蔽中断。非屏蔽中断不受中断允许标志位 IF 的限

制，这种中断一旦产生，CPU 必须响应它，因此，它的优先级必然高于可屏蔽中断。为了及时响应该中断，CPU 内部自动提供了该中断的向量码(n = 2)。在对重要事件(如电源掉电、关键设备出现故障等)进行处理时，经常使用该中断。

② 可屏蔽中断。当某外部中断源产生了一个有效的高电平信号作为中断请求信号，并被加载至 CPU 的 INTR 引脚上时，可能产生的中断即为可屏蔽中断。这是普通的外部中断，只有这种中断才能用 IF 屏蔽。在 IF = 1 时，CPU 可对可屏蔽中断请求作出响应。

由于大多数外部中断源都被归结在可屏蔽中断类中，而 8086/88 CPU 只有一个可屏蔽中断请求输入引脚，因此，在 8086/88 中断系统中，在 CPU 之外又设计了一个中断控制器(如 8259)。这个中断控制器不仅能够对多个可屏蔽中断源进行优先级控制，而且可以为 CPU 提供这些中断源的中断向量码。

2) 中断响应过程

在 8086/88 系统中，中断控制是由 CPU 与中断控制器共同完成的，这使得中断过程简化为：

① 中断请求。

② 中断响应。

③ 中断处理：

a. 保护现场；

b. 中断服务；

c. 恢复现场；

d. 中断返回。

其中：步骤①为外部中断源动作；步骤②是 CPU 硬件自动完成的动作；步骤③是中断处理程序应该完成的工作。CPU 从检测出中断请求到转移至中断处理程序之前所做的工作即为中断响应过程，其流程如图 6.19 所示。

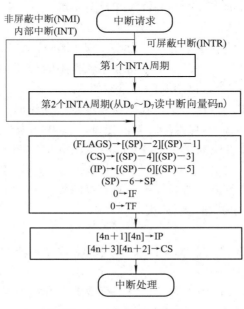

图 6.19　中断响应过程

如果是可屏蔽中断，则 CPU 连续执行两个 INTA(中断响应)周期。在第 1 个 INTA 周期，CPU 将地址总线与数据总线置高阻，并从 $\overline{\text{INTA}}$ 引脚输出第 1 个负脉冲信号，加载至中断控制器 8259。在第 2 个 INTA 周期，CPU 先送出第 2 个负脉冲 $\overline{\text{INTA}}$ 信号，该信号通知中断控制器将相应中断源的中断向量码放至数据总线上，随后 CPU 从数据总线上读取中断向量码(8 位)。

INTA 周期结束之后，或者在产生内部中断、NMI 中断时，CPU 将标志寄存器、CS、IP 的内容压入堆栈，关中断，然后根据中断向量码 n(它可以是由 CPU 硬件规定的，或由软中断指令确定的，或由中断控制器 8259 提供的)查找中断向量表(即内存地址 4 × n 处)，从中获取中断源 n 的中断处理程序首地址(也称入口地址)，并使 CPU 转而执行中断处理程序。

如果同时有几类中断发生，则 CPU 按照图 6.20 的顺序进行查询，再作出响应。这个查询顺序决定了 8086/88 中断系统中几类中断源的优先顺序，即内部中断(INT)优先级高于非屏蔽中断，非屏蔽中断(NMI)优先级高于可屏蔽中断(INTR)。单步中断是一个特例，它是所有中断源中优先级最低者。

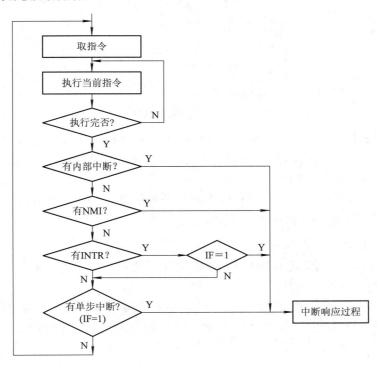

图 6.20　中断响应时 CPU 查询中断源的顺序

3) 中断向量表

8086/88 微机系统在内存的最低端开辟了 1 KB 的存储区作为中断向量表。该表以四字节为一组构造而成，共分为 256 组，按中断向量码的序号排列，如图 6.21 所示。在微机系统初始化时，利用程序将各中断源的中断处理程序首地址填写在该表中起始地址为 4 × n (n 为中断向量码)的连续 4 字节的字节组中(前两字节放中断处理程序首地址之段内偏移地址，后两字节放中断处理程序首地址之段地址)。这样，在中断响应时，CPU 就可以根据中断向量码 n 查找中断向量表，从表中起始地址为 4×n 的连续 4 字节单元里获取中断源 n 的中断处理程序首地址。

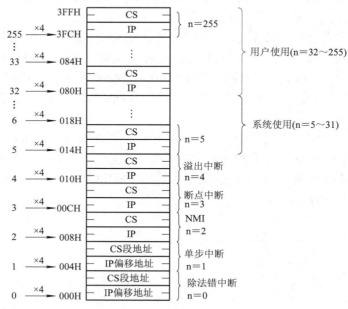

图 6.21　中断向量表

中断向量表建立了不同的中断源与其相应的中断处理程序首地址之间的联系，它使 CPU 在中断响应时可以依据中断向量码自动地转向中断处理程序，它是 8086/88 中断系统中特有的、不可缺少的组成部分。

在 8086/88 微机系统中，只有这个中断向量表和复位后开始执行的地址 FFFF0H～FFFFFH 是 CPU 硬件特殊处理的存储区域。

2. 可编程中断控制器 8259

80x86 中断系统对可屏蔽中断源(INTR)的管理需要中断控制器的辅助，8259 是一种被广泛使用的可编程中断控制器。

8259 利用编程选择控制功能，可以对 8 个或最多 64 个可屏蔽中断源进行优先级控制，为中断源提供中断向量码。它为用户构成强大的中断系统提供了有力的支持。

1) 8259内部结构

8259 内部结构如图 6.22 所示，它的工作过程如下：

(1) 中断请求输入端 IR_0～IR_7 接收外部中断源的请求信号。

(2) 外部中断源的请求状态锁存在中断请求寄存器 IRR(8 位)的相应位(即置 1)，得到中断屏蔽寄存器 IMR(8 位)允许的中断请求送至优先级判决电路。

(3) 优先级判决电路从提出请求的中断源(记录在 IRR 中)中检测出优先级最高的中断请求位，将其与在内部服务寄存器 ISR(8 位)中记录的正在被 CPU 服务的中断源进行优先级比较，只有当提出请求服务的中断源优先级高于正在服务的中断源优先级时，优先级判决电路才向控制电路发出中断请求有效信号。

(4) 控制电路接收到中断请求有效信号后，向 CPU 输出 INT 信号。

(5) CPU 接收 INT 信号，在中断允许(IF = 1)的情况下，发出 INTA 响应信号。

(6) 8259 接收 INTA 信号，在第 1 个 INTA 周期先设置 ISR 的相应位，并恢复 IRR 的相应位，然后主控 8259 送出级联地址 $CAS_0 \sim CAS_2$，加载至从属 8259 上。

(7) 单独使用的 8259 或是由 $CAS_0 \sim CAS_2$ 选择的从属 8259，在第 2 个 INTA 周期将中断向量码输出至数据总线。

(8) CPU 读取中断向量码并跳转到相应的中断处理程序。

(9) 中断结束时，通过在中断处理程序中向 8259 送一条 EOI(中断结束)命令，使 ISR 相应位复位。或者当 8259 选择自动结束中断方式时，由 8259 在第 2 个 INTA 信号的后沿自动将 ISR 相应位复位。

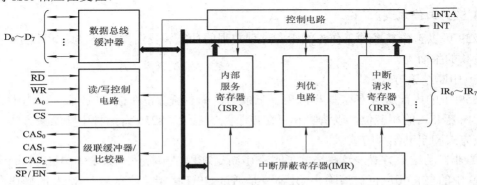

图 6.22　8259 内部结构图

2) 8259引脚功能

8259 是具有 28 个引脚的集成芯片，如图 6.23 所示，各引脚功能如下。

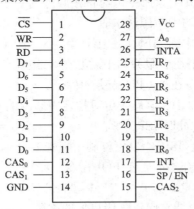

图 6.23　8259 引脚图

$D_0 \sim D_7$：双向数据线，与系统数据总线相连，接收 CPU 发来的命令字，给 CPU 提供中断向量码与内部寄存器状态。

A_0：地址输入线，与系统地址总线中的某位相连，用来选择 8259 内部寄存器。

$\overline{CS}$：片选输入信号，由系统中的地址译码器控制，低电平有效。

$\overline{WR}$ 和 $\overline{RD}$：写和读控制信号，与系统控制总线中的 $\overline{IOW}$ (外设写)和 $\overline{IOR}$ (外设读)信

号相连。

INT：中断请求输出信号，可接入 CPU 的 INTR 引脚。

$\overline{\text{INTA}}$：中断响应输入信号，接收 CPU 送出的 $\overline{\text{INTA}}$ 信号。

$CAS_0 \sim CAS_2$：级联地址，在 8259 级联时使用。主控 8259 从 $CAS_0 \sim CAS_2$ 输出级联地址，从属 8259 从 $CAS_0 \sim CAS_2$ 接收级联地址。

$\overline{\text{SP}}/\overline{\text{EN}}$：双功能线。8259 工作在缓冲方式时，该引脚输出低电平控制信号，用来控制系统总线与 8259 数据引脚之间的数据缓冲器，使中断向量码能在第 2 个 INTA 周期正常从 8259 输出。8259 工作在级联方式时，该引脚为输入线，此时若 $\overline{\text{SP}} = 1$，则设定 8259 为主控器；若 $\overline{\text{SP}} = 0$，则设定 8259 为从属部件。

$IR_0 \sim IR_7$：中断请求输入端，接收可屏蔽中断源的请求信号，信号形式可以是上升沿，也可以是高电平。

3) 8259 工作方式

8259 可以工作在多种工作方式下，这种较强的功能和灵活性，使它具有了较强的适应性和较长的生命力。

(1) 中断结束方式。

8259 中的内部服务寄存器 ISR 用于记录哪一个中断源正在被 CPU 服务，当中断结束时，应恢复 ISR 的相应位，以清除其正在被服务的记录。8259 有两种中断结束方式：非自动结束方式和自动结束方式。

① 非自动结束方式。这种方式通过在中断处理程序中提供一条 EOI(中断结束)命令，使 8259 中的 ISR 相应位被清除。EOI 命令是通过 CPU 将相关信息写入 8259 的操作命令字 OCW_2 而生成的。

EOI 命令有两种形式：

a. 一般中断结束命令(EOI)。该命令可对正在服务的中断源的 ISR 进行复位。例如，当 CPU 响应 8259 的 IR_3 引脚上的中断源请求时，在第 1 个 INTA 周期，ISR_3 被置位，表示 IR_3 正在被 CPU 服务。在 IR_3 的中断处理程序中编写一条一般 EOI 命令(通常放置在中断返回指令之前)并执行之，则当前正在被服务的中断源在 8259 中的记录被清除，即 ISR_3 被清零，表示现在 8259 中已没有 IR_3 正在被 CPU 服务的标记。

b. 特殊中断结束命令(SEOI)。该命令可对指定中断源的 ISR 进行复位。例如，CPU 正在执行 IR_3 的中断处理程序，此时 ISR 中有 $ISR_3 = 1$、$ISR_5 = 1$，则在 IR_3 的中断处理程序中可以利用一般 EOI 命令清除 ISR_3，也可以利用特殊 EOI 命令清除指定的 ISR_5。

② 自动结束方式。这种方式不需要 EOI 命令，8259 在第 2 个 $\overline{\text{INTA}}$ 信号的后沿自动执行(一般)EOI 操作。注意：这种方式尽管不需要 EOI 命令，但是在中断服务过程中，因 ISR 相应位已复位，所以有可能响应优先级更低的中断。因此，当允许中断嵌套时，不要采用自动结束方式。

(2) 缓冲方式。

缓冲方式用来指定系统总线与 8259 数据总线之间是否需要进行缓冲。

① 非缓冲方式。在指定非缓冲方式时，$\overline{\text{SP}}/\overline{\text{EN}}$ 作为输入，用来识别 8259 是主控制器还是从属控制器。

② 缓冲方式。在指定为缓冲方式(有数据缓冲器)时，$\overline{SP}/\overline{EN}$ 为输出。当 $\overline{EN}$ 为低时表示 8259 输出中断向量码，它被用于 CPU 等待信号产生及数据总线缓冲器的控制中。

(3) 嵌套方式。

嵌套方式用于 8259 的优先级控制，它有两种形式：

① 一般嵌套方式。一般嵌套规定：IR_j 输入端接收到一次中断请求之后，在 EOI 命令使 ISR_j 复位之前，IR_j 拒绝接收自身新的中断请求，同时 8259 还自动屏蔽比 IR_j 优先级低的中断源请求。这是通常采用的优先级控制原则，即高优先级中断能够中断低优先级中断服务，低优先级中断不能够中断高优先级中断服务，同等优先级中断不能够相互中断。这种方式一般用在单片使用的 8259 或级联方式下的从属 8259 上。

② 特殊全嵌套方式。在 8259 以级联方式工作时，要求主控 8259 在对一个由从属 8259 来的中断进行服务的过程中，还能够对由同一个从属 8259 上另外一个高优先级 IR 输入端来的中断请求进行服务。特殊全嵌套方式就是为实现这种多重中断而专门设置的。它与一般嵌套方式的唯一不同就在于，它允许某中断可以中断与它有相同优先级的另一个中断服务。这种方式一般用在级联方式下的主控 8259 上。

(4) 屏蔽方式。

屏蔽方式也用于 8259 优先级控制，它也有两种形式：

① 一般屏蔽方式。正常情况下，当 IR 端中断请求被响应时，8259 自动禁止同级及更低优先级的中断请求，这就是一般屏蔽方式。这种方式有可能使某些优先级较低的中断长时间得不到服务。

② 特殊屏蔽方式。特殊屏蔽方式解除了对低级中断的屏蔽，在这种方式下，除由 ISR 设置的位和由 IMR 屏蔽的位表示的中断外，其他级别的中断都有机会得到响应。

4) 优先级规定

8259 在进行优先级控制时，是以每个中断源优先级的高低为依据的。它通过对操作命令字 OCW_2 的设置，对所管理的 8 个中断源的优先顺序按两种方式作出规定：

(1) 固定优先级。8259 的 8 个中断源中，IR_0 优先级最高，IR_1 优先级次之，依次排列，直到 IR_7 优先级最低。该顺序固定不变。

(2) 循环优先级。8259 将中断源 $IR_0 \sim IR_7$ 按下标序号顺序地构成一个环(即中断源顺序环)，优先级顺序将依此环规定。有两种规定方法：

① 自动循环优先级。该方法规定刚被服务过的中断源具有最低优先级，其他中断源优先级顺序依中断源顺序环确定。例如，CPU 对 IR_2 中断的服务刚结束时，8259 的 8 个中断源的优先级顺序由高到低为 IR_3、IR_4、IR_5、IR_6、IR_7、IR_0、IR_1、IR_2。

② 指定循环优先级。该方法规定在 OCW_2 中指定的中断源具有最低优先级，其他中断源的优先顺序依中断源顺序环确定。例如，CPU 在对 IR_2 中断服务的过程中，通过指令在 OCW_2 中指定 IR_3 具有最低优先级，则 IR_2 中断服务结束时，8259 的 8 个中断源优先级顺序由高到低为 IR_4、IR_5、IR_6、IR_7、IR_0、IR_1、IR_2、IR_3。

循环优先级控制使 8259 在中断控制过程中可以灵活地改变各中断源的优先级顺序，使每个中断源都有机会得到及时的服务。

5) 8259 命令字

8259 的工作是依据其命令进行的，在 8259 工作之前以及工作过程中，都需要由 CPU

给 8259 加载适当的命令，使其完成规定的控制功能。

8259 有 7 个命令字(包括 4 个初始化命令字 ICW 和 3 个操作命令字 OCW)，利用两个 I/O 地址，CPU 可以将它们分别写入 7 个命令字寄存器中。

(1) 初始化命令字。

初始化命令字用于初始设定 8259 的工作状态，它包括：

① ICW$_1$：规定 8259 的连接方式(单片或级联)与中断源请求信号的有效形式(边沿或电平触发)。命令字格式如图 6.24 所示，利用 A$_0$ = 0，D$_4$ = 1 寻址。

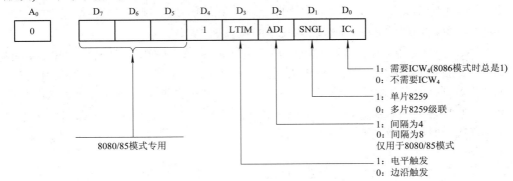

图 6.24 ICW$_1$ 格式

② ICW$_2$：提供 8 个中断源的中断向量码，其低 3 位由 8259 用中断源序号填写。命令字格式如图 6.25 所示，利用 A$_0$ = 1 及初始化顺序寻址。

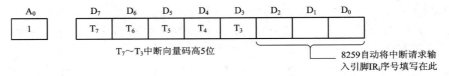

图 6.25 ICW$_2$ 格式

③ ICW$_3$：用于多片 8259 级联。主控 8259 的 ICW$_3$ 内容表示 8259 的级联结构，从属 8259 的 ICW$_3$ 低 3 位提供与级联地址比较的识别地址。命令字格式如图 6.26 所示，利用 A$_0$ = 1，SNGL = 0(在 ICW$_1$ 中)以及初始化顺序寻址。

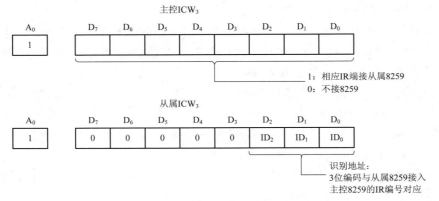

图 6.26 ICW$_3$ 格式

④ ICW$_4$：选择 8259 的工作方式(EOI 方式、缓冲方式及嵌套方式)。在 8086/88 系统中，

必须有 ICW_4，必须设置 $PM = 1$。命令字格式如图 6.27 所示，利用 $A_0 = 1$，$IC_4 = 1$(在 ICW_1 中)以及初始化顺序寻址。

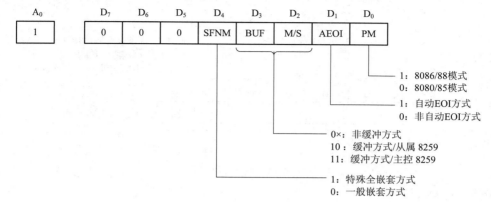

图 6.27 ICW_4 格式

(2) 操作命令字。

操作命令字(OCW)可以在 8259 工作过程中随时写入操作命令字寄存器，以便灵活改变 8259 的某些功能，它包括：

① OCW_1：对 8259 的中断源设置屏蔽操作，实际上是对中断屏蔽寄存器 IMR 进行设置与清除的命令。命令字格式如图 6.28 所示，利用 $A_0 = 1$ 寻址。对 IMR 可以进行写入操作，也可以进行读出操作。

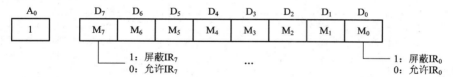

图 6.28 OCW_1 格式

② OCW_2：用来提供 EOI 命令及确定中断源优先级顺序。命令字格式如图 6.29 所示，利用 $A_0 = 0$，$D_4 = D_3 = 0$ 寻址。

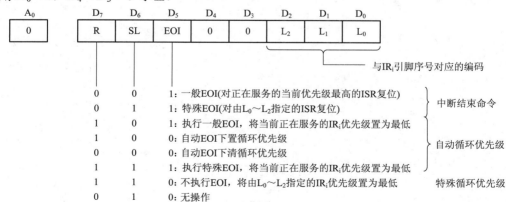

图 6.29 OCW_2 格式

③ OCW_3：设置 8259 屏蔽方式及确定可读出寄存器(IRR、ISR 或 8259 的当前中断状态)。命令字格式如图 6.30 所示，利用 $A_0 = 0$，$D_4 = 0$，$D_3 = 1$ 寻址。

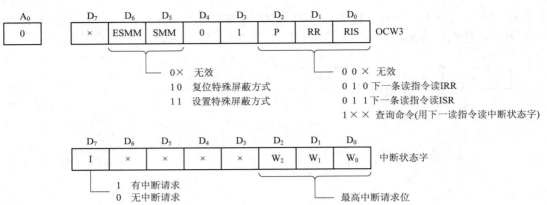

图 6.30 OCW₃格式

6) 8259 级联

使用一个 8259,最多可以管理 8 个中断源。当中断系统规模较大时,中断源数目可能多于 8 个,采用级联的方式就可以扩大 8259 管理中断源的能力。

(1) 级联结构。

8259 采用两级级联,级联结构如图 6.31 所示。1 个 8259 作为主控制器芯片,其他 8259 作为从属控制器芯片。主控制器的 1 个 IR 端与 1 个从属控制器的 INT 端相连,最多可以连接 8 个从属控制器,因此,最多可以获得 64 个中断请求输入端。

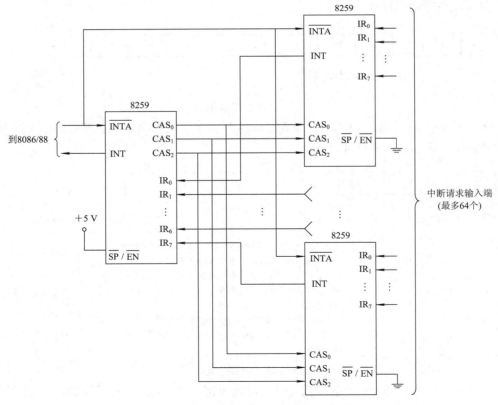

图 6.31 8259 级联结构

主控 8259 的 $CAS_0 \sim CAS_2$ 引脚与所有从属 8259 的 $CAS_0 \sim CAS_2$ 引脚相连，必要时，可以对主控制器输出的级联地址加以驱动。注意，级联地址驱动器应该用 MCE(主控制器级联允许)信号控制，该信号来自总线控制器 8288。

来自 CPU 的 $\overline{INTA}$ 信号被同时加载到主控 8259 和从属 8259 上，以便相关的 8259 能对 CPU 的 $\overline{INTA}$ 信号作出响应。主控 8259 的 $\overline{SP}$ 接高电位，从属 8259 的 $\overline{SP}$ 接地。

没有连接从属控制器的主控制器 IR 输入端，可以直接作为中断请求输入端使用。

(2) 级联方式下 8259 的中断响应。

在第 1 个 INTA 周期，主控 8259 根据 $IR_0 \sim IR_7$ 中 CPU 已响应的最高优先级中断源输入引脚序号清除 IRR 相应位，置位 ISR 相应位，并将此中断源输入引脚序号作为级联地址，从 $CAS_0 \sim CAS_2$ 输出至从属 8259。从属 8259 读取级联地址，并与初始化时在 ICW_3 中设置的识别地址进行比较。只有识别地址与级联地址一致的从属 8259，才能接收 $\overline{INTA}$ 信号，将自身的 IRR 相应位清除，将 ISR 相应位置位，并在第 2 个 INTA 周期将 ICW_2 中的中断向量码输出给数据总线。

若主控 8259 的 IR 端直接连接着中断源(可以由 ICW_3 确定)，则在第 2 个 INTA 周期，由主控 8259 提供中断向量码。

(3) 级联方式下 8259 的特殊操作。

级联方式下，所有的从属 8259 是相互独立的，而主控 8259 与从属 8259 既具有独立关系，又具有主从关系。所以，无论是主控 8259 还是从属 8259，每个 8259 都需要独立地进行初始化，以确定各自的工作方式、中断向量码等信息。另外，每个 8259 需要有各不相同的 I/O 地址，以便 CPU 分别对它们进行读或写操作。

有几项操作应该特别注意：

① 初始化时，主控 8259 与从属 8259 的 ICW_3 应以不同格式填写；主控 8259 的嵌套方式必须选择为特殊全嵌套方式，从属 8259 的嵌套方式必须选择为一般嵌套方式。

② 当结束来自从属 8259 的中断时，中断处理程序要发送两个 EOI 命令，一个发送给相关的从属 8259(由 I/O 地址确定)，一个发送给主控 8259。注意，在发送主控 EOI 命令前，要先检查该从属 8259 的 ISR 是否只记录了一个中断源正在被服务。若是，则发送主控 EOI 命令；否则，不发送主控 EOI 命令。

3．中断方式实现方法

对于中断方式的实现，一般需要中断控制器的支持(因为中断系统中最常见的中断源是可屏蔽中断)。在此，我们以 8086/88 中断系统为模型，说明中断系统的实现方法。

1) 连接8259

在 8086/88 中断系统中，如果有可屏蔽中断源存在，则中断系统的硬件电路中一定要有中断控制器 8259。8259 应位于 8086/88 系统总线与中断源之间，它在系统中的连接示例如图 6.32 所示。8259 占用两个 I/O 地址，图中的译码器可根据分配给 8259 的 I/O 地址进行设计，中断控制器也可以采用级联方式连接。

8259 内部有 4 个初始化命令字、3 个操作命令字以及 IRR 和 ISR，共 9 个寄存器(OCW_1 与 IMR 为同一个寄存器)，可供 CPU 通过两个 I/O 地址进行操作。为了用两个 I/O 地址寻址

8259 的多个内部寄存器，8259 利用了命令字(D_3、D_4 位)中的写入内容及写命令字的顺序。

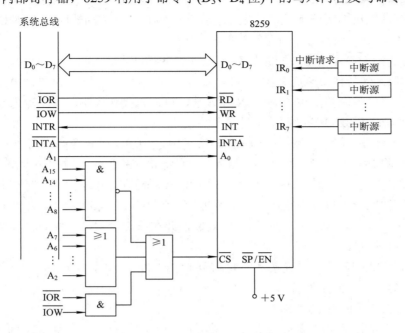

图 6.32　8259 在系统中的连接

表 6.1 描述了 8259 内部寄存器的寻址控制方式。

表 6.1　8259 内部寄存器的寻址控制方式

A_0	D_4	D_3	$\overline{RD}$	$\overline{WR}$	$\overline{CS}$	操　作
0			0	1	0	读出 ISR、IRR 及中断状态寄存器的内容
1			0	1	0	读出 IMR 的内容
0	0	0	1	0	0	写入 OCW_2
0	0	1	1	0	0	写入 OCW_3
0	1		1	0	0	写入 ICW_1
1			1	0	0	写入 OCW_1、ICW_2、ICW_3、ICW_4

2) 编写中断初始化程序

为了使中断能够顺利进行，需要设定中断的一些初始信息，这可通过中断初始化程序来完成。

中断初始化程序包括两部分：一是对 8259 的初始化，二是设置中断向量表。

(1) 初始化 8259。

因为 8259 的内部寄存器寻址与命令字的写入顺序有关，所以，对 8259 的初始化一定要按规定的顺序进行，如图 6.33 所示。

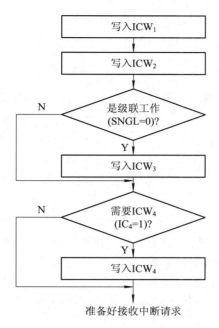

图 6.33 8259 的初始化顺序

例 6.11 下面是一段对 8259 初始化的程序(假定 8259 的连接电路如图 6.32 所示,占用的 I/O 地址为 FF00H 和 FF02H):

```
SET59A: MOV  DX, 0FF00H    ; 8259 的地址 A₀= 0
        MOV  AL, 13H       ; 写 ICW₁, 边沿触发, 单片, 需要 ICW₄
        OUT  DX, AL
        MOV  DX, 0FF02H    ; 8259 的地址 A₀=1
        MOV  AL, 48H       ; 写 ICW₂, 设置中断向量码
        OUT  DX, AL
        MOV  AL, 03H       ; 写 ICW₄, 8086/88 模式, 自动 EOI, 非缓冲, 一般嵌套
        OUT  DX, AL
        MOV  AL, 0E0H      ; 写 OCW₁, 屏蔽 IR₅、IR₆、IR₇(假定这 3 个中断输入未用)
        OUT  DX, AL
```

利用程序可以读出 8259 内部寄存器的内容。下面的一段程序可将 00H 与 FFH 分别写入 IMR,并将其读出比较,以判断 8259 的中断屏蔽寄存器 IMR 工作是否正常,当不正常时转到 IMRERR。

```
        MOV  DX, 0FF02H
        MOV  AL, 0
        OUT  DX, AL        ; 写 OCW₁, 将 00H 写入 IMR
        IN   AL, DX        ; 读 IMR
        OR   AL, AL        ; 判断 IMR 内容是否为 00H
        JNZ  IMRERR
        MOV  AL, 0FFH
```

```
OUT    DX, AL
IN     AL, DX
ADD    AL, 1
JNZ    IMRERR
```

CPU 读出 8259 的 IMR 时，可利用 I/O 地址直接寻址，而要读出 ISR、IRR 或中断状态寄存器，则需要先设置命令字 OCW_3。下面是 CPU 读出 ISR 内容的一段程序：

```
MOV    DX, 0FF00H              ; 8259 的地址 A₀ = 0
MOV    AL, 0BH
OUT    DX, AL                  ; 写 OCW₃
IN     AL, DX                  ; 读出 ISR 内容并放入 AL 中
```

(2) 设置中断向量表。

假定某中断源的中断向量码已由上述初始化程序确定为 48H，CPU 对该中断源进行处理的中断处理程序放置在以内存地址标号 CLOCK 开始的存储区域中，则在该中断发生前，应采用下述方法对中断向量表进行设置：

① 直接写中断向量表。利用写指令，直接将中断处理程序的首地址写入内存地址为 $4 \times n$ 的区域中。程序如下：

```
INTITB: MOV   AX, 0
        MOV   DS, AX              ; 将内存段设置在最低端
        MOV   SI, 0120H          ; n = 48H，4 × n = 120H
        MOV   AX, OFFSET CLOCK   ; 获取中断处理程序首地址之段内偏移地址
        MOV   [SI], AX           ; 将段内偏移地址写入中断向量表 4×n 地址处
        MOV   AX, SEG CLOCK      ; 获取中断处理程序首地址之段地址
        MOV   [SI+2], AX         ; 将段地址写入中断向量表 4×n+2 地址处
```

② 利用 DOS 功能调用。若系统运行在 DOS 环境下，可利用 DOS 功能调用设置中断向量表，调用格式如下：

功能号 25H→AH

中断向量码→AL

中断处理程序首地址之段地址：偏移地址→DS：DX

INT   21H

程序如下：

```
MOV   AH，25H
MOV   AL，48H
MOV   DX，SEG CLOCK
MOV   DS，DX
MOV   DX，OFFSET CLOCK
INT    21H
```

3) 编写中断处理程序

中断处理程序用来实现 CPU 对中断源的实质性服务，它一般由保护现场、中断源识别、

中断服务、恢复现场、中断返回等几部分构成。在 8086/88 系统中，中断源识别已在中断响应过程中完成，所以，中断处理程序不需要进行中断源识别。但由于 8086/88 中断系统有自己特殊的地方，如各类中断源受中断允许标志位 IF 的影响不同，可屏蔽中断 INTR 需要中断控制器管理等，因此在中断处理程序中需要加入相应的处理。

(1) 中断嵌套。

8086/88 中断系统将所有中断源分为三类，即 INT、NMI 及 INTR，并规定 CPU 对 INT 与 NMI 的响应不受 IF 限制，而对 INTR 的响应必须在 IF = 1(即允许中断) 的情况下进行。由于中断响应过程中已将 IF 清零(即禁止中断)，CPU 进入中断处理程序时已处于屏蔽 INTR 状态，因此，要想实现可屏蔽中断的嵌套，必须在中断处理程序中开中断。开中断操作是利用执行开中断指令 STI 来实现的，该指令可设置在保护现场与恢复现场之间的任意位置。为了在中断返回时能获得正确的断点信息，在断点恢复前必须关中断(执行指令 CLI)。可嵌套的中断处理程序流程如图 6.34 所示。

(2) 改变中断优先级。

可屏蔽中断源是通过中断控制器 8259 来管理的。8259 初始化后，对 8 个中断请求输入按固定优先级控制其响应顺序，这虽然可以保证重要的中断源能够得到及时服务，但在某些特殊情况下，可能会出现一些优先级较低的中断源长时间得不到服务的状况。为了改变这种状况，8259 提供了改变中断优先级的方法，即在中断处理程序中写操作命令字 OCW_2 或 OCW_3。

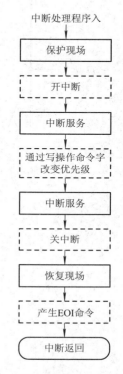

图 6.34 可嵌套的中断处理程序流程

写 OCW_2 可以将 8259 的优先级控制方法由固定优先级变为循环优先级，使那些原来为低优先级的中断源能够被动态地规定为具有较高优先级，以均衡 CPU 对各中断源服务的机会。例如，在中断处理程序中写进如下一段程序，可实现在该中断处理程序结束后将 IR_7 定义为优先级最高：

```
        MOV  DX, 0FF00H        ; 8259 的地址 A₀=0
        MOV  AL, 0C6H          ; 设置指定(特殊)循环优先级及 OCW₂ 寻址信息
        OUT  DX, AL            ; 写 OCW₂
```

写 OCW_3 可以设置 8259 的特殊屏蔽方式，通过改变中断屏蔽对象，使低优先级中断有可能打断高优先级中断，提供低优先级中断能够得到服务的机会。图 6.35 给出了一种特殊屏蔽方式的示意图，其中优先级较低的中断 IR_6 先于优先级较高的中断 IR_3 得到了 CPU 服务。屏蔽方式的设置用下述指令完成：

```
        MOV  DX, 0FF00H        ; 8259 的地址 A₀ = 0
        MOV  AL, 68H           ; 设置特殊屏蔽方式(SMM = 1)及 OCW₃ 寻址信息
        OUT  DX, AL            ; 写 OCW₃
        ⋮
```

```
MOV   DX，0FF00H          ; 8259 的地址 A₀ = 0
MOV   AL，48H             ; 设置 SMM＝0 及 OCW₃寻址信息
OUT   DX，AL              ; 写 OCW₃
```

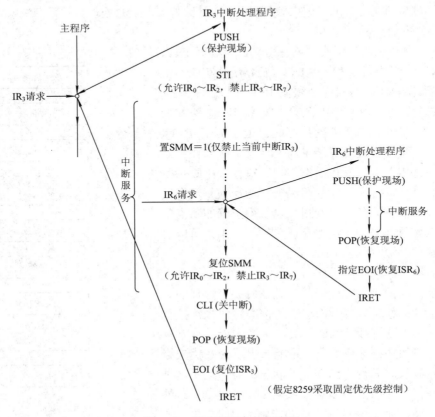

图 6.35　特殊屏蔽方式示意图

(3) 产生 EOI 命令。

8259 需要在中断结束时清除内部服务寄存器 ISR 中相应位关于某中断源正在被服务的记录。在自动 EOI 方式下，ISR 相应位的清除在中断响应过程中由 8259 硬件自动完成；在非自动 EOI 方式下，ISR 相应位的清除要由中断处理程序中的 EOI 命令来完成。

EOI 命令有两种形式：一般 EOI 与特殊 EOI(指定 EOI)。一般 EOI 实现对正在服务的当前优先级最高的 ISR 位复位，特殊 EOI 实现对指定的 ISR 位复位。

例如，当来自 8259 中断输入端 IR_6 的中断请求被 CPU 响应时，8259 自动设置 ISR 的数据位 D_6 为 1(即 $ISR_6 = 1$)。在 IR_6 中断处理程序中，CPU 执行以下指令，产生对 8259 的一般 EOI 命令：

```
MOV   DX，0FF00H          ; 8259 的地址 A₀ = 0
MOV   AL，20H             ; 设置一般 EOI 命令
OUT   DX，AL              ; 写 OCW₂
```

上述命令执行的结果是：清除了 IR_6 正在被 CPU 服务的记录，即 $ISR_6 = 0$。

如果想在 IR_6 的中断处理程序中清除 IR_3 正在被 CPU 服务的记录(如图 6.35 所示的中断

情形)，则在 IR_6 中断处理程序中让 CPU 发特殊 EOI 命令即可：

```
        MOV    DX，0FF00H          ; 8259 的地址 A₀ = 0
        MOV    AL，63H             ; 设置特殊 EOI 命令
        OUT    DX，AL              ; 写 OCW₂
```

上述命令执行的结果是：清除了 IR_3 正在被 CPU 服务的记录，即 $ISR_3 = 0$。

　　注意，8259 执行 EOI(即中断结束)并不意味着 CPU 中断结束，CPU 的中断结束是通过执行中断返回指令 IRET 来完成的，所以 EOI 命令可以在中断处理程序中的任何位置发布。但由于 ISR 信息参与 8259 的优先级判决，若在中断处理程序结束前过早地发 EOI 命令或对其他指定中断发 EOI 命令(包括自动 EOI 情形)，则相应的 ISR 信息会消失，造成 8259 在进行优先级判决时完全忽略了当前正在被 CPU 服务的中断源。因此，在正常情况下，当 8259 以非自动 EOI 方式工作时，在中断处理程序中最好选择一般 EOI 命令，且使 IRET 指令紧随该命令之后(如图 6.35 所示)。

4．中断方式实现示例

　　例 6.12　将定时器产生的周期为 20 ms 的方波加载到图 6.32 电路中的 IR_0 上，利用例 6.11 的 SET59A 程序段初始化 8259，用前述的 INTITB 程序段初始化中断向量表，然后在中断发生时执行下述中断处理程序，即可实现利用 20 ms 一次的定时中断建立时、分、秒电子钟的功能。

```
    CLOCK   PROC    FAR
            PUSH    AX
            PUSH    SI
            PUSH    DS
            PUSH    DX
            MOV     AX，SEG TIMER
            MOV     DS，AX
            MOV     SI，OFFSET TIMER
            MOV     AL，[SI]          ; 取 50 次计数
            INC     AL
            MOV     [SI]，AL
            CMP     AL，50            ; 判断 1 s 到否
            JNE     TRNED
            MOV     AL，0
            MOV     [SI]，AL
            MOV     AL，[SI+1]        ; 取 60 s 计数
            ADD     AL，1
            DAA
            MOV     [SI+1]，AL
            CMP     AL，60H           ; 判断 1 min 到否
            JNE     TRNED
```

```
        MOV     AL, 0
        MOV     [SI+1],   AL
        MOV     AL, [SI+2]              ; 取 60 min 计数
        ADD     AL, 1
        DAA
        MOV     [SI+2], AL
        CMP     AL, 60H                 ; 判断 1 h 到否
        JNE     TRNED
        MOV     AL, 0
        MOV     [SI+2], AL
        MOV     AL, [SI+3]              ; 取小时计数
        ADD     AL, 1
        DAA
        MOV     [SI+3], AL
        CMP     AL, 24H                 ; 判断 24 h 到否
        JNE     TRNED
        MOV     AL, 0
        MOV     [SI+3], AL
        MOV     DX, 0FF00H              ; 为 8259 设置一般 EOI 命令
        MOV     AL, 20H                 ; 当初始化为自动 EOI 时
        OUT     DX, AL                  ; 这三条指令可去掉
TRNED:  POP     DX
        POP     DS
        POP     SI
        POP     AX
        IRET
CLOCK   ENDP
```

　　在实际工程应用中应该注意避免产生人为错误。本例中，由于系统数据总线只有 8 位，因此读出时间时必须分三次读出秒、分、时。若在特定时间(如 3:59:59)读出秒和分后未来得及读出小时信息而发生中断，会造成小时信息错误。若在秒读出后发生中断，可能造成分误差。尽管这种出错的机会很小，但必须防止。

　　防止错误的方法有两种：一种是读时间前关中断，读完之后再开中断；另一种是连续读两次时间，若两次读出的时间一致则认为正确，否则继续读时间，直到连续两次读出的一致为止。

　　例 6.13　PC 中的 8259 中断控制器。

　　随着芯片集成度的不断提高，大部分外围芯片都集成到了芯片组的南桥(ICH)。在 Intel 新的处理器系统中，ICH 又被并入了 PCH(平台控制器集线器)中(见 2.5.4 节)。8259 中断控制器位于 ICH 或 PCH 芯片的 LPC(Low Pin Count)控制器中。

　　南桥中的 LPC 控制器位于 PCI Bus #0、Device #31、Function #0，即 PCI 总线号 0、设备号 31、功能号 0。LPC 控制器中包含 DMA 控制器、可编程定时器、可编程中断控制器

8259、I/O APIC、实时钟、电源管理等很多模块。LPC 是 33 MHz 的 4 位并行总线，通常只需 7 根信号线，在软件上与 ISA 总线兼容，用来代替以前的 ISA 总线，二者性能相似。

　　在南桥的 LPC 控制器中，集成了两个可编程中断控制器 8259，采用级联方式，连接方式如图 6.36 所示。两片 8259 均工作在固定优先级模式，IR_0 引脚接收的中断请求优先级最高，IR_7 引脚接收的中断请求优先级最低。从属 8259 的中断请求输出引脚 INT 接在主控 8259 的 IR_2 输入引脚上，从属 8259 的所有中断请求优先级都相当于 IRQ_2。因此，中断优先级从高到低的顺序是 IRQ_0、IRQ_1、$IRQ_8 \sim IRQ_{15}$、$IRQ_3 \sim IRQ_7$。

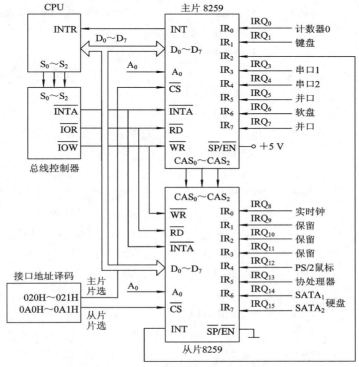

图 6.36　PC 中的中断控制器 8259

　　由于主控 8259 的 IR_2 引脚被从属 8259 占用，故从属 8259 的 IR_1 引脚同时接 IRQ_2 和 IRQ_9 信号线。

　　主控 8259 的接口地址范围在 020H～03FH 之间，实际使用 020H 和 021H 两个接口地址；从属 8259 的接口地址范围在 0A0H～0BFH 之间，实际使用 0A0H 和 0A1H 两个接口地址。8086/8088 系统对两片 8259 进行初始化时，设定 $IRQ_0 \sim IRQ_7$ 中断向量为 08H～0FH，$IRQ_8 \sim IRQ_{15}$ 中断向量为 70H～77H。然而，08H～0FH 属于 x86 体系预定义的中断向量号，比如 08H 是 #DF 异常使用的中断向量号，因此在保护模式下不能使用 08H～0FH 作为 $IRQ_0 \sim IRQ_7$ 的中断向量，应该设置为其他的值。

　　对两片 8259 的初始化程序如下：

```
MASTER0      EQU   020H                        ; 主控 8259 偶地址
MASTER1      EQU   021H                        ; 主控 8259 奇地址
SLAVE0       EQU   0A0H                        ; 从属 8259 偶地址
SLAVE1       EQU   0A1H                        ; 从属 8259 奇地址
```

```
INIT_MASTER_8259:                        ; 初始化主控 8259
        MOV     AL, 11H                  ; ICW₁: 级联, 要写 ICW₄
        OUT     MASTER0, AL              ; 写 ICW₁
        JMP     SHORT $+2                ; 延时: 清空指令队列, 跳转到下条指令
        MOV     AL, 08H                  ; ICW₂: 起始中断向量号
        OUT     MASTER1, AL              ; 写 ICW₂
        JMP     SHORT $+2                ; 延时
        MOV     AL, 04H                  ; ICW₃: bit2=1, IR₂ 接从属 8259
        OUT     MASTER1, AL              ; 写 ICW₃
        JMP     SHORT $+2                ; 延时
        MOV     AL, 11H                  ; ICW₄: 特殊全嵌套, 非缓冲, 非自动 EOI
        OUT     MASTER1, AL              ; 写 ICW₄
        JMP     SHORT $+2                ; 延时
        MOV     AL, 0                    ; ELCR₁: 全部边沿触发
        MOV     DX, 4D0H
        OUT     DX, AL                   ; 写 ELCR₁ 寄存器
        JMP     SHORT $+2                ; 延时
INIT_SLAVE_8259:                         ; 初始化从属 8259
        MOV     AL, 11H                  ; ICW₁: 级联, 要写 ICW₄
        OUT     SLAVE0, AL               ; 写 ICW₁
        JMP     SHORT $+2                ; 延时
        MOV     AL, 70H                  ; ICW₂: 起始中断向量号
        OUT     SLAVE1, AL               ; 写 ICW₂
        JMP     SHORT $+2                ; 延时
        MOV     AL, 02H                  ; ICW₃: INT 接主控 8259 的 IR₂
        OUT     SLAVE1, AL               ; 写 ICW₃
        JMP     SHORT $+2                ; 延时
        MOV     AL, 01H                  ; ICW₄: 一般嵌套方式, 非缓冲, 非自动 EOI
        OUT     SLAVE1, AL               ; 写 ICW₄
        JMP     SHORT $+2                ; 延时
        MOV     AL, 0                    ; ELCR₂: 全部边沿触发
        MOV     DX, 4D1H
        OUT     DX, AL                   ; 写 ELCR₂ 寄存器
```

在 ISA 总线时代, 8259 的 ICW_1 寄存器可以设置中断请求信号是上升沿触发还是高电平触发, 现在的 8259 中这个机制已经增强, 被两个专门的 ELCR(Edge/Level triggered Control Register)寄存器代替($ELCR_1$ 和 $ELCR_2$)。

$ELCR_1$ 的接口地址是 4D0H, 控制主控 8259 $IRQ_0 \sim IRQ_7$ 的触发方式; $ELCR_2$ 的接口地址是 4D1H, 控制从属 8259 $IRQ_8 \sim IRQ_{15}$ 的触发方式。每一位对应一个 IRQ 设置, 为 0 时表示上升沿触发, 为 1 时表示高电平触发。$ELCR_1$ 的 IRQ_0、IRQ_1、IRQ_2 必须为 0, $ELCR_2$

的 IRQ$_8$、IRQ$_{13}$ 也必须为 0。因此，计数器、键盘、实时钟、协处理器的中断请求信号必须是上升沿触发。

例 6.14　利用 PC 的定时中断在屏幕右上角实时显示当前日期和时间，基于 DOS 操作系统，用 8086 汇编语言实现。

例 6.13 展示了 PC 芯片组中 8259 中断控制器的连接，并给出了 BIOS(或操作系统)初始化 8259 的代码。根据图 6.36 可知，主控 8259 的 IR$_0$ 接计数器 0，其输入为周期是 55 ms 的方波信号，此信号由集成在芯片组中的可编程定时器 8253 的计数器 0 提供(见例 7.7 中的图 7.24)。8253 的计数器 0 被初始化为在方式 3 工作，计数初值为 65 536。在时钟是 1.19 MHz 的情况下，从 8253 计数器 0 的 OUT$_0$ 引脚输出频率为 18.2 Hz(周期为 55 ms)的方波信号，作为主控 8259 的 IR$_0$ 中断请求输入信号。根据例 6.13 给出的 8259 初始程序可知，主控 8259 中断请求输入信号设置为上升沿触发、非自动 EOI 方式，且写入主控 8259 ICW$_2$ 的数据为 08H，因此来自主控 8259 IR$_0$ 的中断请求的中断向量码为 08H，即每隔 55 ms 就会触发一次中断向量码为 08H 的定时中断。本例的任务是编写定时中断的中断服务程序，在屏幕右上角显示当前的日期和时间。定时中断每隔 55 ms 就会发生一次，因此屏幕右上角的日期和时间信息也会每隔 55 ms 自动由中断服务程序刷新一次。在中断系统自动运转的过程中，不影响执行其他应用程序和操作系统命令。

要解决的第一个问题是如何获得当前的日期和时间。自 IBM PC AT 开始，所有的 PC 都包含了一个叫作实时钟(Real Time Clock，RTC)的芯片，此芯片由主板上的电池供电(台式机用主板上的纽扣电池供电)，保证 PC 断电后仍然能够记录日期、时间和一些重要的系统硬件参数。RTC 芯片内部一共有 64 个 8 位的寄存器，它们的芯片内部地址(不是 I/O 端口地址)编号为 00H～3FH，这些寄存器一共分为三组：

- 时钟与日历寄存器组：共有 10 个(00H～09H)，表示时间、日历的具体信息。在 PC 中，这些寄存器中的值都是以 BCD 码格式来存储的(比如，BCD 数 23H 的十进制真值为 23)。
- 状态和控制寄存器组：共有 4 个(0AH～0DH)，用于存储 RTC 芯片当前的工作状态，控制 RTC 芯片的工作方式。
- CMOS 配置数据：通用的 CMOS RAM，用于存储系统硬件参数，与时间无关。

RTC 芯片中的时钟与日历寄存器组定义如表 6.2 所示。

表 6.2　RTC 芯片中的时钟与日历寄存器组

内部寄存器编号	寄存器功能(压缩 BCD 码格式)
00	秒
01	闹钟秒
02	分钟
03	闹钟分钟
04	小时
05	闹钟小时
06	星期(01 表示星期天，02 表示星期一，03 表示星期二……)
07	日
08	月
09	年的后两位

在 PC 中可以通过 I/O 端口 70H 和 71H 来读写 RTC 芯片中的寄存器，如图 6.37 所示。其中，端口 70H 是 RTC 的寄存器地址索引端口，71H 是数据端口。

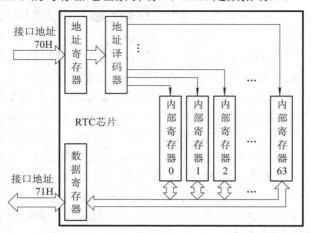

图 6.37　RTC 芯片内部寄存器的寻址

比如，要读取 RTC 芯片内部编号为 n 的寄存器(n 在 0～63 之间)，可用如下代码实现：

```
MOV   AL,n            ; n 是要读的 RTC 芯片内部寄存器地址
OUT   70H,AL          ; 将 n 写入 RTC 芯片的地址寄存器
NOP                   ; 延时
IN    AL,71H          ; 读 RTC 芯片寄存器 n 的数据至 AL 寄存器
```

第二个要解决的问题是如何把表示当前日期和时间的字符串显示到屏幕的右上角。最方便的办法是直接写显存。彩色字符模式下的显存从内存地址 B8000H 开始，两个字节对应屏幕上的一个字符，而屏幕最多可以显示 25 行、每行 80 个字符，这些字符在屏幕上的位置和显存地址之间的对应关系如图 6.38 所示。

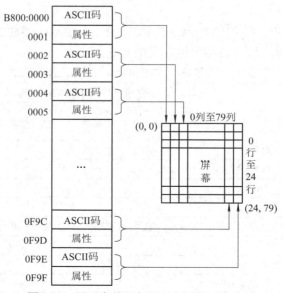

图 6.38　显示存储区与显示位置的对应关系

图 6.38 中的属性字节各位的定义如下：

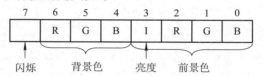

彩色文本模式下字符的颜色组合如表 6.3 所示。

表 6.3　彩色文本模式下字符的颜色

色号	I	R	G	B	颜　色	色号	I	R	G	B	颜　色
0	0	0	0	0	黑	8	1	0	0	0	亮灰
1	0	0	0	1	蓝	9	1	0	0	1	亮蓝
2	0	0	1	0	绿	10	1	0	1	0	亮绿
3	0	0	1	1	青(深蓝)	11	1	0	1	1	亮青
4	0	1	0	0	红	12	1	1	0	0	亮红
5	0	1	0	1	品红	13	1	1	0	1	亮品红
6	0	1	1	0	棕	14	1	1	1	0	黄
7	0	1	1	1	白	15	1	1	1	1	亮白

第三个要解决的问题是如何编写中断驻留(Terminate and Stay Resident，TSR，即结束并驻留)程序。TSR 程序是一种特殊的 DOS 应用程序，它被装入内存并初次运行后，程序的大部分仍驻留内存，被某种条件激活(比如定时中断、键盘中断等)后又投入运行。TSR 程序能及时处理许多暂驻程序不能处理的事件，可为单任务操作系统 DOS 增添一定的多任务处理能力。通常 TSR 程序由驻留内存部分和初始化部分组成。把 TSR 程序装入内存时，初次运行的是初始化部分，负责对驻留部分完成必要的初始化工作，并使驻留部分保留在内存中。

为了使程序能截获原来的 08H 号中断并驻留内存，需要用到 DOS 操作系统 INT 21H 的 25H、31H 和 35H 号功能，调用方式如表 6.4 所示。

表 6.4　DOS INT 21H 的 25H、31H 和 35H 号功能

AH	功　能	调 用 参 数	返 回 参 数
25H	写中断向量表	DS:DX=中断服务程序首地址 AL=中断向量码	
31H	程序结束 并驻留内存	AL=返回码 DX=驻留内存大小(节数)	
35H	读中断向量表	AL=中断向量码	ES:BX=中断服务程序首地址

例 6.14 的程序清单如下：

```
mReadRTC MACRO address        ; 定义宏，读地址为 address 的 RTC 寄存器
    mov al,address
    out 70h,al                ; 送 RTC 寄存器地址
    nop                       ; 延时
    nop
```

```
        in   al,71h                  ; 读入 RTC 寄存器数据至 al 寄存器
ENDM


mTransInfo MACRO string             ; 定义宏，将 al 中的 BCD 数据转换为 ASCII 码字符
        mov string+1,al             ; 处理低 4 位(个位)
        and string+1,0fh
        add string+1,'0'
        mov cl,4                    ; 处理高 4 位(十位)
        shr al,cl
        and al,0fh
        add al,'0'
        mov string,al               ; 转换好的字符存储在地址以 string 开始的两个字节处
ENDM


cseg segment                        ; 定义段，本程序只有一个段
        assume cs:cseg,ds:cseg,es:cseg


old08h      dword ?                 ; 用来保存原中断向量表第 8 行的内容
weekinfo    byte 'Sunday     '      ; 显示星期几的表格
            byte 'Monday     '      ; 共 7 行，行号为 0~6，对应星期天、星期一至星期六
            byte 'Tuesday    '      ; 每个单词(每行)10 个字符(包括空格)
            byte 'Wednesday '
            byte 'Thursday   '
            byte 'Friday     '
            byte 'Saturday   '
year1       byte '20'               ; 屏幕右上角显示的字符串从这里开始
year2       byte '00-'              ; 年
month       byte '00-'              ; 月
day         byte '00 '              ; 日
week        byte 10 dup(20h)        ; 星期(10 个字符)，从 weekinfo 表格中拷贝过来
hour        byte '00:'              ; 小时
minute      byte '00:'              ; 分钟
second      byte '00'               ; 秒，屏幕右上角显示的字符串到这里结束
charnum = $-year1                   ; 定义常量，要显示的字符串总字符数


new08h:                             ; 新的 08H 号中断服务程序从这里开始
        pushf                       ; 与原 08H 号中断服务程序末尾的 iret 指令配合
        call dword ptr cs:old08h    ; 调用原 08H 号中断服务程序，结束时用 iret 指令返回
        push ax                     ; 保护现场
```

```
        push cx
        push si
        push di
        push ds
        push es
        mov ax,cseg
        mov ds,ax              ; 初始化数据段寄存器
        mov es,ax              ; 初始化附加段寄存器

        mReadRTC 4             ; 调用宏，读小时(压缩 BCD 码的形式)至 al 寄存器
        mTransInfo hour        ; 调用宏，将 al 中的 BCD 码转换为两个字符的 ASCII 码，
                               ; 存储至地址以 hour 开始的两个字节处
        mReadRTC 2             ; 读分钟至 al 寄存器
        mTransInfo minute      ; 将分钟转换为 ASCII 码，存储至 minute 处
        mReadRTC 0             ; 读秒至 al 寄存器
        mTransInfo second      ; 将秒转换为 ASCII 码，存储至 second 处
        mReadRTC 9             ; 读年至 al 寄存器
        mTransInfo year2       ; 将年转换为 ASCII 码，存储至 year2 处
        mReadRTC 8             ; 读月至 al 寄存器
        mTransInfo month       ; 将月转换为 ASCII 码，存储至 month 处
        mReadRTC 7             ; 读日至 al 寄存器
        mTransInfo day         ; 将日转换为 ASCII 码，存储至 day 处
        mReadRTC 6             ; 读星期至 al 寄存器，01＝Sunday
        dec al                 ; 0,1,2,3,4,5,6 分别对应 Sundy,Monday,…,Friday,Saturday
        mov cx,10              ; al 寄存器的内容对应表格 weekinfo 的行号
        mul cl                 ; ax=al × 10，weekinfo 表格每行 10 个字节(字符)
        mov si,offset weekinfo
        add si,ax              ; si 指向 weekinfo 表格中星期单词的起始位置
        mov di,offset week     ; di 指向要显示的字符串中预留的星期单词的起始位置
        cld                    ; 方向标志位清零
        rep movsb              ; 将 weekinfo 表格中对应行的单词拷贝至起始地址 week 处

        mov ax,0b800h          ; 显存起始地址
        mov es,ax
        mov di,(80-charnum)*2  ; 屏幕每行显示 80 个字符，每个字符对应显存的两个字节
        mov cx,charnum         ; 要显示字符的个数
        mov si,offset year1    ; 待显示字符串的起始地址
@@:     mov ax,es:[di]         ; 读显存对应位置的数据
        mov al,[si]            ; 处理 ASCII 码字节(用要显示的字符覆盖原来的内容)
```

```
        and  ah,0f0h                 ; 处理属性字节
        or   ah,0ah                  ; 字符前景色：1010，亮绿(字符背景色不变)
        mov  es:[di],ax              ; 写显存，在屏幕右上角刷新日期和时间信息
        inc  si                      ; si 指向要显示的下一个字符位置
        add  di,2                    ; di 指向显存中下一个字符的位置
        loop @B                      ; 循环 charnum 次
        pop  es                      ; 恢复现场
        pop  ds
        pop  di
        pop  si
        pop  cx
        pop  ax
        iret                         ; 新的 08H 号中断服务程序到此结束

init:                                ; 初始化部分开始
        push cs
        pop  ds                      ; 初始化数据段寄存器
        mov  ax,3508h                ; 取中断向量表内容(原 08h 号中断服务程序首地址)
        int  21h                     ; 返回结果在 es:bx
        mov  word ptr old08h,bx      ; 保存中断向量表原第 08h 行内容至变量 old08h 中
        mov  word ptr old08h+2,es
        mov  dx,offset new08h        ; ds:dx 为新的 08h 号中断服务程序首地址 new08h
        mov  ax,2508h                ; ah=功能号；al=中断向量码；ds:dx=要填写的内容
        int  21h                     ; 重置第 08h 行中断向量表，使其指向 new08h

        mov  dx,offset init          ; 取欲驻留部分代码和数据的字节数
        add  dx,15                   ; 考虑字节数不是 16 整倍数的情况
        mov  cl,4
        shr  dx,cl                   ; 除以 16，向上取整，转换成节数
        add  dx,10h                  ; 加上 PSP(程序段前缀)的节数
        mov  ax,3100h                ; ah=功能号；al=返回码；DX=驻留区的节数
        int  21h                     ; 程序结束并驻留(标号 init 之前的部分驻留内存)
cseg ends                            ; 段结束
        END init                     ; 定义程序的入口点为 init
```

　　程序使用了微软宏汇编(MASM)语法。程序需要多次读取 RTC 芯片内部的寄存器，以获取当前的时、分、秒、年、月、日等信息；而读取的这些信息是 BCD 码形式，要在屏幕上显示，需要将其转换为对应的两个字符的 ASCII 码形式。为了程序的书写和维护方便，定义了两个宏：宏 mReadRTC，用来读取 RTC 芯片内部指定寄存器的内容至 AL 寄存器；宏 mTransInfo，负责把 AL 寄存器中的 BCD 码转换为两个字符的 ASCII 码，存储在要显示

的字符串的对应位置。

程序只定义了一个段(段名为 cseg)，分为三个部分：

- 最前面的是数据，主要包括一个 7 行的表格(存储的是星期对应的单词)以及要在屏幕上显示的字符串。字符串中预留的位置由后续的程序代码根据从 RTC 芯片中读取的信息进行填充。变量 old08h 用来保存第 08H 号中断(中断向量码为 08H 的中断)原来的中断服务程序首地址，即中断向量表第 08H 行原来的内容。

- 从标号 new08h 开始，一直到中断返回指令 iret，是第 08H 号中断新的中断服务程序，这部分代码和前面定义的数据在程序运行结束后驻留内存。此中断服务程序负责从 RTC 芯片中读取日期和时间信息，并把这些信息由 BCD 码转换为对应字符的 ASCII 码，通过直接写显的方式将转换完成的字符串显示在屏幕的右上角。

- 从标号 init 开始到程序结束，是本程序的初始化部分。本程序运行时，会从程序的入口点 init(由程序末尾的 END 伪指令定义)开始执行。此初始化代码负责保存中断向量表第 08H 行原来的内容至变量 old08h 中，然后把新的中断服务程序入口地址(标号 new08h 对应的主存地址)填入中断向量表的第 08H 行，最后结束程序并把前面定义的数据和新的中断服务程序驻留内存。

中断向量码为 08H 的定时中断已经被操作系统使用，并且其他应用程序也有可能正在使用。因此，每隔 55 ms 执行新的中断服务程序 new08h 的时候，定时中断原来的中断服务程序也必须要执行一遍。在程序初始化的时候，读取中断向量表第 08H 行的内容(即原定时中断服务程序的首地址)，存储至变量 old08h 中(变量低 16 位存储段内偏移，变量高 16 位存储段起始地址的高 16 位)，然后才更新中断向量表第 08H 行，使其指向新的定时中断服务程序 new08h。当本例的程序执行结束后，新的定时中断服务程序 new08h 及其前面的数据已经驻留内存。此后每隔 55 ms，标号 new08h 开始的代码会被自动执行一次(最后一条指令是中断返回指令 iret)。

新的定时中断服务程序 new08h 的前两行代码为：

```
pushf
call dword ptr cs:old08h
```

上述第一行代码 pushf 指令把 PSW 内容压入堆栈；接下来执行 call 指令，先保护断点，把顺序下一条指令的地址(当前 CS 和 IP 寄存器的内容)压入堆栈，然后跳转到定时中断原来的中断服务程序去执行。定时中断原中断服务程序(属于操作系统代码)执行到末尾时，会向主控 8259 发一般 EOI 命令，最后执行 iret 指令中断返回。iret 指令执行时，需要分别从堆栈弹出三个数据至 IP、CS 和 PSW 寄存器，这样就跳转回新的定时中断服务程序 new08h，从上述 call 指令的下一条指令继续执行。新的中断服务程序 new08h 中没有开中断指令，不允许中断嵌套，因此提前发 EOI 命令不会影响中断系统的正常运作。

如果希望新的中断服务程序 new08h 也允许中断嵌套，那么可以删去前两行的 pushf 和 call 指令，保护现场后执行开中断指令 sti，然后读 RTC 寄存器，在屏幕右上角刷新当前的日期和时间；接下来执行关中断指令 cli，恢复现场；最后用下面的指令代替原来的 iret 指令：

```
jmp dword ptr cs:old08h
```

上述 jmp 指令负责跳转到定时中断原来的中断服务程序去执行，在原中断服务程序的末尾向主控 8259 发一般 EOI 命令，然后中断返回。

在用汇编语言编程时，每条跳转类指令跳转的目标位置都要定义一个标号，以便跳转类指令引用，并且不同位置的标号不能重复，由此带来的问题是：在定义标号很多的情况下给标号起不同的名字也是一件很烦琐的事情。微软的宏汇编编译器 MASM 提供了一种解决办法：可以使用@@作为标号，并且用@F 或@B 来引用它。@F 表示本条指令前(程序执行方向)的第一个@@标号，@B 表示本条指令后(程序执行的反方向)的第一个@@标号。程序中可以有多个@@标号，@B 和@F 只寻找匹配最近的一个。

使用微软宏汇编 ML 命令编译并链接程序，运行后的屏幕截图如图 6.39 所示。程序运行结束并驻留内存后，在屏幕右上角显示当前的年、月、日、星期、时、分、秒，并且这些信息是实时变化的。此后，可以执行任意其他的应用程序和 DOS 命令，不会影响上述信息的正常显示。从宏观上看，本例的中断驻留程序和此后运行的其他应用程序(或 DOS 命令)是并发执行的。

```
                                          2023-01-03 Tuesday   22:31:20
D:\work>ML TSR-TIME.ASM
Microsoft (R) Macro Assembler Version 6.15.8803
Copyright (C) Microsoft Corp 1981-2000.  All rights reserved.

 Assembling: TSR-TIME.ASM

Microsoft (R) Segmented Executable Linker  Version 5.60.339 Dec  5 1994
Copyright (C) Microsoft Corp 1984-1993.  All rights reserved.

Object Modules [.obj]: TSR-TIME.obj
Run File [TSR-TIME.exe]: "TSR-TIME.exe"
List File [nul.map]: NUL
Libraries [.lib]:
Definitions File [nul.def]:
LINK : warning L4021: no stack segment

D:\work>TSR-TIME

D:\WORK>_
```

图 6.39　例 6.14 程序运行效果

6.3.3　Intel 32/64 位中断系统

对于 Intel 80386 及其后续的 x86 体系结构的处理器，只有工作在保护模式下，才进入 32 位的执行环境，具有新引入的先进特性，比如：32 位内存寻址(最大 4 GB 内存)；支持虚拟存储管理(分段、分页机制)；支持多任务，能够快速地进行任务切换和保护任务环境；具有 4 个特权级和完善的特权检查机制，既能实现资源共享又能保证代码及数据的安全保密、任务的隔离；支持虚拟 8086 方式，便于兼容 8086 的 16 位程序。在处理器支持 PAE 页转换机制的情况下，开启 PAE 页模式，虚拟地址仍然为 32 位，但物理地址寻址能力可提高到 36 位(最大 64 GB 内存)，最高可达 52 位。

对于 Intel x64 体系结构的处理器，开启 Long-mode(IA-32e)模式后，处理器才进入 64 位的执行环境，最大支持 64 位虚拟地址、52 位物理地址(目前常用的是 48 位虚拟地址、40 位物理地址)。

1. 保护模式下的中断系统

1) 概述

在具有保护模式的 Intel x86/x64 系统中，系统的中断在实现上有两种机制：中断

(Interrupt)和异常(Exception)。

中断包括硬件中断和软中断。硬件中断是由外部中断触发信号引起的，是随机产生的，与处理器的执行不同步。软中断是由"INT n"指令触发的中断处理，其中 n 是中断向量号(也称为中断类型码)。

异常是由指令执行引发的错误事件，即在程序运行期间，处理器检测到各种使程序无法继续执行的问题时，将引发异常。当处理器执行一条非法指令，访问内存时发生特权级保护，或者指令执行的条件不具备时，将触发这种类型的中断。对于 Pentium 以后的处理器，当检测到系统内部硬件错误和总线错误时，也会引发检测异常。根据异常情况的性质和严重性，异常又分为故障(Faults)、陷阱(Traps)、终止(Aborts)三种。

故障通常是可以纠正的。比如，当处理器正在执行的指令需要访问内存，但是要访问的那个页不在内存中(P = 0)时，会引起缺页异常(#PF, Page Fault)，在异常处理程序(通常是操作系统的一部分)中将该页由辅存装入内存中，异常返回时，引起异常的那条指令重新执行，即可正常访问内存。因此，在进入异常处理程序之前保护断点时，压入堆栈的返回地址应该是引起故障的那条指令，而不像一般的中断那样指向下条指令。可见，故障在虚拟存储管理中非常有用。

陷阱通常用于调试，比如单步中断指令 INT 3 和溢出检测指令 INTO。当陷阱条件成立时，执行截获陷阱条件的指令之后会立即产生陷阱中断。在转入异常处理程序之前，压入堆栈的返回地址应该指向陷阱截获指令的下一条指令，中断返回后可继续执行原来的程序或任务。

终止标志着最严重的错误，比如硬件错误、系统描述符表(GDT、LDT 等)中的数据不一致或无效。这类异常总是无法精确地报告引起错误的指令的位置，所以当发生这种错误时，从异常处理程序返回到当前的程序或任务继续执行是不可能的。"双重故障"(#DF, Double Fault)就是一个典型的终止异常。比如，当执行某条访问内存的指令时，要访问的那个段或页不在内存中，引起缺页异常#PF，而 IDT 中对应#PF 中断的中断描述符无效(P = 0 且描述符类型错误)，这时处理器又将产生常规保护(#GP, General Protection)异常，从而最终产生#DF 异常。此时，再返回引起此异常的程序或任务继续执行是相当困难的，操作系统通常只能把该任务从系统中抹去。

CPU 对于中断和异常的具体处理机制本质上是一致的。当 CPU 检测到中断或者异常事件时，会暂停执行当前的程序或任务，通过一定的机制跳转到负责处理这个事件的相关处理程序中；在执行完这个事件的处理程序后，再跳回到刚才被打断的程序或任务继续执行。

2) 中断描述符表

当 Intel x86/x64 处理器工作在保护模式下，采用 32 位寻址，支持虚拟存储管理和多任务，具有完善的特权检查机制时，实模式下的中断向量表已经不适用，取而代之的是中断描述符表(Interrupt Descriptor Table, IDT)。每一个中断都有一个中断向量号与之对应，中断向量采用 8 位编码，因此最多有 256 个中断，IDT 中最多可以存放 256 个表项，每一个表项是一个中断描述符。在 IA-32 构架的处理器中，每个描述符是 64 位的，占 8 个字节，所以 IDT 最大为 2 KB。通过中断描述符中存储的信息，最终可以找到中断服务程序的入口地址。

在保护模式下，IDT 可以存放在线性地址空间的任意位置，其在线性地址空间的起始位置由 CPU 内部的中断描述符表寄存器(IDTR)指向，以中断向量号乘以 8 作为访问 IDT

的偏移。中断服务程序入口地址的形成过程如图 6.40 所示，图中示意了 IDTR 的格式。

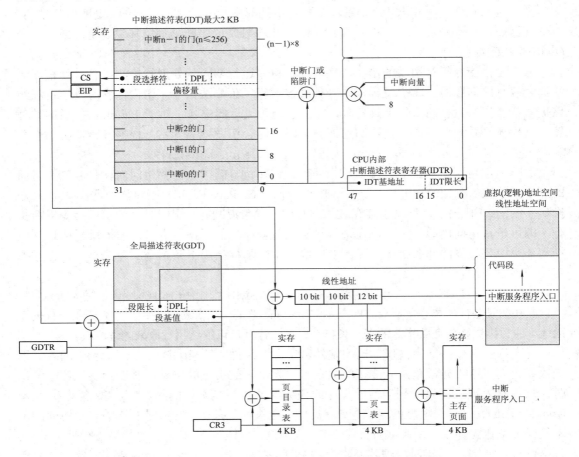

图 6.40　保护模式下中断服务程序入口地址的形成过程

IDTR 是一个 48 位的寄存器，其高 32 位存储的是 IDT 的线性基地址，低 16 位是 IDT 的限长(Limit)。例如，如果当前 IDT 内最多可以容纳 128 个中断描述符(支持 0～127 号中断)，可设定 Limit = 128 × 8 − 1，即 03FFH。如果 IDT 基地址为 00030000H，则 IDT 的结束地址为 00030000H + 03FFH = 000303FFH，表的大小为限长值加 1。

软件在当前特权级 CPL = 0 权限下使用 LIDT 指令来加载 IDTR 寄存器。汇编代码如下：

```
    DB   66H                          ; 66H 前缀，实模式下使用 32 位操作数
    LIDT   IDT_POINTER                ; 加载 IDTR 寄存器
      ⋮
    ; 定义 IDT  POINTER
IDT_POINTER：
    IDT_LIMIT  DW  IDT_END-IDT-1      ; IDT 限长
    IDT_BASE  DD  IDT                 ; IDT 基地址
```

LIDT 指令的操作数是内存操作数。上述代码中，符号地址"IDT"是 IDT 的首地址；符号地址"IDT_END"是紧跟在 IDT 之后的下一个数据的地址，即"IDT 末地址 + 1"。当

在实模式下执行上述代码时，如果 LIDT 指令不加 66H 前缀，则默认使用 16 位操作数，32 位的基地址只有低 24 位是有效的。

　　描述符可分为两大类：一类是一般的描述符，比如各种段描述符；另一类是控制转移的特殊描述符，通常称这类描述符为门。IDT 中的描述符属于后者，包括三种具体的类型：任务门、中断门和陷阱门。在保护模式下，处理器只有通过任务门、中断门或陷阱门才能转移到对应的中断或异常处理程序。任务门、中断门和陷阱门的描述符格式如图 6.41 所示。

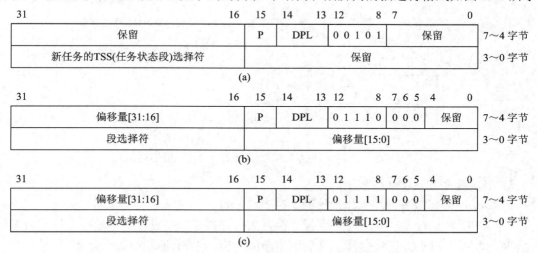

图 6.41　任务门、中断门和陷阱门的描述符格式

(a) 任务门；(b) 中断门；(c) 陷阱门

　　保护模式下，虚拟地址空间中存储单元的地址由段选择符和段内偏移共同决定。段选择符为 16 位，其中高 13 位是全局描述符表(GDT)或局部描述符表(LDT)的索引，指向该表的某一个段描述符；第 2 位用 TI 表示，TI = 0 表示该段选择符指向 GDT 中的段描述符，TI = 1 表示该段选择符指向 LDT 中的段描述符；第 1 和 0 位是 RPL 字段，表示该段选择符的请求特权级，可在 00、01、10 和 11 中选择。

　　中断门和陷阱门的描述符格式基本相同，区别仅在第二个双字的第 8 位，中断门为 0，陷阱门为 1。如图 6.41 所示的中断门、陷阱门描述符格式中，最低两个字节和最高两个字节定义了 32 位的段内偏移；第 2 和第 3 字节是段选择符，利用段选择符作为索引查全局描述符表(GDT)或局部描述符表(LDT)，即可得到中断服务程序所在段的起始地址。第二个双字的第 15 位 P 为段存在位，表示该段是否在内存中，要使该门描述符有效，P 位必须为 1；第 14 和 13 位为 DPL，即描述符特权级，可在 00、01、10 和 11 中选择，其中 00 是最高特权级；第 12～8 位表示门的类型，00101 是任务门，01110 是中断门，01111 是陷阱门，这些都是 32 位的门。

　　当 x64 处理器工作在 IA-32e 模式(64 位模式)时，中断描述符是 128 位(16 个字节)的，不存在任务门描述符，中断门和陷阱门的描述符格式如图 6.42 所示。其中，低 8 个字节大部分和 32 位模式下的中断描述符一样；高 8 个字节中，11～8 字节是 64 位段内偏移的高 32 位，15～12 字节不用(保留)。

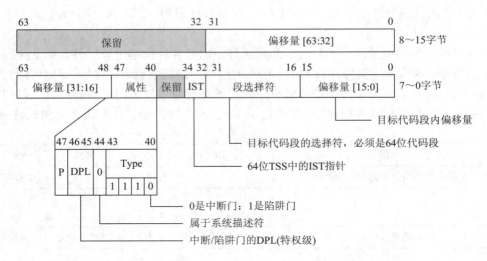

图 6.42　IA-32e 模式下中断门和陷阱门的描述符格式

3) 中断与异常的处理过程

图 6.40 是中断服务程序入口地址的定位查找示意图，具体过程如下：

(1) CPU 每执行完一条指令后，都会检查在执行该指令的过程中中断控制器是否有中断请求，如果有，则 CPU 从总线上读取该中断源对应的中断向量。对于 NMI、异常和软中断，中断向量由硬件或指令本身直接给出。

(2) 从中断描述符表寄存器(IDTR)得到中断描述符表(IDT)的基地址 IDRT.base；从"IDTR.base + 中断向量×8"处读取 8 字节宽的中断描述符；对中断描述符进行分析检查，具体包括 IDT 限长的检查(如果要访问的位置超出了 IDT 的界限，则产生常规保护异常(#GP))、中断描述符类型的检查和访问权限的检查。

如图 6.41 所示，中断门、陷阱门也有自己的描述符特权级 DPL，即门的 DPL。对于硬件中断和处理器检测到异常情况而引发的中断处理，不检查门的 DPL。但是，如果是用软中断指令 INT n 和单步中断指令 INT 3，以及 INTO 引发的中断和异常，当前特权级 CPL 必须高于或等于门的特权级 DPL，即在数值上，要求 CPL 不大于门描述符的 DPL，这是为了防止低特权级的软件通过软中断指令访问只为操作系统内核服务的例程。

(3) 若该中断描述符是中断门或陷阱门的描述符，则门描述符给出的是中断服务程序入口地址的段选择符(16 位)和段内偏移(32 位)。段选择符装入 CS 寄存器，段内偏移装入 EIP 寄存器。

(4) 使用 CS 中的段选择符从 GDT 或 LDT(取决于段选择符的 TI 位)中读取此选择符所对应的段描述符，当然这里也要对段描述符进行检查，具体包括 GDT 或 LDT 限长的检查、描述符类型的检查和访问权限的检查。

当目标代码段描述符的特权级(由中断门或陷阱门描述符中的段选择符，从 GDT 或 LDT 中得到)低于当前特权级 CPL 时，不允许将控制转移到中断或异常处理程序，违反此规定会引发常规保护异常(#GP)。

(5) 从段描述符中读取中断服务程序所在段的基地址 Interrupt_Handler.base，加上中断门或陷阱门描述符中的段内偏移 Interrupt_Handler.offset(此时已在 EIP 中)就得到了中断服务程序入口地址，即

中断服务程序入口地址 = Interrupt_Handler.base + Interrupt_Handler.offset

注意，此时得到的中断服务程序入口地址是线性地址(逻辑地址)，如果未打开分页机制，此地址即是内存物理地址；如果打开了分页机制，则送页部件查页表进行逻辑地址到内存物理地址的变换。

(6) 从中断服务程序入口地址取指令，开始执行中断服务程序。

如果中断处理程序的特权级高于被中断的程序，将进行堆栈切换：

① 根据中断处理程序的特权级别，从当前任务的 TSS(任务状态段)中取得新堆栈的段选择符和堆栈指针。

② 把旧栈的段选择符和堆栈指针(即 SS、ESP 原来的内容)压入新栈。

③ 把 EFLAGS、CS 和 EIP 当前的内容压入新栈。

④ 对于有错误代码的异常，把错误代码压入新栈。

如果中断处理程序的特权级与被中断程序的特权级相同，则不用切换堆栈，只需将当前任务的 EFLAGS、CS 和 EIP 寄存器当前的内容压入堆栈；对于有错误代码的异常，错误代码也随 EIP 之后压入当前堆栈中。

通过中断门进入中断处理程序时，EFLAGS 寄存器的内容压栈后，中断允许标志位 IF 被处理器自动清零，以禁止中断嵌套；当中断返回时，从堆栈中恢复 EFLAGS 寄存器的原始状态，IF 位也就恢复为 "1"。陷阱中断的优先级较低，当通过陷阱门进入中断处理程序时，EFLAGS 寄存器的 IF 位不变，允许其他中断优先处理。EFLAGS 寄存器的 IF 位仅影响硬件中断，对 NMI、异常和 INT n 形式的软中断不起作用。

无论是通过中断门还是陷阱门进入中断或异常处理程序，EFLAGS 寄存器的内容压栈后，单步标志位 TF 都会被处理器自动清零，以避免程序跟踪对中断响应带来的影响。当中断或异常处理程序返回时，TF 自动恢复。

从中断或异常处理程序返回必须用中断返回指令 IRET。处理器执行中断返回指令时，会从堆栈弹出先前保存的被中断程序的现场信息，即 EIP、CS、EFLAGS。如果存在特权级转换还会弹出 ESP 和 SS，这就意味着堆栈被切换回原先被中断程序的堆栈了。如果处理的是带有错误码的异常，CPU 在恢复先前程序的现场时，并不会弹出错误码，因此要求相关的中断服务程序在中断返回之前主动弹出错误码。

4) 中断任务

当中断或异常发生时，根据中断向量和 IDTR 的内容在 IDT 中取得的描述符是任务门，则不进行一般的中断响应、处理过程，而是发起任务切换。

当发生故障(Faults)类异常时，比如双重故障(#DF)，用中断返回指令 IRETD 返回被中断的任务继续正常执行已经是不可能的，在这种情况下，把双重故障的处理程序定义为任务，当双重故障发生时，执行任务切换，切换到操作系统内核，终止发生故障的任务并回收该任务占用的内存空间，重新调度其他任务。以一个独立的任务来处理中断和异常有如下好处：

(1) 被中断的程序或任务的完整工作环境被完整地保存在它的 TSS 中。

(2) 因为接管控制的是一个新的任务，所以可以使用一个全新的 0 特权级栈。如果处

理器因当前特权级堆栈崩溃而产生中断或异常,则由任务门提供具有 0 特权级的中断服务程序进行处理,可以防止系统崩溃。

(3) 由于是一个新任务,因此,它有一个独立的地址空间,使其能更好地与其他任务隔离。

和一般中断处理过程相比,利用中断发起任务切换要保存大量的机器状态,并进行一系列的特权级和内存访问检查工作,因此速度很慢。

当根据中断向量和 IDTR 的内容在 IDT 中取得的描述符是任务门时,则以任务门中的 TSS 段选择符作为索引,查找全局描述符表(GDT),找到 TSS 描述符,再根据 TSS 描述符中的段基址找到指定的任务状态段 TSS,实现任务切换。

2. 高级可编程中断控制器

Intel 从 Pentium 处理器开始引入高级可编程中断控制器(Advanced Programmable Interrupt Controller, APIC),之后的 IA-32 与 Intel 64 处理器构成的计算机系统中都包含 APIC。引入 APIC 是为了适应多处理器及多核系统。

1) APIC体系概述

如图 6.43 所示,APIC 系统主要由集成在处理器内部的本地 APIC(Local APIC)、集成在系统芯片组(南桥芯片,即 ICH 或 PCH)中的 I/O APIC 以及本地 APIC 与 I/O APIC 之间的连接构成。本地 APIC 是整个 APIC 体系的核心,位于处理器的内部;而 I/O APIC 是芯片组的一部分,在南桥芯片的 PCI-to-ISA bridge(或称 PCI-to-LPC bridge)的 LPC 控制器内。

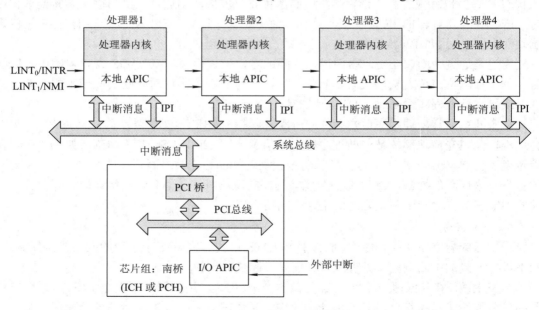

图 6.43　多处理器环境下 APIC 的结构图

APIC 是面向多处理器系统的中断控制器,它除对以前的中断系统功能进行了扩展之外,主要增加了处理器之间相互传送中断消息(Inter-Processor Interrupt message, IPI)的功能。处理器内部的本地 APIC 通过系统总线接收来自处理器间的中断消息(IPI)和来自 I/O APIC 以及外部设备的中断消息。

在 APIC 系统中，本地 APIC 可以接收以下中断源产生的中断请求：

(1) 直接连接到 $LINT_0$ 和 $LINT_1$ 引脚的中断源。集成有本地 APIC 的处理器有两个本地中断请求输入引脚 $LINT_0$ 和 $LINT_1$，它们可以直接接收外部 I/O 设备的中断请求，也可以连接 8259 兼容类的外部中断控制器。当通过软件的方式关闭本地 APIC 时，处理器的 $LINT_0$ 和 $LINT_1$ 引脚直接被作为 INTR 和 NMI 引脚使用。

(2) 通过 I/O APIC 接收中断。集成在芯片组中的 I/O APIC 通过其中断请求输入引脚接收来自外部 I/O 设备的中断请求(边沿或电平有效)，然后将其以中断消息的形式经过主桥、系统总线发送至一个或多个目标处理器内核的本地 APIC，做进一步处理。

(3) 处理器间中断(IPI)。通过写入本地 APIC 中的中断命令寄存器(Interrupt Command Register, ICR)相应的命令，系统总线上的逻辑处理器可以发送一个中断给自己或其他逻辑处理器，也可以发送中断到一组逻辑处理器。

(4) APIC 定时器产生的中断。本地 APIC 集成有 32 位的 APIC 可编程定时器(LVT(Local Vector Table，本地中断向量表)定时器)，当计数值减到 0 时，产生 APIC 定时器中断。

(5) 性能监视计数器中断(Performance Monitoring Interrupt, PMI)。当某性能监视计数器溢出时，发送中断到相关的处理器。

(6) 热敏中断。Pentium 4 之后的处理器有温度传感器，当达到某一温度条件时，传感器向相关处理器发送中断。

(7) APIC 内部错误中断。LVT 错误寄存器记录着本地 APIC 内部发生的错误，当检测到 LVT 错误时产生中断。

在支持超线程技术的处理器中，每个逻辑内核都有自己的本地 APIC，每个本地 APIC 都包含各自的一组寄存器，用来控制本地及外部中断的产生、发送和接收等，也产生和发送处理器间中断消息(IPI)。支持超线程技术的多处理器系统中本地 APIC 的结构如图 6.44 所示，每个处理器中的两个逻辑内核共享一套处理器内核执行单元，每个本地 APIC 都有自己的本地 APIC ID，这个 ID 决定了逻辑内核(逻辑处理器)在系统总线上的地址，可用于处理器间的消息接收和发送，也可用于外部中断消息的接收。

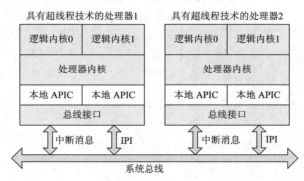

图 6.44 支持超线程技术的多处理器系统中本地 APIC 的结构

8259 及其兼容的中断控制器主要用于单处理器系统，已经不适用于多处理器环境。而 I/O APIC 是配合本地 APIC 为多处理器环境专门设计的，可以向逻辑处理器发送中断消息。I/O APIC 也有自己的寄存器，以内存映射形式映射到物理地址空间上。

随着半导体制造工艺及微处理器的发展，APIC 经历了以下版本：

(1) 在 P6 系列和 Pentium 处理器之前，以外部的 82489DX 芯片形式存在。

(2) 集成在芯片组及处理器内部。

① APIC：用于 P6 系列和 Pentium 处理器系统。处理器之间、本地 APIC 与 I/O APIC 之间的通信通过专用的 APIC 总线完成。APIC 总线共 3 根信号线：$APICD_0$、$APICD_1$ 为双向的数据线，数据采用先高位、后低位串行传输；APICCLK 为 33.33 MHz 时钟信号线。

② xAPIC：用于 Pentium 4、Intel Xeon 及后续的处理器系统。xAPIC 使用系统总线代替专用的 APIC 总线，在功能上做了进一步扩展和修改。

③ x2APIC：进一步扩展的版本，向下兼容 xAPIC。x2APIC 新增一组 MSR 寄存器来代替内存映射寄存器；处理器的 ID 地址扩展到 32 位。

在使用 APIC 之前，软件首先要检测处理器是否支持本地 APIC，汇编代码如下：

```
SUPPORT_APIC:
        MOV     AX, 1
        CPUID                   ; CPUID 指令的 1 号功能
        BT      EDX, 9          ; EDX[9]=1 表示支持本地 APIC
        SETC    AL
        MOVZX   EAX, AL
        RET
```

上述函数返回值为 1 时，对于 Pentium 4 以后的处理器，表示支持 xAPIC 版本。

2) 本地 APIC

本地 APIC 主要包括 APIC 寄存器组、控制将中断提交给处理器核心的硬件、生成 IPI 消息的相关硬件。

处理器通过读/写本地 APIC 中的寄存器来实现与本地 APIC 的交互。本地 APIC 寄存器见表 6.5。本地 APIC 寄存器采用内存映射形式映射到物理地址空间上，基地址 APIC_BASE 默认为 FEE00000H。表 6.5 列出了每个本地 APIC 寄存器的地址偏移量，比如：EOI 寄存器的偏移量为 B0H，则 EOI 寄存器的地址就是 APIC_BASE + B0H。

表 6.5　本地 APIC 寄存器

偏移量	寄 存 器 名 称	读/写
20H	本地 APIC ID 寄存器	读/写
30H	本地 APIC 版本寄存器	只读
80H	任务优先级寄存器(Task Priority Register, TPR)	读/写
90H	仲裁优先级寄存器(Arbitration Priority Register, APR)	只读
A0H	处理器优先级寄存器(Processor Priority Register, PPR)	只读
B0H	EOI 寄存器	只写
C0H	远程读寄存器(Remote Read Register, RRD)	只读
D0H	逻辑目标寄存器(Logical Destination Register, LDR)	读/写
E0H	目标格式寄存器(Destination Format Register, DFR)	读/写
F0H	伪中断向量寄存器(Spurious-interrupt Vector Register, SVR)	读/写
100H	在服务寄存器(In-Service Register) ISR[31:0]	只读

偏移量	寄 存 器 名 称	读/写
110H	在服务寄存器 ISR[63:32]	只读
120H	在服务寄存器 ISR[95:64]	只读
130H	在服务寄存器 ISR[127:96]	只读
140H	在服务寄存器 ISR[159:128]	只读
150H	在服务寄存器 ISR[191:160]	只读
160H	在服务寄存器 ISR[223:192]	只读
170H	在服务寄存器 ISR[255:224]	只读
180H	触发方式寄存器(Trigger Mode Register) TMR[31:0]	只读
190H	触发方式寄存器 TMR[63:32]	只读
1A0H	触发方式寄存器 TMR[95:64]	只读
1B0H	触发方式寄存器 TMR[127:96]	只读
1C0H	触发方式寄存器 TMR[159:128]	只读
1D0H	触发方式寄存器 TMR[191:160]	只读
1E0H	触发方式寄存器 TMR[223:192]	只读
1F0H	触发方式寄存器 TMR[255:224]	只读
200H	中断请求寄存器(Interrupt Request Register) IRR[31:0]	只读
210H	中断请求寄存器 IRR[63:32]	只读
220H	中断请求寄存器 IRR[95:64]	只读
230H	中断请求寄存器 IRR[127:96]	只读
240H	中断请求寄存器 IRR[159:128]	只读
250H	中断请求寄存器 IRR[191:160]	只读
260H	中断请求寄存器 IRR[223:192]	只读
270H	中断请求寄存器 IRR[255:224]	只读
280H	错误状态寄存器(Error Status Register, ESR)	只读
2F0H	LVT CMCI 寄存器	读/写
300H	中断命令寄存器(Interrupt Command Register) ICR[31:0]	读/写
310H	中断命令寄存器 ICR[63:32]	读/写
320H	LVT 定时器寄存器	读/写
330H	LVT 温度传感器寄存器	读/写
340H	LVT 性能监视计数器寄存器	读/写
350H	LVT LINT$_0$ 寄存器	读/写
360H	LVT LINT$_1$ 寄存器	读/写
370H	LVT 错误寄存器	读/写
380H	计数初值寄存器(用于 LVT 定时器)	读/写
390H	当前计数值寄存器(用于 LVT 定时器)	只读
3E0H	分频配置寄存器(用于 LVT 定时器)	读/写

本地 APIC 寄存器的基地址 APIC_BASE 也可以通过 IA32_APIC_BASE 寄存器修改。IA32_APIC_BASE 寄存器属于 MSR(Model-Specific Register)，其结构如图 6.45 所示。

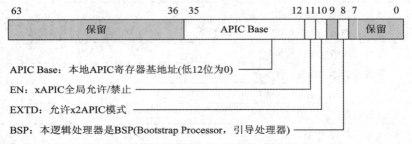

图 6.45　IA32_APIC_BASE 寄存器的结构

MSR 是 Intel x86/x64 处理器内部的一组 64 位寄存器，数量庞大。每个 MSR 都有一个地址编号。MSR 的读取使用 RDMSR 指令，写入使用 WRMSR 指令，由 ECX 寄存器提供需要访问的 MSR 地址编号。IA32_APIC_BASE 寄存器的 MSR 地址编号是 01BH。下述代码表示读 IA32_APIC_BASE 寄存器的内容到 EDX:EAX 寄存器：

```
MOV   ECX, 01BH
RDMSR
```

在多核、多处理器系统中，每个处理器或逻辑内核都有自己的本地 APIC，为避免各处理器的本地 APIC 寄存器地址重叠，可以通过修改 IA32_APIC_BASE 寄存器的第 35~12 位来设置 APIC_BASE 的高 24 位(低 12 位默认为 0)，从而可将本地 APIC 寄存器的起始地址重定位在 36 位内存物理地址空间的任何一个 4 KB 对齐的位置上。需要注意的是，必须以强不可缓存(Strong Uncacheable)的内存类型将本地 APIC 寄存器映射到物理地址空间，以保证读写操作的正确性。在映射时使用 PCD = 1(Page Cache Disable 标志位)、PWT = 1 (Page Write-Through 标志位)的页属性来指定本地 APIC 寄存器地址范围的内存类型。在分页机制下，APIC_BASE 是物理地址，而软件中使用的是逻辑地址(虚拟地址)，因此系统需要将某个区域的逻辑地址映射到 APIC_BASE 物理地址上。

如表 6.5 所示，本地 APIC 寄存器被默认映射在起始地址为 FEE00000H 的 4 KB 内存物理地址空间，所有寄存器地址都是 16 字节边界对齐。其中，32 位寄存器占用一个地址，64 位寄存器占用两个地址，256 位寄存器占用八个地址。

在本地 APIC 可以接收中断的中断源中，处理器的 LINT$_0$ 和 LINT$_1$ 引脚、APIC 定时器、性能监视计数器、温度传感器和 APIC 内部错误检测器称为 APIC 的本地中断源。每一个 APIC 本地中断都可以通过相应的 LVT 寄存器设置其中断向量和工作方式。

本地 APIC 内置一个 32 位可编程定时器，用于提供定时操作。计数初值可通过计数初值寄存器(偏移量为 380H)设置；分频配置寄存器(偏移量为 3E0H)的 bit$_3$、bit$_1$ 和 bit$_0$ 共有 8 种组合(000~111)，可设置定时器的时钟是系统时钟的 2 分频、4 分频、8 分频、16 分频、32 分频、64 分频、128 分频、1 分频。定时器的工作方式和中断向量可通过 LVT 定时器寄存器(偏移量为 320H)设置，可配置为一次定时或周期性定时方式，也可通过屏蔽标志位屏蔽定时器中断。当定时器工作在周期定时方式时，计数初值首先由计数初值寄存器复制到当前计数值寄存器，然后在每个时钟周期减 1，当计数值减为 0 时，产生定时器中断，同时再次将计数初值复制到当前计数值寄存器，重新开始计数。

对于本地 APIC 提交到处理器的中断，每一个中断向量号均隐含优先级，其中断优先级为中断向量号除以 16 后的整数部分，即：优先级 =⌊中断向量号/16⌋。在 APIC 系统中，本地 APIC 和 I/O APIC 支持的有效中断向量号为 16～255，而中断向量 0～31 是 Intel x86/x64 体系中预定义(或保留)的，因此用户自定义的中断向量在 32～255 之间，优先级范围仅为 2～15，其中 2 为最低优先级，15 为最高优先级。每 16 个中断向量属于同一优先级，同一优先级内中断向量大的优先级高。

本地 APIC 中有三个与中断接收逻辑有关的 256 位只读寄存器：中断请求寄存器(IRR)、在服务寄存器(ISR)、触发方式寄存器(TMR)。这三个寄存器中的每一位对应中断向量与该位编号相同的中断源，由于 APIC 中断向量 0～15 保留，因此这 3 个寄存器的 0～15 位也保留。中断请求寄存器(IRR)中置 1 的位表示对应中断源的中断请求已经被本地 APIC 接收，但尚未分派至处理器；在服务寄存器(ISR)中置 1 的位表示对应中断源的中断请求已传送至处理器，但尚未处理完毕。

当本地 APIC 接收到系统总线上发来的中断消息(包括 IPI 消息及 I/O APIC 发来的中断消息)时，其中断处理过程如下：

(1) 判断自己是否为中断消息请求的目标对象，若是则接收消息，若不是则废弃此消息。

(2) 当本地 APIC 接收到一个中断请求时，如果是 NMI、SMI、INIT、ExtINT 以及 SIPI(Start-up IPI，启动 IPI)的中断请求，则无须使用 IRR 和 ISR 的仲裁规则，直接发送至处理器内核进行处理；若确定中断请求是一般固定中断，则根据此中断请求的中断向量号，将中断请求寄存器(IRR)相应的位置 1。

(3) 当处理器核心准备处理下一个中断时，如果本地 APIC 的 IRR 中最高优先级的置 1 位对应的中断未被屏蔽，且中断向量高 4 位大于处理器优先级寄存器(PPR)的高 4 位，则 IRR 中的这一位清 0，并将 ISR 中相应的位置 1。

(4) 将 ISR 中优先级最高的置 1 位所对应的中断发送至处理器核心，进行中断服务。

(5) 当处理器完成一个中断的处理时，除 NMI、SMI、INIT、ExtINT 以及 SIPI 的中断请求之外，必须对中断结束寄存器(EOI)执行一个写操作，本地 APIC 即清除 ISR 中优先级最高的置 1 位，表示此中断处理完毕。发送 EOI 命令的方法如下：

　　　　MOV　DWORD PTR [APIC_BASE+0B0H], 0

其中，APIC_BASE 是本地 APIC 寄存器的逻辑基地址。如果打开了分页机制，且本地 APIC 寄存器采用默认基地址 FEE00000H，则应将 APIC_BASE 映射到内存物理地址 FEE00000H 处。

对于一个采用 APIC 的多处理器系统，任何一个逻辑处理器都可以通过其本地 APIC 向自己或其他逻辑处理器发送处理器间中断(IPI)。发送 IPI 可以实现如下功能：

(1) 把本处理器已经接收但尚未服务的中断转移至另一处理器，由另一处理器执行该中断的中断服务程序。

(2) 发送特殊 IPI 消息(比如启动 IPI)至其他处理器，实现引导处理器(Bootstrap Processor，BSP)对其他应用处理器(Application Processor，AP)的初始化。

逻辑处理器可以通过写中断命令寄存器(ICR)向一个或一组逻辑处理器发送 IPI 进行通信。中断命令寄存器的结构如图 6.46 所示，其中高 32 位地址偏移量是 310H，低 32 位地址偏移量是 300H。

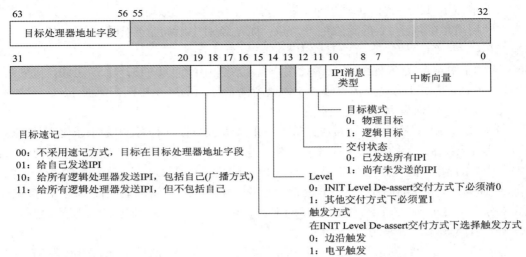

图 6.46　中断命令寄存器(ICR)的结构

ICR 各字段补充说明如下:

① 目标处理器地址字段:当目标速记字段为 00 时,用来规定目标处理器。如果目标模式是物理目标,则此字段应为目标处理器的 APIC ID;如果目标模式是逻辑目标,则此字段的解释取决于系统中所有逻辑处理器本地 APIC 中逻辑目标寄存器(LDR)和目标格式寄存器(DFR)的设置。

② IPI 消息类型:

a. 000(固定的):交付由中断向量字段规定的中断至目标处理器。

b. 001(最低优先级):将中断交付至目标处理器地址字段中列出的一系列处理器中以最低优先级运行的那个处理器,其他同固定方式。

c. 010(SMI):发送 SMI 中断至目标处理器地址字段列出的处理器,中断向量必须是 00H。

d. 011(保留)。

e. 100(NMI):发送 NMI 中断至目标处理器地址字段列出的处理器,中断向量字段被忽略。

f. 101(INIT):发送 INIT 中断请求至目标处理器地址字段列出的处理器,将引发所有目标处理器执行 INIT。中断向量字段必须是 00H。

g. 101(INIT Level De-assert):向系统中所有本地 APIC 发送一个同步消息,将它们的仲裁 ID 寄存器中的仲裁 ID 均置为各自的 APIC ID。要求 Level 标志必须清 0,触发方式必须置 1。

h. 110(Start-Up):发送特殊的 SIPI(Start-up IPI,启动 IPI)至目标处理器。中断向量通常应该指向初始化程序,该初始化程序属于 BIOS 中的引导代码。

i. 111(保留)。

③ 中断向量:正发送的中断的中断向量号。

当向 ICR 的低 32 位写入 IPI 命令字时,处理器就产生了 IPI 消息并发送到系统总线上。

```
MOV  DWORD PTR [APIC_BASE+300H], 000C4630H
```

这条指令向 ICR 的低 32 位写入 IPI 命令字 000C4630H,向所有处理器(不包括自己)发送 SIPI

消息，使除自己之外的其他处理器执行中断向量 30H 所指向的中断处理程序。

如果需要写完整的 64 位 ICR 命令字，则应先写高 32 位字(地址偏移量为 310H)，以确定目标处理器地址，然后再写低 32 位字(地址偏移量为 300H)。

```
MOV   DWORD PTR [APIC_BASE+310H], 02000000H      ;目标处理器 APIC ID=02
MOV   DWORD PTR [APIC_BASE+300H], 00004030H      ;中断向量为 30H
```

引导处理器(BSP)执行上述代码，使用物理目标模式、固定的 IPI 消息类型，向 APIC ID 为 02 的处理器发送一条 IPI 消息，让目标处理器执行中断向量为 30H 的中断处理程序。

当多处理器系统加电或复位后，每个处理器会同时执行处理器内部的 BIST(Built-In Self-Test)代码，硬件会为每个逻辑处理器赋予一个唯一的 APIC ID 值。这个 APIC ID 值被写入每个逻辑处理器对应的本地 APIC 的 APIC ID 寄存器内，作为每一个逻辑处理器的 ID 值。硬件会选择一个逻辑处理器作为 BSP(引导处理器)(BSP 的 APIC ID 值通常为 0)，其余处理器作为 AP(应用处理器)。接下来，BSP 从 FFFFFFF0H 地址处执行第一条指令，该指令属于 BIOS 代码。当 BSP 执行完 BIOS 代码完成初始化工作之后，应该通过系统总线广播 INIT、SIPI 消息序列(不包括 BSP 自己)，唤醒其他 AP。BSP 应提供相应初始化代码首地址给所有 AP，引导 AP 完成初始化工作。BSP 提供的初始化代码首地址必须在 4 K 的边界上，且处于 1 M 以内，因为处理器接收到 INIT 消息后工作在实模式下，初始化代码的开始部分必须以 16 位实模式方式设计。

如图 6.47 所示，在双核 4 线程处理器系统中，每个逻辑内核(逻辑处理器)都有其本地 APIC，处理器内核 0 中的逻辑内核 0 为 BSP(引导处理器，其 APIC ID 为 00H)。BSP 的本地 APIC 的 $LINT_0$ 引脚连接到芯片组中的 8259 兼容中断控制器的 INTR 接口；$LINT_1$ 引脚连接到芯片组的 NMI 接口。图 6.47 中除 BSP 之外的其他 3 个逻辑处理器的 $LINT_0$、$LINT_1$

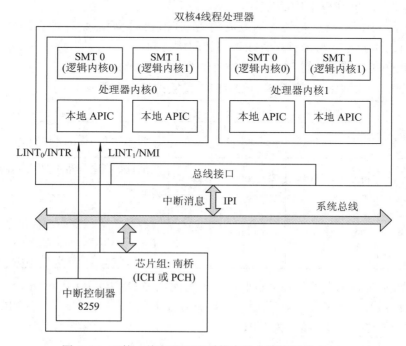

图 6.47　双核 4 线程处理器系统中的中断控制器 8259

引脚被忽略，它们接收不到来自外部 8259 中断控制器和 NMI 接口的中断请求，只能接收来自 I/O APIC 的中断消息。因此，8259 中断控制器不适合多处理器环境。在多处理器环境下管理外部中断源，推荐使用 I/O APIC。

3) I/O APIC

如图 6.43 所示，APIC 分为本地 APIC 和 I/O APIC 两部分。本地 APIC 位于处理器内部，I/O APIC 位于主板的芯片组中。I/O APIC 发送的中断消息从 PCI 桥通过系统总线到达指定处理器的本地 APIC。

I/O APIC 对中断的处理与 8259 兼容类中断控制器有很大不同，主要表现在以下几个方面：

(1) 两片 8259 级联，可以支持 15 个中断；每个 I/O APIC 支持多达 24 个中断。

(2) I/O APIC 中断传送协议中包含仲裁阶段，允许系统中有多个 I/O APIC 同时工作。

(3) 8259 的中断请求信号连接到处理器的 INTR 引脚(当开启本地 APIC 时，连接到本地 APIC 的 $LINT_0$ 引脚)，在 BSP 响应 8259 发来的中断请求时，需要两个中断应答($\overline{INTA}$)周期，在第二个中断应答周期处理器取得 8259 提供的中断向量；而 I/O APIC 通过写 I/O APIC 设备内存映射的寄存器，直接通过系统总线向目标处理器发送中断消息(中断向量已经包含在内)，无须处理器通过中断应答进行确认，中断响应速度更快，而且 I/O APIC 中断消息可以发送到指定的目标处理器(8259 的中断请求只能发送到 BSP)。

(4) 对于中断请求的仲裁，I/O APIC 使用本地 APIC 的中断请求寄存器(IRR)、在服务寄存器(ISR)、任务优先级寄存器(TPR)、处理器优先级寄存器(PPR)，受本地 APIC 的制约；8259 使用控制器内部的中断屏蔽寄存器(IMR)、中断请求寄存器(IRR)、在服务寄存器(ISR)仲裁。

(5) 8259 的中断优先级按 IRQ 次序进行排序，在初始状态下，中断优先级从高到低的顺序是 IRQ_0、IRQ_1、$IRQ_8 \sim IRQ_{15}$、$IRQ_3 \sim IRQ_7$；由于受到本地 APIC 的影响，I/O APIC 的中断优先级次序是按 IRQ 的中断向量大小来排序的，独立于 IRQ 号。

I/O APIC 的寄存器也是通过内存映射方式映射到处理器物理内存地址空间的。I/O APIC 寄存器的访问方式有两种：直接访问和间接访问。

I/O APIC 可以直接访问的寄存器有三个，如表 6.6 所示。

表 6.6 I/O APIC 直接访问寄存器

寄存器	地址	默认地址	宽度	说　　明
索引寄存器 (Index Register)	FEC××000H	FEC00000H	8 位	为间接访问提供 8 位的寄存器索引值
数据寄存器 (Data Register)	FEC××010H	FEC00010H	32 位	通过数据寄存器对索引寄存器指定的间接寄存器进行读/写
EOI 寄存器	FEC××040H	FEC00040H	32 位	在电平触发模式下，收到 EOI 消息后，本寄存器低 8 位即为 EOI 消息包含的中断向量，I/O APIC 据此将对应中断在重定向表寄存器中的远程中断返回位(Remote IRR)清零

表 6.6 地址中的"××"表示它们是未确定的，由 OIC(Other Interrupt Controller)来决定。OIC 寄存器的结构如图 6.48 所示。OIC 寄存器的第 7～0 位对应 I/O APIC 直接访问寄存器基地址中的"××"，默认为 00H。

图 6.48　OIC 寄存器的结构

OIC 寄存器的地址位于 RCBA(Root Complex Base Address)的 31FEH 偏移量上。通过以下代码可以获取 RCBA 地址：

```
        ; 得到 RCBA 地址，返回数据在 EAX 寄存器
    GET_RCBA  PROC
            PUSH    EDX
            MOV     DX, 0CF8H       ; CONFIG_ADDRESS 寄存器的接口地址 0CF8H
            MOV     EAX, 8000F8F0H  ; 要写入地址寄存器的数据，允许位为 1，Bus #0，
                                    ; Device #31，Fuction #0，寄存器 F0H
            OUT     DX, EAX         ; 写 CONFIG_ADDRESS 寄存器
            MOV     DX, 0CFCH       ; CONFIG_DATA 寄存器的接口地址 0CFCH
            IN      EAX, DX         ; 读 CONFIG_DATA 寄存器，即 PCI Bus #0，
                                    ; Device #31，Fuction #0，寄存器 F0H
            AND     EAX, 0FFFFC000H ; 只保留 bit$_{31}$～bit$_{14}$，bit$_{13}$～bit$_0$ 清零
            POP     EDX
            RET                     ; 返回的 RCBA 地址在 EAX 寄存器中
    GET_RCBA  ENDP
```

子程序 GET_RCBA 用来获得 RCBA 地址，RCBA 寄存器位于 PCI 总线 0 上的 Device #31 设备(LPC bridge)中。上述代码读取 PCI Bus #0、Device #31、Fuction #0、偏移量为 F0H 的寄存器，即 RCBA 寄存器，其中第 31～14 位是 RCBA 基地址。

将 OIC 寄存器的第 8 位置 1 可以开启 I/O APIC。打开 I/O APIC 的代码如下：

```
    ENABLE_IOAPIC PROC
            PUSH  EAX
            PUSH  EDX
            CALL  GET_RCBA          ; 获取 RCBA 地址，在 EAX 寄存器
            MOV   EDX, [EAX+31FEH]  ; 读 OIC 寄存器到 EDX 寄存器
            BTS   EDX, 8            ; EDX 寄存器第 8 位置 1
            AND   EDX, 0FFFFFF00H   ; 设置 I/O APIC 直接访问寄存器地址范围
            MOV   [EAX+31FEH], EDX  ; EDX 寄存器内容写回 OIC 寄存器
            POP   EDX
            POP   EAX
            RET
    ENABLE_IOAPIC ENDP
```

上述代码在打开 I/O APIC 后，将 I/O APIC 直接访问寄存器的地址范围设置为默认值，

微型计算机原理及接口技术(第四版)

即：索引寄存器的地址为 FEC00000H，数据寄存器的地址为 FEC00010H，EOI 寄存器的地址为 FEC00040H。

除了直接访问寄存器之外，I/O APIC 还有 3 组间接访问寄存器：I/O APIC ID 寄存器、I/O APIC 版本寄存器以及与 24 个中断源对应的 24 个重定向表寄存器。I/O APIC 间接访问寄存器如表 6.7 所示。

表 6.7 I/O APIC 间接访问寄存器

寄存器索引值	寄存器名称	宽度
00H	I/O APIC ID 寄存器	32 位
01H	I/O APIC 版本寄存器	32 位
02～0FH	保留	
10～11H	重定向表寄存器 0(对应 IRQ_0)	64 位
12～13H	重定向表寄存器 1(对应 IRQ_1)	64 位
⋮	⋮	⋮
3C～3DH	重定向表寄存器 22(对应 IRQ_{22})	64 位
3E～3FH	重定向表寄存器 23(对应 IRQ_{23})	64 位
40～FFH	保留	

重定向表寄存器是 64 位的，在 32 位环境下访问需要分高 32 位、低 32 位进行两次读或写操作。在 64 位代码下可以一次性访问 64 位寄存器。

读重定向表寄存器 0 的 32 位代码如下：

```
MOV   DWORD PTR [FEC00000H], 10H      ; 向索引寄存器写入低 32 位索引值
MOV   EAX, [FEC00010H]                ; 从数据寄存器读重定向表寄存器 0 的低 32 位
MOV   DWORD PTR [FEC00000H], 11H      ; 向索引寄存器写入高 32 位索引值
MOV   EDX, [FEC00010H]                ; 从数据寄存器读重定向表寄存器 0 的高 32 位
```

读重定向表寄存器 0 的 64 位代码如下：

```
MOV   DWORD PTR [FEC00000H], 10H      ; 向索引寄存器写入低 32 位索引值
MOV   RAX, [FEC00010H]                ; 读重定向表寄存器 0 的完整 64 位数据
```

注意，上述代码中给出的是逻辑地址(虚拟地址)，在虚拟存储管理时，采用了"虚拟地址 = 物理地址"的地址映射方式。

I/O APIC ID 寄存器的第 27～24 位(共 4 位)是 I/O APIC 的 ID 值。当系统中有多个 I/O APIC 时，必须通过写每个 I/O APIC 的 ID 寄存器给它们指定一个唯一的编号。代码如下：

```
MOV   DWORD PTR [FEC00000H], 00H        ; ID 寄存器的索引值为 00H
MOV   DWORD PTR [FEC00010H], 07000000H  ; 设置 I/O APIC ID 为 07H
```

通过重定向表寄存器可以设置对应中断的中断向量、IPI 消息类型、目标模式、交付状态、发送目标等信息，其功能类似于本地 APIC 的 LVT 寄存器和 ICR(中断命令寄存器)。当外部硬件通过某 IRQ 信号线向 I/O APIC 发送中断请求时，I/O APIC 从该 IRQ 信号对应的重定向表寄存器中读取中断信息，以中断消息的方式通过系统总线发送到目标处理器的本地 APIC。重定向表寄存器的结构如图 6.49 所示。

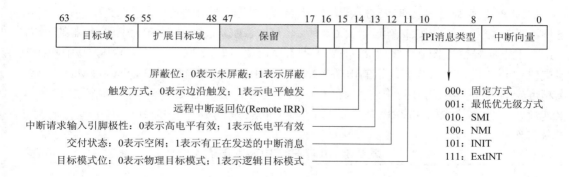

图 6.49　重定向表寄存器的结构

　　重定向表寄存器主要字段说明如下：

　　(1) $bit_7 \sim bit_0$：用于指定该 IRQ 引脚对应中断源的中断向量。中断向量 0~15 保留给处理器的内部异常，这一字段的取值范围是 16~255。另外，软件也应避免使用 16~31 范围内的中断向量，因为它们是保护模式下系统使用的异常处理的中断向量。在 IPI 消息类型为"固定方式"或"最低优先级方式"的情况下，需要提供相应的中断向量；如果 IPI 消息类型为 SMI、NMI 或 INIT，则这个字段必须为 00H。可见，每个 IRQ 都可以任意指定一个 16~255 范围内的中断向量，不需要像 8259 那样中断向量必须连续编号。

　　(2) $bit_{10} \sim bit_8$：IPI 消息类型。如果 I/O APIC 的 IRQ_0 连接着外部的 8259 兼容类中断控制器，由 8259 提供中断向量，则 IPI 消息类型应设置为"ExtINT"。

　　① 000：固定方式，传递信号到列出的所有目标处理器的 INTR 引脚上，触发方式可以是边沿或电平触发。

　　② 001：最低优先级方式，传递信号到列出的所有目标处理器中具有最低优先级处理器的 INTR 引脚上，触发方式可以是边沿或电平触发。

　　③ 010：SMI(系统管理中断)，必须为边沿触发，中断向量被忽略(必须为 00H)。

　　④ 100：NMI(不可屏蔽中断)，传递信号到列出的所有目标处理器的 NMI 引脚上，忽略中断向量字段。

　　⑤ 101：INIT(初始化)，使目标处理器执行 INIT 中断。

　　⑥ 111：ExtINT，传递信号到列出的所有目标处理器的 INTR 引脚上，作为外部的 8259 兼容类中断控制器的中断请求。处理器通过中断应答($\overline{INTA}$)周期从外部的 8259 获取中断向量。

　　011、110：保留。

　　(3) bit_{11}：目标模式位。为"0"表示物理目标模式，目标处理器本地 APIC 的 ID 放在本寄存器的 $bit_{59} \sim bit_{56}$；为"1"表示逻辑目标模式，本寄存器 $bit_{63} \sim bit_{56}$ 存放的 8 位数据必须和各处理器本地 APIC 中的逻辑目标寄存器(LDR)、目标格式寄存器(DFR)中的内容进行匹配，从而确定目标处理器。

　　(4) bit_{14}：远程中断返回位。该位用于电平触发的中断(对边沿触发的中断无意义)。当从某本地 APIC 接收到 EOI 消息时，该位清"0"；当 I/O APIC 发送的中断请求被某个(或某些)本地 APIC 接收时，该位置"1"。

I/O APIC 有 24 个重定向表寄存器,对应 24 条中断请求(IRQ)输入信号线 $IRQ_0 \sim IRQ_{23}$,各中断请求信号线连接的中断源如表 6.8 所示。其中,IRQ_0 连接到 8259 中断控制器的 INTR 输出,重定向表寄存器 0 中的"IPI 消息类型"字段应设置成"ExtINT",由 8259 中断控制器提供中断向量。在系统芯片组的南桥(ICH 或 PCH)中,HPET(High Precision Event Timer,高精度定时器)的定时器 0 可以连接到 I/O APIC 的 IRQ_2,而在 8259 中断控制器中 IRQ_2 用来连接从片。除了 IRQ_0 和 IRQ_2 之外,I/O APIC 和 8259 的 IRQ_1、$IRQ_3 \sim IRQ_{15}$ 连接的硬件设备与作用是相同的。

表 6.8 I/O APIC 中断映射表

IRQ	来自串行中断 SERIRQ	直接来自引脚	来自 PCI 消息	中 断 源	备注
0	N	N	N	连接 8259 主片中断请求	
1	Y	N	Y	键盘	同 8259
2	N	N	N	8254 计数器 0,HPET #0(传统模式)	
3	Y	N	Y	串口 A	
4	Y	N	Y	串口 B	
5	Y	N	Y	传统并行接口/通用	
6	Y	N	Y	软盘控制器	
7	Y	N	Y	传统并行接口/通用	
8	N	N	N	实时钟 RTC,HPET #1(传统模式)	
9	Y	N	Y	SCI、TCO(可选)/通用	同 8259
10	Y	N	Y	SCI、TCO(可选)/通用	
11	Y	N	Y	HPET#2,SCI、TCO(可选)/通用	
12	Y	N	Y	HPET#3,PS/2 鼠标	
13	N	N	N	FERR#(协处理器错误)	
14	Y	N	Y	主 SATA(传统模式)	
15	Y	N	Y	从 SATA(传统模式)	
16	PIRQA#	PIRQA#	Y	可以将 8 个 PCI 设备(位于 PCI Bus #0)的中断请求信号($\overline{INTA} \sim \overline{INTD}$)转发到 8 个引脚 PIRQA#~PIRQH#,通过各 PCI 设备的中断路由寄存器(Interrupt Route Register)进行设置	连接 8 个 PCI 设备
17	PIRQB#	PIRQB#			
18	PIRQC#	PIRQC#			
19	PIRQD#	PIRQD#			
20	N/A	PIRQE#	Y		
21	N/A	PIRQF#			
22	N/A	PIRQG#			
23	N/A	PIRQH#			

I/O APIC 比 8259 中断控制器多出了 8 条 IRQ 信号线(IRQ$_{16}$～IRQ$_{23}$)，可以与南桥上每个 PCI 设备的 4 个中断请求信号相连。

系统芯片组的南桥(ICH 或 PCH)中集成了两个 8259 可编程中断控制器，但两个 8259 的共 15 个中断请求引脚并没有引出来，而是采用串行中断技术，使用一根信号线 SERIRQ 发送中断请求。对于主处理器、南桥和所有支持串行中断的外设(包括和南桥相连的 Super I/O 芯片)，它们共同使用这个信号线传输与中断有关的信息。SERIRQ 信号与 PCI 时钟同步。

当系统中有多个 I/O APIC 时，每个 I/O APIC 都有各自的 I/O APIC ID，每个 I/O APIC 都可以通过各自的重定向表寄存器为它们管理的中断源设置不同的中断向量。

当 I/O APIC 的某条 IRQ 信号线上有中断请求时，I/O APIC 在该 IRQ 对应的重定向表寄存器中读取相应的信息，并将其以中断消息的形式通过系统总线发送到目标处理器的本地 APIC，该中断消息由目标处理器的本地 APIC 接收并处理，后续的中断处理流程与本地 APIC 的中断处理过程一致。

南桥(ICH 或 PCH)中的 8259 中断控制器与 I/O APIC 是同时存在的，为了避免冲突，如果开启了 I/O APIC，则应该屏蔽所有来自 8259 的中断请求。可以通过设置主控 8259 的中断屏蔽寄存器 OCW$_1$/IMR 来屏蔽所有的 8259 中断请求，代码如下：

```
    MOV   AL, 0FFH                              ; 所有屏蔽位置 1
    OUT   21H, AL                               ; 写主控 8259 的 OCW₁/IMR
```

也可以从 BSP 处理器的本地 APIC 中屏蔽 8259 中断请求，代码如下：

```
    BTS DWORD PTR [APIC_BASE+350H], 16          ; 将 LVT LINT₀ 寄存器第 16 位置 1
```

LVT LINT$_0$ 寄存器的第 16 位是屏蔽位，置 1 后，BSP 处理器的本地 APIC 将不响应来自 LINT$_0$ 引脚的中断请求(LINT$_0$ 连接到 8259 的 INTR)。上述代码必须由 BSP 处理器执行，因为 8259 只能向 BSP 发送中断请求。

3. 保护模式下中断方式实现示例

针对基于 x86/x64 的多核/多处理器计算机系统，其多处理器初始化流程如下：

(1) 系统加电时，硬件自动为每个逻辑处理器分配唯一的 APIC ID 编号。如果处理器支持并工作在 x2APIC 模式下，APIC ID 是 32 位的；否则，处理器工作在 xAPIC 模式下，APIC ID 是 8 位的。

(2) 根据 APIC ID，硬件为每个逻辑处理器分配唯一的仲裁优先级。

(3) 每个逻辑处理器同时执行各自内部的 BIST(Built-In Self-Test)代码，进行处理器内部硬件自检。

(4) 当系统总线上的 BNR#信号不再变化时，所有逻辑处理器试图向系统总线发送一个称为 NOP 的特殊总线周期，总线仲裁优先级最高的逻辑处理器会成功发送 NOP 特殊总线周期，因此成为引导处理器(BSP)，将 IA32_APIC_BASE 寄存器(见图 6.45，属于 MSR 寄存器)中的第 8 位(BSP 标志)置 1，然后从地址 FFFFFFF0H 处开始执行 BIOS 程序；其他没有成功发送 NOP 特殊总线周期的逻辑处理器成为应用处理器(AP)，将 IA32_APIC_BASE 寄存器的第 8 位清零，进入"等待 SIPI 状态"。

(5) 在执行 BIOS 启动代码的过程中，作为 BIOS 程序功能的一部分，BSP 在主存中建立相应的数据结构(比如 ACPI 表、逻辑处理器信息表等)，先将自己的 APIC ID 填入这些表格中对应的位置。

(6) 当执行到 BIOS 启动代码的最后，作为 BIOS 程序功能的一部分，BSP 将上述表格中的逻辑处理器个数置 1，然后通过系统总线向所有 AP 广播 INIT-SIPI-SIPI 中断消息序列，通过 SIPI 中断消息使 AP 去执行从地址 000VV000H 开始的代码(此代码是 BIOS 中有关 AP 初始化的代码，由 BSP 负责拷贝到主存地址 1M 以下的 4K 边界上)。其中 VV 是 SIPI 中断消息里中断向量码字段包含的内容。此时 AP 的中断机制还没有建立(尚未初始化)，VV 不能理解为中断向量码，而是 AP 初始化程序起始地址的一部分。

(7) 接收到 SIPI 中断消息后，每个 AP 在执行初始化代码时，先检查信号灯变量(0 代表开锁状态，1 代表锁定状态)。如果处于锁定状态则等待；当处于开锁状态时，先锁定，然后继续执行初始化代码，执行完毕后开锁，允许其他 AP 执行此初始化代码。通过这种锁机制，保证在任何一个时刻最多只能有一个 AP 执行初始化程序，访问主存中存储处理器信息的共享变量。在 AP 执行初始化程序时，将自己的 APIC ID 填入 ACPI 表、逻辑处理器信息表中对应的位置，并把逻辑处理器的个数加 1。在初始化代码的最后，AP 执行关中断指令 CLI 和停机指令 HLT，等待 BSP 再次发来 IPI 中断消息。

(8) 当所有 AP 执行完初始化程序后，BSP 得到了连接到系统总线上的所有逻辑处理器的个数，以及它们各自的 APIC ID。当 BSP 执行到 BIOS 代码的最后时，开始访问辅存并执行操作系统引导代码。

(9) 当 BSP 执行操作系统启动代码时，所有 AP 仍处于停机状态，等待 BSP 通过发 IPI 中断消息为其指定要执行的代码。

例 6.15 编写多核、多处理器初始化程序，通过本地 APIC 和处理器间中断 IPI 机制，枚举当前计算机系统中所有的逻辑处理器。

本例的程序中同时包含 16 位和 32 位代码，并且多处用到主存直接地址的远跳转指令，用微软宏汇编 MASM 编译器语法实现起来很烦琐。本例代码要在无操作系统环境下直接运行，要求编译器直接产生机器指令，不包含任何附加信息，因此采用 NASM(The Netwide Assembler)编译器语法实现。NASM 语法简洁，使用方便，为开源软件，更新速度快。本例的程序清单如下，竖线左侧为行号。

```
1       bits 16                  ; 此处代码要编译成 16 位机器指令
2       org 8000h                ; 假设本程序被装载到主存地址 0:8000h 开始的位置
3       cli                      ; 关中断(不响应来自外设、接口的中断)
4       in al, 70h
5       or al, 80h
6       out 70h, al              ; 禁用 NMI
7       in al, 92h
8       or al, 02h
9       out 92h, al              ; 使能 A20 地址线
10
11      mov ax, 0
12      mov ds, ax
13      mov es, ax
```

```
14              mov ss, ax
15
16              db 66h                      ; 66h 指令前缀，改变操作数的默认尺寸
17              lgdt [__gdt_pointer]        ; 加载 GDTR
18              db 66h                      ; 66h 指令前缀，改变操作数的默认尺寸
19              lidt [__idt_pointer]        ; 加载 IDTR
20
21              mov eax, cr0
22              bts eax, 0                  ; CR0.PE = 1(bts 指令：eax.bit0->CF; 1->eax.bit0)
23              mov cr0, eax                ; 进入保护模式(CR0.PE = 1)
24              jmp dword 18h:entry32       ; 段选择符 18h，GDT 行号 3，特权级 DPL=0，基地址 0
25          ; 使用远跳转指令刷新 CS 寄存器，更新指令流
26
27              bits 32                     ; 此处代码要编译成 32 位机器指令
28      entry32:
29              mov ax, 20h                 ; 段选择符 0x20，GDT 行号 4，特权级 DPL=0，基地址 0
30              mov ds, ax
31              mov es, ax
32              mov ss, ax
33              mov esp, 7ff0h                      ; 分配栈空间
34
35              mov eax, cr4
36              bts eax, 5                          ; CR4.PAE = 1
37              mov cr4, eax                        ; 打开物理地址扩展(PAE)页转换机制
38
39      ;定义常量
40      PDPT_BASE      equ 200000h                  ; 页目录指针表(PDPT)起始地址 200000h
41      PDT_BASE       equ PDPT_BASE + 1000h        ; 页目录表(PDT)起始地址 201000h
42      PT1_BASE       equ PDT_BASE + 1000h         ; 页表 1 起始地址 202000h
43      PT2_BASE       equ PDT_BASE + 2000h         ; 页表 2 起始地址 203000h
44      PT3_BASE       equ PDT_BASE + 3000h         ; 页表 3 起始地址 204000h
45
46              mov eax, PDT_BASE
47              or  eax, 1                          ; 有效位置 1
48              mov [PDPT_BASE + 0 * 8], eax
49              mov eax, 0
50              mov [PDPT_BASE + 0 * 8 + 4], eax    ; 设置 PDPTE[0]
51
52              mov [PDPT_BASE + 1 * 8], eax
53              mov [PDPT_BASE + 1 * 8 + 4], eax    ; 设置 PDPTE[1]无效
```

```
54        mov [PDPT_BASE + 2 * 8], eax
55        mov [PDPT_BASE + 2 * 8 + 4], eax          ; 设置 PDPTE[2]无效
56        mov [PDPT_BASE + 3 * 8], eax
57        mov [PDPT_BASE + 3 * 8 + 4], eax          ; 设置 PDPTE[3]无效
58
59        ; 设置 PDE[0]，将虚拟地址 0~1fffffh 映射到物理地址 0~1fffffh(2MB 页)
60        mov DWORD [PDT_BASE + 0 * 8], 10000111b       ; base=0, 2MB 页面，可写
61        mov DWORD [PDT_BASE + 0 * 8 + 4], 0           ; 可执行
62        ; 设置 PDE[2]，将虚拟地址 400000h 映射到物理地址 FEE00000h(此地址开始共 2 MB)
63        ; 用于访问本地 APIC 寄存器
64        mov eax, 0FEE00000h
65        or eax, 10011011b                           ; 可写，用户程序不可访问，不可缓存
66        mov [PDT_BASE + 2 * 8], eax
67        mov eax, 80000000h                          ; XD=1，非代码段，不可执行
68        mov [PDT_BASE + 2 * 8 + 4], eax
69        ;设置程序可能用到的其他页目录表项和页表项，初始化 4 KB 页面，略
70        mov eax, PDPT_BASE
71        mov cr3, eax                                ; 设置 PDPT 表地址
72        mov eax, cr0
73        bts eax, 31
74        mov cr0, eax                                ; 打开分页机制
75
76        mov ecx, 1Bh                  ; IA32_APIC_BASE 寄存器，对应的 MSR 寄存器地址为 1Bh
77        rdmsr
78        bts eax, 11
79        wrmsr                                       ; xAPIC 全局允许
80        bts DWORD [400000h + 0F0h], 8               ; 写 Local APIC 的 SVR 寄存器，开启 xAPIC
81
82        mov ecx, 1Bh
83        rdmsr
84        bt eax, 8                                   ; 把 eax 寄存器的第 8 位存储至 CF
85        jnc ap_processor                            ; 是引导处理器(BSP)还是应用处理器(AP)?
86
87  ;引导处理器(BSP)代码
88        ; 填写中断描述符表，设置 APIC 定时中断，用来显示逻辑处理器个数和 APIC ID
89        mov esi, 30h                                ; 中断向量码 30h
90        mov edi, apic_timer_routine                 ; 中断服务程序首地址
91        mov eax, [idt_base]                         ; IDT 起始地址至 eax
92        mov [eax + esi * 8 + 4], edi                ; 中断服务程序地址偏移量(高 16 位)
93        mov [eax + esi * 8], di                     ; 中断服务程序地址偏移量(低 16 位)
```

```
94          mov WORD [eax + esi * 8 + 2], 18h              ; 中断服务程序地址段选择符
95          mov WORD [eax + esi * 8 + 4], 8e00h           ; 描述符特权级 DPL=0，类型为中断门
96
97          ;写 LVT 计数器寄存器
98          mov DWORD [400000h + 320h], 30h               ; 一次性计数模式，中断向量码 30h
99          mov DWORD [400000h + 0x3E0], 9                ; 写 LVT 分频配置寄存器，64 分频
100
101         ;复制 AP_startup 开始处的代码至主存地址 20000h 处
102         ;应用处理器(AP)将从主存地址 20000h 处开始执行代码
103         mov esi, AP_startup
104         mov edi, 20000h
105         mov ecx, AP_startup_end - AP_startup
106         rep movsb                 ;在 0~1fffffh 地址范围，虚拟地址与物理地址相同
107
108         inc DWORD [processor_index]                   ; 逻辑处理器索引值加 1
109         inc DWORD [processor_count]                   ; 逻辑处理器数量加 1
110         mov ecx, [processor_index]                    ; 取逻辑处理器索引值
111         mov edx, [400000h + 20h]                      ; 读取本逻辑处理器的 APIC ID 值
112         mov [apic_id + ecx * 4], edx                  ; 保存 APIC ID
113         ; 根据变量 processor_index 的内容初始化 esp，为此逻辑处理器分配栈空间，略
114         mov DWORD [semaphore], 0                      ; 开放 lock 信号
115
116         ;Local APIC 的 ICR 寄存器(低 32 位)，其地址偏移量为 300h
117         mov DWORD [400000h + 300h], 000c4500h         ; 给其他逻辑处理器发送 INIT IPI
118         call Delay_10ms                               ; 延时 10 ms
119         ; 给其他逻辑处理器(AP)发送 Start-up IPI，使其执行从地址 20000h 开始的代码
120         mov DWORD [400000h + 300h], 000C4620H
121         call Delay_200us                              ; 延时 200 µs
122         mov DWORD [400000h + 300h], 000C4620H         ; 再次发送 Start-up IPI
123
124         ; 写入计数初值(TIMER_ICR 寄存器)，开启 APIC 定时器
125         mov DWORD [400000h + 380h], 6000000h
126         hlt             ; 等待 APIC 定时中断，在中断服务程序中显示收集到的逻辑处理器信息
127         jmp $
128
129 ; 应用处理器(AP)代码
130 ap_processor:
131         inc DWORD [processor_index]                   ; 逻辑处理器索引值加 1
132         inc DWORD [processor_count]                   ; 逻辑处理器数量加 1
133         mov ecx, [processor_index]                    ; 取逻辑处理器索引值
```

```
134        mov edx, [400000h + 20h]                    ; 读取本逻辑处理器的 APIC ID 值
135        mov [apic_id + ecx * 4], edx                ; 保存 APIC ID
136        ; 根据变量 processor_index 的内容初始化 esp，为此逻辑处理器分配栈空间，略
137        lock btr DWORD [semaphore], 0               ; 释放 lock 信号
138        hlt                                         ; 等待 BSP 发送的下一个 IPI
139        jmp $
140
141 ; 应用处理器(AP)最开始执行的代码，被复制到主存地址 20000h 处
142        bits 16                                     ; 此处代码要编译成 16 位机器指令
143 AP_startup:
144        mov ax, 0
145        mov ds, ax
146        mov es, ax
147        mov ss, ax
148 test_ap_lock:                   ; 测试 lock 信号，只允许 1 个逻辑处理器执行后续的代码
149        ; 读变量 semaphore 的第 0 位至 CF，然后写 1 至该变量的第 0 位，此过程封锁总线
150        lock bts DWORD [semaphore], 0
151        jc get_ap_lock
152        jmp WORD 0:8000h                            ; 跳转到本代码第 3 行的位置
153 get_ap_lock:
154        jmp test_ap_lock
155 AP_startup_end:
156
157 ; APIC 定时器的中断服务程序，中断向量码为 30h
158        bits 32                                     ; 此处代码要编译成 32 位机器指令
159 apic_timer_routine:
160        ; 根据变量 processor_count 的内容，显示逻辑处理器的个数，略
161        ; 根据数组 apic_id 的内容，显示各逻辑处理器的 APIC ID，略
162        mov DWORD [400000h + 0B0h], 0               ; 发 EOI 命令，将本地 APIC ISR 对应的位清零
163        iret                                        ; 中断返回
164
165 ; 定义数据，全局描述符表(GDT)
166 __global_descriptor_table:
167 null_desc            dq 0                           ; 空描述符，无效(不被使用)的段选择符
168 code16_desc          dq 00009a000000ffffh          ; base=0，limit=64KB，DPL=0，Code 类型
169 data16_desc          dq 000092000000ffffh          ; base=0，limit=64KB，DPL=0，Data 类型
170 kernel_code32_desc dq 00cf9a000000ffffh            ; base=0，limit=4GB，DPL=0，Code 类型
171 kernel_data32_desc dq 00cf92000000ffffh            ; base=0，limit=4GB，DPL=0，Data 类型
172 user_code32_desc     dq 00cff8000000ffffh          ; base=0，limit=4GB，DPL=3，Code 类型
173 user_data32_desc     dq 00cff2000000ffffh          ; base=0，limit=4GB，DPL=3，Data 类型
```

```
174   __global_descriptor_table_end:
175
176   ; 定义数据，中断描述符表(IDT)
177   __interrupt_descriptor_table:
178               times 256 dq 0                    ;保留 256 个表项的位置
179   __interrupt_descriptor_table_end:
180
181   ; 定义数据，GDT 指针
182   __gdt_pointer:
183   gdt_limit   dw (__global_descriptor_table_end - __global_descriptor_table) - 1
184   gdt_base    dd __global_descriptor_table
185
186   ; 定义数据，IDT 指针
187   __idt_pointer:
188   idt_limit dw (__interrupt_descriptor_table_end - __interrupt_descriptor_table) - 1
189   idt_base    dd __interrupt_descriptor_table
190
191   ; 定义数据
192   semaphore              dd   0
193   processor_index        dd   -1
194   processor_count        dd   0
195   apic_id                dd   0, 0, 0, 0, 0, 0, 0, 0
```

本程序被装载到主存实模式地址 08000H 处，向大地址方向执行；实模式下栈的起始地址为 07FF0H，向小地址方向增长。

例 6.15 的程序结构框图如图 6.50 所示。本程序最先由 BSP 执行。BSP 执行图中左侧主流程的代码，走主流程右侧的分支。所有 AP 被唤醒后，先执行右侧副流程的代码；当某个 AP 通过锁机制赢得仲裁后，跳转到图中左侧主流程的代码开始执行，走主流程左侧的分支，最终完成初始化并处于停机状态，等待再次被唤醒。当所有 AP 都执行完初始化程序后，由 BSP 通过执行 APIC 定时中断的中断服务程序收集共享数据区中的处理器信息，这些信息包括逻辑处理器的个数、BSP 自己的和所有 AP 的 APIC ID。可以将这些信息显示到屏幕上(用于程序的调试)。获得所有逻辑处理器 APIC ID 的目的是，BSP 可以通过发送包含 APIC ID 的 IPI(Inter Processor Interrupt)消息寻址某一个特定的 AP，为其指定要执行的代码。

系统加电复位后，BSP 处于实模式状态；而 AP 接收到 INIT IPI 中断消息后，也处于实模式状态。所以，无论是 BSP 还是 AP，最开始只能执行 16 位的代码。

本例在 32 位保护模式下采用平坦(flat)内存模型，即所有段的起始地址都从线性地址 0 开始，最大线性地址(逻辑地址、虚拟地址)空间为 4 GB。本例所有逻辑处理器(BSP 和 AP)共享主存中的全局描述符表(段表)、页表、中断描述符表、信号灯变量以及和处理器信息有关的数据(如处理器的个数、各处理器的 APIC ID 等)。

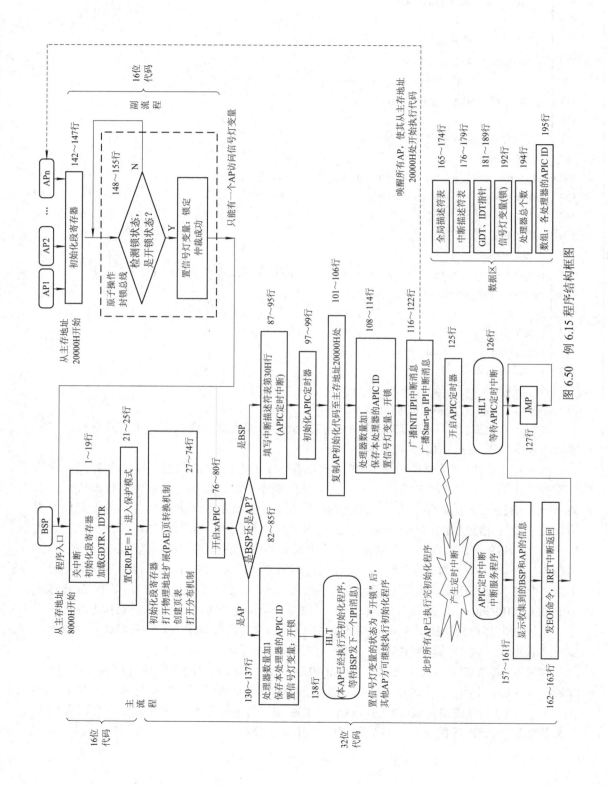

图 6.50 例 6.15 程序结构框图

为了在 32 位保护模式下支持大于 4 GB 的主存物理地址空间，x86 处理器引入了物理地址扩展(PAE)页转换机制，可以通过此机制将 32 位线性地址转换为最多 52 位的主存物理地址，理论上支持最大 4 PB 的主存。虽然在平坦内存模型下，IA-32 体系结构中每个进程最大只能使用 4 GB 的逻辑地址空间，但 PAE 机制可以让不同的进程(各自有独立的地址空间)累计使用大于 4G 的内存。支持更大的主存物理地址空间可以使计算机同时运行更多的进程，降低主存与辅存之间的页面交换频度，提升系统性能。本例使用了 PAE 页转换机制。

PAE 页转换机制下的页表结构如图 6.51 所示。

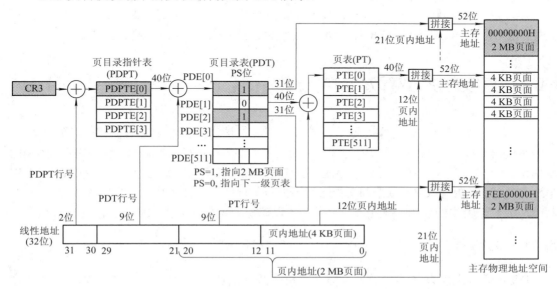

图 6.51　PAE 页转换机制下的页表结构

在 PAE 页转换机制下，每个页目录表或页表仍然占用 4 KB 的主存空间，但每个表项占用 8 个字节(64 位)，所以每个页目录表或页表包含最多 512 个表项，其索引(行号)是 9 位二进制数。在此机制下，采用三级页表，如图 6.51 所示。第一级页表(页目录指针表)只有 4 个表项(4 行)，为了加快虚拟地址变换的速度，较新的 x86 处理器内部新增了 4 个专用寄存器(程序员不可见)，用来缓存页目录指针表的 4 个表项，这样在 TLB 未命中的情况下只需查两级页表，与传统的 IA-32 分页机制类似。

本程序只创建了 PDPTE[0]、PDE[0]、PDE[2]共三个有效的页表项，对应图 6.51 中灰色背景的页表项。其中，PDE[0]负责将 0～1FFFFFH 范围的逻辑地址(即虚拟地址、线性地址)映射到主存物理地址 0～1FFFFFH 范围的 2 MB 页面上，这里面包含了本程序的所有代码和数据，逻辑地址和主存物理地址相同；PDE[2]负责将从 400000H 开始的 2M 逻辑地址映射到主存物理地址从 FEE00000H 开始的 2 MB 页面上，因此默认的本地 APIC 寄存器基地址为逻辑地址 400000H(对应主存物理地址 FEE00000H)。将逻辑地址 400000H 写成二进制数，高两位是 00B，对应 PDPTE[0]；第 29 位～21 位是 000000010，对应 PDE[2]；低 21 位的页内地址为 0。在创建页表项 PDE[2]时，其属性一定要设置为强不可缓存，因为此地址对应本地 APIC 内部的寄存器，而不是真正的主存。

程序中省略了可能用到的其他页目录表项和页表项的创建，也没有创建和 4 KB 页面有关的页表项。比如，页表本身存储在主存物理地址 2MB 以上的位置，如果只创建了 PDPTE[0]、PDE[0]和 PDE[2]这几个有效的页表项，那么程序就无法访问和修改页表了。在实际应用中，有关这部分代码不能省略。

　　本地 APIC 包含了一个 32 位的定时器(计数器)，本例把定时器设置为 64 分频、一次性计数模式(计数值减为 0 时自动产生中断)，中断向量码设置为 30H。

　　在中断服务程序的末尾，要通过向本地 APIC 的 EOI 寄存器写入任意数给本地 APIC 发 EOI 命令。接收到 EOI 命令后，本地 APIC 把 ISR 寄存器中是 1 的位里面优先级最高的位清零，表示目前优先级最高的中断服务程序已经执行完。如果此中断源是电平触发(来自微处理器的外部)，则本地 APIC 还会通过系统总线给所有 I/O APIC 发 EOI 消息。

6.4　直接存储器存取(DMA)方式

　　中断方式尽管可以较为实时地响应外部中断源的请求，但由于它需要额外开销的时间(用于中断响应、断点保护与恢复等)以及中断处理的服务时间(其中可能含有一些必需的辅助操作)，因此中断的响应频率受到了限制。当高速外设与计算机系统进行信息交换时，若采用中断方式，将会出现 CPU 频繁响应中断而不能有效地完成主要工作或者根本来不及响应中断而造成数据丢失的现象。采用 DMA 方式可以确保外设与计算机系统进行高速信息交换。

6.4.1　DMA 概述

　　DMA 方式之所以能够实现外设与计算机系统的高速信息交换，关键在于该方式的实现采用了专用控制器(称之为 DMA 控制器)而 CPU 不参与控制，这使得 DMA 方式与其他 I/O 方式有了显著的区别：DMA 方式不是在程序控制下进行的，而是以纯硬件控制的方式进行的。这样大大地提高了 DMA 方式的响应速度，只要 DMA 控制器(DMAC)的速度和内存的速度足够高，就可以实现高速外设与计算机系统的高速信息交换。

　　DMA 方式的实现过程如图 6.52 所示。该过程描述如下：

　　(1) 外设向 DMAC 发出 DMA 请求 DREQ。

　　(2) DMAC 将此请求传递到 CPU 的总线保持端 HOLD，向 CPU 提出 DMA 请求。

　　(3) CPU 在完成当前总线周期后检测 HOLD，在非总线封锁条件下，对 DMA 请求作出响应：一是 CPU 将地址总线、数据总线、控制总线置高阻，放弃对总线的控制权；二是 CPU 送出有效的总线响应信号 HLDA 并加载至 DMAC，告之可以使用总线。

　　(4) DMAC 接收到有效的总线响应信号后，向外设送出 DMA 应答信号 DACK，通知外设作好数据传送准备，同时占用总线，开始对总线实施控制。

　　(5) DMAC 送出内存地址和对内存与外设的控制信号，控制外设与内存或内存与内存之间的数据传送。

　　(6) DMAC 通过计数控制将预定的数据传送完后，向 CPU 发出无效的 HOLD 信号，撤销对 CPU 的 DMA 请求。

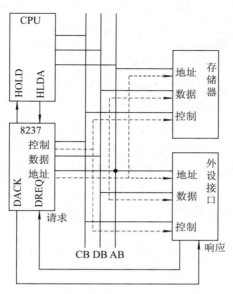

图 6.52 DMA 方式工作示意图

(7) CPU 收到此信号后，送出无效的 HLDA 并重新开始控制总线，实现正常的总线控制操作。

需要说明的是，DMA 方式下的数据通路与程控或中断方式下的数据通路是不相同的，见图 6.53，这也从另一方面说明了 DMA 快速的原因。

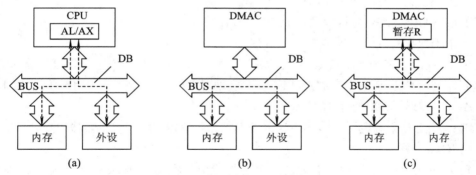

图 6.53 不同 I/O 方式下的数据通路

(a) 程控或中断方式下的数据传送通路；　(b) DMA 方式下内存与外设间的数据传送通路；

(c) DMA 方式下内存与内存间的数据传送通路

6.4.2 DMA 控制器 8237

实现 DMA 方式的核心是 DMAC，它应该在 DMA 方式下起到 CPU 的作用。在 8086/88 系统中，DMAC 选用的是可编程器件 8237。

DMAC 芯片 8237 是一种高性能的可编程 DMA 控制器。它含有 4 个独立的 DMA 通道，可以用来实现内存到接口、接口到内存及内存到内存之间的高速数据传输，其最高数据传输速率可达 1.6 MB/s。它可以在多种工作方式下工作，采用级联方式时可将 DMA

通道扩充至 16 个。

1. 8237 的引脚及功能

DMAC 8237 的外部引脚如图 6.54 所示。

$A_0 \sim A_3$：双向地址线，具有三态输出。它可以作为输入地址信号，用来选择 8237 的内部寄存器。当 8237 作为主控芯片控制总线进行 DMA 传送时，$A_0 \sim A_3$ 作为输出信号成为地址线的最低 4 位。

$A_4 \sim A_7$：三态输出线。在 DMA 传送过程中，由这 4 条引出线送出 $A_4 \sim A_7$ 四位地址信号。

$DB_0 \sim DB_7$：双向三态数据总线。它们与系统的数据总线相连接。在 CPU 控制系统总线时，可以通过 $DB_0 \sim DB_7$ 对 8237 编程或读出 8237 内部寄存器的内容。

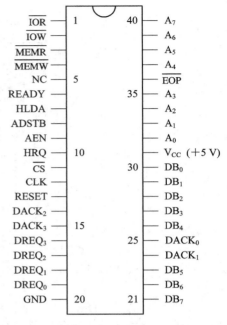

图 6.54　DMAC 8237 引脚图

在 DMA 操作期间，由 $DB_0 \sim DB_7$ 送出高位地址 $A_8 \sim A_{15}$，并利用 ADSTB 信号锁存该地址信号。在进行由存储器到存储器的 DMA 传送时，除送出 $A_8 \sim A_{15}$ 地址信号外，$DB_0 \sim DB_7$ 还在 DMA 的存储器读周期里将指定存储单元中的数据读出，并由这些引线送到 8237 的暂存寄存器中。等到存储器写 DMA 周期时，$DB_0 \sim DB_7$ 再将数据由 8237 的暂存寄存器送到系统数据总线上，写入规定的存储单元。

$\overline{IOW}$：双向三态低电平有效的 I/O 写控制信号。当 DMAC 空闲，即 CPU 掌握系统总线的控制权时，CPU 利用此信号(及其他信号)实现对 8237 的写入。在 DMA 传送期间，8237 输出 $\overline{IOW}$ 作为对外设数据输出的控制信号。

$\overline{IOR}$：双向三态低电平有效的 I/O 读控制信号。$\overline{IOR}$ 除用来控制数据的读出外，其双重作用与 $\overline{IOW}$ 一样。

$\overline{MEMW}$：三态输出低电平有效的存储器写控制信号。在 DMA 传送期间，由该端送出有效信号，控制存储器的写操作。

$\overline{MEMR}$：三态输出低电平有效的存储器读控制信号。其含义与 $\overline{MEMW}$ 类似。

ADSTB：地址选通信号，高电平有效的输出信号。在 DMA 传送期间，由该信号锁存 $DB_0 \sim DB_7$ 送出的高位地址 $A_8 \sim A_{15}$。

AEN：地址允许信号，高电平有效的输出信号。在 DMA 传送期间，利用该信号将 DMAC 的地址送到系统地址总线上，同时禁止其他总线控制器使用系统总线。

$\overline{CS}$：片选信号，低电平有效的输入信号。在非 DMA 传送时，CPU 利用该信号对 8237 寻址。通常将其与接口地址译码器连接。

RESET：复位信号，高电平有效的输入信号。复位有效时，将清除 8237 的命令、状态、请求、暂存寄存器及字节指针触发器，同时置位屏蔽寄存器。复位后，8237 处于空闲周期状态。

READY：准备好输入信号，当 DMAC 工作期间遇上慢速内存或 I/O 接口时，可由它们提供 READY 信号，使 DMAC 在传送过程中插入等待周期 S_W，以便适应慢速内存或外设。此信号与 CPU 上的准备好信号类似。

HRQ：保持请求信号，高电平有效的输出信号。它连接到 CPU 的 HOLD 端，用于请求对系统总线的控制权。

HLDA：保持响应信号，高电平有效的输入信号。当 CPU 对 DMAC 的 HRQ 作出响应时，就会产生一个有效的 HLDA 信号加到 DMAC 上，告诉 DMAC，CPU 已放弃对系统总线的控制权。这时，DMAC 即获得系统总线的控制权。

$DREQ_0 \sim DREQ_3$：DMA 请求(通道 0～3)信号。该信号是一个有效电平可由程序设定的输入信号。这 4 条线分别对应 4 个通道的外设请求。每一个通道在需要 DMA 传送时，可通过各自的 DREQ 端提出请求。8237 规定它们的优先级是可编程指定的。在固定优先级方案中，规定 $DREQ_0$ 的优先级最高，而 $DREQ_3$ 的优先级最低。当使用 DREQ 提出 DMA 传送请求时，DREQ 在 DMAC 产生有效的应答信号 DACK 之前必须保持有效。

$DACK_0 \sim DACK_3$：DMA 响应信号，分别对应通道 0～3。该信号是一个有效电平可编程的输出信号。此信号用来告诉外设，其 DMA 传送请求已被批准并开始实施。

CLK：时钟输入，用来控制 8237 的内部操作并决定 DMA 的传输速率。

$\overline{EOP}$：过程结束，低电平有效的双向信号。8237 允许用外部输入信号来终止正在执行的 DMA 传送。通过把外部输入的低电平信号加到 8237 的 $\overline{EOP}$ 端即可做到这一点。另外，当 8237 的任一通道传送结束，到达计数终点时，8237 会产生一个有效的 $\overline{EOP}$ 输出信号。一旦出现 $\overline{EOP}$ 信号，不管是来自内部还是外部的，都会终止当前的 DMA 传送，复位请求位，并根据编程规定(是否是自动预置)进行相应的操作(见后述)。在 $\overline{EOP}$ 端不用时，应通过数千欧的电阻接到高电平上，以免由它输入干扰信号。

2．8237 的工作时序

8237 内部有三种状态：空闲状态 S_I、请求状态 S_0 和传送状态 $S_1 \sim S_4$。随着 8237 在系统中主、从属性的改变，其内部状态的变换构成了 8237 的工作时序，如图 6.55 所示。S_I 为无 DMA 请求、无传送状态，此时 8237 呈现从属特性，它是系统中的 I/O 设备，CPU 可在该状态下对 8237 进行读/写操作，如对 8237 进行初始化编程。当有外设提出 DMA 请求，DMAC 对此响应并向 CPU 请求时，由 S_I 状态进入 S_0 状态。当 DMAC 收到 CPU 发出的总线响应信号 HLDA 后，进入传送状态。$S_1 \sim S_4$ 为 8237 作为总线主控器时的标准数据总线周期状态，像 CPU 一样，它也是由 4 个时钟周期组成的，在这 4 个时钟周期里，8237 提供相关的内存地址及对内存、外设操作的控制信号，控制 DMA 的数据传送。8237 能够根据 READY 信号的状态决定在 S_3 与 S_4 之间是否插入等待周期 S_W。S_1 状态只有在高 8 位地址 $A_{15} \sim A_8$ 更新时才执行。因此在数据块传送方式下，当采用正常时序时，大多数的总线周期包含 3 个状态，即 S_2、S_3 和 S_4；采用压缩时序时，总线周期简化为两个状态，即 S_2 和 S_4。

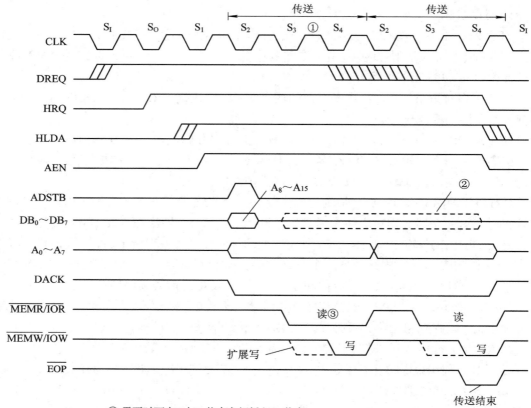

① 需要时可在S_3与S_4状态之间插入S_W状态；
② 只有在内存到内存的数据传送中，8237数据线上才有数据出现；
③ 压缩时序的读周期无S_3状态。

图 6.55　8237 的工作时序

3. 8237 的工作方式

8237 工作时有两种周期，即空闲周期和工作周期。

1) 空闲周期

当 8237 的 4 个通道均无请求时，即进入空闲周期，即 S_I 状态。在此周期中，CPU 可对其编程，设置工作状态。

在空闲周期里，8237 在每一个时钟周期采样 DREQ，看看有无 DMA 请求发生，同时也采样 $\overline{CS}$ 的状态，看看有无 CPU 对其内部寄存器寻址。

2) 工作周期

当处于空闲状态的 8237 的某一通道提出 DMA 请求时，它向 CPU 输出 HRQ 有效信号，在未收到 CPU 响应信号时，8237 仍处于编程状态，又称初始状态，这就是图 6.55 所示的 S_O 状态。经过若干个 S_O 状态后，CPU 送出 HLDA 作为响应信号。当 8237 收到 CPU 的 HLDA 信号后，则进入工作周期，即 $S_1 \sim S_4$ 状态。

8237 可以工作于下面 4 种工作方式之一：

(1) 单字节传送方式。在这种方式下，DMAC 仅传送一个字节的数据，传送后 8237 将地址加 1(或减 1)，并将要传送的字节数减 1。传送完这一个字节后，DMAC 放弃系统总线，将总线控制权交回 CPU。

在这种传送方式下，在每个字节传送时 DREQ 保持有效。传送完后，DREQ 变为无效，并使 HRQ 变为无效。这就可以保证每传送一个字节后，DMAC 都将总线控制权交还给 CPU，以便 CPU 执行一个总线周期。可见，CPU 和 DMAC 在这种情况下是轮流控制系统总线的。

(2) 数据块传送。在这种传送方式下，DMAC 一旦获得总线控制权，便开始连续传送数据。每传送一个字节，自动修改地址，并使要传送的字节数减 1，直到将所有规定的字节全部传送完或收到外部 $\overline{\text{EOP}}$ 信号时，DMAC 才结束传送，将总线控制权交给 CPU。在此方式下，外设的请求信号 DREQ 保持有效，直到收到 DACK 有效信号时才变为无效。在对 8237 编程后，当传送结束时可自动初始化。

数据块的最大长度可以达到 64 KB。在这种方式下进行 DMA 传送时，CPU 可能会很长时间不能获得总线的控制权。这在有些场合是不利的，例如，PC 就不能用这种方式，因为在块传送时，8088 不能占用总线，无法实现对 DRAM 的刷新。

(3) 请求传送。在这种方式下，只要 DREQ 有效，则 DMA 传送一直进行，直到连续传送到字节计数为 0 或外部提供的 $\overline{\text{EOP}}$ 或 DREQ 变为无效时为止。

(4) 级联方式。利用这种方式可以把多个 8237 连接在一起，以便扩充系统的 DMA 通道。下一层的 HRQ 接到上一层的某一通道的 DREQ 上，而上一层的响应信号 DACK 可接到下一层的 HLDA 上，其连接如图 6.56 所示。

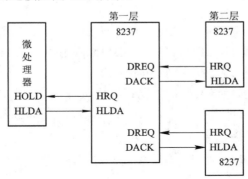

图 6.56　8237 级联结构图

在级联方式下，当第二层 8237 的请求得到响应时，第一层 8237 仅输出 HRQ 信号而不能输出地址及控制信号，第二层 8237 应当输出它的通道地址及控制信号，否则将发生竞争，因为第二层的 8237 才是真正的主控制器，而第一层的 8237 仅对第二层的 HRQ 作出响应 DACK，并向微处理器发出 HRQ 信号。

3) 传送类型

8237 主要完成 3 种不同的传送：存储器到 I/O 接口、I/O 接口到存储器、存储器到存储器。

(1) I/O 接口到存储器。当进行 I/O 接口到存储器的数据传送时，来自接口的数据利用 DMAC 送出 $\overline{\text{IOR}}$ 控制信号，将数据输送到系统数据总线 $D_0 \sim D_7$ 上。同时，DMAC 送出存

储器单元地址及 $\overline{\text{MEMW}}$ 控制信号，将存在于 $D_0 \sim D_7$ 上的数据写入所选中的存储单元中，这样就完成了由接口到存储器的一个字节的传送。同时，DMAC 内部地址进行修改(加 1 或减 1)，字节计数减 1。

(2) 存储器到 I/O 接口。与前一种情况类似，在进行这种传送时，DMAC 送出存储器地址及 $\overline{\text{MEMR}}$ 控制信号，将选中的存储单元的内容读出并放在数据总线 $D_0 \sim D_7$ 上。同时，DMAC 送出 $\overline{\text{IOW}}$ 控制信号，将数据写到规定的(预选中)接口中，而后 DMAC 内部寄存器自动修改。

(3) 存储器到存储器。利用 8237 编程命令寄存器，选择通道 0 和通道 1 这两个通道可实现由存储器到存储器的传送。在进行传送时，采用数据块传送方式。由通道 0 送出源存储器地址和 $\overline{\text{MEMR}}$ 控制信号，将选中的数据读到 8237 的暂存寄存器中，通道 0 修改(加 1 或减 1)地址，接着通道 1 送出目的地址，送出 $\overline{\text{MEMW}}$ 控制信号和暂存寄存器的数据，将数据写入目的地址，而后通道 1 修改地址和字节计数。当通道 1 的字节计数减到零或外部输入 EOP 信号时，传送结束。

4) 优先级

8237 有两种优先级方案可供编程选择：

(1) 固定优先级。规定各通道的优先级是固定的，即通道 0 的优先级最高，通道 3 的优先级最低。

(2) 循环优先级。规定刚被服务的通道的优先级最低，依次循环。这就可以保证 4 个通道都有机会被服务。若 3 个通道已被服务则剩下的通道一定是优先级最高的。

5) 传输速率

在一般情况下，8237 进行一次 DMA 传送需要 4 个时钟周期(不包括插入的等待周期 S_W)。例如，PC 的时钟周期约为 210 ns，则一次 DMA 传送需要 210 ns × 4 + 210 ns = 1050 ns。多加一个 210 ns 是考虑到人为插入一个 S_W 的缘故。

另外，8237 为了提高传输速率，可以在压缩定时状态下工作。在此状态下，每一个 DMA 总线周期仅用两个时钟周期就可实现，这大大提高了传输速率。

4．8237 的内部寄存器

8237 有 4 个独立的 DMA 通道，有许多内部寄存器。表 6.9 给出了这些寄存器的名称、长度和数量。

表 6.9　8237 的内部寄存器

名　称	长度	数量	名　称	长度	数量
基地址寄存器	16 位	4	状态寄存器	8 位	1
基字数寄存器	16 位	4	命令寄存器	8 位	1
当前地址寄存器	16 位	4	暂存寄存器	8 位	1
当前字数寄存器	16 位	4	方式寄存器	8 位	4
地址暂存寄存器	16 位	1	屏蔽寄存器	8 位	1
字数暂存寄存器	16 位	1	请求寄存器	8 位	1

表 6.9 中，凡数量为 4 个的寄存器，都是每个通道一个；凡只有一个的，则为各通道所共用。下面就对这些寄存器逐个加以说明。

(1) 基地址寄存器。该寄存器用以存放 16 位地址。在编程时，它与当前地址寄存器被同时写入某一内存起始地址。在 8237 工作过程中，其内容不变化。在自动预置时，其内容被写到当前地址寄存器中。

(2) 基字数寄存器。该寄存器用以存放该通道数据传送的个数。在编程时它与当前字数寄存器被同时写入要传送数据的个数。在 8237 工作过程中，其内容保持不变。在自动预置时，其内容被写到当前字数寄存器中。

(3) 当前地址寄存器。该寄存器存放 DMA 传送期间的地址值，每次传送后地址值自动加 1 或减 1。CPU 可以对其进行读/写操作。在选择自动预置时，每当字计数值减为 0 或外部产生 $\overline{EOP}$ 时，基地址寄存器的内容就会自动写入当前地址寄存器中，恢复其初始值。

(4) 当前字数寄存器。它存放当前的字节数。每传送一个字节，该寄存器的内容减 1。在自动预置下，当计数值减为 0 或外部产生 $\overline{EOP}$ 时，基字数寄存器的内容会自动写入该寄存器中，恢复其初始计数值。

(5) 地址暂存寄存器和字数暂存寄存器。这两个 16 位的寄存器和 CPU 不直接发生关系，对使用 8237 没有影响。

(6) 方式寄存器。每个通道都有一个方式寄存器，其内容用来指定通道的工作方式，其各位的作用如图 6.57 所示。

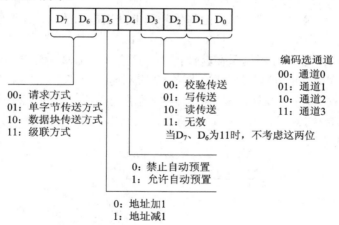

图 6.57　8237 的方式控制字

图 6.57 中，所谓自动预置，就是指当某一通道的 DMA 传送结束时，初始地址和传送的字节数从基本寄存器被自动装入当前寄存器中，而后重复前面的过程。

所谓校验传送，是指实际上并不进行传送，只产生地址并响应 $\overline{EOP}$，不产生读/写控制信号，用以校验 8237。

(7) 命令寄存器。8237 的命令寄存器存放编程命令字，命令字各位的功能如图 6.58 所示。

D_0 用以规定是否允许采用存储器到存储器的传送方式。若允许这样做，则利用通道 0 和通道 1 来实现。

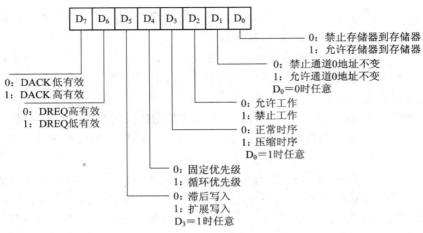

图 6.58　8237 的命令字

D_1 用以规定通道 0 的地址是否保持不变。如前所述，在存储器到存储器的传送中，源地址由通道 0 提供，读出数据到暂存寄存器后，由通道 1 送出目的地址，将数据写入。若命令字中 $D_1 = 1$，则在整个数据块传送中(块长由通道 1 决定)保持源存储器地址不变，因此，就会将同一个数据写入目的存储器块中。

D_2 是允许或禁止 8237 芯片工作的控制位。

D_3 位用于选择总线周期中写信号的定时。在压缩时序状态下，大部分传送只需要两个时钟周期。在 PC 中，动态存储器写是由写信号的上升沿启动的，若在 DMA 周期中写信号来得太早，则可能会产生错误，所以 PC 选择 $D_3 = 0$。

(8) 请求寄存器。该寄存器用于在软件控制下产生一个 DMA 请求，即将某通道的请求标志置 1，就如同外部 DREQ 请求一样。图 6.59 所示的请求字中，D_1D_0 不同的编码用来表示不同通道的 DMA 请求。在软件编程时，这些请求是不可屏蔽的。利用命令字可使 8237 按照命令字的 D_1D_0 所指的通道，完成 D_2 所规定的操作。这种软件请求只用于通道工作在数据块传送方式之下。

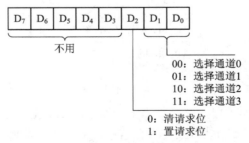

图 6.59　8237 的请求字

(9) 屏蔽寄存器。8237 的屏蔽字有两种形式：

① 单个通道屏蔽字。这种屏蔽字的格式如图 6.60 所示。利用这个屏蔽字，每次只能选择一个通道，即 D_1D_0 的编码指示所选的通道。当 $D_2 = 1$ 时表示置屏蔽位，禁止该通道接收 DREQ 请求；当 $D_2 = 0$ 时表示清屏蔽位，即允许 DREQ 请求。如果某通道设置为自动预置方式，则对应的屏蔽位必须为 0。

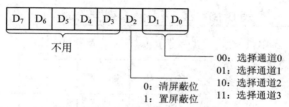

图 6.60 8237 单通道屏蔽字

② 4 通道屏蔽字。可以利用这个屏蔽字同时对 8237 的 4 个通道的屏蔽字进行操作。该屏蔽字的格式如图 6.61 所示。

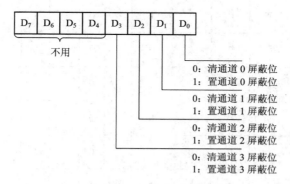

图 6.61 8237 的 4 通道屏蔽字

利用这个屏蔽字可同时对 4 个通道进行操作，故该屏蔽字又称为主屏蔽字。它与单通道屏蔽字占用不同的 I/O 接口地址，以此加以区分。

(10) 状态寄存器。状态寄存器用来存放各通道的状态，CPU 读出其内容后，可得知 8237 的工作状况。其低位信息用来指示哪个通道计数已达到计数终点——对应位为 1，高位信息用来指示哪个通道有 DMA 请求——对应位为 1。状态寄存器的格式如图 6.62 所示。

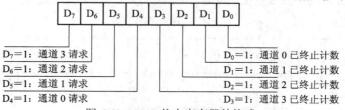

图 6.62 8237 状态寄存器的格式

(11) 暂存寄存器。这个 8 位寄存器用于存储器到存储器传送过程中对数据的暂时存放。

(12) 字节指针触发器。这是一个特殊的触发器，用于对前述各 16 位寄存器的寻址。对前述各 16 位寄存器的读或写必须分两次进行，先低字节后高字节。为此，要利用字节指针触发器，当此触发器状态为 0 时，进行低字节操作。一旦进行了低字节操作，字节指针触发器会自动置 1，再操作一次又会清零。利用这种状态，就可以进行多字节操作。所以，16 位寄存器仅占外设一个地址，即高、低字节共用，利用字节指针触发器的状态来区分是高字节传送还是低字节传送。

5. 8237 的寻址及连接

8237 的 4 个通道寄存器及其软件命令寄存器(公用)的寻址如表 6.10 和表 6.11 所示。

微型计算机原理及接口技术(第四版)

表 6.10 8237 各通道寄存器的寻址

通道	寄存器	操作	$\overline{CS}$	$\overline{IOR}$	$\overline{IOW}$	A_3	A_2	A_1	A_0	字节指针触发器	$D_0 \sim D_7$
0	基和当前地址	写	0	1	0	0	0	0	0	0 1	$A_0 \sim A_7$ $A_8 \sim A_{15}$
	当前地址	读	0	0	1	0	0	0	0	0 1	$A_0 \sim A_7$ $A_8 \sim A_{15}$
	基和当前字数	写	0	1	0	0	0	0	1	0 1	$W_0 \sim W_7$ $W_8 \sim W_{15}$
	当前字数	读	0	0	1	0	0	0	1	0 1	$W_0 \sim W_7$ $W_8 \sim W_{15}$
1	基和当前地址	写	0	1	0	0	0	1	0	0 1	$A_0 \sim A_7$ $A_8 \sim A_{15}$
	当前地址	读	0	0	1	0	0	1	0	0 1	$A_0 \sim A_7$ $A_8 \sim A_{15}$
	基和当前字数	写	0	1	0	0	0	1	1	0 1	$W_0 \sim W_7$ $W_8 \sim W_{15}$
	当前字数	读	0	0	1	0	0	1	1	0 1	$W_0 \sim W_7$ $W_8 \sim W_{15}$
2	基和当前地址	写	0	1	0	0	1	0	0	0 1	$A_0 \sim A_7$ $A_8 \sim A_{15}$
	当前地址	读	0	0	1	0	1	0	0	0 1	$A_0 \sim A_7$ $A_8 \sim A_{15}$
	基和当前字数	写	0	1	0	0	1	0	1	0 1	$W_0 \sim W_7$ $W_8 \sim W_{15}$
	当前字数	读	0	0	1	0	1	0	1	0 1	$W_0 \sim W_7$ $W_8 \sim W_{15}$
3	基和当前地址	写	0	1	0	0	1	1	0	0 1	$A_0 \sim A_7$ $A_8 \sim A_{15}$
	当前地址	读	0	0	1	0	1	1	0	0 1	$A_0 \sim A_7$ $A_8 \sim A_{15}$
	基和当前字数	写	0	1	0	0	1	1	1	0 1	$W_0 \sim W_7$ $W_8 \sim W_{15}$
	当前字数	读	0	0	1	0	1	1	1	0 1	$W_0 \sim W_7$ $W_8 \sim W_{15}$

表 6.11 软件命令寄存器的寻址

$\overline{CS}$	A_3	A_2	A_1	A_0	$\overline{IOR}$	$\overline{IOW}$	功　能
0	1	0	0	0	0	1	读状态寄存器
0	1	0	0	0	1	0	写命令寄存器
0	1	0	0	1	0	1	非法
0	1	0	0	1	1	0	写请求寄存器
0	1	0	1	0	0	1	非法
0	1	0	1	0	1	0	写单通道屏蔽寄存器

$\overline{CS}$	A_3	A_2	A_1	A_0	$\overline{IOR}$	$\overline{IOW}$	功　能
0	1	0	1	1	0	1	非法
0	1	0	1	1	1	0	写方式寄存器
0	1	1	0	0	0	1	非法
0	1	1	0	0	1	0	字节指针触发器清零
0	1	1	0	1	0	1	读暂存寄存器
0	1	1	0	1	1	0	总清
0	1	1	1	0	0	1	非法
0	1	1	1	0	1	0	清屏蔽寄存器
0	1	1	1	1	0	1	非法
0	1	1	1	1	1	0	写 4 通道屏蔽寄存器

　　从表 6.10 中可以看到，各通道的寄存器通过 $\overline{CS}$ 和地址线 $A_3 \sim A_0$ 规定不同的地址，是高字节还是低字节还要由字节指针触发器来决定。其中有的寄存器是可以读/写的，而有的寄存器是只写的。

　　从表 6.11 可以看出，利用 $\overline{CS}$ 和 $A_3 \sim A_0$ 规定寄存器的地址，再利用 $\overline{IOW}$ 或 $\overline{IOR}$ 对其进行写或读。要提醒读者注意的是，虽然每通道都有一个方式寄存器，但仅分配一个地址，还要由方式控制字的 D_1 和 D_0 来决定是哪一个通道。

　　请注意，8237 只能输出 $A_0 \sim A_{15}$ 这 16 条地址线，这对于一般由 8 位 CPU 构成的系统来说是比较方便的，因为大多数 8 位机的寻址范围就是 64 KB。

　　在 8086/88 系统中，系统的寻址范围是 1 MB，地址线有 20 条，即 $A_0 \sim A_{19}$。为了能够在 8086/88 系统中使用 8237 来实现 DMA，需要用硬件提供一组 4 位的页寄存器。通道 0、1、2 和 3 各有一个 4 位的页寄存器，在进行 DMA 传送之前，这些页寄存器可利用 I/O 地址来装入和读出。当进行 DMA 传送时，DMAC 将 $A_0 \sim A_{15}$ 放在系统总线上，同时页寄存器把 $A_{16} \sim A_{19}$ 也放在系统总线上，形成 $A_0 \sim A_{19}$，这 20 位地址信号可实现 DMA 传送。其地址产生框图如图 6.63 所示。

　　图 6.64 是 PC 中 8237 的连接原理图。利用 74LS138 译码器产生 8237 的 $\overline{CS}$，8237

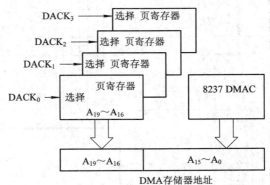

图 6.63　利用页寄存器产生存储器地址

的接口地址可确定为 000H～00FH(注：在 $\overline{CS}$ 译码时地址线 A_4 未用)。8237 设置为 DACK 低电平有效，且同一时刻只有一个 DACK 有效，故 74LS00 实现的是简单的 4-2 编码器。

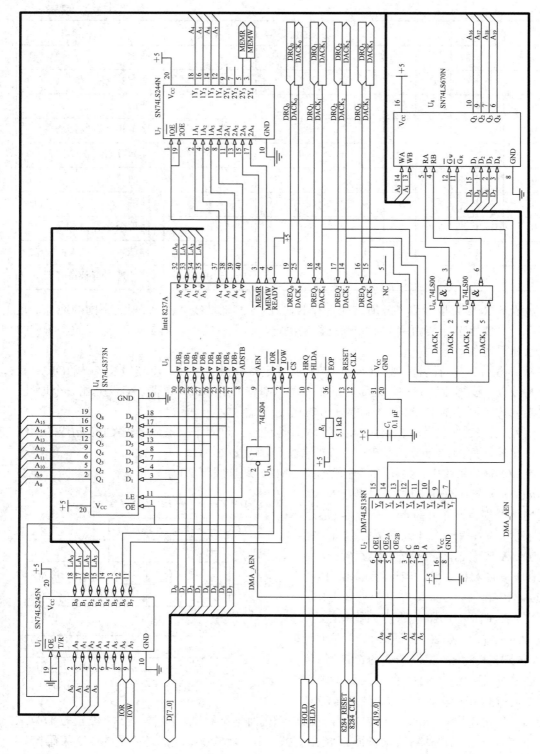

图 6.64 PC 中 8237 的连接原理图(带驱动)

8237 利用页寄存器 74LS670、三态锁存器 74LS373 和三态门 74LS244 形成系统总线的地址信号 $A_0 \sim A_{19}$。8237 的 $\overline{\text{IOR}}$、$\overline{\text{IOW}}$、$A_0 \sim A_3$ 接到 74LS245 上，当芯片 8237 空闲时，CPU 可对它们编程，加控制信号和地址信号到 8237。而在 DMA 周期内，8237 的控制信号又会形成系统总线的控制信号。

从前面的叙述中我们已经看到，当 8237 不工作，即处于空闲状态时，它是以接口的形式出现的。此时，CPU 经系统总线对它进行初始化，读出它的状态并对它进行控制。这时，8237 并不对系统总线进行控制。当 8237 进行 DMA 传送时，系统总线是由 8237 来控制的。这时，8237 应送出各种系统总线上的信号。

上述情况会大大增加 8237 连接上的复杂程度。最重要的问题是，不管 8237 是在空闲周期还是在工作周期，其连接一定要保证各总线信号不会发生竞争。

6. 8237 的初始化

通常，在对 8237 初始化之前，利用系统总线上的 RESET 信号或用表 6.11 所示的软件命令对 $A_3A_2A_1A_0$ 为 1101 的地址进行写操作，均可对 8237 进行复位。复位 8237 将使屏蔽寄存器置位而清除所有其他寄存器。这样，就使 8237 进入空闲状态，这时就可以对 8237 进行初始化。

初始化流程如图 6.65 所示。在图 6.65 中只画出了 8237 一个通道的初始化过程，对于其他通道，可顺序进行下去。

例 6.16　以 PC 中的 BIOS 对 8237 初始化为例，对其初始化过程说明如下：

(1) 为了对 DMAC 8237 进行初始化，首先进行总清。总清时只要求对总清地址进行写操作，而并不关心写入什么数据。

(2) 对 DMAC(8237) 的 4 个通道的基地址寄存器与当前地址寄存器、基字数寄存器及当前字数寄存器先写入 FFFFH，再读出比较，看读/写操作是否正确。若正确，再写入 0000H，同样读出校验，若仍正确则认为 DMAC 工作正常，就可以对其进行初始化。若比较时发现有错，则执行停机指令。

由于每个通道的上述 4 个寄存器各占用两个地址(见表 6.10)，故将循环计数器 CX 的内容置为 8。

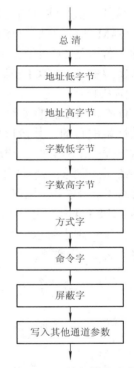

图 6.65　8237 的初始化流程图

(3) 程序对 DMAC(8237) 的通道 0 进行初始化。在 PC 中，通道 0 用于产生对动态存储器的刷新控制。利用可编程定时器 8253 每隔 15.0857 μs 向 DMAC 提出 1 次请求，DMAC 响应后向 CPU 提出 DMA 请求，获得总线控制权后，DMAC 使 CPU 进入总线放弃状态。在此 DMA 期间，DMAC 送出刷新行地址，并利用 DACK_0 控制产生各刷新控制信号，对 DRAM 的一行进行刷新。一行刷新结束后，HRQ 变为无效，退出 DMA。

此处给出通道 0 的初始化程序如下：

```
    OUT   DMA+0DH,AL              ;总清 8237
```

```
;  INITIALIZE AND START DMA FOR MEMORY REFRESH
   MOV   DS，BX
   MOV   ES，BX              ；初始化 DS 和 ES
   MOV   AL，0FFH
   OUT   DMA+1，AL           ；通道 0 的传送字节数，为 64 KB
   OUT   DMA+1，AL
   MOV   DL，0BH             ；使 DX=DMA+0BH
   MOV   AL，58H
   OUT   DX，AL              ；写方式字
   MOV   AL，0
   OUT   DMA+8，AL           ；写入命令字
   OUT   DMA+10，AL          ；写屏蔽字
```

　　另外，值得注意的是，在初始化通道 0 时并未初始化地址，因为地址寄存器仅用于送出 DRAM 的行地址，总清后它的初始值为 0，而后根据方式字使地址递增，实现每次刷新一行；再就是 PC 中的 DMA 方式不是通过 CPU(8088)的 HOLD 实现的，而是利用等待方式来实现的，这时 CPU 处于等待操作状态，把系统总线交给 DMAC 来控制。

　　例 6.17　利用 DMAC 8237 实现从存储器把数据传送到接口的设计。

　　DMAC 8237 的硬件连接可参见图 6.64。通过改变译码器 74LS138 的连接可以达到改变其地址的目的。其接口地址及连接简图如图 6.66 所示。图中，接口请求传送数据的信号经触发器 74LS74 的 Q 端形成，由三态门输出，作为 DMA 请求信号。当响应接口请求时，DMAC 送出存储器地址和 $\overline{\text{MEMR}}$ 信号(见图 6.64)，使选中的存储单元的数据出现在系统数据总线 $D_0 \sim D_7$ 上。同时，DMAC 送出 $\overline{\text{IOW}}$ 控制信号，将存储器单元的数据锁存在三态锁存器 74LS374 上，并传送给接口。在开始传送前，应当送出接口有效信号。当然，该信号在系统工作中也可以一直有效。在接口请求 DMA 传送时，由图 6.66 的逻辑电路产生控制信号，使 CPU 暂停执行指令，同时将总线形成电路的输出置高阻。

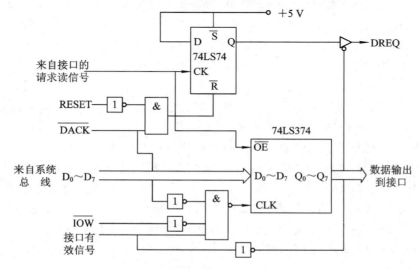

图 6.66　DMAC 8237 传送数据到接口的电路简图

DMAC 初始化程序如下：

```
INITDMA:    OUT     DMA+0DH,AL      ；总清
            MOV     AL，40H
            OUT     DMA+2，AL        ；送地址低字节到通道 1
            MOV     AL，74H
            OUT     DMA+2，AL        ；送地址高字节到通道 1
            MOV     AL，80H
            OUT     PAG，AL          ；送页寄存器
            MOV     AL，64H
            OUT     DMA+3，AL        ；送传送字节数低字节到通道 1
            MOV     AL，0
            OUT     DMA+3，AL        ；送传送字节数高字节到通道 1
            MOV     AL，55H          ；通道 1 方式字：写操作，单字节传送
            OUT     DMA+11，AL       ；地址递增，自动预置
            MOV     AL，0            ；命令字，允许工作，固定优先级
            OUT     DMA+8，AL        ；DACK 低有效
            OUT     DMA+15，AL       ；写屏蔽寄存器，允许 4 个通道均可请求
```

程序中，将取数的存储单元的首地址 87440H 分别写到页寄存器(外加的三态输出寄存器)和 DMAC 通道 1 的高、低地址寄存器中。这里每次传送一个字节，每传送 100 个字节进行一次循环。开始时可以不用总清命令，以免影响其他通道，可以换成只清字节指针触发器的命令，即

```
        MOV  AL，0
        OUT  DMA+12，AL
```

6.4.3　芯片组中 8/16 位 DMA 的实现

在以 Intel x86/x64 作为处理器构成的 PC 系统中，芯片组的南桥(ICH 或 PCH)集成了两片 8237 DMA 控制器，采用如图 6.67 所示的连接方式，用来支持 LPC DMA，实现基于传统 ISA 总线的 8 位、16 位 DMA 方式的数据传输。

该 DMA 控制器通过两片 8237 级联，实现了 7 个独立的可编程 DMA 通道。DMAC-1 用于实现通道 0～通道 3，支持 8 位 DMA 数据传送，数据传送时以字节为单位进行计数；DMAC-2 用于实现通道 5～通道 7，支持 16 位 DMA 数据传送，数据传送时以字(16 位)为单位进行计数；通道 4 用于实现两片 8237 级联，不能用于 DMA 数据传送。

在 DMA 传送时，8237 只能提供 16 位内存地址，而 ISA 总线(以 80286 作为处理器的 PC/AT 总线)具有 24 位地址，为了使 DMA 控制器兼容 ISA 总线信号，南桥(ICH 或 PCH) 为每个 DMA 通道设置了一个 8 位的页面寄存器，用来在 DMA 传送时提供高 8 位地址。因此，页面寄存器提供的高 8 位地址与 8237 提供的低 16 位地址一起组成 24 位地址，最大寻址空间可达 16 MB。

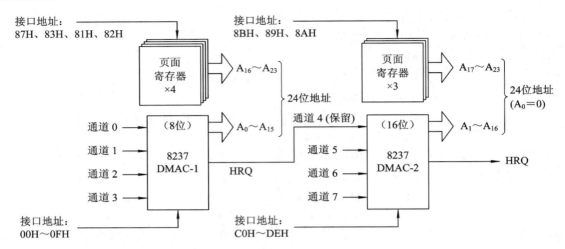

图 6.67　南桥(ICH 或 PCH)中的 8237 DMA 控制器示意图

由于 DMA 控制器电路是由两片 8237 经过级联构成的，因此各 DMA 通道的优先级也分为两组：通道 0～通道 3 和通道 5～通道 7，每组均可设置为固定或循环优先级(由每个 8237 的命令字决定)。如果都设定为固定优先级，则优先级从高到低的顺序为：通道 0、通道 1、通道 2、通道 3、通道 5、通道 6、通道 7。

在 DMA 传送过程中，页面寄存器的内容不变。DMAC-2 工作在 16 位 DMA 传送模式下，其对应页面寄存器的最低位提供的 A_{16} 被忽略，因为 DMAC-2 当前字数寄存器是以字(16 位)为单位计数的，由当前地址寄存器提供地址信号 A_1～A_{16}，A0 固定为 0。

上述 DMA 控制器属于南桥(ICH 或 PCH)中 LPC 控制器的一部分，其工作过程中的命令、地址、数据是通过 LAD[3:0] 四根双向信号线传送的，因此，如果要传送一个 16 位的数据，需分 4 次完成。LPC 接口的其他信号包括：

(1) $\overline{\text{LFRAME}}$(LPC 控制器输出，外设输入)：用来指示新工作周期的开始，或由于某种错误提前结束一个工作周期。

(2) $\overline{\text{LRESET}}$(输入)：同 PCI 复位信号。

(3) LCLK(输入)：同 PCI 总线 33 MHz 时钟信号。

外设通过串行信号线 $\overline{\text{LDRQ}}$ 向 LPC 控制器中的 DMA 控制器发 DMA 请求。每一个支持传统 DMA 的外设都有其专用的 $\overline{\text{LDRQ}}$ 信号线，而 LPC 控制器至少支持两个 $\overline{\text{LDRQ}}$ 信号输入，用来为至少两个支持传统 DMA 或总线主控的外设提供相关服务。$\overline{\text{LDRQ}}$ 上的信号传输是与时钟 LCLK 同步的。外设通过 $\overline{\text{LDRQ}}$ 串行信号线向 LPC 控制器发送 DMA 请求的时序如图 6.68 所示，过程如下：

(1) 将 $\overline{\text{LDRQ}}$ 置为低电平，发送起始位。在空闲情况下，$\overline{\text{LDRQ}}$ 应为高电平。

(2) 发送 3 位要请求的 DMA 通道编号，高位在前，低位在后。

(3) 发送 ACT 位。如果要请求 DMA 传送，则 ACT 位为高电平；如果要取消先前发送的 DMA 请求，则 ACT 位为低电平(这种情况比较少见)。

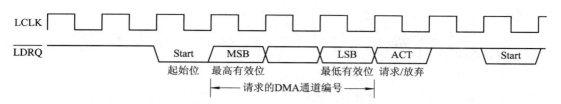

图 6.68　外设通过 $\overline{\text{LDRQ}}$ 串行信号线向 LPC 控制器发送 DMA 请求的时序

(4) 必须等待至少一个时钟周期，才可以发送下次请求。

与 LPC DMA 控制器有关的接口地址如表 6.12 所示。

表 6.12　与 LPC DMA 控制器有关的接口地址

接口地址	寄存器名称	读/写	接口地址	寄存器名称	读/写
00H	通道 0 基地址/当前地址寄存器	读/写	C0H	通道 4 基地址/当前地址寄存器	读/写
01H	通道 0 基字数/当前字数寄存器	读/写	C2H	通道 4 基字数/当前字数寄存器	读/写
02H	通道 1 基地址/当前地址寄存器	读/写	C4H	通道 5 基地址/当前地址寄存器	读/写
03H	通道 1 基字数/当前字数寄存器	读/写	C6H	通道 5 基字数/当前字数寄存器	读/写
04H	通道 2 基地址/当前地址寄存器	读/写	C8H	通道 6 基地址/当前地址寄存器	读/写
05H	通道 2 基字数/当前字数寄存器	读/写	CAH	通道 6 基字数/当前字数寄存器	读/写
06H	通道 3 基地址/当前地址寄存器	读/写	CCH	通道 7 基地址/当前地址寄存器	读/写
07H	通道 3 基字数/当前字数寄存器	读/写	CEH	通道 7 基字数/当前字数寄存器	读/写
08H	通道 0～通道 3 命令字寄存器	只写	D0H	通道 4～通道 7 命令字寄存器	只写
08H	通道 0～通道 3 状态寄存器	只读	D0H	通道 4～通道 7 状态寄存器	只读
0AH	通道 0～通道 3 单通道屏蔽字寄存器	只写	D4H	通道 4～通道 7 单通道屏蔽字寄存器	只写
0BH	通道 0～通道 3 方式控制字寄存器	只写	D6H	通道 4～通道 7 方式控制字寄存器	只写
0CH	通道 0～通道 3 清字节指针寄存器	只写	D8H	通道 4～通道 7 清字节指针寄存器	只写
0DH	通道 0～通道 3 写总清命令寄存器	只写	DAH	通道 4～通道 7 写总清命令寄存器	只写
0EH	通道 0～通道 3 清屏蔽寄存器	只写	DCH	通道 4～通道 7 清屏蔽寄存器	只写
0FH	通道 0～通道 3 四通道屏蔽字寄存器	读/写	DEH	通道 4～通道 7 四通道屏蔽字寄存器	读/写
87H	通道 0 页面寄存器	读/写	8BH	通道 5 页面寄存器	读/写
83H	通道 1 页面寄存器	读/写	89H	通道 6 页面寄存器	读/写
81H	通道 2 页面寄存器	读/写	8AH	通道 7 页面寄存器	读/写
82H	通道 3 页面寄存器	读/写			

LPC DMA 控制器的寄存器定义与 8237 类似，主要区别如下：

(1) 基地址/当前地址寄存器：对于 LPC DAMC-2，工作在 16 位 DMA 传送模式下，基地址/当前地址寄存器的内容对应 $A_1 \sim A_{16}$。

(2) 基字数/当前字数寄存器：对于 LPC DAMC-2，工作在 16 位 DMA 传送模式下，基字数/当前字数寄存器的内容为要传送的字(16 位)的个数减 1。

(3) 命令字：LPC DMA 控制器的命令字只有第 4 位、第 2 位有效，其他位保留。

① bit$_4$：为 0 表示固定优先级；为 1 表示循环优先级。

② bit$_2$：为 0 表示允许工作；为 1 表示禁止工作。

③ bit$_7$～bit$_5$：在 8237 中用来规定 DMA 请求、应答信号是高电平有效还是低电平有效；而 LPC DMA 控制器因为 DMA 请求信号改由 $\overline{\text{LDRQ}}$ 串行信号实现，所以 bit$_7$～bit$_5$ 保留，必须为 0。

④ bit$_3$：在 8237 中用来规定 DMA 传送时采用正常时序还是压缩时序；而 LPC DMA 控制器数据传送采用 LPC 接口实现，因此 bit$_3$ 保留，必须为 0。

⑤ bit$_1$ 和 bit$_0$：在 8327 中用来设置内存到内存的 DMA 传送；而 LPC DMA 控制器不支持内存到内存之间的 DMA 传送，因此 bit$_1$ 和 bit$_0$ 保留，必须为 0。

(4) 方式控制字：bit$_7$ 和 bit$_6$ 规定 DMA 控制器的工作模式。LPC DMA 控制器不支持数据块传送方式，因此"10"状态保留，00 表示请求方式，01 表示单字节传送方式，11 表示级联方式。

在进行 DMA 传送前，首先将该 DMA 传送涉及的 24 位起始内存地址的高 8 位 A$_{23}$～A$_{16}$写入相应通道的页面寄存器中，把起始内存地址的低 16 位 A$_{15}$～A$_0$写入相应通道的基地址寄存器中(对于 DMAC-2，应写入 A$_{16}$～A$_1$)，将 DMA 传送的字节数(对于 DMAC-2，应为字数)减 1 后写入相应通道的基字数寄存器，并做好其他寄存器的初始化工作，LPC DMA 控制器即可按照规定的方式自行工作。注意，为了设置和初始化 DMA 控制器，需要先通过屏蔽字关闭相应的 DMA 通道，以免在此期间受到 DMA 请求信号的打扰。

LPC DMA 控制器主要用来实现不能成为总线主控设备的慢速外设和主存之间的 DMA 数据传送，这些慢速外设通常是 ISA 总线时代的产物，包括软盘、工作在 ECP 模式下的并行接口(LPT)、早期的 Sound Blaster 16 声卡等。LPC DMA 控制器不支持内存到内存之间的 DMA 传送(而早期的 8237 芯片可以)，原因在于 LPC 控制器时钟频率为 33 MHz，用 4 根信号线 LAD[3:0] 传送数据时，其速度相当于 16 位 8 MHz 的 ISA 总线；而在现代计算机系统中，由北桥(或 CPU 内部)SDRAM 控制器所控制的存储器总线时钟频率高达 800 MHz 甚至 1 GHz 以上，数据宽度为 64 位，在这种情况下，用 CPU 执行指令实现内存到内存的数据传送比用 LPC DMA 控制器做同样的事情速度快得多。可以这样认为，现代计算机系统中保留 LPC DMA 控制器，目的只是为了兼容老的硬件和软件。

6.4.4　32/64 位 DMA 的实现

在 Intel x86/x64 处理器系统中，所有高速外设的控制器都是通过 PCI 总线进行管理的。在 PCI 总线体系中，没有像 ISA 总线那样集中的 DMA 控制器。任何一个有主控功能的 PCI 设备都可以向 PCI 总线控制器(即芯片组中的 PCI 桥)申请成为总线主控设备。当有多个 PCI 设备同时申请时，需要由 PCI 总线控制器进行仲裁，因为在 PCI 总线上任何时候只能有一个主控设备。当某个 PCI 设备成为 PCI 总线的主控设备后，就可以申请对系统内存或总线上其他 PCI 设备的读或写操作。由此可见，现代计算机系统中的 PCI 或 PCI Express 总线为那些有批量数据传输需求的设备提供了总线主控能力，当这样的设备成为总线主控设备之后，该设备即可自行实现与内存或其他 PCI 设备之间的直接数据传送。在这些新型的总线和总线设备上，DMA 这一名词已经逐渐淡化。

南桥(ICH 或 PCH)中的 SATA 控制器(用来提供 SATA 硬盘接口)、USB 控制器、千兆网络控制器、集成高清音频控制器等高速 PCI 设备都集成了专用 DMA 控制器(或具有类似功能的电路)。可见，现在的 PCI、PCI Express 设备如果支持 DMA 方式(即支持总线主控方式)，则 DMA 控制器(或具有类似功能的电路)集成在其设备控制器中，不同厂商有不同的实现，但基本原理相似，都是首先要申请成为 PCI 主控设备，然后通过执行 PCI 总线的读/写命令实现数据在内存与 PCI 设备之间，或 PCI 设备与 PCI 设备之间的直接传送。

假设某计算机系统 PCI 总线结构如图 6.69 所示，PCI 设备 11 有一批数据要直接写入内存(即传统概念中的"DMA 方式")，操作的流程如下：

(1) PCI 设备 11 通过总线仲裁逻辑获得该 PCI 总线 1 的使用权，然后将存储器写总线事务发送到 PCI 总线 1 上。这个存储器写总线事务的目标地址是 PCI 总线域的地址，是主存储器在 PCI 总线域的地址映像。

(2) PCI 总线 1 上的所有设备进行地址译码，确定这个写请求是不是发送到自己的 BAR 空间，如果是，则接收这个存储器写请求，否则不予理会。

(3) PCI 桥 1 与 PCI 总线上的所有设备同时对这个地址进行译码。PCI 桥 1 发现这个 PCI 地址不在自己管理的 PCI 总线地址范围内，则接收这个存储器写总线事务，而 PCI 桥 1 管理的所有 PCI 设备都不可能接收这个存储器写总线事务(因为 PCI 桥 1 所管理的 PCI 总线地址范围不包含当前存储器写总线事务的地址)。

(4) PCI 桥 1 将这个存储器写总线事务转发到上游总线。PCI 桥 1 通过总线仲裁逻辑获得 PCI 总线 0 的使用权后，将这个总线事务转发到 PCI 总线 0。

(5) HOST 主桥发现这个 PCI 总线地址空间在存储器域，则将这段 PCI 总线地址空间转换为存储器域的存储器地址空间，并完成对这段存储器的写操作。

(6) 存储器控制器从 HOST 主桥接收数据，并将其写入主存储器中。

采用与上述步骤类似的方法，还可以实现 PCI 设备的读内存操作，或者 PCI 设备之间的直接数据传送。

PCI 设备直接对主存进行读或写时，涉及 Cache 一致性问题，特别是在多处理器系统中，情况尤为复杂。比如，在图 6.69 所示的计算机系统中，当 PCI 设备向"可 Cache 的"存储器区域进行写操作时，HOST 主桥通过前端总线(FSB)将数据发送给存储器控制器，在前端总线上的所有 CPU 都需要对这个 PCI 写操作进行监听，并根据监听结果，合理地改动 Cache 行状态，根据具体情况采取适当操作(在最坏的情况下，需要先将某行数据回写主存)。

在许多高性能计算机中，为了加速外设到存储器的 DMA 写过程，提出了一些新的技术，比如 Intel 的 I/O 加速技术(I/O Acceleration Technology, I/OAT)。在 Intel 5100 MCH(北桥)芯片组中就集成了支持 I/OAT 技术的 DMA 控制器，该 DMA 控制器还可以实现内存到内存之间的 DMA 传送。Intel 5100 MCH 可用于实现基于 2 路 Intel 至强处理器的服务器系统。

基于 PCI 总线的 32 位、64 位 DMA 传送，不同的芯片组、不同的设备控制器有不同的实现方式，设备的寄存器结构及地址、控制方式各不相同，为此 Intel 提供了相应的设备驱动程序和编程接口，可以在编写设备驱动程序时直接调用。在微软公司提供的 Windows 驱动程序开发包 DDK(Driver Development Kit)中，也提供了用于处理中断、实现 DMA 传送(或类似功能)的函数。

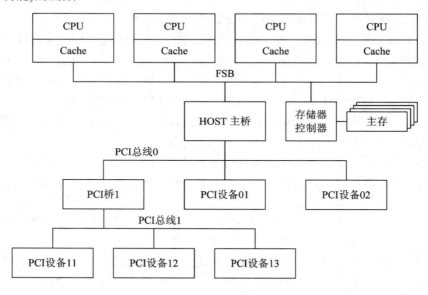

图 6.69　某计算机系统 PCI 总线结构

习　　题

6.1　某输入设备可随时为计算机系统提供 10 位数字输入数据。试利用 74 系列的 244 或 374 芯片设计该设备与 8086 最大模式系统总线连接的接口电路(接口地址 68H～6FH 可使用)。

6.2　某 8 位数字输出设备在其 BUSY 信号为低(不忙)时可接收计算机系统发给它的数据，如果将该设备连接到 8086 最大模式系统总线上，试设计其接口电路(接口芯片可选用 74 系列的 244、273、374 芯片，接口地址 68H～6FH 可使用)。

6.3　若希望用习题 6.1 中的输入设备接收 1000 个数据，分别取其高 8 位，然后由习题 6.2 中的输出设备加以输出，试编写完成此任务的控制程序。

6.4　若习题 6.2 中的计算机系统为 8088 系统，且 CPU 工作在最小模式下，试完成习题 6.2 中要求的接口电路。

6.5　要满足哪些条件，8086/88CPU 才能响应 INTR？

6.6　说明 8086/88 软件中断指令 INT n 的执行过程。

6.7　利用三态门(74LS244)作为输入接口，接口地址为 04E5H，试画出它与 8088 总线的连接图。

6.8　利用具有三态输出的锁存器(74LS374)作为输出接口，接口地址为 E504H，试画连接图。若习题 6.7 中输入接口的 bit 3、bit 4 和 bit 7 同时为 1，将以 DATA 为首地址的 10

个内存数据连续由输出接口输出，若不满足条件则等待，试编程序。

6.9 若要求 8259 的地址为 E010H 和 E011H，试画出其与 8088 最大模式系统总线的连接图。若系统中只有一片 8259 且允许 8 个中断源边沿触发，不需要缓冲，以非自动 EOI、一般嵌套方式工作，中断向量规定为 40H，试编写初始化程序。

6.10 DMAC(8237)占几个接口地址? 这些地址在读/写时的作用是什么? 叙述 DMAC 由内存向接口传送一个数据块的过程。若希望利用 8237 把内存中的一个数据块传送到内存的另一个区域，应当如何处理? 当 8237 工作在 8088 系统，数据是由内存的某一段向另一段传送且数据块长度大于 64 KB 时，应当如何考虑?

6.11 说明微机中常用的外设编址方法及其优缺点。

6.12 说明 8086/88 中采用中断方式工作时必须由设计人员完成的 3 项工作。

6.13 某外设如图 6.70 所示，工作依时序进行。若外设通过题 6.9 中的 8259，以中断方式为系统提供数据，试给出外设与 8259、外设与 8088 最大模式系统总线间的连接电路，并编写中断向量表初始化程序和实现外设数据输入 Buffer 存储区的中断处理程序(每次中断只从外设输入一个数据到指定存储区)。

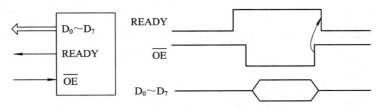

图 6.70 某外设的连接线及工作时序

6.14 Intel 64 与 IA-32 处理器保护模式下的中断和异常处理与实地址模式有什么不同? 简述 Intel 64 与 IA-32 处理器保护模式下的中断和异常处理程序的调用过程。

6.15 与 8259 中断控制器实现的中断系统相比，APIC 系统的主要特点是什么?

6.16 利用芯片组 LPC DMA 控制器的通道 1，采用单字节传送方式，将内存起始地址为 91000H 的 1 KB 数据直接传送到外部设备。试用汇编语言完成以下任务:

(1) 编写 LPC DMA 控制器的初始化程序;

(2) 通过软件查询通道 1 的 DMA 传送是否结束，如果结束，则屏蔽通道 1。

6.17 查阅有关资料，了解 CPUID 指令的使用方法。编写程序，通过在 C 语言中嵌入汇编程序，利用 CPUID 指令实现以下功能:

(1) 显示 CPU 制造商信息、CPU 型号;

(2) 检测处理器是否支持本地 APIC，如果支持，则显示正在执行本程序的处理器(或内核)的初始本地 APIC ID。

6.18 查阅有关资料，了解多核处理器计算机系统初始化和启动过程，回答以下问题:

(1) 处理器各内核的本地 APIC 在多核处理器初始化过程中的作用是怎样的?

(2) 程序中如何判断执行该程序的处理器(或内核)是否为引导处理器(BSP)?

(3) 引导处理器(BSP)如何将一个任务分配给某个内核去执行? 如何实现 BSP 与其他内核并行执行不同的任务?

第7章 经典接口及定时器件

微机与外设的连接需要通过接口来实现。在许多微机应用系统设计中，接口设计是其重要的环节，也是设计好微机应用系统的关键。由于各种微机应用系统的应用环境不同，采用的系统结构不同，因此，微机与外设进行连接的接口也不同。所以，接口技术是一个较为复杂的技术，接口设计有一定的技术难度。

为了方便用户完成各种接口设计，现在已有许多芯片制造商提供了多种类型的接口芯片。利用这些接口芯片实现接口设计，可以大大简化接口的设计难度。另外，在许多接口设计中常常需要实现定时或计数功能。故本章将介绍几款经典的接口和定时器芯片。

7.1 可编程并行接口 8255

8255 是 Intel 公司为其 80 系列微处理器生产的 8 位通用可编程并行输入/输出接口芯片，可作为任何一个与 TTL 兼容的并行数字设备与微机间的接口。它具有较强的功能，在使用中可利用软件编程来指定它将要完成的功能。因此，8255 不仅在早期的 PC 中获得了广泛的应用，而且在 Pentium II 微机系统和许多嵌入系统中也可以找到它的应用。

7.1.1 引脚及内部结构

1. 外部引脚

8255 的外部引脚如图 7.1 所示。

$D_0 \sim D_7$：双向数据信号，用来传送数据和控制字。

$\overline{RD}$：读信号，与其他信号线一起实现对 8255 接口的读操作，通常接 CPU 或系统总线的 $\overline{IOR}$ 信号。

$\overline{WR}$：写信号，与其他信号一起实现对 8255 接口的写操作，通常接 CPU 或系统总线的 $\overline{IOW}$。

$\overline{CS}$：片选信号。当它为低电平(有效)时，才能选中该 8255 芯片，也才能对 8255 进行操作。

A_0、A_1：端口地址信号。8255 内部有 3 个端口(即 A 口、B 口、C 口)和 1 个控制字寄存器，它们可由程序

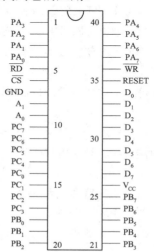

图 7.1 可编程并行接口 8255 引脚图

访问，并由 A_0、A_1 的不同编码分别寻址，具体规定如下：

A_1	A_0	选择
0	0	A 口
0	1	B 口
1	0	C 口
1	1	控制字寄存器

通常，在 8088 系统中，8255 的 A_0、A_1 分别接系统总线的 A_0、A_1，它们与 $\overline{CS}$ 一起来决定 8255 的接口地址(也即端口地址)。而在 8086 系统中，8255 的 A_0、A_1 分别接系统总线的 A_1、A_2。

RESET：复位输入信号。加载到此引脚上的高电平可使 8255 复位。复位后，8255 的 A 口、B 口和 C 口均被定义为输入状态。

$PA_0 \sim PA_7$：A 口的 8 条输入/输出信号线。该口的这 8 条线是工作于输入或输出方式，还是双向(输入/输出)方式，可由软件编程来决定。

$PB_0 \sim PB_7$：B 口的 8 条输入/输出信号线。利用软件编程可指定这 8 条线是输入还是输出。

$PC_0 \sim PC_7$：C 口的 8 条线。根据 8255 的工作方式，可将 C 口的这 8 条线用作数据的输入或输出线，也可以用作控制信号的输出线或状态信号的输入线，具体设置由软件编程确定。

2．内部结构

8255 的内部结构如图 7.2 所示。

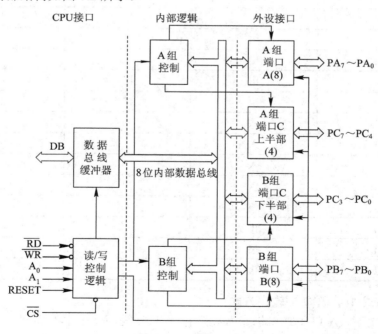

图 7.2　8255 的内部结构框图

从图 7.2 中可以看到，左边的信号与系统总线或 CPU 相连接，右边的 3 个端口与外设相连接。3 个口均为 8 位。其中，A 口和 B 口的输入、输出均有锁存能力；C 口的输出有锁存能力，输入没有锁存能力，在使用上要注意这一点。

为了控制方便，将 8255 的 3 个口分成 A、B 两组。其中，A 组包括 A 口的 PA_0～PA_7 和 C 口的高 4 位 PC_4～PC_7；B 组包括 B 口的 PB_0～PB_7 和 C 口的低 4 位 PC_0～PC_3。A 组和 B 组分别由软件编程来加以控制。

7.1.2　工作方式

8255 有 3 种工作方式。这些工作方式可用软件编程来指定。

1. 工作方式 0(基本输入/输出方式)

在此方式下，可分别将 A 口的 8 条线、B 口的 8 条线、C 口高 4 位对应的 4 条线和 C 口低 4 位对应的 4 条线定义为输入或输出。因为上述 4 部分的输入或输出是可以独立定义的，故它们的输入、输出可有 16 种不同的组合，如表 7.1 所示。在这种方式下，定义为输出的口均可锁存数据，而定义为输入的口可缓冲数据但无锁存能力。在方式 0 下，C 口还有按位置位和复位的能力。有关 C 口的按位操作见 7.1.3 节。

表 7.1　8255 在方式 0 下的输入、输出组合

A　　　组		B　　　组	
A 口(PA_0～PA_7)	C 口(PC_4～PC_7)	B 口(PB_0～PB_7)	C 口(PC_0～PC_3)
入	入	入	入
入	入	入	出
入	入	出	入
入	入	出	出
入	出	入	入
入	出	入	出
入	出	出	入
入	出	出	出
出	入	入	入
出	入	入	出
出	入	出	入
出	入	出	出
出	出	入	入
出	出	入	出
出	出	出	入
出	出	出	出

2. 工作方式 1(选通输入/输出方式)

在这种方式下，A 口和 B 口仍作为数据的输出口或输入口，同时还要利用 C 口的某些位作为控制和状态信号。

当 8255 工作于方式 1 时，A 口和 B 口可任意由程序指定为输入口或是输出口。为了阐述问题方便，我们分别以 A 口、B 口均为输入或均为输出加以说明。在实际应用时，A 口、B 口的输入或输出完全可以由软件编程来指定。

1) 方式 1 下 A 口、B 口均为输出

为了使 A 口或 B 口工作于方式 1 下，必须利用 C 口的 6 条线作为控制和状态信号线。如图 7.3 所示，在方式 1 下用 A 口或 B 口输出时，所用到的 C 口线是固定不变的，A 口使用 PC_3、PC_6 和 PC_7，而 B 口使用 PC_0、PC_1 和 PC_2。

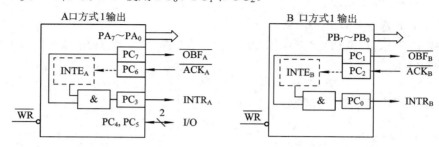

图 7.3　方式 1 下，A、B 口均为输出的信号定义

C 口提供的信号功能如下：

$\overline{OBF}$ 为输出缓冲器满信号，低电平有效。利用该信号告诉外设，在规定的端口上已由 CPU 输出了一个有效数据，外设可从此端口获取该数据。

$\overline{ACK}$ 为外设响应信号，低电平有效。该信号用来通知端口，外设已将数据接收，并使 $\overline{OBF}=1$。

INTR 为中断请求信号，高电平有效。当外设接收到一个数据后，由此信号通知 CPU，刚才的输出数据已经被接收，可以通过中断方式再输出下一个数据。

INTE 为中断允许状态。由图 7.3 可以看到，A 口和 B 口的 INTR 均受 INTE 的控制。只有当 INTE 为高电平时，才有可能产生有效的 INTR。

A 口的 $INTE_A$ 由 PC_6 控制。根据 7.1.3 小节介绍的 C 口的按位操作可对 PC_6 置位或复位，用以对中断请求 $INTR_A$ 进行控制。同理，B 口的 $INTE_B$ 由 PC_2 的按位操作进行控制。

在方式 1 下，A 或 B 口的输出过程可以利用查询或中断方式进行。当 CPU 查询到 8255 的 $\overline{OBF}$ 为无效或者响应 8255 的 INTR 进入中断服务程序后，CPU 向接口写数据，$\overline{IOW}$ 将数据锁存于接口之中。当数据被锁存并由端口信号线输出时，8255 使 INTR 信号无效并使 $\overline{OBF}$ 有效。有效的 $\overline{OBF}$ 通知外设接收数据。一旦外设将数据接收，就送出一个有效的 $\overline{ACK}$ 脉冲，该脉冲使 $\overline{OBF}$ 无效，同时产生一个新的有效中断请求 INTR，以便允许 CPU 向外设输出下一个数据。图 7.4 用简单时序图进一步说明了上述输出过程。

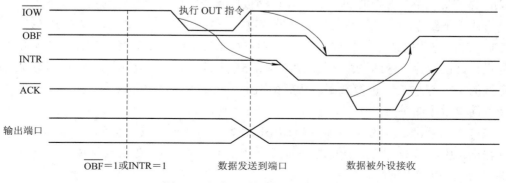

图 7.4　方式 1 下的数据输出时序

这里提醒读者注意,当两个口同时为方式 1 输出时,使用 C 口的 6 条线,剩下的两条线可以作为输入或输出线,用程序指定它们的数据传送方向是输入还是输出,也可以以位操作方式对它们进行置位或复位。当一个端口工作在方式 1 时,只用去 C 口 3 条线,剩下的 5 条线也可以按照上述方式工作。

2) 方式 1 下 A 口、B 口均为输入

与方式 1 下 A、B 两口均为输出类似,为实现选通输入,同样要利用 C 口的信号线。其定义如图 7.5 所示。

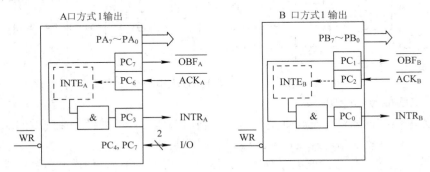

图 7.5 方式 1 下 A、B 口均为输入时的信号定义

在 A 或 B 口为输入时所用到的 C 口信号定义如下:

$\overline{STB}$ 为低电平有效的输入选通信号,它由外设提供。利用该信号可将外设数据锁存于 8255 接口的 A 或 B 口输入锁存器中。

IBF 为高电平有效的输入缓冲器满信号。当它有效时,表示已有一个有效的外设数据被锁存于 8255 接口的锁存器中。可用此信号通知外设,数据已被锁存于接口中,尚未被 CPU 读走,暂不能向接口输入新的数据。

INTR 为中断请求信号,高电平有效。对于 A、B 口,可利用 C 口位操作分别使 $PC_4 = 1$ 或 $PC_2 = 1$,此时若 IBF 和 $\overline{STB}$ 均为高电平,则可使 INTR 有效,向 CPU 提出中断请求。也就是说,当外设将数据锁存于接口之中,且又允许中断请求发生时,就会产生中断请求。

INTE 为中断允许状态。见图 7.5,在方式 1 下输入数据时,INTR 同样受中断允许状态 INTE 的控制。A 口的 $INTE_A$ 是由 PC_4 控制的,当它为 1 时允许中断,当它为 0 时禁止中断。B 口的 $INTE_B$ 是由 PC_2 控制的。利用 C 口的按位操作即可实现该控制。

方式 1 下数据输入的过程为:当外设有数据需要输入时,将数据送到 8255 口上,并利用 $\overline{STB}$ 脉冲将数据锁存于 8255 端口,同时产生 INTR 信号并使 IBF 有效;有效的 IBF 通知外设数据已锁存,中断请求允许 CPU 从 8255 的端口上读取数据;CPU 响应中断或检测到有效的 IBF 状态后,读取数据,然后使 IBF 和 INTR 都变为无效。上述过程可用图 7.6 所示的简单时序图进一步说明。

在方式 1 下,8255 的 A 口和 B 口均可以设置为输入或输出;也可以一个为输入,另一个为输出;还可以一个工作于方式 1,而另一个工作于方式 0。这种灵活的工作特点是由其可编程的功能来实现的。

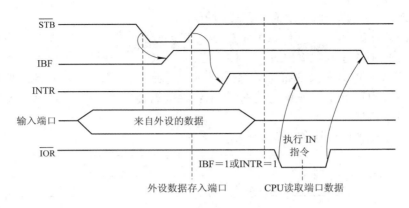

图 7.6　方式 1 下的数据输入时序

3．工作方式 2(双向输入/输出方式)

这种工作方式只有 8255 的 A 口才具有。在 A 口工作于双向输入/输出方式时，要利用 C 口的 5 条线才能实现。此时，B 口只能工作在方式 0 或方式 1 下，而 C 口剩下的 3 条线可作为输入/输出线使用或用作 B 口工作在方式 1 下的控制线。

A 口工作于方式 2 时，各信号的定义如图 7.7 所示。图中未画 B 口和 B 口方式 1 下所需 C 口的其他引线。

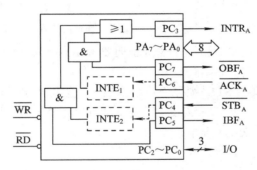

图 7.7　方式 2 下的信号定义

当 A 口工作在方式 2 时，其控制与状态信号 $\overline{\text{OBF}}$、$\overline{\text{ACK}}$、$\overline{\text{STB}}$、IBF 及 INTR 的作用与前述一样，不同之处主要有：

(1) 在方式 2 下，A 口既作为输出又作为输入，因此，只有当 $\overline{\text{ACK}}$ 有效时，才能打开 A 口输出数据三态门，使数据由 $PA_0 \sim PA_7$ 输出。当 $\overline{\text{ACK}}$ 无效时，A 口的输出数据三态门呈高阻状态。

(2) 该方式下，A 口的输入、输出均具备锁存数据的能力。CPU 写 A 口时数据锁存于 A 口，外设发送至 8255 的 $\overline{\text{STB}}$ 也可将输入数据锁存于 A 口。

(3) 该方式下，A 口的数据输入或数据输出均可引起中断。由图 7.7 可见，输入或输出中断还受到中断允许状态 $INTE_2$ 和 $INTE_1$ 的影响。$INTE_2$ 是由 PC_4 控制的，而 $INTE_1$ 是由 PC_6 控制的。利用 C 口的按位操作，通过 PC_4 或 PC_6 的置位或复位，可以允许或禁止相应的中断请求。

A 口在方式 2 下的工作过程简要叙述如下。

工作在方式 2 的 A 口，可以认为是按方式 1 下的输入和输出进行分时工作的结果。其工作过程和方式 1 的输入和输出过程一样。值得注意的是，在这种工作方式下，8255 与外设之间是通过 A 口的 8 条线 $PA_0 \sim PA_7$ 交换数据的。在 $PA_0 \sim PA_7$ 上，可能出现 8255 A 口输出数据到外设，也可能出现外设通过 $PA_0 \sim PA_7$ 将数据传送给 8255。这就要防止 $PA_0 \sim PA_7$ 上的数据线竞争问题。

在方式 2 下工作的时序如图 7.8 所示。

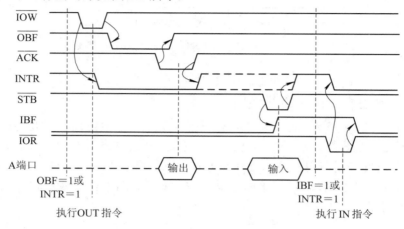

图 7.8　方式 2 下工作的时序图

图 7.8 中，输入、输出的顺序是任意的，但要求 $\overline{\text{IOW}}$ 在 $\overline{\text{ACK}}$ 之前发出，$\overline{\text{STB}}$ 在 $\overline{\text{IOR}}$ 之前发出。

在方式 2 下，A 口在 $\overline{\text{STB}}$ 锁存外设数据后，外设即可去掉输入数据，然后 CPU 可以读取 A 口锁存的数据；A 口在 $\overline{\text{ACK}}$ 有效时才将 CPU 送出的数据输出，由外设获得数据。由此，A 口完成双向传送的功能。

7.1.3　控制字与状态字

由可编程并行接口 8255 的工作方式可以看出，8255 有较强的功能，能够工作在多种方式下。在应用过程中，可以利用软件编程来指定 8255 的工作方式。也就是说，只要将不同的控制字装入芯片中的控制字寄存器中，即可确定 8255 的工作方式。

1. 控制字

8255 的控制字由 8 位二进制数构成，有两种编码格式。

当控制字的 $\text{bit}_7 = 1$ 时，控制字用于对 A、B、C 口的工作状态做出设置，编码格式如图 7.9 所示。其中 $\text{bit}_6 \sim \text{bit}_3$ 这 4 位用来控制 A 组，即 A 口的工作方式与 8 位数据传输方向，以及 C 口的高 4 位数据传输方向；低 3 位 $\text{bit}_2 \sim \text{bit}_0$ 用来控制 B 组，包括 B 口的工作方式与 8 位数据传输方向，以及 C 口的低 4 位数据传输方向。

当控制字的 $\text{bit}_7 = 0$ 时，控制字仅用于对 C 口进行位操作——按位置位或按位复位，编码格式如图 7.10 所示。在需要时可利用 C 口的按位置位/复位功能来使 C 口的某一位输出 0 或 1。

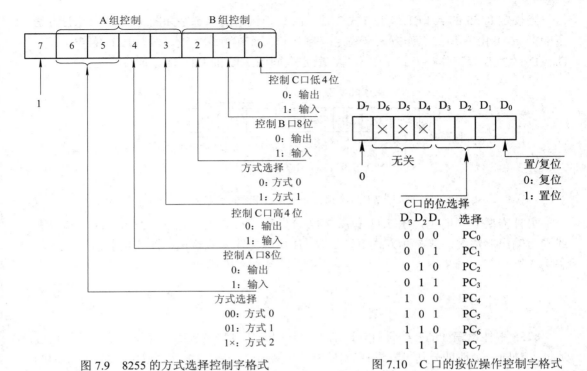

图 7.9　8255 的方式选择控制字格式　　　　　图 7.10　C 口的按位操作控制字格式

2. 状态字

当 8255 的 A 口、B 口均工作在方式 1 或 A 口工作在方式 2 时，通过读 C 口寄存器，可以获得 A 口和 B 口的状态。

当 8255 的 A 口和 B 口均工作在方式 1 的输入时，由 C 口读入的 8 位信息的意义如图 7.11 所示。

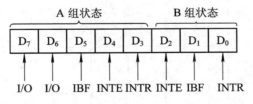

图 7.11　A、B 口均为方式 1 输入时的状态字

当 8255 的 A 口和 B 口均工作在方式 1 的输出时，由 C 口读入的状态字各位的意义如图 7.12 所示。

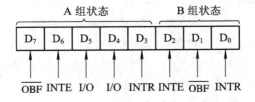

图 7.12　A、B 口均为方式 1 输出时的状态字

当规定 8255 的 A 口工作于方式 2 时，由 C 口读入的状态字如图 7.13 所示。图中状态字的 $D_0 \sim D_2$ 由 B 口的工作方式来决定。当 B 口工作在方式 1 输入时，其定义同图 7.11 的 $D_0 \sim D_2$；当 B 口工作在方式 1 输出时，其定义同图 7.12 的 $D_0 \sim D_2$。

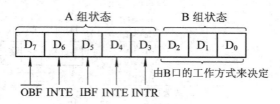

图 7.13　A 口在方式 2 工作时的状态字

另外需要说明的是，图 7.11 和图 7.12 分别表示在方式 1 之下，A 口、B 口同为输入或同为输出的情况。若在此方式下，A 口、B 口各为输入或输出，则其状态字为上述两状态字的组合。

7.1.4　寻址与连接

8255 占外设编址的 4 个地址，即 A 口、B 口、C 口和控制字寄存器各占一个外设接口地址。对同一个地址分别可以进行读/写操作。例如，读 A 口可将 A 口的数据读入 CPU；写 A 口可将 CPU 的数据写入 A 口并输出。利用 8255 的片选信号 $\overline{CS}$、A_0、A_1 以及读/写信号，即可方便地对 8255 进行寻址。这些信号的功能如表 7.2 所示。

表 7.2　8255 的寻址

$\overline{CS}$	A_1	A_0	$\overline{RD}$	$\overline{WR}$	操　作
0	0	0	0	1	读 A 口
0	0	1	0	1	读 B 口
0	1	0	0	1	读 C 口
0	0	0	1	0	写 A 口
0	0	1	1	0	写 B 口
0	1	0	1	0	写 C 口
0	1	1	1	0	写控制字寄存器
1	×	×	1	1	$D_0 \sim D_7$ 三态

根据这种寻址结构，可以方便地将 8255 连接到系统总线上。

例 7.1　图 7.14 给出了一个 8255 与 8088 系统总线连接的示例，其中 8255 是由 $A_9 \sim A_0$ 这 10 条地址线来决定其 I/O 地址的，它所占用的地址为 380H～383H。由图 7.14 可见，8255 与 8088 总线的连接是比较容易的。图中为了简化起见，未画出 AEN 的形成，这里可以认为只要 CPU 正常地执行指令，AEN 就为低电平。

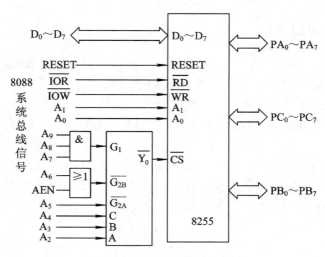

图 7.14　PC/XT 中 8255 的连接

例 7.2　图 7.15 给出了一个 8255 与 8086 系统总线连接的示例，其中 $A_0 \sim A_{15}$ 地址线连接两片 8255 构成外设接口。由图中的译码电路可以看到，8255-1 的接口地址为 FBC0H、FBC2H、FBC4H 和 FBC6H，8255-2 的接口地址为 FBC1H、FBC3H、FBC5H 和 FBC7H。

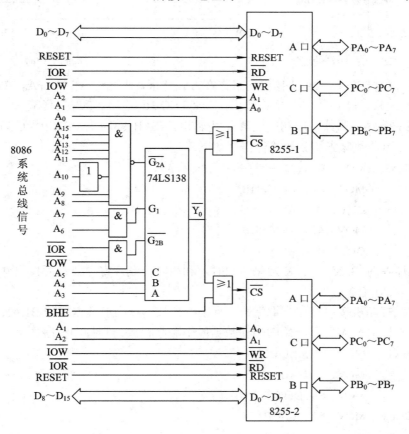

图 7.15　两片 8255 连接到 8086 系统总线上

7.1.5　初始化与应用举例

8255 可编程接口芯片的初始化十分简单，只要将控制字写入 8255 的控制字寄存器即可实现。现在举例说明 8255 的应用，即利用 8255 来实现打印机的接口。

例 7.3　利用 8255 方式 0 实现打印机接口。

8255 与总线的连接如图 7.14 所示，8255 工作在方式 0 下时，与打印机的连接如图 7.16 所示。

图 7.17 是打印机的工作时序图。接口将数据传送到打印机的 $D_0 \sim D_7$，利用一个负的锁存脉冲(宽度不小于 1 μs)将其锁存于打印机内部，以便打印机进行处理。同时，打印机送出高电平的 BUSY 信号，表示打印机正忙。一旦 BUSY 变低，表示打印机又可以接收下一个数据。

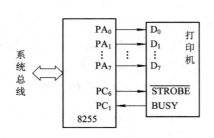

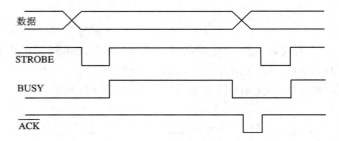

图 7.16　8255 与打印机的连接　　　　　　图 7.17　打印机的工作时序

为了与打印机接口，A 组、B 组均工作在方式 0 下，而通过 A 口的 $PA_0 \sim PA_7$ 与打印机的 $D_0 \sim D_7$ 相连接；C 口的 PC_6 用作输出，与 $\overline{\text{STROBE}}$ 连接；PC_1 用作输入，与打印机的忙信号 BUSY 连接。为此，应初始化 A 口为输出，C 口的高 4 位为输出，C 口的低 4 位为输入，B 口保留，暂时未用。初始化程序如下：

```
INIT55:   MOV   DX, 0383H
          MOV   AL, 10000011B
          OUT   DX, AL
          MOV   AL, 00001101B
          OUT   DX, AL
```

以上程序在对 8255 进行初始化的同时，利用对控制字寄存器设置按位操作，使 PC_6 输出为 1。

若利用此打印机接口打印一批字符，且字符串长度在当前数据段的 BLAK 单元中，要打印的字符在以 DATA 单元开始的当前数据段中顺序存放，则打印程序如下：

```
PRINT:    MOV   AL, BLAK
          MOV   CL, AL
          MOV   SI, OFFSET DATA
GOON:     MOV   DX, 0382H
PWAIT:    IN    AL, DX
          AND   AL, 02H
```

```
JNZ    PWAIT                   ; 等待不忙
MOV    AL，[SI]
MOV    DX，0380H
OUT    DX，AL                   ; 送数据
MOV    DX，0382H
MOV    AL，00H
OUT    DX，AL
MOV    AL，40H
OUT    DX，AL                   ; 送 STROBE 脉冲
INC    SI
DEC    CL
JNZ    GOON
RET
```

在上面的程序中，$\overline{\text{STROBE}}$ 负脉冲是通过将 PC$_6$ 初始化为 1，然后输出一个 0，再输出一个 1 而形成的。当然，也可以通过按位操作来产生此负脉冲。

例 7.4　利用 8255 方式 1 以查询方式实现打印机接口。

若利用图 7.14 所示的 8255 与系统连接的接口电路，在方式 1 下，8255 与打印机的连接如图 7.18 所示。

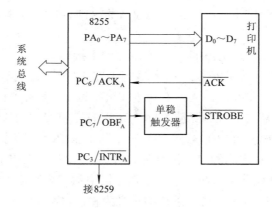

图 7.18　8255 与打印机的另一种连接

正如图 7.4、图 7.17 和图 7.18 所示，当 CPU 将一数据写入 A 口寄存器时，$\overline{\text{OBF}}_A$ 有效，并通过单稳触发器产生有效的 $\overline{\text{STROBE}}$，将 A 口寄存器输出的数据锁存于打印机中，并进行打印处理(BUSY 有效)。打印机处理完一个字符后(BUSY 无效)，会送出一个低电平的响应信号 $\overline{\text{ACK}}$。利用这个信号，可使图 7.18 中工作于方式 1 的 8255 的 $\overline{\text{OBF}}_A$ 无效、INTR$_A$ 有效，这样既可以通过查询 $\overline{\text{OBF}}_A$ 状态来实现数据输出到打印机，也可以利用 INTR$_A$ 通过中断来打印字符。

在 8255 的 A 口工作于方式 1 时，利用查询 8255 工作状态的方法可以将以 DATA 为起始单元的一批字符输出到打印机(输出数量由 BLAK 单元的内容决定)，初始化程序如下：

```
INIT8255:   MOV   DX，0383H
```

```
              MOV   AL，10100000B              ;A口方式1，输出
              OUT   DX，AL
```

一批字符的输出控制程序如下：

```
POLLPRINT:    MOV   AL，BLAK
              MOV   CL，AL
              MOV   SI，OFFSET DATA
GOON:         MOV   DX，0382H
PWAIT:        IN    AL，DX
              AND   AL，80H               ;检测 OBF̄_A
              JZ    PWAIT
              MOV   AL，[SI]
              MOV   DX，0380H
              OUT   DX，AL                ;送数据
              INC   SI
              DEC   CL
              JNZ   GOON
              RET
```

与 8255 工作于方式 0 的状况相比，在方式 1 下，8255 与打印机之间通过联络信号自动握手，故不需要利用程序生成打印机的选通脉冲 $\overline{\text{STROBE}}$。另外，查询的状态也从查外设状态改为查接口状态。

例 7.5 利用 8255 方式 1 以中断方式实现打印机接口。

8255 采用图 7.14 所示方式与系统连接，采用图 7.18 所示方式与打印机连接，设置 8255 的 A 口工作在方式 1 下，A 口的 $PA_0 \sim PA_7$ 用作数据输出。利用 $\overline{\text{OBF}}$ 的下降沿触发一单稳触发器，产生打印机所需的选通脉冲 $\overline{\text{STROBE}}$。打印机产生的 $\overline{\text{ACK}}$ 加到 8255 上，产生有效的 INTR 输出。此信号可加到 8259 的八个中断请求(IR)输入端之一。

为了初始化 8255，首先应确定其控制字。将 A 口设置为工作于方式 1、数据输出，B 口和 C 口的未用线任意设置。为简单起见，在本例中我们规定 B 口工作于方式 0；B 口和 C 口的 PC_0、PC_1、PC_2、PC_4、PC_5 这 5 条线均定义为输出，故控制字为 10100000B，即 A0H。

为了在打印机输出低电平的 $\overline{\text{ACK}}$ 时，通过 8255 的 PC_3 产生有效的中断请求信号 INTR，必须使 A 口的中断请求允许状态 INTE = 1。为使 A 口的中断允许状态为 1，可通过按位复位/置位操作将 PC_6 置 1。为此，可将 $0 \times \times \times 1101B$ 写入 8255 的控制字寄存器，选择 $\times \times \times$ 三位均为 0，故按位操作的控制字为 0DH。

对 8255 进行初始化的程序如下：

```
MOV   DX，0383H
MOV   AL，10100000B
OUT   DX，AL
MOV   AL，00001101B
OUT   DX，AL
```

将图 7.18 中 8255 的 $PC_3(INTR_A)$引脚接至图 6.32 中 8259 的 IR_0，采用 6.3.2 小节中对 8259 及中断向量表进行初始化的程序，则当 8255 的 $INTR_A$ 有效时，在中断允许的情况下，CPU 将执行以下中断处理程序(设要打印输出的数据存于 SI 指针指示的存储单元中，CL 中记录将要输出的数据量，执行一次中断，输出一个数据到打印机)：

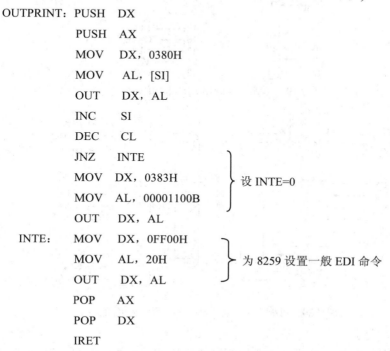

```
OUTPRINT：PUSH   DX
          PUSH   AX
          MOV    DX，0380H
          MOV    AL，[SI]
          OUT    DX，AL
          INC    SI
          DEC    CL
          JNZ    INTE
          MOV    DX，0383H         ⎫
          MOV    AL，00001100B     ⎬  设 INTE=0
          OUT    DX，AL            ⎭
INTE：    MOV    DX，0FF00H        ⎫
          MOV    AL，20H           ⎬  为 8259 设置一般 EDI 命令
          OUT    DX，AL            ⎭
          POP    AX
          POP    DX
          IRET
```

使用 8255 时应注意，当 CPU 的时钟高于 8 MHz 时，对 8255 的操作需要插入等待状态；另外，8255 的每个输出端可以提供 2.5～4 mA 的吸收电流（逻辑 0），如果外设需要更大的电流，则在 8255 的输出端应加电流驱动器。

7.2　可编程定时器 8253

可编程定时器 8253 是 Intel 公司为 80 系列微处理器配置的外围接口芯片。可编程定时器在微机系统中的应用十分广泛，它可以对外部事件进行计数，检测外部事件间的延迟，还可以产生特定的定时信号。

7.2.1　引脚及内部结构

可编程定时器 8253 的外部引脚如图 7.19 所示，相应的内部结构框图如图 7.20 所示。

$D_0 \sim D_7$：双向数据线，用以传送数据和控制字。计数器的计数值亦通过这些线进行读/写。

$\overline{CS}$：输入信号，低电平有效。当它有效时，才能选中该定时器芯片，实现对它的读或写。

$\overline{RD}$：读控制信号，低电平有效。

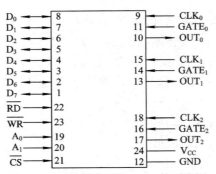

图 7.19　可编程定时器 8253 的引脚图

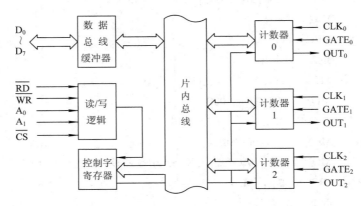

图 7.20　可编程定时器 8253 的内部结构框图

$\overline{WR}$：写控制信号，低电平有效。

A_0、A_1：8253 的内部计数器和一个控制字寄存器的地址编码信号，其功能如下：

A_1	A_0	
0	0	可选择计数器 0 计数寄存器
0	1	可选择计数器 1 计数寄存器
1	0	可选择计数器 2 计数寄存器
1	1	可选择控制字寄存器

A_0、A_1 与 $\overline{CS}$、$\overline{RD}$、$\overline{WR}$ 共同实现对 8253 的寻址，完成对 8253 的读/写操作。

$CLK_0 \sim CLK_2$：每个计数器的时钟输入端。计数器对该时钟信号进行计数。CLK 的最高频率可达 5 MHz。

$GATE_0 \sim GATE_2$：门控信号，即用来控制计数器工作的输入信号。

$OUT_0 \sim OUT_2$：计数器输出信号，用来产生不同工作方式下的输出波形。

7.2.2　工作方式

从图 7.20 的内部结构可以看到，可编程定时器 8253 的内部有 3 个相同且独立的 16 位计数器，每个计数器对各自的 CLK 输入时钟信号进行减法计数，在每一个时钟周期计数器减 1，3 个计数器都能够以 6 种方式工作。图 7.21 显示出 8253 分别在 6 种方式下工作的时序。

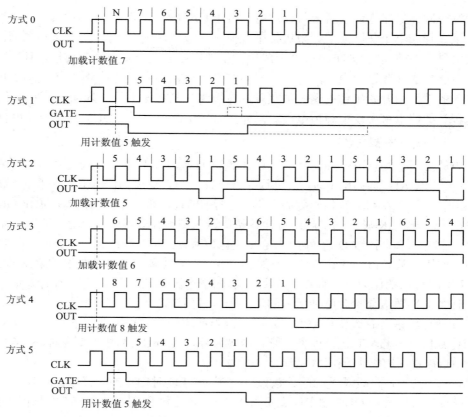

*对于方式 0、2、3、4，GATE＝0 时停止计数 。

图 7.21　8253 的 6 种工作方式时序图

1. 方式 0(计数结束产生中断)

当设定方式 0 后，计数器的输出 OUT 变低。在 GATE 信号为高电平(允许计数)时，写入计数初值 N，输出 OUT 保持低，并在下一个 CLK 脉冲的下降沿将计数初值从计数初值寄存器送到减 1 计数器中，启动计数器工作。当计数减到零，即计数结束时，输出 OUT 在保持了 $N+1$ 个 CLK 时钟周期的低电平后变高。该由低变高的输出信号即可作为中断请求信号。

如果在计数过程中修改了计数值，则写入第一个字节后使原先的计数停止，写入第二个字节后开始以新写入的计数值重新计数。

采用方式 0 时，计数过程受计数器的门控信号 GATE 的控制。当 GATE 为高电平时，允许计数；当 GATE 为低电平时，禁止计数，输出不变；若再次允许计数，则计数继续进行。

方式 0 可用于事件计数。

2. 方式 1(可编程单稳)

当设定方式 1、写入计数值 N 后，计数器的输出 OUT 变高。在门控信号 GATE 的上升沿出现时计数器被启动，计数器的 OUT 输出低电平。计数结束时，OUT 输出高电平。这样就可以从计数器的 OUT 端得到一个由 GATE 的上升沿开始到计数结束为止的宽度为 N 个 CLK 时钟周期的负脉冲。若想再次获得一个所希望宽度的负脉冲，则可用 GATE 上升沿重新触发一次计数器，或重新装入计数值后再用 GATE 上升沿触发计数器。

如果在形成单个负脉冲的计数过程中改变了计数值，则不会影响正在进行的计数。新的计数值只有在前面的 OUT 负脉冲形成后又出现 GATE 上升沿时才起作用。但是，若在形成单个负脉冲的计数过程中又出现了新的 GATE 上升沿，则当前计数停止，而后面的计数以新装入的计数值开始工作。这时的负脉冲宽度将包括前面未计完的部分，所以会加宽。利用这种计数情形可实现电源掉电检测，即只有在电源掉电时，OUT 端才会结束负脉冲。

3. 方式2(频率发生器)

在方式 2 下，写入方式控制字后，计数器 OUT 输出高电平；门控信号 GATE 用作电平控制信号，当 GATE 为高电平时，允许计数器计数，当 GATE 为低电平时，暂停计数并强迫 OUT 输出高电平。在 GATE 信号为高电平(允许计数)时，写入计数初值 N，输出 OUT 保持高，并在下一个 CLK 脉冲的下降沿将计数初值送入减 1 计数器中，启动计数器工作。计数开始后，前 N−1 个计数 OUT 输出高电平，计数减到 1 时 OUT 送出一个时钟周期的负脉冲，并再次用计数初值加载计数器，开始新一轮计数，也就是说，计数器的输出 OUT 以 N 倍的 CLK 时钟周期作为输出周期，周期性地输出一个 CLK 时钟周期宽的负脉冲。在此方式下，计数周期数应包括负脉冲所占的那一个时钟周期。

在计数过程中，若改变计数值，则不影响当前的计数过程，但在下一轮计数时，将采用新的计数值；若 GATE 由高变低，则计数被暂停，当 GATE 再由低变高时，GATE 的上升沿使计数器被重新加载计数初值，启动计数重新开始。

利用方式 2，通过设置不同的计数值可达到对 CLK 时钟脉冲的分频，而分频结果就是 OUT 输出；也可以利用 OUT 输出产生实时钟中断。当计数通道用作对外部事件计数时，GATE 的正跳变可用作外部事件的同步控制信号。

4. 方式3(方波发生器)

在此方式下，当 GATE 为高电平时，允许计数器计数，OUT 输出对称方波；当 GATE 为低电平时，禁止计数，强迫 OUT 输出高电平。当装入的计数值 N 为偶数时，前 N/2 计数期间 OUT 输出高电平，后 N/2 计数期间 OUT 输出低电平，如此这般一直进行下去；若 N 为奇数，则前(N+1)/2 计数期间 OUT 输出高电平，后(N−1)/2 计数期间 OUT 输出低电平。

在产生方波过程中，若装入新的计数值，则方波的下一个周期将反映新计数值所规定的方波宽度；若 GATE 由高变低，计数被暂停，当 GATE 再低变高出现正跳变时，计数器被重新以初始计数值启动计数。

利用方式 3，8253 除可以作为方波发生器外，还可以作为波特率发生器、实时钟中断产生器。当计数通道用作对外部事件计数时，GATE 正跳变可用作外部事件的同步控制信号。

5. 方式4(软件触发选通)

此方式同样受 GATE 信号的控制。只有当 GATE 为高电平时，计数才允许进行；当 GATE 为低电平时，禁止计数。

设置此方式后，输出 OUT 立即变为高电平。一旦装入计数值，计数立即开始。当 N 个 CLK 时钟周期计数结束后，由 OUT 输出一个宽度为一个时钟周期的负脉冲。注意：计数的启动并不受 GATE 的控制。

若在计数过程中装入新的计数值，则计数器从下一时钟周期开始以新的计数值进行计数。

6．方式 5(硬件触发选通)

设置此方式后，OUT 输出为高电平。GATE 的上升沿使计数开始。当 N 个 CLK 时钟周期计数结束后，由输出端 OUT 送出一宽度为一个时钟周期的负脉冲。

在此方式下，GATE 电平的高低不影响计数，计数由 GATE 的上升沿启动。

若在计数结束前又出现了 GATE 上升沿，则计数从头开始。利用该方式也可实现电源掉电检测，只是在电源掉电时，OUT 端才会出现负脉冲。

从 8253 的 6 种工作方式可以看到，门控信号 GATE 十分重要，而且对于不同的工作方式，其作用不一样。现将各种方式下 GATE 的作用列于表 7.3 中。

表 7.3　GATE 信号功能表

GATE	低电平或下降沿	上升沿	高电平
方式 0	禁止计数	不影响	允许计数
方式 1	不影响	启动计数	不影响
方式 2	禁止计数并置 OUT 为高	初始化计数	允许计数
方式 3	禁止计数并置 OUT 为高	初始化计数	允许计数
方式 4	禁止计数	不影响	允许计数
方式 5	不影响	启动计数	不影响

7.2.3　控制字

在对可编程定时器 8253 初始化时，控制字应被写入控制字寄存器中，其控制字格式如图 7.22 所示。

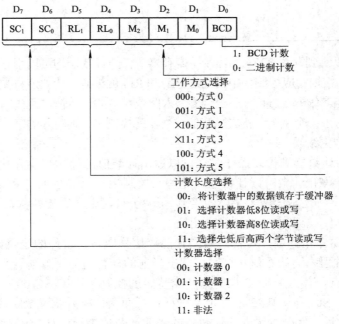

图 7.22　8253 的控制字格式

8253 的控制字 D_0 位用来定义用户所使用的计数值是二进制数还是 BCD 数。因为每个计数器都是 16 位(二进制)计数器，所以允许用户使用的二进制数为 0000H～FFFFH，十进制数为 0000～9999。由于计数器做减 1 操作，因此当初始计数值为 0000H 时，对应最大计数值。

8253 控制字中，RL_1 和 RL_0 为 00 时的作用将在下面说明，其他各位的功能一目了然。

8253 每个计数器都有自己的 16 位计数值寄存器。一个 8 位或 16 位计数值写入计数值寄存器后，被自动加载至减 1 计数器中。当启动计数器开始计数后，在每一个 CLK 时钟周期，减 1 计数器做一次减 1 计数，减 1 的结果用来控制 OUT 输出规定波形的信号，同时，减 1 计数结果被传送至计数锁存器中。当 CPU 发出锁存命令($RL_1RL_0 = 00$)时，计数锁存器锁存当前计数值，直至 CPU 读取当前计数值后，它再跟随减 1 计数器的当前计数值变化。

7.2.4 寻址与连接

1. 寻址

8253 占用 4 个接口地址，地址由 $\overline{CS}$、A_0、A_1 来确定。同时，再配合 $\overline{RD}$、$\overline{WR}$ 控制信号，可以实现对 8253 的各种读/写操作。上述信号的组合功能由表 7.4 来说明。

表 7.4　各寻址信号组合功能

$\overline{CS}$	A_1	A_0	$\overline{RD}$	$\overline{WR}$	功　　能
0	0	0	1	0	写计数器 0
0	0	1	1	0	写计数器 1
0	1	0	1	0	写计数器 2
0	1	1	1	0	写控制字寄存器
0	0	0	0	1	读计数器 0
0	0	1	0	1	读计数器 1
0	1	0	0	1	读计数器 2
0	1	1	0	1	无效

从表 7.4 可以看到，对 8253 的控制字寄存器或任一计数器均可以用它们各自的地址进行写操作。要注意，根据相应控制字中设定的 RL_1 和 RL_0 的编码，计数值将被写入规定的某一计数器中。特别是当其编码为 11 时，一定要装入两个字节的计数值，且先写入低字节再写入高字节。若此时只写了一个字节，就去写其他计数器或控制字，则写入的字节将被解释为计数值的高字节，从而产生错误。

当对 8253 的计数器进行读操作时，可以读出计数值。具体实现方法有如下两种：

(1) 在计数器停止计数时读计数值。先写入控制字，规定好 RL_1 和 RL_0 的状态，也就是规定好读一个字节还是读两个字节。若其编码为 11，则一定读两次，先读出计数值低 8 位，再读出高 8 位；若只读一次同样会出错。

为了使计数器停止计数，可使用 GATE 门控信号或自己设计的逻辑电路。

(2) 在计数过程中读计数值。这时可读出当前的计数值而不影响计数器的工作。

为做到这一点，需要在 8253 中写入一个特定的控制字：$SC_1SC_000\times\times\times\times$，即锁存命令。其中，$SC_1$ 和 SC_0 与图 7.22 中的定义一样，后面两位刚好定义 RL_1 和 RL_0 为 00。将此控制字写入 8253 后，就可将选中的计数器的当前计数值锁存到计数锁存器中。而后，利用读计数器操作——两条输入指令即可把 16 位计数值读出。

2. 连接

为了用好 8253，读者必须能熟练地将它连接到系统总线上。

例 7.6　图 7.23 是 8253 与 8088 系统总线连接的逻辑电路。

在图 7.23 中，通过译码器，使 8253 占用 FF04H～FF07H 四个接口地址。假如在连接中采用了部分地址译码方式，使 A_{15} 不参加译码，则 8253 的每一个计数器和控制字寄存器分别占用两个接口地址。

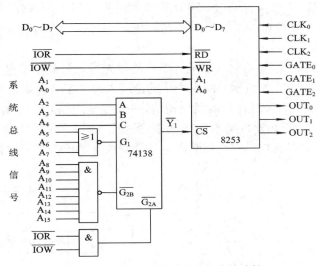

图 7.23　8253 与 8088 系统总线的连接

例 7.7　图 7.24 是 8253 用于 PC/XT 微机系统的示例。在这里，采用的是外设接口地址的部分译码方式。译码器 74138 的控制端 G_1 由 5 个信号译码得来，当 CPU 执行程序时，译码输出为高电平，保证 G_1 输入有效。图中的 HRQ 为 DMA 请求，高电平有效。

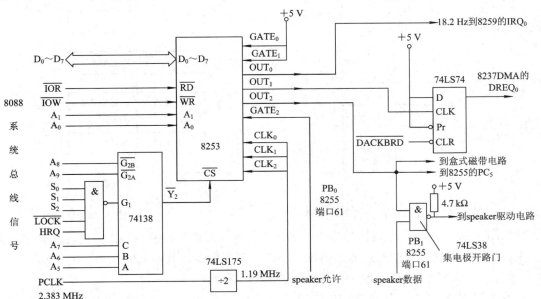

图 7.24　PC/XT 中 8253 的连接简图

由于采用了部分地址连续译码，图 7.24 中的 8253 占用了外设接口地址 040H～05FH。在使用时，只要选择其中 4 个合适的连续地址，分别代表计数器和控制字寄存器的地址即可使之正常工作。

7.2.5 初始化与应用举例

由于 8253 的每个计数器都有自己的地址，控制字中又有专门两位来指定计数器，因此 8253 的初始化编程十分灵活方便。对计数器的编程实际上可按任何顺序进行。也就是说，不必一定按照计数器 0、1、2 的顺序初始化。实际使用中经常采用以下两种初始化顺序。

(1) 逐个对计数器进行初始化。对某一个计数器先写入控制字，接着写入计数值(一个字节或两个字节)，如图 7.25 所示。图中表示的是写入两个字节计数值的情况。

按照图 7.25 所示的顺序对计数器逐个初始化时，先初始化哪一个计数器无关紧要。但对某一个计数器来说，则必须按照图 7.25 的顺序进行，即先写控制字再写计数值。

(2) 先写所有计数器的控制字，再装入各计数器的计数值，其过程如图 7.26 所示。

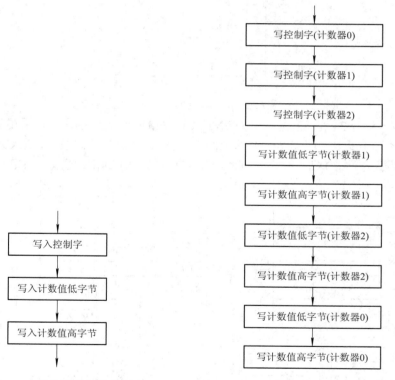

图 7.25　一个计数器的初始化顺序　　　图 7.26　另一种初始化编程顺序

从图 7.26 可以看到，这种初始化方法是先将各计数器的控制字写入，再写计数值，这个先后顺序不能错。再就是计数值高低字节的顺序不能错。其他的顺序则无关紧要。

例 7.8　IBM-PC 的 BIOS 中对 8253 的初始化例程。

图 7.24 是简化了的 IBM-PC 中的 8253 连接图。在 IBM 公布的软件 BIOS 中，有专门

对 8253 初始化的程序。我们摘录该段程序如下：

```
MOV   AL，36H              ；计数器 0，双字节计数，方式 3，二进制计数
OUT   43H，AL              ；写入控制字寄存器
MOV   AL，0
OUT   40H，AL              ；写计数器低字节
OUT   40H，AL              ；写计数器高字节
```

程序中用 0000H 作为计数值。此时计数器 0 的计数值最大，为 65 536。以上是初始化计数器 0 的程序。由于规定 8253 工作在方式 3 下，因而在 OUT_0 输出端可以获得对称方波。

下面是对计数器 1 的初始化程序。

```
MOV   AL，54H              ；计数器 1，只写计数器低字节，方式 2，二进制计数
OUT   43H，AL              ；写入控制字寄存器
MOV   AL，18               ；将计数值 18 写入计数器 1 低字节
OUT   41H，AL
```

计数器的输入时钟是由 PCLK 二分频得到的，大约为 1.193 18 MHz。该段程序将计数器 1 初始化为方式 2，并且将计数值设置为 18，则计数器 1 工作于对时钟进行 18 次分频的状态下，大约 15 μs 输出一个负脉冲。在该系统中，用它产生对 DMAC 的总线请求，实现大约每 15 μs 一次的动态存储器的刷新操作。

下面是对计数器 2 的初始化程序：

```
MOV   AL，0B6H            ；选择计数器 2，写双字节计数值，方式 3，二进制计数
OUT   43H，AL              ；装入控制字寄存器
MOV   AX，533H
OUT   42H，AL              ；装入计数器低字节
MOV   AL，AH
OUT   42H，AL              ；装入计数器高字节
```

该程序将计数器 2 初始化为方式 3。在其工作过程中，可以由 OUT_2 输出方波，经驱动和滤波，接到扬声器上去，产生音响效果。此时加到扬声器上的信号是输入时钟 PCLK 进行分频得到的信号。

例 7.9　8253 应用分析。

下面以图 7.23 所示的连接图为例，写出 8253 的初始化程序。请读者分析此程序的初始化顺序以及各计数器的工作方式。

```
SET8253：MOV   DX，0FF07H
          MOV   AL，36H
          OUT   DX，AL
          MOV   AL，71H
          OUT   DX，AL
          MOV   AL，0B5H
          OUT   DX，AL
```

```
        MOV   DX, 0FF04H
        MOV   AL, 0A8H
        OUT   DX, AL
        MOV   AL, 61H
        OUT   DX, AL
        MOV   DX, 0FF05H
        MOV   AL, 00H
        OUT   DX, AL
        MOV   AL, 02H
        OUT   DX, AL
        MOV   DX, 0FF06H
        MOV   AX, 0050H
        OUT   DX, AL
        MOV   AL, AH
        OUT   DX, AL
```

例 7.9 程序分析结果

例 7.10 电源掉电检测。

我们目前使用的 220 V 电源为 50 Hz 交流电(国外通常使用 110 V、60 Hz 交流电),它通常作为微机系统的系统电源。当系统电源因各种原因出现故障时,为了保护系统的工作状态,需要在备用电源的支持下对重要信息进行保护等处理,以便系统恢复正常供电后能够继续原来的工作,这就需要进行电源掉电检测。

利用 8253 实现电源掉电检测的设计思想是,利用电源信号经检波、整流生成 8253 的 GATE,这样 GATE 信号每 20 ms/16.67 ms(对应 50 Hz/60 Hz)产生一次脉冲。只要使计数值 N 取得足够大,在方式 1 下,使得计数器在 20 ms (16.67 ms)内始终不能减到 0,这样,不断出现的 GATE 脉冲上升沿就会使 8253 计数器不断被重启计数,使 OUT 输出一直维持为 0,从而不能对 8086 CPU 产生 NMI。当电源出现故障时,GATE 信号不再产生,计数器最终会计数到 0,从而使 OUT 输出为 1,产生对 8086 CPU 的掉电中断 NMI。

若 CLK 为 2.4576 MHz,GATE 在 20 ms 内产生一个触发信号,即 GATE 信号周期为 49 152 个时钟周期,则应取计数值 N > C000H = 49 152。使图 7.27 电路有效工作的 8253 初始化程序如下(设 8253 的 I/O 地址为 200H～207H 中的偶地址):

```
        MOV   DX, 0206H
        MOV   AL, 00110010B    ; 选计数器 0, 16 位计数长度, 方式 1, 二进制计数
        OUT   DX, AL
        MOV   DX, 0200H
        MOV   AL, 02H          ; 取计数值 N = C002H
        OUT   DX, AL
        MOV   AL, C0H
        OUT   DX, AL
```

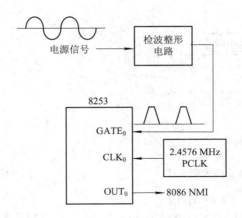

图 7.27　电源掉电检测电路

从以上叙述可以看到，8253 在应用上具有很高的灵活性。通过对外部输入时钟信号的计数，可以达到计数和定时两种应用目的。门控信号 GATE 提供外部控制计数器的能力。同时，当一个计数器计数或定时长度不够时，可以两个、三个计数器串起来使用，即一个计数器的输出 OUT 作为下一个计数器的外部时钟输入，甚至可将两个 8253 串联起来使用。图 7.28 即为 8253 内部三个计数器串联连接的示意图。

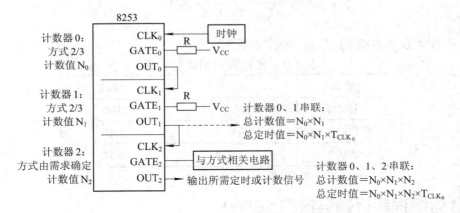

图 7.28　8253 计数器串联示意图

例 7.11　若加到可编程定时器 8253 芯片上的时钟信号为 1MHz，8253 芯片的计数器 0、1、2 连接如图 7.29 所示。若计数器 0 产生周期对称方波，计数器 1 产生每周期出现一个负脉冲的信号(要求占空比 = 9∶1)，计数器 2 产生 100 ms 之后仅出现一个负脉冲(宽度为 1 ms)的信号 Z(如图 7.30 所示)，试为 8253 各计数器设计合理的初始化信息(即工作方式与计数值)。

按照信号 Z 的波形变化，只有方式 4 能够满足计数器 2 的输出要求，此时计数器 2 的计数值为

$$n_2 = \frac{100 \text{ ms}}{1 \text{ ms}} = 100$$

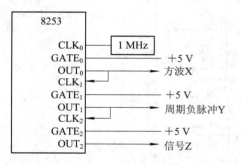

图 7.29　8253 计数器的连接方式

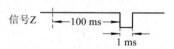

图 7.30　信号 Z 的波形

Z 负脉冲宽度 = 1 ms = Y 周期。

由于当计数器 1 选择方式 2 且计数值 $n_1 = 10$ 时才能得到所需占空比的周期负脉冲，故计数器 1 加载的时钟周期为

$$T_{CLK_1} = \frac{Y 周期}{n_1} = \frac{1 \text{ ms}}{10} = 100 \text{ μs}$$

按照硬件连接，X 周期 $= T_{CLK_1}$，且根据 X 信号波形，计数器 0 需选择方式 3 且计数值为

$$n_0 = \frac{T_{CLK_1}}{T_{CLK_0}} = \frac{100 \text{ μs}}{1 \text{ μs}} = 100$$

故此 8253 各计数器的初始化信息如表 7.5 所示。

表 7.5　各计数器初始化信息

计数器	工作方式	计数值
计数器 0	方式 3	100
计数器 1	方式 2	10
计数器 2	方式 4	100

7.3　可编程串行通信接口 16550

在微机与外设或微机与微机之间进行串行通信时，有两种最基本的通信方式：同步通信和异步通信。

所谓同步通信，是指在约定的波特率(每秒钟传送的位数)下，发送端和接收端的频率保持一致(同步)。因为发送和接收的每一位数据均保持同步，故传送信息的位数几乎不受限制，通常一次通信传送的数据有几十到几百甚至更多个字节。这种通信的发送器和接收器比较复杂，成本较高。

异步通信是指收、发端在约定的波特率下，不需要有严格的同步，允许有相对的迟延，即两端的频率差别在 1/10 以内，不需要时钟或定时信号，就能正确地实现通信。

通用异步收发器(UART)是现代以微处理器为核心的设备(包括个人计算机、调制解调

器)中最常用的串行异步通信接口之一。早期装在 IBM 个人计算机上的 UART 芯片是8250，它被限定最大速率为 9600 b/s(波特率)。它的改进型 16450 具有与它相同的结构，但传输速率更高一些。两种芯片都仅有 1 个字节的 FIFO 缓冲器。当在 Windows 或其他多任务操作系统下工作时，1 字节 FIFO 的 16450 常会出现数据丢失，因此实际的速率不得不限定在 1200 b/s 或 2400 b/s。为了在多任务操作系统环境下实现高速串行通信，升级的 UART 中扩充了 FIFO 的容量。16550 有 16 字节 FIFO，16650 有 32 字节 FIFO，16750有 64 字节 FIFO，16950 有 128 字节 FIFO。

7.3.1　引脚及内部结构

16550 UART 芯片有两种封装形式：40 引脚 DIP(Dual In-Line Package)或 44 引脚PLCC(Plastic Lead-less Chip Carrier)。图 7.31 显示了 40 引脚 DIP 封装的 16550 UART 芯片的外部引脚。图 7.32 为 16550 的内部结构。

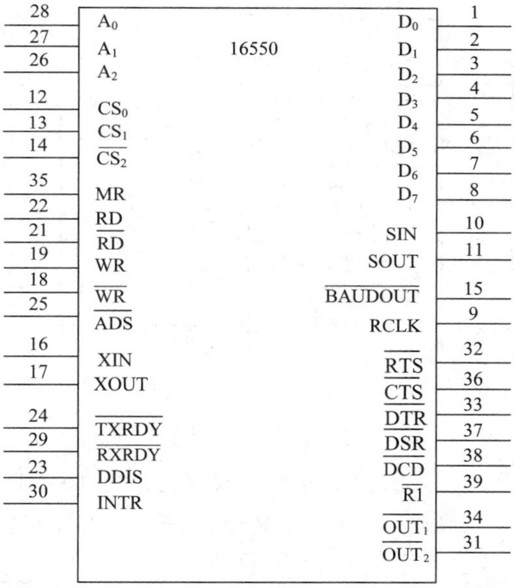

图 7.31　16550 UART 芯片的外部引脚

CS_0、CS_1、$\overline{CS_2}$：片选输入信号。只有当它们同时有效时，才能选中该 16550 UART。

A_0、A_1、A_2：内部寄存器选择信号。这 3 个输入信号的不同编码可以选中 16550 内部不同的寄存器。

$\overline{ADS}$：地址选通信号。该输入信号有效(上升沿)时，可将 CS_0、CS_1、$\overline{CS_2}$ 及 A_0、A_1、A_2 锁存于 16550 内部。若不需要对片选和地址线进行锁存（如在 Intel 系统中），则可将该引脚接地。$\overline{ADS}$ 引脚是为使用 Motorola 微处理器的用户设计的。

RD、$\overline{RD}$：读信号。当其中之一有效时，选中的 16550 寄存器内容被读出。它们经常与系统总线上的 $\overline{IOR}$ 相连接。

WR、$\overline{WR}$：写信号。当其中之一有效时，可将数据或控制字写入选中的 16550 寄存器。它们常与系统总线的 $\overline{IOW}$ 相连接。

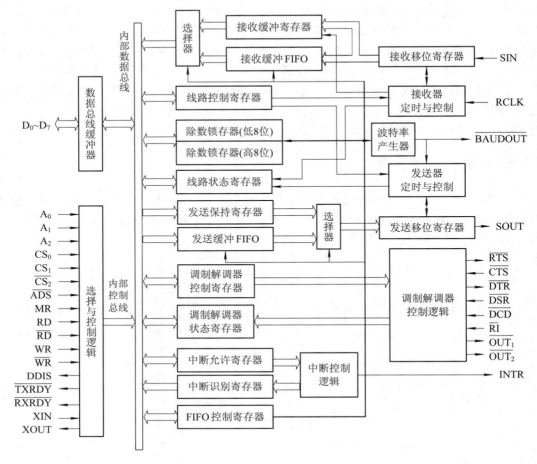

图 7.32　16550 芯片内部结构

　　MR：主复位，输入信号。该引脚高电平有效时初始化 16550，它被一个与 TTL 兼容的施密特触发器所缓冲，通常与系统复位信号 RESET 相连。MR 复位后的状态如表 7.6 所示。

表 7.6　MR 复位后的状态

寄　存　器	复位后的状态	引脚	复位后的状态
线路控制寄存器	LCR = 00H	SOUT	
中断允许寄存器	IER = 00H	$\overline{OUT_1}$	
中断识别寄存器	IIR = 01H	$\overline{OUT_2}$	
Modem 控制寄存器	MCR = 00H	$\overline{RTS}$	高电平
线路状态寄存器	LSR = 60H	$\overline{DTR}$	
Modem 状态寄存器	MSR：$bit_0 \sim bit_3 = 0$, $bit_4 \sim bit_7 =$ 输入信号	$\overline{RXRDY}$	
FIFO 控制寄存器	FCR = 00H	$\overline{TXRDY}$	低电平
		INTR	

　　$D_7 \sim D_0$：双向三态数据线。该组线与系统数据总线相连接，用以传送数据、控制字和状态信息。

XIN、XOUT：主时钟连接端。这两端可跨接晶体振荡器或由 XIN 连接外部时钟源来提供芯片的主时钟。

RCLK：接收时钟。该引脚是加载到 UART 接收器的时钟输入，其频率为接收信号波特率的 16 倍。

$\overline{\text{BAUDOUT}}$：波特率输出。它是由发送器电路中的波特率产生器产生的发送时钟信号，其输出的时钟频率等于主时钟频率除以 16550 内部波特率产生器中的除数，是发送波特率的 16 倍。此信号通常与 RCLK 相连，使接收时钟与发送时钟相同。

SIN：串行数据接收引脚。外设、Modem(调调解调器)或其他系统传送来的串行数据由该端进入 16550。

SOUT：串行数据发送引脚。组装的串行数据通过该引脚输出到外设、Modem 或数据装置中。

$\overline{\text{RXRDY}}$：接收器就绪。该信号用于通过 DMA 技术传输所接收的数据。

$\overline{\text{TXRDY}}$：发送器就绪。该信号用于通过 DMA 技术传输所发送的数据。

DDIS：禁止驱动器，输出信号。该信号为低电平时，表示 CPU 正在读 UART。该信号可以控制 CPU 和 UART 之间的数据总线收发器的数据传输方向。

INTR：中断请求，输出信号。当 16550 中断允许，且接收错误标志、接收数据可用(超时：仅限 FIFO 模式)、发送保持寄存器空以及 Modem 状态之一产生高有效的中断请求时，该引脚变高。在相应的中断服务或主复位操作下，INTR 信号恢复为低电平。

$\overline{\text{RTS}}$：请求发送，输出信号。这是针对 Modem 的信号，指示 16550 准备发送数据。

$\overline{\text{CTS}}$：清除发送，输入信号。该信号为低电平时，表示 Modem 或数据装置准备交换信息。该信号不影响发送器，经常用于半双工系统中。

$\overline{\text{DTR}}$：数据终端就绪，输出信号。该信号为低电平时，告知 Modem 或数据装置：UART 准备与之建立通信链路。它是向外设发送数据的请求信号。

$\overline{\text{DSR}}$：数据装置就绪，输入信号。该信号为低电平时，表示 Modem 或数据装置准备与 UART 建立通信链路，将进行接收数据的操作。

$\overline{\text{DCD}}$：数据载波检测(Data Carrier Detect)，输入信号。该信号为低电平时，表示 Modem 检测到数据载波。该信号不影响接收器。

$\overline{\text{RI}}$：振铃指示，输入信号。该信号为低时，表示 Modem 接收到一个电话铃声信号。

$\overline{\text{OUT}}_1$、$\overline{\text{OUT}}_2$：由用户编程 Modem 控制寄存器来定义的输出信号，在系统需要时可为 Modem 或任何设备提供信号。

7.3.2　内部寄存器

1．线路控制寄存器(Line Control Register，LCR)

线路控制寄存器是一个 8 位的寄存器，其主要功能如图 7.33 所示。CPU 通过程序写 LCR 来规定异步串行通信时所使用的数据通信格式及设置除数锁存器访问位，也可以读 LCR 内容。LCR 的 L_1、L_0 规定接收与发送数据的位数。ST 规定串行数据中的停止位数，当 ST = 1 时，对 5 位数据使用 1.5 停止位，对 6/7/8 位数据使用 2 停止位；接收器仅检查第 1 个停止位而忽略所选择的停止位数。SP、PS、PE 决定串行数据中的校验状况，见表

7.7。SB 确定是否从 SOUT 引脚强制发送一个间断(一个间断定义为至少连续两帧逻辑 0 数据),该控制位仅作用于SOUT而不影响发送逻辑。应特别注意该控制字的DLAB(Divisor Latch Access Bit)位,当允许对波特率产生器进行除数锁存或读出时,应将 DLAB 置 1,而在读写其他寄存器时,应使其为 0。

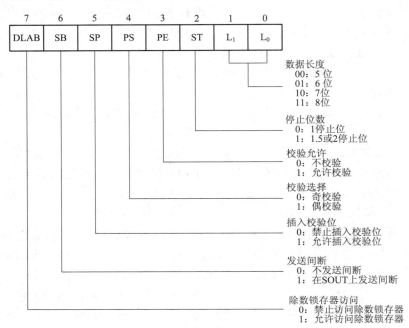

图 7.33　16550 线路控制寄存器

表 7.7　串行数据中校验位的设置

SP	PS	PE	功　能
0	0	0	不校验
0	0	1	产生(发送时)或检验(接收时)奇校验
0	1	0	不校验
0	1	1	产生(发送时)或检验(接收时)偶校验
1	0	0	未定义
1	0	1	校验位 = 1
1	1	0	未定义
1	1	1	校验位 = 0

2. 波特率产生器(Baud Rate Generator,BRG)

波特率产生器能够接收直流到频率为 24 MHz 的时钟输入,用于提供串行传输时钟。通过改变波特率产生器中的除数锁存器内容($2 \sim 2^{16} - 1$),可以改变串行通信的波特率。除数值由下式确定:

$$除数N = \frac{主时钟频率f}{波特率产生器输出频率} = \frac{主时钟频率f}{16 \times 波特率F}$$

对于 18.432 MHz 的主时钟频率而言，某些常用的串行通信波特率所对应的除数值列于表 7.8 中。除数锁存器在初始化期间加载 16 位的除数，占用两个端口地址，除数锁存低位 (DLL)端口($A_2A_1A_0 = 000$)保存除数低 8 位，除数锁存高位(DLH)端口($A_2A_1A_0 = 001$)保存除数高 8 位。一旦加载除数锁存器，16 位的波特计数器就立即被加载。

表 7.8　与波特率对应的除数

波特率/(b/s)	除数值
110	10 473
300	3840
1200	960
2400	480
4800	240
9600	120
19 200	60
38 400	30
57 600	20
115 200	10

3. 线路状态寄存器(Line Status Register，LSR)

线路状态寄存器是一个 8 位寄存器，可向 CPU 提供有关数据传输的状态信息，包含接收器和发送器的错误条件和状态，其各位定义如图 7.34 所示。

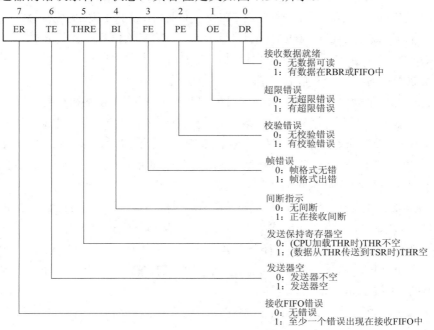

图 7.34　线路状态寄存器

DR 为接收数据就绪标志，当接收到一个完整进入的字符并转移到接收缓冲寄存器 (RBR)或接收 FIFO 时，该位置 1。读接收缓冲寄存器或 FIFO 中的全部数据时，该位置 0。

OE 是超限错误标志。它表示在下一个字符被转移到接收缓冲寄存器之前，接收缓冲寄存器中的数据未被 CPU 读取，从而破坏了前一个字符。当检测到超限条件时，OE 置 1；当 CPU 读取线路状态寄存器的内容时，OE 置 0。如果在 FIFO 模式下且数据持续填充 FIFO 超过触发门限，则仅在 FIFO 被装满且下一个字符已经完全被接收到移位寄存器之后，超限错误才会发生。一旦超限错误出现，OE 会告知 CPU，此时在移位寄存器中的字符会被覆盖(它还没有被传送到 FIFO 中)。

PE 是奇偶校验错误标志。它表示接收的数据字符有不正确的偶或奇校验。当检测到奇偶校验错误时，PE 置 1；当 CPU 读取线路状态寄存器的内容时，PE 置 0。在 FIFO 模式下，此错误与施加于 FIFO 中的特定字符相关联。当关联字符位于 FIFO 的头部时，PE 会告知 CPU。在信息传输中遇到噪声干扰时容易产生校验错。

FE 是帧错误标志。它表示接收的字符没有有效的停止位。当跟在最后一个数据位或奇偶校验位之后的停止位被检测为逻辑 0(间断电平)时，FE 置 1；当 CPU 读取线路状态寄存器的内容时，FE 置 0。在 FIFO 模式下，此错误与施加于 FIFO 中的特定字符相关联。当关联字符位于 FIFO 的头部时，FE 会告知 CPU。在出现帧错误后，UART 将尝试进行重新同步。为了做到这点，UART 假设帧错误是由下一个起始位造成的，所以它首先采样“起始位”两次，然后接收“数据”。当接收器以不正确的波特率接收数据时会出现帧错误。

BI 是间断中止标志。当 SIN 接收的数据输入保持在间断状态(逻辑 0)超过一个完整字传输时间(即起始位+数据位+奇偶校验+停止位的总时间)时，BI 置 1；CPU 读取线路状态寄存器的内容时，BI 置 0。在 FIFO 模式下，此错误与施加于 FIFO 中的特定字符相关联。当关联字符位于 FIFO 的头部时，BI 会告知 CPU。当间断出现时，FIFO 中仅加载一个零字符。在 SIN 进入标记状态(marking state)且接收下一个有效的起始位后，允许传输下一个字符。

上述 OE 等 4 个标志是产生接收器线路状态中断的错误状况。当检测到其中任一错误状况且中断被允许时，一个接收器线路状态中断将发生。

THRE 是发送保持寄存器空标志。它表示 UART 准备接收新字符进行传输。此外，当发送保持寄存器空中断允许被置高时，该位会导致 UART 向 CPU 发出中断。当一个字符从发送保持寄存器(THR)传送到发送移位寄存器(TSR)时，THRE 置 1；在 CPU 加载发送保持寄存器的同时，THRE 置 0。在 FIFO 模式下，当发送缓冲 FIFO 为空时，设置此位；当至少 1 个字节写入发送缓冲 FIFO 时，清除此位。

TE 是发送器空标志。当 THR 和 TSR 两者都空时，TE 置 1；当 THR 或 TSR 包含一个数据字符时，TE 置 0。在 FIFO 模式下，当发送 FIFO 和移位寄存器都为空时，该位置 1。

ER 是接收 FIFO 错误标志。在 16450 模式下，该位是 0。在 FIFO 模式中，当 FIFO 中至少存在一个奇偶校验错误、帧错误或间断指示时，ER 置 1；如果在 FIFO 中没有后续错误，则在 CPU 读取 LSR 时，ER 清零。

线路状态寄存器仅用于读取操作。不建议写此寄存器，因为此操作仅用于工厂测试。

4．FIFO 控制寄存器(FIFO Control Register，FCR)

FIFO 控制寄存器用来对 16550 UART 中的缓冲 FIFO 进行设置，它可以允许或禁止发送和接收缓冲 FIFO，清除发送和接收缓冲 FIFO(包括将它们各自的计数器复位到 0，但移位寄存器不受影响)，为接收缓冲 FIFO 中断设置触发门限，选择向 DMA 发信号的模式。其各位定义如图 7.35 所示。

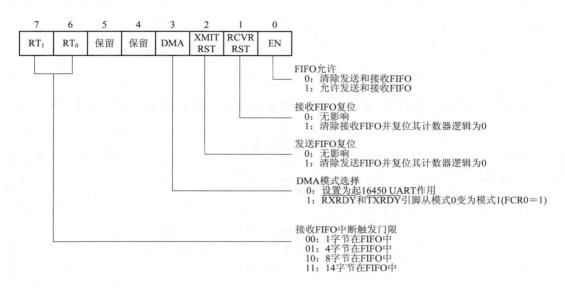

图 7.35　FIFO 控制寄存器

发射器和接收器可以通过 $\overline{\text{RXRDY}}$ 和 $\overline{\text{TXRDY}}$ 引脚向 DMA 发信号。在 FIFO 模式下操作时，通过 FCR3 选择 $\overline{\text{RXRDY}}$ 和 $\overline{\text{TXRDY}}$ 引脚向 DMA 发两种模式信号之一。当在 16450 模式下操作时，仅允许使用 DMA 模式 0。模式 0 支持单次传输 DMA，即在 CPU 总线周期之间做一次传输。模式 1 支持多次传输 DMA，即连续进行多次传输，直到接收缓冲 FIFO 被清空或发送缓冲 FIFO 被填满时为止。

$\overline{\text{RXRDY}}$，模式 0：在 16450 模式(FCR0=0)或在 FIFO 模式(FCR0=1，FCR3=0)下，并且至少有 1 个字符在接收缓冲 FIFO 或接收缓冲寄存器中时，$\overline{\text{RXRDY}}$ 引脚将变为低有效。一旦 $\overline{\text{RXRDY}}$ 引脚被激活，当接收缓冲 FIFO 或寄存器中没有更多的字符时，它将变为无效。

$\overline{\text{RXRDY}}$，模式 1：在 FIFO 模式(FCR0=1)下，当 FCR3=1 且触发门限或超时已经达到时，$\overline{\text{RXRDY}}$ 引脚将变为低有效。一旦它被激活，当接收缓冲 FIFO 或寄存器中没有更多的字符时，它将变为无效。

$\overline{\text{TXRDY}}$，模式 0：在 16450 模式(FCR0=0)或在 FIFO 模式(FCR0=1，FCR3=0)下，并且在发送缓冲 FIFO 或保持寄存器中没有字符时，$\overline{\text{TXRDY}}$ 引脚将变为低有效。一旦 $\overline{\text{TXRDY}}$ 引脚被激活，在第一个字符加载到发送缓冲 FIFO 或保持寄存器后，它将变为无效。

$\overline{\text{TXRDY}}$，模式 1：在 FIFO 模式(FCR0=1)下，当 FCR3=1 且发送缓冲 FIFO 中没有字符时，$\overline{\text{TXRDY}}$ 引脚将变为低有效。当发送缓冲 FIFO 被完全装满时，此引脚将变成无效。

5. 中断识别寄存器(Interrupt Identification Register，IIR)

中断识别寄存器为 8 位，高 4 位为 0，低 4 位用来指示是否有正在悬挂的中断以及中断类型，格式如图 7.36 所示。

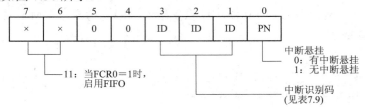

图 7.36　中断识别寄存器

16550 有 5 个中断源，为了在数据传输中提供最小的软件开销，UART 将中断源分为 4 个优先级，具体说明见表 7.9。

表 7.9　中断控制功能

中断识别寄存器(IIR)				中断设置与复位功能			
bit$_3$*	bit$_2$	bit$_1$	bit$_0$	优先级	中断类型	中断源	中断复位控制
0	0	0	1	—	无中断	无	—
0	1	1	0	1 级 (最高)	接收器线路状态	校验错，帧错，超限错，间断中断	读 LSR
0	1	0	0	2 级	接收数据可用	接收器数据可用或触发门限达到	读接收缓冲寄存器(RBR)或 FIFO 降至触发门限以下
1	1	0	0	2 级	字符超时指示	在持续的 4 字符时间内，没有任何字符被从接收缓冲 FIFO 中删除或输入接收缓冲 FIFO 中，并且在这段时间里至少有 1 字符在 FIFO 中	读 RBR
0	0	1	0	3 级	发送保持寄存器空	发送保持寄存器(THR)空	读 IIR 或写 THR
0	0	0	0	4 级	Modem 状态	清除发送，数据装置就绪，振铃指示，数据载波检测	读 Modem 状态寄存器

* bit$_3$=0：16450 模式；bit$_3$=1：FIFO 模式，当超时中断挂起时，该位与 bit$_2$ 位一起置 1。

当 CPU 访问 IIR 时，UART 冻结所有中断，并向 CPU 指示出最高优先级的悬挂中断。当此 CPU 访问正在发生时，UART 会记录新的中断，但在该访问完成之前不会改变其当前的识别码。

注意，中断识别寄存器(只读)与 FIFO 控制寄存器(只写)共享 I/O 端口地址，IIR 内容可作为相应中断服务程序的指针。

6．中断允许寄存器(Interrupt Enable Register，IER)

中断允许寄存器对 4 类中断源的允许或禁止状况进行控制，其格式如图 7.37 所示。如果该寄存器的 $D_0 \sim D_3$ 均为 0，则禁止 16550 提出中断。图中，线路状态中断包括超限错、奇偶错、帧错及间断等中断源引起的中断。禁止某个中断，可以防止它在 IIR 中被指示为激活状态以及防止 INTR 输出有效。

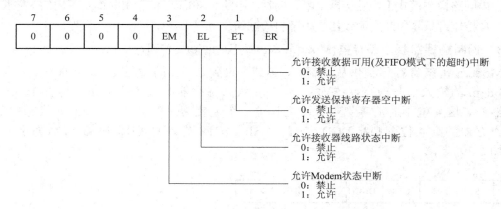

图 7.37　中断允许寄存器

7．调制解调器控制寄存器(Modem Control Register，MCR)

调制解调器控制寄存器是一个 8 位寄存器，用以控制与 Modem 或其他数字设备的接口。各位功能如图 7.38 所示。

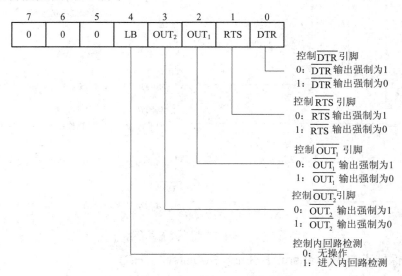

图 7.38　调制解调器控制寄存器

DTR、RTS、OUT_1 和 OUT_2 位用以控制 16550 的相关输出引脚。当它们为 1 时，对应引脚输出为 0；当它们为 0 时，对应引脚输出为 1。

LB 位允许内回路检测，实现 16550 的自测试。当 LB＝1 时，SOUT 为高电平状态，SIN 与系统分离，由发送器送出的数据将由 16550 内部直接回送到接收器的输入端，Modem 的 4 个信号 $\overline{\text{CTS}}$、$\overline{\text{DSR}}$、$\overline{\text{RI}}$ 和 $\overline{\text{DCD}}$ 与 16550 分离，同时，16550 用来控制 Modem 的 4 个输出信号 $\overline{\text{RTS}}$、$\overline{\text{DTR}}$、$\overline{\text{OUT}_1}$ 和 $\overline{\text{OUT}_2}$(对外呈现无效状态)在 16550 芯片内部与 $\overline{\text{CTS}}$、$\overline{\text{DSR}}$、$\overline{\text{RI}}$ 和 DCD 连接，使信号在 16550 芯片内部实现返回。这样，16550 发送的串行数据立即在 16550 内部被接收，从而完成 16550 发送和接收数据通路的自检(不需要外部连线)。

在内回路检测模式下，发送器中断、接收器中断、Modem 状态中断都是可用的，并且仍然由 IER 控制，只是中断来源仅出自内部自检回路。

8．调制解调器状态寄存器(Modem Status Register，MSR)

Modem 状态寄存器提供从调制解调器或外设到处理器的控制线路的当前状态。当来自 Modem 的输入信号改变状态时，Modem 状态寄存器的低 4 位被相应地置 1。读此寄存器时，这 4 位同时清零。当这 4 位其中一个被置为 1 时，产生 Modem 状态中断。而该寄存器的高 4 位分别是 $\overline{\text{DCD}}$、$\overline{\text{RI}}$、$\overline{\text{DSR}}$、$\overline{\text{CTS}}$ 输入的互补。Modem 状态字的格式如图 7.39 所示。

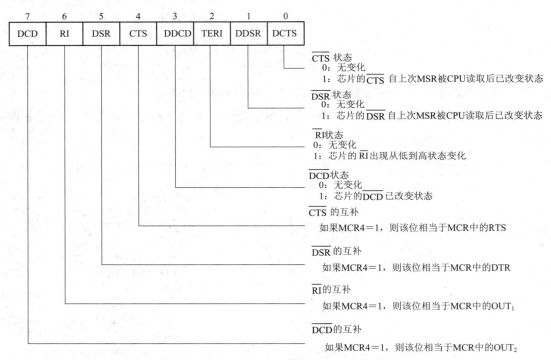

图 7.39　调制解调器状态寄存器

9．发送保持寄存器(Transmit Holding Register，THR)

发送保持寄存器用来存储正在发送的数据。

10．接收缓冲寄存器(Receive Buffer Register，RBR)

接收缓冲寄存器用来存储正在接收的数据。

11. 高速暂存寄存器(ScratchPad Register，SPR)

高速暂存寄存器又称便笺式寄存器，用作一个便笺本，即一个临时存储寄存器，可以让主机临时存储一个 8 位数据。

7.3.3　功能描述

16550 与 Intel 微处理器完全兼容，用在早期 PC 的 COM 端口，可以 0～1.5 Mb/s 速率工作。由图 7.32 可见，16550 UART 具有并串转换功能，它可以将所接收的并行数据(5b/6b/7b/8b 位)转换成串行格式输出，也可以将所接收的串行格式数据转换成并行数据输出，所以它被用于需要串并转换的通信线路中。它具有中断请求的能力，可以支持微机系统与串行外设以中断方式进行通信。它可以直接连接控制 Modem，使得通信可以更方便地在电话系统或无线通信系统中实现。它内部的可编程波特率产生器可以控制串行通信的速度。特别是它内部具有的接收和发送缓冲 FIFO，使它更容易与微处理器之间实现高速数据通信。

1. 数据的发送与接收

16550 UART 有两个完全独立的部分：接收器和发送器，这使得 16550 能够以单工、半双工、双工模式进行数据通信。在发送和接收信息时，两个独立的 16 字节接收缓冲 FIFO 和发送缓冲 FIFO 可以一次缓冲多至 16 字节的数据，起到协调收/发方速度、提高 CPU 效率的作用。

16550 的串行发送器由发送缓冲 FIFO 或发送保持寄存器(THR)与发送移位寄存器(TSR)组成。当 FIFO 或 THR 或 TSR 为空时，写 THR 或 FIFO 使数据总线的内容传入 THR 或 FIFO。THR 或 FIFO 中待发送的数据会自动并行送到 TSR。TSR 在发送时钟的激励下，一位接一位地将数据从 SOUT 发送出去。在发送过程中，它会按照事先由程序规定好的数据格式加上启动位、校验位和停止位。在 FIFO 模式下，微处理器等待发送器发送数据之前，16550 会保持 16 字节数据。

由通信对方送来的数据在接收时钟 RCLK 的作用下，通过 SIN 逐位进入接收移位寄存器(RSR)。当 RSR 接收到一个完整的数据后，会立即自动将数据并行传送到接收缓冲寄存器(RBR)或接收缓冲 FIFO 中。读 RBR 或接收缓冲 FIFO，接收的数据会通过数据总线进入微处理器。在 FIFO 模式下，当 16550 接收了 16 字节数据后，它会告知微处理器。

2. FIFO 工作模式

16550 的主要特征是其内部的发送和接收缓冲 FIFO，且 FIFO 可以采用两种模式工作：轮询模式与中断模式。

1) 轮询模式

当 FCR0=1 且 IER0、IER1、IER2、IER3 为零或全部复位为零时，UART 进入 FIFO 轮询模式。因为接收器和发送器是独立控制的，所以两者或其一均可以处于轮询模式。在这种模式下，用户程序通过依次查询 LSR 各位来检查接收器或发送器状态(参见 LSR)，依此实现数据的接收或发送。

2) 中断模式

(1) 当接收缓冲 FIFO 和接收器中断被允许(FCR0=1，IER0=1)时，接收器中断将发生如下状况：

① 当 FIFO 达到其编程触发门限时，接收数据可用中断将被发送给 CPU；一旦 FIFO 降到其编程触发门限以下，该中断将被清除。

② 当达到 FIFO 触发门限时，IIR 接收数据可用指示也会产生；当 FIFO 低于触发门限时，该指示会被清除。

③ 接收线路状态中断(IIR=06)比接收数据可用中断(IIR=04)具有更高的优先级。

④ 一旦一个字符从移位寄存器传送到接收缓冲 FIFO，数据就绪位(LSR0)就被置 1。当 FIFO 为空时，LSR0 被复位。

(2) 当接收缓冲 FIFO 和接收器中断被允许时，接收缓冲 FIFO 超时中断将发生如下状况：

① 如果存在以下情况，将会发生 FIFO 超时中断(IIR=0c)：

✓ FIFO 中至少有一个字符；

✓ 最近一次接收串行字符超过 4 个连续字符时间(如果编程 2 个停止位，那么第 2 个停止位包含在此时间延迟中)；

✓ 最近一次 CPU 读取 FIFO 超过 4 个连续字符时间。

在数据传输率为 300 Baud 且有 12 位接收字符(即 1 个起始、8 个数据、1 个奇偶和 2 个停止位)的情况下，接收字符和超时中断之间的最大时间为 160 ms。

② 字符时间是使用输入时钟 RCLK 来计算的(这使得延迟与波特率成正比)。

③ 当超时中断发生时，若 CPU 从接收缓冲 FIFO 中读取一个字符，则该中断被清除且定时器被复位。

④ 当没有发生超时中断时，在收到新字符或 CPU 读取接收缓冲 FIFO 后，超时定时器被复位。

(3) 当发送缓冲 FIFO 和发送器中断被允许(FCR0=1，IER1=1)时，发送器中断将发生如下状况：

① 当发送缓冲 FIFO 为空时，发送保持寄存器中断(IIR=02)产生；一旦发送保持寄存器被写入(在服务此中断时，可将 1～16 个字符写入发送缓冲 FIFO)或 IIR 被读取，立即清除该中断。

② 当发生以下情况时，发送缓冲 FIFO 空指示将延迟 1 个字符时间减去最后一个停止位时间：THRE=1 且自上次 THRE=1 以来同时在发送缓冲 FIFO 中没有两个及两个以上的字节。如果中断允许，在改变 FCR0 后，第一个发送器中断会立即发生。

字符超时和接收缓冲 FIFO 触发门限中断与当前接收数据可用中断有相同的优先级；发送缓冲 FIFO 空与当前发送保持寄存器空中断有相同的优先级。

7.3.4　初始化与应用举例

使用 16550 需要完成三个步骤：① 实现 16550 与微机系统(总线)和串行数字设备的硬件连接；② 编程初始化 16550；③ 按数据传送要求，编写相应的控制 16550 的程序。其中，对 16550 的初始化和控制操作均是通过对其内部寄存器的编程(读写)来完成的。

16550 内部有 11 个 8 位可编程寄存器，利用片选 CS_0、CS_1 和 $\overline{CS_2}$ 选中 16550，再利用片上的 A_2、A_1、A_0 地址线，以及线路控制字的最高位(DLAB)和读/写控制信号，就可以对这些寄存器进行读写操作。地址分配如表 7.10 所示。

表 7.10　16550 的寻址

CS$_0$	CS$_1$	$\overline{CS_2}$	DLAB	A$_2$	A$_1$	A$_0$	RD/WR	所选寄存器
1	1	0	0	0	0	0	只读	接收缓冲寄存器
1	1	0	0	0	0	0	只写	发送保持寄存器
1	1	0	0	0	0	1	可读/写	中断允许寄存器
1	1	0	×	0	1	0	只读	中断识别寄存器
1	1	0	×	0	1	0	只写	FIFO 控制寄存器
1	1	0	×	0	1	1	可读/写	线路控制寄存器
1	1	0	×	1	0	0	可读/写	Modem 控制寄存器
1	1	0	×	1	0	1	只读	线路状态寄存器
1	1	0	×	1	1	0	只读	Modem 状态寄存器
1	1	0	1	0	0	0	可读/写	除数(低 8 位)锁存器
1	1	0	1	0	0	1	可读/写	除数(高 8 位)锁存器
1	1	0	×	1	1	1	可读/写	高速暂存寄存器

例 7.12　图 7.40 为 16550 与 8088 微机系统的连接。

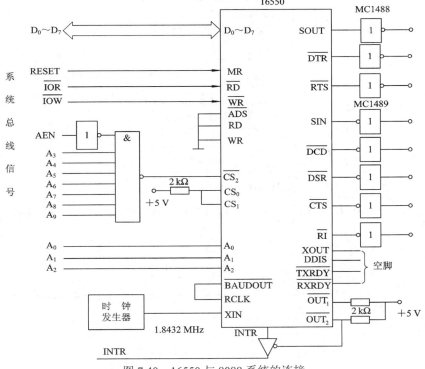

图 7.40　16550 与 8088 系统的连接

在该连接中，16550 的地址由 10 条地址线决定(ISA 总线对 I/O 地址的规定)，其地址范围为 3F8H～3FFH。在寻址 16550 时，AEN 信号总处于低电平。由于 $\overline{ADS}$ 始终接地，CS$_0$ 和 CS$_1$ 接高电平，始终有效，故只要与非门输出使 $\overline{CS_2}$ 为低电平即可选中 16550。利用表 7.10 所示的寻址方法，可对 16550 的 11 个内部寄存器寻址。

外部时钟信号由 XIN 加到 16550 上，而其 $\overline{BAUDOUT}$ 输出又作为接收时钟加到 RCLK 上。芯片上的一些引线固定接高电平或地，而一些不用的则悬空，这是 16550 在连接上提供的灵活性。

例 7.13 16550 初始化。

16550 初始化时，通常首先使线路控制字的 $D_7 = 1$，即使 DLAB 为 1。在此条件下，将除数低 8 位和高 8 位分别写入 16550 内部的波特率产生器。然后再以不同的地址分别写线路控制字、FIFO 控制字、Modem 控制字及中断允许字等。其具体操作可按图 7.41 所示的顺序依次进行。

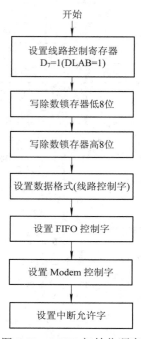

图 7.41　16550 初始化顺序

在图 7.40 中，16550 的地址为 03F8H～03FFH。根据该图，对 16550 进行初始化的程序如下：

```
INT50:  MOV   DX, 3FBH
        MOV   AL, 80H
        OUT   DX, AL          ; 置线路控制寄存器 D7 = 1，即 DLAB = 1
        MOV   DX, 3F8H
        MOV   AL, 60H
        OUT   DX, AL          ; 锁存除数低 8 位
        INC   DX
        MOV   AL, 0
        OUT   DX, AL          ; 锁存除数高 8 位
        MOV   DX, 3FBH
        MOV   AL, 0AH
```

```
        OUT   DX，AL              ; 初始化线路控制寄存器
        MOV   DX，3FAH
        MOV   AL，07H
        OUT   DX，AL              ; 初始化 FIFO 控制器
        MOV   DX，3FCH
        MOV   AL，03H
        OUT   DX，AL              ; 初始化 Modem 控制器
        MOV   DX，3F9H
        MOV   AL，0
        OUT   DX，AL              ; 写中断允许寄存器
```

从上面的初始化程序可以看到，首先应写除数锁存器。为了写除数，要先写线路控制寄存器，使 DLAB = 1，而后写入 16 位的除数 0060H，即十进制数 96。由于加在 XIN 上的时钟频率为 1.8432 MHz，故波特率为 1200 波特(Baud)。

初始化线路控制字为 00001010，指定数据为 7 位，停止位为 1 位，奇校验。FIFO 控制字为 07H，允许发送器和接收器 FIFO 有效，并清除两 FIFO 及计数器。Modem 控制字为 03H，即 00000011，使 $\overline{DTR}$ 和 $\overline{RTS}$ 输出均为低电平，即有效状态。最后，将中断允许字写入中断允许寄存器。由于中断允许字为 00H，故禁止 4 个中断源可能形成的中断。在硬件上，16550 的 INTR 是通过 $\overline{OUT_2}$ 控制的三态门接到中断控制器 8259 上去的。若允许中断，则一方面要使 $\overline{OUT_2}$ 输出为低电平，同时，要初始化中断允许寄存器。$\overline{OUT_2}$ 是由 Modem 控制字的 D_3 来控制的，只有当 Modem 控制字的 $D_3 = 1$ 时，$\overline{OUT_2}$ 才为低电平。上述 Modem 控制字为 03H，其 $D_3 = 0$，故 $\overline{OUT_2} = 1$，这时禁止中断请求输出。

例 7.14 以查询方式串行发送与接收数据。

采用图 7.40 的连接电路及例 7.13 中的初始化程序，发送数据的控制程序接在初始化程序之后。若采用查询方式发送数据，且待发送数据的字节数放在 BX 中，待发送的数据顺序存放在以 SEDATA 为首地址的内存区中，则发送数据的程序如下：

```
SEDPG:  MOV    DX，3FDH
        LEA    SI，SEDATA
WAITSE: IN     AL，DX              ; 读线路状态寄存器
        TEST   AL，20H             ; 检查发送保持寄存器空标志
        JZ     WAITSE
        PUSH   DX
        MOV    DX，3F8H
        MOV    AL，[SI]
        OUT    DX，AL              ; 写发送保持寄存器
        POP    DX
        INC    SI                 ; 修改发送数据存储区地址指针
        DEC    BX                 ; 检测发送字节数
        JNZ    WAITSE
```

同样，在初始化后，可以利用查询方式实现数据的接收。下面是 16550 接收一个数据

的程序：

```
REVPG:  MOV    DX，3FDH
WAITRE: IN     AL，DX
        TEST   AL，1EH          ；检查是否有线路状态错
        JNZ    ERROR
        TEST   AL，01H          ；检查接收数据就绪标志
        JZ     WAITRE
        MOV    DX，3F8H
        IN     AL，DX           ；读接收缓冲寄存器
        AND    AL，7FH
```

该程序首先测试状态寄存器，看接收的数据是否有错。若有错，则转向错误处理 ERROR；若无错，则再看是否已收到一个完整的数据。若收到一个完整的数据，则从 16550 的接收缓冲寄存器中读出，并取事先约定的 7 位数据，将其放在 AL 中。

例 7.15　以中断方式串行接收数据。

通过 16550 实现串行异步通信的电路仍以图 7.40 的连接形式为例。为了简单起见，将图 7.40 中 16550 的 INTR 引脚仍接至图 6.32 中 8259 的 IR_0，采用与 6.3.2 小节中相同的对 8259 及中断向量表进行初始化的程序。假设系统以查询方式发送数据，以中断方式接收数据，则对 16550 初始化的程序如下：

```
INISIR: MOV  DX，3FBH
        MOV  AL，80H
        OUT  DX，AL            ；置 DLAB = 1
        MOV  DX，3F8H
        MOV  AL，0CH
        OUT  DX，AL
        MOV  DX，3F9H
        MOV  AL，0
        OUT  DX，AL            ；置除数为 000CH，规定波特率为 9600 Baud
        MOV  DX，3FBH
        MOV  AL，0AH
        OUT  DX，AL            ；初始化线路控制寄存器
        MOV  DX，3FAH
        MOV  AL，07H
        OUT  DX，AL            ；初始化 FIFO 控制器
        MOV  DX，3FCH
        MOV  AL，0BH
        OUT  DX，AL            ；初始化 Modem 寄存器，$\overline{OUT_2}$ 引脚输出为 0
        MOV  DX，3F9H
        MOV  AL，01H
```

```
        OUT    DX，AL                      ；初始化中断允许寄存器
        STI                               ；允许产生接收缓冲寄存器满中断
```

上述程序对 16550 进行初始化，并在初始化完成时(假设 8259 等编程器件初始化在此之前)开中断。相应的接收中断处理(服务)程序可编写如下：

```
RECVE：PUSH   AX
       PUSH   BX
       PUSH   DX
       PUSH   DS
       MOV    DX，3FDH
       IN     AL，DX                      ；读线路状态寄存器
       TEST   AL，1EH                     ；检查是否有线路状态错
       JNZ    ERROR
       MOV    DX，3F8H
       IN     AL，DX                      ；读接收缓冲寄存器
       AND    AL，7FH
       MOV    BX，OFFSET BUFFER
       MOV    [BX]，AL                    ；将接收到的数据存入 BUFFER 存储单元
       MOV    DX，INTRER                  ；INTRER( = FF00H)为 8259 的 OCW₂ 地址
       MOV    AL，20H
       OUT    DX，AL                      ；将 EOI 命令发给中断控制器 8259
       POP    DS
       POP    DX
       POP    BX
       POP    AX
       STI
       IRET
```

以上是接收一个字符的中断服务程序。当接收缓冲寄存器满而产生中断时，此中断请求经过中断控制器 8259 加到 CPU 上。中断响应后，可以转而执行上述中断服务程序。该中断服务程序首先进行断点现场保护，再读取接收数据过程中的线路状态，看有无差错。若有错，则转向错误处理；若无错，则取得接收到的一个字符，将它放在指定的存储单元 BUFFER 中，然后恢复断点，开中断并中断返回。这里要特别说明的是，若 8259 工作在非自动 EOI 方式下，在中断服务程序结束前，必须给 8259 一个中断结束命令 EOI，只有这样，8259 才能将 16550 的接收数据中断状态复位，使系统正常工作。

例 7.16　16550 与 RS-232C 间的接口。

RS-232C 是一种标准的串行通信总线，常用于远距离通信。为了提高传输的可靠性，它采用了负逻辑电平：逻辑 0 为 3～15 V，逻辑 1 为 −15～−3 V。当 Modem 通过 RS-232C 总线与微机系统连接时，必须使用串行接口(如 16550)和 TTL 与 RS-232C 逻辑电平转换电路。

图 7.42 是 16550 与 RS-232C 间的接口，该接口中使用了 1488 线路驱动器和 1489 线路

接收器。1488 实现 TTL 到 RS-232C 逻辑电平的转换，1489 实现 RS-232C 到 TTL 逻辑电平的转换。

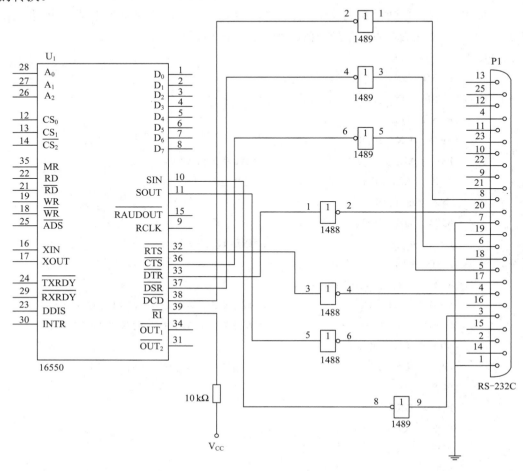

图 7.42　使用 1488 线路驱动器和 1489 线路接收器实现的 16550 与 RS-232C 的接口

为了通过 Modem 发送或接收数据，$\overline{\text{DTR}}$ 引脚被设置为有效(低电平)，然后 UART 等待 Modem 使 $\overline{\text{DSR}}$ 引脚变为逻辑 0，表示 Modem 已就绪。一旦完成这个握手，UART 在 $\overline{\text{RTS}}$ 引脚上给 Modem 发一个逻辑 0。当 Modem 就绪时，它向 UART 返回 $\overline{\text{CTS}}$ 信号(低电平)，表示通信现在开始。来自 Modem 的 $\overline{\text{DCD}}$ 信号指示 Modem 已检测到一次传送(在通信开始之前也应该测试该信号)。

习　　题

7.1　接口芯片 8255 通常用于什么场合？有几种工作方式？简述各工作方式如何完成输入输出操作。

7.2　接口芯片 8255 在哪种工作方式下支持采用中断实现输入/输出操作？在 8255 芯片采用方式 0 时，如何实现中断方式下的输入/输出操作？

7.3　若将 8255 芯片接入 8086 系统，那么

(1) 它占用几个 IO 地址？

(2) 做 8 位数据传输时应将它置于 IO 空间的偶地址块还是奇地址块？

(3) 做一次传输 16 位数据时应使用几片 8255 芯片？分别将它们置于 IO 空间的偶地址块还是奇地址块？

7.4　芯片 8255 在哪种工作方式下可以提供本芯片的工作状态？其状态字从哪里获得？

7.5　芯片 8255 的按位操作针对哪个端口有效？针对输入还是输出有效？怎样实现按位控制？

7.6　规定 8255 并行接口地址为 FFE0H～FFE3H。

(1) 试将其连接到 8088 的最大模式系统总线上。

(2) 若希望 8255 的 3 个端口的 24 条线均为输出，且输出幅度和频率为可自定义的方波，试编写 8255 初始化程序和方波产生程序。

(3) 若 A/D 变换器的引线及工作时序如图 7.43 所示，试将此 A/D 变换器与 8255 相连接，并编写 8255 初始化程序和完成一次数据变换并将变换结果放在 DATA 单元中的程序。

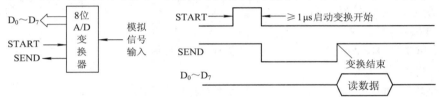

图 7.43　A/D 变换器的引线及工作时序图

(4) 某外设引线及工作时序如图 7.44 所示。当 BUSY 为低电平时，表示外设可以接收数据。试将其与 8255 连接，并编写 8255 初始化程序以及将主存中以 BUFFER 为首地址的 100 个数据输出至该外设的控制程序。

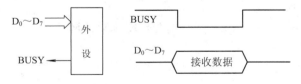

图 7.44　某外设引线及工作时序图

(5) 若 8255 芯片可占用的地址为 FE00H～FEFFH，试画出它与 8086 最大模式系统总线的连接图。

7.7　利用 16 个发光二极管和 8255 芯片，实现两组跑马灯设计。跑马灯即一排灯中依次点亮每一盏灯时所产生的效果(看起来像一匹马在跑)，也称流水灯。

(1) 将 8255 芯片连接到 8086 最大模式系统总线上，分配给 8255 接口芯片的地址为 0208H～020FH，试设计连接电路。

(2) 设计 16 个发光二极管与 8255 芯片连接的电路。

(3) 根据你的硬件电路，编写 8255 芯片的初始化程序。

(4) 编写控制程序，实现两组(各 8 个发光二极管)反方向运行的跑马灯(即点亮灯的顺序相反)。

7.8　定时器芯片 8253 占用几个 IO 地址？其内部有几个计数器？分别是多少位？

7.9　芯片 8253 内部计数器是各自独立工作还是相互有关联？简述一个计数器的工作过程。

7.10　芯片 8253 有几种工作方式？分别简述每种工作方式的工作过程及特点。

7.11　若加到 8253 上的时钟频率为 0.5 MHz，则一个计数器的最长定时时间是多少？若要求每 10 min 产生一次定时中断，试提出解决方案。

7.12　若 8253 芯片可利用 8088CPU 的外设接口地址 D0D0H～D0DFH，且加到 8253 上的时钟信号为 2 MHz。

(1) 试将该 8253 连接到 8088 最大模式系统总线上。

(2) 若利用计数器 0、1 和 2 分别产生周期为 100 μs 的对称方波且每 1 秒和每 10 秒分别产生一个负脉冲信号，试设计 8253 的计数器连接电路并编写初始化程序。

(3) 若希望利用 8088 程序通过接口控制 8253 的 GATE，从 CPU 使 GATE 有效开始，20 μs 后在计数器 0 的 OUT 端产生一个正脉冲信号，试设计完成此要求的硬件和软件。

7.13　利用 8253 芯片产生 A/D 变换器的定时启动信号 START，其计数器连接电路如图 7.45 所示，初始化程序如下：

```
        MOV  AL，12H
        OUT  73H，AL        ；设置计数器 0 控制字
        MOV  AL，L
        OUT  70H，AL        ；设置计数器 0 计数值 L
        MOV  AL，75H
        OUT  73H，AL        ；设置计数器 1 控制字
        MOV  AX，M
        OUT  71H，AL
        MOV  AL，AH
        OUT  71H，AL        ；设置计数器 1 计数值 M
        MOV  AL，96H
        OUT  73H，AL        ；设置计数器 2 控制字
        MOV  AL，N
        OUT  72H，AL        ；设置计数器 2 计数值 N
```

试分析 START 信号，并画出 $GATE_0$ 和 START 的波形(标明其时间参数)。

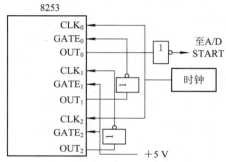

图 7.45　8253 计数器连接图

7.14 串行通信接口 16550 芯片通常用于什么场合？它采用的通信方式是同步的还是异步的？

7.15 芯片 16550 在输入/输出时是如何实现数据串并转换的？

7.16 芯片 16550 是如何实现输入 SIN 和输出 SOUT 串行数据传输率控制的？假设芯片 16550 接入时钟的频率为 2 MHz，SOUT 输出数据的波特率为 4800 Baud，则除数锁存器中应设置的除数值是多少？发送时钟的波特率为多少？

7.17 说明 16550 自测试工作方式是如何进行的。

7.18 芯片 16550 内部有多少个寄存器？占用几个 IO 地址？

7.19 串行通信接口芯片 16550 给定地址为 03E0H～03E7H，试画出其与 8088 系统总线的连接图。

7.20 在习题 7.19 中，若利用查询方式由此 16550 发送当前数据段中偏移地址为 BUFFER 的顺序 50 个字节，试编写此发送程序。

7.21 在习题 7.19 中，若接收数据时采用中断方式进行，试编写中断服务程序，将中断接收到的数据放在数据段中的 REVDT 单元中，同时，将数据段中的 FLAG 单元置为 FFH。

7.22 若将 98C64(E^{2}PROM)作为外存储器，限定利用 8255 作为其接口，试画出连接电路图。

7.23 若在习题 7.22 的基础上，通过所设计的接口电路将 55H 写入整个 98C64，试编写程序。

（注：以上两题中 98C64 的引脚 BUSY，可根据读者自己的意愿进行连接和编程。）

7.24 若将 27C040 作为存储器，利用 8255 接口芯片将其连接在 8086 系统总线上，试画出其连接图。

7.25 在打印机接口中，若打印机只提供数据线 DATA$_0$～DATA$_7$、选通线 $\overline{STROBE}$、忙信号线 BUSY 和响应线 $\overline{ACK}$，工作时序如图 7.17 所示。试用 8255 设计一个打印机的并行接口，并编写 8255 的初始化程序和打印一个字符的打印子程序。端口地址自定。

第 8 章　基于总线的 I/O 接口设计

正如 2.5.4 小节所述，现代微机中主要部件的互连已进化到基于 PCH，总线的地位已下降——从早期微机系统中的连接中枢转变到主要用来实现与外围设备的连接。但尽管如此，总线在微机系统中依然是不可或缺的。不同的微机系统，使用的总线不尽相同，在总线上连接的设备也千差万别。如何将不同部件或设备通过标准总线接入微机系统，是构成微机及应用系统时需解决的关键问题之一，而解决这一问题的有效方法是设计总线与设备间匹配的总线接口。本章仅讨论 I/O 设备如何与经典的 ISA、PCI、USB 总线进行连接的接口设计问题。

8.1　基于 ISA 总线的 I/O 接口设计

ISA 总线是 CPU 直接驱动的总线。在 80x86 系统中，ISA 总线信号是与早期的 8/16 位 CPU 芯片引脚信号相对应的。由于 ISA 总线规范相对较简单，工作速率较低，因此系统中的存储器和 I/O 设备两大类资源可以通过接口方便地直接接入总线。我们在前面章节中介绍的存储器接口与 I/O 接口的设计正是基于 ISA 总线的。因为这些接口直接与 ISA 总线相连，所以也是 ISA 的总线接口。

我们可以把 I/O 接口分为输入接口与输出接口两大类。根据 I/O 设备的不同，其与总线的接口可以设计成并行或串行、智能与非智能等多种类型。有关 I/O 接口的设计方法请参照本书第 6、7 章。

在 I/O 设备与 ISA 总线的接口中，最基本的电路是 I/O 端口与 ISA 总线的连接。下面通过示例进一步说明其设计方法。

例 8.1　8 位 ISA 总线接口。

图 8.1 是一个 8 位 ISA 总线接口，该接口利用可编程并行接口芯片 8255 实现。当对 8255 芯片作适当的初始化后，该接口就可以作为 8/16 位 I/O 端口实现数据传输。该接口采用部分地址译码，端口地址为 B8H～BFH。

若要从 I/O 端口(假设为 8255 的 A、B 联合口)获得 16 位数据，则在 8 位 ISA 总线上的操作如下：

```
MOV   AL, 92H            ; 初始化 8255
OUT   0BBH, AL           ; A、B 口方式 0, 输入
```

⋮

IN　　AL, 0B9H　　　　　　　　; 从 8255 B 口读入数据高 8 位

MOV　AH, AL

IN　　AL, 0B8H　　　　　　　　; 从 8255 A 口读入数据低 8 位

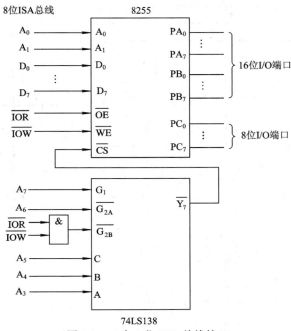

图 8.1　一个 8 位 ISA 总线接口

这时，在 AX 中存放的正是从外设获得的 16 位数据。

若要从 I/O 端口(假设为 8255 的 C 口)输出 8 位数据,则在 8 位 ISA 总线上的操作如下:

MOV　AL，92H

OUT　　0BBH，AL　　　　　　　　; 初始化 8255，C 口输出

⋮

MOV　AL，55H

OUT　　0BAH, AL　　　　　　　　;8 位数据从 8255 C 口送出

由上述操作可看出，由于在 1 个读/写总线周期里 8 位 ISA 总线只能传输 8 位数据，因此 16 位的数据传输必须通过两次 I/O 操作才能完成。

例 8.2　16 位 ISA 总线接口。

图 8.2 是一个 16 位 ISA 总线接口，该接口仍利用可编程并行接口芯片 8255 实现。当对 8255 芯片作适当的初始化后，该接口就可以作为 8/16/32 位 I/O 端口实现数据传输。该接口采用全地址译码，端口地址为 F000H～F007H，其中接口 U_1 占据偶地址，U_2 占据奇地址。

若要从 I/O 端口(假设为 U_1 的 C 口)获得 8 位数据，则在 16 位 ISA 总线上的操作如下:

MOV　DX，0F006H

MOV　AL，89H

OUT　DX，AL　　　　　　　　; 初始化 8255，C 口输入

⋮

```
        MOV    DX, 0F004H
        IN     AL, DX                      ; 从 8255 C 口读入 8 位数据
```

这时，在 AL 中存放的正是从外设获得的 8 位数据。

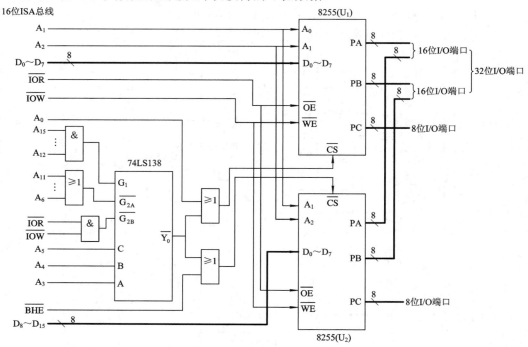

图 8.2   一个 16 位 ISA 总线接口

若要从 I/O 端口(假设为 U_1 和 U_2 的 A 口)输出 16 位数据，则在 16 位 ISA 总线上的操作如下：

```
        MOV    DX, 0F006H
        MOV    AL, 89H
        OUT    DX, AL                      ; 初始化 U₁, A 口方式 0, 输出
        MOV    DX, 0F007H
        MOV    AL, 89H
        OUT    DX, AL                      ; 初始化 U₂, A 口方式 0, 输出
          ⋮
        MOV    DX, 0F000H
        MOV    AX, 5555H
        OUT    DX, AX                      ; 16 位数据从 U₁ 和 U₂ 的 A 口同时送出
```

若要从 I/O 端口(假设为 U_1 和 U_2 的 A、B 口)输出 32 位数据(假设高 16 位在 IFOH 存储单元中，低 16 位在 IFOL 存储单元中)，则在 16 位 ISA 总线上的操作如下：

```
        MOV    DX, 0F006H
        MOV    AX, 8989H
        OUT    DX, AX                      ; 初始化 U₁ 和 U₂, A、B 口方式 0, 输出
          ⋮
```

```
    MOV   DX, 0F000H
    MOV   AX, IFOL
    OUT   DX, AX              ; 低 16 位数据从 U₁ 和 U₂ 的 A 口同时送出
    MOV   DX, 0F002H
    MOV   AX, IFOH
    OUT   DX, AX              ; 高 16 位数据从 U₁ 和 U₂ 的 B 口同时送出
```

这时，32 位数据被完整输出。

　　由上述操作可看出，由于在 1 个读/写总线周期里 16 位 ISA 总线上既可以传输 8 位数据也可以传输 16 位数据，因此 8/16 位的数据传输只要一次 I/O 操作就能完成，而 32 位的数据传输必须通过两次 I/O 操作才能完成。

8.1.1　LED 接口

1. LED 数码管

　　LED 数码管是工业控制系统中十分常见的一种显示装置。它价格便宜，显示简洁、醒目。LED 数码管可以显示数字或字符，可以一位或多位组合。

　　LED 数码管分为共阳和共阴两种结构。在封装上有将一位、二位或更多位封装在一起的。由于篇幅限制，这里只介绍一位共阳封装的 LED 数码管，如图 8.3 所示。

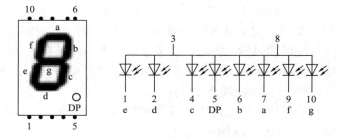

图 8.3　共阳 LED 数码管示意图

　　数码管由 7 或 8 段发光二极管组成。当数码管的某一段发光二极管流过一定大小的电流(例如 10 mA 左右)时，该段就发光；而无电流流过或流过的电流很小时，则不发光。用不同材料制成的发光管可发出不同的颜色，常见的有红、橙红、蓝、绿等颜色。

2. 接口电路

　　7/8 段 LED 数码管与微机系统总线有多种接口方式，常用的有两种：一种是利用通用并行接口芯片实现 LED 数码管接口；另一种是将生产厂家为数码管生产的多种译码器直接作为 LED 数码管接口。

　　1) 用通用并行接口芯片作接口

　　在本书第 6、7 章中介绍的锁存器、三态锁存器及可编程并行接口 8255 均可作为 LED 的接口器件。

　　例 8.3　利用锁存器 74LS273 作为输出接口，并用开路集电极门 7406 作为驱动器与 LED 数码管相连，用三态门 74LS244 作为按钮 S 的输入接口，连接电路如图 8.4 所示。

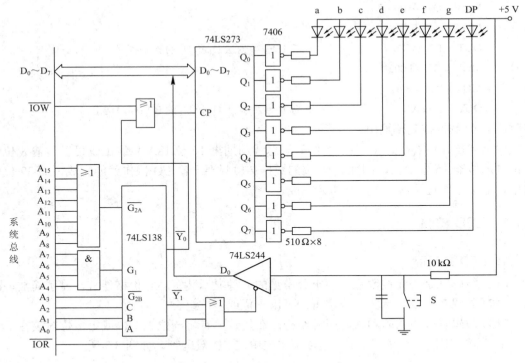

图 8.4　LED 数码管及按钮的一种接口电路

在图 8.4 中，要使数码管显示某数字或符号，必须用软件来产生相应的显示数据，这是因为接口电路中没有硬件译码器。例如，要显示数字 3，则 LED 的 a、b、c、d、g 各段应亮而 e、f 段应不亮。结合图 8.4，则应向 74LS273 写数据 4FH。为了方便，可在内存中建立有关显示的数字(或符号)与输出数据的对应表。

下面一段程序可判断按钮的状态。当 S 闭合时数码管显示 3，当 S 断开时显示 6。

```
START:  MOV     DX，00F1H
        IN      AL，DX
        TEST    AL，01H
        JNZ     KOPEN
        MOV     DX，00F0H
        MOV     AL，4FH
        OUT     DX，AL
        JMP     START
KOPEN:  MOV     DX，00F0H
        MOV     AL，7DH
        OUT     DX，AL
        JMP     START
```

在图 8.4 中，利用一个三态门接一个按钮，用 74LS244 可以接 8 个按钮。在按钮不多的应用中，这种三态门接口还是很方便的。当按键比较多的时候，常采用另一种称作矩阵结构的键盘接口。

2) 用 LED 译码器作接口

目前有许多芯片生产商提供了将 BCD 数据或十六进制数据直接转换成 7 段 LED 数码管显示信息的译码器芯片。为了方便用户设计，这类芯片大多集成了锁存器与驱动器，使得它们可以直接作为 LED 数码管与计算机系统(总线)间的接口。

(1) DM9368——7 段译码驱动锁存器。

DM9368 是由 Fairchild Semiconductor 公司生产的一款 7 段译码驱动器，在其内部加入了输入锁存电路和用于直接驱动共阴极型 LED 显示的恒流输出电路。该芯片如图 8.5 所示。

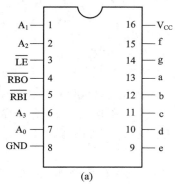

引脚名	描　　述
$A_0 \sim A_3$	地址(数据)输入
$\overline{RBO}$	波纹消隐输出(低有效)
$\overline{RBI}$	波纹消隐输入(低有效)
$a \sim g$	段驱动，输出
$\overline{LE}$	锁存允许输入(低有效)

(a)　　　　　　　　　　　(b)

图 8.5　DM9368 芯片

(a) 引脚图；(b) 引脚功能描述

DM9368 芯片接收一个 4 位二进制代码，对其译码生成数字"0"~"9"和字母"A"~"F"(十六进制数的显示信息)，并驱动 7 段显示器的相应段。该芯片的真值表见表 8.1。

表 8.1　DM9368 芯片的真值表

二进制状态	输入						输出								显示
	$\overline{LE}$	$\overline{RBI}$	A_3	A_2	A_1	A_0	a	b	c	d	e	f	g	$\overline{RBO}$	
—	H	*	×	×	×	×	← 不变 →							H	不变
0	L	L	L	L	L	L	L	L	L	L	L	L	L	L	空白
0	L	H	L	L	L	L	H	H	H	H	H	H	L	H	0
1	L	×	L	L	L	H	L	H	H	L	L	L	L	H	1
2	L	×	L	L	H	L	H	H	L	H	H	L	H	H	2
3	L	×	L	L	H	H	H	H	H	H	L	L	H	H	3
4	L	×	L	H	L	L	L	H	H	L	L	H	H	H	4
5	L	×	L	H	L	H	H	L	H	H	L	H	H	H	5
6	L	×	L	H	H	L	L	L	H	H	H	H	H	H	6
7	L	×	L	H	H	H	H	H	H	L	L	L	L	H	7
8	L	×	H	L	L	L	H	H	H	H	H	H	H	H	8
9	L	×	H	L	L	H	H	H	H	L	L	H	H	H	9
10	L	×	H	L	H	L	H	H	H	L	H	H	H	H	A
11	L	×	H	L	H	H	L	L	H	H	H	H	H	H	b
12	L	×	H	H	L	L	L	L	L	H	H	H	L	H	C
13	L	×	H	H	L	H	L	H	H	H	H	L	H	H	d
14	L	×	H	H	H	L	H	L	L	H	H	H	H	H	E
15	L	×	H	H	H	H	H	L	L	L	H	H	H	H	F
×	×	×	×	×	×	×	L	L	L	L	L	L	L	L**	空白

显示

注: * 只有当二进制的零被存储在锁存器中时，$\overline{RBI}$ 才消隐显示;

　　** $\overline{RBO}$ 用作输入时超越所有其他输入条件。

4 位数据输入的锁存由低有效的锁存允许 $\overline{\text{LE}}$ 控制。当 $\overline{\text{LE}}$ 为低时，输出状态由输入数据确定；当 $\overline{\text{LE}}$ 变高时，最后出现在输入端的数据被存储在锁存器中且输出保持稳定。接收和存储数据所需的 $\overline{\text{LE}}$ 脉冲宽度的典型值为 30 ns，如此便允许以正常的 TTL 速度将数据存储到 DM9368 中。这个特性意味着数据能够直接从高速计数器和分频器发送到显示器，而不需要减慢系统时钟或提供中间的数据存储。

DM9368 的另一个特性是，当锁存允许为高时，在数据输入端的器件负载非常低(–100 μA Max)。这允许多个 DM9368 芯片以多路复用模式被一个 MOS 器件驱动，而不需要数据线上的驱动器。

DM9368 芯片还考虑了自动消隐多位十进制数中前沿和/或后沿的零，这使得显示的十进制数更符合常规书写习惯。如在一个混合有整数、小数的用十进制表示的八位数字中，使用自动消隐功能，0060.0300 会被显示为 60.03。前沿零的删除通过将一个译码器的波纹消隐输出(Ripple Blanking Output，RBO)连接到下一个较低位芯片的波纹消隐输入(Ripple Blanking Input，RBI)来获得。最高数位的译码器应使 $\overline{\text{RBI}}$ 输入接地；因为通常不希望删除一个数字中的最低有效整数零，所以该数位译码器的 $\overline{\text{RBI}}$ 输入应保持开路。对显示中的小数部分做类似处理，可实现对后沿零的自动删除。

例 8.4　利用 DM9368 实现的一种 LED 数码管显示整数的接口电路如图 8.6 所示。

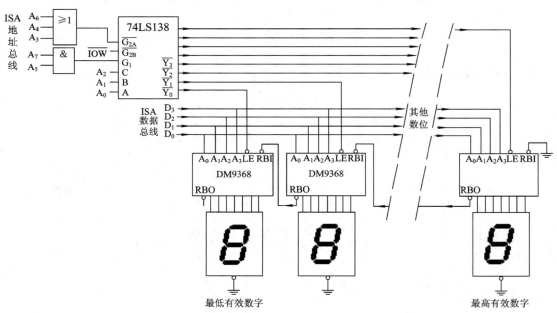

图 8.6　利用 DM9368 实现 LED 数码管显示整数的接口电路

若要利用图 8.6 电路中的 4 个数码管显示存储单元 BUF 中的 4 位十六进制数，并每经过 1 秒，重新读取 BUF 单元数据，更新显示，则控制程序如下：

```
        MOV   CL，4
RP：MOV   AX，BUF
        MOV   BL，AL
        AND   AL，0FH
```

```
OUT    0A0H，AL
MOV    AL，BL
AND    AL，0F0H
SHR    AL，CL
OUT    0A1H，AL
MOV    AL，AH
AND    AL，0FH
OUT    0A2H，AL
MOV    AL，AH
AND    AL，0F0H
SHR    AL，CL
OUT    0A3H，AL
CALL   DLY1s              ; DLY1s 为 1 s 延迟程序
JMP    RP
```

(2) MM74C912/917——6 位数字 BCD/Hex 显示控制驱动器。

MM74C912/917 是另一类可用于 LED 接口的器件。MM74C912/917 是 National Semiconductor 公司生产的 6 位 BCD/Hex 数字显示的控制与驱动器。与 DM9368 一个芯片驱动一个 7 段数码管不同，一个 MM74C912/917 芯片可控制驱动 6 个 8 段数码管。

MM74C912/917 显示控制器是带有存储器的接口元件，可驱动 6 个数位的 8 段 LED 显示。显示控制器通过 5 个数据输入引脚 A、B、C、D 和 DP 接收数据信息，并通过 3 个地址输入引脚 K_1、K_2 和 K_3 接收数位信息。

MM74C912/917 芯片的引脚如图 8.7 所示，真值表见表 8.2，显示字符格式见表 8.3，工作时序如图 8.8 所示。

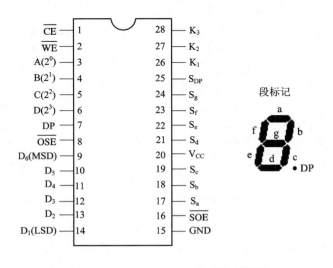

图 8.7　MM74C912/917 芯片的引脚图

表 8.2　真 值 表

(a) 输入控制

$\overline{CE}$	数位地址			$\overline{WE}$	操作
	K_3	K_2	K_1		
0	0	0	0	0	写数字 1
0	0	0	0	1	锁存数字 1
0	0	0	1	0	写数字 2
0	0	0	1	1	锁存数字 2
0	0	1	0	0	写数字 3
0	0	1	0	1	锁存数字 3
0	0	1	1	0	写数字 4
0	0	1	1	1	锁存数字 4
0	1	0	0	0	写数字 5
0	1	0	0	1	锁存数字 5
0	1	0	1	0	写数字 6
0	1	0	1	1	锁存数字 6
0	1	1	0	0	写空数字
0	1	1	0	1	锁存空数字
0	1	1	1	0	写空数字
0	1	1	1	1	锁存空数字
1	×	×	×	×	禁止写

注：×表示无关。

(b) 输出控制

$\overline{SOE}$	OSE	操作
0	0	刷新显示
0	1	停止振荡器*
1	0	禁止段输出
1	1	闲置模式

注：*表示驱动可以超出最大显示耗散。

表 8.3　显示字符格式

	高阻	0	1	2	3	4	5	6	7	8	9	A	b	C	d	E	F	F.
MM74C917	高阻	0	1	2	3	4	5	6	7	8	9	A	b	C	d	E	F	F.
MM74C912	高阻	0	1	2	3	4	5	6	7	8	9	。	°	-	_			.
输入数据 A(2^0)	×	0	1	0	1	0	1	0	1	0	1	0	1	0	1	0	1	1
B(2^1)	×	0	0	1	1	0	0	1	1	0	0	1	1	0	0	1	1	1
C(2^2)	×	0	0	0	0	1	1	1	1	0	0	0	0	1	1	1	1	1
D(2^3)	×	0	0	0	0	0	0	0	0	1	1	1	1	1	1	1	1	1
DP	×	0	0	0	0	0	0	0	0	0	0	0	0	0	0	0	0	1
输出允许 $\overline{SOE}$	1	0	0	0	0	0	0	0	0	0	0	0	0	0	0	0	0	0

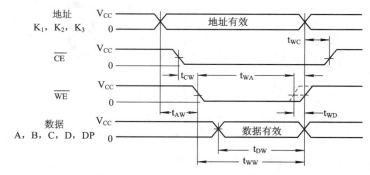

图 8.8　MM74C912/917 的工作时序

当 $\overline{\text{CE}}$ 和 $\overline{\text{WE}}$ 为低时，输入数据被写入由地址信息选择的寄存器；当 $\overline{\text{CE}}$ 或 $\overline{\text{WE}}$ 变高时，数据被锁存。无需数据保持时间。一个片内振荡器顺序地将存储的数据送给译码器。其中 4 位数据控制显示字符的格式，1 位控制小数点。内部振荡器由 $\overline{\text{OSE}}$ 控制，正常操作时 $\overline{\text{OSE}}$ 与低电平连接；在 $\overline{\text{OSE}}$ 上的高电平会阻止显示的自动刷新。

7 段加上小数点输出信息经由高驱动(典型值为 100 mA)的输出驱动器直接驱动一个 LED 显示。当 $\overline{\text{OSE}}$ 控制引脚为低时，驱动器有效；当 $\overline{\text{SOE}}$ 为高时，驱动器进入三态。这个特性便于循环工作亮度控制和禁止输出驱动器，以达到减小功耗的目的。

MM74C912 段译码器将 BCD 数据转换成 7 段格式，MM74C917 将二进制数据转换成十六进制格式。

MM74C912/917 显示控制器利用 CMOS 技术制造，5 V 供电，所有输入是 TTL 兼容的，段输出通过限流电阻直接驱动 LED 显示。数位输出设计为直接驱动一个发射极接地的数位晶体管的基极，而不需要达林顿(Darlington)结构。如图 8.9 所示，显示控制器包含 6 个 5 位寄存器，其中任何一个都可以被随机地写。内部的多路转换开关扫描寄存器并刷新显示。对于超负荷微处理器而言，这种只写存储器与自扫描显示的结合使显示控制器成为一种"刷新典范"，且使 LED 动态显示的设计实现变得十分简便。

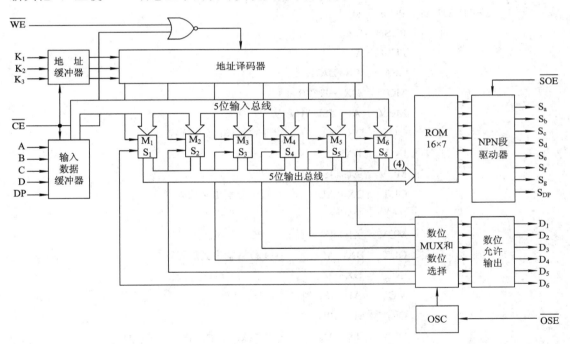

图 8.9　MM74C912/917 显示控制器的内部电路框图

例 8.5　利用 MM74C912/917 实现的一种 LED 数码管接口电路如图 8.10 所示。

若图 8.10 电路中采用 MM74C912 芯片作为 LED 数码管接口，可实现十进制数显示。在以 DATA 为首地址的存储单元中存放有一个 6 位非压缩型 BCD 数(十进制数)，高 4 位为整数部分，低两位为小数部分，数码高位放在高地址中，依次排列。将这个带有小数点的 6 位数加以显示的控制子程序如下：

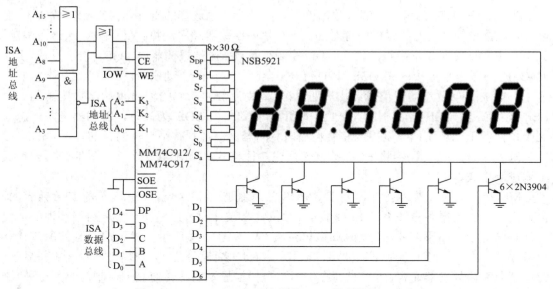

图 8.10　MM74C912/917 实现的 LED 数码管接口电路

```
LEDDISPLAY： PUSH    SI
            PUSH    DX
            PUSH    AX
            LEA     SI，DATA
            MOV     DX，02F8H
            MOV     AL，[SI+5]
            OUT     DX，AL       ；千位数输出到数码管 1
            INC     DX
            MOV     AL，[SI+4]
            OUT     DX，AL       ；百位数输出到数码管 2
            INC     DX
            MOV     AL，[SI+3]
            OUT     DX，AL       ；十位数输出到数码管 3
            INC     DX
            MOV     AL，[SI+2]
            OR      AL，10H
            OUT     DX，AL       ；个位数+小数点输出到数码管 4
            INC     DX
            MOV     AL，[SI+1]
            OUT     DX，AL       ；十分之一位数输出到数码管 5
            INC     DX
            MOV     AL，[SI]
            OUT     DX，AL       ；百分之一位数输出到数码管 6
            POP     AX
```

POP　　DX

POP　　SI

RET

8.1.2　键盘接口

键盘是微机应用系统中不可缺少的外围设备，即使是单板机，通常也配有十六进制的键盘。操作人员通过键盘可以生成程序，进行数据输入/输出、程序查错、程序执行等操作。它是人机会话的一个重要输入工具。

常用的键盘有两种类型，即编码式键盘和非编码式键盘。编码式键盘包括有按键检测及产生相应按键编码的一些必要硬件(通常这种键盘中有一块微控制器作为其控制核心)。非编码式键盘没有这样一些独特的硬件，按键检测是通过接口硬件，由 CPU 执行相应程序来完成的。CPU 需要周期性地对键盘进行扫描，查询是否有键闭合，所以主机效率就会下降。由此可见两种键盘各有优缺点，前者费硬件，价格较高；后者主机效率低，费时间，但价格低。目前小型的微机应用系统常使用非编码式键盘。另外，在微机应用系统中，控制台面板的功能按键接口和非编码式键盘非常类似。

1. 非编码式键盘

1) 键盘的基本结构

一般非编码式键盘采用矩阵结构，如图 8.11 所示。图中采用 6×5 矩阵，可接 30 个按键。微处理器通过对行和列进行扫描来确定有没有键按下，是哪一个键按下，然后将按下的键的行、列编码送处理器进行处理。

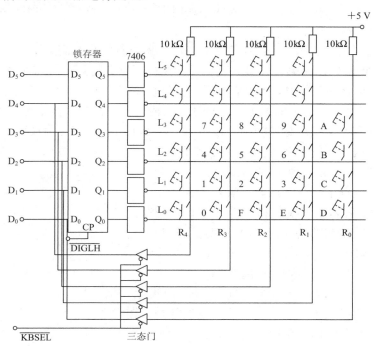

图 8.11　矩阵式键盘及其接口

在 28 个按键中，16 个(0~F)是十六进制键，其余则是功能键。每个键占有唯一的行与列的交叉点，每个交叉点分配有相应的键值。只要按下某一个键，经键盘扫描程序和接口，并经键盘译码程序，就可以得到相应的键值。也就是说，微处理器知道了是哪一个键被按下，就可以作相应的处理。如按下 2 行、4 列的按键(十六进制"4"键)，则经键盘扫描和键盘译码以后，就可以在寄存器 AL 中得到对应的键值 04H。在图 8.11 中，按键对应的键值被标注在交叉点的旁边。

2) 键盘接口

该键盘有 6 条行选择线和 5 条列选择线。使用一个输出口作为行选择线输出，其对应关系如下：

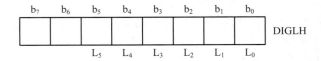

同样，用一个输入口作为列选择线输入，其对应关系如下：

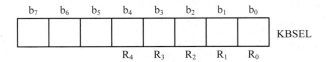

根据上述关系，我们选用一块 8D 锁存器作为行输出口，其各位输出经反相后与键盘的各对应行选择线相连接。选择一块 8 输入/输出的三态门作为列输入口，它的各位输入与键盘的各对应列选择线相连接。行、列线的端口地址分别为 DIGLH 和 KBSEL。电路的具体连接见图 8.11。

矩阵式键盘的扫描过程如下：在初始状态时，所有行线均为高电平。扫描开始，首先给第 0 行加一个低电平(由锁存器输出高电平加至反相器而得到)，其余行加高电平，即扫描第 0 行。然后检查各列信号，看是否有哪一列输出变成了低电平(当键被按下时，行线和列线通过键接触在一起，行线的低电平就传送到对应的列线)，如果其中有一列变为低电平，那么根据行、列号即可知道是哪一个键被按下了。如果未发现有变为低电平的列线，则接着扫描下一行。这时，使第 0 行变高，第 1 行变低，然后再检查各列线情况……如此循环扫描，只要有键被按下，就可以被检测出。

在扫描键盘过程中，应注意如下问题：

(1) 键抖动。按键会产生机械抖动，这种抖动经常发生在键被按下或抬起的瞬间，一般持续几毫秒到十几毫秒(随键的结构的不同而不同)。在扫描键盘过程中，必须想办法消除键抖动，否则会引起错误。

消除键抖动可以用硬件电路来实现，如图 8.12 所示。它利用触发器来锁定按键状态，以消除抖动的影响。较简单的方法是用软件延时来消除键的抖动。也就是说，一旦发现有键按下，就延时 20 ms 以后再去检测按键的

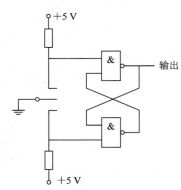

图 8.12　按键的硬件消抖电路

状态。这样就避开了键发生抖动的那一段时间，使 CPU 能可靠地读取按键状态。

(2) 串键。串键是指一个以上的按键被同时按下而产生的不确定或错误问题。

解决串键可采取的方法有：一是无效处理，当发现有一个以上按键同时被按下时，认为此次按键输入无效；二是等待释放，将最后释放的按键作为有效键处理；三是硬件封锁，当发现有一按键被按下时，硬件电路即刻封锁其他按键的输入，直到该键处理完毕。

(3) 应防止按一次键而产生多次处理的情况。这种情况的发生是由于键扫描速度和键处理速度较快，当某一个按下的键还未释放时，键扫描程序和键处理程序已执行了多遍。这种程序执行和按键动作的不同步，将造成按一次键有多个键值输入的错误状态。

为了避免发生这种情况，必须保证按一次键，CPU 只对该键作一次处理。为此，在键扫描程序中不仅要检测是否有键按下(在有键按下的情况下，作一次键处理)，而且在键处理完毕后还应检测按下的键是否抬起，只有当按下的键抬起以后，程序才继续往下执行。这样每按一次键，只作一次键处理，使两者达到了同步，消除了一次按键有多次键值输入的错误情况。

　3) 键值的确定

由图 8.11 可知，键的行、列号不是该键所对应的键值。那么，CPU 如何根据行、列号得到所按下键的键值呢？最方便的方法是利用按键所在行、列号，形成一个查表值，然后查表得到相应的键值。

如图 8.11 所示，当某一个键被按下时，根据该键所处的行、列号，CPU 可以通过接口得到相应的行寄存器值及列寄存器值，如表 8.4 所示。

表 8.4　行、列寄存器值一览表

行号(L_i)	行寄存器值	列号(R_j)	列寄存器值
0	01H	0	1EH
1	02H	1	1DH
2	04H	2	1BH
3	08H	3	17H
4	10H	4	0F

例如，键"8"处于 3 行、3 列，那么，当按下该键时，行寄存器和列寄存器的值分别为 08H 和 17H。为了简化键值表，我们将行寄存器和列寄存器两个字节的值拼成一个字节。拼字的规律是：

$$(FFH - 行号) \times 16 + 列寄存器值$$

从而得到查表值。例如，键"8"查表值可按上述规律计算得：

$$键"8"查表值 = (FFH - 03H) \times 16 + 17H = C0H + 17H = D7H$$

键值表如表 8.5 所示。表中列出了 28 个按键的查表值。表的首地址为 KYTBL。

由前面计算已得到键"8"的查表值为 D7H。将 D7H 与键值表中的内容进行比较，得到该值在表中的位序号为 8，即处于 KYTBL + 8 位置。该位序号即是该键的键值。用同样的方法即可确定键盘上所有按键的键值。

表 8.5 键 值 表

查表值	键 值	查表值	键 值	查表值	键 值
FFH	0	DDH	A	CDH	REG' EXAM
EFH	1	EDH	B	CBH	REGEXAM
F7H	2	FDH	C	C7H	PROTEXAM
FBH	3	0DH	D	BFH	MEMEXAM
DFH	4	0BH	E	BDH	BP
E7H	5	07H	F	BBH	PVNCH
EBH	6	0EH	EXDC	B7H	LOAD
CFH	7	FEH	SS	AFH	PROG
D7H	8	EEH	MON		
DBH	9	DEH	NEXT		

4) 键盘扫描及译码程序

键盘扫描及译码程序的流程图如图 8.13 所示。

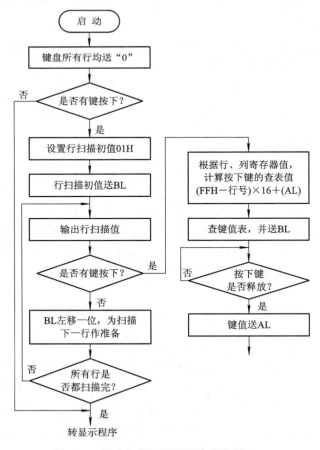

图 8.13 键盘扫描及译码程序流程图

　　首先向行寄存器送 FFH，由于锁存器输出加有反相器，故使所有行线置为低电平。然后读列输入端口，看是否有某一条列线变成低电平(只要有键按下，总有一条列线为低电平)，即列输入口的 $b_0 \sim b_4$ 位中有某一位为 0。

　　如果有键按下，则进行键盘扫描；如果无键按下，就跳过键盘扫描程序。

　　当发现有键按下时，进行逐行扫描。首先使 L_0 行线置成低电平(行寄存器 b_0 位送 1)，其他行线 $L_1 \sim L_5$ 均为高电平(行寄存器 $b_1 \sim b_5$ 位送 0)。然后读列输入端口，看是否有某一条列线是低电平(表示有键按下)。如果有，则根据所在行、列号从键值表中查得按下键的对应键值。如果所有列线都是高电平，则说明按下的键不在当前扫描的那一行。接着扫描 L_1 行，使 L_1 行变低，L_0、$L_2 \sim L_5$ 行线均为高电平。如此循环，最终可以对所有键扫描一次。为了消除键抖动，当判断出键盘上有键按下时，应先延时 20 ms，然后再进行键盘扫描。

　　例 8.6　用汇编语言编写的键盘扫描程序如下：

```
        ; 键盘扫描程序
DECKY:  MOV    AL, 3FH
        MOV    DX, DIGLH
        OUT    DX, AL          ; 行线全部置为低电平
        MOV    DX, KBSEL
        IN     AL, DX
        AND    AL, 1FH
        CMP    AL, 1FH         ; 判断有无键闭合
        JZ     DISUP           ; 无键闭合转显示程序
        CALL   D20MS           ; 消除键抖动，D20MS 为 20 ms 延时子程序
        MOV    BL, 01H         ; 初始化行扫描值
KEYDN1: MOV    DX, DIGLH
        MOV    AL, BL
        OUT    DX, AL          ; 行扫描
        MOV    DX, KBSEL
        IN     AL, DX          ; 该行是否有键闭合
        AND    AL, 1FH         ; 有则转译码程序
        CMP    AL, 1FH
        JNZ    KEYDN2
        SHL    BL, 1
        MOV    AL, 40H
        CMP    AL, BL          ; 所有行都扫描完否
        JNZ    KEYDN1          ; 未完
        JMP    DISUP           ; 扫描完转显示
KEYDN2: MOV    CH, 00H         ; 键盘译码程序
KEYDN3: DEC    CH
        SHR    BL, 1
```

```
              JNZ      KEYDN3
              SHL      CH, 1
              SHL      CH, 1
              SHL      CH, 1
              SHL      CH, 1
              ADD      AL, CH              ; 实现(FFH - 行号) × 16 + 列端口值
              MOV      DI, OFFSET KYTBL
  KEYDN4:     CMP      AL, [DI]            ; 寻找键值
              JZ       KEYDN5
              INC      DI
              INC      BL                  ; 表序号加 1
              JMP      KEYDN4
  KEYDN5:     MOV      DX, KBSEL
  KEYDN6:     IN       AL, DX
              AND      AL, 1FH
              CMP      AL, 1FH             ; 检测键是否释放
              JNZ      KEYDN6              ; 未释放则继续检测
              CALL     D20MS               ; 消除键抖动
              MOV      AL, BL              ; 键值送 AL
                       ⋮
```

2. 编码式键盘

1) 与系统的连接方式

目前，微机系统采用的 101/102 键盘或 104 键盘均属于编码式键盘。由于这类键盘的按键较多，如果仍采用非编码式键盘的处理方法，为了要及时发现键盘中的按键是否按下，CPU 必须定时或不断地利用软件(扫描程序)对键盘进行扫描，这样 CPU 的开销太大，降低了 CPU 的工作效率。为了提高 CPU 的工作效率，有关厂家专门开发了用于键盘接口的大规模集成电路芯片，例如 8279、SSK814。这两种芯片适用于矩阵式编码键盘接口，它们共同的特点是：键盘扫描及键码读取都是由这些接口的硬件动作完成的，无须 CPU 进行干预；只有在有键按下时，接口才向 CPU 提出中断请求，要求 CPU 将键码读入。这样 CPU 的工作效率就可大大提高。因此，编码式键盘大多是通过专用键盘接口与系统进行连接的。

2) 专用键盘接口芯片

8279 是一种通用可编程键盘和显示器接口芯片。它可为 64 个触点和键盘矩阵提供扫描式接口。只要按下一个键就会产生一个表示键位置的 6 位编码，它和键盘有关状态信息一起存入先进先出(FIFO)寄存器中。当 FIFO 寄存器中有数据时，8279 就会向 CPU 提出中断请求，等待 CPU 将键编码取走。消除键抖动及键封锁也是由 8279 本身的硬件实现的。只要开始对 8279 进行初始化，此后就可按指定的功能要求实现 CPU 与键盘的接口。利用 8279 芯片作为键盘接口的框图如图 8.14 所示。

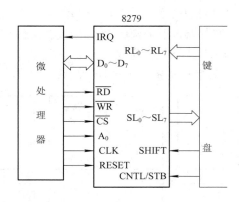

图 8.14　利用 8279 作为键盘接口的框图

SSK814 芯片也是专门用于键盘接口的大规模集成电路芯片。它与 8279 一样，也可以方便地与 8×8 键盘矩阵接口。但是，与 8279 最主要的区别是，SSK814 芯片是用 4 条线以串行通信方式与 CPU 交换信息的。这种信息传送方式的好处是，SSK814 往往可以和键盘配置在一起，利用串行通信线和 CPU 进行通信，这样键盘可以离 CPU 远一些，在结构设计时要方便得多。而 8279 由于以系统总线方式和 CPU 接口，因此一般都放在 CPU 板附近。利用 SSK814 作为键盘接口的框图如图 8.15 所示。

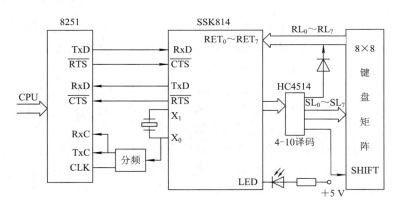

图 8.15　利用 SSK814 作为键盘接口的框图

3) PC 键盘

所有的 PC 键盘都是完全可互换的，它是 PC 中少数的几个从不会与其他部件发生冲突的设备之一。PC 键盘采用智能接口与微机相连，该智能接口在微控制器(即单片机)的控制下实现按键检测、键码识别及与微机双向通信等功能。

XT 键盘是最老的 PC 键盘，总键数为 83 个。AT 键盘增加了键盘指示灯或数据键块，总键数为 84 个，它使 XT 键盘基本上在一夜之间消失了。AT 增强型键盘新增了一些功能键，在主键和附加键块之间有独立的光标控制，总键数为 101 个。目前的主流键盘是 Windows 键盘，它是 AT 键盘的变种，它增加了特定的 Windows 键：两个启动菜单键和一个与按鼠标右键等同的菜单键，总键数为 104 个。

AT 键盘接口采用专用控制器负责键盘扫描。若有闭合键，则将其扫描码存入 FIFO 缓冲器(16/20 字节)中。当主机允许键盘输入时，扫描码经串行接口送往主机的键盘接口 8042。Intel 8042/8742 是一种通用微控制器，用来构成 PC 扩展键盘接口，它将来自串口的键盘扫描码转换成与 XT 键盘兼容的系统扫描码，送至 CPU。键盘接口与 CPU 间的通信是利用键盘缓冲区以中断方式完成的，其接口框图如图 8.16 所示。

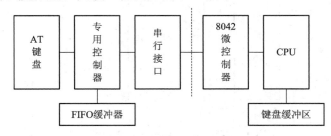

图 8.16　AT 键盘接口框图

8.1.3　光电隔离接口

在微机应用系统中，通常要引入一些开关量的输出控制(如继电器的通断)及状态量的反馈输入(如机械限位开关的状态、继电器的触点状态等)。这些控制动作常常与强电(大电流、高电压)控制电路联系在一起，从而形成了强电控制电路对微机应用系统的严重干扰，以致微机应用系统不能正常工作。

强电控制电路与微机应用系统共地，是引起干扰的一个很重要的原因。强电控制电路与微机应用系统的连接地线存在着一定的电阻，且微机应用系统各器件的地和电源地之间也存在着一定大小的连线电阻。在常规工作时，流过连线电阻的电流较小，这时电阻上的压降几乎可以忽略不计，系统各器件的地和电源地可以认为是同一电位。但是，如果在某一瞬时有大电流流过，那么该电阻上的压降就不能忽略了。该压降就会叠加到微机应用系统各个器件的地电位上，从而造成危害极大的脉动干扰。

消除上述干扰的最有效方法是，使微机应用系统主机部分的地和强电控制电路的地隔开，不让它们在电气上共地，并将主机部分的控制信息以某种非电量(如光、磁等)形式传递给强电控制电路。目前最常见的方法是采用光电隔离或继电器隔离，其中光电隔离器件体积小、响应速度高，因而获得了广泛的应用。

1. 光电隔离器件

光电隔离器件的种类很多，但其基本的原理是一样的。典型的光电隔离器件的电原理图如图 8.17 所示。光电隔离器件由两部分组成：发光二极管和光敏三极管。当发光二极管通过一定的电流时，它就会发光，该光被光敏三极管接收，使它的 C、E 两端导通；当发光二极管内没有电流流过时，就没有光照射到光敏三极管上，从而使三极管截止，C、E 两端开路。用此方法就可以将逻辑值以光的有无方式从左端(发光二极管)传到右端(光敏三极管)。

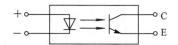

图 8.17　光电隔离器件的电原理图

2. 光电隔离输入/输出接口电路

光电隔离器件只是用于实现电路之间在不共地的情况下进行电气连接的部件，因此它不能单独作为接口部件。光电隔离输入接口电路可利用三态门与光电隔离器件组合而成，典型电路如图 8.18(a)所示。三态门对外设信息的输入时刻进行控制，光电隔离器件则完成弱电设备(如微机)与强电设备(大电流或高电压外设)的不共地连接。光电隔离输出接口电路可由锁存器与光电隔离器件组合而成，典型电路如图 8.18(b)所示。锁存器在规定的时间为外设提供稳定的输出，而光电隔离器件则完成微机与强电外设的不共地连接。

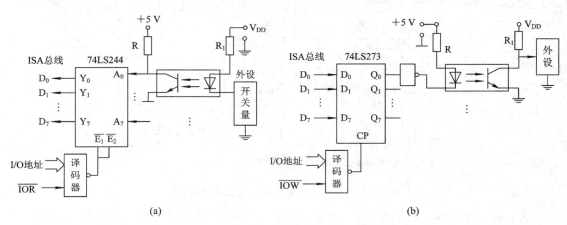

图 8.18　光电隔离输入、输出接口电路

(a) 输入接口；(b) 输出接口

3. 光电隔离接口应用举例

继电器是工业控制系统中常用的设备，利用它可以实现电源的通/断、阀门的开/关、设备的启/停等控制。继电器内部由电磁铁、金属簧片与两个触点构成。在继电器不工作时，常开触点处于断开状态，常闭触点处于接通状态。当继电器工作时，电磁铁上的线圈被通以一定额度的电流，电磁铁具有了磁性，于是吸合金属簧片，使继电器内部的常开触点处于接通状态，常闭触点处于断开状态，实现继电器触点的一次状态转换。

光电隔离输入接口通常用于接收强电设备信息或强电设备动作的状态反馈。这种信息或反馈可能是电信号形式，也可能是机械触点的断开或闭合形式。这里我们假定状态反馈的是继电器常闭触点的断开或闭合，则光电隔离输入接口电路的具体实例如图 8.19 所示。当继电器的常闭触点闭合时，12 V 电源经限流电阻 R_3 为发光二极管提供一个工作电流。为使该发光二极管正常发光，流过它的工作电流一般要求为 10 mA 左右。发光二极管发出的光使光敏三极管导通，从而使光敏三极管的集电极 c 变成低电平，再经三态反相缓冲器 74LS240，变成高电平送到 CPU 的数据总线上。三态缓冲器为光电隔离器件与 CPU 总线提供了一个数据缓冲。只有 CPU 的地址选通信号 SL_1 加到该缓冲器的选通端时，光电隔离器件的状态才能加至数据总线并读到 CPU 内部。

光电隔离输出接口一般是 CPU 和大功率执行机构(如大功率继电器、电机等)之间的接口。控制信息只有通过它才能送到大功率的执行机构。

CPU 与继电器之间的输出接口如图 8.19 所示,它也是光电隔离输出接口的一个实例。图 8.19 中的输出控制用一块 8 位锁存器 74LS273 进行缓冲,再经一块反相器与发光二极管的负端相接。该反相器可以使用 OC 门,也可以使用吸收电流较大的 TTL 门(如 74LS240)。

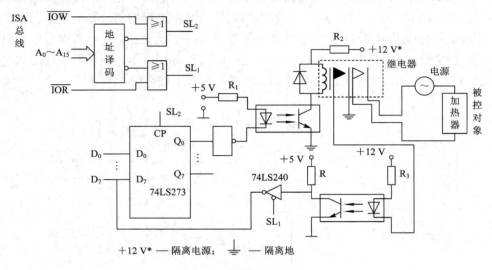

图 8.19 光电隔离输入/输出接口电路实例

为使继电器工作,在锁存器的 D_0 端加载"1"并锁存于锁存器中,使得光电隔离器件中的发光二极管发光,光敏三极管导通,继电器绕组中流过适当的电流,从而使继电器处于工作状态。若继电器工作正常,会使常闭触点断开,常开触点闭合。闭合的常开触点使被控对象进入工作状态(如图中可使加热器进行加热)。

当继电器的工作电流不太大(小于 50 mA)时,光敏三极管的集电极可以串接一个继电器线包,以直接驱动继电器工作。当所接的继电器的工作电流较大时,需要加一级驱动放大电路(可以用一级前置继电器,也可以用一级晶体管放大电路)。与继电器线包并联的二极管起阻尼作用,在继电器断电时,它为在线圈中的工作电流提供一个低电阻通路,以防止光敏三极管被反向电压击穿。

例 8.7 利用图 8.19 电路,可实现对加热器加电 20 min、断电 10 min 的循环控制,并在继电器不能正常工作时给出异常指示(假定将 FLG 单元设置为 AAH),同时停止对加热器的控制。

控制程序如下(假定三态门的端口地址为 1000H,锁存器的端口地址为 1001H):

```
        FLG     DB ?
START:  MOV     DX, 1001H
        MOV     AL, 01H
        OUT     DX, AL          ; 加热器通电
        CALL    DLY10 ms        ; DLY10 ms 为 10 ms 延迟程序,等待吸合
        MOV     DX, 1000H
        IN      AL, DX
        AND     AL, 80H
```

```
        JNZ     ERR             ; 继电器未正常工作时转 ERR
        CALL    DLY10 min       ; 延时 10 min
        CALL    DLY10 min
        MOV     DX，1001H
        MOV     AL，00H
        OUT     DX，AL          ; 加热器断电
        CALL    DLY10 ms
        MOV     DX，1000H
        IN      AL，DX
        AND     AL，80H
        JZ      ERR             ; 继电器未正常工作时转 ERR
        CALL    DLY10 min
        JMP     START
ERR:    MOV     FLG，0AAH
        NOP
        HLT
```

4. 应注意的几个问题

(1) 由于光电隔离器件在工作过程中需要进行电→光→电的两次物理量的转换，而这种转换是需要时间的，因此输入/输出速率有一定限制，一般在几十到几百千赫兹左右。

(2) 当光电隔离器件的一端具有高电压时，为避免输入/输出之间被击穿，要选择有合适的绝缘电压的光电耦合器件。一般常见的绝缘电压为 $0.5 \sim 10\,kV$。

(3) 光电隔离器件的两边在电气上是不共地的。因此，在设计电路时应确保这一点，特别是供电电源，两边都应是独立的，否则将功亏一篑。

(4) 光电隔离输出接口通常用于对大功率执行机构的控制，这种控制要求非常可靠。为了使微机应用系统确知控制动作已经执行，一般在每一个控制动作执行后，应有一个相应的状态信息反馈给 CPU。在编写程序时，应使控制动作和反馈检测互锁，即在一个控制动作未完成以前，下一个控制动作不应该执行。

(5) 对光电隔离输入/输出接口电路中的电阻要进行适当的选择。R_1、R_2 与 R_3 为限流电阻，一般选择几百欧姆；R 为保护电阻，一般选择十几欧姆到几千欧姆。

8.1.4　D/A 变换器接口

在由微机构成的监测与控制系统中，经常需要将外设的模拟信号转换为微机能进行处理的数字信号。同时，也需要将微机输出的数字信号转换为外设所要求的模拟信号。因此，由模拟到数字(A/D)的转换和由数字到模拟(D/A)的转换是微机工程应用中极为重要的接口。本小节先介绍 D/A 变换器。

1. D/A 变换器的基本原理及技术指标

典型的 D/A 变换器芯片通常由模拟开关、权电阻网络、缓冲电路等组成，其框图如图 8.20 所示。

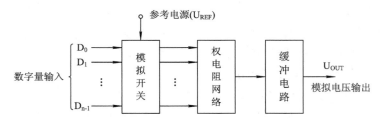

图 8.20　典型 D/A 变换器芯片的组成框图

数字量输入的每一位都对应一个模拟开关。当某位为 1 时，与其相对应的模拟开关接通，参考电压通过权电阻网络在输出端产生与该位二进制数相对应的权值电压。当有多位为 1 时，其相应的各位权值电压经电阻网络求和输出，从而实现数/模转换，即

$$U_{OUT} = \frac{U_{REF}}{2}\left(\frac{D_{n-1}}{2^0} + \frac{D_{n-2}}{2^1} + \cdots + \frac{D_1}{2^{n-2}} + \frac{D_0}{2^{n-1}}\right)$$

其中，$D_i = 0$ 或 $1(i = 0，1，2，\cdots，n-1)$。

D/A 变换器的主要技术指标有分辨率、精度、变换时间和动态范围。

(1) 分辨率。分辨率表示 D/A 变换器的一个 LSB(最低有效位)输入使输出变化的程度，通常用 D/A 变换器输入的二进制位数来描述，如 8 位、10 位、12 位等。对于一个分辨率为 n 位的 D/A 变换器来说，当 D/A 变换器输入变化 1 LSB 时，其输出将变化满刻度值的 2^{-n}。

例如，当 10 位 D/A 变换器的输出电压为 0～ +5 V 时，其分辨率为 4.88 mV；而当 12 位 D/A 变换器的满刻度值仍为 +5 V 时，其分辨率为 1.22 mV。可见，位数愈高，分辨率愈好。

(2) 精度。精度表示由于 D/A 变换器的引入，变换器的输出和输入之间产生的误差。

D/A 变换器的误差主要由下面几部分组成：

① 非线性误差。在满刻度范围内，偏离理想转换特性的最大值称为非线性误差。

② 温度系数误差。在使用温度范围内，温度每变化 1℃，D/A 内部各种参数(如增益、线性度、零漂等)的变化所引起的输出变化量称为温度系数误差。

③ 电源波动误差。由标准电源及 D/A 芯片的供电电源之间的波动在其输出端所产生的变化量称为电源波动误差。

误差的表示方法有两种：绝对误差和相对误差。

绝对误差用 D/A 变换器的输出变化量来表示，如几分之几伏；也有用 D/A 变换器最低有效位 LSB 的几分之几来表示的，如(1/4)LSB。

相对误差是将绝对误差除以满刻度的值并乘以 100%。例如绝对误差为 ±0.05 V，输出满刻度值为 5 V，则相对误差可表示为 ±1%。

完整的 D/A 变换电路还应包括与 D/A 芯片输出相接的运算放大器，这些器件也会给 D/A 变换器带来误差。考虑到这些因素是相对独立的，因此 D/A 变换器的总精度可用均方误差来表示，即

$$\varepsilon_{总}^2 = \varepsilon_{非线性}^2 + \varepsilon_{电源波动}^2 + \varepsilon_{温度漂移}^2 + \varepsilon_{运放}^2 \tag{8-1}$$

标准差为

$$\varepsilon_{总} = \sqrt{\varepsilon_{非线性}^2 + \varepsilon_{电源波动}^2 + \varepsilon_{温度漂移}^2 + \varepsilon_{运放}^2} \tag{8-2}$$

例 8.8　若某系统要求 D/A 变换电路的总误差必须小于 0.1%。已知某 D/A 芯片的最大非线性误差为 0.05%。那么根据式(8-1)可以确定，电源波动、温度漂移和运算放大器所引起的均方误差为

$$\varepsilon_{电源波动}^2 + \varepsilon_{温度漂移}^2 + \varepsilon_{运放}^2 = \frac{1}{1\,000\,000} - \frac{0.25}{1\,000\,000} = \frac{0.75}{1\,000\,000}$$

又假设，后三者是相等的，则经计算可得

$$\varepsilon_{电源波动} = \varepsilon_{温度漂移} = \varepsilon_{运放} = 0.05\%$$

由此误差分配，我们就可以选择合适的电源及运算放大器，使其满足 D/A 变换电路的精度要求。

当然，反过来也可以已知其他各种误差，再来推算 D/A 芯片的非线性误差，最后再根据此误差来选择合适的 D/A 芯片。

需要特别指出的是，D/A 芯片的分辨率会对系统误差产生影响，因为它确定了系统的控制精度，即确定了控制电压的最小量化电平。这种影响是系统固有的。为了消除(近似消除)这种影响，一般在系统设计中应这样来选择 D/A 变换器的位数，即使其最低有效位 1 位的变化所引起的误差远远小于 D/A 芯片的总误差。如例 8.8 所述，系统要求 D/A 变换电路的误差小于 0.1%，那么 D/A 芯片的位数应选择为 12 位，因为 12 位 D/A 的最低有效位(1 位)的变化所引起的误差为 0.02%(1/4096)。

(3) 变换时间。当数字信号满刻度变化时，从数码输入到输出模拟电压达到其满刻度值 ± (1/2)LSB 所需的时间称为变换时间。该时间限制了 D/A 变换器的速率，它表征了 D/A 变换器的最高转换频率。例如，D/A 变换器 DAC0832 的变换时间为 1 μs，表明其最高变换频率为 1 MHz。各种 D/A 芯片具有各自的变换时间。

需要注意的是，因为 D/A 变换电路还包括输出电路中的运算放大器，所以 D/A 变换电路的变换时间应为 D/A 芯片的变换时间和运算放大器的建立时间之和。例如，D/A 芯片的变换时间为 1 μs，运算放大器的频率响应为 1 MHz(建立时间为 1 μs)，那么整个 D/A 变换电路的变换时间为 2 μs。如果系统要求的 D/A 变换时间是 1 μs，则应重新选择速度更高的 D/A 芯片和运算放大器。

(4) 动态范围。所谓动态范围，就是 D/A 变换电路的最大和最小的电压输出值范围。D/A 变换电路后接的控制对象不同，其要求也有所不同。

D/A 芯片的动态范围一般决定于参考电压 U_{REF} 的高低，参考电压高，动态范围就大。参考电压的大小通常由 D/A 芯片手册给出。整个 D/A 变换电路的动态范围还和输出电路的运算放大器的级数及连接方法有关。有时，即使 D/A 芯片的动态范围较小，但只要适当地选择相应的运算放大器作输出电路，就可扩大变换电路的动态范围。

上面所提到的 D/A 变换器的主要技术指标在厂家所提供的 D/A 芯片手册中均可查到。读者应根据具体应用中要求的技术指标，熟练地选用 D/A 芯片。

2. 典型的 D/A 变换器芯片举例

目前各国生产的 D/A 变换器的型号很多，如按数码位数分有 8 位、10 位、12 位等，如按速度分又有低速、高速等。但是，无论是哪一种型号的芯片，它们的基本原理和功能是一致的，其芯片的引脚定义也是雷同的，一般都有数码输入端和模拟量的输出端。其中

模拟量的输出端有单端输出和差动输出两种,有电流输出(最常见)与电压输出之分。D/A 芯片所需参考电压 U_{REF} 由芯片外电源提供。为了使 D/A 变换器能连续输出模拟信号,CPU 送给 D/A 变换器的数码一定要进行锁存保持,然后再与 D/A 变换器相连接。有的 D/A 变换器芯片内部带有锁存器,那么此时 D/A 变换器可作为 CPU 的一个外围设备端口,挂在总线上。在需要进行 D/A 变换时,CPU 通过片选信号和写控制信号将数据写至 D/A 变换器。

D/A 变换器种类繁多,这为我们的选用提供了很大的灵活性。在此我们仅介绍一种常见的 8 位 D/A 变换器芯片 DAC0832。

1) 引脚及其功能

D/A 变换器 DAC0832 的引脚及内部结构分别如图 8.21 和图 8.22 所示。

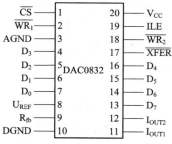

图 8.21　DAC0832 的引脚

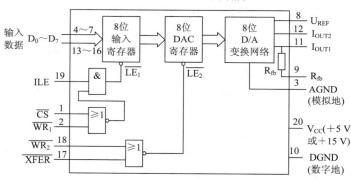

图 8.22　DAC0832 的内部结构

DAC0832 为具有 20 条引脚的芯片,各引脚定义如下:

$D_0 \sim D_7$:8 条输入数据线。

ILE:输入寄存器选通信号,它与 $\overline{CS}$、$\overline{WR_1}$ 配合使输入寄存器锁存输入数据并将其输出。

$\overline{CS}$:片选信号。

$\overline{WR_1}$:写输入寄存器信号。

$\overline{WR_2}$:写变换寄存器信号。

$\overline{XFER}$:允许输入寄存器数据传送到变换寄存器信号。

U_{REF}:参考电压输入端,其电源电压可在 $-10 \sim +10$ V 范围内选取。

I_{OUT1}、I_{OUT2}:D/A 变换器差动电流输出。

R_{fb}:反馈端,接运算放大器输出。

AGND：模拟信号地。

DGND：数字信号地。

V_{CC}：电源电压，可用 +5 V(或 +15 V)。

2) 工作时序

D/A 芯片 DAC0832 的工作时序如图 8.23 所示。

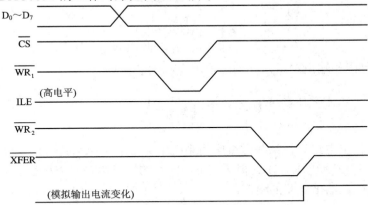

图 8.23　DAC0832 的工作时序

从 DAC0832 芯片的内部结构图可以看出，D/A 变换是分两个步骤进行的。

首先，CPU 将要变换的数据送到 $D_0\sim D_7$ 端，使 ILE = 1，$\overline{CS}$ = 0，$\overline{WR_1}$ = 0，这时数据可以锁存到 DAC0832 的输入寄存器中，但输出的模拟量并未改变。

为了使输出的模拟量与输入的数据相对应，接着应使 $\overline{WR_2}$、$\overline{XFER}$ 同时有效。在这两个信号的作用下，输入寄存器中的数据被锁存到变换寄存器中，再经过变换网络，使输出模拟量发生一次新的变化。

在通常情况下，如果将 DAC0832 芯片的 $\overline{WR_2}$、$\overline{XFER}$ 接地，将 ILE 接高电平，那么只要在 $D_0\sim D_7$ 端送一个 8 位数据，并同时给 $\overline{CS}$ 和 $\overline{WR_1}$ 送一个负选通脉冲，就可完成一次新的变换。也就是说，将图 8.22 中的 $\overline{WR_2}$ 和 $\overline{XFER}$ 均接成低电平，则图 8.22 中的 DAC 寄存器就变为直通状态。

如果在系统中接有多片 DAC0832，且要求各片的输出模拟量在一次新的变换中同时发生变化(即各片的输出模拟量在同一时刻发生变化)，我们可以分别利用各片的 $\overline{CS}$、$\overline{WR_1}$ 和 ILE 信号将各路要变换的数据送入各自的输入寄存器中，然后在所有芯片的 $\overline{WR_2}$ 和 $\overline{XFER}$ 端同时加一个负选通脉冲。这样，在 $\overline{WR_2}$ 的上升沿，数据将由各输入寄存器锁存到变换寄存器中，从而实现多片的同时变换输出。

3) DAC0832 的几种典型输出连接方式

D/A 芯片将数字量转换为模拟量时有两种输出形式，即电流型与电压型。一般微机应用系统往往需要电压输出，当 D/A 变换器输出为电流时，就必须进行电流至电压的转换。

(1) 单极性输出电路。单极性输出电路如图 8.24 所示。D/A 芯片输出的电流 i 经输出电路转换成单极性的电压输出。图 8.24(a)为反相输出电路，其输出电压为

$$U_{OUT} = -iR \tag{8-3}$$

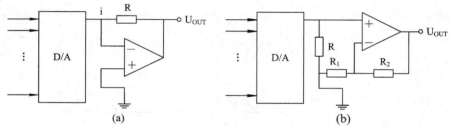

图 8.24　单极性输出电路

(a) 反相输出；(b) 同相输出

图 8.24(b)是同相输出电路，其输出电压为

$$U_{OUT} = iR\left(1 + \frac{R_2}{R_1}\right) \tag{8-4}$$

(2) 双极性输出电路。在某些微机应用系统中，要求 D/A 的输出电压是双极性的，例如要求输出 −5～ +5 V 电压。在这种情况下，D/A 的输出电路要作相应的变化。图 8.25 就是 DAC0832 双极性输出电路的实例。

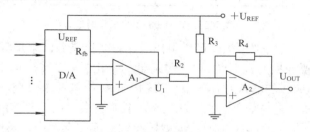

图 8.25　双极性输出电路

如图 8.25 所示，D/A 变换器的电流输出经运算放大器 A_1 和 A_2 的偏移和放大后，在 A_2 的输出端可得到双极性 −5～ +5 V 的输出。图 8.25 中 U_{REF} 为 A_2 提供偏移电流，且 U_{REF} 的极性选择应使偏移电流的方向与 A_1 输出电流的方向相反。再选择 $R_3 = R_4 = 2R_2$，以便使偏移电流恰好为 A_1 输出电流的一半，从而使 A_2 的输出特性在 A_1 输出特性的基础上上移 1/2 的动态范围。由电路参数计算可得到最后的输出电压表达式为：

$$U_{OUT} = -2U_1 - U_{REF} \tag{8-5}$$

设 U_1 为 0～−5 V，则选取 U_{REF} 为 +5 V。那么：

$$U_{OUT} = (0～10 \text{ V}) - 5 \text{ V} = -5～5 \text{ V} \tag{8-6}$$

4) DAC0832与8088微处理器的连接

DAC0832 是一种 8 位的 D/A 芯片，片内有两个寄存器作为输入和输出之间的缓冲，这种芯片可以挂接到微机系统总线(如 ISA)上。

例 8.9　图 8.26 是 0832 芯片与 8 位 ISA 总线的连接电路图。

图 8.26 中的双极性输出端为 U_{OUT}。当 D/A 变换器输入端的数据在 00H～FFH 之间变化时，U_{OUT} 输出将在 −5～ +5 V 之间变化。如果想要单极性 0～ +5 V 输出，那么只要使 $U_{REF} = -5$ V，然后直接从运算放大器 A_1 的输出端输出即可。在图中的输出端 U_{OUT} 接一个 680～6800 pF 的电容是为了平滑 D/A 变换器的输出，同时也可以提高电路抗脉冲干扰的

能力。

　　由于 D/A 芯片是挂接在微机系统总线上的，因此在编制 D/A 驱动程序时，只要把 D/A 芯片看成是一个输出端口就行了。向输入端口送一个 8 位的数据，在 D/A 输出端就可以得到一个相应的输出电压。设 D/A 的端口地址为 278H，则用 8086 汇编语言书写的、能使 D/A 产生锯齿波的程序如下：

```
DAOUT:  MOV   DX，278H          ; 设置端口地址
        MOV   AL，00H           ; 设置起始输出数据
ROUND:  OUT   DX，AL
        DEC   AL
        JMP   ROUND             ; 循环形成周期锯齿波
```

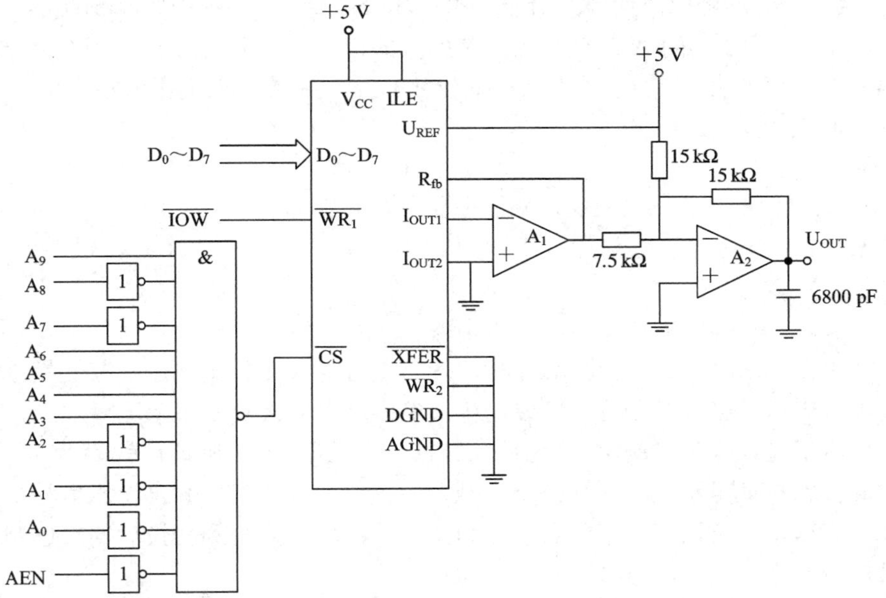

图 8.26　DAC0832 与 PC/XT 总线的连接图

　　很显然，利用图 8.26 电路编写不同的驱动程序，可以产生各种各样的波形，例如方波、三角波、阶梯波、梯形波乃至正弦波等。在图 8.26 的基础上，请阅读下面的程序，判断 U_{OUT} 的波形。

```
START:  MOV   DX，0278H
NEXT1:  INC   AL
        OUT   DX，AL
        CMP   AL，0FFH
        JNE   NEXT1
NEXT2:  DEC   AL
        OUT   DX，AL
        CMP   AL，00H
        JNE   NEXT2
        JMP   NEXT1
```

8.1.5　A/D 变换器接口

A/D 变换器与 D/A 变换器一样，是微机应用系统的一种重要接口，它可以把外界的模拟量，通过 A/D 变换器变成数字量，送给微机。

A/D 变换器的种类很多，如计数式 A/D 变换器、双积分式 A/D 变换器、逐次比较型 A/D 变换器、并行比较型 A/D 变换器等。考虑到精度及变换速度的折中，实际中常采用逐次比较型 A/D 变换器。

1. A/D 变换器的基本工作原理及结构

1) 逐次比较型 A/D 变换器的基本工作原理

逐次比较型 A/D 变换器的基本工作原理及变换过程与用天平称物体重量的过程十分相似。

例如，某一个 12 位的 A/D 变换器，其输入的模拟电压最大为 5 V，那么，该 A/D 变换器输出的对应值就为 FFFH。其最低有效位 1 位所代表的模拟电压值称为量化间隔 Δ(或称当量)。Δ 的定义为

$$\Delta = \frac{最大输入电压}{A/D 变换器的量化电平数目} \tag{8-7}$$

在本例中，

$$\Delta = \frac{5\,\text{V}}{4095} \approx 1.22\ \text{mV} \tag{8-8}$$

现在如果在 A/D 变换器的输入端加 0～5 V 的任意一个模拟电压，其变换过程如下所述。首先输入电压减去二进制位最高位的权值电压(12 位 A/D 的最高位为 D_{11}，最低位为 D_0，权值电压就是该位二进制位的权值乘以当量)，如果够减，则该位就置"1"，然后用差值再与次高位的权值电压比较；如果不够减，则该位就置"0"，并再将原值与次高位进行比较。按此规律，一直比较到最低有效位为止。这样就可以得到变换后的二进制数码。假设输入模拟电压为 4.5 V，其具体变换过程如下：

位序号	比较表达式		二进制值
D_{11}	4.5 V – 2048 × 1.22 mV = 2 V	>0	1
D_{10}	2 V – 1024 × 1.22 mV = 0.75 V	>0	1
D_9	0.75 V – 512 × 1.22 mV = 0.125 V	>0	1
D_8	0.125 V – 256 × 1.22 mV	<0	0
D_7	0.125 V – 128 × 1.22 mV	<0	0
D_6	0.125 V – 64 × 1.22 mV = 0.046 V	>0	1
D_5	0.046 V – 32 × 1.22 mV = 0.0069 V	>0	1
D_4	0.0069 V – 16 × 1.22 mV	<0	0
D_3	0.0069 V – 8 × 1.22 mV	<0	0
D_2	0.0069 V – 4 × 1.22 mV = 0.002 1 V	>0	1
D_1	0.0021 V – 2 × 1.22 mV	<0	0
D_0	0.0021 V – 1 × 1.22 mV	>0	1

当输入模拟电压为 4.5 V 时，经 A/D 变换器变换以后，即可得到 E65H 的数码。

2) 逐次比较型 A/D 变换器的结构框图

一种逐次比较型 A/D 变换器的结构框图如图 8.27 所示。从图中可以看到，它由接口控制逻辑、逐次变换寄存器、D/A 变换器、电压比较器等部件组成。在有的 A/D 变换器芯片中，还包含有参考电源等其他附属电路。

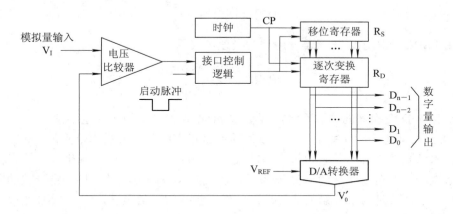

图 8.27　逐次比较型 A/D 变换器的结构框图

参考图 8.27，在启动脉冲控制下，接口控制逻辑在时钟脉冲的驱动下，首先使逐次变换寄存器的最高位置"1"，其输出经 D/A 变换器后形成权值电压，并在比较器中与输入电压相比较。当输入电压大于 D/A 变换器的输出电压时，比较器输出就控制变换寄存器，使其最高位保持为"1"；当输入电压小于 D/A 变换器的输出电压时，比较器输出便控制变换寄存器，使其最高位置"0"。接着再使次高位置"1"，逐位比较下去，直至最低位比较结束为止。变换结束后，在逐次变换寄存器中所存放的二进制数码就是与输入电压对应的变换后的二进制数据。

2．A/D 变换器的主要技术指标

(1) 精度。A/D 变换器的总精度由各种因素引起的误差所决定。这些误差有：

① 量化误差。A/D 变换器的量化误差取决于 A/D 变换器的转换特性。一般的 A/D 变换器的转换特性如图 8.28 所示。

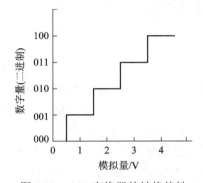

图 8.28　A/D 变换器的转换特性

当模拟量的值在 0~0.5 V 范围变化时，数字量输出为 000B；当模拟量的值在 0.5~1.5 V 范围变化时，数字量输出为 001B。这样，在给定数字量情况下，实际模拟量与理论模拟量之差最大为 ±0.5 V。这种误差是由转换特性造成的，是一种原理性误差，也是无法消除的误差。该 A/D 转换特性表明，其量化间隔 Δ 为 1 V。由此可以推出，量化误差用绝对误差可表示为

$$(绝对)量化误差 = \frac{1}{2} \times 量化间隔 \tag{8-9}$$

也有人用 LSB/2 来表示量化误差。用相对误差可表示为

$$相对误差 = \frac{0.5}{量化电平数目} \times 100\% \tag{8-10}$$

这样，一旦 A/D 变换器的位数确定，其相对(量化)误差也就随之确定了。

② 非线性误差。A/D 变换器的非线性误差是指在整个变换量程范围内，数字量所对应的模拟输入信号的实际值与理论值之差的最大值。理论上图 8.28 的纵坐标与横坐标的关系应是一条直线；而对于实际的 A/D 变换器，两者的关系则可能是一种一定形状的曲线。所谓非线性误差，就是由于关系的非线性而偏离理想直线的最大值，常用 LSB 来表示。例如 AD574 的非线性误差为 ±1 LSB。

③ 电源波动误差。由于 A/D 变换器中包含有运算放大器，有的还利用外接电源产生参考电压，因此，供电电源的变化就会直接影响 A/D 变换器的精度。A/D 变换器对电源变化的灵敏度可用相对误差来表示，但在更多的情况下可用绝对误差(LSB)来表示。例如，手册中给出 AD574 的电源灵敏度为

$$+13.5 \text{ V} \leqslant V_{CC} \leqslant +16.5 \text{ V} \qquad\qquad \pm 2 \text{ LSB}$$
$$-16.5 \text{ V} \leqslant V_{DD} \leqslant -13.5 \text{ V} \qquad\qquad \pm \text{LSB}/2$$
$$+4.5 \text{ V} \leqslant V_{LOGIC} \leqslant +13.5 \text{ V} \qquad\qquad \pm 2 \text{ LSB}$$

④ 温度漂移误差。温度漂移误差是由于温度变化而使 A/D 变换器发生的误差。

⑤ 零点漂移误差。零点漂移误差是由于输入端零点漂移而引起的误差。

⑥ 参考电源误差。有的 A/D 变换器需使用者外接参考电源。由于参考电源在 A/D 变换器中相当于用天平称重时的砝码，因此它的误差将直接影响到 A/D 变换器的精度。通常选用参考电源时，要求其精度要比由量化误差引起的精度高一个数量级以上。

上述这些误差构成了 A/D 变换器的总误差。A/D 变换器的总误差应采用各种误差的均方和的根来表示，即

$$\varepsilon_{总} = \sqrt{\varepsilon_1^2 + \varepsilon_2^2 + \varepsilon_3^2 + \varepsilon_4^2 + \varepsilon_5^2} \tag{8-11}$$

其中，$\varepsilon_1 \sim \varepsilon_5$ 为各因素引起的误差，$\varepsilon_{总}$ 为 A/D 变换器的总误差。

(2) 变换时间(或变换速率)。完成一次 A/D 变换所需要的时间为变换时间。变换速率(频率)是变换时间的倒数。例如 AD574KD 的变换时间为 35 μs，其变换速率为 28.57 kHz。

变换时间是 A/D 变换器的重要参数。目前，有变换时间为数百毫秒到 1 纳秒的各种 A/D 变换器可供我们选用。所选 A/D 变换器的最大变换时间应不大于采样频率的倒数(即采样周期)。

(3) 输入动态范围。一般 A/D 变换器的模拟电压输入范围大约为 0～5 V 或 0～10 V。某些 A/D 变换器芯片具备不同的模拟电压输入范围的引脚。例如 AD574 的 10VIN 引脚可输入 0～10 V 电压，而 20VIN 引脚可输入 0～20 V 电压。

3．A/D 变换器芯片及应用

在这里仅介绍两种典型的 A/D 变换器及其应用。

1) 12位A/D变换器芯片AD574

(1) AD574 的引脚及功能。AD574 变换器的引脚如图 8.29 所示。

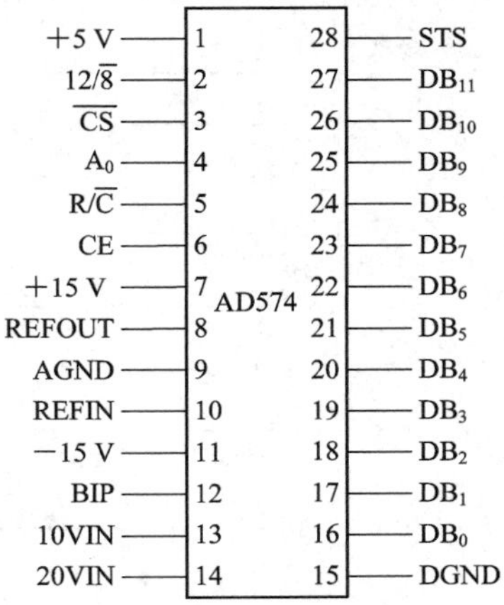

各引脚的定义如下：

REFOUT：内部参考电源电压输出(+10 V)。

REFIN：参考电压输入。

BIP：偏置电压输入。

10VIN：±5 V 输入或 0～10 V 输入。

20VIN：±10 V 输入或 0～20 V 输入。

DB_0～DB_{11}：高字节为 DB_8～DB_{11}，低字节为 DB_0～DB_7。

图 8.29　AD574 的引脚图

STS："忙"信号输出，高电平有效。

$12/\overline{8}$：变换输出字长选择端。输入为高电平时，变换字长输出为 12 位；输入为低电平时按 8 位输出。

$\overline{CS}$：片选信号。

A_0：字节地址控制输入，在启动 A/D($R/\overline{C}$ = 0)时，用来控制转换长度。A_0 = 0 时转换长度为 12 位，A_0 = 1 时转换长度为 8 位。在变换数据输出时，在 $12/\overline{8}$ = 0 的情况下，A_0 = 0，输出高 8 位数据 DB_4～DB_{11}；A_0 = 1 时，输出低 4 位数据 DB_0～DB_3。

$R/\overline{C}$：数据读输出和转换控制输入。

CE：工作允许信号，高电平有效。

+15 V、−15 V：+15 V、−15 V 电源输入端。

AGND：模拟地。

DGND：数字地。

(2) AD574 的工作时序。AD574 的控制功能如表 8.6 所示。

表 8.6　AD574 的控制功能

CE	$\overline{CS}$	$R/\overline{C}$	$12/\overline{8}$	A_0	功能说明
1	0	0	×	0	12 位转换
1	0	0	×	1	8 位转换
1	0	1	1	×	12 位输出
1	0	1	0	0	8 位高有效位输出
1	0	1	0	1	4 位低有效位输出

A/D 变换器芯片内部集成有高精度参考电压形成电路，可满足 12 位 A/D 变换的要求。

同时，其内部还集成有变换时钟电路，故无须外接时钟。这些都为使用者提供了很大的方便。

AD574 的一次变换时间大约为 15～35 μs，该时间随型号的不同而有所区别，其变换过程的时序关系如图 8.30 所示。

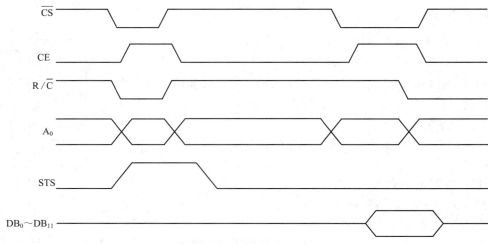

图 8.30　AD574 的工作时序

从图 8.30 可以看出，当 CE = 1，$\overline{\text{CS}}$ = 0，R/$\overline{\text{C}}$ = 0 时，AD574 的变换过程被启动。转换长度则由 A_0 输入端控制。当 A_0 = 0 时，实现 12 位转换，变换数据从 DB_0～DB_{11} 输出；当 A_0 = 1 时，实现 8 位数据转换，变换后的数据从 DB_4～DB_{11} 输出，低 4 位 DB_0～DB_3 将被忽略。

12/$\overline{8}$ 是用来控制输出长度选择的输入端。当 12/$\overline{8}$ = 1 时，在 CE = 1，$\overline{\text{CS}}$ = 0，R/$\overline{\text{C}}$ = 1 的情况下，12 位数据从输出端 DB_0～DB_{11} 同时输出；当 12/$\overline{8}$ = 0 时，12 位数据分两次输出(当 A_0 = 0 时，高 8 位数据 DB_{11}～DB_4 输出；当 A_0 = 1 时，低 4 位数据 DB_0～DB_3 输出)。由于有这种功能，因而 AD574 很容易与 8 位 CPU 总线相连接。

(3) AD574 的应用。下面对 AD574 芯片构成的 A/D 变换器电路实例进行说明。通过实例使读者能较清楚地了解设计 A/D 变换器电路的基本内容和方法。

① AD574 的模拟输入电路。

a. 模拟输入电路的极性选择。由 AD574 引脚图可知，它有两个模拟电压输入引脚，即 10VIN 和 20VIN，具有 10 V 和 20 V 的动态范围。这两个引脚的输入电压既可以是单极性的也可以是双极性的，可以通过改变输入电路的连接形式来进行选择，如图 8.31 所示。

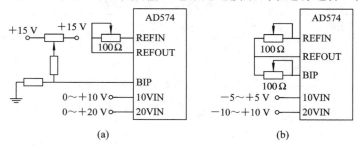

图 8.31　AD574 的模拟电压输入

(a) 单极性输入；(b) 双极性输入

　　b. 输入路数的扩展。一般 A/D 芯片只有一个或两个模拟输入端。但是，实际的系统往往需要对多路模拟输入信号进行 A/D 变换。利用多块 A/D 芯片虽可以解决这个问题，但对低速模拟信号而言，每个模拟信号利用一个较高速的 A/D 芯片进行转换，既不能充分利用 A/D 芯片的转换速度，在价格上也不可取。为了充分发挥 A/D 芯片的作用，可以采用模拟开关来对输入模拟信号的路数进行扩展。

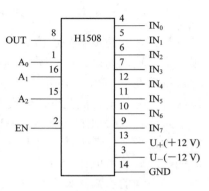

　　模拟开关有多个模拟输入端和一个模拟输出端。在某一时刻究竟哪一个输入端和输出端相连通取决于路地址输入端的输入状态。例如，H1508 是一个 8 路的模拟开关，如图 8.32 所示。它有 8 路模拟输入端 $IN_0 \sim IN_7$，1 个模拟输出端 OUT，3 个路地址输入端 $A_0 \sim A_2$ 和一个选通端 EN。当 EN = 1，$A_2 A_1 A_0 = 000$ 时，IN_0 输入端和 OUT 输出端接通。同理，当 EN = 1，$A_2 A_1 A_0 = 001$ 时，IN_1 与 OUT 接通。当 EN = 0 时，OUT 为高阻。这样，只要将输出端 OUT 和 AD574 的模拟输入端相连接，在变换前给 H1508 送一个 EN 有效和路地址信号，就可对相应路的模拟输入信号进行 A/D 变换，从而将 1 路

图 8.32　8 路模拟开关 H1508 引脚图

模拟输入扩展为 8 路模拟输入。如想扩展成 64 路，则在该 H1508 的各输入端 $IN_0 \sim IN_7$ 上再各接一块 H1508，将每个输入端再扩展为 8 路就可以了。这样一来，9 块 H1508 就可以将一路模拟输入扩展为 64 路模拟输入。请读者注意，这种扩展并不是可以无限延伸的。每个模拟开关在导通时都是有内阻的，串联级数多了，内阻相应就会增大，精度也就随之降低。一般的串联不要超过两级。

　　除上述 8 路模拟开关外，尚有 4 路、6 路和 16 路等多种模拟开关，其工作原理基本相同。

　　c. 采样保持电路。A/D 变换器从变换开始到结束需要一段时间，这段时间的长短随各种变换器速度的不同而不同。在变换器工作期间一般要求输入电压保持不变，否则就会造成不必要的误差。为此，在 A/D 变换器输入端之前总要插入一个采样保持电路，如图 8.33 所示。在启动变换器时，对模拟输入电压进行采样，采样保持电路的输出就一直保持采样时的电压不变，从而为 A/D 变换器的输入端提供一个稳定的模拟输入电压。当然，采样保持电路的电压保持时间是有限的，但与变换时间相比，已是足够长了。

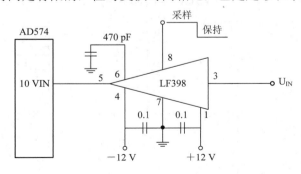

图 8.33　采样保持电路的连接

　　显然，若在 A/D 变换时间内，模拟输入信号的变化对所要求的精度产生的影响可以忽

略，则可以不用采样保持电路。

　　d. 滤波电容的连接。为了平滑输入模拟电压和减小干扰，在 A/D 变换器的模拟输入端与地之间通常接有一个滤波电容。其电容值的大小应不至于对正常变化产生太大影响，即由模拟信号源内阻与该滤波电容所构成的时常数的倒数，应大于模拟信号中有用分量的最高频率分量。例如，模拟信号的最高频率分量为 2 kHz，那么该时常数应选择为

$$滤波时常数 RC < \frac{1}{2\ kHz} = 0.5\ ms$$

　　另外，滤波电容的连接点也应该仔细选择，否则会造成很大的人为误差，一般应接在模拟信号输入的最外端。例如，在图 8.32 中，我们可以将滤波电容接在 H1508 的 OUT 端，也可以接在 H1508 的 $IN_0 \sim IN_7$ 各输入端。前者只要接 1 个，后者却要接 8 个。到底哪一种接法好？在前一种情况下，假设 IN_0 输入电压为 5 V，IN_1 的输入电压为 0 V，当对 IN_0 路的输入进行 A/D 变换时，接于 OUT 端的滤波电容被充电至 5 V。当 IN_0 路变换结束，紧接着对 IN_1 路进行变换时，由于滤波电容上已充有 5 V 电压，要放电到 0 V 电压需要一定的时间，因此很可能在没有放电到 0 V 时 A/D 变换器已经启动，从而对 IN_1 路的输入变换精度带来不利的影响。如果滤波电容按第二种情况连接，就不会产生这种不利的影响。

　　② AD574 与 CPU 的连接。

　　AD574 是 12 位 A/D 变换器，它可以和 16 位 CPU 相连接，也可以和 8 位的 CPU 相连接。只要适当地改变 AD574 某些控制引脚的接法就可以实现上述要求。

　　AD574 可以通过简单的三态门、锁存器接口与微机的系统总线相连接，也可以通过可编程接口(如 8255)与系统总线相连接。由表 8.6 可见，AD574 可以工作在 8 位模式下，也可以工作在 12 位模式下。

　　例 8.10　以 8255 为接口芯片，将工作于 12 位模式下的 AD574 接到 8 位 ISA 系统总线上，其连接如图 8.34 所示。

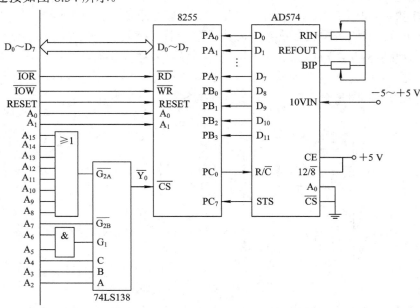

图 8.34　AD574 经 8255 与 8 位 ISA 系统总线相连接

图 8.34 中，简化的连接可使 CE 和 12/$\overline{8}$ 恒为高电平，而使 $\overline{CS}$ 和 A_0 接地。此时只用 R/$\overline{C}$ 来启动，查询 STS 状态可判断变换是否完成。对应图 8.34 的采集变换程序如下：

```
        ；对 8255 初始化，此段程序放在应用程序开始的位置上
INTI55: MOV    DX，0063H
        MOV    AL，10011010B
        OUT    DX，AL          ；控制字写入 8255 的 CR
        MOV    AL，00000001B
        OUT    DX，AL          ；位控方式，使 PC₀=1
        ；以下是对输入信号进行一次变换的程序
ACQUQ:  MOV    DX，0062H
        MOV    AL，00H
        OUT    DX，AL
        MOV    AL，01H
        OUT    DX，AL          ；由 PC₀ 输出负 R/C̄ 脉冲启动变换
        NOP
        NOP
WAITS:  IN     AL，DX          ；取 STS 状态
        AND    AL，80H         ；判断变换结束否
        JNZ    WAITS          ；未结束等待
        MOV    DX，0060H
        IN     AL，DX          ；读 A 口，取得 A/D 变换低 8 位
        MOV    BL，AL
        MOV    DX，0061H
        IN     AL，DX
        AND    AL，0FH         ；读 B 口，取得高 4 位
        MOV    BH，AL
        RET
```

当程序结束时，变换好的数据被放在 BX 中。也就是说，每调用一次 ACQUQ，在程序返回时，BX 中就存放一个变换好的数据。

在本例中，采用查询方式判断变换是否结束。读者一定会想到，也可以采用中断方式。当然，如果时间允许，也可以采用时间准则，即启动变换后，立即调用一延时程序，其延时时间必须比 A/D 变换时间长，以保证变换一定会结束。在延时结束时，可直接去读变换好的数据。

2) 8 位 A/D 变换器芯片 ADC0809

ADC0809 的引脚定义如图 8.35 所示。它共有 28 个引脚。

$D_0 \sim D_7$：输出数据线。

$IN_0 \sim IN_7$：8 路模拟电压输入端。

ADDA、ADDB、ADDC：路地址输入，ADDA 是最低位，ADDC 是最高位。

START：启动信号输入端，下降沿有效。

ALE：路地址锁存信号，用来锁存 ADDA、ADDB、ADDC 的地址输入，上升沿有效。

EOC：变换结束状态信号，高电平表示一次变换已结束。

OE：读允许信号，高电平有效。

CLK：时钟输入端。

$U_{REF}(+)$、$U_{REF}(-)$：参考电压输入端。

V_{CC}：5 V 电源输入。

GND：地。

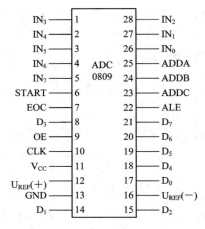

图 8.35　ADC0809 的引脚图

ADC0809 需要外接参考电源和外接时钟。外接时钟频率为 10 kHz～1.2 MHz。在时钟为 640 kHz 时，一次变换时间为 100 μs，且随时钟的降低而增加。ADC0809 的时序关系如图 8.36 所示。从该图可以看到，在进行 A/D 变换时，路地址应先送到 ADDA～ADDC 输入端，然后在 ALE 输入端加一个正跳变脉冲，将路地址锁存到 ADC0809 内部的路地址寄存器中。这样对应路的模拟电压输入就和内部变换电路接通了。为了启动 A/D 变换，必须在 START 端加一个负跳变信号，此后变换工作就开始进行。标志 ADC0809 正在工作的状态信号是 EOC，它由高电平(空闲状态)变成低电平(工作状态)。一旦变换结束，EOC 信号就又由低电平变成高电平。此时只要在 OE 端加一个高电平，即可打开数据线的三态缓冲器而从 D_0～D_7 数据线读得一次变换后的数据。

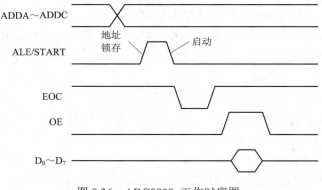

图 8.36　ADC0809 工作时序图

由上述过程可以看到，ADC0809 的一个显著特点是，其芯片内部集成了一个 8 选 1 的模拟门，且利用 ADDA～ADDC 三个信号的编码来选择相应的模拟输入。

将 ADC0809 连接到系统总线上有多种方法。由于 ADC0809 输出数字信号的过程是经由 OE 控制的三态门完成的，故 ADC0809 可以直接与系统总线相连接，占用多个接口地址。它也可以像前面 AD574 那样经可编程并行接口 8255 与总线相连接。这些方法留给读者思考。

例 8.11　以三态门、锁存器为接口，将 ADC0809 接到系统总线上，其连接电路如图 8.37 所示。

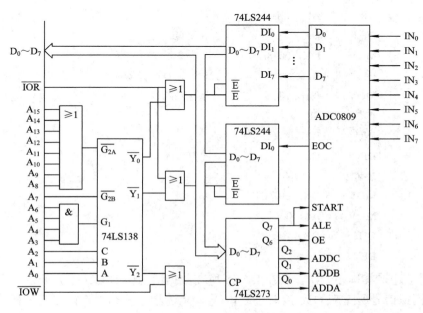

图 8.37　ADC0809 的一种接口电路

图 8.37 中未画出 ADC0809 参考电压的形成电路和时钟形成电路。前者可买现成的芯片来产生，而后者常从系统总线上取时钟信号经分频来产生。结合图 8.37，并假定系统初始化时已将 74LS273 的 Q_7 初始化为 0，则采集程序如下：

```
ACQ09:  MOV    AX，SEG DATA
        MOV    DS，AX
        MOV    SI，OFFSET DATA
        MOV    BL，0
        MOV    CL，8
GOON:   MOV    AL，BL
        MOV    DX，007AH
        OUT    DX，AL          ; 送出路地址
        OR     AL，80H
        OUT    DX，AL          ; 送 ALE 上升沿
        AND    AL，7FH
```

```
          OUT     DX, AL              ; 输出 START
          NOP
          MOV     DX, 0079H
PWAT:     IN      AL, DX              ; 读 EOC 状态
          AND     AL, 01H
          JZ      PWAT
          MOV     DX, 007AH
          MOV     AL, BL
          OR      AL, 40H
          OUT     DX, AL              ; 使 OE＝1
          MOV     DX, 0078H
          IN      AL, DX              ; 读 A/D 变换器数据
          MOV     [SI], AL            ; 存入内存
          INC     SI
          INC     BL
          DEC     CL
          JNZ     GOON
          MOV     DX, 007AH
          MOV     AL, 0
          OUT     DX, AL
          RET
```

每调用上述采集程序一次，会在 DATA 所在数据段内由 DATA 单元开始顺序存放 8 路 (IN$_0$～IN$_7$)模拟信号所对应的数字(二进制)信号。上述程序是利用查询方式进行的，显然，该过程也可以利用中断或调用延时程序来完成。只是前者要复杂得多，而后者要多浪费一些时间。

在上述程序中，我们利用程序对 ADC0809 的 OE 端进行控制。但如果在实际连接中将该端接到高电平上，那么可将上面程序中对 OE 控制的指令删去。

4. 数据监测与控制系统

A/D 与 D/A 变换器是构成数据监测与控制系统的核心部件。

数据监测可利用数据采集系统实现，它主要完成对模拟或数字信号的获取。目前数据采集系统均是利用微机应用系统实现的。采集到的数据最终将以数字形式存储于计算机中或在计算机中加以处理。但由于模拟信号与计算机可接收的数字信号形式不符，因而需用 A/D 变换器完成模/数转换工作。

计算机强大的处理与灵活的控制功能，使得当前的数据采集系统已不单具有单纯的数据获取任务，而且还具有数据处理与对象控制功能，即形成了数据采集、处理与控制于一体的系统，该系统称为数据监测与控制系统。在该系统中除要提供数据获取的采集通道之外，为了实现对象控制，还需要提供输出通道。在输出通道中，利用 D/A 变换器可以使计算机实现对模拟设备的有效控制。一个典型的数据监测与控制系统如图 8.38 所示。

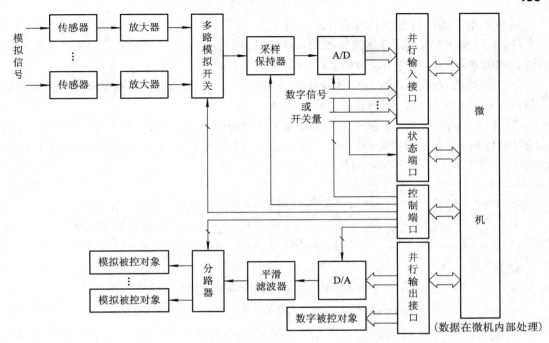

图 8.38 数据监测与控制系统示意图

8.1.6 步进电机接口

在工业控制系统中，通常要控制机械部件的平移和转动，这些机械部件的驱动大都采用交流电机、直流电机和步进电机。其中步进电机最适宜数字控制，因此在数控机床等设备中得到了广泛的应用。

1. 步进电机的基本工作原理

步进电机，顾名思义，是一步一步转动的。例如，步进电机的每一步对应电机轴转动 1.5°，它可以顺时针转，也可以逆时针转。因此，其功能完全和一般电动机相似。

用 4 个开关控制 4 相步进电机的示意图如图 8.39(a)所示。当开关 $SW_1 \sim SW_4$ 按图 8.39(b) 的时序接通和断开时，可使步进电机正转和反转。

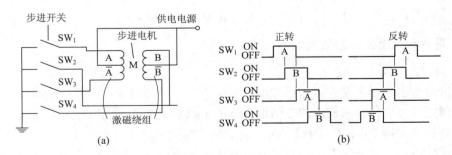

图 8.39 4 相步进电机驱动示意图

(a) 4 相步进电机连接示意图；(b) 开关接通时序关系

目前 4 相步进电机驱动的激磁方式有如下 3 种:

(1) 1 相激磁方式, 其激磁波形如图 8.40(a)所示。在这种方式中, 步进电机工作时温升较高, 电源功耗小, 但是当速度较高时容易产生失步。

(2) 2 相激磁方式, 其激磁波形如图 8.40(b)所示。在这种方式中, 当步进电机工作时温升较高, 电源功率较大, 但不容易失步。

(3) 1-2 相激磁方式, 其激磁波形如图 8.40(c)所示。在这种方式中, 步进电机的工作状态介于(1)和(2)两者之间, 每转动一次只走半步。例如, 若在(1)和(2)方式下步进电机每步转动 1°, 那么在该方式下每步只转动 0.5°。

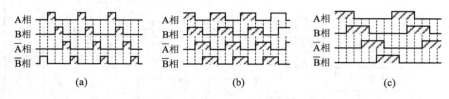

(a)　　　　　　　　　　(b)　　　　　　　　　　(c)

图 8.40　4 相步进电机的各种激磁波形

(a) 1 相激磁波形;　(b) 2 相激磁波形;　(c) 1-2 相激磁波形

常规步进电机控制电路框图如图 8.41 所示。它由脉冲分配电路(脉冲分配器)和驱动电路构成。脉冲分配器有两个输入信号。一个是步进脉冲, 即每输入一个步进脉冲, 脉冲分配器的 4 相输出时序将发生一次变化, 从而使步进电机转动一步。另一个是方向控制信号, 它的两个不同状态将使脉冲分配器产生不同方向的步进时序脉冲, 从而控制步进电机顺时针转动或是逆时针转动。脉冲分配器的 4 相激磁信号经驱动电路后, 再接到步进电机的激磁绕组上, 对步进电机进行功率驱动。

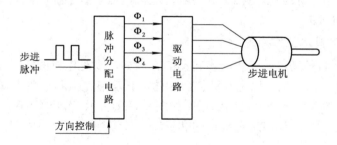

图 8.41　步进电机控制电路框图

2. 脉冲分配器及驱动放大电路

1) 脉冲分配器

脉冲分配器的任务是在步进脉冲的激励下, 产生相应的 4 相步进激励脉冲。实际上它是一个时序产生电路, 其构成的方法很多, 图 8.42 就是其中一个实例。该脉冲分配器由一个 4 位移位寄存器 74LS194 构成, Φ_1、Φ_2、Φ_3、Φ_4 为 4 相驱动脉冲输出, S_0、S_1 用于工作模式设置(如表 8.7 所示)。脉冲分配器初始化时 $S_0 = S_1 = H$, 在时钟脉冲(步进脉冲)CK 的作用下, 数据 0011B 被装入移位寄存器, 而后使 $S_1S_0 = 01$ 或 $S_1S_0 = 10$, 再在步进脉冲控制下就可从 $\Phi_1 \sim \Phi_4$ 送出对应正转或反转的驱动步进电机的时序脉冲。

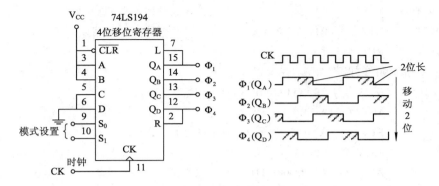

图 8.42　2 相激磁的脉冲分配器电路

表 8.7　脉冲分配器模式设置表

S_1	S_0	状态
L	H	CW(正转)
H	L	CCW(反转)
H	H	初始化
L	L	输出保持

从以上叙述可以看出，一种脉冲分配器电路只适用于一种步进电机的激励方式。为了使脉冲分配器能适应三种不同的激励方式，我们可以用单片机构成一个智能脉冲分配器，利用软件来实现各种不同的激励方式。

例 8.12　图 8.43 是用单片机 8039(或 8048、8749)构成的智能脉冲分配器。

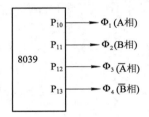

图 8.43　由 8039 构成的智能脉冲分配器

图 8.43 中的 4 相驱动脉冲分别从 P_1 端口的 $P_{10} \sim P_{13}$ 输出。下面是利用单片机汇编语言编写的可实现各种激励方式的程序。

```
; 1 相激励控制程序
V1:     MOV     R0, #00010001B      ; 初始装载
LP:     MOV     A, R0
        RL      A                   ; RL 正转，RR 反转
        MOV     R0, A
        ANL     A, #00001111B       ; 保留低 4 位
        OUTL    P1, A               ; 输出
        CALL    WAIT
        JMP     LP
```

```
WAIT:    MOV    R1，X              ; 改变 X 值即可改变脉冲频率
WLP:     DJNZ   R1，WLP
         RET
; 2 相激励控制程序
V2:      MOV    R0，#00110011B     ; 初始装载
LP:      MOV    A，R0
         RL     A                 ; RL 正转，RR 反转
         MOV    R0，A
         ANL    A，#00001111B      ; 保留低 4 位
         OUTL   P1，A             ; 输出
         CALL   WAIT
         JMP    LP
WAIT:    MOV    R1，X              ; 改变 X 值即可改变脉冲频率
WLP:     DJNZ   R1，WLP
         RET
; 1-2 相激励控制程序
V1-2     MOV    R0，#00010001B     ; 初始装载交替
         MOV    R1，#00110011B     ; 输出
LP:      MOV    A，R0
         RL     A                 ; RL 正转，RR 反转
         MOV    R0，A
         ANL    A，#00001111B      ; 保留低 4 位
         OUTL   P1，A             ; 输出
         CALL   WAIT
         MOV    A，R1
         RL     A                 ; RL 正转，RR 反转
         MOV    R1，A
         ANL    A，#00001111B      ; 保留低 4 位
         OUTL   P1，A             ; 输出
         CALL   WAIT
         JMP    LP
WAIT:    MOV    R2，X              ; 改变 X 值即可改变步进脉冲频率
WLP:     DJNZ   R2，WLP
         RET
```

　　随着大规模集成电路技术的发展，现在已生产出专门用于步进电机控制的脉冲分配器芯片，适用于 3 相和 4 相步进电机的各种激励方式，TD62803P 就是其中一种。TD62803P 的引脚如图 8.44 所示，其各引脚定义如下：

　　CW/CCW：正转/反转控制。

　　E_A、E_B：激磁方式控制。

3/4：3 相或 4 相切换控制。

$\overline{MO}$：初始状态检出，初始状态时其输出为低电平。

Φ_1、Φ_2、Φ_3、Φ_4：4 相驱动脉冲输出。

E：输出允许，当该端为高电平时，允许 $\Phi_1 \sim \Phi_4$ 输出。

CKOUT：时钟输出，它可以用来对步进脉冲进行计数。

CK$_1$、CK$_2$：时钟输入。

$\overline{R}$：复位输入。

GND：地。

V_{CC}：+5 V 电源。

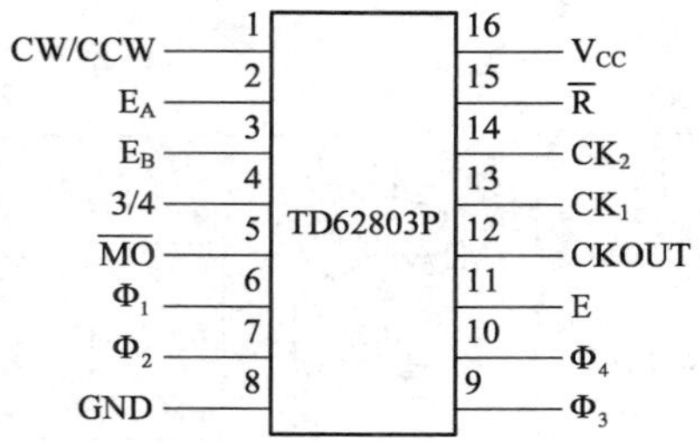

图 8.44 脉冲分配器 TD62803P 的引脚定义

从 TD62803P 的引脚定义可以看到，它是一个功能很强且功能可控的多功能脉冲分配器，在其相应引脚加上不同的控制电平即可得到不同的控制功能。其控制功能真值表如表 8.8 所示。将 TD62803P 和有关接口芯片相连接就很容易构成一个用微机控制的步进电机接口电路。

表 8.8　TD62803P 控制功能真值表

方 向 控 制				模 式 控 制			
输入信号			功能	输入信号			功 能
CK$_1$	CK$_2$	CW/CCW		E_A	E_B	3/4	
⎍	H	L	CW	L	L	L	4 相，1 相激磁
⎍	L	L	禁止	H	L	L	4 相，2 相激磁
H	⎍	L	CCW	L	H	L	4 相，1–2 相激磁
L	⎍	L	禁止	H	H	L	测试模式，输出全部有效
⎍	H	H	CCW	L	L	H	3 相，1 相激磁
⎍	L	H	禁止	H	L	H	3 相，2 相激磁
H	⎍	H	CW	L	H	H	3 相，1–2 相激磁
L	⎍	H	禁止	H	H	H	测试模式，输出全部有效

2) 驱动放大电路

一般脉冲分配器的输出驱动能力是有限的，它不可能直接驱动步进电机，而需要经过一级功率放大以后，再去驱动步进电机。最简单的方法是经一级晶体管功率放大电路去推动步进电机，如果步进电机功率不太大的话，可使用目前市场上已有的集成功率放大芯片。例如，TD62308 可以与 TD62803 配合，对电源电压小于 50 V、电流小于 1.25 A 的步进电机进行驱动。在使用大功率步进电机时，也用它来进行预置功率驱动。其电路连接如图 8.45 所示。

3. 步机电机控制接口实例

例 8.13　图 8.45 是一个实用的步进电机控制接口实例。它包括一个并行输出接口、一个 D/A 输出接口、一个定时器及相应的步进电机控制和驱动电路。

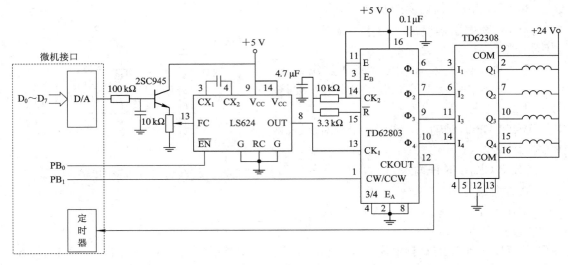

图 8.45　步进电机的控制接口实例

从图 8.45 中可以看到，微机通过 D/A 接口将一个模拟电压加到压控振荡器(74LS624)的电压控制输入端，一定频率的步进脉冲从 CK_1 输入，利用 D/A 输出电压的高低，可以控制压控振荡器的频率，也就是说可以控制步进电机的转动速度。并行接口的两个输出端分别控制压控振荡器的启/停和脉冲分配器的正转/反转。脉冲分配器的 CKOUT 输出接微机的某一个定时器，该定时器用来计数步进电机的步数。

现在我们来看一下步进电机的工作控制过程。假设步进电机要前进(正转)100 步，那么先向定时器置数值 100，并且允许计数到"0"时产生中断，再通过并行端口向 CW/CCW 端送一个高电平，然后使步进电机处于正转状态。在初始状态下，压控振荡器启/停控制端应为高电平，禁止压控振荡器工作；接着给 D/A 接口送一个让步进电机按某一速度转动的数；压控振荡器可按某一频率送出步进脉冲。一切准备就绪后，从并行端口向 $\overline{EN}$ 端送一个低电平，压控振荡器开始工作，以某一频率输出步进脉冲，步进电机以某一速度正向转动。每转动一步，CKOUT 输出一个步进脉冲，使定时器的计数值减 1。当 100 步走完时，定时器产生中断，CPU 从并行端口向 $\overline{EN}$ 端送一个高电平，压控振荡器停止工作，步进电机停止转动。

8.2　基于 PCI 总线的 I/O 接口设计

在 80x86 现代系统(如 Pentium、Core)中，ISA 总线已不是系统总线，它仅仅是为了与早期某些应用兼容而保留的一种扩展总线，需要利用 PCI-ISA 桥来获得。此时，在 ISA 总线上连接的仅是低速的 I/O 设备。

8.2.1　PCI 总线接口概述

作为微机的系统总线，功能强大的 PCI 总线已取代了 ISA 总线。现在，无论是构成微机系统还是开发应用配件，都直接或间接地在使用 PCI 总线，以获得更高的系统性能，特别是即插即用特性。

1. PCI 总线传输

PCI 总线传输由一个地址段和多个数据段组成，见时序图 4.5 和图 4.6。PCI 总线周期以驱动 AD 信号线上的地址开始，第一个时钟周期称为地址段(address phase)，地址段的开始由 $\overline{\text{FRAME}}$ 信号低有效来标识。第二个时钟周期开始一个或多个数据段(data phase)，此时数据在 AD 信号线上传输。访问 PCI 目标内部寄存器的 I/O 操作只有一个数据段；数据块的存储器传输由多数据段组成，以完成读或写多个连续存储单元的功能。

PCI 总线采用了复用的地址和数据线，可减少 PCI 连接器上的引脚，使 PCI 部件能够有较低的成本和较小的封装尺寸。为了使 PCI 设备能够有效地使用 PCI 总线上的地址和数据线，PCI 接口必须完成地址和数据线的分离。

数据是在主设备和目标之间传输的，主设备是总线的主控设备，目标是总线的从属设备。主设备可以控制总线，驱动地址、数据和控制信号；从设备不能启动总线操作，只能依赖于主设备从其中读取数据或向其传送数据。主设备在地址段驱动 C/$\overline{\text{BE}}$ 信号以标识传送的类型(存储器读、存储器写、I/O 读、I/O 写等，见表 8.9)。在数据段，C/$\overline{\text{BE}}$ 为字节允许信号，用来指示哪个数据字节是有效的。主设备和目标两者可以利用 $\overline{\text{IRDY}}$ 和 $\overline{\text{TRDY}}$ 信号无效在数据传输中插入等待状态。有效的数据传输发生在 $\overline{\text{IRDY}}$ 和 $\overline{\text{TRDY}}$ 两者有效的每一个时钟周期。

表 8.9　PCI 总线命令

C/$\overline{\text{BE}}_3$ ～C/ $\overline{\text{BE}}_0$	命　令
0000	INTA 序列
0001	特殊周期
0010	I/O 读周期
0011	I/O 写周期
0100，0101	保留
0110	主存储器读周期
0111	主存储器写周期
1000，1001	保留
1010	读配置信息
1011	写配置信息
1100	存储器多次访问
1101	双寻址周期
1110	行存储器访问(读 Cache 行)
1111	失效的存储器写(写 Cache 行，但不回写主存)

主设备和目标两者可以在任何时候终止总线传输。主设备通过在最后一个数据段使 $\overline{\text{FRAME}}$ 信号无效，通知总线传输完成。目标可以通过使 $\overline{\text{STOP}}$ 信号有效来终止总线传输。

当主设备检测到有效的 $\overline{STOP}$ 信号时，它必须终止当前的总线传输，并且在继续总线传输之前对总线重新仲裁。如果 $\overline{STOP}$ 有效而没有任何的数据段完成，目标发出重试(retry)信号；如果在一个或多个数据段成功完成之后 $\overline{STOP}$ 有效，目标发出断开连接(disconnect)信号。

主设备通过将有效的 $\overline{REQ}$ 信号加载至中心仲裁器来裁决总线的使用权，仲裁器通过使 $\overline{GNT}$ 信号有效来授予总线使用权。PCI 中的仲裁是"隐藏"的，它不消耗时钟周期。当前主设备的总线传输与确定总线下一个拥有者的仲裁处理是重叠的。

2. 配置寄存器组

PCI 支持严格的自动配置机制。每一个 PCI 接口包含一组配置寄存器，即一个 256 字节的配置存储器，CPU 通过操作 PCI 接口可以访问该存储器，以识别 PCI 接口所连接设备的类型(SCSI、视频、以太网等)和提供它的公司，以及配置设备的 I/O 地址、存储器地址、中断级别等。这种特性允许系统为 PCI 插件板(卡)进行自动配置。一旦 PCI 插卡插入系统，系统 BIOS 将能根据读到的关于该插卡的信息，结合系统实际情况为插卡分配存储地址、中断和某些定时信息，从根本上免除人工配置。微软公司称此为 Plug-and-Play(PnP，即插即用)。

配置存储空间定义见图 8.46，其第一个 64 字节包含关于 PCI 接口信息的头(header)。第一个 32 位双字包含设备识别代码和供应商识别代码。设备识别代码为 16 位数字($D_{31}\sim D_{16}$)。如果设备未被安装，该代码为 FFFFH；如果设备被安装，则 0000H～FFFEH 之间的数字用来识别设备。供应商识别代码($D_{15}\sim D_0$)由 PCI SIG 分派。分类码位于配置存储器单元 08H 的位 $D_{31}\sim D_{16}$ 处，用于识别 PCI 接口的类型。现行的分类码由 PCI SIG 分配，列于表 8.10 中。

31		16	15		0	
设备识别代码			供应商识别代码			00H
状态寄存器			命令寄存器			04H
分类码			修改版本			08H
内含自测试	头标类型		延时计数器		Cache 大小	0CH
						10H
						14H
						18H
		基 地 址 寄 存 器				1CH
						20H
						24H
保 留						28H
保 留						2CH
扩展 ROM 基址寄存器						30H
保 留						34H
保 留						38H
Max-Lat	Min-Gnt		中断引脚		中断连线	3CH

图 8.46　配置存储空间

表8.10　分类码含义

分 类 码	功　　能	分 类 码	功　　能
0000H	老的非VGA设备(非PnP)	0401H	音频多媒体
0001H	老的VGA设备 (非PnP)	0480H	其他多媒体控制器
0100H	SCSI控制器	0500H	RAM控制器
0101H	IDE控制器	0501H	FLASH存储器控制器
0102H	软盘控制器	0580H	其他存储器控制器
0103H	IPI控制器	0600H	主桥
0180H	其他硬盘/软盘控制器	0601H	ISA桥
0200H	以太网控制	0602H	EISA桥
0201H	令牌环控制器	0603H	MCA桥
0202H	FDDI	0604H	PCI-PCI桥
0280H	其他网络控制器	0605H	PCMIA桥
0300H	VGA控制器	0680H	其他桥
0301H	XGA控制器	0700H～FFFEH	保留
0380H	其他视频控制器	FFFFH	不在上述类的部件
0400H	视频多媒体		

状态字加载在配置存储器单元 04H 的位 $D_{31}\sim D_{16}$ 中，而命令字加载在 04H 单元的位 $D_{15}\sim D_0$ 中。图 8.47 说明了状态寄存器和命令寄存器的格式。

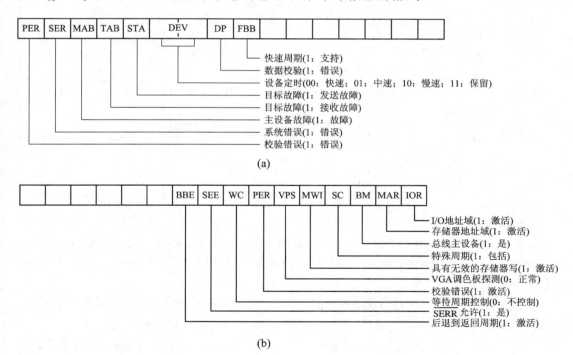

图8.47　状态寄存器和命令寄存器的格式

(a) 状态寄存器；(b) 命令寄存器

基地址寄存器空间由用于存储器的基地址、用于 I/O 空间的第二基地址和用于扩展 ROM 的第三基地址组成。基地址空间的前两个双字存放 PCI 接口中出现的存储器的 32/64 位基地址,下一个双字存放 I/O 空间的基地址(即使 Intel 微处理器仅用 16 位 I/O 地址,此处仍将其扩展到 32 位)。

3. PCI 接口

PCI 总线的定义不依赖于任何设备(包括 CPU),这使得它有很好的通用性,但这也为它与系统中的设备进行连接增加了难度。PCI 接口是复杂的,它是用户系统与 PCI 总线连接的桥梁,寄存器组、奇偶校验块、主设备、目标和销售商 ID 等是任何 PCI 接口所必需的组成。

表 8.11 是一些厂商提供的 PCI 接口芯片。我们仅举两例说明 PCI 接口芯片的内部结构。

表 8.11　　PCI 接口芯片示例

类　　型	芯　　片	制　　造　　商
32 位 PCI 目标 (接口)	EC125	Eureka Technology Inc.
32 位 PCI 主设备/目标	EC220	
64 位 PCI 总线主设备/目标	EC240	
PCI Core(32/64 位,主设备/目标)	Cyclone II Max II Stratix II Cyclone Stratix	Northwest Logic Inc.
PCI 目标接口	S5920	Applied Micro Circuits Corporation (AMCC)
PCI 主设备/目标	S5933/S5935	
PCI 主设备	PCI9060/80/54	PLX Technology Inc.
PCI 接口	440FX PCIset	Intel Corp.
IDE 接口	82371AB/EB/MB (PIIX4/4E/4M)	
	440FX PCIset	
PCI 总线裁决器	440FX PCIset	
	EC300	Eureka Technology Inc.

(1) 64 位 PCI 主设备/目标接口(64-bit PCI Master/Target Interface)。图 8.48 为 64 位 PCI 主设备/目标接口框图。64 位 PCI 主设备/目标接口将总线控制设备(如直接存储器存取(DMA)控制器或视频协处理器)接口到 PCI 总线。它处理来自总线控制设备的全部数据请求,并将它们转换成 PCI 总线请求。

该接口是为 64 位 PCI 总线系统设计的,它支持零等待状态猝发传输和很长的猝发长度,支持高达 266 MB/s 的数据传输率,以及 64 位和 32 位两种数据传输。

64 位 PCI 主设备/目标接口包含总线主设备和总线目标的功能,利用该接口访问设备的数据和状态时,既可以将设备作为 PCI 主设备,也可以将其作为目标。所有的配置寄存器包含在该接口中,对所有配置信息的存取被自动处理。

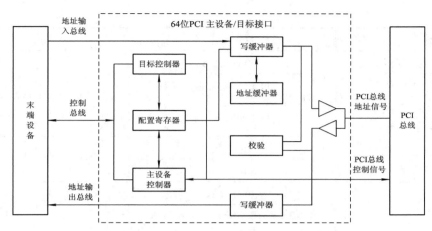

图 8.48　64 位 PCI 主设备/目标接口框图

(2) PCI 总线裁决器(PCI Bus Arbiter)。图 8.49 为 PCI 总线裁决器框图。PCI 总线裁决器可完成对 PCI 总线上多个主设备间的总线使用权的仲裁。任何总线主设备可将编号驻留在 PCI 总线上，也可以请求 PCI 总线。一对请求(REQ)和允许(GNT)信号专用于每个总线主设备。PCI 总线裁决器可实现循环优先级或固定优先级方案。

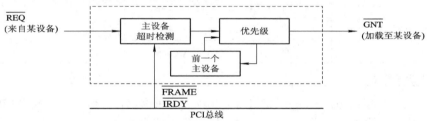

图 8.49　PCI 总线裁决器框图

4. PCI 桥

PCI 桥是基于 PCI 总线构建的微机系统中的一种特殊设备。它可以是一个 PCI 总线控制器，用于实现驱动 PCI 总线所需的全部控制，如 PCI 主桥芯片；它也可以是一个总线转换器，用于实现总线的扩展与转换，如 PCI-PCI 桥芯片、PCI-ISA 桥芯片、PCI-USB 桥芯片。事实上，PCI 桥也是一种 PCI 接口。表 8.12 是一些典型的 PCI 桥芯片(组)。我们也仅举两例说明 PCI 桥芯片的内部结构。

表 8.12　一些典型的 PCI 桥芯片(组)

类　　型	芯　　片	制　　造　　商
32 位 PCI 主桥	EP430	Eureka Technology Inc.
64 位 PCI 主桥	EP420	
PCI-PCI 桥	EP440	
PCI-ISA 桥	EC150	
PCI-ISA 桥	W83628F	Winbond Electronics Corp.
	PC87200	National Semiconductor Corp.
	IT8888F	Integrated Technology Express Inc.

续表

类　　型	芯　　片	制　造　商
PCI-ISA 桥	PCI9050/52/54	PLX Technology Inc.
PCI-PCI 桥	PCI 6000 series	
PCI-局部总线桥 (I/O 加速器)	PCI 9000 series	
PCI-USB 桥 (控制器)	NET2282	
	NET2280	
PCI 主桥	440FX PCIset	Intel Corp.
	440BX/ZX/DX-82443BX/ZX/DX Host Bridge	
PCI 桥	440BX/ZX/DX-82443BX/ZX/DX AGP Bridge	
PCI-ISA 桥	380FB PCIset	
	82371AB/EB/MB (PIIX4/4E/4M)	
PCI-USB 控制器	82371AB/EB/MB (PIIX4/4E/4M)	
	82440MX	
	82801 AA /BA/BAM/CA/CAM	
Cardbus 桥	PCI1225	Texas Instruments

(1) PCI 主桥(PCI Host Bridge)。图 8.50 为 PCI 主桥框图,它是为主 CPU 与 PCI 总线进行接口而设计的。主桥支持不同 CPU 对 32/64 位背端总线的选择,且由总线主设备、总线目标和配置生成这三个功能块组成。

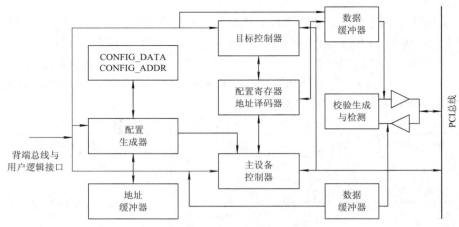

图 8.50　PCI 主桥框图

高效、灵活的背端总线(back-end bus)与系统 CPU 和用户定义的逻辑设备(如直接存储器存取(DMA)和存储器控制器)相连接。主桥核心利用双数据缓冲器设计来达到最小化逻辑门数以及同时实现最大可能的数据带宽,允许 CPU 或用户逻辑在上电复位期间初始化整个系统。

(2) PCI-ISA 桥(PCI-ISA Bridge)。图 8.51 为 PCI-ISA 桥框图。PCI-ISA 桥是 PCI 总线到 ISA 总线的转换器，可以用它获得对早期 ISA 总线的支持。PCI-ISA 桥起着 PCI 总线目标的作用，寻址这个目标的 PCI 事件被发送到 ISA 总线。如果它是读传输，则桥核(core)等待来自 ISA 从设备的全部读数据，并将这些数据返回到 PCI 总线。如果它是写传输，则桥核将写数据发送到它的内部写缓冲器，终止 PCI 总线，然后将数据写入 ISA 从设备。

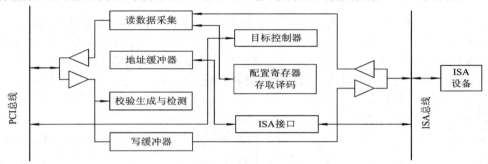

图 8.51　PCI-ISA 桥框图

对以 33 MHz 运行的典型 PCI 总线而言，该桥核以 PCI 总线频率的 1/4 速率操作 ISA 总线，即 ISA 总线以 8.33 MHz 工作。当 PCI 总线是 32 位位宽时，PCI-ISA 桥核支持 8 位和 16 位 ISA 总线设备，它具有获取一次 PCI 传输并将其转换成 ISA 总线上四或两次传输的能力。

8.2.2　PCI 总线接口设计

1. PCI 总线接口设计方法

由于 PCI 总线的优良性能和所处的地位，PCI 设备成为个人计算机中得到广泛应用的外部设备，而设计 PCI 设备的关键技术之一就是 PCI 总线接口的设计。目前，PCI 总线接口的设计方法主要有以下两种：

(1) 用 PCI 专用接口芯片实现 PCI 总线接口。选用 PCI 专用芯片组(包括桥接器)作为 PCI 接口芯片，通过专用芯片来实现完整的 PCI 主控设备和目标设备的功能，或将复杂的 PCI 总线转换为相对简单、用户熟悉的总线，用户再针对此类总线进行接口设计。对大多数设计者而言，这是一种有效的解决方案，其优点是不需要研究 PCI 规范的细节，不用设计复杂的 PCI 协议与接口电路，研究开发周期短；其缺点是用户可能只使用到专用芯片的一部分功能，会造成一定的资源浪费。

(2) 基于 CPLD 或 FPGA 技术实现 PCI 总线接口。用户可选用可编程逻辑器件(PLD)灵活地开发出适合自己需要的具有特定功能的接口芯片。与使用专用接口芯片相比，这种方法需要设计者完全掌握和熟悉 PCI 规范的细节，并自行设计实现复杂的接口逻辑。但 PCI 总线协议较复杂，设计难度较大，成本较高，开发周期较长。用这种方法设计 PCI 接口，在批量生产的情况下有很高的性价比，并能节省板卡面积，降低功耗。

设计者也可以通过购买实现 PCI 接口的 IP(Intellect Property)核来实现该方案，不过这种方法一次性开销很大，一个 IP 核一般要几千美金，并且其辅助软件工具的费用也相当昂贵。这种方法比较适合于大批量的应用。

选用 PCI 专用接口芯片实现 PCI 总线接口的基本设计步骤是:

- 根据设计目标选择合适的接口芯片(组)。
- 正确掌握所选用的专用接口芯片的使用方法,包括正确配置接口芯片。
- 将接口芯片接入 PCI 总线,并与目标设备正确连接,编写设备驱动程序及对目标设备的控制程序。

2. PCI 总线接口设计实例——PCI-ISA 总线转换

由于早期对 ISA 总线的广泛应用产生了大量的 ISA 产品,而且大多数低速设备在 ISA 总线上的实现与系统连接具有方便、易用性,许多用户仍选择在 ISA 总线上设计 I/O 接口,因此,选用 PCI-ISA 桥接器,将 PCI 总线转换成用户熟悉而简易的 ISA 总线,再基于 ISA 总线进行 I/O 接口设计,成为基于 PCI 总线进行低速 I/O 接口设计的基本方案之一。下面我们将举例说明这种设计方法。

1) PCI 桥芯片 PCI 9052

PCI 9052 是 PLX 技术公司为扩展适配板卡推出的一种高性能 PCI 总线目标(从设备)接口芯片,可将多种低速局部总线与高速 PCI 总线相连接,其内部的 ISA 逻辑接口可使 ISA 设计很容易地转换为 PCI 设计。其信号接口如图 8.52 所示。

PCI 9052 具有如下主要特性:

- PCI 2.1 规范:支持低成本从适配器,允许 ISA 适配器到 PCI 的简单转换。
- 直接从设备(目标)数据传输模式:支持从 PCI 到局部总线的猝发式的内存映射与 I/O 映射访问,64 字节的写 FIFO 和 32 字节的读 FIFO 允许 PCI 与局部总线上的高性能猝发传输。
- 中断产生器:可从局部总线的两个中断输入 $LINT_{i1}$ 和 $LINT_{i2}$ 产生一个 PCI 中断 $\overline{INTA}$ 。
- 时钟:局部总线时钟异步于 PCI 时钟,允许局部总线以独立于 PCI 时钟的速率运行。
- 可编程局部总线配置:支持 8、16 或 32 位局部总线,有 4 个字节允许信号($\overline{LBE_0}$ ~ $\overline{LBE_3}$),26 条地址线(LA_2~LA_{27})和 32、16 或 8 位数据线(LAD_0~LAD_{31})。
- 超前读模式:预取数据可由 PCI 9052 内部的 FIFO 读出,而取代局部接口。预取数据是 32 位的,地址必须是顺序的(下一地址 = 现行地址 + 4)。
- 总线驱动:由 PCI 9052 产生的所有控制、地址和数据信号直接驱动 PCI 和局部总线,不需要外部驱动器。
- 串行 EEPROM 接口:用于为特定的适配器加载特定的配置信息。
- 四个局部片选:基地址和每个片选的范围可由串行 EEPROM 或主设备独立地编程。
- 五个局部地址空间:基地址和每个局部地址空间的范围可由串行 EEPROM 或主设备独立地编程。
- 大/小端字节交换:支持大数端和小数端字节存放顺序,并可改变字节存放顺序。
- 读/写选通延迟和写周期保持:对于传统接口(如 ISA 总线),可从时钟的起始延迟读/写信号($\overline{RD}$ 和 $\overline{WR}$)。
- 局部总线等待状态:除 $\overline{LRDY_i}$ (局部就绪输入)握手信号用于产生可变等待状态之外,PCI 9052 还有一个内部等待状态产生器(产生 R/W 地址到数据、R/W 数据到数据和 R/W 数据到地址等待状态)。

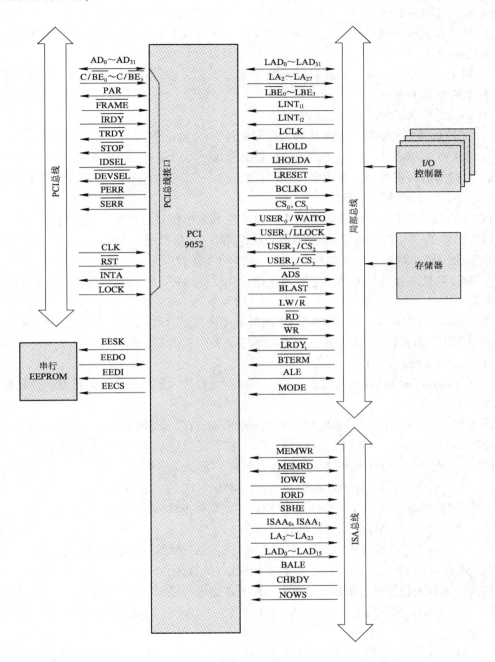

图 8.52 PCI 9052 信号接口

• 可编程预取计数器：局部总线预取计数器可以对 0(不预取)、4、8、16 或连续(预取计数器关闭)预取模式进行编程。如果使用连续地址(必须是长字(L_word))，则预取的数据可用作高速缓存数据。

• 延迟的读模式：支持 PCI 2.1 规范的延迟读。

- PCI 读/写请求超时定时器：PCI 9052 有一个可编程的 PCI 目标重试延迟定时器(Target Retry Delay Timer)，当超时出现时，它产生 RETRY 信号给 PCI 总线。
- ISA 模式板上接口逻辑：支持从 PCI 到 ISA 总线对 8、16 位存储器和 I/O 映射访问进行单周期读/写。
- PCI 锁定机制：支持 PCI 目标 LOCK 顺序。通过锁定 PCI 9052，PCI 主设备可以获得对 PCI 9052 的特权访问。
- PCI 总线传输率高达 132 MB/s。
- 采用低功耗 CMOS、160 引脚、塑料 QFP(PQFP)封装。

从图 8.52 可以看出，当将 PCI 9052 设置为 ISA 接口模式时，它实质上就是 PCI 总线与 ISA 总线间的转换电路。作为中间的"桥"，它一边是 PCI 总线，另一边是 ISA 总线，它使两种总线实现了平滑过渡。

PCI 9052 的这种桥接作用是通过 PCI 地址与 ISA 地址映射机制来实现的。

PCI 9052 有 5 个局部地址空间(局部地址空间 0～3 和扩展 ROM)，可由 PCI 总线访问，每个空间由一组 4 寄存器定义其局部总线的特性。4 寄存器为：

- PCI 基址寄存器：由 PCI 主机总线初始化软件编程，将局部地址空间映射到 PCI 地址空间。
- 局部范围寄存器：规定哪些 PCI 地址位用来对 PCI 访问局部总线空间作译码。
- 局部基址(再映射)寄存器：该寄存器中的各位重新映射(取代)被用来译码成局部地址位的 PCI 地址位。
- 局部总线区域描述符寄存器：规定局部总线特性，如总线宽度、猝发、预取和等待状态数。

例 8.14　一个 1 MB 的局部地址空间 02300000H～023FFFFFH 可以从 PCI 总线上的 PCI 地址空间 78900000H～789FFFFFH 进行访问，实现这个地址映射的寄存器设置如下：

(1) 从串行 EEPROM 设置范围和局部基址寄存器：

范围 = FFF00000H (1 MB，译码高 12 位的 PCI 地址)

局部基址(再映射) = 023XXXXXH　(用于 PCI 对局部访问的局部基址)

(2) PCI 软件写 PCI 基址寄存器：

PCI 基址 = 789XXXXXH　(用于访问局部地址空间的 PCI 基址)

PCI 9052 内设了一个写 FIFO 和一个读 FIFO，利用它们可有效地实现 PCI 到局部总线访问的转换。在这种地址映射机制下，PCI 主设备直接访问局部总线的过程可用图 8.53 示意。

PCI 9052 可为局部总线上的 4 个设备提供片选控制信号，这免除了在适配卡上附加地址译码电路。

PCI 9052 有 4 个片选 X 基址寄存器(其格式定义见表 8.13)。这些寄存器分别控制 PCI 9052 上的 4 个片选引脚，例如片选 0 基址寄存器控制 $\overline{CS_0}$ (引脚 130)，片选 1 基址寄存器控制 $\overline{CS_1}$ (引脚 131)，等等。

表 8.13　片选 X 基址寄存器的格式定义

MSB = 27						LSB = 0
XXXX	XXXX	XXXX	XXXX	XXXX	XXXX	XXXY

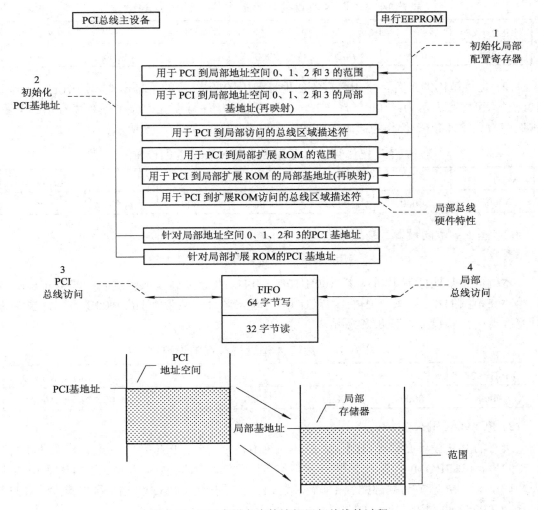

图 8.53 PCI 主设备直接访问局部总线的过程

片选 X 基址寄存器为 3 个目的服务：

• 允许或禁止 PCI 9052 中的片选功能。如果允许，当出现在地址线上的地址落入由其范围和基址规定的地址区域内时，片选信号有效。如果禁止，片选信号无效。

• 设置使片选信号有效的地址的范围或长度。

• 设置范围起始的基地址。

为了编程片选 X 基址寄存器，有 3 个规则必须遵守：

• 范围必须是 2 的幂次方。

• 基地址必须是范围的倍数。

• 如果使用多个片选 X 基址寄存器，则它们相互之间不能通过编程覆盖。

表 8.13 中，Y 位允许或禁止片选信号，X 位用来确定使 $\overline{CS}$ 引脚有效的基址和范围。片选 X 基址寄存器的编程如下：

(1) 允许片选信号。将 Y 位(bit$_0$)设置为 1(允许片选信号)，如表 8.14 所示。

表 8.14　片选 X 基址寄存器的允许片选信号的设置

MSB = 27						LSB = 0
0000	0000	0000	0000	0000	0000	0001

(2) 地址范围的设置。将十六进制的地址范围转换成 2 的乘幂形式，例如地址范围为 10H 时，可将其表示为：$10H = 16 = 2^4$。以 2 的幂作位序号设置片选 X 基址寄存器的范围。本例中设置第 4 位(Y 位作为第 1 位，由右向左数)为 1，如表 8.15 所示。

表 8.15　片选 X 基址寄存器地址范围的设置

MSB = 27						LSB = 0
0000	0000	0000	0000	0000	0000	1001

(3) 基址乘数的设置。基址乘数定义为下述十六进制计算：

$$基址乘数 = 基地址/地址范围$$

本例假设基地址为 100H，得 100H/10H = 10H。将倍率转换成二进制，即 10000B，然后填写在范围的左侧。如范围的设置位为第 4 位，基址乘数为 10H(10000B)，则片选 X 基址寄存器的完整设置如表 8.16 所示。

表 8.16　片选 X 基址寄存器的设置

MSB = 27						LSB = 0
0000	0000	0000	0000	0001	0000	1001

2) PCI 9052 的配置

所有的 PCI 设备必须经过配置才能在系统中正常工作。PCI 9052 的配置信息放在与其连接的串行 EEPROM(见图 8.52)里的 256 字节配置空间中，其前 64 字节为 PCI 配置空间(见表 8.17)，后 192 字节为局部配置空间(见表 8.18)。对于 PCI 9052 的 ISA 接口模式，有两种配置 PCI 9052 的方法：

- 使用预编程器编程串行EEPROM。
- 从PCI总线编程串行EEPROM。

表 8.17　PCI 配置寄存器

PCI 配置寄存器地址	为确保与 PCI 9052 系列的其他版本的软件兼容性以及为确保与未来功能增强的兼容性，将所有的未用位写为"0"							PCI可写	串行 EEPROM 可写
	31	24	23	16	15	8	7　　　　0		
00h	设备ID				供应商 ID			N	Y
04h	状态				命令			Y	N
08h	分类码						版本 ID	N	Y[31:8]
0Ch	BIST		头标类型		PCI 延时计数		Cache 块大小	Y[7:0]	N
10h	PCI 基址寄存器 0(用于存储器映射的配置寄存器)							Y	N

PCI 配置寄存器地址	为确保与 PCI 9052 系列的其他版本的软件兼容性以及为确保与未来功能增强的兼容性，将所有的未用位写为"0"							PCI可写	串行 EEPROM 可写
	31	24	23	16	15	8	7　　　　0		
14h	PCI 基址寄存器 1(用于 I/O 映射的配置寄存器)							Y	N
18h	PCI基址寄存器2(用于局部地址空间0)							Y	N
1Ch	PCI基址寄存器3(用于局部地址空间1)							Y	N
20h	PCI基址寄存器4(用于局部地址空间2)							Y	N
24h	PCI基址寄存器5(用于局部地址空间3)							Y	N
28h	Cardbus CIS 指针寄存器(不支持)							N	N
2Ch	子系统 ID			子系统供应商ID				N	Y
30h	PCI 基址寄存器(用于局部扩展 ROM)							Y	N
34h	保留							N	N
38h	保留							N	N
3Ch	Max_Lat		Min_Gnt		中断引脚		中断连线	Y[7:0]	Y[15:8]

表 8.18　局部配置寄存器

PCI 局部基址的偏移地址	为确保与 PCI 9052 系列的其他版本的软件兼容性以及为确保与未来功能增强的兼容性，将所有的未用位写为"0"	PCI 和串行 EEPROM 可写
	31　　　　　　　　　　　　　　　　　　　　　　　　　　0	
00h	局部地址空间 0 范围寄存器	Y
04h	局部地址空间 1 范围寄存器	Y
08h	局部地址空间 2 范围寄存器	Y
0Ch	局部地址空间 3 范围寄存器	Y
10h	局部扩展 ROM 范围寄存器	Y
14h	局部地址空间 0 的局部基址(再映射)寄存器	Y
18h	局部地址空间 1 的局部基址(再映射)寄存器	Y
1Ch	局部地址空间 2 的局部基址(再映射)寄存器	Y
20h	局部地址空间 3 的局部基址(再映射)寄存器	Y
24h	扩展 ROM 的局部基址(再映射)寄存器	Y
28h	局部地址空间 0 的总线区域描述符寄存器	Y
2Ch	局部地址空间 1 的总线区域描述符寄存器	Y
30h	局部地址空间 2 的总线区域描述符寄存器	Y
34h	局部地址空间 3 的总线区域描述符寄存器	Y
38h	扩展 ROM 的总线区域描述符寄存器	Y
3Ch	片选 0 基址寄存器	Y

PCI 局部基址 的偏移地址	为确保与 PCI 9052 系列的其他版本的软件兼容性以及为确保与未来功能增强的兼容性,将所有的未用位写为"0"		PCI 和串行 EEPROM 可写
	31	0	
40h	片选 1 基址寄存器		Y
44h	片选 2 基址寄存器		Y
48h	片选 3 基址寄存器		Y
4Ch	中断控制/状态寄存器		Y
50h	串行 EEPROM 控制,PCI 从设备响应,用户 I/O 控制,初始化控制		Y

3) PCI 9052 的设计要求

在 ISA 接口模式下,设计 PCI 9052 时必须遵循以下准则:

(1) MODE 引脚必须置为 0,总线是非复用的。

(2) PCI 信号 prsnt1 和 prsnt2 必须至少有一个接地,微机系统利用这两个信号来判断插槽上是否有插卡,其接法同 PCI 卡的使用功率有关,具体含义如表 8.19 所示(其中,0 表示悬空,1 表示接地)。

表 8.19 prsnt1 和 prsnt2 不同接法的含义

prsnt1	prsnt2	含 义
0	0	无卡
0	1	15 W
1	0	25 W
1	1	7.5 W

(3) PCI 9052 必须使用串行 EEPROM。

(4) 对于 ISA 接口,空间 0 被指定作存储器访问,空间 1 被指定作 I/O 访问。

(5) 若空间 0 的一个局部地址是在 $\overline{CS0}$ 范围内且空间 1 的一个局部地址是在 $\overline{CS1}$ 范围内,则 ISA 访问有效。

(6) LAS0RR(局部地址空间 0 范围寄存器)和 LAS1RR(局部地址空间 1 范围寄存器)必须设置。

(7) LAS0BA(局部地址空间 0 局部基址(再映射)寄存器)和 LAS1BA(局部地址空间 1 局部基址(再映射)寄存器)应该设置。

(8) LAS0BRD(局部地址空间 0 总线区域描述符寄存器)和 LAS1BRD(局部地址空间 1 总线区域描述符寄存器)应该设置。

(9) CS0BASE(片选 0 基址寄存器)和 CS1BASE(片选 1 基址寄存器)必须根据空间 0 和空间 1 的局部地址设置。

(10) INTCSR(中断控制/状态寄存器)和 CNTRL(用户 I/O、PCI 从设备响应、串行 EEPROM、初始化控制寄存器)必须设置。

(注:有关寄存器的定义及设置请登录 PLX Technology Inc.网站查阅 PCI 9052 技术文档。)

4) 设计实例

(1) 设计要求。设计一个 PCI-ISA 总线转接卡，它可实现将 PCI 总线操作转换成 8 位/16 位 ISA 总线操作。设定 ISA 的存储器空间地址范围为 0x100～0x10F、I/O 空间地址范围为 0x200～0x20F，不支持中断，不支持 DMA。卡上设计 8 个发光二极管，用于进行 I/O 输出检测。卡上设计一个开关，用于进行 I/O 输入检测。

(2) PCI-ISA 总线转接卡电路。为将 PCI-ISA 转接卡设计成 32 位宽、工作在 5 V 电源信号环境下的 PCI 板卡，可使用专用接口芯片 PCI 9052，这既可以避开复杂的 PCI 总线协议，又可以使所设计的板卡与 PCI 总线的连接变得简单。图 8.54 为实现上述设计要求的 PCI-ISA 转接卡电路。(注：因绘图软件的原因，图 8.54 中的地址和数据线的序号未表示为下标；部分元件的图形符号未采用国标；电阻的单位未标，均为 Ω；电容的单位 μF 表示成了 uF。)

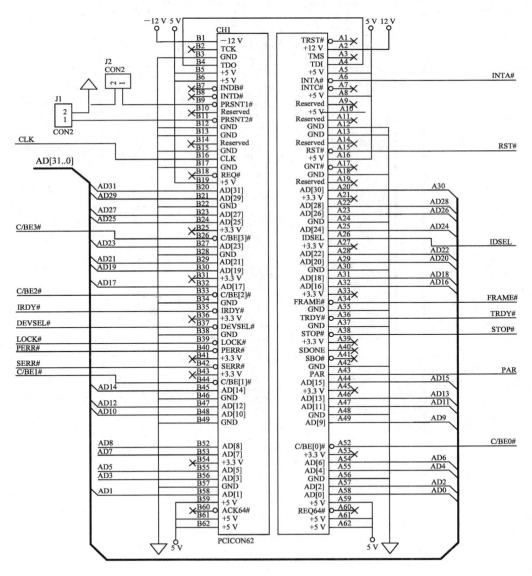

(a) 转接卡上 PCI 总线引脚的连接

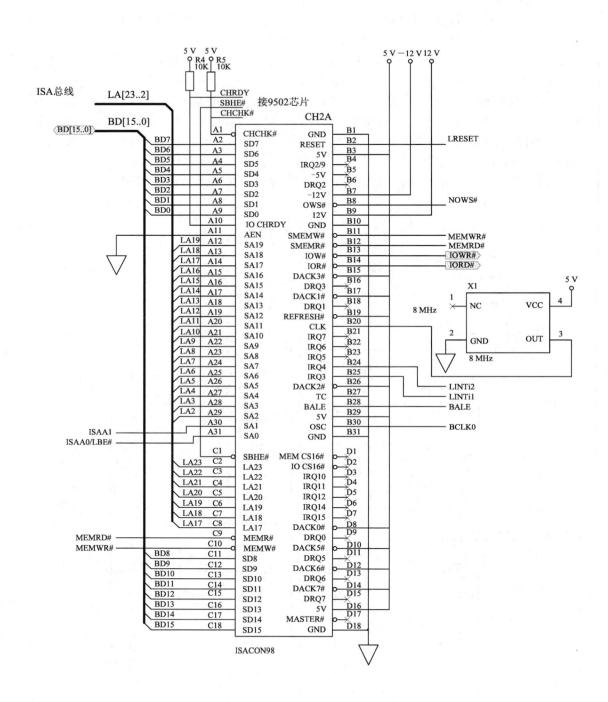

(b) ISA 插槽引脚的连接

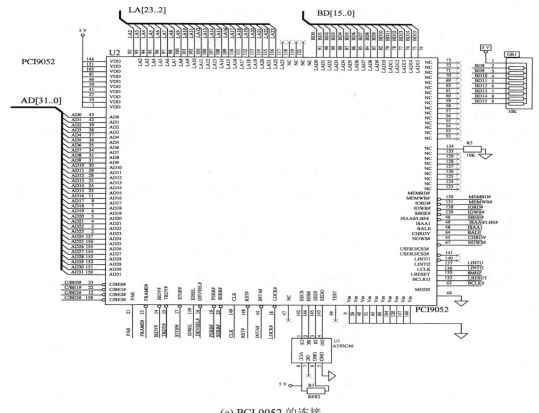

(c) PCI 9052 的连接

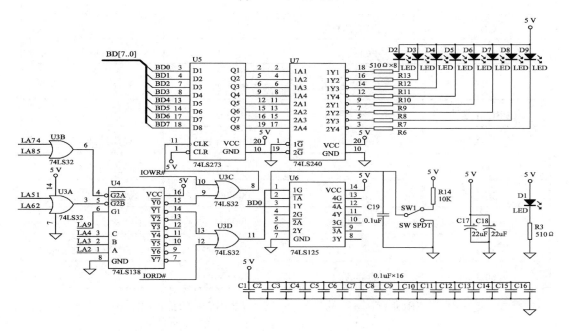

(d) I/O 检测电路

图 8.54　PCI-ISA 转接卡电路

为了方便调试转接卡以及快速检查地址空间映射的正确性，转接卡 ISA 接口端设计了 I/O 检测电路，如图 8.54(d)所示。这是一个典型的 ISA 总线下的发光二极管显示输出与开关状态输入的 I/O 接口电路，局部地址 $LA_2 \sim LA_9$ 用于接口的片选译码，输出接口地址为 200H～203H，输入接口地址为 204H～207H。

(3) PCI 9052 内部寄存器初始化及 EEPROM 配置。系统在加电时，通过 PCI 的 RST 信号对 PCI 9052 进行复位，之后 PCI 9052 首先检测 EEPROM 是否存在。如果检测到 EEPROM 的首字不是 FFFFH，则 PCI 9052 将依次读取 EEPROM 的内容来初始化内部寄存器。

PCI 9052 的内部寄存器分为 PCI 配置寄存器(见表 8.17)和局部配置寄存器(见表 8.18)，所有配置寄存器中的配置信息是通过串行 EEPROM 来存储并在 PCI 9052 复位时加载的。表 8.20 列出的是本转接卡中为 PCI 9052 的 PCI 配置寄存器设定的配置信息。表 8.21 是转接卡针对局部地址空间 1 为局部配置寄存器设定的配置信息。

表 8.20　PCI 配置寄存器

EEPROM 偏移	寄存器偏移	EEPROM 值	寄存器描述
0H	PCI02H	9050	设备 ID
2H	PCI00H	10B5	供应商 ID
4H	PCI0AH	0680	分类码(见表 8.10)
6H	PCI08H	00**	分类码
8H	PCI2EH	0000	子系统 ID 号
AH	PCI2CH	0000	子系统供应商 ID 号
CH	PCI3EH	****	
EH	PCI3CH	00**	中断引脚

表 8.21　局部配置寄存器

EEPROM 偏移	寄存器偏移量	EEPROM 值	寄存器描述
14H	局部 04H	FFFFFFF1	局部地址 1 范围
28H	局部 18H	00000102	局部地址 1 基址
3CH	局部 2CH	00400022	局部地址 1 描述符
50H	局部 40H	00000209	片选 1 基址
5CH	局部 4CH	00001000	中断控制/状态
60H	局部 50H	00454492	控制寄存器

表 8.22 是串行 EEPROM 中写入的信息，它是与表 8.20 和表 8.21 一致的，它规定：转接卡的存储器空间地址范围是 0x100～0x10F，I/O 空间地址范围是 0x200～0x20F，可进行 16 位存储器或 I/O 操作。

表 8.22　串行 EEPROM 中写入的信息

偏移地址	00 01	02 03	04 05	06 07	08 09	0A 0B	0C 0D	0E 0F
00000000H	50 90	B5 10	80 06	00 00	00 00	00 00	00 00	00 00
00000010H	FF FF	F0 FF	FF FF	F1 FF	00 00	00 00	00 00	00 00
00000020H	00 00	00 00	00 00	01 01	00 00	01 02	00 00	00 00
00000030H	00 00	00 00	00 00	00 00	40 00	22 00	40 00	22 00
00000040H	00 00	00 00	00 00	00 00	00 00	00 00	00 00	09 01
00000050H	00 00	09 02	00 00	00 00	00 00	00 00	00 00	00 10
00000060H	45 00	92 44	00 00	00 00	00 00	00 00	00 00	00 00

　　为了与表 8.22 作比较，下面分别给出转接卡在其他情况下工作时 EEPROM 的配置信息。表 8.23 表示 I/O 空间基地址从 0x200 变为 0x320(空间大小不变)时，需要在局部地址空间 1 的基址寄存器和片选 1 基址寄存器中进行的修改。表 8.24 表示 I/O 空间地址范围从 16 个字节变为 32 个字节(其基址不变)时，需要在片选 1 基址寄存器中进行的修改。表 8.25 表示 ISA 总线的 I/O 操作从 16 位变为 8 位时，需要在局部地址空间 1 的描述符寄存器中进行的修改。

表8.23　改变基址后的EEPROM配置信息

偏移地址	00 01	02 03	04 05	06 07	08 09	0A 0B	0C 0D	0E 0F
00000000H	50 90	B5 10	80 06	00 00	00 00	00 00	00 00	00 00
00000010H	FF FF	F0 FF	FF FF	F1 FF	00 00	00 00	00 00	00 00
00000020H	00 00	00 00	00 00	01 01	**21 03**	00 00	00 00	00 00
00000030H	00 00	00 00	00 00	00 00	40 00	22 00	40 00	22 00
00000040H	00 00	00 00	00 00	00 00	00 00	00 00	00 00	09 01
00000050H	00 00	**29 03**	00 00	00 00	00 00	00 00	00 00	00 10
00000060H	45 00	92 44	00 00	00 00	00 00	00 00	00 00	00 00

表8.24　改变地址范围后的EEPROM配置信息

偏移地址	00 01	02 03	04 05	06 07	08 09	0A 0B	0C 0D	0E 0F
00000000H	50 90	B5 10	80 06	00 00	00 00	00 00	00 00	00 00
00000010H	FF FF	F0 FF	FF FF	F1 FF	00 00	00 00	00 00	00 00
00000020H	00 00	00 00	00 00	01 01	00 00	01 02	00 00	00 00
00000030H	00 00	00 00	00 00	00 00	40 00	22 00	40 00	22 00
00000040H	00 00	00 00	00 00	00 00	00 00	00 00	00 00	09 01
00000050H	00 00	**11 02**	00 00	00 00	00 00	00 00	00 00	00 10
00000060H	45 00	92 44	00 00	00 00	00 00	00 00	00 00	00 00

表 8.25　改变 ISA 总线操作位数后的 EEPROM 配置信息

偏移地址	00 01	02 03	04 05	06 07	08 09	0A 0B	0C 0D	0E 0F
00000000H	50 90	B5 10	80 06	00 00	00 00	00 00	00 00	00 00
00000010H	FFFF	F0 FF	FF FF	F1 FF	00 00	00 00	00 00	00 00
00000020H	00 00	00 00	00 00	01 01	00 00	01 02	00 00	00 00
00000030H	00 00	00 00	00 00	00 00	40 00	22 00	**00 00**	22 00
00000040H	00 00	00 00	00 00	00 00	00 00	00 00	00 00	09 01
00000050H	00 00	09 02	00 00	00 00	00 00	00 00	00 00	00 10
00000060H	45 00	92 44	00 00	00 00	00 00	00 00	00 00	00 00

(4) PCI-ISA 总线转接卡调试。WinDriver 是一个使用简便、基于 Windows 操作系统的设备驱动程序开发及系统调试工具软件(见第 9 章)，利用它可以查看微机系统给 PCI 板卡自动分配的 I/O 地址范围和存储器地址范围等信息。

将 PCI-ISA 总线转接卡插入 PC 中的 PCI 插槽上，运行 WinDriver，可得到转接卡在该系统获得的 PCI 总线上的 I/O 地址为 0xC400～0xC40F(因计算机系统的不同而不同)。根据前述 PCI 地址与 ISA 地址的转换关系及串行 EEPROM 中的配置信息，可知 PCI 总线的地址 0xC400～0xC40F 被映射到 ISA 总线的地址 0x200～0x20F 之上。

在 Windows 操作系统环境下，进入 DOS 的 DEBUG，利用 O 命令对输出端口 C400 进行数据输出操作，可控制转接卡上发光二极管的亮与灭；利用 I 命令对输入端口 C404 进行状态输入操作，可获得转接卡上开关的接通与断开信息。或者也可以执行如下指令：

```
MOV   DX，0C400H
MOV   AL，0
OUT   DX，AL          ；使 8 个发光二极管全灭
   ⋮
MOV   DX，0C400H
MOV   AL，0FFH
OUT   DX，AL          ；使 8 个发光二极管全亮
   ⋮
MOV   DX，0C404H
IN    AL，DX          ；在 AL 的 $bit_0$ 存放着开关的状态
```

在 Windows 等操作系统环境下，为了系统的安全，不再允许用户直接对硬件设备进行操作，而必须通过设备驱动程序来支持。因此，除设计硬件、编写应用程序外，编写设备驱动程序也成为接口设计任务之一。有关设备驱动程序的内容见第 9 章。

8.3　基于 USB 总线的 I/O 接口设计

8.3.1　USB 总线接口概述

由于 USB 总线具有尺寸小、可热插拔等独特的特性，因而外设大量采用 USB 总线，

这也促成了大量 USB 接口芯片的产生。用户利用这些接口芯片可以方便地设计所需的 USB 总线接口，将所开发的设备接入 USB 总线上。

　　USB接口芯片可按传输速度分类，也可按是否带MCU(微控制器)或是否带主控器分类。表 8.26 是一些厂商提供的 USB 接口芯片。

表 8.26　一些 USB 接口芯片

芯　片	规　范	描　述	制造商
CY7C64713	USB 1.1，全速(FS, 12 Mb/s)	单片集成的 USB 1.1 收发器，灵巧的 SIE，增强的 8051 微处理器	Cypress
CY7C68016A	USB 2.0, 高速(HS, 480 Mb/s)	单片集成的 USB 2.0 收发器，灵巧的 SIE，增强的 8051 微处理器	
SL811HS	USB 1.1，全速和低速 (LS, 1.5 Mb/s)	市场上用于嵌入系统、具有标准微处理器总线接口的第一个 USB 主/从控制器	
PDIUSBD12	USB 1.1	USB 接口器件	Philips
ISP1581	USB 2.0	通用的 USB 接口器件	
ISP1301		USB On-The-Go(OTG)收发器	
TUSB6250	USB 2.0，高速，全速	USB 2.0 低功率，高速 ATA/ATAPI 桥解决方案，60 MHz 8051 MCU	Texas Instruments
TUSB3210	USB 2.0，全速	USB 通用设备控制器，8052 微控制器(MCU)	
TUSB3410	USB 2.0，全速	RS-232/IrDA 串行到 USB 转换器，24 MHz 8052 MCU	
TUSB3410-Q1	USB 2.0，全速	自动分类 USB 到串行端口控制器，24 MHz 8052 MCU	
CH372	USB 2.0, 全速	USB 通用设备接口	南京沁恒微电子股份有限公司
CH375		USB 通用主机/设备接口	
CH341		USB 总线转接芯片	
CH569	USB3.0，超高速	集成超高速USB 3.0 主机和设备控制器等。支持 USB 3.0 主机 Host/设备 Device 模式、OTG 功能，支持 USB 3.0 HUB	
UPD720202	USB3.0，超高速	第三代 USB 3.0 主控芯片，兼容 USB 2.0	瑞萨电子株式会社

8.3.2　USB 总线接口设计

　　按 USB 接口芯片是否带 MCU 可以有以下接口设计方案。

1. 采用不带 MCU 的 USB 接口芯片设计总线接口

　　如果 USB 接口芯片内部不带 MCU，则通常该接口主要起转换并行数据与 USB 数据的作用。我们可以在接口电路中使用单片机作为主控器,将外设的数据写入 USB 接口芯片,通过 USB 接口芯片的转换将其变为 USB 数据发送到 USB 总线上,或以相反的方向将来自 USB 总线上的数据传送给外设。图 8.55 以沁恒微电子股份有限公司的 CH375 为例说明了这种方案的设计思想。

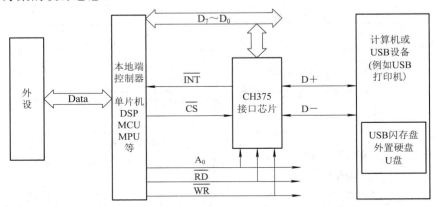

图 8.55　总线接口设计方案一

CH375 是 USB 总线通用接口芯片,支持 USB-HOST 主机方式和 USB-DEVICE/SLAVE 设备方式。在本地端,CH375 具有 8 位数据总线和读、写、片选控制线以及中断输出,可以方便地挂接到单片机/DSP/MCU/MPU 等控制器的系统总线上。在 USB 主机方式下,CH375 还提供了串行通信方式,通过串行输入、串行输出和中断输出与单片机/DSP/MCU/MPU 等相连接。

CH375 具有以下特性:

(1) 全速 USB-HOST 主机接口,兼容 USB 2.0,外围元器件只需要晶体和电容。

(2) 全速设备接口,完全兼容 CH372 芯片,支持动态切换主机与设备方式。

(3) 主机端输入和输出缓冲区各 64 字节,支持常用的 12 Mb/s 全速 USB 设备。

(4) 支持 USB 设备的控制传输、批量传输及中断传输。

(5) 自动检测 USB 设备的连接和断开,提供设备连接和断开的事件通知。

(6) 内置控制传输的协议处理器,简化常用的控制传输。

(7) 内置固件处理海量存储设备的专用通信协议,支持 Bulk-Only 传输协议和 SCSI、UFI、RBC 或等效命令集的 USB 存储设备(包括外置硬盘/USB 闪存盘/U 盘)。

(8) 通过 U 盘文件级子程序库实现单片机读/写 USB 存储设备中的文件。

(9) 并行接口包含 8 位数据总线和 4 线控制(读选通、写选通、片选输入和中断输出)。

(10) 串行接口包含串行输入、串行输出及中断输出,支持通信波特率的动态调整。

(11) 支持 5 V 电源电压和 3.3 V 电源电压,CH375A 芯片还支持低功耗模式。

(12) 采用 SOP 28 封装,可以提供 SOP28 到 DIP28 的转换板。

在图 8.55 中,利用 CH375,当要将外设数据上传到主机系统时,由单片机控制将外设的数据通过单片机的 I/O 端口接收至单片机内部寄存器或存储器中,然后再将接收到的数据写入接口芯片 CH375,CH375 利用内置的控制传输的协议处理器,自动将并行数据转换为 USB 数据输出至 USB 总线,主机系统通过读 USB 总线就可以获得外设上传的数据信息;当要将主机系统数据下载至外设时,先由主机将下载数据传送到 USB 总线上,CH375 利用内置的 USB 信号检测电路和控制传输的协议处理器，自动接收并转换 USB 数据，然后可以利用中断请求信号通知单片机，由单片机控制将 CH375 的数据通过单片机的 I/O 端口接收至单片机内部寄存器或存储器中，再将接收到的数据写入外设，这样，外设就可以获得来自主机的输出信息。

　　USB 接口程序设计是 USB 接口设计的重要组成部分。USB 接口程序由单片机程序(又称固件)、USB 设备驱动程序和主机应用程序三部分构成。设备固件是整个系统的核心，它控制接口电路与外设交换数据，接收并处理 USB 驱动程序的请求和应用程序的控制指令；而 USB 设备驱动程序是开发 USB 外设的关键。这三者互相配合才能完成可靠、快速的数据传输。

　　USB 接口程序开发的难点在于较难逾越它的协议固件开发和驱动程序开发这两个障碍。选用 CH375，可以利用它内置的控制传输协议处理器以及由芯片生产商提供的驱动程序和动态链接库(以动态链接库的形式封装好的面向功能应用的 API 函数)，在不需要开发协议固件和驱动程序的情况下，最简洁地设计出 USB 接口程序。

2. 采用带 MCU 的 USB 接口芯片(即 USB 控制器)设计总线接口

　　由于 USB 接口芯片内部已含有 MCU，因此数据转换与传输控制全部由接口芯片完成，从而使用户的接口设计工作大为简化。图 8.56 以 TI 公司的通用设备控制器 TUSB3210 为例说明了这种方案的设计思想。

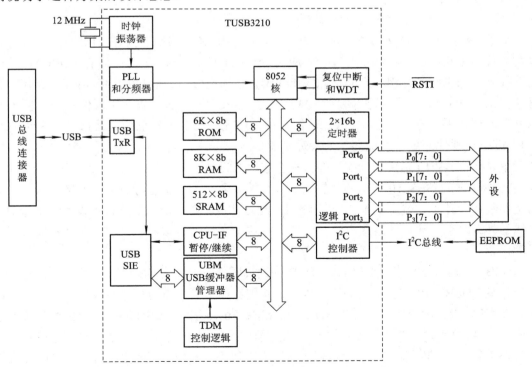

图 8.56　总线接口设计方案二

TUSB3210 是一款功能很强的基于 USB 的控制器，它具有以下特性：
(1) 用一种代码和一个芯片支持多产品(多至 16 个产品)。

(2) 完全与 USB 2.0 全速规范兼容。

(3) 支持 12 Mb/s USB 数据传输率(全速)。

(4) 支持 USB 暂停/再继续和远程唤醒操作。

(5) 集成的 8052 微控制器具有：

① 256 × 8 b RAM，用于内部数据。

② 8K × 8 b RAM，代码空间，对从主机或 I²C 端口下载的固件(Firmware)有效(用于开发)。

③ 512 × 8 b 共享 RAM，用于数据缓冲和终端描述符块(Endpoint Descriptor Blocks，EDB)(也用于 USB 包处理)。

④ 4 个 8052 GPIO 端口。

⑤ 主 I²C 控制器，用于访问外部从设备。

⑥ 看门狗定时器(Watchdog Timer)。

(6) 工作时钟由 12 MHz 晶振产生。

(7) 片上 PLL 生成 48 MHz 工作时钟。

(8) 支持 3 输入和 3 输出(中断、块)终端。

(9) 省电(Power-Down)模式。

(10) 64 引脚 TQFP 封装。

(11) 应用包括键盘、条码阅读器、闪存阅读器、通用控制器。

另外，基于 ROM 版本的 TUSB3210 有 8K × 8b ROM 空间用于预开发用户定义的产品，其可编程性使它用于各种常规 USB I/O 应用时有足够的灵活性；不用外部的 EEPROM 就可以选择唯一的供应商标识和产品标识(VID/PID)；在加电时，可通过内嵌 IC(I²C、Inter-IC) 串行接口由 EEPROM 对设备进行编程，或选择由主 PC 经 USB 下载应用固件。为了便于应用开发，通用的、基于 8052 的微处理器允许使用几种第三方标准工具及市场上大量的应用程序(由于硬件变更可能需要一些程序调整)。

正是 TUSB3210 强大的功能，使得整个接口的设计十分简单。从图 8.56 中可以看出，只要将外设与 TUSB3210 接口芯片提供的并行端口(4 个 GPIO)进行适当的连接，总线接口的主要硬件设计工作就可基本完成。事实上，此时外设与并行端口的连接可以采用基于 ISA 总线的外设与数字接口的连接方法来实现。在这个设计中，总线接口软件的开发也得到明显简化。

USB 接口软件仍由三部分组成：USB 外设端固件、主机端 USB 驱动程序及应用程序。首先开发 TUSB3210 在主机端的驱动程序，实现数据传输所需的标准接口函数。其次，设计固件程序。TUSB3210 采用 SIE(Serial Interface Engine)管理 USB 通信，当主机与接口芯片进行 USB 通信时，会产生外部中断 0。在固件中通过执行不同的中断处理程序可实现主机与外设间的 USB 数据传输。最后，在主机应用程序开发中，调用驱动程序提供的标准接口函数，并把 USB 设备当成文件来进行创建、读、写等操作。这样，主机应用程序通过 USB 驱动程序与 USB 总线接口进行通信，总线接口固件则响应各种来自主机的 USB 标准请求，再通过 USB 总线接口操作外设。

3. 总线转接接口设计

有一类 USB 接口芯片为转接接口芯片，它可以通过 USB 总线直接提供串口、并口等常用接口，CH341 就是此类芯片。利用沁恒微电子股份有限公司的 CH341 设计的 USB 总线转接接口框图如图 8.57 所示。

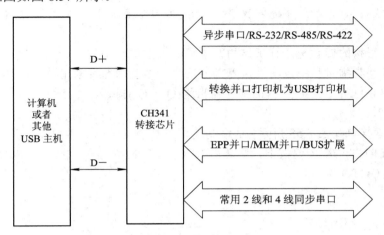

图 8.57　总线转接接口设计

在异步串口方式下，CH341 提供串口发送使能、串口接收就绪等交互式的速率控制信号以及常用的 MODEM 联络信号，用于将普通的串口设备直接升级到 USB 总线；在打印口方式下，CH341 提供了兼容 USB 相关规范和 Windows 操作系统的标准 USB 打印口，用于将普通的并口打印机直接升级到 USB 总线；在并口方式下，CH341 提供了 EPP 方式或 MEM 方式及 BUS 扩展方式的 8 位并行接口，用于在不需要单片机/DSP/MCU 的环境下，直接输入/输出数据。除此之外，CH341A 芯片还支持一些常用的同步串行接口，例如 2 线接口(SCL 线和 SDA 线)和 4 线接口(CS 线、CLK 线、DIN 线和 DOUT 线)等。

在图 8.57 中，利用 CH341，可以使主机通过 USB 总线方便地对非 USB 设备进行操作。

在串行总线家族中，RS-232 串行总线是我们熟悉的早期产品，它与传统的 UART(如 16550)之间的配合可以实现 RS-232 串行数据传输。但随着 USB 总线的普及，RS-232 串行端口已逐渐从微机系统中消失。现在可以利用 USB 到串行总线的桥控制器，方便地解决 USB 到 RS-232 的转换。ALCOR MICRO 公司(安国国际科技股份有限公司)的 AU9720 是 USB 端口和标准 RS-232 串行端口之间的一个桥芯片，片上有两个大缓冲器被预先配置，以调节数据在两个不同总线之间进行流动。为了获得最大的数据传输率(可达 6 Mb/s)，AU9720 采用了 USB 块的数据类型，并使用了自动握手机制。利用 AU9720，不仅可以使我们获得 RS-232 串行总线，而且与使用传统 UART 控制器的系统相比，能够达到更高的波特率。

习　题

8.1　共阳极数码管如图 8.3 所示，若将其通过并行接口(器件自选)接入采用最小模式系统总线的 8086 系统中，可使用的接口地址为 120H～127H。

(1) 试为该数码管设计接口电路。

(2) 编写控制程序，完成如下功能：依次循环显示数字 2、4、6、8，每个数字显示 10 s，数字切换之间暂停显示 5 s。

8.2　假设在图 8.6 中连接有 8 个数码管，若要求 8 个数码管由低位到高位分别显示 0～7 这 8 个数字，且每个数字先依次显示 1 s，再同时显示 2 s，之后重复这个显示过程，试编程序。

8.3　矩阵结构的键盘是怎样工作的？请简述键盘的扫描过程。

8.4　在键盘扫描过程中应特别注意哪些问题？这些问题可采用什么办法来解决？

8.5　在图 8.11 中，若锁存器的某一输出端(Q_0～Q_5)损坏，输出恒为高电平，这将导致什么样的结果？

8.6　若键盘接口如图 8.58 所示。试编制连续扫描该键盘的键盘扫描程序。若 L 键按下，则程序转向 LPRNT；若 R 键按下，则转向 REGS；若 M 键按下，则转向 MODY；若 G 键按下，则转向 GOTO。

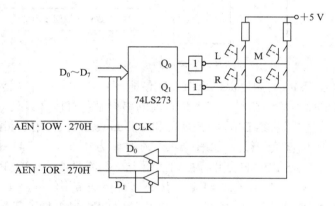

图 8.58　键盘接口

8.7　某系统的启动按键如图 8.59 所示。试编制键盘检测程序，保证启动键未按下时，程序处于等待状态；若启动键按下一次，则程序转向 GOING 一次。

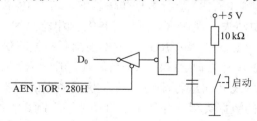

图 8.59　某系统的启动按键

8.8　D/A 变换器有哪些技术指标？有哪些因素会对这些技术指标产生影响？

8.9　若某系统分配给 D/A 变换器的误差为 0.2%，考虑由 D/A 分辨率所确定的变化量，则该系统最低限度应选择多少位 D/A 变换器芯片？

8.10　某 8 位 D/A 变换器芯片的输出为 0～+5 V。当 CPU 分别送出 80 H、40 H、10 H 时，其对应的输出电压各为多少？

8.11　影响 D/A 变换器精度的因素有哪些？其总误差应如何计算？

8.12　现有两块 DAC0832 芯片,要求连接到 8 位 ISA 总线上,其 D/A 输出电压均要求为 0～5 V,且在 CPU 更新输出时应使两个输出电路同时发生变化,试设计该接口电路。接口芯片及地址自定。

8.13　A/D 变换器的量化间隔是怎样定义的? 当满刻度模拟输入电压为 5 V 时,8 位、10 位和 12 位 A/D 变换器的量化间隔各为多少?

8.14　A/D 变换器的量化间隔和量化误差有什么关系? 8 位、10 位和 12 位 A/D 变换器的量化误差用相对误差来表示时各为多少? 用绝对误差来表示时又各为多少?

8.15　若某 10 位 A/D 变换器芯片的引脚简图及工作波形如图 8.60 所示。试画出该 A/D 芯片与 16 位 ISA 总线相连接的接口电路图,并编制采集子程序,要求将采集到的数据放入 BX 中。接口芯片及地址自定。

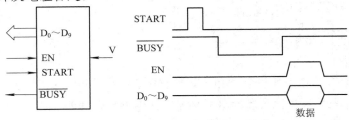

图 8.60　10 位 A/D 变换器及其时序

8.16　根据用户要求,需要在 IBM PC/XT 的扩展插槽上扩展一块 8 位 8 路的 A/D 变换插件板。A/D 变换芯片选用 0809 芯片。试设计该插件板,要求考虑总线驱动,并编制采集 8 路数据的采集子程序,采集的数据应送到以 BUFF 为首地址的 8 个内存单元中。

8.17　若输入模拟电压的最高频率分别为 2 kHz、5 kHz 和 10 kHz,请分别选择不同的 A/D 变换器,其变换速度最低各为多少才适合?

8.18　在微机应用系统中,采用光电隔离技术的目的是什么?

8.19　在某一微机应用系统中,按键输入需要光电隔离。要求在键按下去时,系统数据总线上的状态为低电平,抬起来时为高电平。若指定其端口地址为 270 H,试用光电隔离器件构成该按键的输入电路。

8.20　如图 8.61 所示,光电隔离输出接口使继电器工作。试画出利用继电器常闭触点进行信息反馈的电路逻辑图。并要求编写接口程序,当 CPU 送出控制信号使继电器绕组通过电流(常闭触点打开)时,利用反馈信息判断继电器工作是否正常。若正常,则程序转向 NEXT; 若不正常,则转向 ERROR。

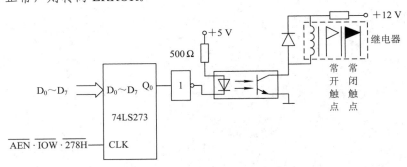

图 8.61　光电隔离输出接口

8.21　图 8.62 是利用光电隔离器件进行状态显示的电路，试指出图中的错误并加以改正。

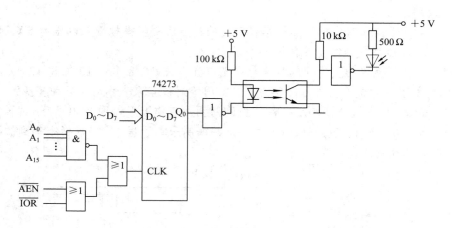

图 8.62　利用光电隔离器件实现状态显示

8.22　在设计光电隔离输入和输出电路时应注意哪些问题？

8.23　步进电机有几种激磁方式？各有什么特点？

8.24　试设计一个接口电路，在 8088 处理器控制下，能产生一相激磁的 4 相步进脉冲序列。要求最高速度为 10 步/s，能正转和反转。用 8088 汇编语言编制该控制程序。

第9章　设备驱动程序设计

在 DOS 环境下，操作系统对应用程序开放所有权限，系统开发人员使用汇编语言、BIOS 函数等方法就可以直接操作硬件资源，正如我们在 8086 系统中所做的那样，通过执行 MOV 指令可以读写任何主存储单元，通过执行 I/O 指令可以操作任何外设。随着操作系统的升级，Windows、Linux 等替代 DOS 成为微机操作系统的主流，为避免因不当的硬件操作导致系统崩溃，应用程序不再具有直接的硬件访问权，而被要求必须借助设备驱动程序来操作硬件。

本章将对设备驱动程序的基本概念及设计方法作简要、实用的介绍，目的是使读者建立在高级操作系统环境下设计设备驱动程序的基本思路。

9.1　设备驱动程序概述

9.1.1　设备驱动程序定义

设备驱动程序是提供操作系统和特定硬件设备(如终端、磁盘、磁带驱动器、显卡和网络媒体)之间接口的软件片段。设备驱动程序用于使设备进入和退出服务、设置设备中的硬件参数、将数据从内核传输到设备、从设备接收数据并将其传递回内核，以及处理设备错误。

设备驱动程序的作用就像是设备和使用该设备的用户应用程序之间的转换器，如图 9.1 所示。每个设备都有自己的一组专用命令，这些命令只有它的驱动程序才知道，而大多数用户程序则通过使用通用命令来访问设备。因此，设备驱动程序接收来自用户程序的通用命令，然后将它们转换为该设备的专用命令。

图 9.1　设备驱动程序的作用

9.1.2　设备驱动程序类型

1. 根据功能分类

根据功能不同，可以将设备驱动程序分为许多类型，以下是常见的驱动程序类型。

1) 单一整体驱动程序

单一整体驱动程序(monolithic driver)包含支持一个硬件设备所需的全部功能，可以被一个或多个用户应用程序访问，并直接驱动一个硬件设备。驱动程序通过 I/O 控制命令(IOCTL)与应用程序进行通信，并通过调用 WDK、ETK、DDI/DKI 函数来驱动硬件。

所有操作系统都支持单一整体驱动程序，包括所有 Windows 平台和所有 Unix 平台。

2) 分层驱动程序

分层驱动程序(layered driver)是处理 I/O 请求的设备驱动程序栈的一部分。以磁盘为例，磁盘驱动程序拦截对磁盘的调用，并加密/解密正被传输到磁盘或从磁盘读出的所有数据。在这个示例中，一个分层驱动程序将被连接到现有驱动程序的顶部，并且仅完成加密/解密任务。

分层驱动程序有时也被称为过滤器驱动程序(filter driver)，它在所有操作系统中都得到支持，包括所有 Windows 平台和所有 Unix 平台。

3) 迷你端口驱动程序

迷你端口驱动程序(miniport driver)是支持迷你端口驱动程序的类驱动程序的一种附加程序，它不必实现该类驱动程序所需的全部功能。类驱动程序为迷你端口驱动程序提供基本的类功能，是支持一组具有公共功能的设备(如所有 HID 设备或所有网络设备)的驱动程序。

迷你端口驱动程序也被称为迷你类驱动程序(miniclass driver)或迷你驱动程序(minidriver)，Windows 7 以及更高版本的操作系统支持它。Windows 操作系统通过提供几个驱动程序类(称为端口)来处理这些类的公共功能，用户仅需要添加与特定硬件内部工作有关的功能即可。NDIS(Network Driver Interface Specification，网络驱动接口规范)迷你端口驱动程序就是一个示例。NDIS 迷你端口框架用于创建连接到 Windows 通信栈的网络驱动程序，并可以访问应用程序使用的常用通信调用。Windows 内核为各种通信栈提供驱动程序，而通信卡的其他代码是共有的。基于 NDIS 框架，网卡开发人员不必编写所有代码，只需要编写特定于他正在开发的网卡的代码即可。

2. 根据操作系统分类

1) WDM 驱动程序

Windows 驱动程序模型(Windows Driver Model，WDM)驱动程序是 Windows 操作系统的内核模式驱动程序。WDM 通过将设备驱动程序的一些功能集成到操作系统中来进行工作，这些代码可以处理所有低级缓冲区管理，包括 DMA 和即插即用(Plug-and-Play，Pnp)设备枚举。WDM 驱动程序是支持电源管理协议的 PnP 驱动程序，包括单一整体驱动程序、分层驱动程序和迷你端口驱动程序。

2) WDF 驱动程序

Windows 驱动程序基础(Windows Driver Foundation，WDF)是一个围绕 Microsoft WDM

接口的封装程序(wrapper)，是当今实现 Windows 驱动程序的首选方式。WDF 是一组 Microsoft 工具和库，可以帮助创建 Windows 的设备驱动程序。它抽象化了编写 Windows 驱动程序的大部分复杂性。

3) Unix 设备驱动程序

在经典的 Unix 驱动程序模型中，设备分为三类：字符设备、块设备和网络设备。实现这些设备的驱动程序相应地被称为字符驱动程序(char driver)、块驱动程序(block driver)和网络驱动程序(network driver)。在 Unix 环境下，驱动程序是链接到内核的代码单元，且内核运行在特权内核模式中。通过文件系统，可以实现从用户模式应用程序对 Unix 驱动程序的访问，换句话说，设备在应用程序中显示为可以打开的特殊设备文件。

Unix 设备驱动程序是分层驱动程序或单一整体驱动程序，而单一整体驱动程序可以被视为单层的分层驱动程序。

4) Linux 设备驱动程序

Linux 设备驱动程序是基于经典的 Unix 设备驱动程序模型的。此外，Linux 还引入了一些新的特性。

在 Linux 环境下，块设备可以像字符设备一样被访问，就像在 Unix 中一样，但也有一个面向块的接口，该接口对用户或应用程序是不可见的。

在传统的 Unix 环境下，设备驱动程序与内核链接，在安装一个新的驱动程序后，系统会重新启动。Linux 引入了一个称为模块的动态可加载驱动程序的概念，可以以模块化形式编写 Linux 驱动程序，Linux 模块可以被动态加载或删除，而不需要关闭及重启系统。驱动程序采用模块探测自己的硬件，如果找不到正在寻找的硬件就卸载自己，这使得 Linux 内存的使用非常有效。

与 Unix 设备驱动程序一样，Linux 设备驱动程序可以是分层驱动程序，也可以是单一整体驱动程序。

9.1.3　设备驱动程序的入口

每个设备驱动程序都必须有一个主入口点，就像 C 控制台应用程序中的 main()函数一样。这个入口点在 Windows 中是 DriverEntry()，在 Linux 中是 init_module()。当操作系统加载设备驱动程序时，这个驱动程序入口点将被调用。

驱动程序在第一次加载时，都需要全局初始化。这个全局初始化对每个驱动程序只执行一次，且由 DriverEntry()/init_module()例程负责。入口函数还登记哪个驱动程序回调将被操作系统调用。基于某些准则(如硬件的断开)，每个登记的回调都将被操作系统调用。在 Windows 中，这些回调被称为调度例程(dispatch routine)，而在 Linux 中，它们被称为文件操作。

9.1.4　硬件与设备驱动程序的关联

各种操作系统在将设备与特定的驱动程序关联起来的方式上有所不同。

在 Windows 中，硬件与驱动程序关联是通过一个 INF 文件(是 Windows 操作系统用来描述设备或文件等数据信息的文件)来完成的，该文件登记了与驱动程序一起工作的设备。此关联将在调用 DriverEntry()例程之前执行。操作系统识别该设备，检查其数据库以识别哪个 INF 文件与该设备关联，并根据 INF 文件调用驱动程序的入口点。

在 Linux 中，硬件与驱动程序关联是在驱动程序的 init_module()例程中定义的。此例程包括一个回调，用于指示某驱动程序被指派处理哪个硬件。操作系统根据代码中的定义调用驱动程序的入口点。

9.1.5　应用程序与设备驱动程序的通信

对于每个操作系统(OS)，利用定制的 OS API(Application Programming Interface)，用户模式应用程序和驱动硬件的驱动程序之间的通信会以不同方式来实现。

对于 Windows 和 Linux，应用程序可以使用操作系统文件访问(file-access)API(如使用 Windows CreateFile()函数或使用 Linux open()函数)开启对驱动程序的处理，然后通过将该处理传递给相关的操作系统文件访问函数(如 Windows ReadFile()和 WriteFile()函数，或 Linux read()和 write()函数)来读/写该设备。

利用定制的 OS API(如 Windows DeviceIoControl()函数，或 Linux ioctl()函数)，应用程序通过 I/O 控制(IOCTL)调用向驱动程序发送请求。

利用定制的 OS 机制，通过 IOCTL 调用，在驱动程序和应用程序之间传递的数据被封装。例如，对于 Windows，数据通过 I/O 请求包(IRP)结构传递，并由 I/O 管理器封装。

9.1.6　设备驱动程序的设计方法

设备驱动程序的设计有两条途径：一是在内核模式下的设计方法，二是在用户模式下的设计方法。

设备驱动程序本身是一种操作系统内核模式程序，在内核模式下进行设备驱动程序设计是一种代码准确而高效、运行速度快捷的设计方法。对于常规和主流设备的驱动程序，首选在内核模式下进行设计的方法，并由操作系统设计者在内核模式下设计完成。

早期用户进行设备驱动程序设计时，由于缺少用户模式下的开发工具，所以驱动程序设计都是在操作系统内核模式下进行的。这种情形下，要求驱动程序设计者十分了解操作系统内核采用的技术和编程，而这恰恰是大多数非操作系统设计者的障碍。所以，早期的设备驱动程序开发常常是微机应用系统设计中的一大难题。

由于设备驱动程序的开发属于系统编程范畴，是系统编程中比较困难的部分，为了帮助用户有效地开发所需的设备驱动程序，一些软件公司便专门研制设备驱动程序开发工具。一些设备驱动程序开发工具包提供了用户模式下的开发手段，使用户在无须了解操作系统内核知识的情况下，可以快速、轻松地完成设备驱动程序的开发，解决了一般用户难以设计设备驱动程序的问题，是目前较为理想的一般用户设计设备驱动程序的首选方法。

WinDriverPCI/USB 设备驱动程序开发工具拥有数千名客户和数百万次的部署，是一个完整的开发解决方案，极大地简化了创建高性能自定义设备驱动程序和硬件访问应用程序的艰巨任务；它支持任何设备，并使用户能够专注于驱动程序的增值功能，而不是操作系统的内部结构；它提供了一系列的工具和特性来帮助用户开发、测试和调试用户的驱动程序代码。正因如此，在一众设备驱动程序开发工具中，我们选择了 WinDriver 软件。

9.2　基于 WinDriver 开发工具的设备驱动程序设计

9.2.1　WinDriver 简介

WinDriver 是由以色列的 Jungo Connectivity Ltd.研制的工具软件，自 1998 年进入市场以来，WinDriver 一直在提供一种简化设备驱动程序和硬件访问应用程序开发的解决方案。WinDriver 包括一个 DriverWizard(驱动器向导)，它是一个图形诊断工具，可以自动检测用户的硬件，利用它可以为用户设备生成骨架诊断代码，为用户提供方便的封装功能，这些封装功能利用 WinDriver 的 API 与用户的特定设备进行通信。此外，用户还可以查看 WinDriver 提供的各种样例，看看是否有一个样例可以作为用户驱动程序的骨架基础。跨越所有受支持的操作系统，用户使用 WinDriver 开发的驱动程序和应用程序是源代码兼容的。WinDriver 允许用户在熟悉的用户模式环境中创建驱动程序，利用 MS Visual Studio、CMake、GCC、Windows GCC 或任何其他合适的编译器或开发环境，用 C、C#、Java 和 Python 为工程(project)生成驱动程序代码。

在 Windows、Linux 和 Mac OS 上，WinDriver 支持所有 PCI/ISA/EISA/CompactPCI/PCI Express 芯片组及设备、所有 USB 芯片组及设备的开发，并提供对特定芯片组(如 Xilinx)的增强支持。

WinDriver 允许所有开发在用户模式下完成，利用其底层内核驱动程序，从而使用户无须了解任何内核和/或操作系统规定的驱动程序开发知识，如不需要熟悉 Windows Driver Kit(WDK)。

WinDriver 使开发设备驱动程序成为一项简单的任务，只需要花费几个小时而不是几个月的时间，并在开发之中和开发之后提供稳定性和技术的支持。

Jungo 公司从 1997 年 2 月 20 日发布 WinDriver v2.1.0 到 2023 年 5 月 9 日发布 v16.1.0，已发布了 97 个版本。从 v5.2.0 到 v14.1.0，WinDriver 是一个 WDM(Windows Driver Model)驱动程序。从 v14.1.1 开始，WinDriver 是一个完全的 WDF 驱动程序。

9.2.2　WinDriver 特点

WinDriver 主要特点如下：

(1) 简单的用户模式驱动程序开发。WinDriver 的体系结构支持在用户模式下开发驱动程序，同时保持内核模式的性能。驱动程序创建不需要 WDK、ETK、DDI 或任何系统级编程知识的要求。

(2) 高质量软件。使用 WinDriver 可以减少大量的开发时间，使用户能够专注于用户的核心业务,并创建一流的驱动程序。在用户模式下使用 WinDriver 的内核插件(Kernel PlugIn)技术开发出的驱动程序，性能优良。

(3) 支持任何 USB/PCI/PCIe 设备(无关制造商)，可以处理 I/O、DMA、中断和访问内存映射的板卡问题。

(4) 增强的芯片组支持。对于重要的 FPGA 设计，利用硅合作伙伴库(silicon partners libraries)来开启用户的驱动程序开发。

(5) 定制化。WinDriver 生成一个为用户硬件定制的骨架驱动程序代码，用户也可以利用 WinDriver 提供的各种驱动程序样例作为编码基础。

(6) 跨平台兼容。WinDriver 向导(wizard)和由它生成的驱动程序可以在 Linux、Windows 和 macOS 中运行。

(7) 源代码兼容。同一个驱动程序源代码可以运行在所有受支持的操作系统下，而不需要修改任何代码，只需为目标平台重新编译它即可。即使用户的驱动程序在开发时只适用于受支持的操作系统之一，使用 WinDriver 也会让用户在未来灵活地将驱动程序搬移到另一个操作系统，而不需要更改代码。

(8) 二进制兼容。应用程序在 Windows 11/10/8.1/Server 2022/Server 2019/Server 2016/Server 2012 之间具有二进制兼容性，WinDriver 可执行文件可以在二进制兼容的平台之间移植，而不需要重新编译。

(9) 即时硬件访问和调试。友好的 DriverWizard 以图形化、用户模式来诊断测试硬件，而不需要用户编写一行代码。在整个驱动程序开发过程中 DriverWizard 可以监控内核级活动。

(10) 广泛的 IDE 支持。WinDriver 可以用于所有常见的开发环境,例如 MS Visual Studio、Borland C++ Builder、Borland Delphi、Visual Basic 6.0、MS eMbedded Visual C++等。

(11) 自动代码生成。WinDriver 可以为在 C、C#、Visual Basic .NET、PowerShell、Python、Java、Delphi(Pascal)或 Visual Basic 6.0 中的工程，简单、自动生成驱动程序代码和非常详细的文档化 API，而不需要操作系统内部或内核知识。

(12) 稳定的性能。驱动程序在数千种硬件和操作系统配置上经历的现场测试保障了 WinDriver 性能的稳定性。

(13) 脚本语言支持。在所有受支持的平台上,使用 PowerShell 或 Python 终端,WinDriver 不需要编译任何代码就可以交互式访问用户的驱动程序。

(14) 附加工具。WinDriver 包括动态驱动程序加载器、代码调试器和预编译样例。

(15) HLK 认证。WinDriver 的 Windows 驱动程序是 WHQL 准备就绪的(HLK/HCK/WHQL 可认证的驱动程序)，即符合微软 Windows 认证计划。

(16) 全方位支持，免费 30 天试用。Jungo 公司为所有与 WinDriver 相关的主题提供全面的专业支持，为功能齐全的试用版提供免费的技术支持，没有运行时费用或版税。

9.2.3　WinDriver 体系结构

图 9.2 为 PCI WinDriver 体系结构。对于硬件访问，用户的应用程序调用了 WinDriver

用户模式函数之一。用户模式函数调用 WinDriver 内核模块，该模块通过操作系统的本机调用为用户访问硬件。

与标准的 PCI 总线相比，目前主流的 PCIExpress(PCIe)总线允许更大的带宽和更高的可伸缩性，且具有成本效益。PCIe 的设计是为了与现有 PCI 总线和 PCI 设备保持完全的硬件与软件的兼容性，尽管这两个总线的体系结构不同。

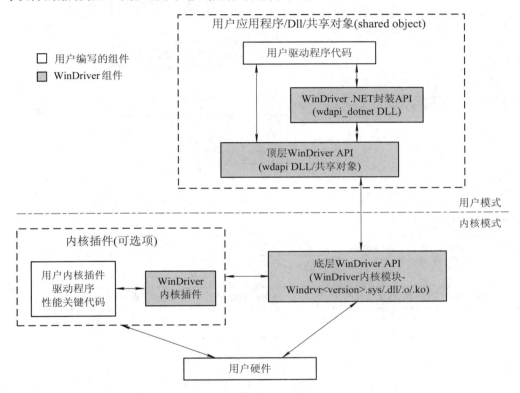

图 9.2　PCI WinDriver 体系结构

作为与标准 PCI 总线向后兼容的一部分，传统 PCI 设备可以通过 PCIe-PCI 桥插入 PCIe 系统，该桥将 PCIe 数据包转换为标准 PCI 总线信号。用户可以使用 WinDriver 的 PCI API，通过 PCIe-PCI 桥和交换机，轻松地与连接到 PC 的 PCI 设备进行通信。

对于 PCIe 板卡，WinDriver 完全支持与标准 PCI 特性向后兼容。WinDriver 对标准 PCI 总线提供的广泛支持，包括一组丰富的 API、代码样例和用于硬件调试和驱动程序代码生成的图形化 DriverWizard，都适用于与传统 PCI 总线向后兼容的 PCIe 设备。

此外，WinDriver 为用户提供了一组 API，以便在受支持的目标平台(如 Windows 和 Linux)上轻松地访问 PCIe 扩展配置空间。

图 9.3 为 USB WinDriver 体系结构。为访问用户硬件，用户应用程序使用 WinDriver USB API 中的函数调用 WinDriver 内核模块。顶层函数利用底层函数，底层函数使用 IOCTL 来启用 WinDriver 内核模块和用户模式应用程序之间的通信。WinDriver 内核模块通过本机操作系统调用来访问用户的 USB 设备资源。

微型计算机原理及接口技术(第四版)

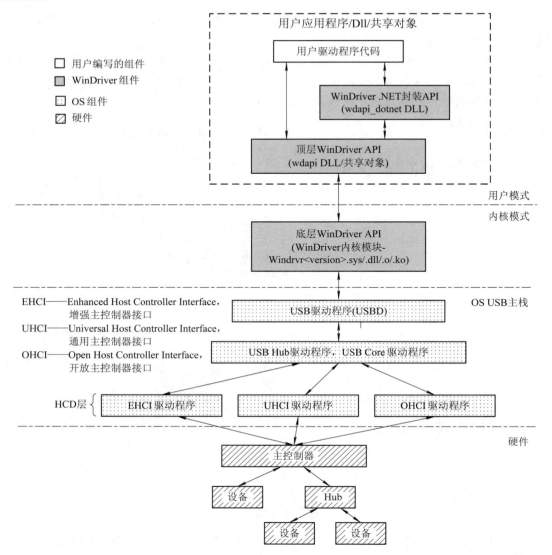

图 9.3　USB WinDriver 体系结构

负责将 USB 设备抽象到 USB 设备驱动程序上的程序分为两层。上层是 USB 驱动程序 (USBD)层，其中包括 USB 集线器驱动程序(USB Hub Driver)和 USB 核心驱动程序(USB Core Driver)。下层是主控制器驱动程序(Host Controller Driver，HCD)层。HCD 层和 USBD 层之间的职责划分没有定义，并且依赖于操作系统。HCD 和 USBD 都是操作系统的软件接口和组件，其中 HCD 层代表较低的抽象层。

HCD 是提供主控制器硬件抽象的软件层；而 USBD 提供 USB 设备的抽象，以及主软件(host software)和 USB 设备函数之间的数据传输。

USBD 通过 USB 驱动程序接口(USBDI)与其客户端(如特定的设备驱动程序)进行通信。在下层，核心驱动程序和 USB 集线器驱动程序通过使用主控制器驱动程序接口(Host Controller Driver Interface，HCDI)与 HCD 进行通信来实现硬件访问和数据传输。

USB 集线器驱动程序负责识别来自特定集线器的设备的添加和删除。当集线器驱动程序接收到设备已连接或断开的信号时，它将使用附加的主软件和 USB 核心驱动程序来识别和配置该设备。实现配置的软件可以包括集线器驱动程序、设备驱动程序和其他软件。

WinDriver USB 为开发人员抽象了上述配置过程和硬件访问。使用 WinDriver 的 USB API，开发人员可以完成所有与硬件相关的操作，而不需要掌握支持这些操作的底层实现。

9.2.4　WinDriver 支持的平台

WinDriver 支持以下操作系统：

- Windows 11、10、8/8.1，Windows 10 IoT，Server 2016，Server 2012 R2，Server 2012。
- Linux 内核版本 2.6.x 或更高版本，Linux ARM。
- MacOS 10.10-12。

对于 PCIe/PCI-X/PCI-104/CompactPCI 和 USB，针对 Linux ARM 的 WinDriver PCI/USB 能够自动简化 Linux ARM 设备驱动程序的开发。

WinDriver 各版本对 USB 和操作系统的支持状况分别见表 9.1 和表 9.2。

表 9.1　WinDriver 各版本对 USB 的支持

USB 版本	WinDriver 支持的版本
2.0	v 5.0.4~
3.0	v 11.4.0~
3.1	v 14.2.0~

表 9.2　WinDriver 各版本对操作系统的支持

操　作　系　统		WinDriver 支持的版本
Windows 10 IoT Core	Windows 10 IoT Core (x32/x64/ARM)	v12.7.0~v14.7.0.
Windows Server 2022	Windows Server 2022	v15.1.0~
Windows Server 2019	Windows Server 2019	v14.2.1~
Windows Server 2016	Windows Server 2016	v12.0.0~
Windows 11	Windows 11 x64	v15.0.0~
	Windows 11 ARM64	v16.1.0~
Windows 10	Windows 10 x32 and x64	v12.0.0~
	Windows 10 ARM64	v16.1.0~
	Windows 10 Technical Preview build 10162	v11.9.0
Windows 8.1	Windows 8.1 x32 and x64	v11.4.0~v16.0.0
Windows Server 2012 R2	Windows Server 2012 x32 and x64	v11.4.0~v16.0.0
Windows 8	Windows 8 x32 and x64	v11.0.0~v14.3.0
Windows Server 2012	Windows Server 2012 x32 and x64	v11.0.0~v14.3.0
Windows 7	Windows 7 x32 and x64	v 10.1.0~v14.3.0
	Windows 7 Service Pack 1	v 10.3.1~v 14.3.0

操 作 系 统		WinDriver 支持的版本
Windows Server 2008 R2	Windows Server 2008 R2 x32 and x64	v 10.1.0~v 14.3.0
	Windows Server 2008 R2 Service Pack 1	v 10.3.1~v 14.3.0
Windows Vista	Windows Vista x32 and x64	v 8.1.0~v 12.2.1
	Windows Vista Service Pack 1	v 10.0.0~v 12.2.1
Windows Server 2008	Windows Server 2008 x32 and x64	v 10.0.0~v 14.3.0
Windows Server 2003	Windows Server 2003 x64	v 8.0.0~v 12.2.1
	Windows Server 2003 x32	v 6.0.2~v 12.2.1
Windows XP	Windows XP x64	v 8.0.0~v 12.2.1
	Windows XP Service Pack 3	v 10.0.0~v 12.2.1
Windows CE	Windows Embedded Compact 2013 (a.k.a. Windows CE 8, WEC2013 or Windows CE 2013)	v 11.7.0~v 12.3.0 (在 x86 和 ARM 平台)
	Windows Embedded Compact 7 (a.k.a. WEC7 or Windows CE 7)	v 10.4.0~v 12.3.0
	Windows Embedded CE 6.0	v 9.0.0~v 12.3.0
	Windows CE 5.0	v 6.2.2~v 12.3.0
	Windows CE 4.x	v 6.0.0~v 12.3.0
	Windows CE 2.x–3.x	v 4.1.2~v 6.0.3(针对 PCI/ISA)
MacOS (PCI)	MacOS 10.5 + 10.6	v 10.2.0~v 10.4.0 (针对 PCI)
MacOS (PCIe + USB)	MacOS 10.10-10.15	v 14.5.0~
	MacOS 10.13-11.0	v 14.6.0~
	MacOS 11.0 and MacOS 12.0 (ARM64 M1 version)	v 14.8.0~
Linux	Linux 支持 PCI/ISA	v 4.1.2~
	Linux 支持 USB	v 6.0.0~
Solaris (PCI/ISA)	Solaris 支持 PCI/ISA	v 4.1.4~v 9.0.1

9.2.5 用 WinDriver 开发设备驱动程序的方法

在开发设备驱动程序之前,首先完成 WinDriver 的安装并学习 DriverWizard(驱动器向导)的使用(参考文献[9]:WinDriver 手册),然后开始基于 WinDriver 的设备驱动程序开发过程。下面介绍几种构建设备驱动程序的方法。

1. 使用 DriverWizard 构建设备驱动程序

用户可以使用 DriverWizard 来诊断自己的设备,验证它是否按预期运行,并用 C、C#、Visual Basic(仅限 USB)、Java 和 Python 为自己的设备生成骨架代码。

对于基于 Altera Qsys、Avalon-MM designs、Xilinx BMD、XDMA、QDMA designs 的设备，用户可以使用 DriverWizard 生成定制的、使用了增强支持(enhanced-support)样例 API 的专用设备代码。这是使用 WinDriver 开发驱动程序的最推荐方法，因为它可以节省最多的时间和减少许多的麻烦。

为构建用户所需的骨架驱动程序，可以使用任何 C/C#.NET/Python/Java 编译器/解释器或开发环境(取决于用户创建的代码)。WinDriver 为以下环境和编译器提供了特定的支持：MS Visual Studio、CMake、GNU Make/Eclipse(用于 Java 工程)。

2. 使用代码样例构建设备驱动程序

如果用户正在使用增强支持 PCI 设备(PLX 6466、9030、9050、9052、9054、9056、9080 和 9656；Altera Qsys，Avalon-MM designs；Xilinx BMD、XDMA、QDMA designs)，可能希望使用相关的 WinDriver 样例作为开发基础，而不是使用 DriverWizard 生成代码。

如果用户无法让 DriverWizard 在其平台上工作，或者它不适合用户平台，并且用户希望快速开始开发工作，则此方法是适合的。

相关的样例可以在"WinDriver/samples/c"目录下找到。这些目录包括用来编译样例的源代码和工程文件，以及样例源代码的预编译版本。

3. 不用 DriverWizard 编写设备驱动程序

有时用户可能会选择直接编写驱动程序，而不使用 DriverWizard。此方法只推荐给专业用户，这样的用户已经熟悉 WinDriver API 和编译 WinDriver 所需的必要编译标志。

在这种情况下，要么选择一个最接近目标驱动程序的 WinDriver 样例，并修改它以适应用户的特定需求；要么按照下述步骤创建一个新的驱动程序工程。

1) 囊括必需的WinDriver文件

首先，在用户驱动程序工程中要包含相关的 WinDriver 头文件(header file)。所有头文件都可以在 WinDriver/include 或 WinDriver/samples/c/shared(用于 C 工程)目录下找到。所有 WinDriver 工程都需要 windrvr.h 头文件。

当使用 WDC_xxx API/WDU_xxx API 时，要包含 wdc_lib.h/wdu_lib.h 和 wdc_defs.h 头文件(这些文件已经包含 windrvr.h)。

要包含能提供用户希望用于自己代码中的 API 的任何其他头文件(例如，来自 WinDriver/samples/c/shared 目录的文件，它们提供了方便的诊断函数)。

要包含来自用户源代码的相关头文件。例如，要使用 windrvr.h 头文件中的 API，需要将下面一行语句添加到用户代码中：

```
#include "windrvr.h"
```

然后，将用户代码与 WDAPI 库(Windows)/共享对象(Linux)进行链接：

· 对于 Windows：WinDriver\lib\amd64\wdapi1610.lib 用于 x64 平台编译 64 位二进制文件，或 WinDriver\lib\amd64\x86\wdapi1610_32.lib 用于 x64 平台编译 32 位二进制文件，或 WinDriver\lib\arm64\wdapi1610_arm64.lib 用于 ARM64 平台编译 64 位二进制文件。

· 对于 Linux：来自 WinDriver/lib 目录——libwdapi1610.so(用于 x64 平台的 64 位二进制文件)或 libwdapi1610_32.so(用于针对 64 位平台的 32 位应用程序)。

· 对于 MacOS：来自 WinDriver/lib 目录——libwdapi1610.dylib。(注意，用于 MacOS

的 WinDriver 目前不支持 64 位平台上的 32 位应用程序。)

用户还可以在自己的工程中包含库的源文件，而不是将工程与库链接起来。C 源文件位于 WinDriver/src/wdapi 目录下。

当将用户工程与 WDAPI 库/框架/共享对象链接时，用户需要用自己的驱动程序分发(distribute)这个二进制文件。

• 对于 Windows，从 WinDriver/redist 目录获得 wdapi1610.dll/wdapi1610_32.dll(针对 64 位平台的 32 位应用程序)/wdapi1610_ARM64.dll(针对 ARM64 平台的 64 位应用程序)。

• 对于 Linux，从 WinDriver/lib 目录获得 libwdapi1610.so/libwdapi1610_32.so(针对 64 位平台的 32 位应用程序)。

• 对于 MacOS，从 WinDriver/lib 目录获得 libwdapi1610.dylib。

添加能够实现用户希望在代码中使用的 API 的任何其他 WinDriver 源文件(例如，来自 WinDriver/samples/c/shared 目录的文件)。

2) 写代码 (PCI/ISA)

使用 WDC_xxx API 时，调用序列如下：

(1) 调用 WDC_DriverOpen()以打开 WinDriver 和 WDC 库的句柄，将加载驱动程序的版本与用户驱动程序源文件的版本进行比较，并注册用户 WinDriver 许可证(对于注册用户)。

• 对于 PCI/PCIe 设备，调用 WDC_PciScanDevices()以扫描 PCI 总线并定位用户设备。

• 对于 PCI/PCIe 设备，调用 WDC_PciGetDeviceInfo()以检索用户所选设备的资源信息。

• 对于 ISA 设备，在 WD_CARD 结构中自己定义资源。

(2) 调用 WDC_PciDeviceOpen()/WDC_IsaDeviceOpen()(取决于用户设备)，并将设备的资源信息传递给该函数。这些函数向稍后用户可以使用的设备返回一个句柄，以便用 WDC_xxx API 与设备通信。

(3) 用 WDC_xxx API 与设备进行通信。

• 若要启用中断，调用 WDC_IntEnable()。

• 若要记录接收即插即用和电源管理事件的通知，调用 WDC_EventRegister()。

(4) 完成后：

• 调用 WDC_IntDisable()以禁用中断处理(如果之前已启用)。

• 调用 WDC_EventUnregister()以取消记录即插即用和电源管理事件处理(如果之前被记录)。

• 调用 WDC_PciDeviceClose()/WDC_IsaDeviceClose()(取决于用户设备)以关闭该设备的句柄。

• 调用 WDC_DriverClose()以关闭针对 WinDriver 和 WDC 库的句柄。

3) 写代码 (USB)

使用 WDU_xxx/WDC_xxx API 时，调用序列如下：

(1) 调用 WDC_DriverOpen()以打开 WinDriver 和 WDC 库的句柄，将加载驱动程序的版本与用户驱动程序源文件的版本进行比较，并注册用户 WinDriver 许可证(对于注册用户)。

(2) 在用户程序为 USB 设备初始化 WinDriver 的开始处，调用 WDU_Init()，并等待设备连接的回调。相关设备信息将在连接回调中提供。

(3) 用 WDU_xxx API 与设备进行通信。

一旦收到连接回调，用户便可以开始使用 WDU_Transfer()函数家族之一来发送和接收数据。

(4) 完成后：

· 调用 WDU_Uninit()注销设备。

· 调用 WDC_DriverClose()关闭针对 WinDriver 和 WDC 库的句柄。

4) 配置和构建用户代码

在囊括所需文件并编写用户代码之后，要确保设置了所需的构建标志和环境变量，然后构建用户代码。

在为 64 位平台开发驱动程序时，用户工程(project)或 makefile 必须包含 KERNEL_64BIT 预处理器定义。在 makefile 中，使用 -D flag:-DKERNEL_64BIT 添加该定义。在 64 位 WinDriver 工具包中，样例、向导生成的 Linux 和 Windows GCC makefile、Windows MS Visual Studio 工程已经包含了这个定义。

在构建用户代码之前，验证 WD_BASEDIR 环境变量是否已设置为 WinDriver 安装目录的位置。在 Windows 和 Linux 上，用户可以全局定义 WD_BASEDIR 环境变量。

9.2.6　设备驱动程序样例和开发实例

1. 设备驱动程序样例

下面是一个 C 语言驱动程序代码样例 BASIC_IO.C，由 Jungo 公司提供。该驱动程序使用 WinDriver 的用户模式 API 编写，是一个用于简单 ISA 卡的样板骨架驱动程序，它示范了如何定义和访问 ISA 卡上的 I/O 端口。

```
//////////////////////////////////////////////////////////////
// File - BASIC_IO.C
// This is a skeleton driver for a simple ISA card with IO ports access.
// Copyright (c) 2003 - 2005 Jungo Ltd.    http://www.jungo.com
//////////////////////////////////////////////////////////////
#include <stdio.h>
#include "../../include/windrvr.h"
#include "../../include/status_strings.h"

// put your IO range here
// in this example the range is 0x378-0x37a
enum {MY_IO_BASE = 0x378};
enum {MY_IO_SIZE = 0x3};

// global WinDriver handle
HANDLE hWD;
```

```
// global card handle
WD_CARD_REGISTER cardReg;

BYTE IO_inp(DWORD dwIOAddr)
{
    WD_TRANSFER trns;
    BZERO(trns);
    trns.cmdTrans = RP_BYTE; // R-Read P-Port BYTE
    trns.dwPort = dwIOAddr;
    WD_Transfer( hWD, &trns); // Perform read
    return trns.Data.Byte;
}

WORD IO_inpw(DWORD dwIOAddr)
{
    WD_TRANSFER trns;
    BZERO(trns);
    trns.cmdTrans = RP_WORD; // R-Read P-Port WORD
    trns.dwPort = dwIOAddr;
    WD_Transfer( hWD, &trns); // Perform read
    return trns.Data.Word;
}

DWORD IO_inpd(DWORD dwIOAddr)
{
    WD_TRANSFER trns;
    BZERO(trns);
    trns.cmdTrans = RP_DWORD; // R-Read P-Port DWORD
    trns.dwPort = dwIOAddr;
    WD_Transfer( hWD, &trns); // Perform read
    return trns.Data.Dword;
}

void IO_outp(DWORD dwIOAddr, BYTE bData)
{
    WD_TRANSFER trns;
    BZERO(trns);
    trns.cmdTrans = WP_BYTE; // R-Write P-Port BYTE
```

```
    trns.dwPort = dwIOAddr;
    trns.Data.Byte = bData;
    WD_Transfer( hWD, &trns); // Perform write
}


void IO_outpw(DWORD dwIOAddr, WORD wData)
{
    WD_TRANSFER trns;
    BZERO(trns);
    trns.cmdTrans = WP_WORD; // R-Write P-Port WORD
    trns.dwPort = dwIOAddr;
    trns.Data.Word = wData;
    WD_Transfer( hWD, &trns); // Perform write
}


void IO_outpd(DWORD dwIOAddr, DWORD dwData)
{
    WD_TRANSFER trns;
    BZERO(trns);
    trns.cmdTrans = WP_DWORD; // R-Write P-Port DWORD
    trns.dwPort = dwIOAddr;
    trns.Data.Dword = dwData;
    WD_Transfer( hWD, &trns); // Perform write
}


BOOL IO_init()
{
    WD_VERSION verBuf;
    DWORD dwStatus;

    hWD = INVALID_HANDLE_VALUE;
    hWD = WD_Open();
    if (hWD==INVALID_HANDLE_VALUE)
    {
        printf ("error opening WINDRVR\n");
        return FALSE;
    }

    BZERO(verBuf);
```

```
        WD_Version (hWD, &verBuf);
        printf (WD_PROD_NAME " version - %s\n", verBuf.cVer);
        if (verBuf.dwVer<WD_VER)
        {
            printf ("error incorrect WINDRVR version. needs ver %d\n",WD_VER);
            WD_Close(hWD);
            return FALSE;
        }

        BZERO(cardReg);
        cardReg.Card.dwItems = 1;
        cardReg.Card.Item[0].item = ITEM_IO;
        cardReg.Card.Item[0].fNotSharable = TRUE;
        cardReg.Card.Item[0].I.IO.dwAddr = MY_IO_BASE;
        cardReg.Card.Item[0].I.IO.dwBytes = MY_IO_SIZE;
        cardReg.fCheckLockOnly = FALSE;
        dwStatus = WD_CardRegister(hWD, &cardReg);
        if (cardReg.hCard==0)
        {
            printf("Failed locking device. Status 0x%lx - %s\n",
                dwStatus, Stat2Str(dwStatus));
            return FALSE;
        }

        return TRUE;
}
void IO_end()
{
        WD_CardUnregister(hWD,&cardReg);
        WD_Close(hWD);
}

int main()
{
        if (!IO_init()) return  -1;

        // Call your device driver routines here

        IO_end();
```

```
        return 0;

    }
```

2．设备驱动程序开发实例

在 8.2.2 小节中，我们给出了一个 PCI-ISA 总线转换并在 ISA 总线上控制 8 个发光二极管的硬件设计实例(见图 8.54)。对该硬件设备在 Windows 等操作系统环境下进行操作时，必须通过设备驱动程序来支持。为此，我们来为该硬件设备编写设备驱动程序。

该硬件设备使用了 PCI 总线专用接口芯片 PCI 9052，因此将该硬件设备插入微机的 PCI 插槽中时，利用 WinDriver 提供的 DriverWizard，可以检测出该硬件设备。发光二极管在 ISA 地址空间的 I/O 地址为 200H～203H，在 PCI 地址空间的 I/O 地址为 C400H～ C403H(因系统不同会有变化)。

WinDriver 支持在用户模式下使用多种标准的 32 位编程工具开发和调试用户驱动程序，本例中我们采用的是 Delphi 编程工具(注意：采用 Delphi 编写设备驱动程序代码只能生成用户模式的设备驱动程序，而用 C 语言编程既可以生成用户模式的设备驱动程序，也可以生成内核模式的设备驱动程序)。Delphi 采用视窗化的 Pascal 语言实现程序设计。

1) 设备驱动程序源代码

按照前述的利用 WinDriver 开发设备驱动程序的方法，获得针对我们所开发硬件设备的设备驱动程序骨架，对此骨架源程序进行适当修改，就可以获得所需的设备驱动程序(包括 driver.wdp、driver_diag.pas、driver_diag.dcu、driver_lib.pas、driver_lib.dcu、driver_project.dof、driver_project.dpr、driver_project.exe 等文件)。以下是本实例的设备驱动程序的 Delphi 源代码(利用 WinDriver 8.0 实现)：

```
{
-------------------------------------------------------------
File - driver_diag.pas
This is a diagnostics application for accessing the DRIVER card.
The library accesses the hardware via WinDriver functions.
-------------------------------------------------------------
}

unit driver_diag;

interface

uses
    Windows,
    SysUtils,
    Windrvr,
    WinDrvr_Int_Thread,
```

```
            Pci_Diag_Lib,
            Print_Struct,
            DRIVER_lib;


    var
            hDriver : DRIVER_HANDLE;
            { input of command from user }
            line : STRING[255];


    procedure DriverInitial(data : DWORD; addr : DWORD);
    procedure DriverOpen();
    procedure DriverClose();


    implementation


    function DRIVER_GetAddrSpaceName(addrSpace : DRIVER_ADDR) : PCHAR;
    begin
        case addrSpace of
        DRIVER_AD_BAR0 :
            DRIVER_GetAddrSpaceName := PCHAR('Addr Space BAR0');
        DRIVER_AD_BAR1 :
            DRIVER_GetAddrSpaceName := PCHAR('Addr Space BAR1');
        DRIVER_AD_BAR2 :
            DRIVER_GetAddrSpaceName := PCHAR('Addr Space BAR2');
        DRIVER_AD_BAR3 :
            DRIVER_GetAddrSpaceName := PCHAR('Addr Space BAR3');
        DRIVER_AD_BAR4 :
            DRIVER_GetAddrSpaceName := PCHAR('Addr Space BAR4');
        DRIVER_AD_BAR5 :
            DRIVER_GetAddrSpaceName := PCHAR('Addr Space BAR5');
        DRIVER_AD_EPROM :
            DRIVER_GetAddrSpaceName := PCHAR('EEPROM Addr Space');
        else
            DRIVER_GetAddrSpaceName := PCHAR('Invalid');
        end;
    end;
```

```
function DRIVER_LocateAndOpenBoard(dwVendorID : DWORD; dwDeviceID : DWORD) :
        DRIVER_HANDLE;
var
    cards, my_card : DWORD;
    hDRIVER : DRIVER_HANDLE;
    i : DWORD;

begin
    hDRIVER := nil;
    if dwVendorID = 0 then
    begin
        //Write('Enter VendorID: ');
        //Readln(line);
        //dwVendorID := HexToInt(line);
        if dwVendorID = 0 then
        begin
            DRIVER_LocateAndOpenBoard := nil;
            Exit;
        end;

        Write('Enter DeviceID: ');
        Readln(line);
        dwDeviceID := HexToInt(line);
    end;
    cards := DRIVER_CountCards (dwVendorID, dwDeviceID);
    if cards = 0 then
    begin
        Writeln(DRIVER_ErrorString);
        DRIVER_LocateAndOpenBoard := nil;
        Exit;
    end
    else
    begin
        if cards = 1
        then
            my_card := 1
    end;
```

```
    if DRIVER_Open (@hDRIVER, dwVendorID, dwDeviceID, my_card  −1) then
        // Writeln('DRIVER', ' ', 'PCI', ' card found!')
    else
        Writeln(DRIVER_ErrorString);
    DRIVER_LocateAndOpenBoard := hDRIVER;
end;


procedure DriverOpen();
var
    hWD : HANDLE;
begin
    hDRIVER := nil;
    if not PCI_Get_WD_handle(@hWD)
    then
        Exit;
    WD_Close(hWD);

        hDRIVER:=DRIVER_LocateAndOpenBoard(DRIVER_DEFAULT_VENDOR_ID,DRIVER
                _DEFAULT_DEVICE_ID);

    if hDRIVER <> nil
        then
        begin
          DRIVER_GetAddrSpaceName(3);
        end;
end;


procedure DriverClose();
begin
    if hDRIVER <> nil
    then
        DRIVER_Close(hDRIVER);
end;


procedure DriverInitial(data : DWORD; addr : DWORD);
begin
        if hDRIVER <> nil
```

```
                then
                    DRIVER_WriteByte(hDRIVER, 3, addr, BYTE (data));
        end;
        end.
```

2) 设备驱动程序调用

通过将设备驱动程序源代码(driver_diag)加入我们的应用程序(Unit1)中，就可以方便地实现在 Windows 等操作系统环境下对硬件设备的操作。以下是部分应用程序代码，其中黑体字部分表示了设备驱动程序加入应用程序的方法。

```
        unit Unit1;                        //控制发光二极管的应用程序

        interface

        uses
            Windows, Messages, SysUtils, Classes, Graphics, Controls, Forms, Dialogs,
            ExtCtrls, StdCtrls, Spin, Mask, DdeMan, ComCtrls, driver_lib;
        Const
            ⋮
        type
            ⋮
            private
                { Private declarations }
            public
                { Public declarations }
            end;

        var
            ⋮
            hDriver : DRIVER_HANDLE;

        implementation

        uses driver_diag;
        {$R *.DFM}
            ⋮
        procedure TForm3.Button1Click(Sender: TObject);    //输出信号
        var
            ⋮
```

```
begin
    ⋮
DriverOpen();
    ⋮
statusbar1.simpletext :=' 输出正在进行...';
count:=countresult(......);              // countresult()是生成控制发光二极管数据的函数
DriverInitial(count, $0);               //通过调用设备驱动程序实现硬件输出
    ⋮
DriverClose();
end;
    ⋮
end.
```

3) 设备驱动程序分发

　　分发的意思是能够在其他计算机上以安装标准设备的方式安装自己的硬件设备，且不需要在目标机上安装 WinDriver。首先你需要购买一个合法的 license，否则你只能使用 30 天的试用版 WinDriver。需要注意的是，试用期过后，不仅 WinDriver 会失效，而且所开发的驱动程序也会随之失效。当你成为注册用户后，可以按以下步骤进行分发：

　　(1) 注册 WinDriver。在用户程序启动时调用注册函数 RegisterWinDriver()，向系统注册 WinDriver 内核，否则必须先启动 DriverWizard 再关掉才能使用自己的程序。使用 VC、VB、Delphi、C++ Builder 的用户都可以在 Form 或 Dialog 的初始程序中调用 RegisterWinDriver()，该函数内容如下：

```
void RegisterWinDriver()
{
    HANDLE hWD;
    WD_LICENSE lic;
    hWD = WD_Open();
    if (hWD!=INVALID_HANDLE_VALUE)
        {
            strcpy(lic.cLicense, "此处填入自己的注册码");
            WD_License(hWD, &lic);
            WD_Close(hWD);
        }
}
```

　　(2) 将 .vxd(Windows 98)或 .sys 文件拷贝到要安装的计算机中，发布时包括的文件有：

- 系统文件(WinDriver 自带)：windrvr6.sys，windrvr6.inf，wdreg.exe；
- 生成的文件：yourDeviceName.inf(如 p9050.inf)，应用程序。

安装、卸载步骤可参照如下批处理文件：

```
echo 安装 Driver Device
wdreg - inf windrvr6.inf install
wdreg - inf yourDeviceName.inf install
```

```
echo 卸载 Driver Device
wdreg - inf windrvr6.inf uninstall
wdreg - inf yourDeviceName.inf uninstall
```

9.3 Linux 环境下的设备驱动程序设计

本书 9.2 节介绍了如何利用 WinDriver 开发工具设计在 Windows、Linux、MacOS 平台上运行的设备驱动程序，本节将介绍如何利用 Linux 系统调用来设计在 Linux 平台上运行的设备驱动程序。

在 Linux 下编写驱动程序的原理和思想完全类似于 Unix 系统。在传统的开发环境中，写驱动的第一步通常是读硬件的功能手册。但是在开放源代码的情况下，第一步却是寻找所有可获得的驱动程序。你会发现相同或者相似的驱动程序能够用来参考，对这个驱动程序作相应的改动就可以适应你的硬件。

在传统的设计之中，应用程序的执行和内核紧密结合，管理资源会使用到低层的内核调用。在 Linux 系统环境中，开发应用程序更容易、更快，应用程序只需运行在用户层，就可以完全获得执行环境的便利，它可以只使用高层的 Linux 系统调用来打开文件和管理资源。这样，任何不具备硬件和软件环境专门知识的人都可以在一个标准的 Linux 保护环境下设计、执行和调试一个新的功能或应用程序。一些新的功能甚至不需要用 C 语言编程，只要一些 shell 描述就能实现。

所以，在 Linux 环境下设计驱动程序，思想简洁，操作方便，功能也很强大。但是它也存在缺点：支持函数少，只能依赖 Kernel 中的函数，有些常用的操作要自己来编写，且调试不够方便。

9.3.1 Linux 操作系统下的设备驱动

调用是操作系统内核和应用程序之间的接口，设备驱动程序是操作系统内核和机器硬件之间的接口。在 Linux 操作系统下，设备驱动程序同样为应用程序屏蔽了硬件的细节，这样在应用程序看来，硬件设备也只是一个设备文件，应用程序可以像操作普通文件一样对硬件设备进行操作。

在 Linux 操作系统下有两类主要的设备文件类型：一种是字符设备，另一种是块设备。

字符设备和块设备的主要区别是：在对字符设备发出读/写请求时，实际的硬件 I/O 一般就紧接着发生了；块设备则不然，它利用一块系统内存作缓冲区，当用户进程对设备请求能满足用户的要求时，就返回请求的数据，如果不能，就调用请求函数来进行实际的 I/O 操作。块设备是主要针对磁盘等慢速设备设计的，以免耗费过多的 CPU 时间来等待。

用户进程通过设备文件来与实际的硬件打交道。每个设备文件都有其文件属性(c/b)，表示是字符设备还是块设备。另外，每个文件都有两个设备号：第一个是主设备号，标识驱动程序；第二个是从设备号，标识使用同一个设备驱动程序的不同的硬件设备。比如有两个软盘，就可以用从设备号来区分它们。设备文件的主设备号必须与设备驱动程序在登记时申请的主设备号一致，否则用户进程将无法访问到驱动程序。

在用户进程调用驱动程序时，系统进入核心态，这时不再是抢先式调度，也就是说，系统必须在用户的驱动程序的子函数返回后才能进行其他的工作。

9.3.2　设备驱动程序的编写

由于 Linux 中的设备也是一种文件，因此应用程序对设备驱动程序的访问是通过 file_operations 结构来进行的。file_operations 结构的每一个成员都对应着一个系统调用，当应用程序使用系统调用函数时，操作系统就会根据设备驱动程序中填写的 file_operations 结构调用相关的功能函数。

file_operations 结构的定义如下：

```
struct file_operations{
        int(seek)(structinode, structfile, off_t, int);
        int(read)(structinode, structfile, char, int);
        int(write)(structinode, structfile, off_t, int);
        int(readdir)(structinode, structfile, structdirent, int);
        int(select)(structinode, structfile, int, select_table);
        int(ioctl)(structinode, structfile, unsignedint, unsigned long);
        int(mmap)(structinode, structfile, structvm_area_struct);
        int(open)(structinode, structfile);
        int(release)(structinode, structfile);
        int(fsync)(structinode, structfile);
        int(fasync)(structinode, structfile, int);
        int(check_media_change)(structinode, structfile);
        int(revalidate)(dev_tdev);
}
```

这个结构的每一个成员的名字都对应着一个系统调用。用户进程利用系统调用在对设备文件进行诸如 read/write 的操作时，系统调用通过设备文件的主设备号找到相应的设备驱动程序，然后读取这个数据结构相应的函数指针，接着把控制权交给该函数。这就是 Linux 的设备驱动程序工作的基本原理。既然是这样，则编写设备驱动程序的主要工作就是编写子函数，并填写 file_operations 的各个域。其中最主要的函数有 open()、release()、read()、write()、ioctl()等。open()函数的功能是初始化硬件，release()函数的功能是释放硬件，read()和 write()函数分别完成对硬件设备的读和写操作，ioctl()函数则完成除读/写以外的其他控制操作。

9.3.3　设备驱动程序的加载

设备驱动程序写好后，要把驱动程序嵌入内核。驱动程序可以按照两种方式编译，一种是编译进内核，另一种是编译成模块(module)。如果编译进内核的话，会增加内核的大小，还要改动内核的源文件，而且不能动态地卸载，不利于调试，所以推荐使用模块方式。

Linux 中的设备驱动程序一般是以模块(module)的形式使用的，模块的特点是可以在操作系统运行时动态地加载和卸载。当模块被加载到内核以后，模块就和内核处于同一地址空间，因此可以相互调用，直接访问对方的地址。Linux 内核与模块的关系如图 9.4 所示。

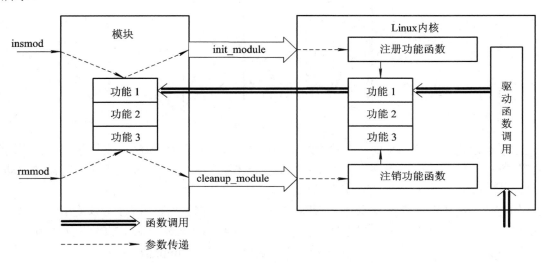

图 9.4　Linux 内核与模块的关系图

在 Linux 下使用 insmod 命令加载模块时，会调用 init_module()函数，在 init_module()函数中注册设备(例如对于字符设备驱动，使用 register_chrdev()函数注册设备)；使用 rmmod 命令卸载模块时，会调用 cleanup_module()函数，在 cleanup_module()函数中注销设备(例如对于字符设备驱动，使用 unregister_chrdev()函数注销设备)；使用 lsmod 命令可查看已加载的模块。只有在设备注册以后，才能对其进行访问。

9.3.4　设备驱动程序的调用

在 Linux 操作系统下，用户只需要在其应用程序里调用设备驱动程序中定义的 file_operations 结构中的相关函数，如 open()、release()、read()、write()、ioctl()等，就可以实现对硬件设备的操作。

9.3.5　设备驱动程序设计实例

下面给出的是在嵌入式 Linux 操作系统环境下开发的一个 D/A 输出扩展板的设备驱动

程序设计实例。

我们基于 ARM9 嵌入式开发系统 S3CEB2410(处理器为 SAMSUNG 公司的 S3C2410X),研制了一块 D/A 输出扩展板,其功能是利用嵌入系统作为信号产生源,为相关设备提供各种波形信号(如方波、正弦波、调幅与调频信号、脉冲编码信号等)。实现方案是利用 S3C2410X 处理器提供的通用 I/O 端口之一的 GPE 端口,向扩展板上的 D/A 变换器提供输出数据、片选与锁存控制信号,使 D/A 变换器按预设的波形输出模拟信号。其硬件框图如图 9.5 所示。

由于 S3C2410X 处理器有 MMU(内存管理单元),且 ARM Linux 支持地址映射和内存保护功能,因此用户应用程序无法直接对物理地址进行操作,也就不能直接访问 I/O 口。为了访问和控制外部设备,标准的做法是为这些设备编写设备驱动程序。

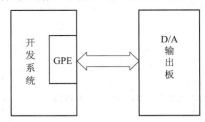

图 9.5　嵌入式信号发生器

本系统通过 S3C2410X 处理器的 GPE 端口访问 D/A 输出板,该板只支持顺序写操作这种工作方式,所以该板属于字符型设备。因此,需要为该 D/A 板开发相应的字符设备驱动程序。

如前述,在 Linux 操作系统中,设备被当作一种特殊的文件,因此可以使用统一的文件操作接口。设备文件一般存放在/dev 目录下。本系统中,/dev 目录下的设备文件为

　　crw-r--r--　　 1　 0　　 0　　 220, 0　 Jun 13 16:30　 gpiotest

其中:c 表示字符设备;220 为主设备号;0 为次设备号;gpiotest 为设备文件名。

1. 设备驱动程序的功能模块

为使设备驱动程序能够被加载到内核中工作并被有效卸载,并使用户应用程序可以通过对设备文件操作的方式调用设备驱动程序,完成对外部设备的访问和控制,设备驱动程序应具有如图 9.6 所示的功能模块。

图 9.6　设备驱动程序的功能模块图

1) 注册与注销设备

设备驱动程序在使用前应向系统登记,即注册设备驱动程序,以便系统在用户应用程序操作设备文件的时候能正确调用驱动程序中对应的函数,其函数如下:

　　int register_chrdev(unsigned int major, const char *name, struct file_operations fops)

其中:函数名 register_chrdev 表示注册字符设备;major 表示主设备号,这是一个 0~255

之间的无符号整型数，如果是 0 则表示要求系统动态分配一个主设备号；name 表示设备名，注册成功以后在设备信息文件/proc/devices 中就可以看到；fops 就是驱动程序的函数入口表，这是一个 file_operations 类型的结构体(见前述)，描述了 open、close 等文件操作命令分别将调用驱动程序中的哪个对应的函数，如在本系统的设备驱动程序中，fops 为

```
static struct file_operations gpio_fops = {
    open:      gpio_open,
    release:   gpio_release,
    ioctl:     gpio_ioctl
};
```

这表示如果在用户应用程序中针对本系统的 gpiotest 设备文件调用 open()函数，则内核将调用设备驱动程序中的 gpio_open()功能函数，其他类似。

注册函数如果返回 0，则表示注册成功；如果返回 EINVAL，则表示申请的主设备号是非法的(一般来说是表示主设备号大于系统所允许的最大设备号)；如果返回 EBUSY，则表示所要申请的主设备号已经被其他设备驱动程序使用；如果系统动态分配主设备号成功，则该函数将返回所分配的主设备号。

与注册字符设备的函数对应，注销字符设备的函数为

```
void unregister_chrdev(unsigned int major, const char *name)
```

2) 打开与关闭设备

在本系统中的打开设备函数 gpio_open()主要用来实现地址映射的功能。由 S3C2410X 处理器的用户手册可知，GPE 端口的三个寄存器的物理地址分别为

```
#define rGPECON 0x56000040        /* GPE 端口控制寄存器 */
#define rGPEDAT 0x56000044        /* GPE 端口数据寄存器 */
#define rGPEUP 0x56000048         /* GPE 端口上拉电阻控制寄存器 */
```

由于程序中访问的地址是虚拟地址，MMU 要把对虚拟地址的访问转换为对相应的物理地址的访问，因此要在该函数中通过 ioremap()函数，由 GPE 端口的寄存器的物理地址得到对应的虚拟地址，然后对该虚拟地址进行访问。例如对控制寄存器设置代码如下：

```
(void*)(port_addr) = ioremap(rGPECON, 4);
*(volatile unsigned int*)(port_addr)=0xaa955595;
```

其中，ioremap()函数中的第一个参数 rGPECON 为寄存器物理地址，第二个参数 4 表示该寄存器有 4 个字节长，即为 32 位寄存器。

与打开设备的函数对应的关闭设备的函数一般应完成一些释放资源的工作，由于本系统的驱动程序中并未申请内存、文件等系统资源，因此关闭设备函数 gpio_release()是个空函数，没有任何操作。

3) 操作设备

对设备驱动程序的访问操作，也就是驱动程序功能的实现函数是 gpio_ioctl()函数。在该函数中，通过对 GPE 端口数据寄存器 rGPEDAT 的写操作，使 GPE 端口的相应引脚输出由应用程序生成的数据，从而在 D/A 转换板上完成数/模转换及输出信号的任务。在该函数中对 GPE 端口数据寄存器的写操作，就是通过 ioremap()函数返回的虚拟地址进行的。

利用这个字符设备驱动程序，应用程序就可以通过编程来控制 D/A 转换板，使其根据开发者设计的不同算法，输出不同波形的信号。可以说，这个设备驱动程序对应用程序屏蔽了嵌入式信号发生器的具体硬件信息，应用程序在需要输出某种波形的信号时，只需要调用 Linux 操作系统统一、标准的文件操作接口函数 ioctl()即可。

对应用程序隐藏硬件细节，并向应用程序提供统一、标准的访问接口，根据应用程序的调用完成对硬件的操作，这正是设备驱动程序的任务。

2. 设备驱动程序的加载

驱动程序可以通过两种方式加载进嵌入式 Linux 内核：一种是将驱动程序编译成 .o 文件，在嵌入式 Linux 运行时，以手动的方式，将其以模块(module)的形式动态加载进内核；另一种是将驱动程序编译到内核映像中去，在嵌入式 Linux 启动时，自动加载进内核。

1) 手动加载

在手动加载的方式下，驱动程序被编译成 .o 文件，如本系统中的驱动程序被编译为 gpio_driv.o 文件，在嵌入式 Linux 运行时，使用/sbin/insmod gpio_driv.o 命令将驱动程序以模块形式加载入内核。可以使用/sbin/lsmod 命令查看已加载的模块，如：

```
# /sbin/lsmod
Module      Size       Used by
gpio_driv   1008 0        (unused)
```

然而，模块的成功加载并不代表驱动程序已成功注册，只有 register_chrdev() 函数成功返回才表示驱动程序已经注册成功，这时可以使用 cat/proc/devices 命令查看已经注册的设备驱动程序列表，如：

```
# cat /proc/devices
Character devices:
220   gpiotest
```

其中：220 为主设备号；gpiotest 为注册时设置的设备名。

在卸载设备驱动程序时，使用/sbin/rmmod gpio_driv 命令。

2) 自动加载

对于常用的设备驱动程序，可以将其编译到内核映像中去，并且使嵌入式 Linux 操作系统启动时自动加载该驱动程序，这样就免去了手动加载的步骤。以本系统中的字符设备驱动程序为例，自动加载的方法如下(以下步骤的起始目录都是 ARM Linux 源代码的根目录)：

(1) 将驱动程序的 C 语言源代码 gpiodrv.c 复制到 ARM Linux 源代码中的 linux/drivers/char 目录下。

(2) 在 linux/arch/arm 目录下的 Config.in 文件中的字符设备选项内增加如下代码：

```
bool 'Add a new gpio device' CONFIG_GPIODRV y
```

(3) 在 linux/drivers/char 目录下的 Makefile 文件中的适当位置增加如下代码：

```
obj-$(CONFIG_GPIODRV) += gpiodrv.o
```

(4) 在 linux/drivers/char 目录下的 mem.c 文件的开始部分声明外部函数：

```
#ifdef CONFIG_GPIODRV
extern void gpio_init(void);
```

```
#endif
```
然后在其字符设备初始化函数中调用自己的字符设备驱动程序的注册函数：
```
int_init chr_dev_init(void)
{
    ⋮
 #if defined (CONFIG_GPIODRV)
     gpio_init();
 #endif
    ⋮
}
```
(5) 重新编译 ARM Linux 内核，在配置内核时应该在字符设备选项中可以看见自己添加的"Add a new gpio device"选项。

3. 设备驱动程序的调用

在用户应用程序中，对设备进行操作前要先打开设备文件：
```
int open(const char *pathname, int flags);
```
其中：pathname 是设备文件的全路径名；flags 由文件打开方式 O_RDONLY、O_WRONLY 或 O_RDWR(分别表示只读、只写或读/写)与其他可选方式按位或操作构成。文件打开成功后将返回文件句柄。这样的函数接口和普通文件的操作接口完全一致。

以本系统为例，在应用程序利用设备驱动程序对外部电路板进行操作前，先执行：
```
int fd = open("/dev/gpiotest", O_WRONLY | O_NONBLOCK);
```
其中，O_NONBLOCK 表示文件以非块方式打开，适用于字符设备。然后，对 D/A 板进行输出数据操作：
```
ioctl(fd, a, 0);    /* a 为幅值*/
```
在操作完成后，关闭外部设备：
```
close(fd);
```
至此，即可实现在用户应用程序中调用设备驱动程序对硬件设备实施操作控制。

4. 设备驱动程序源代码

本例的设备驱动程序源代码(gpiodrv.c 文件)如下：
```
#include <linux/module.h>
#include <linux/kernel.h>    //版本信息
MODULE_LICENSE("Dual BSD/GPL");
#include <asm/uaccess.h>
#include <asm/io.h>          //定义了 ioremap()函数

#define IOPORT_MAJOR 220     //此驱动的主设备号

// GPE 口的三个寄存器地址(控制、数据、上拉电阻选择)
#define rGPECON     0x56000040     //Port E control
#define rGPEDAT     0x56000044     //Port E data
```

```
#define rGPEUP        0x56000048        //Pull-up control E

long data_addr;   //数据地址

int gpio_open(struct inode* inode, struct file *file)
{
      long port_addr;   //端口地址

      //printk(KERN_ALERT "In gpio_open !\n");

      //物理地址经 ioremap 转换为虚拟地址
      (void*)(port_addr) = ioremap(rGPECON, 4);
      *(volatile unsigned int*)(port_addr)=0xaa955595;
      (void*)(port_addr) = ioremap(rGPEUP, 4);
      *(volatile unsigned int*)(port_addr)=0xffff;
      (void*)(data_addr) = ioremap(rGPEDAT, 4);   //存为全局变量
      *(volatile unsigned int*)(data_addr)=0x0;        //清 0
      return 0;
}

int gpio_release(struct inode* inode, struct file *file)
{
}

int gpio_ioctl(struct inode* inode, struct file *file, unsigned int cmd, unsigned long arg)
{
      //printk(KERN_ALERT "In gpio_ioctl !\n");

      int out = 0;
      int a = arg; //0: 不滤波, 1: 滤波
      int data = cmd;

      out = data & 0x7;
      out |= ((data & 0xF8) << 1); //数据准备完成

      if(a == 0)
      {      //不滤波
            *(volatile unsigned int*)(data_addr) = out | 0x0200;        //LE: 1   0000 0010 0000 0000
            *(volatile unsigned int*)(data_addr) = out & 0xF9FF;       //LE: 0   1111 1001 1111 1111
```

```
        }
        else
        {       //滤波
            *(volatile unsigned int*)(data_addr) = out | 0x0600;        //LE: 1      0000 0110 0000 0000
            *(volatile unsigned int*)(data_addr) = out & 0xFDFF;        //LE: 0      1111 1101 1111 1111
        }

        return 0;
}

static struct file_operations gpio_fops = {
        open: gpio_open,
        release:gpio_release,
        ioctl: gpio_ioctl
};

//int gpio_init(void)
int init_module(void)
{
        printk(KERN_ALERT "GPIO Driver Init !\n");
        register_chrdev(IOPORT_MAJOR, "gpiotest", &gpio_fops);
        return 0;
}

//void gpio_exit(void)
void cleanup_module(void)
{
        printk(KERN_ALERT "GPIO Driver Exit !\n");
        unregister_chrdev(IOPORT_MAJOR, "gpiotest");
}

//module_init(gpio_init);
//module_exit(gpio_exit);
```

习　　题

9.1　什么是设备驱动程序？

9.2　在 DOS 操作系统环境下用户如何操作硬件设备？

9.3 在 Windows 或 Linux 操作系统环境下用户如何操作硬件设备？为什么要这样做？

9.4 在 DOS 与 Windows 操作系统环境下，设备驱动程序的设计方法有什么不同？

9.5 在操作系统中是如何定义内核模式和用户模式的？

9.6 什么是内核模式驱动程序？什么是用户模式驱动程序？

9.7 设计内核模式驱动程序与用户模式驱动程序的最大区别是什么？

9.8 设备驱动程序有哪些类型？各类驱动程序的特点有哪些？

9.9 在 Windows 环境下，用户程序如何使用设备驱动程序？

9.10 WinDriver 是什么软件？与其他同类软件相比有什么特点？

9.11 利用 WinDriver 可以设计哪种类型的设备驱动程序？其基本的设计方法是什么？

9.12 Linux 操作系统如何实现对硬件设备的操作？

9.13 在 Linux 操作系统环境下如何设计设备驱动程序？

9.14 在 Linux 系统中，用户程序如何使用设备驱动程序？

9.15 在 Linux 系统中，设备驱动程序属于内核模式还是用户模式？为什么？

参 考 文 献

[1] IRVINE K R. Assembly Language for x86 Processors. 8th ed. 吴为民，译. 北京：机械工业出版社，2022.

[2] BREY B B. The Intel Microprocessors: 8086/8088, 80186/80188, 80286, 80386, 80486, Pentium, Pentium Pro Processor, Pentium Ⅱ, Pentium Ⅲ, and Pentium 4 Architecture, Programming, and Interfacing. 8th ed. 金惠华，等译. 北京：机械工业出版社，2010.

[3] Intel Corporation. Intel 64 and IA-32 Architectures Software Developer's Manual Volume 1: Basic Architecture.
https://www.intel.com/content/www/us/en/developer/articles/technical/intel-sdm.html

[4] Intel Corporation. Intel 64 and IA-32 Architectures Software Developer's Manual Volumes 2: Instruction Set Reference.
https://www.intel.com/content/www/us/en/developer/articles/technical/intel-sdm.html

[5] Intel Corporation. Intel 64 and IA-32 Architectures Software Developer's Manual Volumes 3: System Programming Guide.
https://www.intel.com/content/www/us/en/developer/articles/technical/intel-sdm.html

[6] Intel Corporation. Intel 64 and IA-32 Architectures Optimization Reference Manual.
https://www.intel.com/content/www/us/en/developer/articles/technical/intel-sdm.html

[7] Intel Corporation. Intel Architecture Instruction Set Extensions Programming Reference.
https://www.intel.com/content/www/us/en/developer/articles/technical/intel-sdm.html

[8] Intel Corporation. 第 13 代英特尔酷睿处理器家族.
https://www.intel.cn/content/www/cn/zh/products/docs/processors/core/13th-gen-processors.html

[9] Jungo Connectivity Ltd.. Windriver Manual.
https://www.jungo.com/windriver/manual/index.html

[10] Intel Corporation. Intel 852GM/852GMV Chipset Graphics and Memory Controller Hub (GMCH) Datasheet. June 2004.

[11] Intel Corporation. Intel Atom Processor E3800 Product Family DataSheet. October 2013.

[12] Micron Technology, Inc.. 288-Pin DDR5 UDIMM Core Product Description - DDR5 SDRAM UDIMM Core. 2020.

[13] 林欣. 高性能微型计算机体系结构：奔腾、酷睿系列处理器原理与应用技术. 北京：清华大学出版社，2012.

[14] 李忠，王晓波，余洁. x86 汇编语言：从实模式到保护模式. 北京：电子工业出版社，2013.